Phytoseiidae Systematics
and Management of Pests

植绥螨系统学
及其对有害生物的治理

主编◎吴伟南　方小端

SPM 南方出版传媒
广东科技出版社 | 全国优秀出版社
·广州·

图书在版编目（CIP）数据

植绥螨系统学及其对有害生物的治理 / 吴伟南，方小端主编. —广州：广东科技出版社，2021.12
ISBN 978-7-5359-7685-7

Ⅰ. ①植⋯　Ⅱ. ①吴⋯ ②方⋯　Ⅲ. ①蜱螨目—植物害虫—治理—研究　Ⅳ. ①S433.7

中国版本图书馆CIP数据核字（2021）第132151号

植绥螨系统学及其对有害生物的治理

出 版 人：	严奉强
责任编辑：	区燕宜　于　焦
封面设计：	柳国雄
责任校对：	李云柯
责任印制：	彭海波
出版发行：	广东科技出版社
	（广州市环市东路水荫路11号　邮政编码：510075）
销售热线：	020-37607413
	http://www.gdstp.com.cn
	E-mail：gdkjbw@nfcb.com.cn
经　　销：	广东新华发行集团股份有限公司
排　　版：	创溢文化
印　　刷：	广州市彩源印刷有限公司
	（广州市黄埔区百合三路8号　邮政编码：510700）
规　　格：	889mm×1 194mm　1/16　印张26.75　字数800千
版　　次：	2021年12月第1版
	2021年12月第1次印刷
定　　价：	238.00元

如发现因印装质量问题影响阅读，请与广东科技出版社印制室联系调换（电话：020-37607272）。

本 书 承

广东省优秀科技专著出版基金会推荐并资助出版

广东省优秀科技专著出版基金会

广东省优秀科技专著出版基金会

顾问：（以姓氏笔画为序）

王　元　卢良恕　伍　杰　刘　杲
许运天　许学强　许溶烈　李　辰
李廷栋　李金培　肖纪美　吴良镛
宋叔和　陈幼春　周　谊　钱迎倩
韩汝琦

评审委员会

主任：谢先德

委员：（以姓氏笔画为序）

丁春玲　卢永根　朱桂龙　刘颂豪
刘焕彬　严奉强　李宝健　张展霞
张景中　陈　兵　林浩然　罗绍基
钟世镇　钟南山　徐　勇　徐志伟
黄达全　黄洪章　崔坚志　谢先德

《植绥螨系统学及其对有害生物的治理》编写人员

主　　编：吴伟南　方小端

副 主 编：欧阳革成　于丽辰　徐学农　何琦琛

主要编写者：（按书中出现顺序）

　　　　　吴伟南　广东省科学院动物研究所
　　　　　方小端　广东省科学院动物研究所
　　　　　欧阳革成　广东省科学院动物研究所
　　　　　黄明度　广东省科学院动物研究所
　　　　　韩群鑫　仲恺农业工程学院
　　　　　张宝鑫　广东省农业科学院植物保护研究所
　　　　　宋子伟　广东省农业科学院植物保护研究所
　　　　　夏　斌　南昌大学
　　　　　李亚迎　西南大学
　　　　　刘　怀　西南大学
　　　　　于丽辰　河北省农林科学院昌黎果树研究所
　　　　　贺丽敏　河北省农林科学院昌黎果树研究所
　　　　　张艳璇　福建省农业科学院植物保护研究所
　　　　　林坚贞　福建省农业科学院植物保护研究所
　　　　　张建萍　石河子大学
　　　　　郝慧华　琼台师范学院
　　　　　王恩东　中国农业科学院植物保护研究所
　　　　　徐学农　中国农业科学院植物保护研究所
　　　　　孟瑞霞　内蒙古农业大学
　　　　　何琦琛　台湾农业试验所
　　　　　廖治荣　台湾大学

Editorial Staff of Phytoseiidae Systematics and Management of Pests

Editor in Chief: Wu Weinan, Fang Xiaoduan

Deputy Editor: Ouyang Gecheng, Yu Lichen, Xu Xuenong, He Qichen

Main Editorial Staff: (In the order they appear in the book)

Wu Weinan	Institute of Zoology, Guangdong Academy of Sciences
Fang Xiaoduan	Institute of Zoology, Guangdong Academy of Sciences
Ouyang Gecheng	Institute of Zoology, Guangdong Academy of Sciences
Huang Mingdu	Institute of Zoology, Guangdong Academy of Sciences
Han Qunxin	Zhongkai University of Agriculture and Engineering
Zhang Baoxin	Plant Protection Research Institute, Guangdong Academy of Agricultural Sciences
Song Ziwei	Plant Protection Research Institute, Guangdong Academy of Agricultural Sciences
Xia Bin	Nanchang University
Li Yaying	Southwest University
Liu Huai	Southwest University
Yu Lichen	Changli Institute of Pomology, Hebei Academy of Agriculture and Forestry Sciences
He Limin	Changli Institute of Pomology, Hebei Academy of Agriculture and Forestry Sciences
Zhang Yanxuan	Institute of Plant Protection, Fujian Academy of Agricultural Sciences
Lin Jianzhen	Institute of Plant Protection, Fujian Academy of Agricultural Sciences
Zhang Jianping	Shihezi University
Hao Huihua	Qiongtai Normal University
Wang Endong	Institute of Plant Protection, Chinese Academy of Agricultural Sciences
Xu Xuenong	Institute of Plant Protection, Chinese Academy of Agricultural Sciences
Meng Ruixia	Inner Mongolia Agricultural University
He Qichen	Taiwan Agricultural Research Institute
Liao Zhirong	National Taiwan University

主编简介

吴伟南，1937年3月生于广东兴宁，1962年毕业于南开大学生物系五年制本科，1962年至退休均在广东省昆虫研究所（现广东省科学院动物研究所）从事平腹小蜂防治荔枝蝽象及蜱螨学分类与应用研究，取得了较好成绩。他曾任广东省昆虫研究所昆虫分类研究室主任，中国昆虫学会蜱螨专业委员会委员，英国《系统与应用蜱螨学》（Systematic and Applied Acarology）编委。1991年被评为研究员，1992年获国务院特殊津贴。1986—2002年连续主持4项国家自然科学基金，获得2项国家出版基金资助。在国内外刊物发表论文百余篇，发表新种150个。编著了《中国经济昆虫志 第五十三册 蜱螨亚纲 植绥螨科》（中国科学院科学出版基金资助出版，国家自然科学基金资助项目，科学出版社1997年出版）和《中国动物志 无脊椎动物 第四十七卷 蛛形纲 蜱螨亚纲 植绥螨科》（中国科学院知识创新工程重大项目，国家自然科学基金重大项目，科学出版社2009年出版），译著英文版的《植绥螨研究新进展》，并参编了多本专著。1980—1997年获得省部级科技进步奖和自然科学奖3项，2002年获中国科学院自然科学二等奖1项和国家自然科学二等奖1项（中国科学院动物研究所组织编写的《中国经济昆虫志》，集体）。2013年"中国植绥螨科分类与系统研究"获得广东省科学技术二等奖。

主编简介

方小端，中国科学院生态学博士，中山大学昆虫分类学硕士。自2005年以来一直在广东省昆虫研究所（现广东省科学院动物研究所）从事植绥螨的分类、生物多样性、生态学等方面的研究工作。主持国家、省级各类项目5项，作为科研骨干参与项目20多项，累计发表学术论文37篇，其中作为第一作者及通讯作者发表论文20篇，SCI论文12篇，发表新种11个。科研成果"中国植绥螨科分类与系统研究"获广东省科学技术二等奖、"生物农药——巴氏钝绥螨规模化生产与大田应用核心技术攻关"获潮州市农业技术推广二等奖。获得国内外发明专利6项。

前　言

植绥螨是害螨、小型害虫常见的重要天敌之一，在农林业生产上具有重要的应用价值。植绥螨种类多、分布广，常栖息于植物、土壤或储藏物中，捕食害螨或微小昆虫，对自然界调节生态平衡具有重要作用。国外自20世纪50年代，国内自20世纪70年代以来，在有关植绥螨的种类调查、人工繁殖，以及田间释放防治害螨等方面做了很多工作，有应用价值的种类相继被发现并应用于生物防治中，且取得了显著成效。

我国地形结构复杂、生态环境多样，是植绥螨种类最丰富的国家之一。目前我国对国内的植绥螨资源家底已有一定掌握。本书作者之一吴伟南1997年编写出版的《中国经济昆虫志　第五十三册　蜱螨亚纲　植绥螨科》，记录了我国159种植绥螨；2009年由吴伟南编写出版的《中国动物志　无脊椎动物　第四十七卷　蛛形纲　蜱螨亚纲　植绥螨科》，记录了我国280种植绥螨，占全球已知种的1/6。之后，本书作者之一方小端等人陆续发表了一些植绥螨科新种的论文。本书收录了截至2020年我国记录的328种植绥螨，还有很多种类尚未被发现。全世界的植绥螨已从1951年记录的61种发展到2020年的2 700多种，其中很多种类具有非常重要的应用价值。众多分类学家提出了植绥螨的分类系统，其中de Moraes（2004a）和Chant等（2007）提出的分类系统是目前使用较多的植绥螨分类系统，两个系统间存在很多分歧。本书主要依据Chant等（2007）的分类系统，对中国植绥螨种类及世界上有利用价值的植绥螨种类的分类地位进行重新修订，建立比较完善的中文分类检索系统，以及综述国内外有重要经济价值的70种植绥螨的最新研究进展，为我国植绥螨资源的深入开发、应用提供指导。针对目前国内植绥螨应用较多的柑橘、苹果、茶叶等不同农作物，分别综述了植绥螨在其上的应用情况，包括成功应用的经验及存在的问题，可为深入研究植绥螨田间应用技术、扩大其应用作物范围提供新的思路。

目前国外一些植绥螨的繁殖、利用技术已很成熟，这些种一般满足易产业化养殖、饲料来源丰富、生产成本低廉等条件，如智利小植绥螨、西方静走螨、加州新小绥螨等30余种植绥螨，这些种类已被陆续筛选出来，并在田间广泛应用。中国植绥螨筛选及应用相对滞后，但发展势头强劲——筛选出

Preface

了巴氏新小绥螨、温氏新小绥螨（拟长毛钝绥螨）、东方钝绥螨、尼氏真绥螨、加州新小绥螨（本土种）等近10种植绥螨，并进行了一定程度上的规模化生产与推广应用。尽管如此，国内植绥螨资源应用相对于重要果蔬、茶叶、花卉等作物对小型吸汁性有害生物，如叶螨、蓟马、粉虱和蚜虫等的防控需求还有较大距离。因此，我们应该有针对性地开展国内植绥螨的繁殖、保护与利用，大量筛选本地优势植绥螨种类，拓展本土种类研究应用的广度和深度，促进植绥螨学科和天敌产业的蓬勃发展。

本书融科学性、系统性、先进性于一体，具有重要的学术价值和实际应用价值，可供昆虫分类学、植物保护学、园艺园林学、农学、生物学和生态学等领域的科研、教学和管理人员，以及从事和关注害虫绿色防控的人士参考应用。本书旨在抛砖引玉，希望对读者有所启发。

蜱螨学的发展历史并不长，但发展很快。植绥螨研究内容涉及形态与系统分类、生物学、生态学、分子生物学、毒理学、田间应用等各个领域，研究资料浩繁，本书参考的文献资料非常有限，所阐述的内容仍有很大的提升空间，在编写和统稿过程中，也难免存在缺点与错误，敬请有关专家和读者指正。

本书特别感谢各位同仁的长期支持。广东省科学院动物研究所原所长李丽英研究员、彭统序研究员、郭明昉研究员、韩日畴研究员，以及现任所长杨星科研究员、现任党委书记邹发生研究员，新西兰皇家科学院张智强院士，新西兰第一产业部范青海研究员，中山大学贾凤龙教授，南京农业大学洪晓月教授、薛晓峰教授，中国农业科学院植物保护研究所高玉林研究员，山西农业大学马敏教授，甘肃农业大学尚素琴教授，广东省科学院动物研究所韩诗畴研究员、李健雄研究员，以及翟欣、宁致远、刘晓彤、郑利乐等对本书编写提供的支持和帮助，另外，本书得到广东省优秀科技专著出版基金会的资助，使该书得以面世，在此一并致谢！

广东省科学院动物研究所

吴伟南　方小端

2021年1月16日

目 录

第一章 总论 ········ 001
第一节 研究简史 ········ 002
一、词源学与简介 ········ 002
二、分类系统与种类发掘 ········ 002
第二节 成螨形态结构 ········ 007
第三节 生物学特性 ········ 014
一、滞育和越冬 ········ 014
二、营养类型 ········ 017
三、分子生物学 ········ 023
四、巴氏新小绥螨生物学综述 ········ 026
第四节 人工饲养 ········ 032
一、实验室饲养 ········ 032
二、规模化饲养 ········ 035
三、捕食螨饲养的温湿度条件 ········ 036

第二章 国内外有利用价值植绥螨种类及国内未有利用研究种 ········ 037
植绥螨科 Phytoseiidae Berlese ········ 038
一、钝绥螨亚科 Amblyseiinae Muma ········ 038
二、植绥螨亚科 Phytoseiinae Berlese ········ 182
三、盲走螨亚科 Typhlodrominae Wainstein ········ 197

第三章 植绥螨在主要作物上的应用 ········ 253
第一节 植绥螨在柑橘上的应用 ········ 254
一、中国利用植绥螨防治柑橘有害生物概况 ········ 254
二、植绥螨在柑橘园的自然分布与田间利用 ········ 255
三、人工释放捕食螨在柑橘园的应用 ········ 265
四、存在问题与前景展望 ········ 267
第二节 植绥螨在苹果园害螨生态控制中的应用 ········ 269
一、害虫概况及害螨发生种类与演替 ········ 269

Contents

  二、植绥螨天敌研究与应用 …………………………………………………………… **274**
  三、苹果园害螨的生态调控技术 ………………………………………………………… **284**
 第三节 植绥螨在棉花上的应用 ………………………………………………………………… **291**
  一、棉花害螨主要种类 …………………………………………………………………… **291**
  二、控制棉花害螨的捕食螨种类 ………………………………………………………… **291**
  三、捕食螨对棉叶螨主要种类的捕食能力 ……………………………………………… **291**
  四、捕食螨在棉田的扩散能力 …………………………………………………………… **292**
  五、捕食螨对棉叶螨田间控害效果 ……………………………………………………… **292**
 第四节 植绥螨在天然橡胶林上的应用 ………………………………………………………… **294**
  一、六点始叶螨在天然橡胶上的发生概况 ……………………………………………… **294**
  二、橡胶六点始叶螨的防治 ……………………………………………………………… **295**
  三、橡胶害螨的生物防治 ………………………………………………………………… **295**
  四、海南橡胶园捕食螨种类及分布 ……………………………………………………… **296**
  五、捕食螨在橡胶园的保护与利用 ……………………………………………………… **298**
 第五节 植绥螨在竹、茶园上的应用 …………………………………………………………… **303**
  一、利用植绥螨控制毛竹害螨的实践 …………………………………………………… **303**
  二、利用捕食螨控制茶园害螨的实践 …………………………………………………… **305**
  三、以螨携菌多靶标控制害虫 …………………………………………………………… **307**
 第六节 植绥螨在蔬菜上的应用 ………………………………………………………………… **309**
  一、蔬菜上的主要害虫（螨）、植物寄生线虫 ………………………………………… **309**
  二、植绥螨的种类及商品化品种 ………………………………………………………… **311**
  三、植绥螨在蔬菜上害虫（螨）、植物寄生线虫防治上的应用 ……………………… **313**
  四、植绥螨与其他防治方法的协调应用 ………………………………………………… **316**
  五、展望 …………………………………………………………………………………… **318**
 第七节 斯氏钝绥螨的研发及应用 ……………………………………………………………… **320**
  一、作为烟粉虱和蓟马生物防治剂的研发 ……………………………………………… **320**
  二、优良生物学特性 ……………………………………………………………………… **321**
  三、限制防治效果的主要环境因子 ……………………………………………………… **322**

四、在 IPM 中的应用 ·· 322
　　五、释放技术及实践应用 ·· 323
　第八节　温氏新小绥螨在综合治理中的应用 ·· 325
　　一、近似种类 ·· 325
　　二、自然界中发生的情况 ·· 325
　　三、生物学特性 ·· 326
　　四、繁殖方法 ·· 328
　　五、田间应用 ·· 329
　　六、温氏新小绥螨在食物网中的生态席位 ··· 330

参考文献 ·· 332
Abstract ··· 392
中文名索引 ·· 394
拉丁学名索引 ·· 398
致谢 ··· 404
附录 ··· 405

第一章
总 论

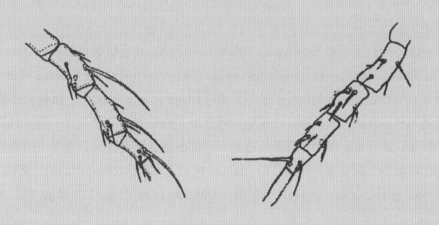

第一节 研究简史

一、词源学与简介

早期的植绥螨科研工作者，在条件极为简陋的情况下，对肉眼都难以分辨的微型有机体（体长200～600μm）的行为生态学观察是很细致的，也是准确的；认为现在植绥螨科三个主要类群的拉丁学名构词既具有科学性，也富于想象力，还同时包含了它的行为习性。如钝绥螨属 *Amblyseius* 1914，由2个词干组成，"ambly"来自希腊文，原意为迟钝，是科研工作者对它的走动行为缓慢等的直观感觉，"seius"意示蛛形动物，*Amblyseius* 表示蛛形动物在植物上来回慢步走动的行为生态。植绥螨属 *Phytoseius* 1904，"phyto"原意为植物，"seius"意示蛛形动物，*Phytoseius* 表示蛛形动物在植物上漫游。盲走螨属 *Typhlodromus*，"typhl"意为盲目，"dromus"意味着奔跑者，相当于"seius"，因此 *Typhlodromus* 意为一种瞎跑的小动物。花绥螨属 *Anthoseius* 1959，"anth"在希腊文中原意为花，*Anthoseius* 表示在植物花序上的漫游者，是指行动较缓慢、取食花粉的花绥螨属种类。*Galendromus* 1961 意为平静缓慢的走动者。

植绥螨科 Phytoseiidae 属于蛛形纲 Arachnida 蜱螨亚纲 Acari 寄型螨目 Parasitiformes 中气门亚目 Mesostigmata 革螨股 Gamasina 植绥螨总科 Phytoseioidea（Krantz，1978；de Moraes et al.，2004a）。它是唯一广泛分布于高等植物叶片上的中气门亚目类群（Chant et al.，2007）。该科大多数种类是捕食性的，是蔬菜、果树和林木害螨，如叶螨、细须螨、跗线螨、瘿螨等的重要天敌，同时对其他小型害虫，如蓟马、粉虱、蚜虫、蚧壳虫、小蛾类的卵等也具有较好的捕食作用，是非常有应用价值的天敌资源，在农业有害生物的防治中发挥着重要作用（Kostiainen et al.，1996；Zhang，2003；张帆 等，2005；吴伟南 等，2009；Hoy et al.，2011；洪晓月，2012；McMurtry et al.，2013；徐学农 等，2013a，2013b，2015）。

国外从20世纪50年代，国内从20世纪70年代以来，在有关植绥螨的种类调查、人工繁殖，以及田间释放防治害螨等方面做了很多工作，相继发现了多种有应用价值的种类，并应用于生物防治（简称"生防"）中，取得了显著成效（吴伟南，1978，1979a，1979b，1986a，1986b，1986c，1986d，1987a；吴伟南 等，1982，1983，1985a，1985b，1985c，1986）。目前，科研工作者对很多有重要经济价值的种类的生物学、人工饲养、贮藏、田间释放、利用推广等都进行了较为深入的研究，积累了丰富的资料。但随着应用研究的深入，分类学上的问题也越来越突出。许多分类学家提出了不同的植绥螨科的分类系统，长时间无法统一。de Moraes等（2004a）和Chant等（2007）是目前两大较多分类学家认可的分类系统，但也存在不少分歧，很多种类的归属问题不统一。归属混乱势必影响实际应用工作的开展。笔者比较认同目前认可度更高的Chant等（2007）的分类系统，本书即使用这一系统进行阐述。

二、分类系统与种类发掘

植绥螨总科包含了5个科，即植绥螨科、蛾螨科、美绥螨科、足角螨科和表刻螨科，它们的亲缘关系最为接近，曾有学者将它们作为植绥螨科中的1个亚科。植绥螨总科与近似总科间，以及植绥螨总科的5个科之间的比较检索表如下。

植绥螨总科与近似总科，以及植绥螨总科的5个科之间的比较检索表（Krantz，1978）

1　生殖板后缘平截或微凸，且离开宽的腹肛板；有些种与宽腹肛板邻接，若生殖板后缘变圆，则肛板不为三角形。营自由生活或寄生生活··2
　　生殖板后缘变圆或变尖，且离开三角形的肛板；生殖板偶然扩大，几乎与肛板相接。捕食性或寄生于昆虫或脊椎动物上··皮刺螨总科Dermanyssoidea

2　后若螨和成螨背刚毛绝大部分种不超过20对，自由生活或寄生于节肢动物上··1
　　··植绥螨总科Phytoseioidea 3
　　后若螨和成螨背刚毛超过20对，自由生活或附着或寄生在鸟类上··囊螨总科Ascoidea

3　气门位于背板侧面，气门沟缺，第1对胸毛在胸板前或在颈板上，雄螨生殖孔在胸板上，导精趾缺，第1对足跗节缺爪，有些毛呈微棒状，营自由生活···表刻螨科Epicriidae
　　气门位于腹侧面，气门沟存，第1对胸毛在胸板上或在膜上，雄螨生殖孔在胸板前缘，导精趾存，第1对足跗节具爪或缺爪，无棒状毛···4

4　第1对足显著长于其他足，膝节、胫节和跗节变细，且约等长，跗节端部具1~2根鞭状毛，背板上常在特定的J4与Z4毛之间具1对显著的孔···足角螨科Podocinidae
　　第1对足不如上述，足Ⅰ跗节常具爪，背板上的孔不具特定位置··5

5　胸板常具2对胸毛（第1和第2对），偶然有第3对胸毛在胸板上或在小骨板上，颚角端部可能分开或端部具有其他饰物，第2胸板齿的后列齿位于颚基毛之前，第2对足股节毛序为2-3/4-1，胫节Ⅳ 2-2/1 2/1-1，营自由生活，亦偶然附着于昆虫上···美绥螨科Ameroseiidae
　　胸板具0~3对胸毛，颚角端部无饰物，第二胸板齿的后列齿限定在颚角沟左右，第2对足股节和胫节Ⅳ毛序不如上述，胫节Ⅳ仅具前侧毛1根···6

6　螯肢定趾缺或缩小至不超过动趾的1/4，胸叉常缺或缩至一些残迹，肛门位于端部的肛板上（偶有在后腹面），寄生于昆虫上···蛾螨科Otopheidomenidae
　　螯肢定趾发育正常，与动趾约略等长，具胸叉，肛门开口近于端部的腹肛板上，营自由生活的捕食者··植绥螨科Phytoseiidae

Koch（1839）描述了第一种植绥螨*Zercon obtusus*，Berlese（1914）对该种作了重新组合和描述，现名称是*Amblyseius obtusus*（Koch）。早期植绥螨研究者还有Scheuten（1857）、Ribaga（1904）、Parrot等（1906）、Oudemans（1915a，1915b，1936），这些学者仅记述了一些属和种，未建立分类系统。自Vitzthum（1941）和Garman（1948）后，才建立了植绥螨科的分类系统。

Nesbitt（1951）首先评论了植绥螨亚科Phytoseiinae的种类。他把植绥螨亚科置于厉螨科Laelaptidae，包含7个属，41种，并探讨了一些有生物防治潜能种的生物学和生态学。从表1中可以看出，分类学者对植绥螨科、亚科和属划分的意见分歧较大。如Muma（1961）提出了29个新属，把植绥螨科划分为4亚科43属。Karg（1960）提出了盲走螨科Typhlodromidae，容纳了先前植绥螨科的全部种类；1965年，接受了植绥螨科分为2个亚科，即镰螨亚科Blattisociinae和植绥螨亚科；1976年，又将它分为3个亚科，即镰螨亚科、蛾螨亚科Otopheidomeninae和植绥螨亚科；1983年，又把它改为4亚科32属，并把镰螨科Blattisocidae镰螨属*Blattisocius*的种类归入植绥螨科。Hirschmann（1962）把所有植绥螨并入盲走螨属*Typhlodromus*，并置于革螨科Gamasidae的密卡螨亚科Melicharnae。Chant（1959）将植绥螨科分为2亚科9属并记述165种，1965年将它改为2亚科14属。1978年后，他的实验室同伴在躯体毛序发生、演变等方面做了许多重要研究，从1980年起发表了系列论文，修订了部分属和种群（species group）（Chant et al., 1980, 1982, 1884a, 1884b, 1884c, 1987）。Chant等（1986a, 1986b）又将植绥螨科改为4个亚科。1994年，他和McMurtry提出了3个亚科的分类系统，包含15个族、9个亚族、84个属和8个亚属。Chant等（2007）的分类系统延续了Chant等（1994）的分类系统。有些植绥螨分类专家结合其所在国采集鉴定的种类提出了一些地区性的分类系统，如Schuster和Pritchard（1963—加州）、van der Merwe（1968—南非）、Schicha（1987—澳大利亚）、Denmark等（1999—中美）、Schicha和Corpuz-Raros（1992—菲律宾）、吴伟南等（1997a, 2009, 2010—中国）研究本国或邻近地区的植绥螨，并提出该科的分类系统。Ehara和Amano（1998）结合日本74种植绥螨将其分为3亚科10属。这说明对植绥螨科、亚科和属的划分还未能统一，分类系统仍处于不稳定的状态。同一种可出现在几个不同的属中，如苹果树上常见种，原定名为西方盲走螨*Typhlodromus occidentalis*，后来出现在静走螨属*Galendromus*和后绥伦螨属*Metaseiulus*中。分布于我国的芬兰真绥螨*Euseius finlandicus*可出现于绥伦螨属*Seiulus*、盲走螨属*Typhlodromus*、钝绥螨属*Amblyseius*和真绥螨属*Euseius*中。原种名尾腺盲走螨*Typhlodromus caudiglanus*出现在盲走螨属、新小绥螨属*Neoseiulus*和花绥螨属*Anthoseius*中。到目前为止，较为公认的是de Moraes（2004）和Chant等（2007）的分类系统。Chant等（2007）分类系统是基于1994年和2003—2006年的系列系统发育的研究成果。其注重雌成螨的背板毛序，及其他重要特征，如螯肢形态和齿系；雌螨腹肛板的形状和毛序；足Ⅰ~Ⅳ的毛序；特定背刚毛的相对长度，特别是刚毛s4、Z1、Z4和Z5；胸板后边缘的情况；生殖板相对腹肛板的宽度；背板是否有装饰；刚毛r3和R1的位置；背刚毛的形态；气门板的宽度，是否存在纵条纹，前端是否与背板融合等。

表1为有代表性的分类学者的植绥螨分类系统，供研究者比较和参考。

20世纪60年代以后，各分类学家采用了特定的分类特征及常用的毛序名称，描述种类较为详细，对属、种的正确鉴定起了决定性作用。表2是文献中各分类学家提出的常见的毛序命名系统。

植绥螨科命名种的数量从1951年的61种（Nesbitt, 1951），到现在的2 798（Demite et al., 2020），数量增长十分迅速。已知主要国家植绥螨的种类数，美国为370种、中国304种、巴西254种、印度236种、巴基斯坦196种、澳大利亚167种、南非149种、俄罗斯121种、加拿大108种、日本108种、土耳其106种、菲律宾101种、亚美尼亚62种、阿根廷62种、韩国51种，虽然可能存在很多同物异名，但是全世界发现的新物种数平均每年以40种左右的速度增加，一些特殊生境的植绥螨种类被陆续发现。

我国植绥螨种类的调查始于1958年，此后在中国香港、台湾被报道的有49种（Chant, 1959; Swirski et al., 1961; Swirski et al., 1966; Ehara, 1966, 1970; Ehara et al., 1971; Tseng, 1972, 1973, 1975, 1976, 1983; Lo, 1970; Ho et al., 1989）；内地对植绥螨的调查始于1978年，此后复旦大学忻介六、梁来荣、柯励生、胡成业（1980—1994年），上海农业学院劳军，江西大学朱志民、陈熙雯（1980—1985年），沈阳农业大学殷绥公、吕成军（1983—1996年），北京市农林科学院王源岷、徐筠（1985—1991年）及广东省科学院动物研究所（原广东省昆虫研究所）吴伟南等（1980—2002年）都对植绥螨分类做了许多研究，发现了一些新种，至2002年底已知近300种。吴伟南等（2009）收录280种，Wu等（2010）收录304种。近几年，广东省科学院动物研究所方小端等（2017, 2018a, 2019a, 2020a）、台湾大学廖治荣等（2017a, 2017b, 2018）和山西农业大学马敏等（2016）开展了很多调查

表1 主要的植绥螨科的分类系统

Vitzthum (1941)	Garman (1948)	Nesbitt (1951)	Chant (1959)	Muma (1961)	Wainstein (1962)	Chant (1965)	Lindquist & Evans (1965)	Karg (1983)	Chant & Yoshida-Shaul (1986)	de Moraes et al. (2004)	Chant & McMurtry (2007) *	Wu et al. (2009)
Laelaptidae	Laelaptidae	Laelaptidae	Phytoseiidae	Phytoseiidae	Phytoseiidae	Phytoseiidae	Phytoseiidae	Phytoseiidae	Phytoseiidae	Phytoseiidae	Phytoseiidae	Phytoseiidae
Phytoseiinae	Phytoseiinae	Phytoseiinae	Maroseiinae	Maroseiinae	Phytoseiinae	Phytoseiidae	Phytoseiinae	Blattisociinae	Phytoseiinae	Amblyseiinae	Phytoseiinae	Amblyseiinae
Typhlodromus	Seiulus	Amblyseius	Macroseius	Macroseius	Amblyseius	Otopheidomeninae	Ameroseius	Blattisocius	Chantiinae	Amblyseiella	Chantia	Amblyseiulella
Seiulus	Seiopsis	Typhlodromus	Phytoseiulus	Aceodromimus	Aceodromimus	Hemipteroseius	Typhlodromus	Paraamblyseius	Chantia	Amblyseiulella	Phytoseius	Amblyseius
Phytoseius	Amblyseius	Garmania	Phytoseiulus	Typhloseiopsis	Amblyseius	Treatia	Phytoseius	Macroseius	Chanteius	Amblyseius	Neoparaphytoseius	Aristadromips
Iphidulus	Amblyseiopsis	Blattisocius	Iphiseius	Acedromus	Amblyseiinae	Entomoseius	Iphiseius	Treatia	Cydnodromellinae	Archeosetus	Paraphytoseius	Asperoseius
Amblyseius	Lasioseius	Kampimodromus	Typhloseiopsis	Amblyseiinae	Chantia	Phytoseiinae	Blattisocius	Iphiseiodes	Cydnodromella	Arrenoseius	Phytoseiulus	Asperoseius
Kleemania	Typhlodromus	Phytoseius	Proprioseius	Neoseiulella	Typhlodromus	Gigagnathus	Paragarmania	Chelaseius	Platyseiella	Asperoseius	Afroseiulini	Euseius
Iphiseius	Iphidulus	Kleemania	Asperoseius	Paraseiulella	Setulus	Typhlodromus		Nabiseius	Phytoseiinae	Chelaseius	Afroseiulus	Gynaeseius
			Phytoseius	Chileaseius	Melodromus			Treatia	Amblyseiinae	Chileaseius	Typhlodromipsini	Iphiseius
			Proprioseiopsis	Clavidromina		Chantia		Phytoseiidae		Cydnoseius	Diaphoroseius	Indoseiulus
			Phytoseiulella	Clavidromus		Phytoseius		Gigagnathus		Galendromimus	Aristadromips	Neoseiulus
			Seiulus	Amblyseiulella		Phytoseiulus		Paragigagnathus		Eharius	Cydnoseius	Okiseius
			Typhlodromus	Amblyseius		Platyseiella		Wainsteinius	Setulus	Evansoseius	Galendromus	Phytoscutus
				Asperoseius		Platyseiulus		Typhloseiella	Anthoseius	Fundiseius	Gigagnathus	Phytoseius
				Proprioseius		Iphiseius		Evansoseius	Typhlodromus	Hondurella	Kuzinellus	Paraphytoseius
				Platyseiella		Paraamblyseius		Carinoseius	Chantia	Indoseiulus	Leonseius	Paraphytoseius
				Phytoseiinae		Amblyseius		Aviovseius	Typhloseiopsis	Iphiseius	Metaseiulus	Proprioseiopsis
				Typhloseiella		Macroseius		Arrenoseius	Metaseiulus	Iphiseiodes	Meyerius	Scapulaseius
				Typhloseius				Phytoseiulus		Kampimodromus	Neoseiulella	Transeius
				Amblyseutelc				Amblyseiella		Kampimodromella	Papuaseius	Typhlodromalus
				Amblyseius				Paraseiulus		Knopkirie	Paraseiulus	Typhlodromips
				Amblyseiella						Macmurtrysius	Silvaseius	Phytoseiinae
				Cydnodromella						Macroseius	Typhlodromus	Typhlodrominae
				Phytodromus						Neoparaphytoseius	Typhloseiopsini	Chanteius
				Paradromus						Neoseiulus	Africoseiulus	Parasieus
				Cydnodromus						Noeledius	Typhloseiulus	Kuzinellus
										Okiseius		Typhlodromalus
										Olpiseius	Metaseiulini	Galendromus
										Paraamblyseiulella	Galendromus	
										Paragigagnathus	Gigagnathus	
										Parakampimodromus	Metaseius	
										Paraphytoseius	Amblyseiinae	
										Pholaseius	Neoseiulini	
										Phyllodromus	Macrocaudus	
										Phytoscutus	Evansoseius	
										Phytoseiulus	Rubuseius	
										Proprioseiopsis	Chileaseius	
										Proprioseiulus	Olpiseius	
										Quadroseius	Pholaseius	
										Ricoseius	Archeosetus	
										Swirskiseius	Neoseiulus	
										Typhlodromalus	Paragigagnathus	
										Typhlodromips	Kampimodromini	
										Typhloseiella	Typhloseiella	
											Parakampimodromus	
											Kampimodromus	
											Eharius	
											Kampimoseiulella	
											Paraamblyseiulella	
											Okiseius	

注：* 为本书采纳的系统。

工作，陆续发表了一些新种，本书收录的总共有328种。基于我国的地理位置和复杂的环境，植绥螨种类应该是相当丰富的，今后还会有更多的种类被发现。

表2 常见的毛序命名系统

刚毛类型	刚毛位置	Garman (1948)	Athias-Henriot (1957)	Hirschmann (1957)	Wainstein (1962)	Lindquist & Evans (1965)	Rowell et al. (1978)	Chant & Yoshida-Shaul (1989)
背中毛	前	D1	D1	j1	D1	j1	j1	j1
		D2	D4	j4	D2	j4	j4	j4
		D3	D5	j5	D3	j5	j5	j5
		D4	D6	j6	D4	j6	j6	j6
	后	D5	D8	—	J2	—	J1	
		D6	D11	J2	—	J5	J2	J2
		—	—	J5	D5	—	J4	
		—	—	—	D7	—	J5	J5
亚中毛	前	M1	M5	z5	AM2	z5	z5	z5
		M2	M6	z6	AM3	z6	z6	z6
	后	M3	M9	Z3	PM1	Z3	Z3	Z3
		M4	M10	Z4	PM2	Z4	Z4	Z4
侧毛	前	L1	M1	j3	AM1	s1	j3	j3
		L2	L1	s2	AL1	s2	z2	z2
		L3	L3	s3	AL2	s3	z3	z3
		L4	L4	z4	AL3	s4	z4	z4
		—	—	—	AL4	—	—	—
		L5	L5	s5	AL5	s5	s4	s4
		L6	L6	s6	AL6	s6	s6	s6
	后	—	—	—	ML	—	—	Z1
		L7	L7	s1	PL1	S1	Z1	Z2
		L8	L8	s2	PL2	S2	S2	S2
		L9	L10	s3	PL3	S3	S4	S4
		L10	L11	s4	PL4	S4	S5	S5
		L11	M11	s5	PM3	S5	Z5	Z5
亚侧毛	前	S1	S1	r2	AS	r3	r3	r3
		—	—	—	—	r5	—	r5
	后	S2	S2	R1	PS	R1	R1	R1

第二节　成螨形态结构

植绥螨的生长发育分五个阶段，包括卵、幼螨、前若螨、后若螨和成螨。卵椭圆形，幼螨的外部形态与成螨并不形似，背板毛序各属的种变化较大，具3对足。前若螨的外部形态与成螨相似，但背板毛序仍未发育完全。后若螨的背板毛序已发育齐全，但各腹板仍未骨化完全。

植绥螨成螨体椭圆形，活体半透明，有光泽，体色从乳白色、淡黄色到红色或褐色，有些种与所摄取食物的颜色有关。成螨体长为200～600μm，足长，行动敏捷。

植绥螨雌雄二型，早期研究者经常只是描述雌螨，很少研究雄螨。雄成螨体长比雌螨小，背板比雌螨约小20%，背刚毛更短，腹部末端稍尖。导精趾从螯肢的动趾伸出。胸板和生殖板融合成胸殖板（sternogenital shield），生殖孔开口于胸殖板的前边缘。

植绥螨身体分为颚体和躯体两个部分（图1示外部形态）。

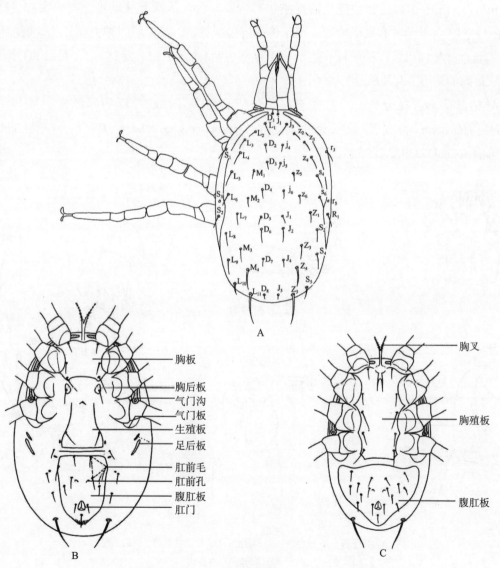

A. 背面（雌螨）；B. 腹面（雌螨）；C. 腹面（雄螨）
图1　成螨外部形态

1. 颚体（gnathosoma）和足（图2）

突出于身体最前方，其功能是感觉和摄取猎物，雄螨螯肢导精趾有交尾功能。主要结构包括颚基、头盖、口下板、须肢及螯肢。

颚基（gnathobase）为圆柱状结构，以膜与躯体相接，前背方为头盖，腹面为颚基底，两侧与须肢基节愈合，口位于前中央，螯肢位于头盖和口下板之间，颚基底有1对颚基毛，腹面中央有颚基沟。

头盖（tectum）：为颚基背壁向前延伸的半透明膜状结构，其形状在其他革螨中常用于种的鉴定。

口下板（hypostome）（图2A）：1对，近似于三角形突起，位于颚基底前侧，各有3根口下板毛，呈三角形排列。口下板前侧有内磨叶和口针，用于穿刺猎物，吸取猎物体液，经口进入消化道。

须肢（palp）（图2B）：1对，基节与颚基愈合，可动部分由转节、股节、膝节、胫节和跗节组成。跗节上有二分的叉毛1根。须肢各节有多根毛，须肢功能有感觉和帮助发现食物。

螯肢（chelicera）（图2C、图2D）：1对，由长的基部节、末端螯钳状的动趾（movable digit）和定趾（fixed digit）3节组成。动趾和定趾内缘有小齿，其数目是分类特征之一，定趾内缘常着生1根钳齿毛（pilus dentilis）。螯肢功能是捕捉猎物和协助取食。雄螨螯肢动趾上有一突起，称为导精趾（spermatodactyl），导精趾有交尾功能，用于传递精包给雌螨，其形状因种类而异。导精趾从雄性螯肢的动趾的膜状连接处伸出，由一轴杆和足组成。足部包括1个足后跟、足体、1个足趾和1个棘突或钩状的结构，从足部的侧边突起（Beard，2001）。

雄性导精趾的形态在分类上没有较多鉴定价值，因为其存在广泛的同源性。只有在钝绥螨族Amblyseiinae的Graminaseius，以及Neoseiulini族Neoseiulus Hughes属barkeri种群，导精趾的形态特化才具有鉴定价值（Chant et al.，2007）。

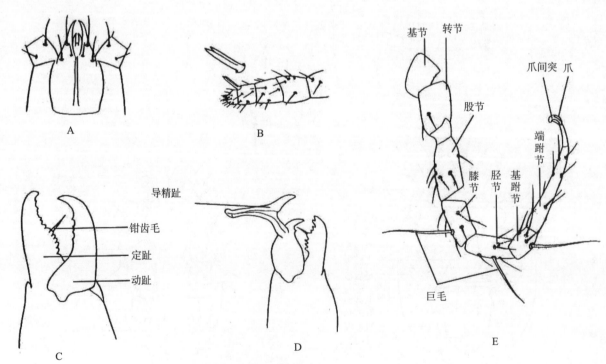

A. 口下板；B. 须肢；C. 雌螯肢；D. 雄螯肢导精趾；E. 足

图2　颚体和足的形态结构

2. 躯体（idiosoma）

身体的大部分为躯体，呈卵圆形或椭圆形，背腹交界被膜状物（盾间膜）连接。

（1）背板（dorsal shield）及毛序

背板：背面的大部分为背板覆盖，其余部分为柔软的盾间膜。除大绥螨属 *Macroseius* 外，植绥螨成螨背板单块，轮廓完整，部分属种有缺刻。背板骨化程度因种类不一，可以是光滑，亦可有各种装饰物，如细线纹、网状纹、深浅不一的刻纹或颗粒状的花纹。背板上有一些腺孔和裂隙孔。

Rowell等（1978）根据Lindquist等（1965）对革螨类毛序的命名系统，提出了适用于植绥螨的毛序命名图。由于它比较客观地反映了这一类群的刚毛进化过程，也体现了蜱螨亚纲高级分类阶元毛序命名法趋向统一的正确方向，所以1990年以后这一命名法为许多植绥螨分类学者采用，本书也采用了这一命名系统。Rowell等（1978）的方法与Garman（1948）不同，背板分为前后两部分，以第4对背中毛j6和第2对亚侧毛R1为界，其前为前背板，其后为后背板。同一纵列的毛位于前背板上的用小写英文字母表示，位于后背板上的用大写英文字母表示，仍用阿拉伯数字编码。背面毛有4纵列j-J，z-Z，s-S和r-R，腹面毛有2纵列即ST-JV和ZV，另外有1对肛侧毛（Pa）和1根后肛毛（Pst）。

图3A显示理论上的植绥螨科背板的毛序图，包括已知的在植绥螨科中可能发生的全部刚毛。据记载，没有已知种类具有全部完整的刚毛。植绥螨科在足后板前最多有14对刚毛，在足后板后也最多有14对刚毛，总共最多28对刚毛。据记载，没有已知种类具有完全的刚毛毛序。足后板前刚毛有9对是稳定的，在所有种类中都存在，另外5对刚毛的发生则有变化。足后板后刚毛只有3对是稳定的，另外11对刚毛的发生是变化的。

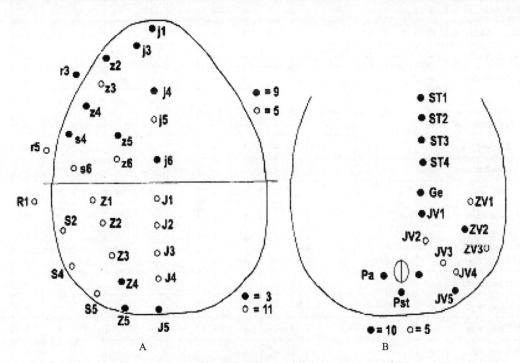

A. 体躯背面；B. 体躯腹面

图3　植绥螨科（雌螨）理论上的毛序图（Chant et al., 2007）

雄螨的r-R毛着生在背板的侧边缘，绝大多数雌螨的r-R毛着生在侧膜上，雄螨背板的毛序同雌螨一样（*Paraseiulus*属的一些雄螨例外）。

背刚毛是植绥螨科的重要分类特征。背刚毛可以反映植绥螨科的进化历史（Chant et al., 1992）。由于腹面刚毛变化较少，在分类研究上认为背刚毛比腹面刚毛更加重要。

背板刚毛毛序：背板刚毛毛序分成两个部分，前面是足体毛，后面是末体毛。例如，10A：9B的意思是有10根刚毛位于足体，9根刚毛位于末体。A、B（或C、D）则表示相同刚毛数不止一个模式。不同亚科种类具有不同的背板刚毛毛序类型（表3至表5）。

表3　钝绥螨亚科成螨背板毛序类型（*n*=30）

代表种	变化的刚毛													刚毛数
	j5	J1	J2	J3	J4	z6	Z1	Z2	Z3	S2	S4	S5	r5	R1	
11B：11A *C. camposi*	+	-	+	-	+	+	+	-	+	+	+	+	-	+	22
10A：12A *M. multisetatus*	+	-	+	+	+	-	+	-	+	+	+	+	+	+	22
11B：10B *P. kakaibeus*	+	+	+	-	-	+	+	-	+	+	+	+	-	+	21
11A：10A *E. macfarlanei*	+	+	+	-	+	-	+	-	+	+	+	+	+	-	21
10A：11B *R. aristoteliae*	+	+	+	-	-	-	+	-	+	+	+	+	-	-	21
10A：10D *T. perforata*	+	-	+	-	+	-	+	+	+	+	-	+	-	-	20
11A：9C *M. biscutatus*	+	+	+	-	-	-	+	-	-	+	+	+	+	-	20
11B：9B *C. paracamposi*	+	-	+	-	+	-	+	-	-	+	+	+	-	+	20
11A：9B *R. loxocheles*	+	-	+	-	-	-	+	-	+	+	+	+	+	+	20
10A：10B *T. fragosoi*	+	+	+	-	-	-	+	-	-	+	-	+	-	+	20
10A：10C *P. mumai*	+	-	+	-	-	-	+	-	-	+	+	+	-	+	20
10A：9D *T. isotricha*	+	-	+	-	-	-	+	+	+	+	-	-	-	-	19
10A：9B *A. obtusus*	+	-	+	-	-	-	+	-	+	+	+	+	-	-	19
10A：8A *A. sundi*	+	-	+	-	-	-	+	-	-	+	+	+	-	-	18
10A：8E *P. terrestris*	+	-	-	-	-	-	+	-	-	+	+	+	-	-	18
10A：8B *A. setosa*	+	-	+	-	-	-	+	-	-	+	+	+	-	-	18
9A：9B *P. acaridophagus*	-	-	+	-	-	-	+	-	-	+	+	+	-	+	18
10A：8C *K. aberrans*	+	-	+	-	-	-	+	-	-	+	-	+	-	+	18
9A：8E *P. salebrosus*	-	-	-	-	-	-	+	-	-	+	+	+	-	+	17
10A：7D *P. paxi*	+	-	-	-	-	-	+	-	-	-	+	+	-	+	17
10A：7C *K. altusus*	+	-	+	-	-	-	+	-	-	-	-	+	-	+	17
10A：7E *O. subtropicus*	+	-	-	-	-	-	+	-	+	-	+	+	-	-	17
9A：7D *P. sexpilis*	-	-	-	-	-	-	+	-	-	-	+	+	-	+	16
10A：6E *P. persimilis*	+	-	-	-	-	-	+	-	-	-	+	+	-	-	16
10A：6D *A. heveae*	+	-	-	-	-	-	+	-	-	+	-	+	-	+	16
9A：6E *P. gongylus*	-	-	-	-	-	-	+	-	-	-	-	+	-	+	15
10A：5D *P. orientalis*	+	-	-	-	-	-	+	-	-	-	-	+	-	+	15
9A：5F *F. euflagellatus*	-	-	-	-	-	-	-	-	-	-	-	+	-	+	14
9A：5D *P. longipes*	-	-	-	-	-	-	+	-	-	-	-	+	-	+	14
9A：5F *A. robertsi*	-	-	-	-	-	-	-	-	-	+	-	+	-	+	14

注：+表示存在该毛，-表示不存在该毛。

表4 植绥螨亚科成螨背板毛序类型（$n=6$）

代表种	变化的刚毛					刚毛数
	J2	z3	z6	s6	R1	
P. platypilis	-	-	-	+	-	14
P. rasilis	-	+	-	+	-	15
C. paradoxa	-	+	+	-	+	16
P. marikae	+	-	-	+	+	16
P. purseglovei	-	+	-	+	+	16
P. plumifer	+	+	-	+	+	17

注：+表示存在该毛，-表示不存在该毛。

表5 盲走螨亚科成螨背板毛序类型（$n=20$）

代表种	变化的刚毛											刚毛数
	z3	z6	s6	J1	J2	Z1	Z3	S2	S4	S5	R1	
11D：5C G. borinquensis	-	-	+	-	-	+	-	-	+	-		16
11D：5B G. sanctus	-	-	+	-	+	+	-	-	-	-	-	16
11D：6B S. barretoae	-	-	+	-	+	+	-	-	-	+	+	17
11D：6C G. alveolaris	-	-	+	-	+	+	+	-	-	+	-	17
11D：6A G. pilosus	-	-	+	-	+	+	-	+	-	+	-	17
11C：7C C. contiguus	+	-	-	-	+	+	-	-	-	+	+	18
11C：7B P. dominiquae	+	-	-	-	+	+	-	-	-	+	+	18
12B：6F C. elsalvador	+	+	-	-	+	-	-	+	-	+	-	18
12A：6A A. namibianus	+	-	+	-	+	-	-	-	-	+	+	18
12A：6B T. theoloditicus	+	-	+	+	-	-	-	-	-	+	+	18
12A：7A T. pyri	+	-	+	-	+	-	-	+	+	+	+	19
12A：7B T. arizonicus	+	-	+	-	+	-	+	-	+	+	+	19
11C：9B C. separatus	+	-	-	+	+	+	+	+	+	+	+	20
11D：9B C. negevi	-	-	+	+	+	+	+	+	+	+	+	20
12A：8A T. rhenanus	+	-	+	-	+	+	+	+	+	+	+	20
13A：8A P. soleiger	+	+	+	+	+	-	-	+	+	+	+	21
12A：9B N. tiliarum	+	-	+	+	+	+	+	+	+	+	+	21
13A：9B A. australicus	+	+	+	+	+	-	+	+	+	+	+	22
13A：9B P. talbii	+	+	+	-	+	-	+	+	+	+	+	22
13A：10B A. angophorae	+	+	+	+	+	-	+	+	+	+	+	23

注：+表示存在该毛，-表示不存在该毛。

腺孔（adenotaxy）定义为一个腺体或腺体状内部结构的外开口，Athias-Henriot（1975）将其命名为gd1、gd2、gd4、gd5、gd6、gd8和gd9等。Beard（2001）提出了Neoseiulus属的腺孔排列模式图（图4）。gd3腺孔位于气门板，而gd7在植绥螨科缺失。腺孔的形状可以是火山口状、星月形或点状的。裂隙孔（poroidotaxy）定义为角质层本体感受器结构（Walter，2005）或简单地作为一个感觉器官。Beard（2001）将新小绥螨属的裂隙孔表示为id1、id1a、id2、id4、id6、idl2、idl3、idl4、idm1、idm2、idm3、idm4、idm5、idm6、is1、idx等。id3裂隙孔位于气门板。在光学显微镜下，裂隙孔看起来像一个位于软的角质膜上的圆形小坑（吸盘），或者一个位于硬的角质膜上的裂缝。

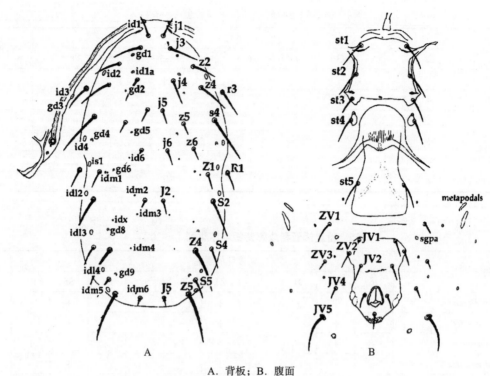

A. 背板；B. 腹面

图4 躯体的毛序和腺孔（Beard，2001）

（2）腹板（ventral shield）及毛序

腹板：腹面的外部形态与其他革螨类一样，除躯体腹面最前方的一个胸叉（tritosternum）外，有各种板（胸板、胸后板、生殖板、腹肛板、足后板）和刚毛覆盖。足位于腹面，气门和气门沟位于足基节外侧。已知发生的腹部刚毛有14对及1根单一的后肛孔毛。

腹面毛序：刚毛st1-4，生殖毛st5，刚毛JV1、JV5和ZV2，以及肛侧毛Pa和肛后毛Pst是稳定的。毛序公式只关注可变毛（JV2、JV3、JV4、ZV1、ZV3）的存在或缺失。例如：JV-3，4：ZV-1，3，表示该种类缺少JV3、JV4、ZV1、ZV3。JV：ZV表示可变化的刚毛没有缺失（Chant et al.，1991）。

图3B为该科理论上的腹面毛序图，包括植绥螨雌螨腹面所有可能发生的15对刚毛。许多种类具有全部的刚毛。

雄性腹肛板毛序的变化在分类上意义不大，三个亚科有广泛的同源性。仅少数类群是以腹部末端的刚毛作为鉴定特征（如Typhlodrominae亚科的*Paraseiulus* Muma，1961，缺少JV2）。

胸板（sternal shield）：位于胸叉之后，是完整单块，少数种是分裂的。骨化程度不一，光滑或有刻纹。雌螨胸板有2~3对胸毛（st1、st2、st3），以及2对裂隙孔（pst1、pst2）。st3不一定位于胸板上。胸板的形状特别是后边缘的形状（平直、带圆形叶状中叶或带中间突起），以及长宽比例也是重要的分类特征。

胸后板（metasternal shield）：位于胸板后侧的1对小骨板，有的种类缺胸后板。胸后板带有1对胸后毛（或称第4对胸毛st4）及1对裂隙孔（pst3）。缺胸后板的种类（如一些盲走螨属*Typhlodromus*种类），胸后毛着生于柔软的盾间膜上。

生殖板（genital shield）：位于胸板后的单块板，长大于宽，后缘平截，生殖孔（产卵孔）位于板前缘，被生殖板掩盖。生殖板有1对生殖毛st5（genital setae）。

雄螨胸板和生殖板愈合为胸殖板，生殖孔位于该板前缘，与胸叉相距较近，胸殖板有5对刚毛

（st1、st2、st3、st4、st5）。

腹肛板（ventrianal shield）：位于生殖板后，由腹板与肛板愈合为单一的板。除极少数种类（如 *Chanteius separatus*）的腹板和肛板分离，或仅有肛板（如 *Honduriella maxima*）外，多数种类为完整的一块。腹肛板的形状、网纹的程度，以及肛前毛的情况是鉴定种类或不同属的重要特征（Prasad，2013）。腹肛板形状多样，有卵形、长方形、三角形、鞋形及花瓶状的。骨化程度不一，光滑或有各种花纹。肛门位于后方。肛门前方有1~4对肛前毛（JV1、JV2、JV3、ZV2），通常有一对显著的肛前孔，肛门两侧各有1根肛侧毛（Pa），肛门后方有1根肛后毛（Pst）。生殖板和腹肛板间可以有小板。腹肛板两侧的盾间膜上最多有4对毛（ZV1、ZV3、JV4、JV5），最后1对JV5必存在并较其他3对粗长。雄螨腹肛板大，其两侧角常与气门沟板后缘相连。肛前毛1~6对（JV1、JV2、JV3、ZV1、ZV2、ZV3，其中JV1和JV2是稳定的），外侧盾间膜上JV5是稳定的。

足后板（metapodal plate）：位于第4对足基节后的1~2对小板，其中1对较大的为初生板（primary plate），另1对较小的为次生板（secondary plate）。雄螨不存在足后板。

（3）气门沟（peritreme）

沟槽状，是一种呼吸器官。前端可以伸达至一对j1毛之间，与背板前侧相愈合；后端气门（stigmata）位于足Ⅲ和足Ⅳ基节间外侧。气门沟为气门沟板（peritremal plate）所包围。气门沟的长短、其向前伸达的位置也是分类特征之一。

（4）受精囊（spermatheca）

位于雌成螨足Ⅲ和足Ⅳ基节内侧，左右对称。包括囊、颈、囊颈室、主管、微管五个部分。受精囊颈是骨化结构，其形状因种类而异，有杯状、碗形、角形和布袋形等，是鉴定种的重要分类特征。囊颈室小或大，环形或结节状，直接连接颈部或嵌入颈基部。

精子通过雌螨的足Ⅲ和足Ⅳ基节内侧导精孔进入雌螨体内，导精孔由主管和体内的受精囊相连。

（5）足（leg）

幼螨有3对足，若螨和成螨4对足。足由6个可动节组成：基节、转节、股节、膝节、胫节和跗节。跗节又被裂缝分为基跗节和端跗节，端跗节末端有1对爪和一肉垫状爪间突。足各节上有许多刚毛，刚毛数目具有分类价值。足Ⅳ膝节、胫节和基跗节常有巨毛（macroseta），其形状及大小与足上的其他毛不同，是重要的分类特征之一。足是步行器官，但足Ⅰ较其他足细长，似昆虫触角，为感觉器官。

各足刚毛的数量与排列有一定的稳定性，Evans（1963）提出了足毛序的公式。各足向前方自然伸展时，可有4个着生刚毛的面，即背面、腹面、前侧面和后侧面，而刚毛以此分为背毛（d）、腹毛（v）、前侧毛（al）、后侧毛（pl）。以足纵向中线为界，背毛可分前背毛（ad）与后背毛（pd），腹毛可分为前腹毛（av）及后腹毛（pv）。毛序公式：前侧毛（al）-前背毛（ad）/前腹毛（av），后背毛（pd）/后腹毛（pv）-后侧毛（pl）。

在植绥螨科分类中，最常用的是膝节毛序。如膝节Ⅲ毛序公式为1-2/1，2/0-1，即前侧毛（al）1根，前背毛（ad）2根，前腹毛（av）1根，后背毛（pd）2根，后腹毛（pv）0根，后侧毛（pl）1根。

利用毛序作为属的分类特征，还存在不同的意见，但将其用于鉴定种，是有参考价值的，特别是应用于膝节Ⅱ、Ⅲ、Ⅳ和胫节Ⅰ、Ⅳ。

（方小端　吴伟南）

第三节 生物学特性

一、滞育和越冬

动物在不良的气候或食物条件下，常表现为生长发育停止，新陈代谢速度显著下降，体内营养物质累积急剧增加，体内含水量特别是游离水显著减少，并常潜伏在一定的保护环境下以适应不利的环境条件。这一现象称为滞育。滞育是动物个体发育过程中对不良环境条件适应的一种内在的、比较稳定的遗传性表现（戈峰，2002）。

植绥螨与其他陆生动植物一样，根据季节的变化调节自身对环境的适应能力。滞育是植绥螨在生长发育过程中停止发育的一种现象，是植绥螨在长期进化过程中应对周期性不良环境的一种生存策略，以积极适应环境的特殊表现形式并固定为遗传性的生理行为。进入滞育后，即使外界生长发育条件恢复到良好状态，植绥螨也不会马上解除滞育，必须经过一段滞育期，并要求有一定的刺激因素，才能重新恢复生长发育。在气候较冷的地区，植绥螨以已交配的滞育雌成螨越冬，雄螨和未成熟个体在冬季前死亡。在亚热带地区，以滞育和非滞育雌螨越冬。在更低纬度地区，冬季仍有不同发育时期的螨在活动。如巴氏新小绥螨 *Neoseiulus barkeri* 在气候较冷地区，以滞育雌成螨越冬，雄螨和未成熟期个体在冬季前死亡。在亚热带地区，该螨以滞育和非滞育雌螨越冬。在热带地区，巴氏新小绥螨通常整个冬季都处于活动期。滞育存在种内差异，分布于不同纬度的同种地理品系有不同的滞育率。在寒冷地区，巴氏新小绥螨越冬死亡率高达80%～90%。伪新小绥螨 *Neoseiulus fallacis*（原名伪钝绥螨 *Amblyseius fallacis*）在温度为15.5℃、光照条件为16L：8D和8L：16D条件下饲育，滞育率分别为0和83.3%。将卵、幼螨、前若螨、后若螨和刚羽化的雌成螨置于滞育诱导条件下饲养，滞育率分别为83.3%、81.3%、75%、44.6%和0（洪晓月，2012）。

一般来说，温带和寒冷地区的植绥螨，在一年的生命周期中都有或长或短的滞育期。芽痕、树皮裂缝、疏松的树皮、死介壳虫壳和空的虫茧等都是树栖植绥螨的越冬地点。很多种类的植绥螨会群集越冬。荫蔽新小绥螨 *Neoseiulus umbraticus*（原名荫蔽钝绥螨 *Amblyseius umbraticus*）越冬雌螨群集在一个越冬点内，数量可达30只，很少发现单只越冬雌螨（Knisley et al.，1971）。梨盲走螨 *Typhlodromus pyri* 越冬雌螨常聚集在苹果树树茎和主要枝上的树皮缝隙中（Zacharda et al.，1989）。在苹果树上，经常发现3～10只梨盲走螨雌螨（Kapetanakis et al.，1986）。同时也观察到，不同的植绥螨种类可在同一越冬地点一起越冬。植绥螨滞育与叶螨滞育、昆虫滞育之间存在许多相似性。

从生态学观点出发，一个物种的滞育作用是与它的物候学分布和种群动态密切相关的。滞育雌螨的耐寒性比非滞育雌螨的高，两者对极限低温的忍受能力也不同，是对寒冷气候的一种适应。荫蔽新小绥螨在−4～−1℃的环境条件下，滞育螨经100h死亡一半，110h全部死亡，而非滞育螨在48～56 h内全部死亡。

1. 滞育态与非滞育态的区别

植绥螨滞育常表现为雌螨的生殖停滞（即生殖滞育）。生殖滞育的显著特征是雌成螨不产卵，或者与非滞育的成螨相比，滞育成螨具有更长的产卵前期，这两个特征都被用作检验植绥螨滞育的标准。结饰小植绥螨 *Phytoseius finitimus* Ribaga越冬雌螨在短光周期（8L：16D）下，饲养雌螨的卵巢中的卵未发育，其发育阶段与12月和1月在田间休眠（休眠是个体在发育过程中对不良环境条件的一种暂时的适应，当这种环境条件消除而能满足其生长发育的要求时，便可立即停止休眠而继续生长发育）的雌螨的发育阶段相似。然而，在长日照（16L：8D）条件下，饲养的雌螨卵巢中的卵经历了正常的所有发育阶段，这与3月在自然条件下发现的雌螨卵的发育情况非常相似（Wysoki，1974）。

植绥螨的滞育态与非滞育态，除滞育性本身的差别外，在外部形态、体色等方面也表现出不同。滞育雌成螨体粗肥壮，内含脂肪量高，体色较非滞育螨稍灰白，活动能力低。西方静走螨 *Galendromus occidentalis*（原名西方盲走螨 *Typhlodromus occidentalis*）滞育雌螨体色为象牙色至乳白色，整个体腔呈颗粒状，质地均匀，而非滞育雌螨体色为粉红色至浅红色，"H"型消化道为深红色（Croft，1971）。这些差异似乎并不是体内色素沉着变化的结果（Veerman，1985），它们似乎仅反映了消化道中色素的存在与否，而这些色素会透过体壁显示出来。对于草栖钝绥螨 *Amblyseius herbicolus*（原名德氏钝绥螨 *Amblyseius deleoni*），产卵雌螨的消化道为明亮的粉红色至红色，"H"型的图形清晰可见；而滞育雌螨为"苍白稻草"般的颜色（Kashio et al.，1980）。Duso（1989）描述了梨盲走螨和安德森钝绥螨 *Amblyseius andersoni*（Chant）的滞育雌螨体色发白，然而进食后，它们的颜色则变为浅棕色。荫蔽新小绥螨的滞育雌螨比非滞育雌螨更耐饥饿。19℃恒温条件下，西方静走螨滞育螨的寿命比非滞育螨的寿命更长（Hoy et al.，1970）。植绥螨的发育阶段除卵外，对滞育条件都有不同程度的敏感性，但最敏感的是成螨。对滞育条件敏感的发育阶段，不仅是未成熟期，即使是成螨或正在产卵的雌螨，给予其引发滞育的条件时也会立即进入滞育状态（正在产卵的雌螨会停止产卵）。

任何一种生物对自然环境中的各种生态因子都有一定的耐受范围，据此可将生物分为广适应性生物和窄适应性生物（戈峰，2002）。对于一些地理分布较广的物种，人们在相对较高的纬度发现它的滞育种群，而在较低纬度或更温暖的地方发现了它的非滞育种群。如在美国加利福尼亚州中部，冬季和初春的草莓上发现了很大数量的西方静走螨，而在美国其他地区，该螨因雌成螨以生殖滞育越冬而闻名。同在短日照光周期（8L：16D）下饲养，来自荷兰的安德森钝绥螨进入了滞育，而来自意大利的种群却未进入滞育。

2. 影响滞育的环境因素

生物的生长发育依赖于各种生态因子的综合作用。生态因子对生物的作用不是单一的，任何一个因子的变化均会引起其他因子不同程度的变化，从而对生物产生综合作用。众多生态因子的作用是不相同的，有一种或一种以上对生物生长发育起着决定性的作用（戈峰，2002）。植绥螨滞育受光周期、温度、食料等多种因子的影响，但通常光周期起着关键的作用。

（1）光周期

光周期是诱发滞育的关键因素。滞育的光周期诱导现象已在多种植绥螨中得到证实，如相似横绥螨 *Transeius similis*（原名相似钝绥螨 *Amblyseius similis*）、梨盲走螨、西方静走螨、伪新小绥螨、安德森钝绥螨、温氏新小绥螨（原名拟长毛钝绥螨、拟长刺钝绥螨）、胡瓜新小绥螨、斯氏钝绥螨等。长日照发育类型的种类在短日照条件下易出现滞育。来自荷兰的安德森钝绥螨，在光周期为14.5h，19℃条件下出现滞育。随着光周期的缩短，滞育率增高。当光周期为10h时，滞育率为100%（van Houten et al.，1988）。多种植绥螨的临界光照长度已经确定。例如，格鲁吉亚第比利斯的梨盲走螨临界光周期为14.5h，18℃，伪新小绥螨为12.0h，15.6℃。

(2) 温度

温度是诱发滞育的重要因素。已发现温度可缓解光周期引起的滞育反应，但温度的单独作用也可刺激滞育的发生，同时，温度的作用也可直接影响植绥螨发育对光周期的敏感阶段。胡瓜新小绥螨在光周期8L：16D，温度在15~22℃时，诱发滞育的百分率为：15℃时，滞育率为100%；温度逐渐上升至21℃时，滞育率为0（Morewood et al.，1991）。夜间温度比日间温度对滞育的光周期诱导更重要。当光照与黑暗的数值确定后，胡瓜新小绥螨是否滞育，取决于黑暗条件下的温度。例如，8L：16D时，若暗周期内的温度为15℃，则胡瓜新小绥螨将全部滞育，若为21℃时，则无一滞育；11L：13D时，若黑暗周期内的温度为15~18℃，胡瓜新小绥螨可以正常生活，当温度为12℃时，则全部发生滞育；而10L：14D时，胡瓜新小绥螨全滞育的温度为16℃。在连续黑暗条件下，胡瓜新小绥螨被全部诱导滞育的温度范围为10~20℃。而巴氏新小绥螨（原名奥氏新小绥螨）滞育现象的临界光周期：18℃，光照时长为10~12h；16℃，光照时长为12~14h。在14℃下，不论光照时长为多少，其雌成螨都会进入滞育状态；在20℃时，雌成螨的滞育率非常低；在25℃条件下，无论光照时长为多少，都没有雌成螨进入滞育状态。

关于温度对植绥螨临界光周期的影响已有研究。在梨盲走螨中，当温度从18℃升高到25℃时，临界光周期从14.5h变化到13.5h。西方静走螨临界光周期从16℃的11.6h变化到19℃的11.2h，温度对其临界光周期的影响较小。而温度对安德森钝绥螨临界光周期几乎没有影响。这些研究表明，温度对不同种类的植绥螨临界光周期的影响并不一样。

Sapozhnikova（1967）发现滞育雌螨的过冷却点远低于非滞育雌螨的过冷却点。相似横绥螨和梨盲走螨非滞育时的过冷却点为-17~-13℃，而二者滞育时的过冷却点为-29~-21℃。

(3) 食料

食料的质与量可引起植绥螨滞育。在长日照或标准日照地区食料有缓解或加速光周期的作用。如当苹果全爪螨（又名欧洲榆全爪螨）*Panonychus ulmi* Koch摄取食物营养低于临界水平时，尽管光周期和温度都适合其生长发育，也易发生滞育（Veerman，1985）。安德森钝绥螨每年10月进入滞育，虽然田间温度很低，但若田间有足够多的猎物，它仍可活动至11月（Ivancich-Gambaro，1975）。新西兰苹果树上的梨盲走螨在其猎物苹果全爪螨高密度的树上，它的产卵活动较低密度下延长了一个月（Collyer，1976）。Field等（1985）在11.2h的光周期下，比较了在猎物缺乏和猎物丰富情况下人工培养西方静走螨进入滞育的速度，结果表明缺乏猎物的西方静走螨更快进入滞育。

研究发现，食料中的类胡萝卜素与诱发滞育有关。同样条件下，取食含β-胡萝卜素的叶螨或花粉的植绥螨进入滞育，而食料中缺乏β-胡萝卜素的植绥螨则对光周期无反应。

滞育是由基因调控的一种生理状态，该状态下滞育个体降低代谢活性以在气候条件不利和缺乏发育繁殖等所必需的物质情况下维持生存，并调整生命周期接近有利的环境条件以提高资源利用率（Yocum et al.，2011；Lehmann et al.，2015）。滞育期螨会产生一些生理变化，如发育和生殖功能的抑制、代谢产物的储备和代谢活性降低等（Qiang et al.，2012）。一旦开始，滞育不会随着滞育条件的消失而结束，而是要经历一个特殊的滞育打破阶段，滞育个体才能重新发育。

目前对植绥螨滞育的分子机制研究处于起步阶段，董婷婷（2017）设置了不同温度（14℃、16℃、18℃、20℃和22℃）和光周期（0L：24D、8L：16D、16L：8D和24L：0D）组合，在不同条件下将巴氏新小绥螨从卵开始饲养至成螨出现。探究不同温度和光照组合条件对巴氏新小绥螨的发育历期、滞育率、存活率、耐饥性等参数的影响，筛选使巴氏新小绥螨滞育的最合适温度和光照组合，并利用高通量测序技术，对其转录组进行深度测序，在筛选获得滞育相关基因的基础上，利用克隆和qPCR手段对巴氏新小绥螨卵黄原蛋白（NbVg1和NbVg2）及卵黄原蛋白受体（NbVgR）在不同发育阶段的表达水平进行检测，以明确其变化规律。研究表明，滞育雌成螨的NbVg1、NbVg2的表达量高于其他时期，但NbVgR的表达水平明显低于产卵前期雌成螨和产卵期雌成螨。滞育雌成螨NbVgR表达水平显著低于非滞育雌成螨，导致卵母细胞没有办法摄取足够的卵黄原蛋白，致使雌成螨滞育，不能产卵。

（韩群鑫）

二、营养类型

　　大部分植绥螨是捕食性的，为害螨、害虫常见的重要天敌之一，在农林业生产上具有重要的应用价值。植绥螨不仅能捕食叶螨、细须螨、跗线螨、瘿螨等害螨，也能捕食蓟马、粉虱、蚜虫、蚧虫、跳虫、线虫和其他小型昆虫。有些种类还取食植物花粉、微生物孢子，有时也取食植物汁液。明确捕食螨的营养类型和所需营养种类，是正确理解捕食螨生态地位和开展人工大量繁殖与应用的前提。根据植绥螨的不同营养需求，可将植绥螨分为叶螨类的专食性捕食者、叶螨类的选择性捕食者、多食性捕食者、花粉嗜食性捕食者四种类型。不同营养类型的植绥螨不仅取食嗜好不同，在田间的作用也有差别，同时食料质量的好坏和营养成分的不同，也会对植绥螨的生长发育等生物学特性产生影响。本篇从植绥螨的营养类型，植绥螨的主要食料种类和获得途径，不同食料及营养成分对植绥螨的影响三个方面进行阐述。

1. 植绥螨的营养类型

（1）叶螨类的专食性捕食者

　　这一类型捕食者嗜食叶螨亚科Tetranychinae的种类，尤其嗜食叶螨属的种类，在叶螨缺乏时也会捕食其他科的猎物作为补充食料，补充食料仅能维持其生存，不能使其完成世代发育。植绥螨科叶螨类的专食性捕食者主要是小植绥螨属Phytoseiulus的种类，该属仅有4个种，即智利小植绥螨P. persimilis、粗毛小植绥螨P. macropilis、长足小植绥螨P. longipes和草莓小植绥螨P. fragariae，它们在南美均有分布（吴伟南 等，2008b）。

　　小植绥螨属的种类专嗜搜寻聚集性的、能产生稠密丝网的叶螨，并能在丝网中取食和繁殖，但这种取食方式是长期进化的结果。小植绥螨属种类的生活空间与叶螨是相同的，其搜索行为很少受叶龄、叶的大小及叶的解剖结构的影响。当搜寻到一处猎物聚集处，小植绥螨会长时间停留在那里取食直到猎物密度变得相对较低。因此在某种意义上，这类植绥螨自身扩散率以及在其他猎物聚集处的捕食率相对较低。

　　已知小植绥螨属4个种在植绥螨科中具有最高的捕食潜能和种群增殖潜能。这类植绥螨针对暴发性叶螨具有较高的数值反应和功能反应能力，它能在短时间内迅速压低叶螨的种群数量。智利小植绥螨是这一类型的典型代表，为国内外许多天敌公司的主打产品，被广泛用于温室害螨如二斑叶螨等叶螨的防治。全世界约150种天敌被商业化生产和销售，智利小植绥螨就占据了整个销售市场份额的12%（徐学农 等，2007），可见它在生产中的重要性。

（2）叶螨类的选择性捕食者

这一类型的捕食者主要以叶螨科的种类为食，还捕食其他科的猎物作为替代食料，它们具有较宽的猎物范围。当田间叶螨数量较少时，替代食料可以维持其发育和生殖，以便在叶螨大发生前有较高的种群数量。如静走螨属Galendromus的西方静走螨G. occidentalis，在田间是二斑叶螨、神泽氏叶螨等叶螨类的主要捕食者，在叶螨缺乏时，它们也捕食一些瘿螨类的猎物。这一类型的捕食螨还有新小绥螨属Neoseiulus的沃氏群womersleyi species group中的温氏新小绥螨Neoseiulus womersleyi、长毛新小绥螨N. longispinosus、伪新小绥螨N. fallacis，花绥螨亚属Anthoseius敏捷群agilis species group的一些种，如立氏盲走螨Typhlodromus（Anthoseius）rickeri等。

该类型植绥螨的空间分布通常同叶螨属或其他能产生丝网的某些属的螨有关，常位于叶脉附近丝网的一角。它们嗜食丝网较密集的群聚性猎物，但也取食丝网较少的非群聚性种类，而且猎物种群密度对其分布无显著影响。西方静走螨是这一类群代表种，其分布位置具有特殊性，在树的内部叶片上发生密度很高；在夏季的部分时间，尽管树外缘叶片上的猎物种类可能更丰富，它们也不喜欢在其上捕食。具抗药性的这一类型植绥螨品系（如西方静走螨）在苹果、梨、棉花、杏、葡萄等作物上的叶螨综合治理中占有重要地位（吴伟南 等，2008b）。

（3）多食性捕食者

这一类型的捕食者除了捕食叶螨科的种类外，它们还捕食瘿螨、跗线螨、镰螯螨和微小昆虫，如介壳虫和蓟马等，有的也取食花粉。该类型有些种取食其他猎物甚至比取食叶螨有更大的增殖潜能，以花粉为食也不影响其生殖力。多食性类型种占植绥螨科的70%以上，除小植绥螨属和静走螨属外，其他各属都有部分种类属于该类型。常见种类有胡瓜新小绥螨Neoseiulus cucumeris、巴氏新小绥螨N. barkeri、真桑新小绥螨N. makuwa、江原钝绥螨Amblyseius eharai（原先错误鉴定为德氏钝绥螨A. deleoni）、草栖钝绥螨A. herbicolus、东方钝绥螨A. orientalis等。

该类型的捕食者主要取食结网少或不产生丝网的种，蜜露也可作为该类型某些种维持生存的补充食料。该类型植绥螨营分散生活，并非像前两种类型那样群聚性分布。它们喜好在叶片背缘、主脉等隐蔽部位产卵。它们的分布对寄主植物具有一定的选择性：如木薯小钝走螨Typhlodromalus manihoti只生活在木薯上，江原绥螨属Eharius有3个种被发现仅在欧洲和亚洲中东的薄荷科植物上分布（Moraes，1993）。

本类型植绥螨的种内和种间竞争现象较为明显。当喜好的猎物不足时，它们会转向取食同种或相关的其他种。如梨盲走螨Typhlodromus pyri在叶螨幼螨更少时，会取食其自产的卵。Onzo等（2005）的实验室研究发现，非洲木薯单爪螨Mononychellus tanajoa的两种天敌——小钝走螨属的木薯小钝走螨Typhlodromalus manihoti和真绥螨属的Euseius fustis之间存在竞争。当木薯单爪螨和交替食料玉米花粉稀缺时，这两种植绥螨会互相残杀取食异种的卵，但取食后只能存活几天，也不能繁殖后代。这一类型植绥螨能将异种的猎物跟同种区分出来，且偏爱取食异种猎物。钝绥螨亚科Amblyseiinae中多食性类型种的生殖力一般强于植绥螨亚科Phytoseiinae和盲走螨亚科Typhlodrominae中同类型种。前者完成个体发育所需的食物也相应要更多。植绥螨亚科个体一般体型较小，食物需求量相对较少。

多食性捕食螨是自然界最常见的捕食者。在未经农业措施处理的生境中，它们对叶螨种群一般能起较理想的调节作用。本类型的种类有相对固定的栖息环境，且在害螨的发生早期就能控制其种群的扩大。同专食性的捕食者相比，多食性植绥螨的猎物取食范围不会受不稳定性因素制约。因此，一些人认为它们更适合用于控制低密度的害虫种群。当猎物相对较少时，这些种类的捕食者能取食植物源食物，大大增加了捕食者的存活机会。因而使猎物-捕食者关系能维持相对稳定持久，是生物防治工作者较喜欢的种类。如加拿大、荷兰、澳大利亚、新西兰、韩国、日本等许多国家发生西花蓟马 *Frankliniella occidentalis* 危害时，都利用多食性植绥螨胡瓜新小绥螨和巴氏新小绥螨进行防治。尤其在有花粉作为替代食物的植物上，防治效果要好于无花粉的植物。胡瓜新小绥螨和巴氏新小绥螨在国内也被用于柑橘全爪螨防治。多食性植绥螨的种类丰富，在生态环境相对稳定的果树或乔木上分布较多。

（4）花粉嗜食性捕食者

本类型的捕食者嗜食植物花粉，单一取食花粉不仅能完成世代发育，而且生殖力最高，而仅以叶螨为食料的种群增长率很低。属于这一类型的植绥螨主要包括真绥螨属的种类，以及取食植物汁液和真菌孢子的其他属的种类。如爱泽真绥螨 *Euseius aizawai*（原名间泽钝绥螨）、尼氏真绥螨 *E. nicholsi*、芬兰真绥螨 *E. finlandicus*、卵圆真绥螨 *E. ovalis* 等。

该类型螨一般分布在热带和亚热带地区。嗜食花粉的螨类在田间种群数量的增减并不依赖于猎物数量，而主要取决于周围环境中开花植物的多寡，以及被风吹落在植物叶片上可供食用的花粉数量。它们一般在较荫蔽的叶子表面取食花粉或其他食物。在柑橘园中，当柑橘全爪螨大量繁殖时，它们嗜食其卵和幼螨。在人工大量繁殖嗜食花粉的植绥螨时，可根据其取食花粉的特性，采用其喜食的多种花粉进行饲养。

我国记录的真绥螨属有20多种，除了嗜食花粉外，其中有些种类还被发现是叶螨的主要捕食者，在生产上具有较高的利用价值。如尼氏真绥螨，分布于广东、江西、湖南、广西和四川，能取食柑橘上的柑橘全爪螨和柑橘始叶螨 *Eotetranychus kankitus*；爱泽真绥螨分布于贵州和广西，在柑橘树上捕食柑橘全爪螨；芬兰真绥螨分布于河北、陕西、山东、江苏等省，在苹果树上捕食叶螨和瘿螨；卵圆真绥螨分布于广东，在荔枝上取食荔枝瘿螨（羊战鹰 等，1998；吴伟南 等，2009）。

2. 植绥螨的主要食料种类和获得途径

了解了植绥螨的营养类型后，就可以针对不同营养类型的捕食螨准备人工繁殖所需的食料。食料的获取是大量饲养捕食螨的关键。目前，一些植绥螨已在进行商业性的大规模饲养，饲养所用的食料主要为以下几种类型。

（1）自然猎物

自然猎物即植绥螨在自然界的主要捕食对象，如叶螨等螨类及小型昆虫。最常用的自然猎物为叶螨科的种类，如朱砂叶螨、二斑叶螨、神泽氏叶螨等，它们的特点是寄主广泛，繁殖能力强。通过栽种寄主植物，接种叶螨后，可在短期内收获个体。如利用盆栽或袋栽植物饲养神泽氏叶螨，将种植所用土壤肥料装入薄膜袋或花盆，然后栽种茄子或蚕豆，两叶一心后接入叶螨，每株接叶螨50头，40d后可增殖到1.3万~1.4万头（张艳璇 等，1996a）。或在温室大田种植茄子、蚕豆、菜豆，待其长到一定高度时接入叶螨。可将大量饲养的叶螨收集冷藏备用，也可直接将捕食螨接种到植株上进行捕食螨繁殖。湿度太高不利于叶螨繁殖，所以饲养室要做好通风、降湿等工作。

虽然所有的植绥螨都可以利用自然猎物进行饲养，但实际上只有少数应用价值比较高的叶螨类的专食性和选择性捕食者采用自然猎物进行大量饲养，如商业化生产的智利小植绥螨就采用自然猎物进行繁殖。由于利用自然猎物繁殖要先栽培植物，待获得足够量的猎物螨后再接入捕食螨进行繁殖，繁殖所需要的空间比较大，成本高，繁殖周期长，技术要求高，因此是实际生产中最后采用的方法，即在其他繁殖方法都无效的情况下才采用的方法。

（2）替代猎物

替代猎物通常是指那些不危害田间植物，与植绥螨分布空间不同的非靶标猎物。植绥螨饲养最常用的替代猎物主要是一些仓储害螨，如粉螨科的腐食酪螨 *Tyrophagus putrescentiae*、食酪螨 *T. casei*、椭圆食粉螨 *Aleuroglyphus ovatus*、粗脚粉螨 *Acarus siro* 等，果螨科 Carpoglyphidae 的乳果螨 *Carpoglyphus lactis*，食甜螨科 Glycyphagidae 的害嗜鳞螨 *Lepidoglyphus destructor*、*Glycyphagus domesticus* 等，麦食螨科 Pyroglyphidae 的 *Dermatophagoides farinae* 等。这些仓储螨类可用麦麸、淀粉、粗粮和酵母粉来大量饲养，由于饲养方法简单、高效、成本低，其成为商业化生产一些捕食螨的首选方法。多食性螨类中的胡瓜新小绥螨、巴氏新小绥螨、斯氏钝绥螨等皆以替代猎物进行大量繁殖。

Ramakers 等（1982）最早报道利用粉螨商业化生产胡瓜新小绥螨和巴氏新小绥螨的方法。首先对麦麸进行消毒，在50℃条件下过夜，除去昆虫和杂螨，以100头/mL的量接入粉螨，4周后粉螨的密度可达到1 500头/mL。如果在第2周后以3头/mL的量接入巴氏新小绥螨，5周后巴氏新小绥螨的密度便可达到90头/mL。

（3）植物花粉

嗜食花粉的捕食螨取食植物花粉不仅能完成世代发育而且生殖力最高，多食性捕食螨中的一些种类取食花粉也能正常发育，因此植物花粉最适合这些种类的饲养。花粉来源广、量大、易收集、贮藏期长、成本低，是饲养花粉嗜食性植绥螨的理想食物，在生产中被广泛采用。常见易采集的有蓖麻、丝瓜、玉米、广玉兰、油菜、茶花、黄瓜等植物的花粉。不是所有植物的花粉都能作为捕食螨的食物，有些花粉不利于捕食螨取食，可能与花粉细胞壁的物理或化学性质有关，如细胞壁坚硬等。经过多年的研究和筛选，不同植物花粉适合饲养的植绥螨种类逐步清晰。在我国，常用的植物花粉和可饲养的植绥螨种类见表6。

表6　可用花粉饲养的植绥螨（吴伟南 等，2009）

花粉植物种类	可饲养的植绥螨	应用地区	文献
蓖麻 *Rocinus communis*	纽氏肩绥螨	广东	广东省昆虫研究所 等，1978
	尼氏真绥螨	四川、江西	张格成，1984；杨子琦，1993
	东方钝绥螨	江西	朱志民，1992
	江原钝绥螨	广东、湖南	陈守坚，1982；邹建捌，1990
丝瓜 *Luffa acutangula*	纽氏肩绥螨	广东	麦秀慧，1984a
	冲绳肩绥螨	江西	杨子琦，1993
	尼氏真绥螨	四川、湖南	张格成，1984；邹建捌，1990
		江西	杨子琦，1993
	东方钝绥螨	江西	杨子琦，1987
	江原钝绥螨	湖南	邹建捌，1983
	爱泽真绥螨	贵州	李德友 等，1992

(续表)

花粉植物种类	可饲养的植绥螨	应用地区	文献
皇后葵 Arecastrum romanzoffianum	纽氏肩绥螨	广东	麦秀慧a，1984
	尼氏真绥螨	广东	麦秀慧a，1984
广玉兰 Magnolia grandflora	尼氏真绥螨	湖南	邹建掬，1990
	江原钝绥螨	湖南	邹建掬，1990
茶花 Camellia sinensis	尼氏真绥螨	四川	张格成，1984
山茶 Camellia japonica	尼氏真绥螨	四川	张格成，1984
青冈栎 Cyclobalanonsis glauca	尼氏真绥螨	四川	张格成，1984
玉米 Zea mays	尼氏真绥螨	四川	张格成，1984
油菜花 Brassica chinensis	尼氏真绥螨	四川	张格成，1984
马樱丹 Lantana cumara	真桑新小绥螨	广西	蒲天胜，1991
黄瓜 Cucumis sativus	真桑新小绥螨	广西	蒲天胜，1991
棕榈 Trachycarpus fortunei	江原钝绥螨	湖南	邹建掬，1990
栎 Quercus sp.	尼氏真绥螨	四川、湖南	张格成，1984；邹建掬，1990
石榴 Punica granatum	爱泽真绥螨	贵州	李德友 等，1992

植物在盛花期的花粉量最大，可在此时期采集，烘干后分装到若干小瓶子中，放于0~5℃冰箱中保存。花粉的最大缺点是容易长霉，在应用时应注意控制湿度和及时更换。

（4）人工饲料

人工饲料即以不同营养组分（维生素、氨基酸等）或含有不同营养组分的物质配制而成，适合捕食螨取食的食料。Ochieng等（1987）用配制的人工饲料成功饲养 Neoseiulus teke 达25代。McMurtry（1975）用琼脂、水、水解酵母和蜂蜜配制的人工饲料可用于饲养智利小植绥螨。Shehata等（1972）利用蜂蜜、Pangamin提取物、维生素、氨基酸、水和防腐剂等物质配制成的人工饲料可使62%的智利小植绥螨幼螨发育到成螨，但成螨寿命较短，未能获得能发育的卵。由于多数人工饲料不能提供天然猎物或花粉所含有的全部营养，用其培养捕食螨常会导致捕食螨生殖力、寿命和寻找寄主等能力下降，甚至不能成活，因此目前人工饲料的使用是非常有限的。Song等（2019）利用人工饲料饲养加州新小绥螨获得成功。虽然加州新小绥螨在人工饲料条件下生殖力有显著下降，但可以多代繁殖，繁殖7代后，其在人工饲料条件下的繁殖能力不会再出现明显下降。加州新小绥螨以人工饲料条件繁殖多代后对叶螨的捕食能力有所下降，但在经过2~3d的适应后会迅速恢复，表明加州新小绥螨人工饲料还是具有很大的潜力的。刘静月等（2019，2021）的研究表明，加州新小绥螨时期取食人工饲料主要影响的是雌成螨的产卵前期、子代的性比，而产卵期取食人工饲料主要影响的是产卵量，取食人工饲料发育的雌雄螨在产卵期取食二斑叶螨后生殖能力基本恢复。由于人工饲料在成本、使用便捷性等方面具有较大的优势，因此不失为一个好的发展方向。

3. 不同食料及营养成分对植绥螨的影响

（1）自然食料对植绥螨生长发育和繁殖的影响

捕食螨的生长发育不仅与温度、湿度密切相关，而且与食料的种类、质和量密切相关。一般情况下，捕食螨取食某种食料，其个体生长发育快、成活率高，繁殖力通常较强，即产卵量也较高。李德友等（1992）对爱泽真绥螨取食的19种植物花粉的研究表明，爱泽真绥螨对19种花粉均能取食并产卵，但取食不同花粉的爱泽真绥螨的发育历期及存活率有明显差异，其中取食丝瓜、石榴花粉的不仅幼螨成活率高，而且雌螨产卵量也高。张乃鑫等（1983）发现当温度在23～29℃之间、相对湿度为80%左右、光照条件为15L：9D，食用山楂叶螨 *Amphitetranychus viennensis* 的智利小植绥螨雌成螨寿命都低于11d，每雌平均产卵量为9.4粒；反之食用二斑叶螨的智利小植绥螨雌成螨寿命均超过12d，每雌产卵量为58.8粒。巴氏新小绥螨取食刺足根螨 *Rhizoglyphus echinopus* 时不能发育成成螨，成螨取食刺足根螨时寿命缩短，而且不能产卵（张倩倩 等，2005）。除植绥螨科的种类外，其他科的一些捕食螨也具有类似的现象，如跗螨螨 *Blattisocius tarsalis*（Berlese）取食锯谷盗的比取食赤拟谷盗的发育快，产卵量也高（Hafeez et al.，1988）；佛州毛绥螨 *Lasioseius floridensis* 取食线虫 *Rhabditella axei* 不仅发育快、成活率高，而且产卵量显著高于取食侧多食跗线螨 *Polyphagotarsonemus latus* 和腐食酪螨（Britto，2012）。

食料的充足与否固然影响捕食螨的生长发育和繁殖，同一种食料的质量也会对此产生显著的影响。陈守坚等（1982）发现连续一周使用干燥的花粉饲养的江原钝绥螨，与用新鲜花粉饲养的比较，产卵量明显下降。取食腐食酪螨的巴氏新小绥螨在腐食酪螨产卵盛期的种群增长速度明显增快，因为腐食酪螨的卵和幼螨更易于被巴氏新小绥螨若螨和成螨捕食，这种情况下猎物螨食料的好坏会间接影响捕食螨种群的增长。通常在粉螨食料中添加酵母就是为提高猎物螨粉螨的产卵量。

（2）猎物对植绥螨性比的影响

目前植绥螨的性别影响机制还不清楚，性比的不同除与温度、湿度和风速等环境因素和捕食螨自身遗传、行为有关外，与食料的种类、丰富度及其营养价值（即蛋白质含量）也有关（吴伟南 等，2008；姜晓环 等，2010）。不同种类的叶螨等猎物对捕食螨的性比是有影响的。加州新小绥螨 *Neoseiulus californicus* 和智利小植绥螨在取食不同种类的叶螨后，性比会发生变化（Escudero et al.，2005）。二者分别取食土耳其斯坦叶螨 *Tetranychus turkestani*、二斑叶螨 *T. urticae*、伊氏叶螨 *T. evansi* 和曼陀罗叶螨 *T. ludeni*，取食伊氏叶螨的后代雌性比均较低。西方静走螨、温氏新小绥螨和智利小植绥螨捕食山楂叶螨 *Amphitetranychus viennensis* 与捕食二斑叶螨相比，雌性比均有所下降（张乃鑫 等，1983）。*Amblyseiella setosa*（原名丹麦钝绥螨 *Amblyseius denmarki*）在取食薯蓣瘿螨 *Eriophyes dioscoridis*、橄榄瘿螨 *E. olivi* 和肯尼亚木畸羽瘿螨 *Cisaberoptus kenyae* 3种瘿螨后，后代雌性比逐渐降低（Momen et al.，2004）。似前锯绥螨 *Proprioseiopsis lindiquisti* 取食橄榄瘿螨和薯蓣瘿螨后产生的雌性后代要比取食肯尼亚木畸羽瘿螨后更多（Abou-Elella，2003）。Rasmy等（2000）测试了二斑叶螨若螨、东方真叶螨 *Eutetranychus orientalis* 若螨、薯蓣瘿螨、棕榈和蓖麻花粉、黑片盾蚧 *Parlatoria ziziphi* 卵、粉虱幼虫对草栖钝绥螨（原名德氏钝绥螨）性比的影响，研究表明，食料显著影响草栖钝绥螨的后代性比。Momen等（2004）研究发现，*Amblyseiella setosa* 取食介壳虫卵产生的后代雌性比较取食介壳虫成虫高得多。

猎物密度（食料丰富度）的改变同样会对捕食螨后代性比产生显著的影响（姜晓环 等，2010）。在对智利小植绥螨、加州新小绥螨、西方静走螨、巴氏新小绥螨、阿西异盲走螨 Typhlodromus athiasae、温氏新小绥螨的研究中，均得出随着猎物密度的增大，后代雌性比逐渐增大。在低猎物密度条件下，智利小植绥螨、阿西异盲走螨和温氏新小绥螨的雌性比分别只有49%、23%和28%；而在猎物密度相对较高时，种群的雌性比分别达到83%、71%和73%。结果表明，上述植绥螨在猎物缺乏时后代种群向偏雄性发展，而猎物丰富时种群向偏雌性发展。

（3）食料对植绥螨滞育的影响

在本节第一部分已经有详细介绍，此处不再赘述。

（吴伟南　张宝鑫）

三、分子生物学

植绥螨隶属于蜱螨亚纲Acari中气门目Mesostigmata植绥螨科Phytoseiidae（Krantz et al., 2009），捕食叶螨类、蓟马类，以及粉虱科昆虫，被广泛用于生物防治中，是重要的生物防治类群（Gerson et al., 2003）。植绥螨成为研究应用及生物防治的理想模式生物，有以下几个原因：超过一半的害螨天敌都属植绥螨（朱志民，1987）；其主要猎物叶螨通常是重要的害虫，更有可能被控制在防治指标之下（Stehr, 1982）；植绥螨是一个拥有高度多样性的捕食者的类群，既能研究其特殊性又可归纳出普遍性（McMurtry et al., 2013）；它们较小的体型使得实验室分析和野外研究花费的资源较少；植绥螨还是首个对农药表现出田间选择抗药性的害虫天敌类群（Georghiou, 1972）。目前对植绥螨的研究主要集中在生物学和生态学特性（Wang et al., 2016）、受杀虫（螨）剂影响（张晓娜 等，2014）及对害螨控制效果（熊忠华 等，2012）等方面，对其分子相关方面的研究却很少（Jiang et al., 2019）；主要集中在利用COI和ITS来研究植绥螨种群间的遗传分化，以及探究功能基因对植绥螨生长发育繁殖的影响。

关于植绥螨在分子方面的研究开展较晚，2007年国外研究者Ayyamperumal Jeyaprakash和 Marjorie A. Hoy对西方静走螨线粒体基因组进行研究，拼接出线粒体全基因组的序列。它的长度为24 961bp，按顺序包含14 695bp的独特区、345bp的三重区和9 921bp的重复区。唯一区域的A＋T含量为76.9%，包含11个蛋白质编码、2个核糖体RNA（srRNA和lrRNA）、22个转移RNA（tRNA）基因和2个D环控制序列。两个基因（ND3和ND6）似乎缺失，但存在一个大的基因间隔区（390bp），如果使用不同的密码子，可能包含ND3。这是第一个完全测序的植绥螨线粒体基因组，也是从螯肢动物亚门中检测到的最大的（25kb）线粒体基因组。

1. 植绥螨系统地理学研究

吴瑜等（2009）首次对巴氏新小绥螨rDNA的ITS基因进行PCR特异性扩增，成功获得巴氏新小绥螨的ITS序列长度为652bp，比较了巴氏新小绥螨与植绥螨科其他10种植绥螨的ITS1、5.8S、ITS2的序列长度和GC含量。结果显示5.8S序列的保守度很高，ITS1的序列长度和GC含量的变化普遍明显高于ITS2。ITS变异程度高于5.8S，属于中度重复序列，适合于属间、种间的系统发育研究。并且对赣州三个种群进行ISSR-PCR扩增，发现安远种群的遗传多样性高于大余与信丰。2011年通过扩增种橘园常见钝绥螨的线粒体基因序列和核糖体序列，测得3种钝绥螨ITS序列长度为567～584bp，A＋T平均含量为59.9%，有一定的偏向性，不同的地理种群之间碱基的组成完全一致。基于线粒体基因和核糖体基因计算的遗传距离和构建的系统发育树都显示真绥螨属分子系统学分类支持它们形态分类的地位，伊绥螨属与真绥螨属的亲缘关系较近，肩绥螨属、冲绥螨属与新小绥螨属、钝绥螨属的亲缘关系较近（陈芬，2011）。

杨超等人利用COI和ITS来研究尼氏真绥螨地理种群间的遗传分化。检测了中国尼氏真绥螨自然种群核苷酸变异的水平和模式，得到COI片段长度为658bp，共有46个多态性位点，将全部序列分类为33个单倍型。COI基因的核酸多样性（nucleotide diversity，π）以及单倍型多样性（haplotype diversity，hd）较高。多样性较高的为重庆（π=0.111 1；hd=0.809）和广州（π=0.010 22；hd=0.788）种群。西南种群中重庆拥有最多的单倍型（7个）。扩增出了ITS，片段长度有648bp和649bp两种，共有16个多态性位点，将全部序列分为16个单倍型，其中有11个为私有单倍型。广州种群的ITS遗传多样性较低，成都种群的ITS遗传多样性较高。成都种群是异质性最高的种群，拥有6个单倍型；南宁和长沙种群次之，分别具有5个单倍型。基于COI和ITS序列的NJ法构建的进化树和PCA分析结果显示，尼氏真绥螨在中国拥有至少3个分支（杨超，2012）。2014年杨登录等人再次对中国尼氏真绥螨进行分子系统地理学研究，采样量和获得数据量比之前的研究更大也更丰富，扩大了尼氏真绥螨在中国的记述范围。共得到225条COI序列片段（453bp）和210条12S rRNA序列片段（约410bp），碱基都存在A+T百分含量的偏向性。均得到高的单倍型多样性（h）（COI为0.970，12S rRNA为0.864）和核苷酸多性（π）（COI为8.63%，12S rRNA为5.62%），表明中国的尼氏真绥螨资源丰富，分布范围广，具有很高的应用前景。尼氏真绥螨两个分子标记的系统发育树（Bayesian树和MP树）均表明，尼氏真绥螨具有显著的地理结构：位于古北界的FY（安徽阜阳）种群与其他种群不共享单倍型，在系统树上也单独成一枝或者两枝；位于HN（华南）群体的种群单倍型多聚为一枝；XN（西南）群体中LJ（云南丽江）地区的单倍型单独为一枝，而KM（云南昆明）种群在两个标记中呈现的支序结构不同（12S rRNA标记单独一枝，COI标记与其他种群一枝）；位于鄱阳湖盆地及其附近的部分种群的单倍型聚集为一枝；大部分的HZ（华中）群体的单倍型与部分HN群体的单倍型及个别XN群体的单倍型聚为一枝［COI标记中，PT（福建莆田）种群的单倍型单独为一枝］。COI和12S rRNA分子标记的遗传距离和分子差异分析（AMOVA）结果均表明，尼氏真绥螨的遗传变异主要来源于各种群之间和组间，种群内部的遗传分化相对较小（陈芬，2012）。

2. 植绥螨功能基因的研究

随着分子技术的发展，荧光定量及RNAi（RNA interfere，RNA干扰）技术的普及，植绥螨分子方面的研究也进一步深入。袁杰等（2010）对尼氏真绥螨4个*Dmrt*（doublesex and mab-3 relatated transcription factors）基因DM结构域的克隆及序列进行了分析，*Dmrt*基因家族是在动物中发现的一类编码转录因子，该家族成员的共同特征是含有1个高度保守的DM结构域，能识别特异DNA序列，在性别决定和分化发育的调控中担负重要的功能。该研究参照不同物种DM结构域设计了1对简并引物，扩增和克隆了尼氏真绥螨*Dmrt*基因的DM结构域，获得了4个不同的DM结构域克隆，分别命名为*EnDmrt2a*、*EnDmrt2b*、*EnDmrt2c*、*EnDmrt2d*。与不同进化地位的其他动物*Dmrt*基因的DM序列进行比对和聚类分析，结果显示DM序列及其编码氨基酸具有高度的相似性，表明DM及*Dmrt*基因在系统进化上具有高度的序列保守性和功能保守性。

从国内外研究情况看，对植绥螨卵巢发育和卵子发生相关基因的研究较少，在国内尚属起步阶段。西方静走螨基因组中发现的BTB1和BTB2蛋白可能参与了该螨产卵的过程，BTB（Bric-brac、Tramtrack和Broad Complex）结构域的蛋白质通常具有低序列相似性，并参与广泛的细胞功能。克隆得到BTB1和

BTB2 cDNAs序列全长，BTB1和BTB2编码蛋白质分别由380个和401个氨基酸组成。BTB1和BTB2蛋白质都含有一个N端BTB结构域，而没有其他可识别的结构域。所以，它们属于广泛分布于真核生物中的一大类TBb结构域蛋白，但其功能还不十分清楚。BTB1和BTB2基因敲除的西方静走螨雌螨的繁殖力分别降低约40%和73%，而基因敲除对它们的生存和后代的发育没有影响。这些发现表明，这两种蛋白可能参与该捕食螨体中与产卵有关的过程，扩大了这些不同蛋白质的功能清单（Ke et al., 2015）。

昆虫成功繁殖的关键过程之一是其卵黄（Vitellogenesis）的发生。目前最为关注的卵黄蛋白的前体是卵黄原蛋白（Vitellogenin, Vg），它是特异存在于卵生动物的一种大分子糖磷脂蛋白，为卵的形成提供营养来源，对生殖起着至关重要的作用。国内外关于螨类的Vg基因的研究近年来也有报道。以后陆续有多种螨类的Vg基因的研究，这其中包括胡瓜新小绥螨、巴氏新小绥螨和江原钝绥螨（Zhao et al., 2014; Ding et al., 2018; Wang et al, 2019）。胡瓜新小绥螨是世界范围内应用最广泛、最重要的蓟马等小害虫生物防治剂之一。在植绥螨中首次克隆了两个卵黄原蛋白的cDNA（Vgs、NcVg1和NcVg2），并分析了食物来源对雌成螨Vgs表达和生殖力的影响。用邻接法和最大似然法对胡瓜新小绥螨Vg进行了系统发育分析，结果表明，除长角血蜱外，其他寄生体均分离为一个单分支，并分为两个亚类，其中包括两个亚类中的一个。两个转录本NcVg1和NcVg2在发育过程中表现出相似的趋势，并在发育前期达到最高水平。在不同食物来源下，雌成虫NcVg1和NcVg2在产卵前期表现出显著差异（$P<0.05$）。Vgs的表达与生殖力呈正相关。因此，食物来源所提供的营养物质会影响生殖力，导致Vgs的差异表达。胡瓜新小绥螨关于卵黄原蛋白的研究开启了植绥螨卵黄原蛋白基因的探索。不久巴氏新小绥螨（*Neoseiulus barkeri*）卵黄原蛋白基因也被克隆出来，与胡瓜新小绥螨不同的是得到了巴氏新小绥螨3条卵黄原蛋白基因NbVg1，NbVg2、NbVg3 cDNA全长，保守结构域均具备卵黄蛋白原典型结构域即氨基端的Vitellogenin N结构域或脂蛋白N端结构域（LPD_N），未知功能的结构域（domain of unknown function）DUF1943和位于羧基端的VWD结构域（von-Willebrand factor type D domain）。并且还在筛选出巴氏新小绥螨敏感和抗性品系基础上，比较了巴氏新小绥螨甲氰菊酯抗敏品系的产卵量，采用实时荧光定量PCR法对抗敏品系卵黄蛋白原表达量进行了测定，发现甲氰菊酯抗性品系的产卵量显著增加。荧光定量PCR发现，NbVg1，NbVg2在巴氏新小绥螨甲氰菊酯抗性品系中表达量显著高于敏感品系，而NbVg3则在甲氰菊酯抗性品系中表达下降且显著低于敏感品系。推测卵黄原蛋白基因的表达变化可能与巴氏新小绥螨甲氰菊酯抗性品系产卵量增加有关。王吉等（2019）克隆了江原钝绥螨的卵黄原蛋白（Vg），以及卵黄原蛋白受体（VgR）并对其表达模式进行了分析，探讨了不同食物对江原钝绥螨繁殖力的影响。饲喂朱砂叶螨、油茶花粉等不同食物，对江原钝绥螨产卵量有显著影响（$P<0.05$），卵孵化率无显著性差异（$P>0.05$）。AeVg1、AeVg2和AeVgR的开放阅读框分别为5 673bp、5 634bp和5 597bp，编码1 857个、1 851个和1 830个氨基酸。对其他节肢动物的35个氨基酸序列进行了系统发育分析，该氨基酸序列与其他节肢动物的氨基酸序列有关。江原钝绥螨Vg1与巴氏新小绥螨Vg1关系最密切，江原钝绥螨Vg2与胡瓜新小绥螨Vg2的亲缘关系最为密切，江原钝绥螨VgR与巴氏新小绥螨VgR最为相似。*AeVgs*和*AeVgR*的表达模式相似：最高表达出现在产卵雌性阶段，最高表达出现在喂食油茶花粉的油松中。*AeVgs*和*AeVgR*的表达和生殖力呈正相关。这些研究结果将有助于我们进一步了解江原钝绥螨繁殖能力的分子机制（Wang et al., 2020）。王吉等（2020）探讨了不同食物对尼氏真绥螨繁殖力的影响。克隆了两个Vg基因，并对其在不同发育阶段和不同饲料中的表达水平进行了定量分析。*EnVg1*和*EnVg2*的开放阅读框分别为5 734bp和5 538bp，编码1 877个和1 845个氨基酸。对*EnVg1*与其他19种Vgs的氨基酸序列进行了系统发育分析，结果表明*EnVg1*与胡瓜新小绥螨Vg1关系最为密切，*EnVg2*与巴氏新小绥螨Vg2的亲缘关系最为密切。*EnVg1*和*EnVg2*的表达模式相似：最高表达出现在产卵期，最高表达出现在饲喂柑橘全爪螨的尼氏真绥螨中。

　　RNA干扰技术已经成为昆虫分子生物学研究中的一种重要的方法，昆虫和蜱螨的RNAi研究一般是通过沉默靶基因后，分析相应生物表型来研究该基因的功能（Marr et al., 2015）。植绥螨中西方静走螨是一种重要的生物防治剂。由于缺乏诸如RNA干扰等，对这种捕食者的功能基因研究受到阻碍。通过在20%蔗糖溶液中添加*RpL*11、*RpS*2、*RpL*8和*Pros*26.4基因的双链RNA（dsRNA）来评估西方静走螨饲喂dsRNA的反应。相应的基因敲除是牢固的、长期的，并且能在极少数后代的卵中观察到。有趣的是，如果这些捕食者在摄入dsRNA后仅以蔗糖为食，则不能敲除该基因；以二斑叶螨为食，则能敲除该基因。然而，一旦开始dsRNA介导的基因敲除，就不需要以二斑叶螨饲喂来维持。该研究证明口服dsRNA将是一个有效的全基因组功能筛选工具（Wu et al., 2014）。随后Aaron等人用口服dsRNA的方法探究了西方静走螨分子水平上的性别决定过程。对性别决定途径的详细了解可以使西方盲走螨的遗传操作产生更多的雌性后代，从而提高其作为生物防治剂的有效性。RNA干扰可通过减少或消除基因表达来评估性别决定基因的功能。饲喂*tra-2* dsRNA的西方静走螨与未饲喂的对照组雌性相比，摄入*tra-2* dsRNA的雌性产卵量明显减少，这表明*tra-2*在某种程度上参与了雌性的生殖活动。然而，少数后代的性别比没有改变，因此还不清楚*tra-2*是否参与了性别决定。这是阐明西方静走螨性别决定的分子成分的第一步（Aaron et al., 2015）。针对植绥螨性别决定基因的研究，选择智利小植绥螨可能与生殖相关的4个基因*RpL*11、*RpS*2、*tra-2*和*bab*2，利用RNAi饲喂法对初羽化雌成螨中这四个基因进行了干扰，并用荧光定量PCR验证目的基因是否被成功抑制。发现当*RpL*11和*RpS*2受到干扰时，分别有42%和30%的智利小植绥螨个体变得不育，而其余的可育雌螨的产卵期与对照组相比分别缩短了31.8%和49.9%，产卵量减少了48.1%和67.8%，卵的孵化率降低20.4%和22.4%。此外，当产卵量较低时，这两个处理的后代性别比例显著偏向雄性；当*tra-2*受到干扰时，未观察到产卵量方面的显著差异，但卵的孵化率与对照组相比降低了30.6%；当*bab*2被成功干扰后，其生殖参数没有发生显著的变化，可能该基因在智利小植绥螨雌性的生殖中没有明显的作用。总的来说，本研究通过饲喂法证实了RNAi在植绥螨科中研究的可行性，并表明*RpL*11和*RpS*2参与了智利小植绥螨卵的形成，而*tra-2*参与了卵的发育。与昆虫相比，植绥螨可能具有不同的性别决定途径（Bi et al., 2019）。

（夏　斌）

四、巴氏新小绥螨生物学综述

　　植绥螨是一类重要的捕食螨天敌，已发现的种类超过2 700种。巴氏新小绥螨*Neoseiulus barkeri* Hughes（Acari：Phytoseiidae）隶属于植绥螨科（Phytoseiidae），新小绥螨属（*Neoseiulus*）。McMurtry等人将植绥螨科捕食螨按食性划分为四类。巴氏新小绥螨属于第三类捕食螨，其喜欢生活在地表及地面矮小植株上（McMurtry et al., 2013）。巴氏新小绥螨已商品化生产，并广泛应用于多种害螨、蓟马等害虫害螨的防治（McMurtry, 2010）。

1. 巴氏新小绥螨的猎物范围

　　巴氏新小绥螨猎物范围广泛，包括各种害螨，如二斑叶螨*Tetranychus urticae*、柑橘始叶螨*Eotetranychus kankitus*（Li et al., 2017）、柑橘全爪螨*Panonychus citri*（方小端 等，2012）、东方真叶

螨 *Eutetranychus orientalis*（Momen et al., 1997）、跗线螨（Rodriguez-Cruz et al., 2017），以及蓟马等害虫（Wu et al., 2014）。巴氏新小绥螨能捕食线虫，如马铃薯腐烂茎线虫 *Ditylenchus destructor*，并能正常完成生活史（尚素琴 等，2017b）。巴氏新小绥螨可以取食真菌，其取食黑链格孢菌 *Aspergillus niger* 孢子能存活并产卵（Momen et al., 2010）。巴氏新小绥螨取食地中海粉螟 *Ephestia kuehniella* 卵能正常生长发育（Momen et al., 2007）。巴氏新小绥螨能正常取食番茄潜麦蛾 *Tuta absoluta* 卵，但是卵孵化后不能发育至成螨（Momen et al., 2013），取食米蛾卵也不能发育至若螨（Nasr et al., 2015）。

2. 巴氏新小绥螨的生长发育

巴氏新小绥螨为两性生殖方式，发育需经历卵、幼螨、前若螨、后若螨、成螨共5个阶段。巴氏新小绥螨生长发育繁殖受到温度、湿度、食物、光照等因素的影响。夏斌等研究了巴氏新小绥螨在光照条件为8L：16D，相对湿度为85%的环境中取食椭圆食粉螨 *Aleuroglyphus ovatus* 时在不同温度下的发育和繁殖特点，巴氏新小绥螨在16℃、20℃、24℃、28℃、32℃下从卵发育至成螨的历期分别为17.51d、11.66d、7.86d、5.82d、4.98d。成螨寿命随温度的升高而缩短，分别为48.41d、45.47d、34.57d、30.58d、23.72d；产卵前期也随温度的升高而缩短，在20℃、24℃、28℃、32℃下分别为20.27d、11.50d、8.65d、7.84d；巴氏新小绥螨在16℃下不产卵，在20℃条件下产卵量为10.67粒/雌，在24℃时为30.64粒/雌，在28℃时为30.85粒/雌，在32℃时为20.52粒/雌；种群内禀增长率在28℃时最高，为0.166（Xia et al., 2012）。Jafari等研究了饲喂二斑叶螨 *T. urticae* 若螨的巴氏新小绥螨在相对湿度为65%，光周期为12L：12D，不同温度条件下的生长发育情况。巴氏新小绥螨在15℃、20℃、25℃、27℃、30℃、35℃、37℃条件下，从卵发育至成螨的时间分别为26.59d、14.43d、6.32d、5.64d、4.59d、3.98d、4.67d，其未成熟期随着温度的升高而缩短，在35℃时最短，但在37℃时有所延长。通过计算得到巴氏新小绥螨发育起点温度为12.07℃，有效积温为86.20d·℃。通过Sharpe-Schoolfield-Ikemot模型预测巴氏新小绥螨发育最高温度为37.41℃，高于该温度，巴氏新小绥螨不能完成整个生活史（Jafari et al., 2012）。

不同猎物也会影响巴氏新小绥螨的生长发育。在（28±1）℃、相对湿度为（80±5）%、光周期为16L：8D条件下，巴氏新小绥螨分别取食腐食酪螨 *Tyrophagus putrescentiae*、二斑叶螨 *T. urticae*、柑橘始叶螨 *E. kankitus*、柑橘全爪螨 *P. citri*。雌成螨存活时间分别为20.8d、19.4d、11.7d、11.2d，雄成螨存活时间分别为13.8d、17.7d、16.0d、10.6d；未成熟期为6.12d、7.68d、6.11d、5.74d；产卵量为18.2粒/雌、18.4粒/雌、12.0粒/雌、13.9粒/雌（李亚迎，2017）。在25℃、相对湿度为75%~95%、光周期为16L：8D条件下，饲喂烟蓟马 *Thrips tabaci* 的巴氏新小绥螨比饲喂椭圆食粉螨 *A. ovatus* 的巴氏新小绥螨具有更高的产卵量和内禀增长率（Bonde, 1989；Xia et al., 2012）。无光照条件下，以南方根结线虫 *Meloidogyne incognita* 为食的巴氏新小绥螨，其内禀增长率、周限增长率均大于以腐食酪螨 *T. putrescentiae* 为食的巴氏新小绥螨，并且平均世代周期小于后者（周万琴 等，2012）。巴氏新小绥螨均可以取食二斑叶螨完成其生活史，但是仅饲喂二斑叶螨卵时便不能完成其生活史，同样地，饲喂蓖麻 *Ricinus communis* 花粉及海枣 *Phoenix dactylifera* 花粉均不能使巴氏新小绥螨完成生活史。当取食棕榈蓟马 *Thrips palmi* 一龄若虫、烟粉虱 *Bemisia tabaci* 卵及二斑叶螨幼螨组成的混合猎物时，巴氏新小绥螨具有比取食单一猎物时更高的产卵量（王成斌，2018）。

光周期也是影响巴氏新小绥螨生长发育的重要因素之一。在温度为（25±0.5）℃、相对湿度为85%、光照为667LX，并且饲喂充足腐食酪螨 *T. putrescentiae* 的条件下，当光照时间低于12h时，巴氏新小绥螨若螨发育历期、产卵前期、产卵后期及卵孵化时间均随着光照时间的增加而缩短；当光照时间大于12h时，巴氏新小绥螨若螨发育历期、世代发育历期、产卵前期、产卵后期及卵孵化时间随光照时间的增加而延长（肖顺根，2010）。

其余因素，如巴氏新小绥螨种群密度，也会影响巴氏新小绥螨的生长发育。在（26±1）℃、相对湿度为（70±5）%条件下，巴氏新小绥螨的繁殖力会随着其自身密度的升高而降低（Fouly et al.，2014）。

3. 巴氏新小绥螨行为

（1）自残行为

捕食螨往往具有自残行为，巴氏新小绥螨在没有猎物的情况下容易出现自残现象。李亚迎测定了在（28±1）℃、相对湿度为（80±5）%、光周期为16 L：8D的条件下巴氏新小绥螨不同螨态两两组合的自残情况。发现所有螨态均不取食卵，幼螨之间无自残作用。第一若螨与第二若螨、雌成螨、雄成螨，第二若螨与雌成螨、雄成螨，雌成螨与雄成螨之间均存在相互自残作用，但是第二若螨对第一若螨的自残作用显著高于第一若螨对第二若螨的，雌成螨对第一若螨的自残作用显著高于第一若螨对雌成螨的。在实验6h内，若螨及成螨对幼螨的自残作用较强；随着时间的推移，在实验24h时，若螨之间、成螨之间、成螨与若螨之间的自残作用均显著上升（李亚迎，2017）。

（2）捕食及捕食选择性

多数情况下，巴氏新小绥螨的捕食功能属于Holling Ⅱ型。其捕食行为会受到温度、猎物状态等多种因素的影响。例如，在16~28℃范围内，巴氏新小绥螨雌成螨对二斑叶螨各个螨态的最大日捕食量、攻击系数及捕食能力随温度的上升而增加，其在28℃左右捕食量最大，当温度上升到32℃时，其对二斑叶螨各个螨态的捕食量反而下降（陈耀年 等，2016）。猎物的不同状态也会影响巴氏新小绥螨的捕食行为。例如对于跗线螨 *Tarsonemus confusus* 的捕食，巴氏新小绥螨对卵和静止阶段的幼螨取食属于Holling Ⅱ型反应；对于成螨的取食属于Holling Ⅲ；当取食幼螨时属于Holling Ⅰ反应（Li et al.，2018）。

巴氏新小绥螨对不同害螨（虫）及不同螨态（虫态）具有不同取食选择性。如对二斑叶螨各个螨态的取食选择中，巴氏新小绥螨优先选择取食二斑叶螨幼螨（Fan et al.，1994）；在烟粉虱的各虫态中，巴氏新小绥螨优先取食烟粉虱卵；如果猎物均为二斑叶螨，那么巴氏新小绥螨更偏向于取食正常饲养的二斑叶螨，对产生抗药性的二斑叶螨具有一定的拒食现象（陈耀年 等，2016）。当二斑叶螨幼螨与烟粉虱卵共存时，巴氏新小绥螨更偏向于取食二斑叶螨幼螨。并且巴氏新小绥螨在多数情况下更喜欢在混合猎物的场所捕食（王成斌，2018）。

植物挥发物也会影响巴氏新小绥螨对捕食场所的选择。柑橘全爪螨及刺吸式口器昆虫为害后柑橘叶片时会产生挥发物，巴氏新小绥螨对挥发物的不同成分具有不同的行为反应，挥发物等嗅觉线索在巴氏新小绥螨的生境选择和寄主定位中起着重要作用（胡军华 等，2016）。相对于正常椰子植株，巴氏新小绥螨倾向于选择存在害螨危害的植株（Melo et al.，2011）。在田间释放巴氏新小绥螨时发现，在有截形叶螨 *Tetranychus truncatus* 单独危害、西花蓟马 *Frankliniella occidentalis* 单独危害，以及截形叶螨和西花蓟马混合发生的黄瓜植株上，存在混合危害的黄瓜植株上回收到的巴氏新小绥螨数量最多；其次是单一危害的植株，清洁植株上最少。因此推测巴氏新小绥螨对这两种猎物有较强的搜寻能力，其可能通过植物挥发物等气味物质选择存在混合猎物危害的植株（张东旭 等，2013）。

（3）产卵及产卵选择

猎物的营养状况是影响巴氏新小绥螨产卵量的重要因素之一。Lv等（2016）发现，巴氏新小绥螨分别取食以麦麸饲养的腐食酪螨，以及以麦麸添加酵母饲养的腐食酪螨，其产卵量有显著差异，未交配与交配过的巴氏新小绥螨雌成螨取食后者的产卵量分别是取食前者产卵量的1.55倍、2.47倍，可能是由于酵母的存在加大了巴氏新小绥螨对腐食酪螨的取食量。李亚迎等（2017）发现，在取食腐食酪螨、二斑叶螨、柑橘全爪螨、柑橘始叶螨时，巴氏新小绥螨产卵量存在显著差异。巴氏新小绥螨在取食二斑叶螨、棕榈蓟马、烟粉虱卵时，相比取食单一猎物时的产卵量，取食混合猎物的巴氏新小绥螨产卵量显著更高（王成斌，2018）。温度等非生物因素也会影响产卵量。Xia等（2012）发现，在光照条件为8L∶16D、湿度为85%条件下，巴氏新小绥螨取食椭圆食粉螨时在16℃条件下不产卵，在20℃条件下产卵量很低，在24℃和28℃产卵量较高，在32℃时产卵量又开始降低。

巴氏新小绥螨的产卵场所选择与猎物发生情况相关，其往往与捕食选择性具有相关性。如在空白对照与有二斑叶螨的斑块之间，巴氏新小绥螨喜欢将卵产在有二斑叶螨的斑块上；相对于单一猎物斑块，巴氏新小绥螨喜欢将卵产于混合猎物发生的斑块（王成斌，2018）。

（4）集团内捕食行为

当巴氏新小绥螨与其他捕食螨及捕食性天敌共存时，不同天敌类群之间会产生集团内捕食作用。由于巴氏新小绥螨与其他捕食螨存在对异种捕食螨捕食效率的差异，因此巴氏新小绥螨与不同捕食螨共存时，两者间的关系不同。巴氏新小绥螨对有益真绥螨 Euseius utilis 幼螨的捕食量（7.48±0.75）头高于对自身幼螨的捕食量（4.75±0.58）头，而有益真绥螨对同种幼螨的捕食量（9.10±1.65）头高于对巴氏新小绥螨幼螨的捕食量（5.31±1.43）头。两种植绥螨都不能取食同种或异种捕食螨的卵，表明当巴氏新小绥螨与有益真绥螨共存时，巴氏新小绥螨更趋向于取食有益真绥螨，而有益真绥螨更倾向于自残（郭建晗 等，2016）。同样，将巴氏新小绥螨和胡瓜新小绥螨 Neoseiulus cucumeris 混合后，两种植绥螨对同种或异种幼螨的捕食量最大，其次是若螨，而对卵的捕食量极低。但巴氏新小绥螨对胡瓜新小绥螨幼螨的捕食能力强于胡瓜新小绥螨对巴氏新小绥螨幼螨的捕食能力，两者共存时巴氏新小绥螨为集团内捕食者，胡瓜新小绥螨为集团内猎物（彭勇强 等，2013）。巴氏新小绥螨可以捕食尼氏真绥螨的卵，而尼氏真绥螨却不能捕食巴氏新小绥螨的卵。当两种捕食螨成螨共存时（不论雌雄），均为巴氏新小绥螨成螨对尼氏真绥螨成螨的捕食作用强于尼氏真绥螨成螨对巴氏新小绥螨成螨的捕食作用。因此当两种捕食螨共存时，巴氏新小绥螨更倾向于成为集团内捕食者，而尼氏真绥螨更倾向于成为集团内猎物（李亚迎，2017）。当巴氏新小绥螨与斯氏钝绥螨 Amblyseius swirskii 共存时，雌成螨均不会对种内雌、雄成螨产生捕食，也不会对种间雌成螨产生捕食，但对异种雄成螨会发生捕食作用，两种捕食螨对异种捕食螨的捕食能力相近（李杨，2018）。

外在猎物的存在能改变两种捕食螨的种间作用强度。如在无其他猎物的条件下，斯氏钝绥螨、巴氏新小绥螨均优先捕食异种植绥螨，而不是自残或者集团内捕食。当西花蓟马存在时，两种捕食螨均优先捕食西花蓟马。随着西花蓟马密度的增加，斯氏钝绥螨、巴氏新小绥螨间的捕食作用逐渐减弱，并且两种捕食螨对西花蓟马的捕食量均显著增加（李杨，2018）。

4. 巴氏新小绥螨逆境生物学

将捕食螨释放到田间后，捕食螨往往受到各种逆境胁迫，如高温、低湿、药剂、UV-B等。

（1）高温胁迫

温度是影响捕食螨生长发育繁殖的重要因素之一，田间常见高温一般不会直接导致捕食螨死亡。25~30℃往往为捕食螨较适应的温度，随着温度升高，捕食螨发育历期缩短。当温度超过一定程度后发育历期反而延长，死亡率开始上升（Jafari et al., 2012）。一般而言，多数捕食螨能在35℃的高温下生活，仅少数捕食螨，如尼氏真绥螨在32℃时便有较高的死亡率（Wang et al., 2014）。巴氏新小绥螨能在35℃条件下完成生活史（张国豪，2017）。在16~35℃时，巴氏新小绥螨发育历期随温度升高而缩短，但是在37℃时发育历期又延长（Jafari et al., 2012）。巴氏新小绥螨不能在40℃以上高温条件下完成世代。将巴氏新小绥螨在42℃高温条件下处理4h，其产卵量显著下降，产卵期缩短（张国豪，2017）。叶螨对高温的耐受力往往大于捕食螨，如巴氏新小绥螨在35℃的条件下对二斑叶螨的捕食量下降，种群密度开始下降，而在37℃温度下叶螨仍可以为害作物（Coombs et al., 2013）。因此高温条件容易降低巴氏新小绥螨种群密度，削弱其对叶螨的防控能力，导致叶螨暴发危害。张国豪等（2017）通过高温锻炼和高温驯化的方式筛选出巴氏新小绥螨耐高温品系，其在高温条件下存活时间显著延长。

（2）低湿胁迫

捕食螨个体小，对湿度相对敏感，在低湿环境下其正常生长发育会受到抑制。在20℃，相对湿度为75%~80%条件下，加州新小绥螨 *Neoseiulus californicus*、胡瓜新小绥螨、智利小植绥螨 *P. persimilis* 的卵均有部分不能孵化，在相对湿度为60%、70%低湿环境下，胡瓜新小绥螨、智利小植绥螨卵期会显著延长（Williams et al., 2004）。当田间出现较长时间干旱胁迫后，捕食螨对害螨的控制能力往往降低，害螨容易暴发危害，并且当高温条件并发的时候更为严重（Loeb, 1990; Montserrat et al., 2013）。在高温低湿共同胁迫下，巴氏新小绥螨存活时间显著缩短，在38℃、相对湿度为50%条件下胁迫6h，雌成螨死亡率超过80%。通过失水锻炼能够在一定程度上延长巴氏新小绥螨在高温低湿条件下的存活时间（Huang et al., 2019）。

（3）药剂胁迫

巴氏新小绥螨对某些杀虫杀螨剂的抗性远远高于二斑叶螨等害螨。如范潇（2015）发现联苯肼酯和乙螨唑对巴氏新小绥螨雌成螨致死中浓度（LC_{50}）约是二斑叶螨的1 000倍。而用中毒的二斑叶螨饲喂巴氏新小绥螨雌成螨并不会造成螨体的死亡。螺螨酯、甲维盐和噻螨酮对巴氏新小绥螨相对安全（焦蕊 等，2016）。刘平等（2014）采用叶片残毒法测定了常用的9种杀螨剂对二斑叶螨和巴氏新小绥螨的益害生物毒性选择指数（TRS），该值大于1表示杀螨剂对巴氏新小绥螨的致死中浓度较二斑叶螨的高，值越大表明巴氏新小绥螨的致死中浓度相对于二斑叶螨的更大，该药剂对巴氏新小绥螨更加安全。其中，螺螨酯和毒死蜱的毒性选择指数分别为10.864和9.361。溴虫腈、唑螨酯、阿维菌素、吡虫啉、噻嗪酮等对巴氏新小绥螨安全（Bashir et al., 2018；蒲倩云，2015）。Lima等（2013）认为细胞色素P450解毒蛋白参与了巴氏新小绥螨对药剂的抗性。

以下药剂对巴氏新小绥螨具有一定毒性。螺虫乙酯、杀线威和哒螨灵对巴氏新小绥螨幼螨和若螨毒性较大，而对卵毒性较小（Alhewairini，2019；Bashir et al.，2018）。乐果对巴氏新小绥螨具有高毒性（Bashir et al.，2018）。某些植物源杀虫杀螨剂对巴氏新小绥螨毒性较大，如除虫菊素、鱼藤酮、桉油精，其对巴氏新小绥螨成螨致死率在90%以上（尹园 等，2018）。

国外已对多种捕食螨进行了抗药性筛选（Field，1978；Prokopy et al.，1992）。在巴氏新小绥螨中，筛选出了抗甲氰菊酯品系（Cong et al.，2016）。西南大学也筛选出了抗高效氯氰菊酯和毒死蜱500倍的巴氏新小绥螨抗药性品系（徐学农 等，2015）。

（4）UV-B胁迫

UV-B是指波长280～320nm范围内的辐射。UV-B能破坏螨体内DNA大分子，严重威胁其生存。UV-B对生活在叶片正面的螨类具有较强的致死作用。因此多数螨类白天生活在叶片背面可能是为了躲避UV-B带来的危害（Ghazy et al.，2016）。

夏季UV-B辐射较强，此时伴随着高温胁迫，两者共同发生可能对捕食螨造成严重的伤害。在自然UV-B辐射强度下，经306nm波长紫外辐射1h后，巴氏新小绥螨卵孵化率显著降低，并且长期在高温条件下驯化的巴氏新小绥螨对UV-B胁迫相对于未经高温驯化的巴氏新小绥螨更为敏感（Tian et al.，2019）。

（5）其余逆境因子

在田间防治害螨时，巴氏新小绥螨可能和虫生菌同时使用，如巴氏新小绥螨与球孢白僵菌*Beauveria bassiana*、顶孢霉菌*Acremonium hansfordii*、矿物油等联合应用防治叶螨（方小端 等，2012）。对巴氏新小绥螨和二斑叶螨成螨同样喷施顶孢霉，11d后巴氏新小绥螨的累计校正死亡率不到4%，而二斑叶螨的累计校正死亡率达到70%（陈耀年，2016；Shang et al.，2018）。球孢白僵菌对巴氏新小绥螨与二斑叶螨的毒力差异也有相似的规律，对害螨有高致病力，对巴氏新小绥螨致死率不超过20%（数据未发表）。吴圣勇等（2018）推测可能由于巴氏新小绥螨具有机械强度更高的表皮，从而虫生菌不容易穿透其体壁。经过顶孢霉、球孢白僵菌处理的巴氏新小绥螨对二斑叶螨雌成螨、若螨的捕食量显著增加（陈耀年，2016；吴圣勇 等，2014）。然而，球孢白僵菌也可能会通过食物链对巴氏新小绥螨产生一定的负面影响。如巴氏新小绥螨取食了感染球孢白僵菌的二斑叶螨之后，其繁殖力降低、存活时间显著缩短，内禀增长率下降（Wu et al.，2015）。

在实际的捕食螨防控应用中，捕食螨在某些条件下会出现休眠状态，从而降低其控害能力。引起捕食螨休眠的原因不是单一的，光照和温度可能共同影响着捕食螨的休眠（van Houten et al.，1988）。在利用胡瓜新小绥螨*N. cucumeris*和巴氏新小绥螨防控西花蓟马时，由于在冬季时两种捕食螨容易进入休眠状态，其控害能力下降，因此对以上两种捕食螨进行筛选，选育出了抗休眠捕食螨品系，并且该品系能够稳定遗传（van Houten et al.，1995a）。

（李亚迎　刘怀）

第四节 人工饲养

人工饲养植绥螨的目的是获得大量的植绥螨个体，以满足实验室研究和规模化的应用，因此，植绥螨的人工饲养包括实验室饲养和规模化的饲养。

一、实验室饲养

通常情况下，植绥螨的饲养比害螨的饲养更为复杂，尤其是饲养专性植绥螨。饲养专性植绥螨时，必须通过寄主植物—猎物—植绥螨三级营养关系来饲养，三个步骤必须协调才能保持植绥螨的数量稳定。

在饲养多种或者不同品系的植绥螨时，要防止不同种类或不同品系的植绥螨之间交叉感染。由于植绥螨的个体小及外形上相似，交叉感染不容易被发现，因此，在进行植绥螨饲养时，要做好隔离措施。尤其在进行专性植绥螨饲养的时候，植物—猎物系统上不能感染植绥螨，否则，植绥螨不仅会影响猎物的饲养，而且还可能会污染到其他同样利用同种猎物的植绥螨。

如前所述，植绥螨根据食性可以分为四种类型（McMurtry et al. 2013）。

根据植绥螨的不同营养类型，选择的猎物类型、饲养装置和方法也有所区别。传统的实验室捕食螨饲养一般采用隔水台或隔水饲养法。

1. 人造材料装置和方法

目前最简单有效的植绥螨饲养装置都是在McMurtry等（1965a）设计的装置的基础上改进而来的。该装置的基本结构是：厚1.5cm的海绵（或棉花）裁剪成16cm×16cm大小的正方形，作为"浮台"，放在比"浮台"大的塑料盒子（20cm×20cm）中；盒子中加水，保持"浮台"吸饱水，液面低于"浮台"上面；选择黑色的硬质塑料纸裁剪成15cm×15cm大小，平铺在"浮台"上面，周围用吸水纸条（宽度2cm）包裹固定黑色塑料纸——吸水纸条的作用是减缓植绥螨的逃逸及补充水分。

Overmeer等（1982）对上述装置进行了改进，该装置将上述装置缩小了一半，以方便在体视显微镜下观察（图5）：将海绵裁剪成8cm×15cm×3cm大小的长方体，放入比海绵大的长方形盒子中，保持海绵吸水至饱和；在海绵上面放置与海绵面同样大小的塑料板（厚5mm），周围用7cm宽的吸水纸包裹，留大约5.5cm宽的吸水纸可以浸入塑料盒中的液面；在塑料板上的吸水纸边上，用注射器放置方形的黏性材料，这样可以阻止植绥螨逃逸。

"浮台"亦可以用小容器（黄明度，2011）或者淘洗干净的沙子（陈守坚 等，1982）堆成。若"浮台"为小容器，则在容器上铺纱布，纱布的四周须浸入饲养容器的水中。需要注意的是，饲养器皿内的水应该经常更换，特别是在高温下，水质容易变坏，影响饲养的质量（张格成，1984）。

如果植绥螨的猎物是叶螨类，则可以将带有叶螨的叶子直接放在饲养装置上或用毛刷将叶螨扫到饲养装置上。如果捕食螨的食物是花粉，则可以将花粉直接放置在饲养装置上。如果捕食螨是利用替代猎物作为食物，可以将替代猎物和食料一起放置在饲养装置上。捕食螨在饲养装置上需要利用庇护所进行隐藏和休息，因此，有必要在饲养装置上为捕食螨提供庇护所。

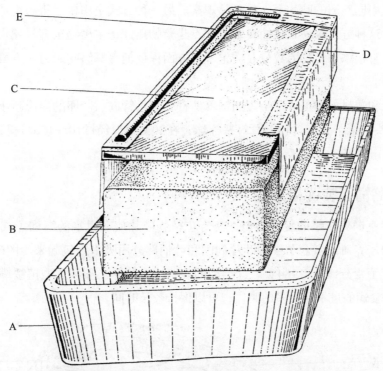

A. 盛水塑料盒；B. 海绵；C. 塑料板；D. 吸水纸；E. 黏性材料
图5 植绥螨人造材料饲养装置（Overmeer et al., 1982）

McMurtry等（1965a）是用棉花丝上面加盖玻片的方式给捕食螨提供庇护所。Overmeer等（1982）是利用透明的薄塑料片做成小的屋脊状装置，放置在捕食螨上方。捕食螨会移动到该装置的顶端，背面朝下，趴在庇护所下面休息。通常情况下，捕食螨的卵产在休息的地方或其附近。利用透明的庇护所，有利于对捕食螨进行观察，例如观察捕食螨是否进行了产卵。

也可以在饲养装置上，放4张浸透白蜡的具叠痕的纸，4张纸自下而上依次渐小，每张纸上有圆形小孔4个，便于钝绥螨上、下活动，每层纸之间放少许棉絮供钝绥螨产卵（广东省昆虫研究所生物防治研究室 等，1978）。

可以用上述装置进行饲养的植绥螨种类有智利小植绥螨、胡瓜新小绥螨、巴氏新小绥螨、加州新小绥螨、长毛新小绥螨、斯氏钝绥螨等。这些装置最适合可以用花粉饲养的捕食螨，用花粉作为饲料方便对饲养的捕食螨进行观察和检查。需要注意的是，用花粉作为饲料，需要给捕食螨提供水源以补充水分（Overmeer，1985）。

对于需要依靠植物活动或繁殖的捕食螨，上述装置可能不适合。木槿真绥螨 *Euseius hibisci*（Chant）需要从植物叶片中获取水分，虽然也可以用花粉饲养，但花粉很难在上述装置上保留（McMurtry et al., 1964a）。芬兰真绥螨会将卵产在苹果叶子叶片毛刺的末端，若在上述装置上饲养，该螨经常会逃离饲养装置，并且几乎不产卵。虽然在装置上加入棉花丝后，该螨的产卵情况会有改善，但用该装置不能成功饲养芬兰真绥螨（Overmeer，1981）。

上述装置亦可用来饲养专食性捕食螨。实际上，很多已经报道的捕食螨饲养装置往往都是为饲养智利小植绥螨 *P. persimilis* 而设计的。这些饲养装置需要经常添加猎物，可以用两种方式进行猎物添加。一种是直接添加带有猎物的植物叶片到饲养装置上，这种方式的优势是可以让猎物在寄主植物上存活久一些，一般一周要加至少3次带有猎物的新鲜叶片。新叶片可以直接叠加放在旧叶片上方。这种方式的缺点是捕食螨会待在不同新旧的叶片上，且不易观察。另一种方式是用刷子将猎物从寄主植物上扫下来添加到饲养装置上。这种方式容易观察捕食螨，缺点是猎物离开寄主植物很容易死亡，猎物会爬到装置周围的边缘。因此，直接添加猎物的数量要适量，一方面保证捕食螨够吃，另一方面避免猎物过多死亡，保持饲养装置的清洁。

另外，指形管和塑料小袋也可用于短期饲养捕食螨，每管放入产卵的温氏新小绥螨（原名拟长毛刺新小绥螨）5～10头，给予充足食料，管口塞棉球，在30℃下，经过10～15d可得到100头以上的各种虫态的捕食螨（上海市植保植检站 等，1984）。

2. 单独叶岛饲养装置和方法

该装置与实验室饲养叶螨的装置类似，将寄主植物叶片放在吸水的海绵（或棉花）上，海绵（或棉花）放在盛水的培养皿或者盒子中，叶片周围和叶柄部分用吸水纸包起来（图6）。这种方法被称为"叶片饲养法"（董慧芳 等，1984）。这类型的装置适合饲养Ⅰ型和Ⅱ型植绥螨，优点是猎物可以在叶片上繁殖，在捕食螨的量不是太多的时候，可以保持较长时间。

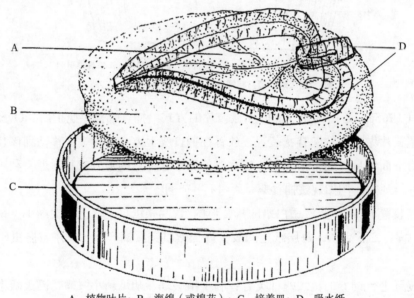

A. 植物叶片；B. 海绵（或棉花）；C. 培养皿；D. 吸水纸
图6　植绥螨叶岛饲养装置（Overmeer，1985）

用于制作叶岛饲养装置的植物叶片应该能够在该装置上保持较长的时间。其中，豆子类植物是较好的选择，例如菜豆*Phaseolus vulgaris*、利马豆*Ph. limensis*和豇豆*Vigna unguiculata*。利用寄主植物—猎物—捕食螨三级营养关系繁殖的捕食螨种类，均可用该装置进行饲养。例如智利小植绥螨（Amano et al.，1977）、加州新小绥螨和长毛新小绥螨（Song et al.，2016）等都可以用叶螨在该装置上成功饲养。

利用叶岛装置饲养捕食螨时需要注意捕食螨与提供猎物之间的关系。例如梨盲走螨可以捕食二斑叶螨，但该种捕食螨在自然中主要是捕食果树上的苹果全爪螨*Panonychus ulmi*。当二斑叶螨不产生大量丝网时，梨盲走螨可以用二斑叶螨饲养。由于梨盲走螨无法突破二斑叶螨所产生的丝网，在叶岛装置上用二斑叶螨无法长时间饲养梨盲走螨（Overmeer et al.，1981）。可以用苹果叶片作叶岛装置，利用苹果全爪螨饲养梨盲走螨，但苹果叶片无法在叶岛装置上长时间保持。

木槿真绥螨可以利用牛油果叶片制作成的叶岛装置进行饲养（McMurtry et al.，1964a，1965a），主要是因为该种捕食螨需要从叶片中取食植物的液汁。叶岛装置中也可以用裁剪好的叶碟代替整片叶片，叶碟周围要用吸水纸包好（Song et al.，2016，2019）。叶岛上还可以填加人工饲料，进行加州新小绥螨饲养。需注意的是，人工饲料需要每天更换，避免发霉，污染叶岛（Song et al.，2019）。吸饱水的海绵（或棉花）可以充当阻止捕食螨逃逸的屏障。叶岛装置建议使用较大的培养皿或者盒子来装水。

二、规模化饲养

随着对捕食螨生物学研究的深入和田间小面积的应用成功，捕食螨应用的需求越来越大，实验室饲养方法无法满足捕食螨规模化应用的需要。由于捕食螨食性的不同、繁殖时用的饲料不同，其饲养方法也不尽相同（张帆 等，2005；张宝鑫 等，2007）。

1. 叶螨类专食性捕食螨规模化饲养

对于叶螨类专食性捕食螨，例如智利小植绥螨、长毛新小绥螨等，最常用的是自然猎物繁殖法。基本思路是采用寄主植物—猎物—捕食螨三级营养关系的原理来繁殖。有两种方法。一是直接种植法，直接种植植物（茄子或者蚕豆），在植物定植后，在植物上接叶螨（二斑叶螨或者神泽叶螨），等叶螨繁殖到一定程度（30~40d）后，接入捕食螨，让其自然繁殖。在该种方法下，如果寄主植物是在开放式田间种植的，寄主植物易受外界干扰，首先是受外界其他害虫干扰，再者是受外界其他天敌影响，进而导致捕食螨繁殖受影响。二是盆养法（张艳璇等，1996b），在盆状浅皿中间放一块吸水海绵，四周盛水，其上盖黑色薄膜，种植植物饲养叶螨，然后收集感染叶螨的植物并放在饲养盆中，接入捕食螨进行饲养。盆养法在早期的捕食螨研究和利用中起到过很大作用。但叶螨与植物叶片一起放入盆中，叶片容易腐烂，更换叶片时还要清理旧叶片上的螨，工作量大，所以现在一般不采用盆养法大量繁殖专食性捕食螨。

2. 叶螨类选择性捕食螨规模化饲养

对于叶螨类选择性捕食螨，例如加州新小绥螨、西方静走螨等。这类捕食螨可以利用叶螨类专食性捕食螨的饲养方法，但要注意把握收集捕食螨的时间，避免因叶螨数量减少而出现捕食螨逃离的现象。这类捕食螨根据种类不同，也可以使用替代猎物繁殖法和花粉繁殖法。

3. 多食性捕食螨规模化饲养

目前，商业化的捕食螨有胡瓜新小绥螨、巴氏新小绥螨、斯氏钝绥螨等。这类捕食螨主要使用替代猎物繁殖法。

胡瓜新小绥螨和巴氏新小绥螨可以利用腐食酪螨作为替代猎物（Lv et al.，2016；Zheng et al.，2017）。腐食酪螨是一种粉螨，是重要的仓储害螨，主要分布在储藏的粮食、面粉和饲料中。作为捕食螨的替代猎物，腐食酪螨利用麦麸很容易大量繁殖。将麦麸消毒，装入捕食螨饲养装置中，按照种螨与饲料比为1∶50~1∶20的量接种，种螨中捕食螨密度为50~100头/g，粉螨密度为150~200头/g。控制发育室温度在25~30℃，30~35d后，捕食螨的量可达300头/g以上。在繁殖过程中，要保证饲养装置的换气和保湿。可调透气口的捕食螨饲养装置，可以很好地解决捕食螨饲养过程中的透气保湿问题（张宝鑫 等，2015）。

另外，可以采用开放式繁殖法饲养捕食螨。开放式繁殖采用大容量的容器如15~20L的大塑料盆作饲养工具，每盆放入4~5kg已消毒的粉螨饲料；将饲养好的捕食螨种螨和椭圆食粉螨种螨按桶1:1混合，组成混合种螨种群，每盆接入100~200g此混合种螨种群，然后放置于捕食螨培养室的饲养架上培养；培养20d后每隔5d检查盆中捕食螨密度，当每克饲料中捕食螨成螨密度在100头以上时，便可用于产品分装。此种方法要注意繁殖过程中被肉食螨感染，当发现有其他捕食螨感染，要立即将被感染的捕食螨隔离，并且对饲养容器和环境进行清洁消毒。

4. 花粉嗜食性捕食螨规模化饲养

自然界中，当猎物密度较低时，花粉可以作为捕食螨的补充食料。部分嗜食花粉的捕食螨可以靠取食花粉完成世代发育。例如尼氏真绥螨、江原钝绥螨（吴伟南 等，2009），这类捕食螨靠取食花粉便能完成世代发育。但对于不同种类的捕食螨，其所需营养不同，需要筛选合适的植物花粉才能获得最佳饲养效果（张宝鑫 等，2007）。花粉繁殖可选用传统的盆养法。利用花粉饲养的优点是花粉来源广、量大、易收集、冷储时间长、成本低，缺点是花粉易发生霉变。目前，在生物防治实践中，当田间目标害虫数量较低时，为了维持捕食螨种群数量和避免捕食螨间的种群内捕食，可以将花粉作为捕食螨田间的补充饲料（van Rijn et al., 1999a; Nichols et al., 2004）。

5. 规模化饲养方法比较

捕食螨规模化饲养的最好方法是用其自然猎物进行繁殖。由于用自然猎物繁殖要先栽培植物，获得足够量的自然猎物后，才能接入捕食螨进行繁殖，因此对所需空间及其他条件都要求较高，繁殖周期长，技术要求高。在生产上，这种方法只适用于专食性捕食螨及在经济价值高的作物上使用的捕食螨的繁殖。替代猎物繁殖法以粉螨为例，所用原料为麦麸，来源广，繁殖技术相对简单，繁殖效率高，但这种方法适用捕食螨的种类有限，需要的劳动力多，并且粉螨是人类的过敏原，对人的健康有害（Nguyen et al., 2015）。花粉繁殖法的优缺点与替代猎物繁殖法类似。最后一种人工饲料繁殖法，这种方法目前由于没有解决人工饲料的配方和饲料形态（液态不适合大规模饲养）问题，因此，只限于在实验室内研究，暂时无法应用于规模化饲养。

三、捕食螨饲养的温湿度条件

温湿度是影响人工饲养捕食螨成败的关键因素。研究表明，温度25~30℃、相对湿度80%~90%，是捕食螨生长、发育和繁殖的适宜条件——温度在20℃以下钝绥螨则产卵减少，10℃以下则生长缓慢（祁慧芳，1981）。不同捕食螨种类对温湿度的要求有所差异，应该根据捕食螨种类特定的生物学特性及适生温湿度作具体调整（黄明度，2011）。湿度过高，容易引起植绥螨发病致死；湿度过低，影响捕食螨卵的孵化，容易引起肉食螨感染。特别是幼螨、若螨，对湿度有比较严格的要求：在湿度不能满足时，常见大批幼螨浸在薄膜边缘黑布上面，如果浸水超过1d，则幼螨全部死亡；如果湿度太高，薄膜上出现水珠时，幼螨行动迟钝，是发病前兆（陈守坚 等，1982）。成螨对湿度的要求没有幼、若螨高，但若饲养容器内湿度过高，则雌成螨的产卵量显著减少，甚至不产卵（祁慧芳，1981）。另外，饲养过程中如果湿度过高，饲料（花粉）就容易发霉，而成螨喜在发霉的花粉上产卵，造成收卵困难（陈守坚 等，1982）。

（宋子伟）

第二章
国内外有利用价值植绥螨种类及国内未有利用研究种

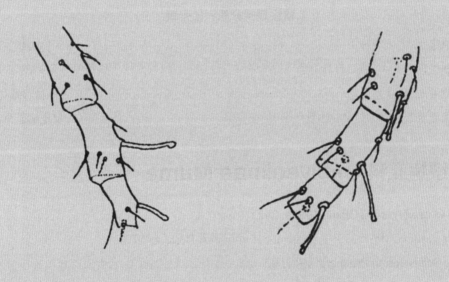

植绥螨科 Phytoseiidae Berlese

Phytoseiini Berlese, 1916: 3.

Phytoseiinae Berlese; Vitzthum, 1941: 768.

Phytoseiidae Berlese; Baker and Wharton, 1952: 87.

身体由颚体和躯体组成。颚体位于前方,由颚基、头盖、口下板、须肢和螯肢组成。须肢跗节有二叉的叉毛1根。螯肢分动趾和定趾,雄螯肢上具导精趾。躯体椭圆形,以一块完整的背板覆盖(少数种分列为2块),背刚毛13~23对,绝大多数为20对以下,背板两侧的盾间膜上有1~3对亚侧毛,多为2对。腹面有胸板、胸后板、生殖板(雄螨愈合胸殖板)、腹肛板和足后板(有些种分裂为腹板和肛板或仅有肛板)。4对足发达,足分节为基节、转节、股节、膝节、胫节和跗节,跗节又被裂缝分为基跗节和端跗节,末端为爪和爪间突。气门沟板发达,1对,位于足Ⅳ基节外侧,气门沟向前伸,常达前缘与背板合并。

植绥螨科分亚科检索表

1 前半体侧缘缺z3、s6毛 ··· 钝绥螨亚科 Amblyseiinae
   前半体侧缘具z3和s6毛或只具其中之一 ·· 2
2 后半体侧缘缺Z1和S系列毛 ··· 植绥螨亚科 Phytoseiinae
   后半体侧缘至少具1对毛(Z1或S系列毛) ································· 盲走螨亚科 Typhlodrominae

一、钝绥螨亚科 Amblyseiinae Muma

Typhlodromus (*Amblyseius*) Chant, 1957a: 292.

Amblyseiinae Muma, 1961: 273. Type genus: *Amblyseius* Berlese, 1914.

Amblyseiini Schuster and Pritchard, 1963: 225.

Macroseiinae Chant, Denmark and Baker, 1959: 808.

Type genus: *Amblyseius* Berlese, 1914.

钝绥螨亚科是植绥螨科中最大的一个类群。Koch(1839)描述的第一种植绥螨 *Zercon obtusus* 就是现在的 *Amblyseius obtusus*(Koch)。Berlese(1914)首先提出钝绥螨属,但 Oudemans(1936)仍不确认钝绥螨属,他把 Berlese 和 Koch 发表的种都归入盲走螨属 *Typhlodromus*。自 Vitzthum(1941)后,植绥螨分类学家才确立了钝绥螨属,并把其相似的属归入钝绥螨这一大类群。Muma(1961)建立了钝绥螨亚科,并把与钝绥螨属相关的19个属归入钝绥螨亚科。本亚科以缺z3和s6毛区别于植绥螨亚科和盲走螨亚科。

钝绥螨亚科躯体毛数目为25~36对,大部分种类为33对,其中20对是稳定的,即j1、j3、j4、j6、J5、z2、z4、z5、Z1、Z4、Z5、s4、r3、ST1-5、PA、PST、JV1、JV2、JV5、ZV2。它的主要特征是前半体侧缘具4对毛,即j3、z2、z4、s4,后半体侧缘至少具Z1、Z4、Z5。本亚科种类分布最广泛,种类最多的躯体毛序类型有两个:10A:9B/JV-3:ZV,代表种为 *A. obtusus*(Koch),约占钝绥螨亚科的80%;10A:8E/JV-3:ZV,代表种为 *Amblyseius okangensies*(Chant),约占钝绥螨亚科的10%。

钝绥螨亚科分族检索表

1 成螨气门沟前面不与背板合并（图7）···印小绥螨族Indoseiulini
  成螨气门沟前面与背板合并（图8）···2

2 成螨背板分为前背板和后背板（图9）···大绥螨族Macroseiini
  成螨背板不分为前背板和后背板··3

3 躯体仅具25对刚毛，是植绥螨中最少毛的种类（图10），毛序类型9A：5F/JV-3、4、ZV-1、3、j5、J2、Z1、S4、S5、JV3、JV4、ZV1、ZV3毛缺··非洲小绥螨族Afroseiulini
  躯体至少存在2对上述的刚毛，刚毛总数超过25对··4

4 胸板后缘中稍凸起（图11、图12），颚基沟宽（>5μm）（图13），肛前毛JV2和ZV2有一些前移（图11），雄性肛前毛几乎在一直线上而不是呈三角形（图15）···真绥螨族Euseiini
  胸板后缘无突出（图17），颚基沟宽（<5μm）（图14），肛前毛JV2和ZV2没有前移（图17），雄性肛前毛成三角形排列（图16）···5

5 S4毛缺（图18），Kampimodromini族3个种除外：*Typhloseiella isotricha*（Athias–Henriot）、*T. perforate*（Wainstein）和*Parakampimodromus trichophilus*（Blommers）···6
  S4毛存在（图19），也有例外：Proprioseiopsina亚族的*Swirskiseius zamoranus*和*Flagroseius euflagellatus*，以及Arrenoseiina亚族，*Phytoscutus*属5个种［以*P. gongylus*为例（图20）］也缺此毛，虽然它们同Kampimodromini族和Phytoseiulini族的种差别很大···7

6 背侧毛粗厚、锯齿状，着生在瘤状突上（图21），J2、S2毛存在或缺失，雌螨腹肛板通常长、窄，肛前毛在前侧缘垂直对齐（图22），j6毛短，不长于z2，短于j6与z2毛之间距离的2倍（图23），肛前毛3对（图24），活体白色或棕黄色···坎走螨族Kampimodromini
  背侧毛虽有锯齿状，但并不粗厚，也不着生在瘤状突上（图25），J2和S2毛缺失，雌螨腹肛板退化，并不长、窄（图26），j6毛很长，比z2毛要长几倍，是它们基部距离的2～3倍（图27），雌螨腹肛板具0～1对肛前毛（图26），活体橘黄色或红色···小植绥螨族Phytoseiulini

7 s4：Z1<3.0：1.0（图28），s4、Z4或Z5不会长于其他背刚毛很多（图29），腹面各骨板轻微骨化，生殖板不会宽于胸板，J2毛常存在···8
  s4：Z1>3.0：1.0（图30）［*Paraamblyseius*属（图31）除外］，一些种（包括*Paraamblyseius*属的种）严重骨化，红色或暗棕色，胸板宽，表面有一条纹，但其他种不具有这些特征，s4、Z5通常还有Z4明显比其他背毛长，J2毛存在或缺失···钝绥螨族Amblyseiini

8 足Ⅱ膝节无巨毛，足Ⅲ膝节很少有巨毛；螯肢定趾有齿，但常少于6齿，很少为多齿（图32），这两个特征绝对不会同时存在···新小绥螨族Neoseiulini
  足Ⅱ和足Ⅲ一般有巨毛，螯肢定趾通常多于6齿（图33），绝大多数种类同时具有这两个特征···似盲走螨族Typhlodromipsini

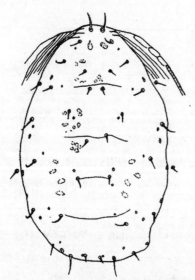

图7　*Gynaeseius christinae* Schicha的背板

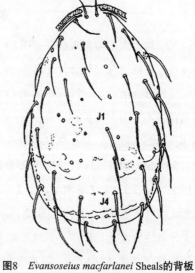

图8　*Evansoseius macfarlanei* Sheals的背板

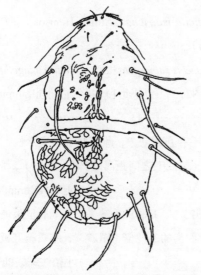

图9　*Macroseius biscutatus* Chant, Denmark and Baker的背板

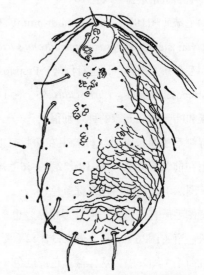

图10　*Afroseiiulus robertsi* Baker的背板

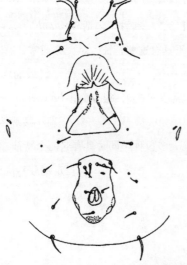

图11　*Euseius consors* De Leon的雌螨腹面

图12　*Ueckermannseius munsteriensis* van der Merwe的雌螨腹面

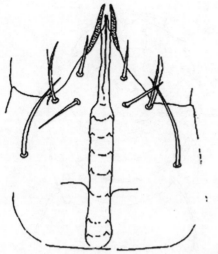
图13 *Euseius myrobalans* Ueckermann and Loots的颚基沟

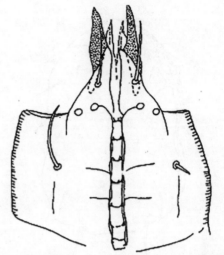
图14 *Neoseiulus accessus* Ueckermann and Loots的颚沟

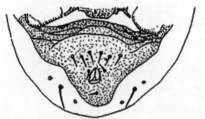
图15 *Euseius baetae* Ueckermann and Loots的雄螨腹肛板

图16 *Amblyseiulella domatorum* Schicha的雄螨腹肛板

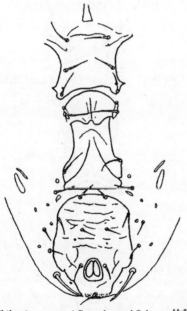
图17 *Chileseius camposi* Gonzalez and Schuster的雌螨腹面

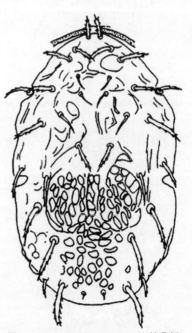
图18 *Okiseius subtropicus* Ehara的背板

图19 *Typhlodromips simplicissimus* De Leon的背板

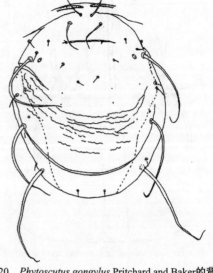

图20 *Phytoscutus gongylus* Pritchard and Baker的背板

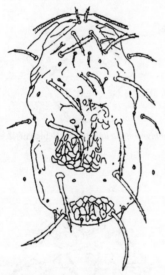

图21 *Paraamblyseiulella transmontanus* Ueckermann et al.的背板

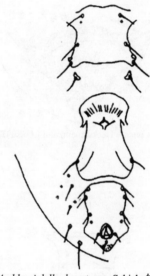

图22 *Amblyseiulella domatorum* Schicha的雌螨腹面

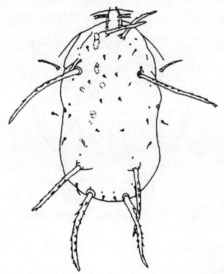

图23 *Neopaaraphytoseius sooretamus* El-Banhawy的背板

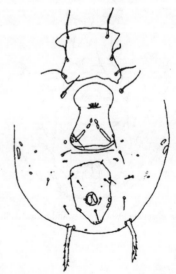

图24 *Neopaaraphytoseius sooretamus* El-Banhawy的雌螨腹面

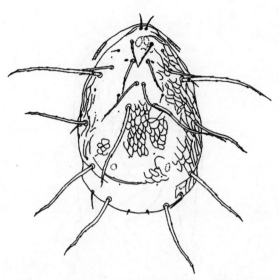
图25　*Phytoseiulus persimilis* Athias-Henriot的背板

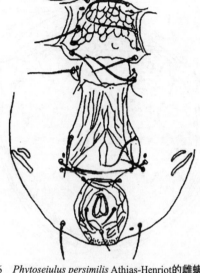
图26　*Phytoseiulus persimilis* Athias-Henriot的雌螨腹面

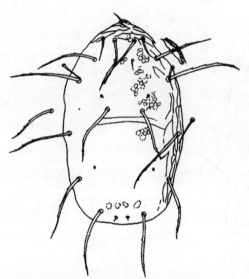
图27　*Phytoseiulus longipes* Evans的背板

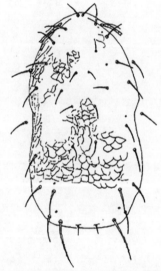
图28　*Neoseiulus cucumeris* Oudemans的背板

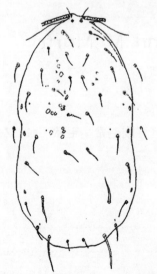
图29　*Neoseiulus barkeri* Hughes的背板

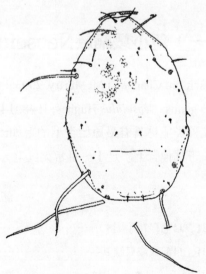
图30　*Amblyseiella americanus* Garman的背板

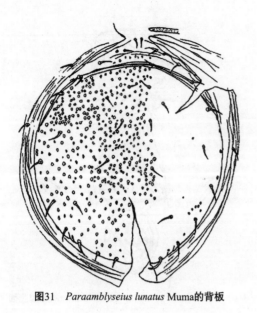

图31 *Paraamblyseius lunatus* Muma的背板

图32 *Neoseiulus barkeri* Hughes的螯肢

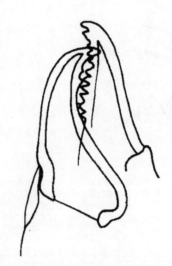

图33 *Typhlodromips simplicissimus* De Leon的螯肢

（一）新小绥螨族Neoseiulini Chant and McMurtry

Neoseiulini Chant and McMurtry, 2003a: 6.

Type genus: *Neoseiulus* Hughes, 1948: 141.

本族种类躯体具有最原始类型的毛如r5、z6、J1、J3、J4，且背刚毛常呈毛状，s4、Z4、Z5的长度不明显长于其他背毛。足Ⅰ～Ⅲ常无巨毛，足Ⅳ具0～3根巨毛。

新小绥螨族分属检索表

1	J1、J4毛存在（图8）	2
	J1、J4都缺或只缺其一	3
2	缺R1毛，具r5毛（图8）	埃氏绥螨属*Evansoseius*
	具R1毛，缺r5毛（图34）	鲁氏绥螨属*Rubuseius*

3 具J3毛（图35）···大尾螨属*Macrocaudus*
  缺J3毛（图28）···4
4 缺z6毛（图28）···7
  具z6毛（图36）···5
5 背刚毛粗厚，并着生在小结节（或称瘤）上（图36），ST3在胸板上，足Ⅳ具一根短巨毛（图37）·········
  ···智利绥螨属*Chileseius*
  背刚毛毛状，且不着生在明显的小结节上，ST3毛在胸板上或离开胸板，足Ⅳ无巨毛或具3根长巨毛········6
6 具ZV3毛（图38），ST3毛离开胸板，Z1及S2着生在正常位置（图39），雌螨R1在盾间膜上，螯肢定趾有
  3趾（图40），雌螨腹肛板并不退化，有3对肛前毛（图38），足Ⅳ有3根长巨毛（图41）············
  ···瓶形绥螨属*Olpiseius*
  ZV3毛缺（图42），ST3毛在胸板上，雌雄螨R1在背板上（图43），Z1及S2着生在正常位置偏中（图43），
  螯肢定趾具10~13趾（图44），雌螨腹肛板退化，只有1对肛前毛JV2（图42），足Ⅳ无巨毛··············
  ···潜洞绥螨属*Pholaseius*
7 具r5毛（图45）···原毛绥螨属*Archeosetus*
  缺r5毛（图28）···8
8 背板侧列毛茅状形（披针形）（图46）···叶走螨属*Phyllodromus*
  背板侧列毛不是茅状形··9
9 雌腹肛板缩小或在肛孔水平的位置处显著加宽，在最窄点的L:W = 3.3:1.0（图47、图48），螯肢定趾端
  部具1~3齿，动趾1齿，足后板的初生板通常延长（图47）···············拟巨绥螨属*Paragigagnathus*
  雌腹肛板并不缩小，在肛孔水平位置并不明显变宽，没有明显的腰，螯肢定趾具齿，但并不在端部
  （图32），足后板正常（图49）···新小绥螨属*Neoseiulus*

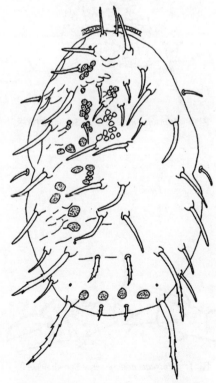

图34 *Rubuseius aristoteliae* Ragusa的背板

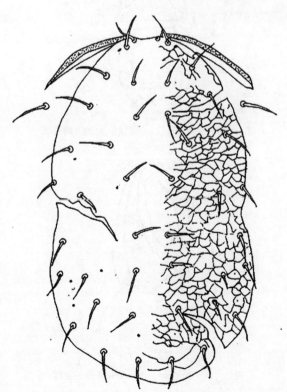

图35 *Macrocaudus multisetatus* Moraes，McMurtry and Mineiro的背板

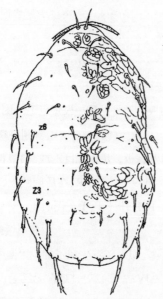

图36 *Chileseius camposi* Gonzalez and Schuster的背板

图37 *Chileseius camposi* Gonzalez and Schuster的足Ⅳ

图38 *Olpiseius noncollyerae* Schicha的雌螨腹面

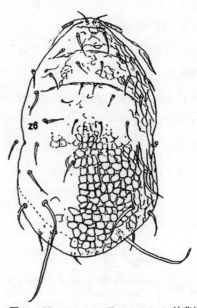

图39 *Olpiseius noncollyerae* Schicha的背板

图40 *Olpiseius noncollyerae* Schicha的螯肢

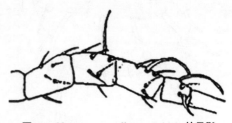

图41 *Olpiseius noncollyerae* Schicha的足Ⅳ

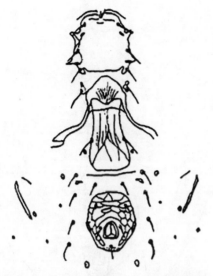

图42　*Pholaseius collidulatus* Beard的雌螨腹面

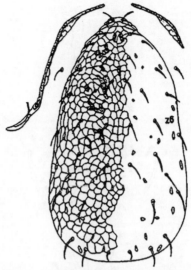

图43　*Pholaseius collidulatus* Beard的背板

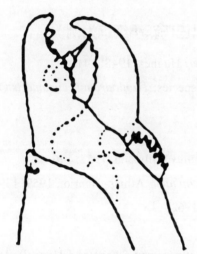

图44　*Pholaseius collidulatus* Beard的螯肢

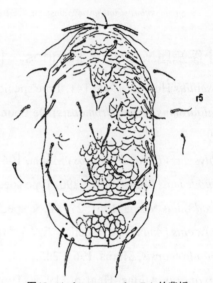

图45　*Archeosetus rackae* Fain的背板

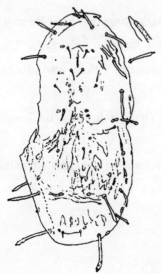

图46　*Phyllodromus leiodis* De Leon的背板

图47　*Paragigagnathus desertorum* Amitai and Swirski的雌螨腹面

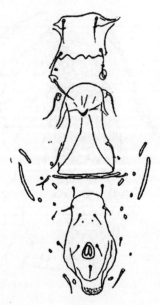
图48　*Paragigagnathus strunkhovae* Wainstein的雌螨腹面

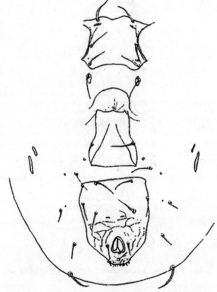
图49　*Neoseiulus barkeri* Hughes的雌螨腹面

新小绥螨属*Neoseiulus* Hughes，1948（图50，以巴氏新小绥螨为例）

Neoseiulus Hughes, 1948: 141. Type species: *Neoseiulus barkeri* Hughes, 1948: 141.

Typhlodromus (*Typhlodromopsis*) De Leon, 1959a: 113. Type species: *Typhlodromus cucumeris* Oudemans, 1930b: 69.

Amblyseius (*Typhlodromopsis*) Muma, 1961: 287.

Cydnodromus Muma, 1961: 290. Type species: *Lasioseius marinus* Willmann, 1952: 146.

Phytodromus Muma, 1961: 291. Type species: *Amblyseius leucophaeus* Athias-Henriot, 1959: 139.

Amblyseius (*Amblyseius*) section *Typhlodromopsis* Wainstein, 1962b: 15.

Typhlodromopsis, Muma, 1965: 245.

Dictyonotus Athias-Henriot, 1978. Type species: *Amblyseius huron* Chant and Hansell, 1971: 710. Preoccupied by *Dictyonotus* Kruchbaumer (Hymenoptera).

Dictydionotus Athias-Henriot, 1979: 677. Replacement name for *Dictyonotus* Athias-Henriot, 1978.

Kashmerius Chaudhri, Akbar and Rasool, 1979: 66. Type species: *Kashmerius reductus* Chaudhri, Akbar and Rasool, 1979: 66. Junior homonym of *Amblyseius reductus* Wainstein, 1962b, also placed in the genus *Neoseiulus*.

Denmarkia Chaudhri, Akbar and Rasool, 1979: 46. Type species: *Denmarkia disparis* Chaudhri, Akbar and Rasool, 1979: 46.

Amathia Chaudhri, Akbar and Rasool, 1979: 48. Type species: *Amathia rancidus* Chaudhri, Akbar and Rasool, 1979: 48.

Amblyseius (*Neoseiulus*) Karg, 1983: 313.

Typhlodromus (*Neoseiulus*), Nesbitt, 1951: 34.

Typhlodromus (*Neoseiulus*) section *Neoseiulus* Wainstein, 1962b: 21.

Type species: *Neoseiulus barkeri* Hughes, 1948: 141.

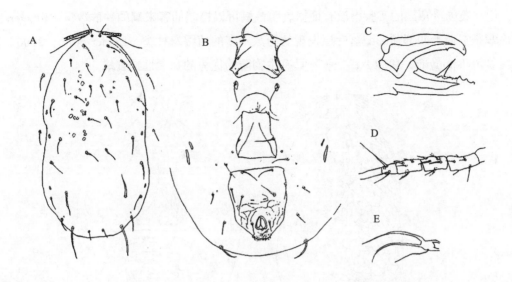

A. 背板；B. 腹面（胸板、生殖板、腹肛板）；C. 螯肢；D. 足Ⅳ膝节、胫节、基跗节和端跗节；E. 受精囊

图50　巴氏新小绥螨 *Neoseiulus barkeri* Hughes, 1948（1）

背刚毛有两种毛序类型：10A：10B（存J1毛），10A：9B。背刚毛短至中长，有些毛等长，有些种Z4、Z5毛较长，s4、Z4、Z5毛的长度不明显长于其他背毛。r3、R1毛常在膜上。JV、ZV各毛存在与否有变化。雌螨腹肛板为五边形。螯肢正常，有一些齿。足Ⅰ～Ⅲ常无巨毛，足Ⅳ常具1根小巨毛或0～3根巨毛（毛状），且常出现在基跗节上，受精囊简单，囊颈室杯型，97%的种属于新小绥螨 *Neoseiulus* 属，49%在 *cummeris* 类群，24%在 *barkeri* 类群。绝大部分种中保存有全部ZV毛，只有3种没有ZV3毛。

① 阿尔卑斯新小绥螨 *Neoseiulus alpinus* Schweizer, 1922（图51）

Amblyseius obtustus var. *alpinus* Schweizer, 1922: 41. Type locality: La Drossa, Engadiner, Alps, Switzerland; host: moss.

Lasioseius polonicus Willmann, 1949, synonymed by Evans, 1987.

Amblyseius alpinus, Schweizer, 1949: 79.

Typhlodromus (Amblyseius) alpinus, Chant, 1959a: 105.

Amblyseius aurescens Athias-Henriot, 1961: 441, synonymed by Evans, 1987.

Amblyseius polyporus Wainstein, 1962a: 143, synonymed by Evans, 1987.

Typhlodromus (Typhlodromus) alpinus, Westerboer and Bernhard, 1963: 651.

Amblyseius (Neoseiulus) alpinus, Karg, 1993: 189.

Neoseiulus alpinus, Evans, 1987: 1461; de Moraes et al., 2004a: 100; Chant and McMurtry, 2007: 25.

|分布| 阿尔及利亚、澳大利亚、比利时、智利、奥地利、古巴、捷克、挪威、英国、芬兰、法国、格鲁吉亚、希腊、德国、匈牙利、意大利、约旦、拉脱维亚、摩洛哥、葡萄牙、波兰、俄罗斯、斯洛伐克、西班牙、瑞士、突尼斯、土耳其、乌克兰、美国（本土、夏威夷）。

|栖息植物| 草莓、苔藓、荆豆、葡萄落叶层等。

阿尔卑斯新小绥螨是草莓上跗线螨仙客来螨 *Phytonemus pallidus* 的捕食者，它是草莓园最常发生的植绥螨种类之一（Petrova et al., 2004）。Fitzgerald等（2008）研究植绥螨在草莓植株上的时空分布时，发现阿尔卑斯新小绥螨和胡瓜新小绥螨常位于花朵簇和折叠的叶片内，这些位置通常也是仙客来螨发生最

多的部位。但在英国草莓园的实验中没有证据表明该螨可以控制仙客来螨的种群数量（Fitzgerald et al.，2003）。该螨是在瑞士西部葡萄园落叶层发现的为数不多的植绥螨种类（Linder et al.，2006）。其具有孤雌生殖现象（Gaponyuk，1989），是一种具有生物防治优势的寡食性捕食螨。

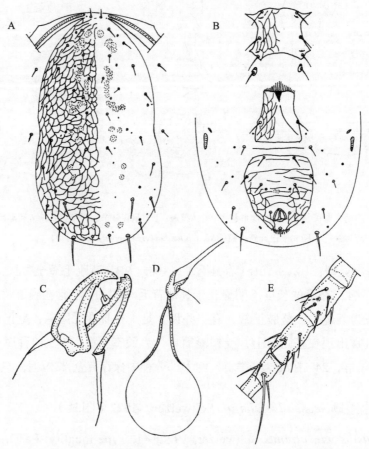

A. 背板；B. 腹面（胸板、生殖板和腹肛板）；C. 螯肢；D. 受精囊；E. 足Ⅳ膝节、胫节和基跗节

图51　阿尔卑斯新小绥螨 *Neoseiulus alpinus* Schweizer，1922（Papadoulis et al.，2009）

② 扁形新小绥螨 *Neoseiulus anonymus* Chant and Baker，1965（图52）

Amblyseius anonymus Chant and Baker, 1965: 21. Type locality: Tacamiche, La Lima, Honduras; host: banana. McMurtry, 1983: 254; Schicha and Elshafie, 1980: 32.

Neoseiulus anonymus, Denmark and Muma, 1973: 265; Kreiter and de Moraes, 1997: 378; de Moraes and Mesa, 1988: 76; de Moraes et al., 1986: 68, 1991: 126, 1999: 245, 2004: 102; Gondim Jr and de Moraes, 2001: 77; Chant and McMurtry, 2003a: 21; Chant and McMurtry, 2007: 25; Guanilo et al., 2008a: 26.

|分布|巴西、智利、哥伦比亚、古巴、危地马拉、墨西哥、秘鲁、委内瑞拉、洪都拉斯、法国（瓜德罗普、圣巴泰勒米岛）。

|栖息植物|木薯、香蕉。

该种是南美木薯上的优势捕食螨种类之一，是木薯叶螨的重要自然天敌。Sanchez等（1987）研究了该螨以二斑叶螨为食的功能反应。该螨可以二斑叶螨作为食物进行人工繁殖。将该螨应用于防治木薯单爪螨 *Mononychellus tanajoa*（Bondar），取得了较好的防治效果（Yaninek et al.，1993）。该种也能取食 *Oligonychus gossypii* 和 *Tetranychus mexicanus*，并具有较高的产卵率（Ferla et al.，2003）。

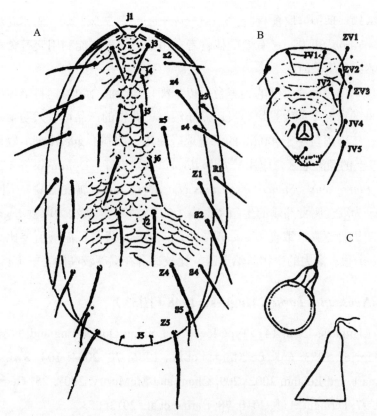

A. 背板；B. 腹肛板；C. 受精囊

图52　扁形新小绥螨 *Neoseiulus anonymus* Chant and Baker，1965（Prasad V, 2013）

③贝氏新小绥螨 *Neoseiulus baraki* Athias-Henriot，1966

Amblyseius baraki Athias-Henriot, 1966: 211. Type locality: Baraki (plaine de la Mitidja), Alger, Algeria; host: *Phalaris* sp.. Wu et al., 1991b: 147; 1997a: 105.

Amblyseius (Amblyseius) baraki, Ehara and Bhandhufalck, 1977: 54.

Amblyseius (Neoseiulus) baraki, Gupta, 1986: 104; Wu et al., 2009: 123.

Neoseiulus baraki, de Moraes et al., 1986: 70; Chant and McMurtry, 2003a: 27; de Moraes et al., 2004a: 104, 2004b: 149; Zannou et al., 2006: 248; Chant and McMurtry, 2007: 25.

Amblyseius dhooriai Gupta, 1977a: 30, synonymed by Gupta, 1986.

|分布|中国（福建、广东、内蒙古、台湾）。阿尔及利亚、贝宁、巴西、布隆迪、哥斯达黎加、古巴、肯尼亚、莫桑比克、巴拿马、斯里兰卡、坦桑尼亚、泰国、印度、法国（留尼汪岛）。

|栖息植物|椰子、鼠尾草、竹、水稻、白蜡树、夹竹桃、芒萁、白茅、芒稷、甘蔗属植物。

本种多采集于单子叶植物上。贝氏新小绥螨是与斯里兰卡椰子上发生普遍、为害严重的椰子瘿螨 *Aceria guerreronis* 最常相关的捕食螨种类（de Moraes et al., 2004b）。Fernando等（2003）报道的雀稗新小绥螨 *Neoseiulus aff. paspalivorus* 很可能指的就是贝氏新小绥螨，贝氏新小绥螨的数量比雀稗新小绥螨丰富很多。其在棕榈树上的垂直分布受 *A. guerreronis* 的垂直分布的影响，表明该种捕食螨可能可以有效调节 *A. guerreronis* 的种群。贝氏新小绥螨体型扁平，体躯延长，比其他很多捕食螨更易于到达被椰子瘿螨为害的果实花被的空隙。果实被 *A. guerreronis* 为害的植株甚至能改变植物本身的结构，使花被和果实之间的缝隙变大，以利于捕食螨进入（Aratchige et al., 2007）。Negloh等（2008）比较了两个来自巴西、

贝宁的不同贝氏新小绥螨地理种群取食3种食物（*A. guerreronis*、二斑叶螨、玉米花粉）的生物学特性，得出巴西种群是*A. guerreronis*更专一、有效的捕食者。由于贝宁种群能利用交替食物，在主要猎物不足的条件下，该种群能够维持更长时间。

Aratchige等（2010）用一种托盘型的饲养台，以米糠—面粉混合物为饲料培养大量腐食酪螨，然后接入本种，在没有污染的情况下能大量培养贝氏新小绥螨，获得的产品可有效防治*A. guerreronis*。本种适合在斯里兰卡干旱、年降雨量小于900mm的干旱地区使用，控制*A. guerreronis*效果较好。在斯里兰卡年降雨量在1 800mm以上的潮湿地区，应用*N. paspalivorus*效果更好。Domingos等（2010）研究贝氏新小绥螨巴西种群取食*A. guerreronis*、*Steneotarsonemus concavuscutum*、腐食酪螨等不同食物时的发育、生殖、寿命情况等，结果为取食腐食酪螨的生殖率最高（39.4粒卵），其次为取食*A. guerreronis*的（24.8粒卵）。选择性实验表明该种更喜欢取食*A. guerreronis*。该种群的发育低温阈值要比高纬度地区种群高，证明该种是*A. guerreronis*很有潜力的生物防治天敌，比较适合在温度较高的害螨流行地区应用。

④ 巴氏新小绥螨*Neoseiulus barkeri* Hughes，1948（图53）

Neoseiulus barkeri Hughes, 1948: 141. Type locality: London Docks, England; host: germinating barley. Ragusa and Athias-Henriot, 1983: 668; de Moraes et al., 1986: 70, 2004: 104; Swirski et al., 1998: 108; Beard, 2001: 79; Denmark and Edland, 2002: 209; Chant and McMurtry, 2007: 25; Guanilo et al., 2008b: 19; Papadoulis et al., 2009: 97; Ferragut et al., 2010: 78; Barbar et al., 2013: 253.

Lasioseius polonicus Willmann, 1949: 117, synonymed by Nesbitt, 1951.

Typhlodromus (*Neoseiulus*) *barkeri*, Nesbitt, 1951: 35; Ehara, 1966a: 18.

Typhlodromus (*Typhlodromus*) *barkeri*, Chant, 1959a: 61.

Typhlodromus (*Amblyseius*) *barkeri*, Hughes, 1961: 222.

Typhlodromus barkeri, Hirschmann, 1962: 2; Chant, 1965: 364.

Amblyseius mckenziei Schuster and Pritchard, 1963: 268, synonymed by Athias-Henriot, 1966.

Amblyseius (*Amblyseius*) *usitatus* van-der Merwe, 1965: 71, synonymed by Ueckermann and Loots, 1988.

Amblyseius oahuensis (Prasad, 1968c): 1518, synonymed by Ragusa and Athias-Henriot, 1983.

Amblyseius picketti Specht, 1968: 681, synonymed by Ragusa and Athias-Henriot, 1983.

Amblyseius cydnodactylon (Shehata and Zaher, 1969): 177, synonymed by Ragusa and Athias-Henriot, 1983.

Amblyseius mycophilus Karg, 1970: 290, synonymed by Ragusa and Athias-Henriot, 1983.

Amblyseius (*Amblyseius*) *barkeri*, Ehara, 1972: 147; Ueckermann and Loots, 1988: 147; Ehara et al., 1994: 124.

Amblyseius (*Amblyseius*) *pieteri* Schultz, 1972: 17, synonymed by Ueckermann and Loots, 1988.

Amblyseius barkeri, Athias-Henriot, 1961: 440; Swirski et al., 1973: 70; Çobanoğlu, 1989: 55; de Moraes et al., 1989: 95; Papadoulis and Emmanouel, 1991: 53; Wu et al., 1991b: 148, 1997: 81.

Amblyseius masiaka Blommers and Chazeau, 1974: 308, synonymed by Ueckermann and Loots, 1988.

Amblyseius sugonjaevi Wainstein and Abbasova, 1974: 796, synonymed by Ragusa and Athias-Henriot, 1983.

Amblyseius (*Neoseiulus*) *barkeri*, Karg, 1983: 313, 1991: 22, 1993: 179; Ehara and Amano, 1998: 34; Wu et al., 2009: 119.

Neoseiulus kermanicus Daneshvar, 1987: 14, synonymed by Faraji et al., 2007.

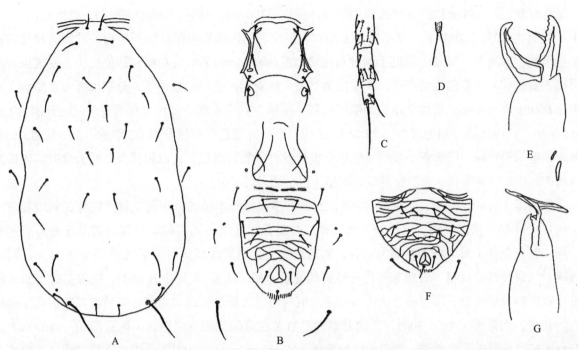

A.背板；B.腹面（胸板、生殖板和腹肛板）；C.足Ⅳ膝节、胫节和基跗节；D.受精囊；E.螯肢；F.雄腹肛板；G.导精趾

图53 巴氏新小绥螨 *Neoseiulus barkeri* Hughes，1948（2）

| 分布 | 中国（河北、安徽、福建、山东、河南、湖南、湖北、广东、广西、云南、陕西、海南、江西、香港、台湾）。阿尔及利亚、阿根廷、澳大利亚、贝宁、巴西、布隆迪、佛得角、智利、塞浦路斯、埃及、芬兰、格鲁吉亚、德国、加纳、希腊、几内亚、伊朗、以色列、意大利、日本、约旦、肯尼亚、拉脱维亚、马拉维、摩洛哥、莫桑比克、荷兰、尼日利亚、挪威、阿曼、葡萄牙、俄罗斯、沙特阿拉伯、塞内加尔、斯洛文尼亚、南非、韩国、瑞典、叙利亚、泰国、印度、突尼斯、土耳其、乌克兰、也门、科特迪瓦、马达加斯加、西班牙（本土、加那利群岛）、法国（本土、留尼汪岛、塔希提岛）、英国（本土、马尔维纳斯群岛）、美国（本土、夏威夷）、毛里求斯（罗德里格斯岛）。

| 栖息植物 | 柑橘、番木瓜、水稻、芒草、黄花蒿、野苋菜、酢浆草、麦、毛蕊花、荆芥草、棉花、刺柏、大豆、梨、日本落叶松、艾、鸭跖草、地肤、补血草、葡萄、紫苏、菊、莴苣、苹果、百里香、含羞草、桑树、接骨草、白背黄花稔、葱、土牛膝、茄子、花生、高粱、蒲葵、菠萝、青冈栎、黄瓜、辣椒、芦笋、圣罗勒、雪维菜及真菌类蘑菇。

巴氏新小绥螨是最早尝试用于控制温室蓟马的捕食螨（Ramakers，1980）。Ramakers（1983）利用粉螨大量生产胡瓜新小绥螨和巴氏新小绥螨。在50℃条件下经12h，对麦麸进行消毒并杀死其他生物，然后接入粉螨，待粉螨的密度达到1 500头/mL时，可接入巴氏新小绥螨3头/mL，5周后便可繁殖出大量巴氏新小绥螨。以此廉价的麦麸培养粉螨 *Acarus farris* 作为替代猎物大量生产巴氏新小绥螨、胡瓜新小绥螨、安德森钝绥螨 *Amblyseius andersoni*（同物异名 *N. potentillae*）方法在防治温室烟粉虱中获得成功。此后，西方许多国家亦用多种粉螨作为替代猎物大量繁殖本种及其他捕食螨，以此控制粉虱及西花蓟马等，该螨成为商业化的产品。

我国李爱华（2007）首先研究本种的大量生产工艺流程，并成功利用其控制脐橙柑橘全爪螨。欧阳才辉等于2007年4—5月，在安远县155个柑橘园释放巴氏新小绥螨，应用面积243.5hm^2，其中143个柑橘园的柑橘全爪螨得到了有效控制，占释放柑橘园总数量的92%；在柑橘全爪螨密度为百叶100~200头时，每株释放1袋（600头以上）巴氏新小绥螨，释放后30d左右柑橘全爪螨得到控制，持续控制期3个月以上（欧阳才辉 等，2007）。方小端等（2012）发现利用巴氏新小绥螨协同矿物油乳剂能较好地控制柑橘全爪螨。Fang等（2013）研究了该种对柑橘木虱*Diaphorina citri*的功能和数值反应，发现该种能取食柑橘木虱的卵，但不能正常产卵。在温度为25℃、相对湿度为85%条件下，分别以椭圆食粉螨、八节黄蓟马*Thrips flavidulus*和柑橘全爪螨饲喂巴氏新小绥螨，其完成整个世代发育需要的时间分别为7.5d、6.4d和7.1d，产卵历期分别为22.2d、22.5d和23.4d，平均每雌总产卵量分别为30.1粒、30.7粒和31.5粒。以椭圆食粉螨为食时，巴氏新小绥螨完成整个世代发育所需时间最长；以柑橘全爪螨为食时，巴氏新小绥螨的产卵历期明显延长，总产卵量显著增多（程小敏 等，2013）。

吴伟南等（1980，1982，1997a，2008，2009）多次报导本种的分布及生物学特性，利用其防治木瓜上的皮氏叶螨并获得成功。巴氏新小绥螨雌成螨对截形叶螨各螨态的捕食能力随温度升高而逐渐增强，同一温度条件下对卵的捕食能力最强，对若螨次之，对雌成螨最弱（崔晓宁 等，2011）。巴氏新小绥螨对二斑叶螨雌成螨、若螨和卵均有较强的捕食作用（尚素琴 等，2015）。随着益害比的增加，二斑叶螨种群数量显著下降，益害比达到一定比值内时巴氏新小绥螨对二斑叶螨种群表现出明显的控制能力。其中，当益害比为5∶30时，二斑叶螨种群数量在第6d就能得到控制（尚素琴 等，2017a）。巴氏新小绥螨取食烟粉虱能产卵，但不能繁殖种群（Nomikou et al.，2001）。以南方根结线虫为食的巴氏新小绥螨的内禀增长率和周限增长率均大于以腐食酪螨为食的巴氏新小绥螨，而其平均世代周期和种群倍增时间均小于后者（周万琴 等，2012）。巴氏新小绥螨取食马铃薯腐烂茎线虫后能完成整个生活史，与取食椭圆食粉螨后的各参数间均无显著差异（尚素琴 等，2017b）。巴氏新小绥螨对西花蓟马的初孵若虫有明显的捕食作用，但在试验过程中观察到，当西花蓟马种群密度大时或者其种群中高龄若虫和成虫较多时，巴氏新小绥螨对西花蓟马的控制力会降低（尚素琴 等，2016）。欧洲和地中海植物保护组织（European and Mediterranean Plant Protection Organization，EPPO）（2020）主要将其作为缨翅目Thysanoptera（烟蓟马*Thrips tabaci*、西花蓟马）、跗线螨科种类的生物防治物。

毒死蜱和螺螨酯对巴氏新小绥螨和二斑叶螨均有较高的正向选择性，可优先用于害虫害螨的防治（刘平 等，2014）。西南大学筛选出了抗高效氯氰菊酯和毒死蜱500倍的巴氏新小绥螨抗药性品系（徐学农 等，2015）。蒲倩云等（2016）研究了阿维菌素和吡虫啉对巴氏新小绥螨和害螨截形叶螨的毒力，评价了两种农药的安全性，建议生产中优先考虑阿维菌素协同巴氏新小绥螨进行防治。巴氏新小绥螨对二斑叶螨抗性品系有一定的拒食作用，这与二斑叶螨抗性品系在长期药剂选择压力下体壁硬化有关。因此，田间防治二斑叶螨时要交替轮换使用化学农药，保护天敌、实现生物防治和化学防治相协调的同时，避免或延缓其产生抗药性，从而更好地实现对二斑叶螨的综合防控（陈耀年 等，2016）。病原真菌顶孢霉菌*Acremonium hansfordii*对二斑叶螨有较强的致病性，且不会明显负面影响于巴氏新小绥螨，因此可将两者结合应用于二斑叶螨的生物防治（Shang et al.，2018）。

⑤ **双尾新小绥螨*Neoseiulus bicaudus* Wainstein，1962**

Amblyseius bicaudus Wainstein, 1962a: 146. Type locality: Kargalink, Alma-Ata, Kazakhstan; host: grass.

Typhlodromus bicaudus, Hirschmann, 1962: 250.

Amblyseius (*Amblyseius*) *bicaudus*, Ehara, 1966a: 20.

Amblyseius (*Typhlodromips*) *bicaudus*, Karg, 1991: 16.

Neoseiulus bicaudus, de Moraes et al., 1986: 72, 2004: 108; Congdon, 2002: 23; de Moraes et al., 2004a:

108; Chant and McMurtry, 2003: 23, 2007: 25; Ehara and Amano, 2004: 5.

Cydnodromus comitatus De Leon, 1962: 17, synonymed by Abbasova, 1972.

Neoseiulus comitatus, Muma et al., 1970: 108; Tuttle and Muma, 1973: 20.

Amblyseius (*Amblyseius*) *hirotae* Ehara, 1985: 119, synonymed by Ehara and Amano, 2004.

Neoseiulus hirotae, de Moraes et al., 1986: 83, 2004: 123; Wu et al., 2010: 294.

Amblyseius (*Neoseiulus*) *hirotae*, Ehara and Amano, 1998: 35; Wu et al., 2009: 117.

Amblyseius micmac Chant and Hansell, 1971: 719, synonymed by Denmark and Evans, 2011.

Neoseiulus micmac, de Moraes et al., 1986: 90; de Moraes et al., 2004a: 133.

Amblyseius scyphus Schuster and Pritchard, 1963: 275, synonymed by Abbasova, 1972.

|分布|中国（辽宁、新疆）。亚美尼亚、阿塞拜疆、智利、埃及、法国、格鲁吉亚、希腊、匈牙利、伊朗、以色列、意大利、哈萨克斯坦、拉脱维亚、墨西哥、摩尔多瓦、挪威、葡萄牙、俄罗斯、沙特阿拉伯、塞尔维亚、斯洛伐克、西班牙、瑞士、叙利亚、塔吉克斯坦、突尼斯、土耳其、乌克兰、美国、加拿大、日本。高加索地区。

|栖息植物|苹果、葡萄、杏树、金色狗尾草、狗牙根、北美乔松、毛鸭嘴草、红毛草、马利筋、单冠菊属植物、*Aster spinosus*、*Peyanum mexicanum*、*Distichilis stricta*等。

双尾新小绥螨是捕食叶螨和蓟马的潜在生物防治物。该螨嗜好阴暗环境，活动范围小，通过有性生殖进行繁殖，有多次交配行为，产卵方式为单产；在（26±1）℃、相对湿度60%、光周期16L：8D条件下，单头双尾新小绥螨雌成螨每日对截形叶螨卵和幼螨的捕食量（106.8粒/d/雌和45.4头/d/雌）要显著大于对土耳其斯坦叶螨的捕食量（64.4粒/日/雌和39.4粒/d/雌），而其对两种叶螨的若螨和成螨捕食量无明显差异（王振辉 等，2015）。比较自然猎物土耳其斯坦叶螨、替代猎物腐食酪螨和一种人工饲料，腐食酪螨是最适合双尾新小绥螨的食物。当取食腐食酪螨时，双尾新小绥螨的成螨前发育时间最短，内禀增长率r_m和净生殖率R_0最高（Su et al.，2019a）。长期使用腐食酪螨进行饲养会使双尾新小绥螨的体型变小、运动能力减弱，但并不影响其扩散搜寻叶螨的能力（Su et al.，2019b）。李永涛等（2016）分别在38℃、42℃和46℃下处理2h、4h和6h，研究短时极端高温胁迫对新疆本地双尾新小绥螨的生长发育和种群发展的影响。发现短时极端高温处理会降低双尾新小绥螨卵的孵化率、存活率和缩短未成熟阶段的发育历期，影响其雌成螨的产卵量和寿命。Zhang等（2016）比较了双尾新小绥螨分别取食黄瓜、棉花、茄子、番茄和菜豆等五种寄主植物上的土耳其斯坦叶螨后的发育和繁殖能力。结果显示，在菜豆上表现最好，在黄瓜上最差。双尾新小绥螨在5种寄主植物上的运动速度依次为：菜豆和棉花＞黄瓜和茄子＞番茄。同时，其捕食能力在菜豆和棉花上也最强（张燕南 等，2018）。不同寄主植物的挥发物对其选择寄主的过程起到重要作用（董芳 等，2018）。

双尾新小绥螨对菜豆上土耳其斯坦叶螨有很好的控制效果。在土耳其斯坦叶螨危害较轻时，按益害比1：10或者1：20（二次）释放双尾新小绥螨，可在较少的双尾新小绥螨释放量下确保较高的防效（符振实 等，2019）。双尾新小绥螨除对烟粉虱1龄若虫和土耳其斯坦叶螨卵在10：10的相同密度下选择指数无差异外，在其他各密度下，双尾新小绥螨对土耳其斯坦叶螨的选择性均显著高于对烟粉虱的选择性。当烟粉虱和土耳其斯坦叶螨同时发生时，双尾新小绥螨对土耳其斯坦叶螨的选择性高于对烟粉虱，对土耳其斯坦叶螨的控制效果更好（韩国栋 等，2020）。

Shen等（2017）测试了3种杀螨剂的毒性，发现联苯肼酯对双尾新小绥螨毒性最小。释放双尾新小绥螨配合使用联苯肼酯、三唑锡是土耳其斯坦叶螨管理可行的策略。符振实等（2020）筛选出1种对土耳其斯坦叶螨毒性高而对双尾新小绥螨毒性低的安全药剂丁氟螨酯。丁氟螨酯对土耳其斯坦叶螨雌成螨的LC_{50}是65.081mg/L，在1 000mg/L的高浓度下，双尾新小绥螨雌成螨的死亡率仅为12.71%。先施用丁氟螨酯后释放双尾新小绥螨的样地对棉叶螨的防治效果在57.00%以上，最高达到了93.34%，均高于先释放双尾小绥螨后施用丁氟螨酯的样地，明显高于只释放双尾新小绥螨的生防区和只施用丁氟螨酯的化防区。

⑥ 加州新小绥螨 *Neoseiulus californicus* McGregor，1954（图54）

Lasioseius marinus Willmann 1952: 146, synonymed by Chant, 1959a.

Typhlodromus californicus McGregor, 1954: 89. Type locality: California, USA; host: lemon.

Typhlodromus mungeri, McGregor, 1954: 92, synonymed by Athias-Henriot, 1959.

Typhlodromus chilenensis Dosse, 1958: 55, synonymed by Athias-Henriot, 1977.

Amblyseius californicus, Schuster and Pritchard, 1963: 271; McMurtry, 1977: 21; El-Banhawy, 1979: 113; Pickett and Gilstrap, 1984: 126.

Cydnodromus californicus, Athias-Henriot, 1977: 62.

Neoseiulus californicus, de Moraes et al., 1986: 73; 2004: 109; McMurtry and Badii, 1989: 398; Denmark et al., 1999: 71; Chant and McMurtry, 2003: 21; de Moraes et al., 2004a: 109; Chant and McMurtry, 2007: 25; Guanilo et al., 2008a: 27; 2008b: 19; Tixier et al., 2008: 455; Papadoulis et al., 2009: 89; Ferragut et al., 2010: 82; Xu et al., 2013: 332.

Amblyseius (*Amblyseius*) *californicus*, Ueckermann and Loots, 1988: 150; Ehara et al., 1994: 126.

Amblyseius (*Neoseiulus*) *californicus*, Ehara and Amano, 1998: 33.

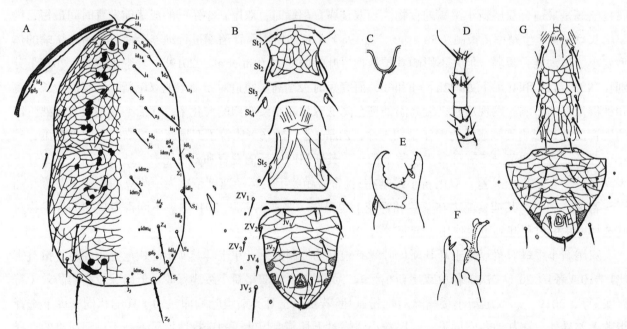

A. 背板；B. 雌螨腹面（胸板、生殖板和腹肛板）；C. 受精囊；D. 足Ⅳ；E. 螯肢；F. 导精趾；G. 雄螨腹面（胸殖板、腹肛板）

图54　加州新小绥螨 *Neoseiulus californicus* McGregor（Xu et al., 2013）

|分布|中国（广东、海南、四川、云南）。阿根廷、巴西、智利、加拿大、哥伦比亚、古巴、塞浦路斯、希腊、危地马拉、意大利、日本、墨西哥、摩洛哥、秘鲁、塞内加尔、塞尔维亚、斯洛文

尼亚、南非、韩国、叙利亚、突尼斯、土耳其、美国、委内瑞拉、越南、阿尔及利亚、乌拉圭、澳大利亚、葡萄牙（本土、亚速尔群岛）、西班牙（本土、加那利群岛）、法国（本土、瓜德罗普、留尼汪岛）。

| **栖息植物** | 枇杷、柠檬、凤眼莲、灯心草、粉苞苣、番木瓜等。

本种形态与伪新小绥螨Neoseiulus fallacis相似。加州新小绥螨是世界性分布的种类，在南北美洲、欧洲、非洲和亚洲均有记录。Xu等（2013）在广东鼎湖山发现了中国的加州新小绥螨新纪录。本种主要捕食叶螨科的种类，是叶螨属种类Tetranychus sp.的有效天敌，对草莓、葡萄、粮食作物、果树、花卉（玫瑰）等上的二斑叶螨捕食效果尤为显著（Easterbrook et al., 2001；Gerson et al., 2003a；Greco et al., 2005；Gotoh et al., 2006；Rhodes et al., 2006；Fraulo et al., 2007；Fitzgerald et al., 2007；Sato et al., 2007；Weintraub et al., 2008；Abad-Moyano, 2009；Villiers et al., 2011；Vergel et al., 2011）。其他猎物包括：鳄梨小爪螨Oligonychus perseae（Takano-Lee et al., 2002；Montserrat et al., 2008；Maoz et al., 2011）、仙客来螨（Easterbrook et al., 2001）、土耳其斯坦叶螨（Escudero et al., 2005）、卢氏叶螨Tetranychus ludeni（Escudero et al., 2005）、苹果全爪螨（Gotoh et al., 2006；Taj et al., 2012）、柑橘全爪螨（Gotoh et al., 2006；Xiao et al., 2010；崔琦，2013）、神泽氏叶螨（Gotoh et al., 2006）、山楂叶螨（Gotoh et al., 2006）、伊氏叶螨T. evansi（Furtado et al., 2006, 2007；Koller et al., 2007）、朱砂叶螨（Boisduval）和柑橘始叶螨（崔琦，2013）。许多植物的花粉如玉米、杏仁、蓖麻子、鳄梨和一些草本的花粉，以及蓟马均可作为其交替食物（Sánchez et al., 2004；Canlas et al., 2006）。加州新小绥螨单取食花粉，能够存活甚至繁殖（Castagnoli et al., 1999；Ragusa et al., 2009）。使用杏树花粉饲养的个体比用二斑叶螨饲养的个体体型更大，具有更大的捕食潜能，且长期饲养并不会明显影响加州新小绥螨的生殖力（Khanamani et al., 2017）。在实验室大豆叶片上饲养，当二斑叶螨消耗完后，不存在其替代猎物的情况下，加州新小绥螨成螨仍具有较长的存活期，是智利小植绥螨存活时间的3～5倍（Walzer et al., 2001；Williams et al., 2004）。McMurtry（2013）把它列为叶螨的选择性捕食者。本种可有效控制跗线螨（仙客来螨、侧多食跗线螨Polyphagotarsonemus latus）和蓟马，同时它们也是很好的交替食料。

加州新小绥螨是较早商品化应用于叶螨生物防治的天敌（McMurtry et al., 1997）。市场销售的产品较多使用叶螨或廉价的粉螨进行培养，也有用花粉培养的。Castagnoli等（1999）通过比较3个利用不同食物（二斑叶螨，尘螨科的Dermatophagoides farinae和栎Quercus spp.花粉）进行长期人工饲养的品系和1个野生来源品系的功能和数值反应，结果表明长期人工饲养的加州新小绥螨品系在生物防治上并没有劣势。Ogawa等（2008）以AD-1、AD-2、AD-3三种配方（主要成分：蜂蜜、蔗糖、胰蛋白、酵母抽提液、蛋黄）饲养本种获得成功。汪小东等（2014）用土耳其斯坦叶螨和截形叶螨饲喂的加州新小绥螨单雌产卵量分别为40.98粒和40.51粒。Marafeli等（2014）用蓖麻花粉饲喂加州新小绥螨的单雌产卵量可达39.22粒，接近用叶螨饲养的。加州新小绥螨能在叶螨和鳄梨小爪螨稠密的丝网中穿行（Montserrat et al., 2008）。它可以利用螯肢和须肢，切开二斑叶螨的黏性丝线，进入复杂丝网的内部取食，而不会受到严重的阻碍（Shimoda et al., 2009）。其形态特征（如：长背刚毛）也许减少了它们移动到复杂丝网内部接触黏性丝线的危险。但有研究表明，猎物所在寄主植物的物理和化学特征会影响自然天敌的潜在效果。如番茄叶片的叶毛，不利于加州新小绥螨的数值反应和功能反应（Cédola et al., 2001），会影响加州新小绥螨在植株上的定殖及对二斑叶螨的取食（Sánchez et al., 2004）。加州新小绥螨在15～35℃条件下只取食二斑叶螨均能成功发育和繁殖，每年高达28代（Gotoh et al., 2004）。Walzer等（2007）研究了加州新小绥螨的8个不同的地理种群对湿度的敏感性，结果表明美国品系最适合在干旱环境应用，其次是意大利品系。加州新小绥螨比智利小植绥螨更适于在高温低湿环境中应用（Weintraub et al.，2008）。Palevsky等（2008）评价了两个耐干旱的加州新小绥螨品系对黄瓜、草莓和辣椒上二斑叶螨的防治效果，并以商品化的智利小植绥螨作为对照。结果表明，加州新小绥螨在草莓和辣椒上均能达到较理想的生物防治效果。加州品系对干旱的适应性以及在低湿度条件下的种群增长能力均要优于其他品系（Palevsky et al.，2009）。但高湿低温对于大量保存日本本地采集的加州新小绥螨品系有利（Ghazy et al.，2012）。

加州新小绥螨已经在美洲、欧洲的很多国家被用于控制温室及田间的叶螨（Canlas et al.，2006）。Greco（2005）研究了加州新小绥螨在温室及田间的草莓上控制二斑叶螨的效果：当释放益害比为1∶15时，得不到很好的控制；当益害比为（1∶5）~（1∶7.5）时，控制效果好。在美国东北部草莓园，在二斑叶螨种群早期密度较低的时候，释放一次加州新小绥螨，可以实现整个生长季节二斑叶螨的持续控制（Fraulo et al.，2007）。Gotoh等（2006）的实验证明，加州新小绥螨Spical品系能取食5种不同的叶螨卵，并在不同作物产卵具有相似的r_m值，表明在日本可以利用其控制不同作物的叶螨。Taj等（2012）采集韩国本地的加州新小绥螨，分别在15℃、20℃、25℃、30℃和34℃下，研究本种捕食苹果全爪螨的发育历期和生殖、性比等生物学参数，认为它是一种很有潜能的生物防治天敌。

⑦胡瓜新小绥螨 *Neoseiulus cucumeris* Oudemans，1930（图55）

Typhlodromus cucumeris Oudemans, 1930b: 69. Type locality: Bure, Meurthe et Moselle, France; host: *Cucumis melo*. Nesbitt, 1951: 23; Hirschmann, 1962: 2; Spain and Luxton, 1971: 187.

Typhlodromus thripsi MacGill 1939: 310, synonymed by Evans, 1952a.

Typhlodromus bellinus Womersley, 1954: 177, synonymed by Dosse, 1957.

Typhlodromus (*Amblyseius*) *cucumeris*, Chant, 1959a: 78.

Amblyseius (*Typhlodromopsis*) *cucumeris*, De Leon, 1959: 113.

Amblyseius (*Amblyseius*) *cucumeris*, Wainstein, 1962b: 16; Ehara, 1966a: 20; Ueckermann and Loots, 1988: 147.

Amblyseius (*Neoseiulus*) *cucumeri*s, Wu et al., 2009: 120.

Amblyseius cucumeris, Schuster and Pritchard, 1963: 277; El-Badry, 1970: 502; Livshitz and Kuznetsov, 1972: 25; Beglyarov, 1981: 39; Nasr and Abou-Awad, 1985: 246; Zaher, 1986: 111; Papadoulis and Emmanouel, 1991: 52; Swirski et al., 1998: 105.

Typhlodromus (*Typhlodromus*) *cucumeris*, Westerboer and Bernhard, 1963: 609.

Amblyseius coprophilus Karg, 1970: 289, synonymed by Karg, 1971.

Neoseiulus cucumeris, de Moraes et al., 1986: 76, 2004a: 115; Beard, 2001: 103; Congdon, 2002: 23; Denmark and Edland, 2002: 211; de Moraes, et al., 2004: 115; Chant and McMurtry, 2007: 29; Papadoulis et al., 2009: 79; Ramadan et al., 2009: 118; Ferragut et al., 2010: 84.

|分布|阿尔及利亚、亚美尼亚、澳大利亚、奥地利、阿塞拜疆、白俄罗斯、比利时、加拿大、智利、塞浦路斯、埃及、英国、芬兰、法国、格鲁吉亚、德国、希腊、匈牙利、印度、伊朗、以色列、意大利、拉脱维亚、墨西哥、摩尔多瓦、摩洛哥、荷兰、新西兰、挪威、波兰、俄罗斯、沙特阿拉伯、斯洛伐克、斯洛文尼亚、瑞典、瑞士、突尼斯、土耳其、乌克兰、美国、西班牙（本土、加那利群岛）、葡萄牙（本土、亚速尔群岛）。高加索地区。

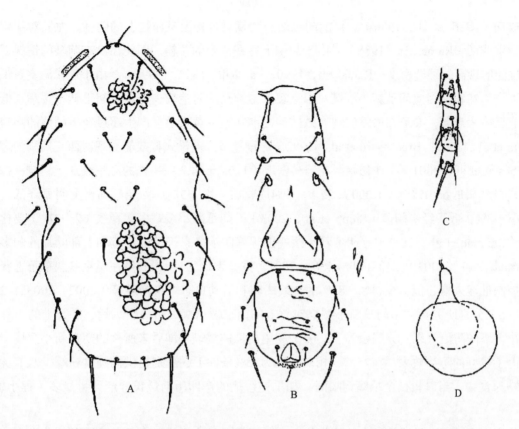

A. 背板；B. 腹面（胸板、生殖板和腹肛板）；C. 足Ⅳ膝节、胫节和基跗节；D. 受精囊

图55 胡瓜新小绥螨 *Neoseiulus cucumeris* Oudemans

|栖息植物| 甜瓜、棉花、蔬菜、水果等，堆肥中也有发现。

胡瓜新小绥螨属于Ⅲ型多食性捕食螨（McMurtry，2013）。它可以借助取食花粉，在低猎物密度下存活并繁殖（van Rijn et al.，1999a）。本种能用多种粉螨作为替代猎物进行大量繁殖，用于控制粉虱、西花蓟马等多种害虫及害螨获得成功，是商业化的主要产品之一。复旦大学最早在20世纪90年代从英国引进本种（经佐琴 等，2001）。通过该种对多种害虫及害螨的控制研究，认为它是南京裂爪螨 *Schizotetranychus nanjingensis*、柑橘全爪螨等的有效天敌（张艳璇 等，2000，2003a，2003b）。该种捕食猎物包括：二斑叶螨（Fitzgerald et al.，2007）、仙客来螨（Easterbrook et al.，2001）、大西洋叶螨 *Tetranychus atlanticus*（Popov et al.，2008）、侧多食跗线螨（李佳敏 等，2003）、茶黄蓟马 *Scirtothrips dorsalis*（Arthurs et al.，2009）、青葱蓟马 *Thrips alliorum*、烟蓟马（Hoy et al.，1991）、烟粉虱（张艳璇 等，2011a）、西花蓟马（van Houten et al.，1995a；Jacobson et al.，2000，2001；De Courcy-Williams，2001；Shipp et al.，2003；Wiethoff et al.，2004；Zilahi-Balogh et al.，2007；Messelink et al.，2006；方小端 等，2008a，2008b；Jandricic et al.，2016）。EPPO（2020）主要将其列为缨翅目（烟蓟马、西花蓟马）的生物防治物。

在60%～82%相对湿度条件下，胡瓜新小绥螨卵的孵化不受影响。胡瓜新小绥螨成螨在没有食物只有水的情况下可以存活10d，在同时有真菌菌丝和水但没有其他食物的条件下可以存活20d（Williams et al.，2004）。胡瓜新小绥螨表现为负趋光性，将其在光照条件下预处理4个月后释放，起初在中午取样确实能采集到更多数量的螨，但光照处理仅造成暂时性的或不明显的负趋光性改变（Weintraub et al.，2007）。

虽然巴氏新小绥螨是最先被尝试用于控制温室蓟马的捕食螨，但北欧本地的胡瓜新小绥螨控制温室蓟马更为成功（Klerk et al.，1986）。目前胡瓜新小绥螨对各种温室作物上的蓟马，尤其对甜椒上的蓟马控制得特别成功（Ramakers，1988）。由于甜椒上存在适合的花粉，即使在没有蓟马的情况下，胡瓜新小绥螨也能实现高的种群密度（Ramakers，1990；van Rijn et al.，1999a）。由于现代温室黄瓜是单性结实的，不产生花粉，因此胡瓜新小绥螨对温室黄瓜上蓟马的防治较少成功。胡瓜新小绥螨在低害虫密度时的数值反应表现弱，导致在最终实现有效防治之前在温室黄瓜上会产生超过经济阈值的高密度蓟马（Ramakers et al.，1989；Brodsgaard et al.，1992）。重复多次淹没式释放能实现对西花蓟马的理想控制效果（Jacobson et al.，2001）。在初始西花蓟马密度（120.8±24.2）头/株的温室番茄上，按一株一袋的比例淹没式释放胡瓜新小绥螨（1 000头/袋），每4周释放一次，5周后西花蓟马密度明显降低，破坏的水果比例小于3%，低于经济阈值（Shipp et al.，2003）。胡瓜新小绥螨多次释放（2～3次）要比单次释放更有效（Rahman et al.，2011）。胡瓜新小绥螨能很好防治栖息于辣椒花苞和上部叶片的侧多食跗线螨（Weintraub et al.，2003）。Easterbrook等（2001）按益害比为1∶10的量在温室盆栽草莓上释放胡瓜新小绥螨控制仙客来螨，能减少71%～81%的跗线螨卵和活动虫态。张艳璇等（2002，2003a，2003b，2006，2009a）分别研究评价了胡瓜新小绥螨对竹上的南京裂爪螨、柑橘全爪螨、香梨上的土耳其斯坦叶螨、棉花害螨的防治效果。苏国崇等（2001）利用胡瓜钝绥螨（即后来所称的胡瓜新小绥螨）防治茶园害螨取得了较好的防治效果。在25℃、相对湿度为85%条件下，分别提供椭圆食粉螨、八节黄蓟马和柑橘全爪螨为食物，当以柑橘全爪螨饲喂时，胡瓜钝绥螨的产卵历期最长、产卵量最多（程小敏 等，2013）。

在连种作物或对蓟马敏感的组合栽培作物上，应用胡瓜新小绥螨和多杀菌素或其他化学农药结合的西花蓟马IPM（Integrated pest management，有害生物综合治理）防治策略，防治效果更好（Driesche et al.，2006）。Rahman等（2011）也指出，胡瓜新小绥螨和农药多杀菌素可以结合使用。陈霞等（2011）筛选了抗阿维菌素的胡瓜新小绥螨品系。

⑧ 伪新小绥螨 *Neoseiulus fallacis* Garman，1948

Iphidulus fallacis Garman, 1948: 13. Type locality: Hamden, Connecticut, USA; host: apple.

Typhlodromus fallacis Nesbitt, 1951: 24.

Amblyseius fallacis, Athias–Henriot, 1958a: 34.

Typhlodromus (Amblyseius) fallacis, Chant, 1959a: 74.

Amblyseius (Typhlodromopsis) fallacis, Muma, 1961: 287.

Amblyseius (Amblyseius) fallacis, Ehara, 1966a: 20.

Amblyseius (Neoseiulus) fallacis, Gupta, 1985: 352.

Neoseiulus fallacis, de Moraes et al., 2004a: 119; Chant and McMurtry, 2007: 29.

Neoseiulus fallacies [sic], Wu et al., 2010: 293.

|分布| 中国（北京、山东引种）。阿尔及利亚、澳大利亚、巴西、加拿大、智利、德国、危地马拉、印度、牙买加、新西兰、波兰、韩国、美国、委内瑞拉、法国（留尼汪岛）。

|栖息植物| 苹果、柑橘。

本种的形态与加州新小绥螨相似。最先采自美国康涅狄格州的苹果树上，在美国中西部和东部苹果园普遍发生，也是加拿大安大略未喷药苹果园和梨园常见的叶螨类捕食天敌。该螨广泛分布于北美矮生植物、落叶果树上。在地面有覆盖植物、湿度稍高的苹果园中生存较好，干旱环境则对其不利。

该种按食性类型划分属于叶螨类的选择性捕食者（McMurtry et al., 2013）。伪新小绥螨捕食苹果全爪螨和二斑叶螨，在害螨防治中发挥了很大作用（Croft et al., 1972；Croft et al., 1975；Croft, 1990；Thistlewood, 1991；Agnello et al., 2003）。该螨也能取食锈螨（瘿螨科）、花粉及蜜露。本种取食叶螨属种类比取食叶螨科其他属猎物时的存活、繁殖和发育率更高（Pratt et al., 1999）。

伪新小绥螨主要在接近地面或树根茎部周围地面越冬，春季则迁移到树冠取食（Putman, 1959；Croft et al., 1977）。该螨更适合淹没式释放，用于防治作物同期的害螨（Lester et al., 1999）。不良环境条件对它的存活有显著影响，在（26.4±4.8）℃、相对湿度（56±13.4）%时，该螨在大田裸露地面的死亡率高达90%，但在温湿度控制更好的温室条件下，其死亡率仅为10%（Jung et al., 2000）。本种不适用于干旱生境，苹果园地面需有覆盖物及其交替寄主食物。

我国早在1983年便从美国引进伪新小绥螨，在山东用于防治苹果全爪螨和山楂叶螨，但未能建立定居种群（张乃鑫 等，1985）。李继祥等（1986）在西南柑橘产区利用伪新小绥螨控制柑橘害螨，发现该螨喜食柑橘全爪螨和柑橘锈壁虱 *Phyllocoptruta oleivora*，因此，认为它可在橘区害螨防治中广泛推广应用。吴元善（1991）等于6月中、下旬按1∶50的益害比将伪新小绥螨释放于苹果树上，经过35~40d，苹果全爪螨被完全控制。其他一些应用研究并不成功，如伪新小绥螨不能在果园成功建立种群（Seymour, 1982；Lester et al., 1999；Villanueva, 1997），或者建立了种群但不能成功控制苹果全爪螨和二斑叶螨（Bostanian et al., 1986；Prokopy et al., 1992；Lester et al., 1999）。吴伟南等（1993）认为引进的伪新小绥螨能否在新地区定殖，需要研究它本身的特性及环境因素对它的影响。在加拿大大量饲养抗拟除虫菊酯的伪新小绥螨品系应用于多种作物上叶螨的防治，但在一些苹果树和桃树上的释放不成功。随后的研究表明，寄主植物改变会短期影响伪新小绥螨的种群建立及对苹果全爪螨的防治。接入捕食螨的早期会出现数量减少，然而该螨一旦克服了这些短期的影响，在新的寄主植物上成功建立了种群，则可有效控制苹果全爪螨（Lester et al., 2000）。低密度（≤（1∶3）~（1∶7））释放伪新小绥螨有利于其迅速扩散并控制苹果苗上的二斑叶螨（Croft et al., 2004）。在冬、夏两季从库源果园转移修剪的枝条到释放果园可以加速该螨在释放果园建立种群（Bostanian et al., 2005）。

伪新小绥螨对多种杀虫剂具有耐药性。Croft等（1973）发现印第安纳州苹果园的伪新小绥螨对西维因抗性增加了25~77倍，并于实验室内培育和筛选了双抗品系（抗氨基甲酸酯和有机磷）。Thistlewood等（1995）筛选了一个抗拟除虫菊酯的品系，发现其对几种在安大略果园常用的拟除虫菊酯类农药（如氯氰菊酯和溴氰菊酯）有交互抗性。Navajas等（2001）使用两种遗传标记（拟除虫菊酯抗性和同位酶）间接地评估了加拿大安大略苹果园引入的伪新小绥螨的存活情况，结果表明释放的特定基因型伪新小绥螨成功建立了种群并持续存在于释放果树。Villanueva等（2010）在低风险苹果园使用一种或多种筛选出的新化学农药结合本地的捕食螨天敌（伪新小绥螨数量占比大于99%），可实现害螨较好防治。4年实验期间，使用新化学农药结合本地捕食螨天敌的苹果园明显比传统防治果园用药少，且捕食螨种群数量更多。

⑨*艾达山新小绥螨 *Neoseiulus idaeus* Denmark and Muma, 1973（图56）

Neoseiulus idaeus Denmark and Muma, 1973: 266. Type locality: Piracicaba, Sao Paulo, Brazil; host: *Rubus idaeus*.

Amblyseius idaeus, de Moraes and McMurtry, 1983: 134.

Cydnodromus idaeus, Tixier et al., 2011: 273–281.

Neoseiulus tridenticus Ueckermann, de Moraes and Zannou 2006, *in* Zannou et al., 2006: 271, synonymed by Guanilo et al., 2008a.

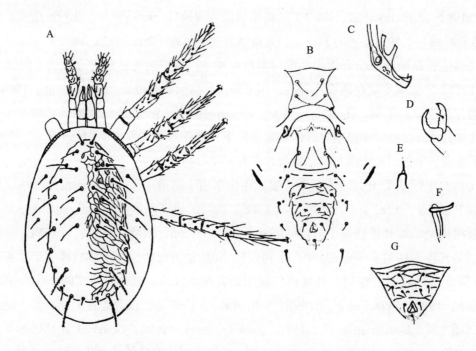

A. 背板；B. 腹面（胸板、生殖板和腹肛板）；C. 气门板；D. 螯肢；E. 受精囊；F. 导精趾；G. 雄腹肛板

图56　艾达山新小绥螨*Neoseiulus idaeus* Denmark and Muma（Denmark et al.，1973）

| 分布 | 阿根廷、巴西、智利、哥伦比亚、肯尼亚、巴拉圭、秘鲁、委内瑞拉。

| 栖息植物 | 木薯、覆盆子、菜豆、枳壳。

艾达山新小绥螨分布于南美不同地区，在巴西东北、西南地区木薯园经常有发现（de Moraes et al.，1993，1994a），是一种Ⅱ型专食性捕食者（Holling，1959），嗜食叶螨（McMurtry et al.，1997；Croft et al.，2004）。早在1989年，该螨引入非洲贝宁，实现成功防治木薯单爪螨（Yaninek et al.，1991）。Collier等（2004）在巴西Espírito Santo番石榴果园发现艾达山新小绥螨。该螨对杀虫剂有抗性，多存在于固定使用杀螨剂的商业果园且数量丰富，因此推荐其为二斑叶螨生物防治的主要候选天敌。Collier等（2007）在（25±2）℃、相对湿度（77±2）%，及12L∶12D光照条件下，研究了该螨取食番石榴二斑叶螨各种螨态时的发育、繁殖和生命表参数。发现取食不同寄主植物上的不同螨态猎物后，捕食者的大多数生物学特性并没有明显区别，说明艾达山新小绥螨可用于番木瓜园二斑叶螨的生物防治。Furtado等（2007）在阿根廷西北部寻找伊氏叶螨的有效自然天敌时，发现艾达山新小绥螨的成螨和幼若螨同伊氏叶螨相关共存，表明该螨可以依靠这种猎物发育成螨。

⑩鳞纹新小绥螨*Neoseiulus imbricatus* Corpuz-Raros and Rimando，1966

Amblyseius imbricatus Corpuz-Raros and Rimando, 1966: 127. Type locality: Los Banos, Laguna, Philippines; host: *Oryza sativa*. Wu et al., 1991b: 145.

Amblyseius (*Amblyseius*) *imbricatus*, Ehara and Bhandhufalck, 1977: 53.

Amblyseius (*Neoseiulus*) *imbricatus*, Gupta, 1986: 114; Wu et al., 2009: 70.

Neoseiulus imbricatus, Chant and McMurtry, 2003a: 21, 2007: 29; de Moraes, et al., 2004a: 124; Wu et al.,

2010: 288.

|分布| 中国（江苏、福建、江西、湖南、广东、广西、海南及武陵山区）。阿塞拜疆、菲律宾、泰国、沙特阿拉伯、伊朗、印度。

|栖息植物| 荔枝、茉莉、水稻、玉米、甘蔗、大豆、柑橘等。

Hidaka和Widiarta（1986）报道在稻瘿蚊发生的植株上出现了此种植绥螨。吴伟南等（1991b）提出鳞纹新小绥螨和昌德里棘螨是控制水稻害螨的有效种类。本种在我国的福建、湖南、江西、广东水稻产区数量较多，当稻田中出现真梶小爪螨和稻趾线螨时，其数量尤为丰富。它与巴氏新小绥螨和津川钝绥螨*Amblyseius tsugawai*共同控制植物叶面上的害螨。在泰国、菲律宾亦发现其存在于水稻上。

据已调查的材料及文献记载，本种主要分布在水稻上，适应稻田的生态环境，控制水稻害螨的能力较强，是颇有利用价值的种类（吴伟南 等，2009）。

⑪ 长刺新小绥螨 *Neoseiulus longispinosus* Evans，1952

Typhlodromus longispinosus Evans, 1952a: 413. Type locality: Bogor, Java, Indonesia; host: Manihot utilissima. Evans, 1953: 465; Womersley, 1954: 177; Ehara, 1958: 55.

Typhlodromus (*Amblyseius*) *longispinosus*, Chant, 1959a: 74.

Cydnodromus longispinosus, Muma, 1961: 290.

Amblyseius (*Typhlodromopsis*) *longispinosus*, Muma, 1961: 287.

Amblyseius (*Amblyseius*) *longispinosus*, Ehara, 1966a: 21.

Amblyseius longispinosus, Corpuz and Rimando, 1966: 129; Schicha, 1975: 103.

Amblyseius (*Neoseiulus*) *longispinosus*, Gupta, 1985: 354.

Neoseiulus longispinosus, de Moraes et al., 2000: 245; de Moraes, et al., 2004a: 129; Chant and McMurtry, 2007: 29.

Neoseiulus womersleyi (Schicha), Collyer, 1982: 192.

|分布| 中国（福建、广东、广西、海南、云南、香港、台湾）。澳大利亚、科摩罗、古巴、多米尼加、埃及、印度、印度尼西亚、俄罗斯、韩国、日本、马来西亚、新西兰、尼加拉瓜、巴基斯坦、巴布亚新几内亚、菲律宾、斯里兰卡、泰国、越南、法国（瓜德罗普、桑特群岛、玛丽-加朗特岛、马提尼克岛、留尼汪岛、圣巴泰勒米岛）、美国（本土、夏威夷）、毛里求斯（罗德里格斯岛）。

|栖息植物| 水稻、草莓、棉花、茶树、辣椒、茄子、木薯、番木瓜、马利筋、异色山黄麻、台湾桂竹、蛇葡萄属种类、葡萄、洋紫荆。

Schicha（1987）把长刺新小绥螨、温氏新小绥螨*Neoseiulus womersleyi*置于*womersleyi* Schicha，1987种群。McMurtry等（1997，2013）把这一类群的种（长刺新小绥螨、温氏新小绥螨、拟长刺新小绥螨）归于叶螨类的选择性捕食者，它们具有共性：嗜食吐丝多的叶螨属种类；捕食量大、内禀增长率较高；它们不能仅用花粉繁殖，需要取食叶螨才能完成其生活史。上述种类多分布于热带、亚热带地区。Ehara（1958，1959，1967）和Ehara等（1994）记录的长刺新小绥螨，后来Ehara等（1998）认为是温氏新小绥螨。Beard（2001）分别记述了长刺新小绥螨和温氏新小绥螨。本种的捕食对象有冠状苔螨*Bryobia cristata*、*Eotetranychus boreus*、二斑叶螨（Nusartlert et al.，2010）、神泽氏叶螨、截形叶螨、非洲真叶螨*Eutetranychus africanus*、*Schizotetranychus andropogoni*（Hirst）、细须螨、朱砂叶螨、咖啡小爪螨*Oligonychus coffeae*、侧多食跗线螨、卢氏叶螨、竹缺爪螨（*Aponychus corpuzae*）和南京裂爪螨、棕榈

蓟马Thrips palmi、Tydeus kochi。俄国Kul'chitskii（1994）利用Tydeus kochi作为交替食料饲养该种。

Shih等（1979）、Nakagawa（1985）等研究了长刺新小绥螨的生物学、生命表、捕食潜能、内禀增长率，以及湿度对其发育、生殖和活动的影响。以二斑叶螨为猎物，雌螨幼若螨和雌成螨在24h内最多能取食16.7和33.3粒卵，分别最高取食17和27.8头幼螨、5～10头成螨（Ibrahim et al.，1997）。Zhang等（2000c）发现在有丝网的叶片上的长刺新小绥螨显著多于没有丝网的叶片上的，该螨经常在丝网下搜寻猎物。长刺新小绥螨取食神泽氏叶螨、截形叶螨、二斑叶螨、非洲真叶螨的卵或幼虫均能正常发育。用截形叶螨混合螨态饲养的雌螨可以存活（22.0±2.8）d，每雌产卵（47.1±8.8）粒，即（2.6±1.1）粒/d/雌（Nusartlert et al.，2010）。长刺新小绥螨对蔬菜上的二斑叶螨防治作用显著。在冬瓜生长五叶期每株释放长刺新小绥螨30头，1周后二斑叶螨的数量下降了91.5%，且能控制叶螨增殖直至收获期（徐国良 等，2002）。

⑫ **雀稗新小绥螨**Neoseiulus paspalivorus De Leon，1957（图57）

Typhlodromus paspalivorus De Leon, 1957: 143. Type locality: Coral Gables, Florida, USA; host: *Paspalum* sp.

Typhlodromus (*Amblyseius*) *paspalivorus*, Chant, 1959a: 79.

Amblyseius paspalivorus, Athias-Henriot, 1960b: 103; Schicha 1981b: 210.

Cydnodromus paspalivorus, Muma, 1961: 290.

Amblyseius (*Neoseiulus*) *paspalivorus*, Ghai and Gupta, 1984.

Neoseiulus paspalivorus, Muma and Denmark 1970: 110; de Moraes et al., 1986: 92; Chant and McMurtry, 2003a: 27; de Moraes et al., 2004a: 137; Chant and McMurtry, 2007: 25, 29.

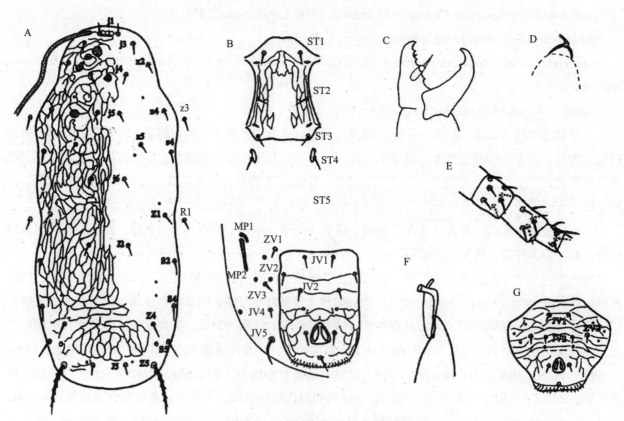

A. 背板；B. 腹面（胸板、腹肛板）；C. 螯肢；D. 受精囊；E. 足Ⅳ膝节、胫节和基跗节；F. 导精趾；G. 雄腹肛板

图57 雀稗新小绥螨Neoseiulus paspalivorus De Leon（Prasad，2013）

|分布|贝宁、巴西、古巴、加纳、印度、伊朗、牙买加、阿曼、菲律宾、沙特阿拉伯、斯里兰卡、突尼斯、美国、法国（瓜德罗普、留尼汪岛）。

|栖息植物|椰子、雀稗草。

雀稗新小绥螨类似贝氏新小绥螨和 *Neoseiulus lula*，均属于 *paspalivorus* 种团（Chant et al., 2003a）。Fernando等（2003）发现雀稗新小绥螨的种群密度变化与椰子瘿螨 *Aceria guerreronis* 的变化趋势类似，但滞后1个月达到峰值，推测其可能是一种很有应用潜力的捕食者。de Moraes等（2004b）研究发现雀稗新小绥螨仅存在于椰子果实上，与 *A. guerreronis* 相关联。Negloh等（2010，2011）发现该种也是贝宁椰果花苞下数量最丰富的捕食者。该种是在生物防治 *A. guerreronis* 中很有应用价值的天敌（Lawson-Balagbo et al., 2008）。

Lawson-Balagbo等（2007）发现该种捕食螨和一种囊螨科 Ascidae 种类 *Proctolaelaps bickleyi* 是 *A. guerreronis* 最相关的自然天敌。在（25±0.1）℃、相对湿度70%~90%、（12L：12D）条件下，该种以 *A. guerreronis* 为食，发育历期为5.6d，每天产卵1.7粒，内禀增长率为0.232。但在巴西，该种与 *P. bickleyi* 存在一定种间竞争，雀稗新小绥螨的优势是体型较扁平，能进入紧致的花被里取食（Lawson-Balagbo et al., 2007, 2008）。在斯里兰卡年降雨量大于1 800mm以上的湿润地区，其控制 *A. guerreronis* 的效果较好（Aratchige et al., 2010）。

⑬ 温氏新小绥螨 *Neoseiulus womersleyi* Schicha，1975（图58）

Amblyseius womersleyi Schicha, 1975: 101. Type locality: Rydalmere, New South Wales, Australia; host: strawberry. Ehara and Amano, 1993: 8.

Amblyseius (*Neoseiulus*) *womersleyi*, Ehara and Amano, 1998: 30.

Neoseiulus pseudolongispinosus Xin, Liang and Ke, 1981: 75, synonymed by Tseng, 1983.

Amblyseius (*Amblyseius*) *womersleyi*, Tseng, 1983: 54; Ehara et al., 1994: 123.

Neoseiulus womersleyi, de Moraes, et al., 2004a: 152; Chant and McMurtry, 2007: 31.

|分布|中国（安徽、福建、广西、贵州、河北、江苏、江西、山东、浙江、台湾）。澳大利亚、日本、韩国。

|栖息植物|苹果、草莓、荜草、番木瓜、马鞭草、南洋杉、杧果、喀西茄、白花丹、酢浆草、高粱、蝴蝶兰、棕叶狗尾草、白背黄花稔、港口马兜铃、竹、番茄、构树、滨当归、马利筋、番荔枝、黄野百合、一品红、桑树、柑橘、盐肤木、丝瓜、葡萄、野茼蒿、芒属种类，在土壤里也有发现。

Maeda等（2001）利用Y型管嗅觉仪研究了从日本各地采集的13个该种种群对有二斑叶螨发生的菜豆叶片挥发物的反应，结果发现10个种群表现出对二斑叶螨挥发物的明显喜好，而3个种群则选择没有差异，怀疑存在隐存种。该种取食的叶螨科猎物包括冠状苔螨、梧桐中叶螨 *Chinotetranychus firmianae*、*Eotetranychus boreus*、*E. asiatics*、*E. broussonetiae*、*E. sugimamensis*、*Oligonychus perditus*、柑橘全爪螨、苹果全爪螨、竹裂爪螨 *Schizotetranychus bambusae*、二斑叶螨、朱砂叶螨。以二斑叶螨作为食物，雌性温氏新小绥螨总共能取食218.12粒卵，260.85头幼螨，或222.33头前若螨。而雄性总共能消耗96.39粒卵，112.23头幼螨，或99.65头前若螨。温氏新小绥螨主要取食二斑叶螨的幼螨和前若螨而不是卵（Nguyen et al., 2011）。果园人工覆盖有利于温氏新小绥螨的越冬（Kawashima et al., 2010）。

温氏新小绥螨行为干扰能间接造成神泽氏叶螨产卵减少达25.9%，不过这比直接取食的影响小很多（Oku et al., 2004）。该螨前期取食经历，以及所在位置的猎物数量决定了该螨在当前猎物斑块的取食停留时间（Maeda，2005）。温氏新小绥螨可以切断叶螨分泌的众多黏性的丝线，以钻进复杂的丝网内部而不会受到严重的阻碍（Shimoda et al., 2009），且能沿着丝线所散发出来的化学气味寻找猎物（Shinmen et al., 2010）。

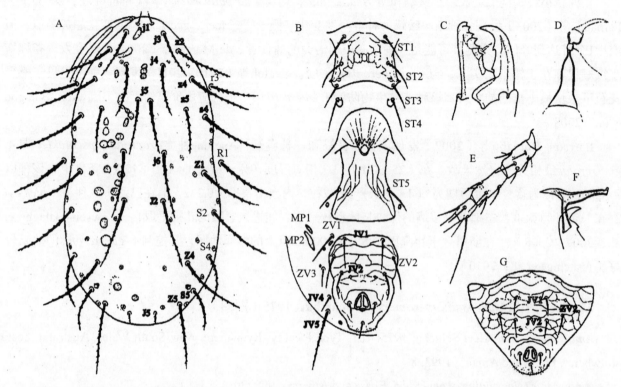

A. 背板；B. 腹面（胸板、生殖板和腹肛板）；C. 螯肢；D. 受精囊；E. 足Ⅳ膝节、胫节和基跗节；F. 导精趾；G. 雄腹肛板

图58　温氏新小绥螨*Neoseiulus womersleyi* Schicha（Prasad，2013）

Shih（2001）研发了温氏新小绥螨的自动化大量饲养方法。温氏新小绥螨取食*E. asiaticus*和取食二斑叶螨一样能够繁殖，并且能同时控制两种叶螨，在两种害螨同时发生的草莓园可以利用温氏新小绥螨进行防治（Osakabe，2002）。在棉花的早期生长阶段，在田间释放温氏新小绥螨，可以减少朱砂叶螨的发生。温氏新小绥螨成螨和幼若螨均嗜食结丝网的草地螟*Loxostege sticticalis*的卵，一旦取食殆尽，它们很快会转移到其他地方搜寻取食。该螨比较适合在大田使用，其一旦建立种群，便可压制住害虫种群且提供持续的生物防治效果（Sarwar et al., 2012）。

柯励生（1990）、缪勇等（1996）、郭喜红等（2013）均开展了温氏新小绥螨抗性品系的筛选。在菊酯类农药常用的茶园释放抗除虫菊酯的温氏新小绥螨品系，该种可以成功存活并有效防治神泽氏叶螨（Mochizuki，2003）。

⑭安图新小绥螨*Neoseiulus antuensis* Wu and Ou，2009

Amblyseius (*Neoseiulus*) *antuensis* Wu and Ou, in Wu et al. (2009): 168. Type locality: ChangbaiShan, Antu, Jilin, China; host: chestnut.

Neoseiulus antuensis, Wu et al., 2010: 293.

| 分布 | 中国（吉林）。

| 栖息植物 | 板栗。

⑮ 灵敏新小绥螨 *Neoseiulus astutus* Beglyarov，1960

Typhlodromus astutus Beglyarov, 1960: 694. Type locality: Kishinev, Moldova; host: *Pyrus* sp..

Amblyseius astutus, Kolodochka, 1973: 78; Wu, 1987b: 267; Wu et al., 1997a: 92.

Amblyseius (Amblyseius) astutus, Wainstein, 1973a: 176–180.

Amblyseius astatus［sic］, Salmane, 2001: 31.

Amblyseius (Neoseiulus) astutus, Wu et al., 2009: 76.

Neoseiulus astutus, de Moraes et al., 1986: 68, 2004: 103; Chant and McMurtry, 2003a: 31, 2007: 25; Wu et al., 2010: 293.

| 分布 | 中国（辽宁、河北、黑龙江）。阿塞拜疆、乌克兰、俄罗斯、挪威、白俄罗斯、匈牙利、伊朗、拉脱维亚、摩尔多瓦、土耳其、美国。

| 栖息植物 | 杨树、梨、苹果、柳树、李、栎。

⑯ 八达岭新小绥螨 *Neoseiulus badalingensis* Fang and Wu，2017（图59）

Neoseiulus badalingensis Fang and Wu, 2017: 1575. Type locality: Badaling, Beijing, China; host: *Glycine max*.

| 分布 | 中国（北京）。

| 栖息植物 | 大豆。

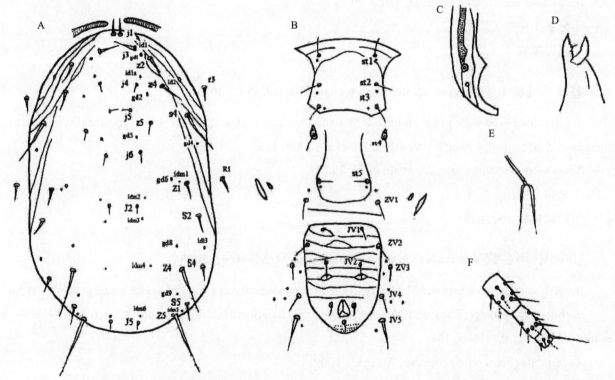

A. 背板； B. 腹面（胸板、生殖板和腹肛板）； C. 气门板； D. 螯肢； E. 受精囊； F. 足Ⅳ膝节、胫节和基跗节

图59 八达岭新小绥螨 *Neoseiulus badalingensis* Fang and Wu（Fang et al., 2017）

⑰ 白城新小绥螨 *Neoseiulus baichengensis* Ma, 2002

Amblyseius baichengensis Ma, 2002: 228. Type locality: Baicheng, Jilin, China; host: *Artemisia* sp..

Amblyseius (*Neoseiulus*) *baichengensis*, Wu et al., 2009: 498.

Neoseiulus baichengensis, Chant and McMurtry, 2006b: 137, 2007: 25; Wu et al., 2010: 293.

| 分布 | 中国（吉林）。

| 栖息植物 | 蒿，土壤中也有发现。

⑱ 盆形新小绥螨 *Neoseiulus basiniformis* Wu and Ou, 2009

Amblyseius (*Neoseiulus*) *basiniformis* Wu and Ou, in Wu et al. (2009): 173. Type locality: Sangdui, Daocheng, Sichuan, China; host: unknown plant. Wu et al., 2009: 173.

Neoseiulus basiniformis, Wu et al., 2010: 293.

| 分布 | 中国（四川）。

| 栖息植物 | 未知。

⑲ 北海新小绥螨 *Neoseiulus beihaiensis* Wu and Ou, 2009

Amblyseius (*Neoseiulus*) *beihaiensis* Wu and Ou, in Wu et al. (2009): 147. Type locality: Beihai, Guangxi, China; host: candlenut. Wu et al., 2009: 147.

Neoseiulus beihaiensis, Wu et al., 2010: 293.

| 分布 | 中国（广西）。

| 栖息植物 | 石栗。

⑳ 车八岭新小绥螨 *Neoseiulus chebalingensis* Wu and Ou, 2009

Amblyseius (*Neoseiulus*) *chebalingensis* Wu and Ou, in Wu et al. (2009): 133. Type locality: Chebaling, Shaoguan, Guangdong, China; host: bushes. Wu et al., 2009: 133.

Neoseiulus chebalingensis, Wu et al., 2010: 293.

| 分布 | 中国（广东）。

| 栖息植物 | 灌木林。

㉑ 中国新小绥螨 *Neoseiulus chinensis* Chant and McMurtry, 2003

Neoseiulus chinensis Chant and McMurtry, 2003: 21; replacement name for *Amblyseius crataegi* Wang and Xu.

Amblyseius crataegi Wang and Xu, 1985: 70. Type locality: Huairou, Beijing, China; host: *Crataegus pinnatifida*. Wu et al., 1997a: 104.

Amblyseius (*Neoseiulus*) *crataegi*, Wu et al., 2009: 108.

Neoseiulus chinensis, de Moraes et al., 2004a: 113; Chant and McMurtry, 2007: 25; Wu et al., 2010: 293.

| 分布 | 中国（北京、河北）。

| 栖息植物 | 桃树。

㉒ 风轮新小绥螨 *Neoseiulus clinopodii* Ke and Xin，1982

Amblyseius (*Amblyseius*) *clinopodii* Ke and Xin, 1982: 308. Type locality: Menghai, Yunnan, China; host: *Clinopodium chinensis*.

Typhlodromips clinopodii, de Moraes et al., 2004a: 209; Wu et al., 2010: 299.

Amblyseius (*Neoseiulus*) *clinopodii*, Wu et al., 2009: 138.

Neoseiulus clinopodii, Chant and McMurtry, 2007: 25.

| 分布 | 中国（云南）。

| 栖息植物 | 风轮菜。

㉓ 冠胸新小绥螨 *Neoseiulus cristatus* Wu and Ou，2009

Amblyseius (*Neoseiulus*) *cristatus* Wu and Ou, in Wu et al. (2009)：86. Type locality: Hohhot, Inner Mongolia, China; host: leaves of poplar.

Neoseiulus cristatus, Wu et al., 2010: 293.

| 分布 | 中国（内蒙古）。

| 栖息植物 | 杨树。

㉔ 柳杉新小绥螨 *Neoseiulus cryptomeriae* Zhu and Chen，1983

Amblyseius cryptomeriae Zhu and Chen, 1983b: 386. Type locality: WuyiShan, Jiangxi, China; host: *Cryptomeria fortunei*. Wu and Ou, 1999: 107.

Amblyseius (*Neoseiulus*) *cryptomeriae*, Wu et al., 2009: 112.

Neoseiulus cryptomeriae, de Moraes et al., 2004a: 115; Chant and McMurtry, 2003: 21, 2007: 25; Wu et al., 2010: 293.

| 分布 | 中国（江西）。

| 栖息植物 | 柳杉、铃木。

㉕ 稻城新小绥螨 *Neoseiulus daochengensis* Wu and Ou，2009

Amblyseius (*Neoseiulus*) *daochengensis* Wu and Ou, in Wu et al. (2009)：145. Type locality: Sangdui, Daocheng, Sichuan, China; host: unknown plant.

Neoseiulus daochengensis, Wu et al., 2010: 293.

| 分布 | 中国（四川）。

| 栖息植物 | 未知。

㉖ 德钦新小绥螨 *Neoseiulus deqinensis* Wu and Ou，2009

Amblyseius (*Neoseiulus*) *deqinensis* Wu and Ou, in Wu et al. (2009)：88. Type locality: east of Baima Snow Mountain, Deqin, Yunnan, China; host: unknown plant.

Neoseiulus deqinensis, Wu et al., 2010: 293.

| 分布 | 中国（云南）。

|栖息植物|未知。

㉗双环新小绥螨*Neoseiulus dicircellatus* Wu and Ou，1999

Amblyseius dicircellatus Wu and Ou, 1999: 107. Type locality: Linzhang, Hebei, China; host: apple.

Neoseiulus dicercellatus［sic］, Chant and McMurtry, 2003: 37.

Amblyseius (*Neoseiulus*) *dicircellatus*, Wu et al., 2009: 91.

Neoseiulus dicircellatus, de Moraes et al., 2004a: 118; Chant and McMurtry, 2007: 29; Wu et al., 2010: 293.

|分布|中国（北京、河北）。

|栖息植物|苹果。

㉘盘形新小绥螨*Neoseiulus dishaformis* Wu and Ou，2009

Amblyseius (*Neoseiulus*) *dishaformis* Wu and Ou, in Wu et al. (2009)：130. Type locality: Panma, Lushui, Yunnan, China; host: unknown plant.

Neoseiulus dishaformis, Wu et al., 2010: 293.

|分布|中国（云南）。

|栖息植物|未知。

㉙甘肃新小绥螨*Neoseiulus gansuensis* Wu and Lan，1991

Amblyseius gansuensis Wu and Lan, 1991b: 314. Type locality: Minqin, Gansu, China; host: *Haloxylon ammodendron*. Wu et al., 1997a: 102.

Amblyseius (*Neoseiulus*) *gansuensis*, Wu et al., 2009: 124.

Neoseiulus gansuensis, Chant and McMurtry, 2003a: 31, 2007: 29; de Moraes et al., 2004a: 121; Wu et al., 2010: 294.

|分布|中国（甘肃）。

|栖息植物|梭梭。

㉚横断山新小绥螨*Neoseiulus hengduanensis* Wu and Ou，2009

Amblyseius (*Neoseiulus*) *hengduanensis* Wu and Ou, 2009: 111. Type locality: Daocheng, Sichuan, China; host: *Rubus corchorifolius*. Wu et al., 2009: 111.

Neoseiulus hengduanensis, Wu et al., 2010: 294.

|分布|中国（四川）。

|栖息植物|悬钩子。

㉛钩室新小绥螨*Neoseiulus hookaformis* Wu and Ou，2009

Amblyseius (*Neoseiulus*) *hookaformis* Wu and Ou, in Wu et al. (2009)：134. Type locality: Nyingchi and Yadong, Tibet, China; host: small shrubs.

Neoseiulus hookaformis, Wu et al., 2010: 294.

|分布|中国（西藏）。

|栖息植物|小灌木。

㉜ 古山新小绥螨 *Neoseiulus koyamanus* Ehara and Yokogawa，1977

Amblyseius (*Amblyseius*) *koyamanus* Ehara and Yokogawa, 1977: 50. Type locality: Koyama, Tottori, Honshu, Japan; host: Gramineae.

Amblyseius (*Neoseiulus*) *koyamanus*, Ehara and Amano, 1998: 35; Wu et al., 2009: 115.

Neoseiulus koyamanus, de Moraes et al., 1986: 85, 2004: 127; Chant and McMurtry, 2003: 23, 2007: 29; Wu et al., 2010: 294.

|分布|中国（河北、安徽、福建、江西、山东、河南）。日本、韩国。
|栖息植物|苹果、茄瓜、大豆、大叶梧桐、蓖麻、禾本科植物。

㉝ 雷公山新小绥螨 *Neoseiulus leigongshanensis* Wu and Lan，1989

Amblyseius (*Amblyseius*) *leigongshanensis* Wu and Lan, 1989a: 250. Type locality: Leigongshan, Guizhou, China; host: bamboo.

Amblyseius leigongshanensis, Wu and Lan, 1993: 693; Wu et al., 1997a: 96.

Neoseiulus leigonghanensis［sic］, Chant and McMurtry, 2007: 29.

Amblyseius (*Neoseiulus*) *leigongshanensis*, Wu et al., 2009: 143.

Neoseiulus leigongshanensis, Chant and McMurtry, 2003: 23; de Moraes et al., 2004a: 128; Wu et al., 2010: 294.

|分布|中国（贵州）。
|栖息植物|竹。

㉞ 梁氏新小绥螨 *Neoseiulus liangi* Chant and McMurtry，2003

Neoseiulus liangi Chant and McMurtry, 2003: 35; replacement name for *Amblyseius ornatus* Liang and Ke, de Moraes et al., 2004a: 128; Chant and McMurtry, 2007: 29; Wu et al., 2010: 294.

Amblyseius ornatus Liang and Ke, 1984: 153. Type locality: Guiyang, Guizou, China; host: *Aster* sp.. synonymed by Chant and McMurtry, 2003.

Amblyseius (*Neoseiulus*) *ornatus*, Wu et al., 2009: 154.

|分布|中国（贵州）。
|栖息植物|紫菀、一年蓬、蒿。

㉟ 林芝新小绥螨 *Neoseiulus linzhiensis* Wu and Ou，2009

Amblyseius (*Neoseiulus*) *linzhiensis* Wu and Ou, in Wu et al. (2009)：172. Type locality: Nyingchi, Tibet, China; host: weeds.

Neoseiulus linzhiensis, Wu et al., 2010: 294.

|分布|中国（西藏）。
|栖息植物|杂草。

㊱长肛新小绥螨 *Neoseiulus longanalis* Wu and Ou, 2009

Amblyseius (*Neoseiulus*) *longanalis* Wu and Ou, in Wu et al. (2009): 149. Type locality: Pianma, Lushui, Yunnan, China; host: raspberry.

Neoseiulus longanalis, Wu et al., 2010: 294.

|分布|中国(云南)。

|栖息植物|悬钩子。

㊲庐山新小绥螨 *Neoseiulus lushanensis* Zhu and Chen, 1985

Amblyseius lushanensis Zhu and Chen, 1985b: 273. Type locality: Lushan, Jiangxi, China; host: grass.

Amblyseius (*Amblyseius*) *longisiphonulus* Wu and Lan, 1989a: 248, synonymed by Wu et al., 2009.

Amblyseius (*Neoseiulus*) *lushanensis*, Wu et al., 2009: 152.

Neoseiulus lushanensis, Chant and McMurtry, 2003, 37; 2007, 29; de Moraes et al., 2004a: 131; Wu et al., 2010: 294.

|分布|中国(浙江、江西、山东、河南、湖南、贵州)。

|栖息植物|杂草。

㊳真桑新小绥螨 *Neoseiulus makuwa* Ehara, 1972

Amblyseius (*Amblyseius*) *makuwa* Ehara, 1972: 154. Type locality: Kita-usa, Usa, Oita, Kyushu, Japan; host: *Cucumis melo* var. *makuwa*.

Amblyseius makuwa, Chen et al., 1984: 335; Wu et al., 1991a: 89, 1991b: 147; 1997a: 99.

Amblyseius (*Neoseiulus*) *makuwa*, Ehara and Amano, 1998: 37; Wu et al., 2009: 151.

Neoseiulus makuwa, de Moraes et al., 1986: 87, 2004: 131; Chant and McMurtry, 2003: 37, 2007: 29; Wu et al., 2010: 294.

|分布|中国(辽宁、吉林、黑龙江、江苏、安徽、福建、江西、山东、湖北、湖南、广东、广西、海南、四川、贵州、云南、甘肃、台湾)。韩国、日本、喀麦隆、印度尼西亚、沙特阿拉伯、阿联酋。

|栖息植物|柑橘、构树、杉树、茶树、葡萄、野苋菜、风轮菜、水稻、大豆、烟草、甜瓜、小麦、甜瓜、葡萄、白菜、杨桃、飞扬草、莲子草、刺苋、熊耳草、玉山悬钩子、丝瓜、莴苣、禾本科植物等。

㊴单大毛新小绥螨 *Neoseiulus monomacrosetosus* Tseng, 1976

Amblyseius (*Amblyseius*) *monomacroseta* Tseng, 1976: 121. Type locality: Tainan, Taiwan, China; host: pineapple. Chen et al., 1984: 339.

Amblyseius (*Neoseiulus*) *monomacroseta*, Wu et al., 2009: 99.

Neoseiulus monomacroseta, de Moraes et al., 1986: 90; Chant and McMurtry, 2003: 17; Wu et al., 2010: 294.

Neoseiulus monomacrosetosus, de Moraes et al., 2004a: 134; Chant and McMurtry, 2007: 29.

|分布|中国(台湾)。

| 栖息植物 | 凤梨、杂草。

㊵ 多孔新小绥螨 *Neoseiulus multiporus* Wu and Li，1987

Amblyseius (*Amblyseius*) *multiporus* Wu and Li, 1987: 376. Type locality: Kuytun, Xinjiang, China; host: *Salix* sp..

Amblyseius multiporus, Wu et al., 1997a: 93.

Amblyseius (*Neoseiulus*) *multiporus*, Wu et al., 2009: 75.

Neoseiulus multiporus, Chant and McMurtry, 2003: 31, 2007: 29; de Moraes et al., 2004a: 134; Wu et al., 2010: 294.

| 分布 | 中国（内蒙古、新疆）。

| 栖息植物 | 柳树。

㊶ 新小皱新小绥螨 *Neoseiulus neoreticuloides* Liang and Hu，1988

Amblyseius neoreticuloides Liang and Hu, 1988: 317. Type locality: Yinchuan, Ningxia, China; host: *Platycladus orientalis*.

Amblyseius (*Neoseiulus*) *neoreticuloides*, Wu et al., 2009: 105.

Neoseiulus neoreticuloides, Chant and McMurtry, 2003: 23, 2007: 29; de Moraes et al., 2004a: 135; Wu et al., 2010: 294.

| 分布 | 中国（宁夏）。

| 栖息植物 | 榆树。

㊷ 凭祥新小绥螨 *Neoseiulus pingxiangensis* Wu and Ou, 2009

Amblyseius (*Neoseiulus*) *pingxiangensis* Wu and Ou, in Wu et al. (2009): 148. Type locality: Pingxiang, Guangxi, China; host: candlenut.

| 分布 | 中国（广西）。

| 栖息植物 | 石栗。

㊸ 袋形新小绥螨 *Neoseiulus saccatus* Wu and Ou，2009

Amblyseius (*Neoseiulus*) *saccatus* Wu and Ou, in Wu et al. (2009): 174. Type locality: Ruiwangqu, Yunnan, China; host: unknown plant.

Neoseiulus saccatus, Wu et al., 2010: 294.

| 分布 | 中国（云南）。

| 栖息植物 | 未知。

㊹ 石河子新小绥螨 *Neoseiulus shiheziensis* Wu and Li，1987

Amblyseius (*Amblyseius*) *shiheziensis* Wu and Li, 1987: 375. Type locality: Shihezi, Xinjiang, China; host: *Triticum aestivum*.

Amblyseius shiheziensis, Wu et al., 1997a: 95.

Amblyseius (*Neoseiulus*) *shiheziensis*, Wu et al., 2009: 74.

Neoseiulus shiheziensis, Chant and McMurtry, 2003: 17, 2007: 31; de Moraes et al., 2004a: 144; Wu et al., 2010: 294.

| 分布 | 中国（新疆）。

| 栖息植物 | 小麦。

㊺蜀葵新小绥螨*Neoseiulus shukuis* Chen and Zhu，1980

Amblyseius shukuis Chen and Zhu, 1980: 10. Type locality: Gansu, China; host: *Althaea rosea*. Chen et al., 1984: 318.

Neoseiulus shukuis, Wu et al., 2010: 294.

| 分布 | 中国（甘肃）。

| 栖息植物 | 蜀葵。

㊻刺新小绥螨*Neoseiulus spineus* Tseng，1976

Amblyseius (*Amblyseius*) *spineus* Tseng, 1976: 118. Type locality: Ho-li, Taichung, Taiwan, China; host: *Vitis vinifera*. Chen et al., 1984: 338.

Amblyseius (*Neoseiulus*) *spineus*, Wu et al., 2009: 71.

Neoseiulus spineus, Chant and McMurtry, 2003: 23, 2007: 31; de Moraes et al., 1986: 96; 2004: 144; Wu et al., 2010: 295.

| 分布 | 中国（台湾）。

| 栖息植物 | 葡萄。

㊼条纹新小绥螨*Neoseiulus striatus* Wu，1983

Amblyseius (*Amblyseius*) *striatus* Wu, 1983a: 267. Type locality: Laiyang, Shandong, China; host: apple.

Amblyseius striatus, Wu et al., 1997a: 79.

Amblyseius (*Neoseiulus*) *striatus*, Wu et al., 2009: 118.

Neoseiulus striatus, Chant and McMurtry, 2003: 23, 2007: 29; de Moraes et al., 1986: 97, 2004: 145; Wu et al., 2010: 295.

| 分布 | 中国（辽宁、山东、内蒙古）。

| 栖息植物 | 苹果等。

㊽拟网纹新小绥螨*Neoseiulus subreticulatus* Wu，1987

Amblyseius subreticulatus Wu, 1987b: 264. Type locality: Harbin, Heilongjiang, China; host: *Artemisia* sp.. Wu et al., 1997a: 78.

Amblyseius (*Neoseiulus*) *subreticulatus*, Wu et al., 2009: 106.

Neoseiulus subreticulatus, Chant and McMurtry, 2003: 23, 2007: 31; de Moraes et al., 2004a: 145; Wu et al., 2010: 295.

| 分布 | 中国（辽宁、吉林、黑龙江、江西、广东、广西、新疆）。

｜栖息植物｜柑橘、艾、梨及杂草。

㊾似圆新小绥螨*Neoseiulus subrotundus* Wu and Lan，1991

Amblyseius subrotundus Wu and Lan, 1991b: 313. Type locality: Minxian, Gansu, China; host: *Cotoneaster multiflorus*.

Amblyseius (*Neoseiulus*) *subrotundus*, Wu et al., 2009: 144.

Neoseiulus subrotundus, Chant and McMurtry, 2003: 23, 2007: 31; de Moraes et al., 2004a: 145; Wu et al., 2010: 295.

｜分布｜中国（甘肃、宁夏）。

｜栖息植物｜水栒子、多刺锦鸡儿、沙棘。

㊿似袋形新小绥螨*Neoseiulus subsaccatus* Wu and Ou，2009

Amblyseius (*Neoseiulus*) *subsaccatus* Wu and Ou, in Wu et al. (2009) : 175. Type locality: Haitong, Mangkang, Tibet, China; host: weeds.

Neoseiulus subsaccatus, Wu et al., 2010: 295.

｜分布｜中国（西藏）。

｜栖息植物｜杂草。

(51)台湾新小绥螨*Neoseiulus taiwanicus* Ehara，1970

Amblyseius (*Amblyseius*) *taiwanicus* Ehara, 1970: 56. Type locality: Fengshan, Kaohsiung, Taiwan, China; host: pineapple.

Amblyseius taiwanicus, Schicha, 1981: 206; Wu et al., 1997a: 106.

Amblyseius (*Neoseiulus*) *taiwanicus*, Wu et al., 2009: 124.

Neoseiulus taiwanicus, Chant and McMurtry, 2003: 27, 2007: 31; de Moraes et al., 1986: 97, 2004: 146; Wu et al., 2010: 295.

｜分布｜中国（广东、海南、台湾）。泰国、菲律宾。

｜栖息植物｜杂草、水稻、凤梨。

(52)隘颈新小绥螨*Neoseiulus tauricus* Livschitz and Kuznetsov，1972

Amblyseius tauricus Livshitz and Kuznetsov, 1972: 24. Type locality: Crimea, ukraine; host: unspecified substrate. Wu et al., 1997a: 101.

Amblyseius (*Amblyseius*) *tauricus*, Arutunjan, 1970.

Amblyseius (*Neoseiulus*) *tauricus*, Wu et al., 2009: 92.

Neoseiulus tauricus, Chant and McMurtry, 2003: 24; de Moraes et al., 1986: 98, 2004: 147; Wu et al., 2010: 295.

｜分布｜中国（内蒙古）。阿塞拜疆、亚美尼亚、法国、希腊、伊朗、乌克兰。

｜栖息植物｜杂草。

㊾ 管形新小绥螨 *Neoseiulus tubus* Wu and Ou，2009

Amblyseius (*Neoseiulus*) *tubus* Wu and Ou, in Wu et al. (2009) : 129. Type locality: Chebaling, Shaoguan, Guangdong, China; host: bushes.

Neoseiulus tubus, Wu et al., 2010: 295.

|分布|中国（广东）。

|栖息植物|灌木林。

㊾ 瓶形新小绥螨 *Neoseiulus vaseformis* Wu and Ou，2009

Amblyseius (*Neoseiulus*) *vaseformis* Wu and Ou, in Wu et al. (2009) : 81. Type locality: Mengding, Yunnan, China; host: *Boehmeria longispica*.

Neoseiulus vaseformis, Wu et al., 2010: 295.

|分布|中国（云南）。

|栖息植物|山麻。

㊾ 西藏新小绥螨 *Neoseiulus xizangensis* Zhu and Chen，1985

Amblyseius (*Amblyseius*) *xizangensis* Zhu and Chen, 1985a: 204. Type locality: Yadong, Tibet, China; host: unknown plant.

Amblyseius (*Neoseiulus*) *xizangensis*, Wu et al., 2009: 155.

Neoseiulus xizangensis, Chant and McMurtry, 2003: 4, 2006: 145, 2007: 31; de Moraes et al., 2004a: 151; Wu et al., 2010: 295.

|分布|中国（西藏）。

|栖息植物|未知。

㊾ 永安新小绥螨 *Neoseiulus yonganensis* Ma and Lin，2007

Amblyseius yonganensis Ma and Lin, 2007: 83. Type locality: Yongan, Fujian, China; host: forest litter.

Neoseiulus yonganensis, Wu et al., 2010: 295.

|分布|中国（福建）。

|栖息植物|森林落叶。

（二）坎走螨族 Kampimodromini Kolodochka

Kampimodromini Kolodochka, 1998: 59.

Type genus: *Kampimodromus* Nesbitt, 1951: 53.

雌螨背板常缺S4毛（3种除外），具Z1和j5毛，背刚毛的长度、粗厚存在变化，有些种的毛着生在小结节上。背板较粗糙，侧缘常具缺口，近z5毛处常有小孔。胸板后缘直或突，腹肛板缩小，长大于宽，通常窄长，侧缘具肛前毛3对，气门沟通常伸至前缘与背板合并。

坎走螨族分亚族检索表

1　具Z2毛（图60）···小盲绥螨亚族Typhloseiellina

　　缺Z2毛（图61）···2

2　背板侧缘近s4水平位置无明显缺口··坎走螨亚族Kampimodromina

　　背板侧缘近s4水平位置具明显缺口··拟植绥螨亚族Paraphytoseiina

 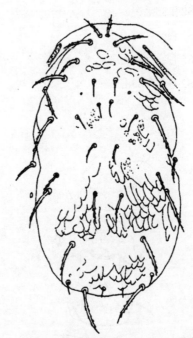

图60　*Typhloseiella isotricha* Athias-Henriot的背板　　　　图61　*Kampimodromus aberrans* Oudemans的背板

1. 坎走螨亚族Kampimodromina Chant and McMurtry

Kampimodromina Kolodocka, Chant and McMurtry, 2003: 193.

Type genus: *Kampimodromus* Nesbitt, 1951: 53.

该亚族种类的背板s4毛水平位置侧边缘没有明显的凹陷。足Ⅳ不带有非常长、明显加粗的巨毛。背侧毛通常长度差不多但不绝对。螯肢定趾通常带很少的齿。通常不存在一对跟z5毛明显相关的腺孔。该亚族下设8属。

坎走螨亚族分属检索表

1　具S4毛··拟坎走螨属Parakampimodromus

　　缺S4毛···2

2　背板刚毛短、细，各自约等，缺ZV3毛，JV4毛存或缺，J2、S2、S5毛存，足无巨毛，JV5毛很短，螯肢定趾具1～3齿··江原绥螨属Eharius

　　背板刚毛长短不一，且粗厚，ZV3毛存或缺，J2、S2、S5毛存或缺，足具有巨毛或缺，JV5毛长度正常（图62*Asperoseius*属和图63*Okiseius cowbay*除外），螯肢定趾的齿数是变化的··3

3　具J2、S2、S5毛，躯体毛总数为32对，前半体具8对毛···坎走螨属*kampimodromus*

　　J1、S2或S5毛至少缺一对··4

4 具J2、S5毛，缺S2毛 ··· 5
　缺J2毛，S2和S5毛存或缺 ··· 6
5 背刚毛中等粗厚，逐渐变尖，雌螨腹肛板具一对孔，背中毛较长，Z1：j6 = 1.2～2.0 : 1.0 ···············
　··· 小坎绥螨属 *Kampimoseiulella*
　背刚毛整根粗实，直至端部，雌螨腹肛板无肛前孔，背中毛较短，Z1：j6 = 8.0 : 1.0 ·····················
　··· 拟小钝伦螨属 *Paraamblyseiulella*
6 具S2和S5毛 ··· 冲绥螨属 *Okiseius*
　缺S2毛 ··· 7
7 缺S5毛、存S2毛 ··· 粗绥螨属 *Asperoseius*
　缺S2毛、存S5毛 ··· 前锯绥螨属 *Proprioseius*

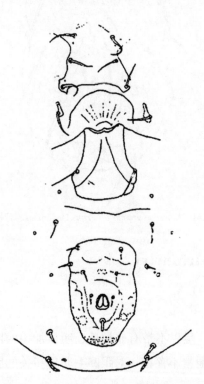

图62 *Asperoseius africanus* Chant的雌螨腹面

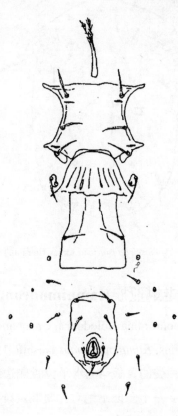

图63 *Okiseius cowbay* Walter的雌螨腹面

（1）坎走螨属 *kampimodromus* Nesbitt

Kampimodromus Nesbitt, 1951: 53. Type species: *Typhlodromus aberrans* Oudemans, 1930a: 48.

Paradromus Muma, 1961: 286. Type species: *Typhlodromus aberrans* Oudemans, 1930a: 48.

Amblyseius (*Kampimodromus*), Pritchard and Baker, 1962: 294.

Amblyseius (*Kampimodromus*) section *Kampimodromus* Wainstein, 1962b: 14.

aberrans group Chant, 1959a: 101.

Type species: *Typhlodromus aberrans* Oudemans, 1930a: 48.

背刚毛毛序类型：10A：8C。背刚毛18对，缺S4毛。背板粗糙，具装饰纹，背刚毛粗厚，侧毛及Z5

毛为锯齿状。雌腹肛板伸长，具明显的腰，肛前毛3对。气门沟伸至z4毛或j3毛，足Ⅰ～Ⅲ无巨毛，足Ⅳ无巨毛或具1根巨毛。本属与江原绥螨属 *Eharius* Tuttle and Muma，1973相似。

异常坎走螨 *Kampimodromus aberrans* Oudemans，1930（图64）

Typhlodromus aberrans Oudemans, 1930a: 48. Type locality: Arnhem, Gelderland, Netherlands; host: *Tilia* sp..

Typhlodromus (*Typhlodromus*) *aberrans*, Beglyarov, 1957: 373.

Amblyseius aberrans, Athias-Henriot, 1958a: 36.

Typhlodromus (*Amblyseius*) *aberrans*, Chant, 1959a: 101.

Paradromus aberrans, Muma, 1961: 286.

Amblyseius (*Kampimodromus*) *aberrans*, Pritchard and Baker, 1962: 294; Wainstein, 1962b: 14.

Amblyseius (*Amblyseius*) *aberrans*, Tseng, 1976: 108.

Kampimodromus aderrans［sic］, Kolodochka, 1978: 77.

Kampimodromus (*Kampimodromus*) *aberrans*, Karg, 1983: 305.

Kampimodromus aberrans, de Moraes et al., 2004a: 93; Chant and McMurtry, 2007: 37.

Kampimodromus elongatus (Oudemans, 1930a)：50, synonymed by Chant, 1955.

Kampimodromus vitis (Oudemans, 1930c)：99, synonymed by Chant, 1955.

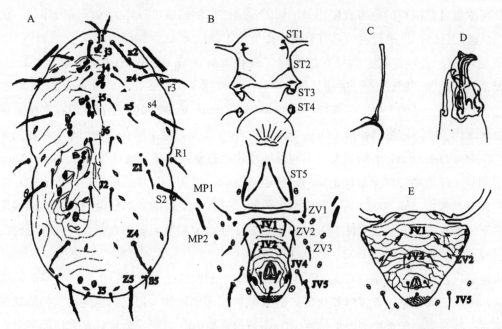

A. 背板；B. 腹面（胸板、生殖板和腹肛板）；C. 受精囊；D. 导精趾；E. 雄腹肛板

图64　异常坎走螨 *Kampimodromus aberrans* Oudemans（Prasad，2013）

|分布|阿尔巴尼亚、阿尔及利亚、亚美尼亚、奥地利、阿塞拜疆、白俄罗斯、保加利亚、加拿大、捷克、克罗地亚、英国、法国、格鲁吉亚、德国、希腊、匈牙利、伊朗、以色列、意大利、摩尔多瓦、黑山、摩洛哥、荷兰、挪威、波兰、葡萄牙、俄罗斯、塞尔维亚、斯洛伐克、斯洛文尼亚、西班牙、瑞士、突尼斯、土耳其、乌克兰、美国。高加索地区。

|栖息植物|椴树、葡萄、苹果、榛树等。

异常坎走螨背刚毛长度及锯齿状毛有冬夏二型现象，有多个异名，但Chant等（2007）认为它是从

地中海地区扩散到其他各地的。众多文献记述了本种田间的种群动态。该螨是欧洲多年生作物上的常见捕食螨，主要作物有葡萄（Duso et al., 1999；Kreiter et al., 2000）、苹果（Fischer-Colbrie et al., 1990）和榛树（Tsolakis et al., 2000；Ozman-Sullivan, 2006）。其在希腊各种林木、果树及野生植物上均有发现（Papadoulis, 1993）。该螨捕食的害螨种类包括瘿螨科的 *Aculus ballei*、*Colomerus vitis*，叶螨科的 *Eotetranychus carpini*、*Eotetranychus tiliarium*、*Eotetr tiliarium*（Tixier et al., 1998, 2006；Kreiter et al., 2002）、榛植瘿螨 *Phytoptus avellance*（Ozman-Sullivan, 2006）、苹果全爪螨、二斑叶螨、镰螯螨 *Tydeus gloveri* 和食甜螨科的 *Cecidophyopsis ribis*、*Glycyphagus* sp.。

Ozman-Sullivan（2006）研究了本种在土耳其榛实上以榛植瘿螨为食的生活史和生物学特征。雌螨平均发育时间为6.9d，雄螨为7.1d，雌螨每天产卵1.8粒，总产卵量12.67粒，内禀增长率 r_m 为0.153，因此其被认为是有捕食该瘿螨潜能的种类。异常坎走螨取食二斑叶螨幼螨的数量明显比其他螨态更多，推测该螨可能是二斑叶螨的有效生物防治天敌，至少在低猎物密度时是如此（Kasap et al., 2011）。

Krantz（1973）和Tixier等（1998）研究了法国葡萄园的植绥螨主要种类（异常坎走螨、梨盲走螨 *Typhlodromus pyri*、多产植绥螨 *Phytoseius plumifer*，前者占主要）与周边植被之间扩散的关系，指出植绥螨的扩散与该地区地形、植被的组成成分及风力强度、方向有关，但其能否在果园生存还取决于果园使用杀虫药剂的情况。植绥螨在葡萄园之间的短距离扩散则主要受风（方向、强度和频率）及附近树丛上植绥螨密度的影响（Tixier et al., 2000）。植绥螨在作物上的定殖能力（速度、强度和一致性）与植绥螨密度及与附近自然植被的距离直接相关。周围合适的自然植被可以作为植绥螨的库源。植绥螨通过葡萄园周围植被的自然扩散进行定殖具有重要应用价值（Duso et al., 2010）。

在欧洲葡萄园，当异常坎走螨与安德森钝绥螨和梨盲走螨一起释放时，其竞争力最强（Duso, 1989）。异常坎走螨在"Riesling"葡萄品种（叶片下方光滑）上释放比在"Prosecco"（叶片下面有软毛）上更加成功。后一品种上原本结饰植绥螨 *Phytoseius finitimus* 种群更加丰富，但在实验末期，异常坎走螨占优势并取代了结饰植绥螨种群（Duso et al., 1999）。异常坎走螨在"Florina"葡萄品种上的种群密度比在"Golden Delicious"上的更大，不同品种叶片形态差异对其定殖具有潜在影响（Ahmad et al., 2013）。不同苹果栽培品种对异常坎走螨的定殖也有影响，可能是叶片的形态差异造成的。在四个商业苹果园田间释放异常坎走螨均成功。在其中两个果园，异常坎走螨的种群数量随着时间推移持续增多，在释放后的下一季节均变成了优势种（Duso et al., 2009）。异常坎走螨的数量与叶片腺毛密度和存在的虫菌穴数量表现为正相关（Duso et al., 2010）。

异常坎走螨广食性的植绥螨，在葡萄园与梨盲走螨一起释放能有效地将植食性叶螨的数量控制在经济可接受的水平。该螨数量随着害螨和交替猎物/食物的增多而增加，但它们也能在猎物稀缺条件下持续存在，且能对一些杀菌剂和杀虫剂产生抗性（Duso et al., 2010）。异常坎走螨是在田间易对农药产生抗性的优势种，是使用常规选择性农药的南欧果园中的植食性叶螨的最重要捕食者（Duso et al., 2010, 2012；Tirello et al., 2013）。Duso等（2009, 2010）将EBDC杀菌剂代森锌和有机磷杀虫剂双抗的品系释放于经常使用有机磷农药的葡萄园和苹果园，均实现成功防治。Tirello等（2012）筛选出一有机磷抗性品系，其 LC_{50} 比毒死蜱田间推荐使用剂量（525mg a.i/L）高1.85～6.83倍。Tirello等（2013）的室内毒性测试证明吲哚美辛和甲氧虫酰肼对异常坎走螨无害或有轻微毒性。

（2）冲绥螨属 *Okiseius* Ehara

Okiseius Ehara, 1967a: 77. Type species: *Okiseius subtropicus* Ehara, 1967a.

Okiseius (*Kampimodromellus*) Kolodochka and Denmark, 1996: 233. Type species: *Amblyseius* (*Kampimodromellus*) *maritimus* Ehara, 1967b: 224.

Okiseius (*Okiseius*) Kolodochka and Denmark, 1996: 233.

Type species: *Okiseius subtropicus* Ehara, 1967a: 77.

雌螨背刚毛16对，前侧毛4对（j3、z2、z4、s4），后侧毛4对（Z1、S2、S5、Z5），缺S4毛，背中毛5对（j1、j4、j5、j6、J5），缺J2毛，亚中毛2对（Z4和Z5），前亚侧毛r3在盾间膜上，后亚侧毛R1在背板上或膜上，近R1毛处具较深的缺口或凹入。背刚毛短至中等长度，较长者具微刺或为锯齿状。

① 亚热冲绥螨 *Okiseius subtropicus* Ehara，1967（图65）

Okiseius subtropicus Ehara, 1967a: 77. Type locality: Itoman, Okinawa, Japan; host: *Hibiscus tiliaceus*. Tseng, 1976: 102; Ehara and Hamaoka, 1980: 6; Wu and Qian, 1983a: 75; Chen et al., 1984: 348; de Moraes et al., 1986: 102; Wu, 1989: 210; Wu et al., 2009: 251; Ehara et al., 1994: 136; Wu et al., 1997a: 129, 2009: 251; Walter, 1999: 90.

Okiseius wui Denmark and Kolodochka, 1996: 235, synonymed by Wu et al., 1997b.

Amblyseius (*Kampimodromus*) *subtropicus*, Ueckermann and Loots, 1985: 195.

Okiseius (*Okiseius*) *subtropicus*, Kolodochka and Denmark, 1996: 235.

Amblyseius (*Okiseius*) *subtropicus*, Ehara and Amano, 1998: 45.

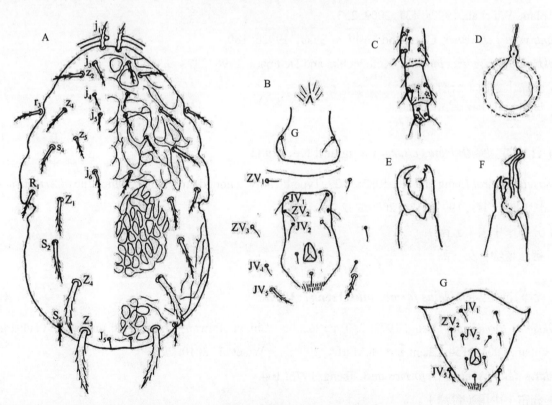

A. 背部；B. 腹面（生殖板和腹肛板）；C. 足Ⅳ膝节、胫节和基跗节；D. 受精囊；E. 螯肢；F. 雄腹肛板；G. 导精趾

图65 亚热冲绥螨 *Okiseius subtropicus* Ehara

|分布|中国（江苏、浙江、福建、江西、广东、广西、海南、贵州、云南、台湾）。澳大利亚、日本、马来西亚、菲律宾。

|栖息植物|黄槿、柑橘、丝瓜、酢浆草、山麻、藿香蓟、朱槿、杠板归、蓖麻、台湾相思、野梧

桐、白楸、木荷、鹅掌柴、葛藤、野牡丹、李属种类、牡荆属种类、柏木属种类、木槿属种类、桑属种类及其他灌木。

本种是我国南方果园的常见植绥螨。实验室食性研究表明，它能频繁捕食柑橘锈螨*Phyllocoptruta oleivora*。亚热冲绥螨也是荔枝瘿螨*Eriophyes litchii*的自然天敌，在实验条件28～31℃，相对湿度70%～80%时，其卵、幼螨、前若螨、后若螨、产卵前期和一个世代的持续时间分别是（1.87±0.56）d，（1.27±0.44）d，（153±0.46）d，（1.50±0.63）d，（1.90±0.55）d和（8.07±1.33）d（徐金汉 等，1995）。

②长白冲绥螨*Okiseius changbaiensis* Wu and Ou，2009

Okiseius changbaiensis Wu and Ou, 2009: 256. Type locality: Baishan Station, Changbaishan, Antu, Jilin, China; host: *Larix gmelinii*.

|分布|中国（吉林）。

|栖息植物|落叶松。

③中国冲绥螨*Okiseius chinensis* Wu and Qian，1983

Okiseius chinensis Wu, in Wu and Qian (1983b): 75. Type locality: Tengchong, Yunnan, China; host: rubber plant. Wu et al., 1997a: 131, 2009: 253.

Amblyseius chinensis, Chant and Yoshida-Shaul, 1992b: 180.

Okiseius (*Okiseius*) *chinensis*, Kolodochka and Denmark, 1996: 237.

|分布|中国（云南）。

|栖息植物|橡胶树。

④江原冲绥螨*Okiseius eharai* Liang and Ke，1982

Okiseius eharai Liang and Ke, 1982a: 229. Type locality: Zhongdian, Yunnan, China; host: *Artemisia argyi*. Wu et al., 1991b: 149, 1997a: 130, 2009: 252.

|分布|中国（云南）。

|栖息植物|艾、蒿。

⑤台湾冲绥螨*Okiseius formosanus* Tseng，1972

Okiseius formosanus Tseng, 1972: 2. Type locality: Chiayi, Taiwan, China; host: unspecified substrate. de Moraes et al., 2004a: 154; Chant and McMurtry, 2007: 43; Wu et al., 2010: 295.

Platyseiella (*Noeledius*) *formosanus*, Tseng, 1976: 104.

|分布|中国（台湾）。

|栖息植物|未知。

⑥核桃楸冲绥螨*Okiseius juglandis* Wang and Xu，1985

Amblyseius juglandis Wang and Xu, 1985: 69. Type locality: Baihuashan, Beijing, China; host: *Juglans mandshurica*. Wu et al., 1997a: 109, 2009: 254.

Okiseius (*Kampimodromellus*) *juglandis*, Kolodochka and Denmark, 1996: 249; Ryu and Ehara, 1997: 113.

Okiseius juglandis, de Moraes et al., 2004a: 154; Chant and McMurtry, 2007: 43.

| 分布 | 中国（北京、河北）。韩国。

| 栖息植物 | 核桃楸。

⑦ 海岸冲绥螨 *Okiseius maritimus* Ehara，1967

Amblyseius (*Kampimodromus*) *maritimus* Ehara, 1967b: 224. Type locality: Hamakoshimizu, Abashiri, Hokkaido, Japan; host: *Rosa rugosa*. Wu, 1989: 207; Ehara, 1972: 168; Zhu and Chen, 1983a: 183; Ehara et al., 1994: 135.

Okiseius maritimus, de Moraes et al., 1986: 102, 2004a: 155; Kolodochka and Denmark, 1996: 249; Wu et al., 1997b: 145, 2009: 257; Chant and McMurtry, 2007: 43.

Amblyseius (*Kampimodromellus*) *maritimus*, Ehara and Amano, 1998: 45.

Okiseius (*Kampimodromellus*) *maritimus*, Kolodochka and Denmark, 1996: 241.

| 分布 | 中国（江西、山东、广西、海南）。日本。

| 栖息植物 | 白栎、玫瑰、桃、艾。

⑧ 藏草冲绥螨 *Okiseius tibetagramins* Wu，1987

Amblyseius (*Kampimodromus*) *tibetagramins* Wu, 1987c: 355. Type locality: Sejila Mountain, Nyingchi, Tibet, China; host: grass.

Okiseius tibetagramins, Wu et al., 1997b: 145, 2009: 258; Chant and McMurtry, 2007: 43.

Okiseius (*Kampimodromellus*) *tibetagramins*, Kolodochka and Denmark, 1996: 247.

| 分布 | 中国（西藏）。

| 栖息植物 | 草。

（3）粗绥螨属 *Asperoseius* Chant（图66，以非洲粗绥螨为例）

Asperoseius Chant, 1957b: 360. Type species: *Asperoseius africanus* Chant, 1957b: 360.

Phytoseiulus (*Asperoseius*) Wainstein, 1962b: 17.

Amblyseius (*Asperoseius*), Pritchard and Baker, 1962: 295.

Proprioseius (*Asperoseius*) Karg, 1983: 302.

Type species: *Asperoseius africanus* Chant, 1957b: 360.

雌螨背板前侧缘具4对毛（j3、z2、z4、s4），近s4具缺口，后侧缘具Z1、S2、Z5毛，缺S4和S5毛；背中毛缺J2，亚中毛2对（z5、Z4），亚侧毛2对（r3、R1）在盾间膜上。较粗长的毛扁平，为锯齿状；短小的毛光滑。胸板具胸毛3对，腹肛板具肛前毛3对（JV1、JV2、ZV2），足Ⅳ具巨毛2~3根，粗厚，末端扩大呈扁平叶片状。

吴伟南等（2009）介绍了分布在中国的该类群种类峨眉粗绥螨、拟三叶胶粗绥螨和樱桃粗绥螨。但Chant等（2007）将这三个种均归于小钝伦螨属*Amblyseiulella* Muma。Wu等（2010）也按照Chant等（2007）系统进行了修订。因此目前国内无该属记录种。国内外暂无该类群应用情况的报道。

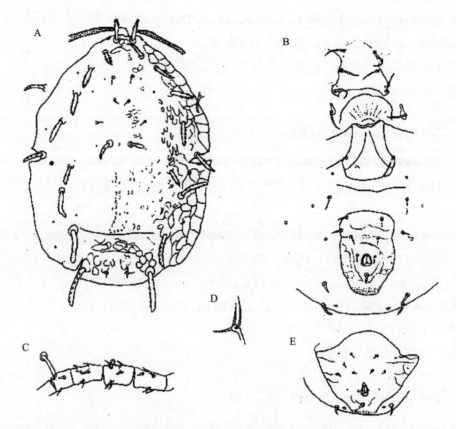

A. 背板；B. 腹面（胸板、生殖板和腹肛板）；C. 足Ⅳ膝节、胫节和基跗节；D. 受精囊；E. 雄腹肛板

图66　非洲粗绥螨 *Asperoseius africanus* Chant（Prasad，2013）

2. 拟植绥螨亚族 Paraphytoseiina Chant and McMurtry

Paraphytoseiina Chant and McMurtry, 2003b: 211.

Type genus: *Paraphytoseius* Swirski and Schechter, 1961: 327.

雌螨背板侧边缘在s4水平位置具明显的凹痕。足Ⅳ具有3～5根非常长、明显加粗的巨毛，一些背侧毛明显比其他的更长，所有背中毛微小，螯肢定趾通常多齿，存在一对同z5毛相关的明显腺孔（个别种除外）。

拟植绥螨亚族分属检索表

1　具J2、S2和S5毛　　　　　　　　　　　　　　　　　　　　　　　新拟植绥螨属 *Neoparaphytoseius*
　　缺J2、S2或缺S5毛　　　　　　　　　　　　　　　　　　　　　　　　　　　　　　　　　　　　2
2　具S2毛，缺J2毛，S5毛存或缺　　　　　　　　　　　　　　　　　　　小钝伦螨属 *Amblyseiulella*
　　具J2毛，缺S2毛，S5毛存或缺　　　　　　　　　　　　　　　　　　　　拟植绥螨属 *Paraphytoseius*

（1）拟植绥螨属 *Paraphytoseius* Swirski and Shechter

Paraphytoseius Swirski and Shechter, 1961: 113. Type species: *Paraphytoseius multidentatus* Swirski and Shechter, 1961: 113 [= *Amblyseius narayanani* Ehara and Ghai, in Ehara, 1967a, replacement name for *Typhlodromus* (*Amblyseius*) *orientalis* Narayanan et al., 1960a, a homonym of *Amblyseius orientalis* Ehara, 1959 = *Paraphytoseius ipomeai* El-banhawy, 1984, a junior replacement name for *A. orientalis* Narayanan et al.].

Amblyseius (*Paraphytoseius*), Ehara, 1967a: 77.

Proprioseius (*Phytoseius*), Karg, 1983: 302.

Ptenoseius, Schuster and Pritchard, 1963: 198.

Amblyseius (*Paraphytoseius*) Ehara, 1967a: 77.

Type species: *Paraphytoseius* (*Amblyseius*) *orientalis* Narayanan, Kaur and Ghai, 1960a: 394.

雌螨背板刚毛13~15对，前侧毛4对（j3、z2、z4、s4），后侧毛2或3对（Z1、S5、Z5），有些种具S5毛。前亚侧毛r3在盾间膜上，后亚侧毛R1在盾间膜上或缺少。背刚毛j1、j3、s4、Z4、Z5和r3常粗长且为锯齿状，其余各毛短小或微小。胸板具胸毛3对，第4对胸毛在小骨板上，腹肛板长大于宽且具肛前毛3对，JV5毛粗长，为锯齿状。足Ⅳ具巨毛或缺，当具巨毛时，毛端部为透明的匙状。

目前本属在中国仅记录有4种，分别是知本拟植绥螨*Paraphytoseius chihpenensis*，纤细拟植绥螨*P. cracentis*，花莲拟植绥螨*P. hualienensis*和东方拟植绥螨*P. orientalis*。本属各种形态差异不明显。原先记录的*P. hyalinus*（Tseng）、*P. subtropicus*（Tseng）和*P. multidentatus*均为同物异名。

①知本拟植绥螨*Paraphytoseius chihpenensis* Ho and Lo，1989

Paraphytoseius chihpenensis Ho and Lo, 1989: 93. Type locality: Taitung, Chihpen, Taiwan, China; host: *Macaranga tanarius*. de Moraes et al., 2004a: 160; Wu et al., 2010: 296; Liao et al., 2020: 110.

|分布|中国（台湾）。

|栖息植物|血桐。

②纤细拟植绥螨*Paraphytoseius cracentis* Corpuz and Rimando，1966

Ptenoseius cracentis Corpuz and Rimando, 1966: 115. Type locality: Gamu, Isabela, Philippines; host: *Achyranthes aspera*.

Paraphytoseius cracentis, Swirski and Golan, 1967: 226; Schicha and Corpuz, 1985: 68; de Moraes et al., 1986: 104, 2004: 160; Wu et al., 1997a: 133, 2009: 270; Liao et al., 2020: 117.

Paraphytoseius multidentatus Swirski and Shechter, 1961: 114, synonymed by Matthysse and Denmark, 1981.

Paraphytoseius hyalinus (Tseng, 1973) : 77, synonymed by Prasad, 2016.

Paraphytoseius nicobarensis (Gupta, 1977b) : 631, synonymed by Prasad and Karmakar, 2015.

|分布|中国（福建、江西、湖南、广东、广西、贵州、云南、海南、香港、台湾）。日本、巴布亚新几内亚、菲律宾、新加坡、泰国、越南、法国（新喀里多尼亚）。

|栖息植物|土牛膝、紫荆、山毛榉、悬钩子、杜虹花、白楸、构树、野葛、东北蛇葡萄、野牡丹等，以及我国南方灌木林。

③花莲拟植绥螨*Paraphytoseius hualienensis* Ho and Lo，1989

Paraphytoseius hualienensis Ho and Lo, 1989: 97. Type locality: Hualien, Cranehill, Taiwan, China; host: *Melastoma candidum*. de Moraes et al., 2004a: 161; Wu et al., 2010: 296; Liao et al., 2020: 110.

|分布|中国（台湾）。

|栖息植物|野牡丹。

④ 东方拟植绥螨 *Paraphytoseius orientalis* Narayanan, Kaur and Ghai, 1960（图67）

Typhlodromus (*Amblyseius*) *orientalis* Narayanan, Kaur and Ghai, 1960a: 394. Type locality: Chembur, Bombay, Maharashtra, India; host: unspecified substrate.

Paraphytoseius multidentatus Swirski and Shechter, 1961: 114, synonymed by Chant and McMurtry, 2003b.

Paraphytoseius subtropicus (Tseng, 1972): 1, synonymed by Matthysse and Denmark, 1981.

Paraphytoseius orientalis, Ehara, 1966a: 25; de Moraes et al., 2004a: 162.

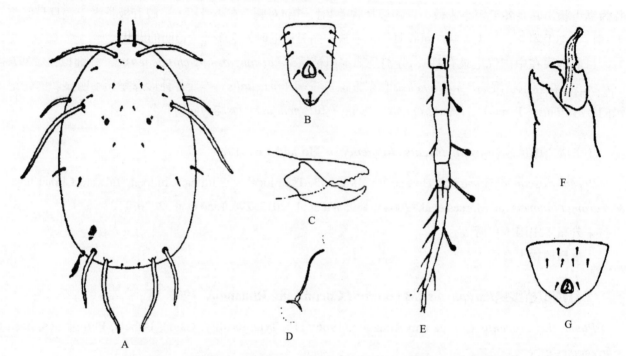

A. 背板；B. 腹肛板；C. 螯肢；D. 受精囊；E. 足Ⅳ；F. 导精趾；G. 雄腹肛板

图67 东方拟植绥螨 *Paraphytoseius orientalis* Narayanan, Kaur and Ghai（Narayanan et al., 1960）

| 分布 | 中国（福建、江西、湖南、广东、广西、贵州、云南、台湾、香港）。阿根廷、巴西、布隆迪、日本、印度、肯尼亚、毛里求斯、莫桑比克、卢旺达、越南、贝宁、哥伦比亚、哥斯达黎加、刚果（布）、马来西亚、尼日利亚、巴基斯坦、菲律宾、委内瑞拉、马达加斯加、法国（瓜德罗普、马约特岛、新喀里多尼亚、留尼汪岛、马提尼克岛）。

| 栖息植物 | 竹、山毛榉、构树、粗糠树、艾纳香、山道棟、白楸、血桐、桑属种类、杂草等。

（2）小钝伦螨属 *Amblyseiulella* Muma（图68，以三叶胶小钝伦螨为例）

Amblyseiulella Muma, 1961: 276. Type species: *Typhlodromus heveae* Oudemans, 1930c: 97.

Paraphytoseius (*Tropicoseius*) Gupta, 1979: 80. Type species: *Paraphytoseius* (*Tropicoseius*) *nucifera* Gupta, 1979: 80.

Type species: *Typhlodromus heveae* Oudemans, 1930c: 97.

背刚毛序类型10A：6D，10A：7E。背板光滑，无装饰纹，背板前侧缘近s4具缺口，近z5具背头孔。Z1毛常微小，足Ⅳ常见巨毛。

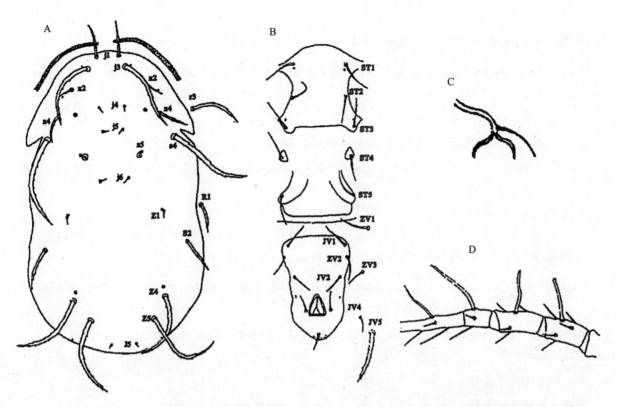

A. 背板；B. 腹面（胸板、生殖板和腹肛板）；C. 受精囊；D. 足Ⅳ膝节、胫节和基跗节

图68　三叶胶小钝绥螨*Amblyseiulella heveae* Oudemans（Prasad，2013）

①峨眉小钝绥螨*Amblyseiulella omei* Wu and Li，1984

Amblyseius (*Asperoseius*) *omei* Wu and Li, 1984a: 99. Type locality: Emeishan, Sichuan, China; host: *Phaseolus vulgaris*.

Amblyseius omei, Wu et al., 1997a: 113.

Asperoseius omei, Wu and Ou, 2002: 124; Wu et al., 2009: 266.

Amblyseiulella omei, de Moraes et al., 2004a: 11; Chant and McMurtry, 2007: 49; Wu et al., 2010: 290.

|分布|中国（四川）。

|栖息植物|菜豆。

②拟三叶胶小钝绥螨*Amblyseiulella paraheveae* Wu and Ou，2002

Asperoseius paraheveae Wu and Ou, 2002b: 125. Type locality: Longzhou, Guangxi, China; host: *Artemisia apiacea*. Wu et al., 2009: 267.

Amblyseius (*Asperoseius*) *heveae* (Oudemans), Wu, 1989: 208.

Amblyseius heveae (Oudemans), Wu et al., 1997a: 111;

Amblyseiulella paraheveae, de Moraes et al., 2004a: 11; Chant and McMurtry, 2007: 49; Wu et al., 2010: 290.

|分布|中国（福建、江西、湖北、湖南、广东、广西、云南）。巴基斯坦。

|栖息植物|野蒿、青蒿。

③樱桃小钝伦螨 *Amblyseiulella prunii* Liang and Ke, 1982

Amblyseius (Asperoseius) prunii Liang and Ke, 1982b: 351. Type locality: Changbaishan, Jilin, China; host: *Prunus pseudocerasus*.

Amblyseius prunii, Wu et al., 1997a: 112.

Asperoseius prunii, Wu and Ou, 2002: 125; Wu et al., 2009: 268.

Amblyseiulella prunii, de Moraes et al., 2004a: 11; Chant and McMurtry, 2007: 49; Wu et al., 2010: 290.

| 分布 | 中国（吉林）。

| 栖息植物 | 樱桃树。

④西藏小钝伦螨 *Amblyseiulella xizangensis* Wu, Lan and Liang, 1997

Okiseius xizangensis Wu, Lan and Liang, 1997d: 146. Type locality: Nyingchi, Tibet, China; host: *Dichotomum dichotoma*. Wu et al., 2009: 259.

Amblyseiulella xizangensis, de Moraes et al., 2004a: 11; Chant and McMurtry, 2007: 49; Wu et al., 2010: 290.

| 分布 | 中国（西藏）。

| 栖息植物 | 灌木。

（三）小植绥螨族 Phytoseiulini Chant and McMurtry

Phytoseiulini Chant and McMurtry, 2006a: 17.

Type genus: *Phytoseiulus* Evans, 1952a: 397.

本族仅1属，具2类毛序类型：9A：5D，10A：6E。背板刚毛12~14对，其中前背板有8~9对，后背板4~5对，j3、j6、z4、s4、Z4和Z5毛粗长，为锯齿状。前亚侧毛r3和后亚侧毛R1在盾间膜上。胸板宽大于长，腹肛板退化或仅具肛板，具1对肛前毛或无肛前毛。气门沟短，仅伸至z2或j3毛。体卵圆形，足强健，比背板长，爬行速度快，足Ⅳ常具0~3根巨毛。

小植绥螨属 *Phytoseiulus* Evans

Phytoseiulus Evans, 1952a: 397. Type species: *Laelaps macropilis* Banks, 1904: 59.

Amblyseius (Phytoseiulus), Pritchard and Baker, 1962: 294.

Phytoseiulus (Phytoseiulus) Wainstein, 1962b: 18. Type species: *Phytoseiulus longipes* Evans, 1958a: 307.

Amblyseius (Mesoseiulus), van der Merwe, 1968: 172.

Type species: *Laelaps macropilis* Banks, 1904: 59.

本属经Denmark等（1983）、Takahashi等（1993a；1993b，1993c，1993d）修订后，被认为全球只有4种，即智利小植绥螨 *Phytoseiulus persimilis* 和草莓小植绥螨 *P. fragariae*、长足小植绥螨 *P. longipes* Evans和巨毛小植绥螨 *P. macropilis*（Banks）。

本属已知种分布于热带和亚热带地区矮生植物上捕食叶螨。已知种具有食量大、增殖力高、活动力强、以叶螨为食料的依赖性强等特性，在寄主植物上与叶螨分布一致，不栖息在没有叶螨的植物上。它们有良好的搜索能力，能迅速向叶螨栖息地移动等。世界上已广泛应用具抗性的智利小植绥螨防治草莓和温室蔬菜上的叶螨，效果甚好。我国已从国外引进本属种防治蔬菜及花卉上的叶螨，并取得显著效果。

① 智利小植绥螨 *Phytoseiulus persimilis* Athias-Henriot, 1957（图69）

Phytoseiulus persimilis Athias-Henriot, 1957: 347. Type locality: Staoueli, Alger, Algeria; host: *Rosa* sp.. Chant, 1959a: 109; Denmark and Schicha, 1983: 31; Schicha, 1987: 169; Takahashi and Chant, 1993b: 23-37; de Moreas et al., 2004: 169; Chant and McMurtry, 2006a, 13-25; Chant and McMurtry, 2007: 55.

Phytoseiulus riegeli Dosse, 1958: 48, synonymed by Chant, 1959a.

Phytoseiulus tardi Lombardini, 1959: 4, synonymed by Kennett and Caltagirone, 1968.

Typhlodromus persimilis, Hirschmann, 1962: 16.

Phytoseiulus (Phytoseiulus) persimilis, Wainstein, 1962b: 17.

Phytoseiulus longipes Evans, 1958a: 306, synonymed by Denmark et al., 1999.

|分布| 中国（引种）。阿尔及利亚、澳大利亚、加拿大、智利、黎巴嫩、哥斯达黎加、塞浦路斯、埃及、芬兰、法国、希腊、危地马拉、匈牙利、伊朗、以色列、意大利、拉脱维亚、日本、约旦、肯尼亚、利比亚、摩洛哥、秘鲁、菲律宾、葡萄牙、塞尔维亚、斯洛文尼亚、南非、韩国、西班牙、叙利亚、突尼斯、土耳其、美国、委内瑞拉、荷兰、毛里求斯（本土、罗德里格斯岛）、法国（留尼汪岛、新喀里多尼亚、马提尼克岛）、西班牙（加那利群岛）。

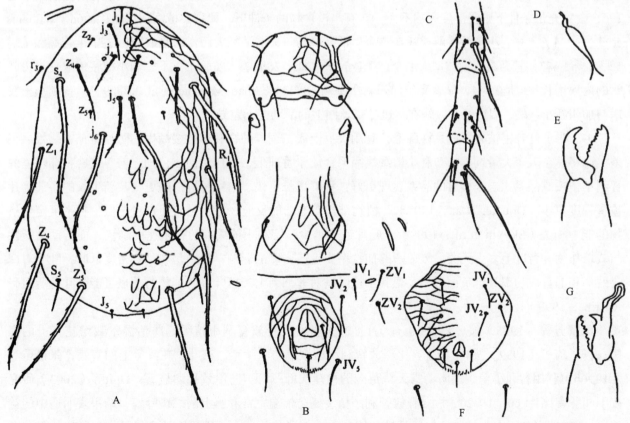

A. 背板；B. 腹面（胸板、生殖板和腹肛板）；C. 足Ⅳ膝节、胫节和基跗节；D. 受精囊；E. 螯肢；F. 雄腹肛板；G. 导精趾

图69　智利小植绥螨 *Phytoseiulus persimilis* Athias-Henriot, 1957

|栖息植物|蔷薇、凤眼莲、柑橘等。

该种主要分布在地中海沿岸，其他分布可能是引种后发现的记录。Takahashi等（1992—1994）系统研究了本属4个种（*persimilis*、*macropilis*、*longipes*、*fragariae*）的地理分布、分类学地位、支序分析、发育时间、生殖隔离等的系统发育关系数据，证明它们是同属不同种：

a. 4种都出现在南美，按照生物地理学中心起源学说本属可能起源于南美。

b. 按照Takahashi等（1993）Ⅲ cladistic analysis；Ⅳ reproductive isolation的研究，本属4种是独立的、彼此不同的种。

c. 4种都嗜食能产生复杂丝网的叶螨属种类，但4种对伊氏叶螨的控制有很大差异，只有长足小植绥螨才显示出控制伊氏叶螨的潜能。

d. 它们在同一温度（26℃）下捕食太平洋叶螨*Tetranychus pacificus*的发育历期有差异。在（26±1）℃、相对湿度80%时，智利小植绥螨雌螨发育时间为（4.272±0.017）d，雄螨（4.141±0.018）d。其他3种螨的发育时间则是：巨毛小植绥螨雌螨（4.646±0.035）d，雄螨（4.5170±0.44）d；长足小植绥螨雌螨（3.967±0.037）d，雄螨（3.642±0.041）d；草莓小植绥螨雌螨（5.021±0.065）d，雄螨（4.617±0.037）d。

智利小植绥螨是叶螨属的专食性捕食者（McMurtry，2013）。它是温室作物上朱砂叶螨和二斑叶螨的最主要天敌（Kazak et al.，2002；Kavousi et al.，2003；Duso et al.，2008）。15~25℃时随着温度升高，它能取食更多的猎物，30℃之后取食量开始下降，但不会降至20℃时的水平。该实验结果对人工栽培花卉的生物防治有指导作用，因为温室中的温度经常超过30℃（Skirvin et al.，2003）。智利小植绥螨不耐低湿，在相对湿度为75%~80%的条件下，其卵孵化时间明显延长，雌成螨平均的生活周期是19d，食物充足条件下则受湿度影响不大，在有水没食物的条件下，智利小植绥螨仅能存活6d（Williams et al.，2004）。智利小植绥螨雌成螨在整个生活期平均每天能消耗大西洋叶螨成螨0.43头＋若螨和雄螨5头＋卵3.4粒，且喜欢取食体型大的个体（Popov et al.，2008）。实验条件下智利小植绥螨取食二斑叶螨的内禀增长率r_m是0.344，显著高于加州新小绥螨的0.244（Abad-Moyano et al.，2009）。智利小植绥螨与加州新小绥螨、温氏新小绥螨在二斑叶螨丝网上的活动并无差异。

由于番茄叶片密被有毒的黏性腺毛，利用大豆上人工饲养的智利小植绥螨生物防治番茄害螨效果很差。而将一个人工大量饲养的智利小植绥螨品系释放于番茄上，四代后回收，则之前曾接触番茄环境的智利小植绥螨品系比未经接触的品系表现更好：种群增长更快、猎物种群下降更快、新生长的番茄叶片被害程度更小（Drukker et al.，1997）。植物结构影响功能反应，特别是与捕食者在低猎物密度定位猎物的能力相关（Skirvin et al.，1999）。叶片毛发越少，智利小植绥螨的行走速度越快，而行动活跃性与栽培作物叶背叶毛多少无关。雌成螨的捕食率受毛簇密度的影响，特别是当猎物密度低时，叶毛对搜寻效率和捕食成功率具有负面影响。智利小植绥螨对非洲菊上二斑叶螨的生物防治也可能受叶毛所阻碍（Krips，1999）。

董慧芳等（1985）按（1：10）~（1：20）益害比释放智利小植绥螨防治温室栽培花卉上的害螨；杨子琦等（1989）按1：10益害比释放智利小植绥螨防治蔬菜、茶叶、花卉等上的害螨；张艳璇等（1996b）利用智利小植绥螨防治露天草莓园的神泽氏叶螨等，防治效果均显著。Opit等（2003）研究按不同益害比1：60、1：20、1：4释放智利小植绥螨防治温室常春藤上的二斑叶螨，结果表明适中的益害比1：20即可实现有效控制，但还是推荐按1：4比例释放，这个益害比能达到最可靠的防治效果。在温室凤仙花上按益害比1：4比例释放智利小植绥螨，均匀—均匀或聚集—聚集，均能控制二斑叶螨，均匀—均匀方式释放对减少植物危害的效果最佳（Alatawi et al., 2011）。在玫瑰上释放智利小植绥螨防治二斑叶螨时，仅在上部树冠喷洒矿物油乳剂与对整株进行喷洒，防治效果一样。组合使用矿物油乳剂和智利小植绥螨比单独使用植绥螨效果更好。因此，成本最低且有效的方式是仅在上部树冠喷洒矿物油，既可防治害螨又能同时兼顾对玫瑰粉霉病的防治（Nicetic et al., 2001）。在常春藤上，智利小植绥螨可以结合多杀菌素一起使用，这并不会对捕食螨造成明显有害的影响而导致防治效果削弱（Holt et al., 2006）。杀螨剂Acramite和智利小植绥螨可在草莓上组合使用（Rhodes et al., 2006）。在真菌佛罗里达新接霉*Neozygites floridana*自然发生的作物上释放智利小植绥螨，可以提升对叶螨的控制效果，比单通过捕食作用或单真菌效果更好（Trandem et al., 2016）。EPPO（2020）将智利小植绥螨列为二斑叶螨的生物防治物。

②草莓小植绥螨*Phytoseiulus fragariae* Denmark and Schicha，1983（图70）

Phytoseiulus fragariae Denmark and Schicha, 1983: 34. Type locality: Botucatu, Sao Paulo, Brazil; host: *Fragaria* sp..

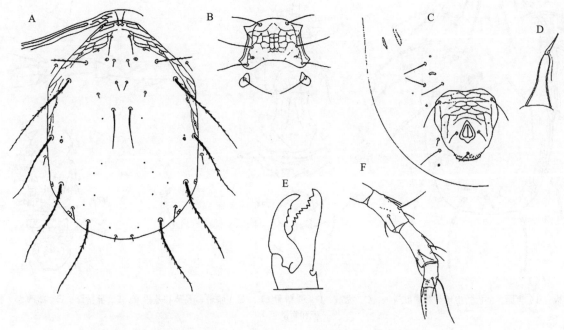

A. 背板；B. 胸板；C. 腹肛板；D. 受精囊；E. 螯肢；F. 足Ⅳ
图70　草莓小植绥螨*Phytoseiulus fragariae* Denmark and Schicha（Denmark et al., 1983）

|分布|阿根廷、巴西、哥伦比亚、秘鲁。

|栖息植物|茄科植物、草莓等。

草莓小植绥螨在巴西野草莓*Fragaria* sp.和鬼针草*Bidens pilosa*两种植物上同二斑叶螨的发生相关（Denmark et al., 1983; Takahashi et al., 1993）。在26℃，以太平洋叶螨的卵作为猎物，该种比同属其他种的发育时间更长、繁殖力更低（Takahashi et al., 1992, 1994）；在27℃，以二斑叶螨卵为食的条件下，该螨的发育速度与巨毛小植绥螨和智利小植绥螨相当。Furtado等（2006, 2007）发现该螨在巴西的茄科植物上同伊氏叶螨种群相关。Vasconcelos等（2008）比较了草莓小植绥螨取食二斑叶螨和伊氏叶螨这两种猎物时的生物学参数。在实验室设置温度10℃、15℃、20℃、25℃和30℃条件下，取食伊氏叶螨的存活率比取食二斑叶螨均更低。在10℃，取食二斑叶螨的不能发育成成螨，取食伊氏叶螨的只有36%发育

成成螨。随着温度升高，生活史周期变短，总繁殖率降低，种群内禀增长率r_m增高。取食二斑叶螨的净生殖率R_0、内禀增长率r_m和周限增长率λ均明显比取食后者要高，表明该螨不适合用于防治伊氏叶螨。

③ 长足小植绥螨 *Phytoseiulus longipes* Evans，1958（图71）

Phytoseiulus longipes Evans, 1958a: 307. Type locality: Salisbury, Mashonaland South, Zimbabwe; host: foxglove. Takahashi and Chant, 1993a: 31; de Moreas et al., 2004: 167; Chant and McMurtry, 2006a, 17; Chant and McMurtry, 2007: 55.

Amblyseius (*Phytoseiulus*) *longipes*, Pritchard and Baker, 1962: 294.

Mesoseiulus longipes, Gonzalez and Schuster, 1962: 18; de Moraes et al., 1986: 66.

Amblyseius (*Mesoseiulus*) *longipes*, van der Merwe, 1968: 172.

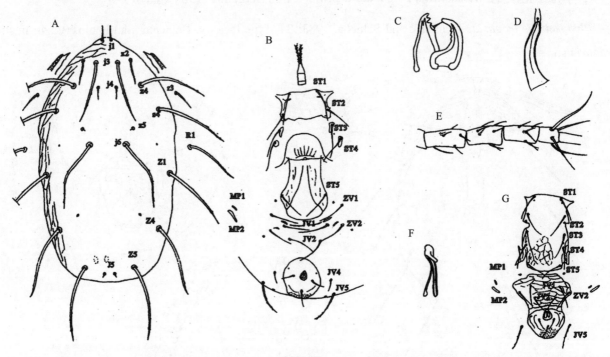

A. 背板；B. 腹面（胸板、生殖板和腹肛板）；C. 螯肢；D. 受精囊；E. 足Ⅳ膝节、胫节和基跗节；F. 导精趾；G. 雄腹面（胸殖板和腹肛板）

图71　长足小植绥螨 *Phytoseiulus longipes* Evans，1958（Prasad，2013）

|分布| 阿根廷、智利、巴西、肯尼亚、南非、美国、津巴布韦、阿尔及利亚。

|栖息植物| 洋地黄、番茄等。

Badii等（1999）研究发现长足小植绥螨表现出对有织网的叶螨如太平洋叶螨的生物防治潜力。长足小植绥螨可以在发生伊氏叶螨的番茄叶片上自由穿行而不会被猎物分泌的丝网和植株的毛簇所阻碍（Furtado et al.，2007）。与伊氏叶螨相比，其更喜好取食二斑叶螨，且更喜欢取食活动虫态而不是卵，并对猎物伊氏叶螨的取食表现出与寄主植物相关的特异性，如长足小植绥螨停留在番茄上的时间明显多于在大豆上的时间（Ferrero et al.，2014）。Ferrero等（2007）分别在15℃、20℃、25℃和30℃实验条件下，评价长足小植绥螨以伊氏叶螨为食时的发育和繁殖能力。结果表明在30℃和15℃下，成螨前期分别是3.1d和15.4d。不成熟螨的最低温度阈值是12℃，其在各个测试温度下的存活率都较高（在30℃最小，是88%），内禀增长率r_m介于0.091~0.416。从15~30℃，长足小植绥螨可以在一个较宽的温度范围内

取食伊氏叶螨并完成发育，具有控制伊氏叶螨种群的潜力。Ferrero等（2007，2008，2011）和Furtado等（2007）报道了来自阿尔及利亚和巴西的2个品系均具有同时防治番茄作物上二斑叶螨和伊氏叶螨的应用潜力。Furtado等（2006）和Ferrero等（2007）指出巴西品系很有应用前景，它属于Ⅰ型捕食者（McMurtry et al.，1997），喜好取食叶螨亚科的种类，似乎对伊氏叶螨专食。阿尔及利亚品系和巴西品系可以依靠伊氏叶螨在番茄上发育和繁殖，而另一个来自智利、同二斑叶螨相关的品系则不行。说明这3个长足小植绥螨品系生活史特征存在种内变异，阿尔及利亚品系和巴西品系源自茄科植物，智利品系则源自非茄科植物（Ferrero et al.，2013）。

④巨毛小植绥螨 *Phytoseiulus macropilis* Banks，1904（图72）

Laelaps macropilis Bank, 1904: 139. Type locality: Eustis, Florida, USA; host: water hyacinth.

Typhlodromus macrosetis [sic], Hirschmann, 1962: 16.

Sejus macropilis Banks, 1909: 135.

Phytoseius macropilis, Cunliffe and Baker 1953: 22.

Phytoseius (*Dubininellus*) *macropilis*, Wainstein, 1959: 1365; Chant, 1959a: 107.

Dubininellus macropilis, Muma, 1961: 276.

Phytoseiulus (*Phytoseiulus*) *macropilis*, Wainstein, 1962b: 17.

Typhlodromus (*Phytoseius*) *macropilis*, Westerboer and Bernhard, 1963: 728.

Phytoseius (*Phytoseius*) *macropilis*, Ehara, 1966a: 26.

Phytoseius (*Typhlodromus*) *macropilis*, Schruft, 1966: 192.

Phytoseiulus speyeri Evans, 1952a: 398, synonymed by Kennett, 1958.

Phytoseiulus chanti Ehara, 1966b: 135, synonymed by Denmark and Muma, 1973.

Phytoseiulus macropilis, Takahashi and Chant, 1993a, 1993b; de Moraes et al., 2004a: 167; Chant and McMurtry, 2006a: 20; Chant and McMurtry, 2007: 55.

Phytoseius macropilis, de Moraes et al., 2004a: 244; Chant and McMurtry, 2007: 129.

|分布| 安哥拉、阿根廷、巴巴多斯、巴西、加拿大、哥伦比亚、哥斯达黎加、古巴、多米尼加、埃及、斐济、危地马拉、洪都拉斯、牙买加、意大利、墨西哥、黑山、澳大利亚、巴拿马、秘鲁、波兰、波多黎各、斯洛伐克、土耳其、委内瑞拉、库克群岛、葡萄牙（本土、亚速尔群岛）、西班牙（本土、加那利群岛）、巴西（费尔南多-德诺罗尼亚群岛）、美国（本土、夏威夷）、法国（圣马丁岛、波利尼西亚、勒桑特斯群岛、玛丽-加朗特岛、马提尼克岛、新喀里多尼亚、塔希提岛、瓜德罗普）。

|栖息植物| 水葫芦、无患子、番茄等。

巨毛小植绥螨是二斑叶螨的专食性捕食者，已经被应用于其自然发生地如地中海地区、热带区域和美国佛罗里达州等地的棉花、温室作物等上的叶螨的生物防治（Muma et al., 1970; Hamlen, 1978; Hamlen et al., 1981, Gerson et al., 2003a; Oliveira et al., 2009; Coombs et al., 2014）。

在相对湿度为（78±2）%和16L : 8D光照条件下，在20℃、25℃、28℃、30℃和32℃时，巨毛小植绥螨的平均总发育时间分别是7.5d、5.7d、4.2d、4.2d和5.6d；在29℃内禀增长率r_m和净生殖率R_0达到最大值，分别是0.47和88.9；20~28℃，随着温度升高，平均世代时间缩短（Ali, 1998）。Amin等（2009）研究了巨毛小植绥螨对3种叶螨种类和5种潜在交替食物的反应，结果表明该捕食者猎物范围较窄，需要取食专门的猎物螨种类才能存活和产卵。

Oliveira等（2009）在实验室研究了该螨在草莓上以二斑叶螨作为猎物的捕食和产卵情况。结果表明，该螨能取食所有发育阶段的二斑叶螨，并能控制叶片上的害螨种群，其产卵率与最常使用的智利小植绥螨类似，但其捕食率更高。该螨只在叶螨种群内部个体间相距不太远时才会在田间定殖下来。在二斑叶螨100头/株的初始密度，巨毛小植绥螨大约需要经过20d才可以实现害螨减少。发生二斑叶螨的植株可以吸引（27.5±1.0）%的植绥螨，而没有二斑叶螨的植株仅吸引到（5.8±1.0）%的植绥螨。巨毛小植绥螨可以定位寻找并减少温室草莓上的二斑叶螨数量。Coombs等（2014）通过研究温度对该螨生物学数据的影响得出巨毛小植绥螨不可能在北欧建立种群，而适合在温带气候条件下的温室应用于生物防治。Poletti等（2007）的实验表明，新烟碱类农药对该螨有害。Amin等（2009）通过研究12种杀螨剂对该螨的毒性，认为部分杀螨剂可以同巨毛小植绥螨结合使用。

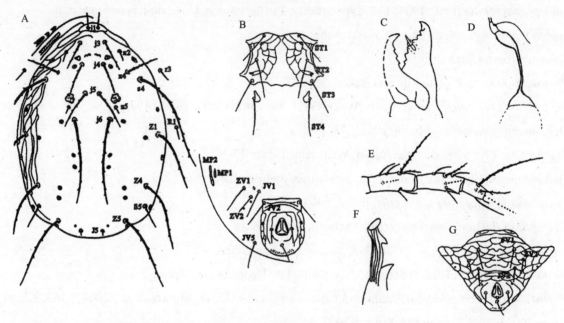

A. 背板；B. 腹面（胸板和腹肛板）；C. 螯肢；D. 受精囊；E. 足Ⅳ膝节、胫节和基跗节；F. 导精趾；G. 雄腹肛板

图72　巨毛小植绥螨 *Phytoseiulus macropilis* Banks（Prasad，2013）

（四）非洲小绥螨族 Afroseiulini Chant and McMurtry

Afroseiulini Chant and McMurtry, 2006a: 20.

Type genus: *Afroseiulus* Chant and McMurtry, 2006a: 20.

雌螨只有25对体毛，是钝绥螨亚科中最少毛的。不存在j5毛。本族仅1属1种，分布在非洲。

（五）似盲走螨族 Typhlodromipsini Chant and McMurtry

Typhlodromipsini Chant and McMurtry, 2005c: 318.

Type genus: *Typhlodromips* De Leon, 1965b: 23.

本族种类的s4、Z4和Z5毛不会长于大多其他各毛，毛也不似鞭状，Z5毛粗且常具微弱的小刺，s4：Z1<3.0：1.0。胸板后缘直，具胸毛3对。足Ⅱ、Ⅲ、Ⅳ常具形状多变的巨毛，但多为毛状，有些为头状。气门沟常伸至j1水平位置。螯肢定趾多齿。

似盲走螨族分属检索表

1　z2与z4毛的长度长于其两毛基部之间的距离（图73），背板长度与S4、S5比例＜25.0∶1.0（有一种的z2毛较短，其比例＜17.0∶1.0）···2
　　z2、z4、S4、S5毛更短（图19），z2和z4毛的长度不长于其两毛基部之间的距离，背板长度与S4、S5毛的比例＞26.0∶1.0··3

2　具J1毛（图73）···差异绥螨属 *Diaphoroseius*
　　缺J1毛（图74）···小芒走螨属 *Aristadromips*

3　Z5毛端部具球形的突起物（图75），JV4毛缺（图76）··4
　　Z5毛端部无球形的突起物（图19），具JV4毛···5

4　JV1毛着生在雌螨腹肛板的前缘（图77）···似后走螨属 *Metadromips*
　　JV1毛着生在雌螨腹肛板前缘的后面（图76）···匙绥螨属 *Knopkirie*

5　背板近R1毛处具腰（图78），背板常具网纹（不具网纹者j3、z2、z4、Z1、S2、S4和S5各毛不等长），s4毛的长度至少长于z2、z4、S2、S4或S5毛2倍以上（图78），背板前侧缘常具斑纹，雌R1着生在盾间膜上，胸板后缘直或凹进，但绝不会凸起，Z4毛的长度是变化的，但绝不微小（长于15μm）··似盲走螨属 *Typhlodromips*
　　背板近R1毛处无明显的腰（图79），背板前缘常具纵向的条形纹，侧列毛j3、z2、z4、Z1、S2、S4和S5各毛短或微小、长度约等（图79），一些种类的雌R1在背板侧缘，胸板后缘中部常突起，骨化强或界线模糊，Z4毛的长度是变化的，有时微小（不超过15μm）···6

6　具z6毛（图80）··植走螨属 *Phytodromips*
　　缺z6毛（图81）··7

7　具J1毛（图81），s4毛的长度至少长于其邻近侧毛的2倍···非走螨属 *Afrodromips*
　　缺J1毛（图79），s4毛的长度短于其邻近侧毛的2倍···肩绥螨属 *Scapulaseius*

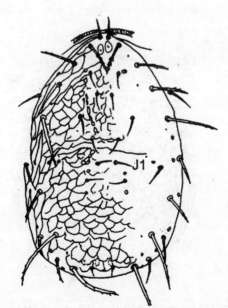

图73　*Diaphoroseius josephi* Yoshida-Shaul and Chant的背板

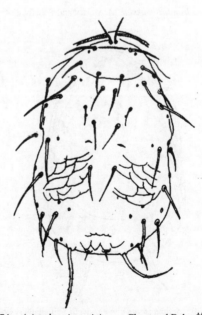

图74　*Aristadromips spinigerus* Chant and Baker的背板

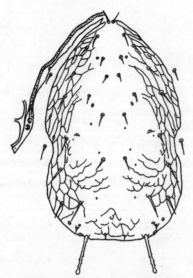

图75　*Knopkirie petri* Beard的背板

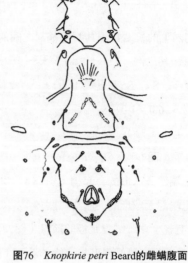

图76　*Knopkirie petri* Beard的雌螨腹面

图77　*Metadromips banksiae* McMurtry and Schicha的雌螨腹面

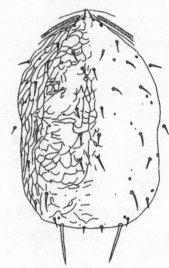

图78　*Typhlodromips extrasetus* Moraes, Oliveivera and Zannou的背板

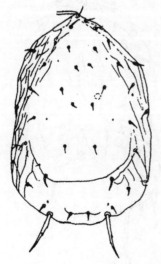

图79　*Scapulaseius neomarkwelli* Schicha的背板

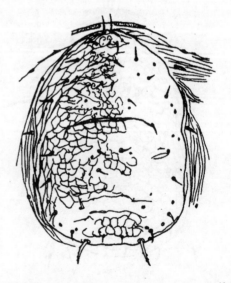

图80　*Phytodromips multisetosus* McMurtry and Moraes的背板

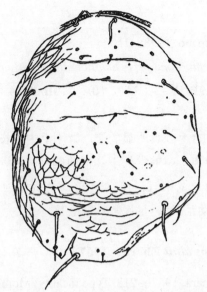

图81　*Afrodromips tanzaniensis* Yoshida-Shaul and Chant的背板

（1）似盲走螨属*Typhlodromips* De Leon（图82，以*Typhlodromips simplicissimus*为例）

Typhlodromips De Leon, 1965b: 23.

Amblyseius (*Typhlodromips*), Wainstein, 1983: 313.

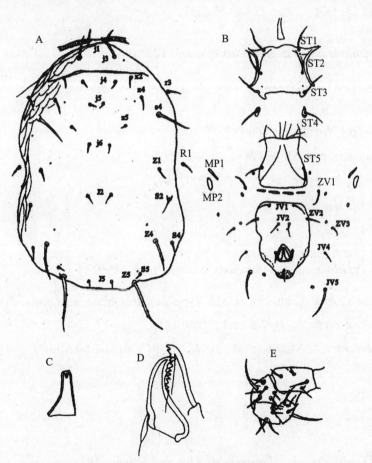

A. 背板；B. 腹面（胸板、生殖板和腹肛板）；C. 受精囊；D. 螯肢；E. 足Ⅳ膝节、胫节和基跗节

图82　*Typhlodromips simplicissimus* De Leon（Prasad，2013）

tee group Schicha, 1987: 113.

ochii species group Ehara and Amano, 1998: 41.

Type species: *Typhlodromus* (*Typhlodromopsis*) *simplicissimus* De Leon, 1959a: 117.

本属具两类毛序类型：10A：9B/JV-3：ZV，10A：10B/JV-3：ZV。大部分种为前一种类型，仅 *T. extrasetus* Moraes等为后者。

背板长大于宽，常具网纹，近R1毛处具明显的腰。背刚毛中等长度、短小或微小，光滑，z2、z4毛的长度不短于其两毛基部之间的距离，s4毛常长于其他前侧毛，s4：Z1＜3.1：10，Z4和Z5毛稍长或具微刺，r3和R1毛在盾间膜上。胸板长宽相似，具3对毛。腹肛板常为五边形，有些为瓶形，气门沟常伸至j1毛水平位置。螯肢定趾多齿，动趾3齿，足Ⅳ常具巨毛3根。

① 虾夷似盲走螨 *Typhlodromips ainu* Ehara, 1967

Amblyseius (*Amblyseius*) *ainu* Ehara, 1967b: 218. Type locality: Mombetsu, Hidaka, Hokkaido, Japan; host: *Cirsium kamtschaticum*.

Typhlodromips ainu (Ehara), de Moraes et al., 1986: 135, 2004: 206.

Amblyseius ainu, Chen et al., 1984: 337; Wu et al., 1991b: 150, 1997a: 85.

Amblyseius (*Neoseiulus*) *ainu*, Wu et al., 2009: 109.

| 分布 | 中国（福建、江西、湖南、广东、广西、海南、四川、贵州）。日本。

| 栖息植物 | 胜红蓟、茶树、竹、枫树、水稻等。

② 直似盲走螨 *Typhlodromips compressus* Wu and Li, 1984

Amblyseius (*Amblyseius*) *compressus* Wu and Li, 1984a: 100. Type locality: Emeishan, Sichuan, China; host: *Chrysanthemum* sp..

Amblyseius compressus, Wu et al., 1997a: 83.

Typhlodromips compressus, de Moraes et al., 2004a: 210.

Amblyseius (*Neoseiulus*) *compressus*, Wu et al., 2009: 101.

| 分布 | 中国（四川）。

| 栖息植物 | 菊属一种。

③ 贺兰似盲走螨 *Typhlodromips helanensis* Wu and Lan, 1991

Amblyseius helanensis Wu and Lan, 1991b: 314. Type locality: China; host: grass. Wu et al., 1997a: 98.

Amblyseius (*Neoseiulus*) *helanensis*, Wu et al., 2009: 141.

Typhlodromips helanensis, de Moraes et al., 2004a: 213; Chant and McMurtry, 2007: 61; Wu et al., 2010: 299.

| 分布 | 中国（内蒙古）。

| 栖息植物 | 蒿。

④ 江西似盲走螨 *Typhlodromips jiangxiensis* Zhu and Chen, 1982

Amblyseius jiangxiensis Zhu and Chen, 1982: 280. Type locality: Jiulianshan, Jiangxi, China; host:

Miscanthus sinensis. Wu et al., 1997a: 86.

Amblyseius (*Neoseiulus*) *jiangxiensis*, Wu et al., 2009: 107.

Neoseiulus jiangxiensis, de Moraes et al., 2004a: 126.

Typhlodromips jiangxiensis, Chant and McMurtry, 2007: 61; Wu et al., 2010: 299.

| 分布 | 中国（江西、广东）。

| 栖息植物 | 芒草。

⑤ 峰木似盲走螨 *Typhlodromips ochii* Ehara and Yokogawa，1977

Amblyseius (*Amblyseius*) *ochii* Ehara and Yokogawa, 1977: 54. Type locality: Kyushozan, Tottory, Honshu, Japan; host: bamboo. Chen et al., 1984: 333; Wu et al., 2009: 184.

Neoseiulus ochii, de Moraes et al., 1986: 91.

Amblyseius ochii, Wu et al., 1997a: 94, 2010: 291; de Moraes et al., 2004a: 44.

Typhlodromips ochii, Chant and McMurtry, 2007: 63.

| 分布 | 中国（江西、河南、陕西）。日本。

| 栖息植物 | 紫苏、竹。

⑥ 柞似盲走螨 *Typhlodromips quaesitus* Wainstein and Beglyarov，1971

Amblyseius quaesitus Wainstein and Beglyarov, 1971: 1810. Type locality: Kedrovaya Pad', Primorsky Territory, Russia; host: *Quercus* sp..

Amblyseius (*Amblyseius*) *repletus* Wu and Li, 1985a: 268, synonymed by Ryu and Ehara, 1991.

Neoseiulus quaesitus, de Moraes et al., 1986: 93, 2004: 140.

Amblyseius (*Neoseiulus*) *quaesitus*, Wu et al., 2009: 83.

Typhlodromips quaesitus, Chant and McMurtry, 2007: 63.

| 分布 | 中国（吉林、浙江、福建、湖北）。俄罗斯、韩国、日本。

| 栖息植物 | 栎、天目槭、李、葡萄。

⑦ 合欢似盲走螨 *Typhlodromips sinuatus* Zhu and Chen，1980

Amblyseius sinuatus Zhu and Chen, 1980a: 22. Type locality: Jiangxi, China; host: *Acacia sinuata*. de Moraes et al., 2004a: 51.

Amblyseius (*Neoseiulus*) *sinuatus*, Wu et al., 2009: 114.

Neoseiulus sinuatus, Wu et al., 2010: 294.

| 分布 | 中国（江西）。

| 栖息植物 | 藤金合欢。

⑧ 丁香似盲走螨 *Typhlodromips syzygii* Gupta，1975

Amblyseius syzygii Gupta, 1975: 44. Type locality: Naihati, 24 Parganas District, West Bengal, India; host: *Syzygium cumini*.

Amblyseius (*Amblyseius*) *syzygii*, Ehara and Bhandhufalck, 1977: 58.

Amblyseius (*Typhlodromips*) *syzygii*, Gupta, 1985: 371.

Amblyseius (*Neoseiulus*) *syzygii*, Wu et al., 2009: 90.

Typhlodromips syzygii, de Moraes et al., 1986: 150, 2004a: 227; Chant and McMurtry, 2007: 63; Wu et al., 2010: 299.

| 分布 | 中国（福建、江西、广东、广西、四川、贵州、云南）。印度、泰国、印度尼西亚、巴布亚新几内亚。

| 栖息植物 | 蒲桃、水稻、石榴、五角枫及多种灌木。

⑨ 藏松似盲走螨 *Typhlodromips tibetapineus* Wu，1987

Amblyseius (*Amblyseius*) *tibetapineus* Wu, 1987c: 357. Type locality: Yadong, Tibet, China; host: *Pinus griffithii*.

Amblyseius tibetapineus, Wu et al., 1997a: 84.

Amblyseius (*Neoseiulus*) *tibetapineus*, Wu et al., 2009: 103.

Typhlodromips tibetapineus, de Moraes et al., 2004a: 228; Chant and McMurtry, 2007: 63; Wu et al., 2010: 299.

| 分布 | 中国（西藏）。

| 栖息植物 | 乔松。

⑩ 藏柳似盲走螨 *Typhlodromips tibetasalicis* Wu，1987

Amblyseius (*Amblyseius*) *tibetasalicis* Wu, 1987c: 358. Type locality: Yadong, Tibet, China; host: *Salix* sp..

Amblyseius tibetasalicis, Wu et al., 1997a: 88.

Amblyseius (*Neoseiulus*) *tibetasalicis*, Wu et al., 2009: 97.

Typhlodromips tibetasalicis, de Moraes et al., 2004a: 228; Chant and McMurtry, 2007: 63; Wu et al., 2010: 299.

| 分布 | 中国（西藏）。

| 栖息植物 | 苹果、柳杉、艾、乔松、月季等。

⑪ 徐氏似盲走螨 *Typhlodromips xui* Yin，Bei and Lu，1992

Iphiseius xui Yin, Bei and Lu, 1992: 282. Type locality: Emeishan, Sichuan, China; host: herb.

Typhlodromips xui, de Moraes et al., 2004a: 229; Wu et al., 2010: 299.

| 分布 | 中国（四川）。

| 栖息植物 | 草。

（2）小芒走螨属 *Aristadromips* Chant and McMurtry（图83，以 *Aristadromips masseei* 为例）

Aristadromips Chant and McMurtry, 2005c: 321.

Type species: *Typhlodromus masseei* Nesbitt, 1951: 27.

背刚毛毛序类型：10A：9B。背板长远大于宽，在S2毛处具腰，背板除前侧缘具条纹或具微弱的网纹外其余部分常光滑，背刚毛毛状，s4、Z4、Z5并不显著长于其他各毛［*sangangensis*（Zhu and Chen）

除外］，前侧毛中等长度，z2长于z2至z4毛基部之间的距离（*A. quercicolus*除外），z4毛长于z4至s4毛基部之间的距离，s4 : Z4 =（1.1 : 1.0）～（2.7 : 1.0），大部分种的S4和S5毛更长。胸板光滑、长宽约等、后缘突起、胸毛3对。生殖板光滑，狭于腹肛板，雌腹肛板五边形，长大于宽，肛前毛3对。气门沟伸向前面与背板合并。受精囊颈形状是变化的。螯肢定趾多齿。足Ⅱ、Ⅲ、Ⅳ具巨毛。

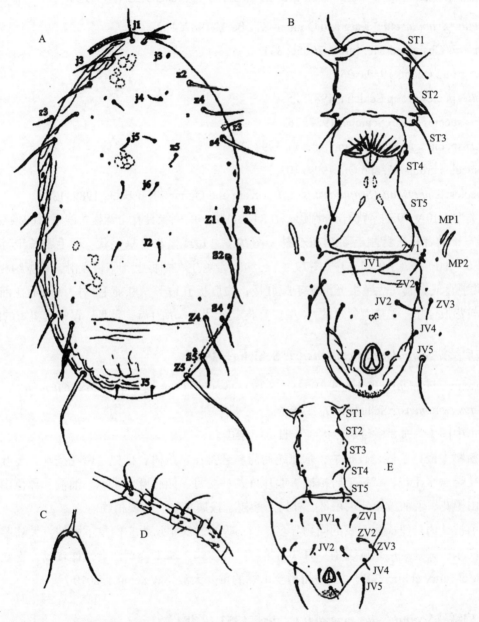

A. 背板；B. 腹面（胸板、生殖板和腹肛板）；C. 受精囊；D. 足Ⅳ膝节、胫节和基跗节；E. 雄腹板

图83　*Aristadromips masseei* Nesbitt，1951（Prasad，2013）

三港小芒走螨*Aristadromips sangangensis* Zhu and Chen，1983

Amblyseius sangangensis Zhu and Chen, 1983b: 384. Type locality: Wuyishan, Jiangxi, China; host: *Phyllostachys nidularia*. de Moraes et al., 2004a: 49.

Amblyseius (*Amblyseius*) *sangangensis*, Wu et al., 2009: 186.

Aristadromips sangangensis, Chant and McMurtry, 2007: 61; Wu et al., 2010: 291.

|分布|中国（江西、河南）。

|栖息植物|春花小竹。

（3）肩绥螨属 *Scapulaseius* Karg and Oomen-Kalsbeck，1987

Amblyseius (*Scapulaseius*) Karg and Oomen-Kalsbeck, 1987: 132.

Scapulaseius Chant and McMurtry, 2005c: 331.

newsami group Chant, 1959a: 95.

markwelli species group Schicha, 1987: 25.

japonicus species group Schicha, 1987: 26.

japonicus species group Ehara and Amano, 1998: 26.

oguroi species group Wu and Ou, 1999: 103.

Type species: *Amblyseius* (*Scapulaseius*) *stilus*, Karg and Oomen-Kalsbeek, 1987: 134.

背刚毛类型：10A：9B。背板长卵圆形，在R1处具腰。前侧缘具有与背板边线平行的条纹（图79），有些后背板宽于前背板，背刚毛除Z4和Z5外（图79），短或微小，呈毛状。s4毛不长于其他前侧毛，s4：Z1=（1.0：2.0）～（1.0：1.0）（图79）。r3和R1常着生在背板上，胸板光滑，长宽约相等，具胸毛3对。后缘常平直或突起，生殖板光滑狭于腹肛板，腹肛板五边形，肛前毛3对，JV1毛在前缘。气门沟狭，向前伸与背板合并，受精囊囊颈室为C型。螯肢定趾3齿，动趾1齿，足Ⅲ～Ⅳ常具粗短的巨毛。

①广东肩绥螨 *Scapulaseius cantonensis* Schicha，1982

Scapulaseius cantonensis (Schicha, 1982) : 48.Type locality: Canton, China; host: *Citrus* sp..

Amblyseius cantonensis Schicha, 1982: 48.

|分布|中国（广东、香港、台湾）。日本、泰国。

|栖息植物|橙、黄槿、破布木、东北蛇葡萄、悬铃花、茶树、枸杞、密花苎麻、蒌叶、李、铁苋菜、麻竹、杧果、水芫花、黄荆、野梧桐、熊耳草、马缨丹、四脉麻、水麻、油桐、异色山黄麻、大叶桃花心木、山樱花、孟加拉榕、水东哥、朴树、桑树、桉属植物、芒属植物。

该种之前被认为是纽氏肩绥螨的同物异名，Liao等（2020）认为它们是不同种，大陆鉴定的纽氏肩绥螨应该是广东肩绥螨。广东肩绥螨（原认为是纽氏肩绥螨）属Ⅲ-b型泛食性捕食螨，喜欢在光滑的叶片上活动（McMurtry et al.，2013），是柑橘全爪螨的重要天敌（Wu et al.，2010）。

②纽氏肩绥螨 *Scapulaseius newsami* Evans，1953（图84）

Typhlodromus newsami Evans, 1953: 450. Type locality: Malaysia; host: rubber plant.

Typhlodromus (*Amblyseius*) *newsami*, Chant, 1959a: 96.

Amblyseius (*Typhlodromalus*) *newsami*, Muma, 1961: 288.

Amblyseius (*Amblyseius*) *newsami*, Ehara, 1966a: 24; Wu, 1989: 197.

Amblyseius newsami, Chant, 1965: 357; Wu, 1980b: 39; Schicha, 1982: 45.

Amblyseius cantonensis Schichan, 1982: 48, synonymed by Wu et al., 2009.

Typhlodromips newsami, de Moraes et al., 1986: 144, 2004: 219.

Amblyseius (*Neoseiulus*) *newsami*, Ehara, 2002a: 30; Wu et al., 2009: 78.
Scapulaseius newsami, Chant and McMurtry, 2007: 68; Wu et al., 2010: 298.

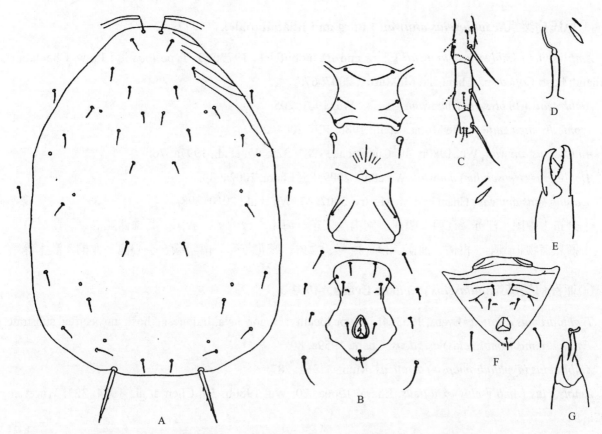

A. 背部；B. 腹面（胸板、生殖板和腹肛板）；C. 足Ⅳ膝节、胫节、基跗节和端跗节；D. 受精囊；E. 螯肢；F. 雄腹肛板；G. 导精趾

图84　纽氏肩绥螨 *Scapulaseius newsami* Evans，1953

|分布| 中国（福建、广东、海南、江西、香港）。印度尼西亚、日本、马来西亚。

|栖息植物| 橡胶、柑橘、丝瓜、节瓜、水瓜、豇豆、棉花、荔枝、龙眼、藿香蓟、辣椒、姜、紫苏。

纽氏肩绥螨分布广，栖息植物种类多，能捕食7属16种叶螨，更嗜食叶螨属、始叶螨属的种类（邹萍 等，1986），广东省科学院动物研究所（原广东省昆虫研究所）及华南农业大学（原华南农学院）先后从四川引进钝绥螨 *Amblyseius* sp. 进行人工繁殖释放，成功地抑制了柑橘全爪螨的发生（广东省昆虫研究室，1978）。该捕食螨是最早报道能有效控制柑橘害螨的种类。这个钝绥螨后来推测是纽氏钝绥螨（现名为纽氏肩绥螨）。在柑橘园种植一种菊科杂草——藿香蓟覆盖地面，对纽氏肩绥螨有明显的助长作用（麦秀慧 等，1984b）。间种藿香蓟不仅能使柑橘园生态环境更适合纽氏肩绥螨生存，而且藿香蓟释放的化感物质还能调节纽氏肩绥螨和柑橘全爪螨的种群。

石纪茂等（2006）报道纽氏肩绥螨（原名余杭植绥螨）是竹裂爪螨的重要天敌。室内20℃恒温饲养纽氏肩绥螨需21.2d完成一个世代，28℃时则需10.4d就可完成一个世代，30℃以上时则出现死亡。幼螨、第一若螨和雄成螨捕食量相对较少；雌成螨每天平均捕食竹裂爪螨5.5头，最多捕食13头，雌成螨一生最多可捕食165头。雌成螨捕食量大，发育即加快，产卵量增加，产卵期延长，卵粒个体也加大。一头雌成螨一生产卵7~15粒，卵产于竹叶背面基部茸毛丛中或竹裂爪螨的丝网内。纽氏肩绥螨随竹裂爪螨种群数量的消长而消长。竹裂爪螨在浙江有一个明显的高峰期，该高峰期之后5～7d后，纽氏肩绥螨也出现明显的高峰期；纽氏肩绥螨高峰期后6～9d，竹裂爪螨发生量就明显下降。

③恩氏肩绥螨 *Scapulaseius anuwati* Ehara and Bhandhufalck，1977

Amblyseius (Amblyseius) anuwati Ehara and Bhandhufalck, 1977: 63. Type locality: Prew, Chantaburi, Thailand; host: *Coffea* sp.. Chant and McMurtry, 2007: 67.

Amblyseius (Amblyseius) anuwanti [sic], Wu, 1981: 205.

Typhlodromips anuwati, de Moraes et al., 1986: 136, 2004: 207.

Amblyseius anuwati, Wu, 1980b: 49; Chen et al., 1984: 325; Wu et al., 1997a: 76.

Amblyseius (Neoseiulus) anuwati, Wu et al., 2009: 85; Ehara, 2002a: 30.

Scapulaseius anuwati, Chant and McMurtry, 2007: 67; Wu et al., 2010: 298.

|分布|中国（江苏、江西、福建、湖南、广东、海南、台湾）。泰国、马来西亚。

|栖息植物|咖啡、柑橘、油桐、杉、荸草、桑树、密花苎麻、南紫薇、空心泡、血桐、灌木等。

④亚洲肩绥螨 *Scapulaseius asiaticus* Evans，1953

Typhlodromus asiaticus Evans, 1953: 461. Type locality: Bogor, Java, Indonesia; host: unspecified substrate.

Typhlodromus (Amblyseius) asiaticus, Chant, 1959a: 80.

Amblyseius (Typhlodromopsis) asiaticus, Muma, 1961: 287.

Amblyseius (Amblyseius) asiaticus, Ehara, 1966a: 20; Wu, 1980b: 50; Chen et al., 1984: 323; Wu et al., 1997a: 91.

Amblyseius asiaticus, Carmona, 1968: 267–288; Schicha, 1987: 94; Schicha and Corpuz-Raros, 1992: 60.

Amblyseius (Amblyseius) siaki, Ehara and Lee, 1971: 64, synonymed by Ehara and Bhandhufalck, 1977.

Amblyseius (Amblyseius) baiyunensis, Wu, 1982: 97, synonymed by Wu et al., 2009.

Amblyseius (Neoseiulus) asiaticus, Ehara, 2002b: 127; Wu et al., 2009: 96.

Typhlodromips asiaticus, de Moraes et al., 2004a: 207.

Scapulaseius asiaticus, Chant and McMurtry, 2007: 67; Wu et al., 2010: 298.

|分布|中国（福建、江西、湖南、广东、广西、海南、云南、香港）。印度、泰国、菲律宾、新加坡、马来西亚、印度尼西亚、安哥拉、塞浦路斯、毛里求斯、斯里兰卡、越南、法国（留尼汪岛）。

|栖息植物|土牛膝、野菊、梨、番石榴、马鞭草、黄皮、芝麻、女贞、风轮菜等。

⑤贵州肩绥螨 *Scapulaseius guizhouensis* Wu and Ou，1999

Amblyseius guizhouensis Wu and Ou, 1999: 108. Type locality: Leigongshan, Guizhou, China; host: unknown shrub.

Amblyseius (Neoseiulus) guizhouensis, Wu et al., 2009: 110.

Typhlodromips guizhouensis, de Moraes et al., 2004a: 213.

Scapulaseius guizhouensis, Chant and McMurtry, 2007: 67; Wu et al., 2010: 298.

|分布|中国（贵州）。

|栖息植物|杂草。

⑥ 黄岗肩绥螨 *Scapulaseius huanggangensis* Wu，1986

Amblyseius (*Amblyseius*) *huanggangensis* Wu, 1986e: 122. Type locality: Huanggangshan, China; host: *Viburnum dilatatum*.

Amblyseius huanggangensis, Wu et al., 1997a: 82.

Typhlodromips huanggangensis, de Moraes et al., 2004a: 214.

Scapulaseius huanggangensis, Chant and McMurtry, 2007: 67; Wu et al., 2010: 298.

Amblyseius (*Neoseiulus*) *huanggangensis*, Wu et al., 2009: 100.

|分布|中国（福建、贵州）。

|栖息植物|荚迷。

⑦ 建阳肩绥螨 *Scapulaseius jianyangensis* Wu，1981

Amblyseius (*Proprioseiopsis*) *jianyangensis* Wu, 1981: 212. Type locality: Guilin, Jianyang, Nanping, Fujian, China; host: *Diospyros kaki*.

Amblyseius jianyangensis, Wu et al., 1997a: 78.

Typhlodromips jianyangensis, de Moraes et al., 1986: 141, 2004: 215.

Scapulaseius jianyangensis, Chant and McMurtry, 2007: 67; Wu et al., 2010: 298.

Amblyseius (*Neoseiulus*) *jianyangensis*, Wu et al., 2009: 82.

|分布|中国（福建、广东、海南）。

|栖息植物|柿、小叶桉、小灌木。

⑧ 大黑肩绥螨 *Scapulaseius oguroi* Ehara，1964

Amblyseius oguroi Ehara, 1964: 384. Type locality: Sendai, Miyagi, Honshu, Japan; host: *Mallotus japonicus*. Wu, 1980b: 49; Wu et al., 1997a: 90.

Amblyseius (*Amblyseius*) *oguroi*, Ehara, 1966a: 21.

Typhlodromips oguroi, de Moraes et al., 1986: 144; 2004: 220.

Amblyseius (*Neoseiulus*) *oguroi*, Ehara and Amano, 1998: 32.

Scapulaseius oguroi, Chant and McMurtry, 2007: 68; Wu et al., 2010: 298.

|分布|中国（辽宁、吉林、江苏、浙江、安徽、福建、江西、山东、湖南、广东、广西、海南、四川、贵州、云南）。韩国、日本。

|栖息植物|野梧桐、梨、三角槭，多种蔬菜及杂草等。

⑨ 冲绳肩绥螨 *Scapulaseius okinawanus* Ehara，1967

Amblyseius (*Amblyseius*) *okinawanus* Ehara, 1967a: 72. Type locality: Tomigusuku, Okinawa, Japan; host: *Verbena officinalis*.

Amblyseius okinawanus, Lo, 1970: 47–62; Wu, 1980b: 44; Wu et al., 1991b: 149, 1997a: 89; Jung et al., 2003: 193.

Neoseiulus okinawanus, de Moraes et al., 1986: 91.

Amblyseius (*Neoseiulus*) *okinawanus*, Ehara and Amano, 1998: 37.

Scapulaseius okinawanus, Chant and McMurtry, 2007: 68; Wu et al., 2010: 298.

｜分布｜中国（江苏、浙江、安徽、福建、江西、山东、湖南、广东、广西、海南、贵州、云南、香港、台湾）。韩国、日本、泰国、俄罗斯、印度尼西亚、巴布亚新几内亚、越南。

｜栖息植物｜马鞭草、柑橘、荔枝、龙眼、无花果、梨、苦楝、刺槐、花生、桑树、东北蛇葡萄、土牛膝、异色山黄麻、乌蔹莓、藿香蓟、野茼蒿、葎草、玉米、枣树、熊耳草、莲子草、白花蛇舌草、茶树、枸杞、头花四方骨、台湾翅果菊、悬铃花、车前草、龙葵、黄瓜、甘蓝、白背黄花稔、羽芒菊、石榴、台湾青枣、一点红、凉粉草、含羞草、春蓼、苍耳、羊蹄甲、鼠麴草、野牡丹、铁苋菜、西瓜、马利筋、巴旦木、棕叶狗尾草、白楸、*Erigeron coulteri*，及其他多种蔬菜和杂草。

⑩泰国肩绥螨*Scapulaseius siamensis* Ehara and Bhandhufalck，1977

Amblyseius (*Amblyseius*) *siamensis* Ehara and Bhandhufalck, 1977: 63. Type locality: Prew, Chantaburi, Thailand; host: *Citrus* sp..

Typhlodromalus siamensis, de Moraes et al., 1986: 134.

Typhlodromips siamensis, de Moraes et al., 2004a: 224.

Amblyseius (*Neoseiulus*) *siamensis*, Wu et al., 2009: 87.

Scapulaseius siamensis, Chant and McMurtry, 2007: 68; Wu et al., 2010: 299.

｜分布｜中国（海南）。泰国。

｜栖息植物｜柑橘、灌木。

⑪四川肩绥螨*Scapulaseius sichuanensis* Wu and Li，1985

Amblyseius (*Amblyseius*) *sichuanensis* Wu and Li, 1985b: 341. Type locality: Emeishan, Sichuan, China; host: *Chrysanthemum* sp..

Amblyseius sichuanensis, Wu et al., 1997a: 87.

Typhlodromips sichuanensis, de Moraes et al., 2004a: 224.

Amblyseius (*Neoseiulus*) *sichuanensis*, Wu et al., 2009: 102.

Scapulaseius sichuanensis, Chant and McMurtry, 2007: 68; Wu et al., 2010: 299.

｜分布｜中国（四川）。

｜栖息植物｜菊属植物。

⑫天祥肩绥螨*Scapulaseius tienhsainensis* Tseng，1983

Amblyseius (*Amblyseius*) *tienhsainensis* Tseng, 1983: 46. Type locality: Tianxiang, Hualien, Taiwan, China; host: flower.

Typhlodromips clinopodii, de Moraes et al., 2004a: 228; Wu et al., 2010: 299.

Neoseiulus tienhsainensis, Chant and McMurtry, 2007: 31.

Scapulaseius tienhsainensis, Liao et al., 2020: 325.

｜分布｜中国（台湾）。

｜栖息植物｜台湾翅果菊、五节芒、玉山竹、李属种类。

⑬ 罩似肩绥螨 *Scapulaseius vestificus* Tseng, 1976

Amblyseius (*Amblyseius*) *vestificus* Tseng, 1976: 113. Type locality: Ton-Jin, Chiayi, Taiwan, China; host: *Alpinia speciosa*.

Typhlodromips vestificus, de Moraes et al., 1986: 151; 2004: 229; Wu et al., 2010: 299.

Scapulaseius vestificus, Chant and McMurtry, 2007: 68.

| 分布 | 中国（台湾）。

| 栖息植物 | 艳山姜。

⑭ 豇豆肩绥螨 *Scapulaseius vignae* Liang and Ke, 1981

Amblyseius vignae Liang and Ke, 1981a: 221. Type locality: Longxi, Quanzhou, Fujian, China; host: *Vigna sinensis*.

Typhlodromips vignae, de Moraes et al., 1986: 151, 2004: 229.

Amblyseius (*Neoseiulus*) *vignae*, Wu et al., 2009: 113.

Scapulaseius vignae, Chant and McMurtry, 2007: 68; Wu et al., 2010: 299.

| 分布 | 中国（安徽、福建）。

| 栖息植物 | 豇豆。

（六）钝绥螨族 Amblyseiini Muma

Amblyseiinae Muma, 1961: 273. Type genus: *Amblyseius* Berlese, 1914: 143.

Amblyseiini Muma, Wainstein, 1962b: 26.

Macroseiinae Chant, Denmark and Baker, 1959: 808.

Type genus: *Amblyseius* Berlese, 1914: 143.

该族有5种不同的背毛类型，其中10A：9B模式最常见。该族种类的特征是某些背毛长度上的差异越来越大，特别是刚毛j3、s4、Z4和Z5，逐渐加长，而其他一些背毛则逐渐变短；螯肢定趾上齿数变多；除了足Ⅳ，其他足上巨毛数量变多。但这些特征因存在变化而没有表现出明显的连续性。刚毛s4：Z1通常大于等于3.0：1.0。刚毛S4、S5，以及背中毛短或微小；刚毛s4、Z4、Z5明显，有的特别长，为鞭状；足Ⅰ的膝节具巨毛，足Ⅱ、足Ⅲ的膝节也常具巨毛；躯体毛通常33对（10A：9B/JV-3：ZV），有些种类刚毛j5、J2、Z1、S2、S4、S5、JV2、JV4和/或ZV3会缺失1根或多根。这个大族的其他特征则存在变化。

钝绥螨族分亚族检索表

1　胸板较狭（图85），长宽比通常约为1（*Chelaseius*属的种除外），雌腹肛板长稍大于宽，长宽比通常大于1，各骨板轻微骨化，J2毛存在，若缺少者，腹肛板更狭，长：宽＞1.5：1.0（图86），生殖板与腹肛板约等宽，胸板常光滑或至多具轻微的网纹，生殖板光滑，腹肛板光滑或至多有轻微的条纹（图85），气门沟板狭，外侧板常不存在。足Ⅰ、足Ⅱ、足Ⅲ常具巨毛，足Ⅳ常具巨毛3根，z2和z4毛常短或微小，j5、S2、S4毛存在，J2、S5和Z1毛存在或缺 ·· 钝绥螨亚族Amblyseiina
　　胸板较宽，长宽比小于1，雌腹肛板常更宽，长宽比小于1，各骨板骨化强，J2毛存在或缺少，生殖板更狭于腹肛板，两者最宽比例为（1.0∶1.1）～（1.0∶3.9），但有些种生殖板更宽，胸板与生殖板光滑或具网纹，腹肛板光滑，或具条纹或网纹（图87），气门沟板从狭至极宽，其外侧板常存在，足Ⅱ、足Ⅳ具有或缺少巨毛，z2或z4毛常较长，j5、J2、S2、S4毛或Z1毛存在或缺少 ·· 2

2　缺J2毛，具j5毛（图88）[*Flagroseius auflagellatus*（图89）除外] ············ 似前锯绥螨亚族Proprioseiopsina

　　J2毛通常存在，如缺少，j5毛亦同缺 ·· 肛绥螨亚族Arrenoseiina

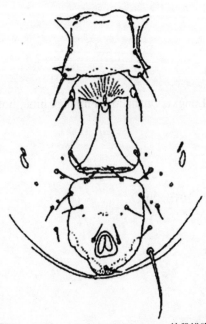

图85　*Amblyseiella americanus* Garman的雌螨腹面

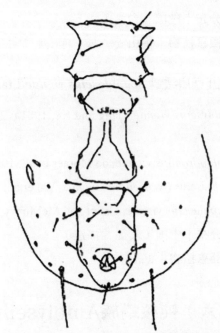

图86　*Amblyseius pusillus* Kennett的雌螨腹面

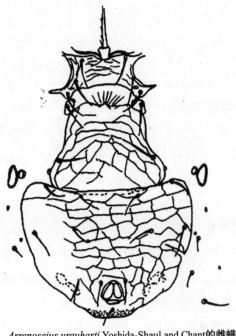

图87　*Arrenoseius urquharti* Yoshida-Shaul and Chant的雌螨腹面

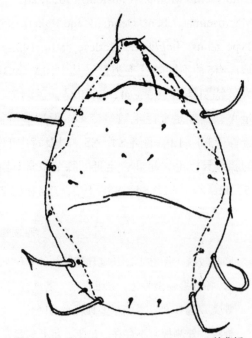

图88　*Proprioseiopsis pascuus* van der Merwe的背板

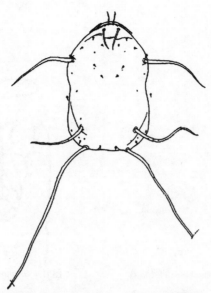

图89　*Flagroseius euflagellatus* Karg的背板

1. 钝绥螨亚族Amblyseiina Muma

Amblyseiina Muma, Chant and McMurtry, 2004a: 179.

Type genus: *Amblyseius* Berlese, 1914: 143.

本亚族种类的s4、Z4、Z5毛常长或延长，似鞭状，z2、z4、S2、S5毛和背中毛通常短或微小，足Ⅰ～Ⅲ常具巨毛，足Ⅳ具巨毛3根。

钝绥螨亚族分属检索表

1　受精囊的囊颈室具有叉状或空泡状的结构与主管连接（图90），雄性导精趾为T字型，足后跟和趾突均延长，大致等长（图91）···草绥螨属*Graminaseius*
　　受精囊的囊颈室与主管连接处不具有叉状结构（图92），雄性导精趾不为T字型，足后跟和趾突不延长亦不相等···2
2　S4：S2<2.7：1.0（图93）···3
　　S4：S2>3.1：1.0（图30）···4
3　具S5毛（图93）··横绥螨属*Transeius*
　　缺S5毛（图94）··小钝绥螨属*Amblyseiella*
4　螯肢大且粗，定趾长于动趾（图95）···分开绥螨属*Chelaseius*
　　螯肢大小正常，定趾不长于动趾··5
5　缺JV2毛（图96），雌腹肛板具肛前毛2对，背板侧缘近s4有深刻口（图97），足Ⅳ具3根巨毛············
　　··莫纳绥螨属*Maunaseius*
　　具JV2毛（图98），背板侧缘近s4无缺口（图99）···6
6　雌螨腹肛板缩小或只剩肛板，肛前毛游离在膜上（图100），足Ⅳ最少具6根巨毛，足Ⅲ膝节具2根巨毛，足Ⅲ胫节具3根巨毛···洪国小螨属*Honduriella*
　　雌腹肛板未缩小至肛板（图98），但有些种也分开为腹板与肛板（图101），足Ⅲ膝节和胫节各具1根巨毛
　　··钝绥螨属*Amblyseius*

图90 *Graminaseius bufortus* Ueckermann and Loots的受精囊

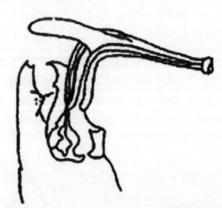

图91 *Graminaseius graminis* Chant的雄螨导精趾

图92 *Amblyseius obtusus* Koch的受精囊

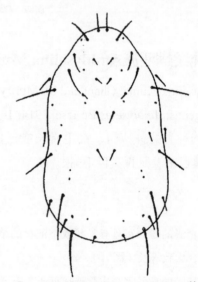

图93 *Transeius ablusus* Schuster and Pritchard的背板

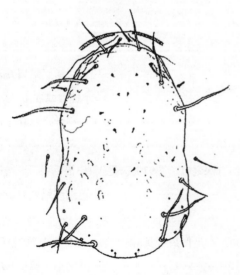

图94 *Amblyseiella setosa* Muma的背板

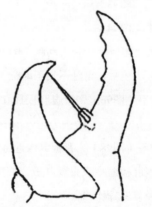

图95 *Chelaseius tundra* Chant and Hansell的螯肢

图96　*Maunaseius volcanus* Prasad的雌螨腹面

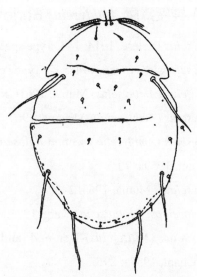

图97　*Maunaseius volcanus* Prasad的背板

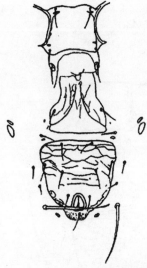

图98　*Amblyseius obtusus* Koch的雌螨腹面

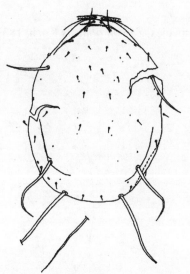

图99　*Amblyseius obtusus* Koch的背板

图100　*Honduriella maxima* Denmark and Evans的雌螨腹面

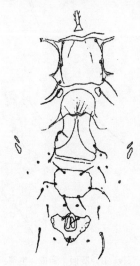

图101　*Amblyseius perditus* Chant and Baker的背板

（1）钝绥螨属 *Amblyseius* Berlese（图102，以*Amblyseius obtusus*为例）

Amblyseius Berlese, 1914: 143. Type species: *Zercon obtusus* Koch, 1839: 27.13; *sensu* Karg, 1960: 440.

Amblyseiopsis Garman, 1948: 17. Type species: *Amblyseiopsis americanus* Garman, 1948: 17.

Amblyseius (*Amblyseius*) Muma, 1961: 287.

Amblyseius (*Amblyseialus*) Muma, 1961: 287. Type species: *Amblyseiopsis largoensis* Muma, 1955: 266.

Amblyseius (*Amblyseius*) section *Italoseius* Waistein, 1962b: 15. Type species: *Typhlodromus* (*Amblyseius*) *italicus* Chant, 1959a: 70.

Amblyseialus Muma, 1965: 245.

Proprioseiopsis (*Peloiseius*) Karg, 1983: 303. Type species: *Amblyseius dorsatus* Muma, 1961: 278.

Amblyseius (*Multiseius*) Denmark and Muma, 1989: 82. Type species: *Typhlodromus* (*Amblyseius*) *andersoni* Chant, 1957a: 296.

Amblyseius (*Pauciseius*) Denmark and Muma, 1989: 132. Type species: *Amblyseius meridionalis* Berlese, 1914: 144.

Type species: *Zercon obtusus* Koch, 1839: 27.13; *sensu* Karg, 1960: 440.

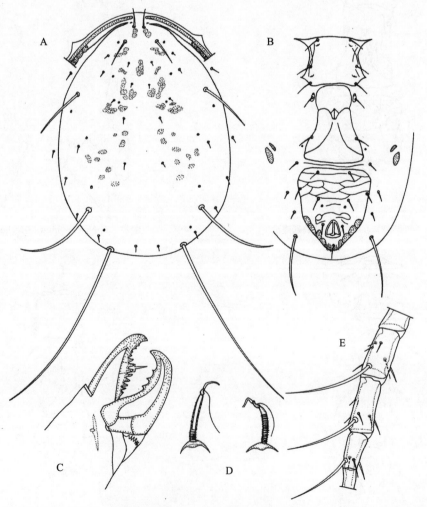

A. 背板；B. 腹面（胸板、生殖板和腹肛板）；C. 螯肢；D. 受精囊；E. 足Ⅳ膝节、胫节和基跗节

图102 *Amblyseius obtusus* Papadoulis，2009

背板形状与结构变化很大,如由窄长至似圆形,由光滑到轻度骨化,并具网纹。背刚毛有三种毛序类型:10A:9B,10A:8E(缺J2毛),10A:8A(缺Z1毛)。背板前侧毛4对(j3、z2、z4、s4),前背板总毛数8~10对,后背板5~10对。亚侧毛r3与R1在侧膜上或背板上。背刚毛j3、s4、Z4、Z5通常延长,其他各毛微小或短,且等长。胸板具2~3对胸毛,第3~4对胸毛在膜上或小骨板上。腹肛板的大小与形状是变化的,多为五边形,有些为瓶形或分裂为腹板和肛板。肛前毛常为3对,足后板1或2对。气门沟长度、受精囊形状多变。螯肢定趾多齿。足Ⅰ、Ⅱ、Ⅲ常具巨毛,足Ⅳ具3根巨毛。ZV3不稳定,有些种缺。

①**安德森钝绥螨**Amblyseius andersoni Chant,1957(图103）

Typhlodromus andersoni Chant, 1957a, 296. Type locality: Rosedale, British Columbia, Canada; host: *Prunus* sp..

Amblyseius andersoni, Athias-Henriot, 1958a: 33.

Typhlodromus (Amblyseius) andersoni, Chant, 1959a: 92.

Amblyseius (Amblyseius) andersoni, Muma, 1961: 287.

Typhlodromus (Typhlodromus) andersoni, Westerboer and Bernhard, 1963: 451–791.

Amblyseius (Multiseius) andersoni, Denmark and Muma, 1989: 84.

Amblyseius andersoni, de Moreas et al., 2004: 14; Chant and McMurtry, 2007: 75

Amblyseius potentillae (Garman, 1958): 76, synonymed by Chant and Yoshida-Shaul, 1990.

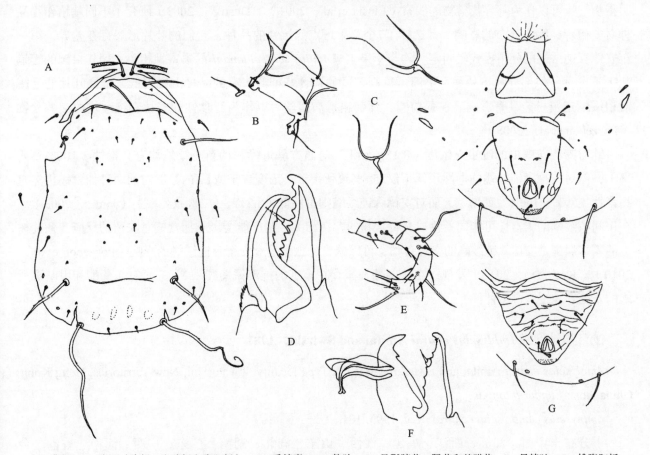

A. 背板;B. 腹面(胸板、生殖板和腹肛板);C. 受精囊;D. 螯肢;E. 足Ⅳ膝节、胫节和基跗节;F. 导精趾;G. 雄腹肛板

图103 安德森钝绥螨*Amblyseius andersoni* Chant(Chant et al.,1990）

|分布|中国(内蒙古)。阿尔及利亚、奥地利、阿塞拜疆、加拿大、塞浦路斯、捷克、丹麦、英国、法国、格鲁吉亚、德国、希腊、匈牙利、意大利、日本、拉脱维亚、摩尔多瓦、摩洛哥、荷兰、波兰、葡萄牙、塞尔维亚、斯洛伐克、斯洛文尼亚、西班牙、瑞典、瑞士、叙利亚、土耳其、乌克兰、美国、印度、约旦、比利时、冰岛。

|栖息植物|枸杞、西梅、苹果、黄兰含笑、银白槭等。

Chant等(2004a)认为*Amblyseius potentillae*(Garman,1958)为本种的同物异名,因此先前研究*Amblyseius potentillae*(Garman,1958)的文献应合并。Amano等(1977,1978,1979)研究了本种的生活史,Kolodochka(1977)、Sengonca等(1989)研究了本种以花粉为食时其发育、生殖、寿命、田间的种群动态、越冬、子代发育、对杀虫药剂的抗性及对害螨的控制情况,以及交配行为、取食、生殖及影响子代性比的因素。很多论文报导了本种是梨、苹果、梅、李、葡萄、豆类、榛树等植物上的苹果全爪螨、太平洋叶螨、二斑叶螨、朱砂叶螨、*Calepitrimerus* sp.、*Tydeus* sp.、*Eriophyes* sp.、*Eriophyes galii*、榛植瘿螨等的有效天敌。安德森钝绥螨能用粗脚粉螨*Acarus siro*大量培养(Beglyarov et al.,1990)。EPPO(2020)主要将其列为二斑叶螨、朱砂叶螨、苹果全爪螨、*Aculops lycopersicae*、侧多食跗线螨、仙客来螨的生物防治物。

安德森钝绥螨对苹果全爪螨雌成螨的捕食率在苹果树上比在梨树上的高,对幼螨的捕食则无差异,且其在两种植物上对苹果全爪螨的捕食率均比芬兰真绥螨要高(Koveos et al.,2000)。该捕食螨喜欢选择有苹果全爪螨发生的植株(85%在有苹果全爪螨的植株上,15%在没有苹果全爪螨的植株上),表明猎物气味可以作为其寻找猎物的线索(Llusia et al.,2001)。Duso等(2003)研究了不同栽培作物品种对安德森钝绥螨分布的影响。其选择了7个苹果斑点病抗性的品种,它们的叶片形态存在差异,第一年安德森钝绥螨的分布模式较固定,均与苹果尘螨*Aculus schlechtendali*的丰富性相关;翌年果园的瘿螨几乎不可见,但部分栽培品种上仍旧可见高密度的捕食螨种群,有的品种上则很低,推测叶片的毛簇对植绥螨定殖可能具有影响。在葡萄园,葡萄霜霉病菌丝可以作为泛食性的安德森钝绥螨的交替食物(Pozzebon et al.,2008)。

针对啤酒花蚜虫的吡虫啉浓度(0.13g a.i.l.)对西方静走螨和伪新小绥螨均有高毒性(100%致死率),但对安德森钝绥螨的毒性较低(仅35.6%致死率)。浓度减半或1/4的浓度对前两种捕食螨仍然有高毒性(79%~100%致死率),而对安德森钝绥螨则毒性低(8.2%~31.3%致死率)(James,2003)。在田间植绥螨的丰富性可能同猎物或交替食物的存在相关,这可能会影响捕食螨对农药的反应。葡萄树上的霜霉病菌是安德森钝绥螨的交替食物,可以减少除虫菊酯对安德森钝绥螨的影响(Pozzebon et al.,2010)。Kreiter等(2010)发现,在法国葡萄园存在丰富的抗溴氰菊酯、λ-三氟氯氰菊酯和甲基毒死蜱的安德森钝绥螨自然种群。

②江原钝绥螨*Amblyseius eharai* Amitai and Swirski,1981

Amblyseius eharai Amitai and Swirski, 1981: 60. Type locality: Tai Po Hui, New Territories, Hong Kong, China; host: *Euphoria longan*.

Amblyseius (*Amblyseius*) *eharai*, Ryu, 1993: 101.

|分布|中国(江苏、浙江、福建、江西、山东、湖北、湖南、广东、广西、海南、香港、台湾)。日本、马来西亚、韩国、泰国。

|栖息植物|龙眼、柑橘、美丽胡枝子、水稻、杉、茶树、枇杷、月桂、松树、桑树、柿、番木

瓜、高粱、变色牵牛、土牛膝、鬼针草、葫芦、苦楝、茄子、蓖麻、葡萄、天仙果、番石榴、砂梨、绿竹、大蕉、盐肤木、糙叶榕、萑草、马缨丹、假烟叶树、血桐、水黄皮、熊耳草、野菁蒿、番荔枝、恒春火麻树、大叶楠、杧果、鱼骨葵、寒绯樱、秋枫、水同木、秀丽铁线莲、台湾山香圆、台湾桂竹、黄连、水麻、长叶木姜子、一品红、异色山黄麻、香润楠、油桐、苎麻、破布木、洋蒲桃、茯苓、禾串树、木姜子等我国东部沿海的多种作物。

Amitai等（1981）检查了原先收藏的1959—1961年间采集的定名为 *Amblyseius largoensis* 的中国香港标本、1980年采集的定名为 *Amblyseius deleoni* 的日本标本，并比较了菲律宾的 *Amblyseius largoensis* 及南非的 *Amblyseius neolargoensis*，定出了新种 *Amblyseius eharai* Amitai and Swirski，1981。据Kostiainen等（1996）的综述，本种能捕食一些昆虫、线虫及害螨（荔枝瘿螨、六点始叶螨 *Eotetranychus sexmaculatus*、东方真叶螨、柑橘全爪螨、朱砂叶螨、截形叶螨、二斑叶螨、*Abgrallaspis cyanophylli*、褐圆盾蚧壳虫 *Chrysomphalus aonidum*、*Coccus hesperidum*、*C. pseudomagnoliarum*、*Saissetia oleae*、*Panagrellus* sp.）。

江原钝绥螨是广东平地、丘陵荔枝、柑橘上的优势种。可观察到它频繁取食荔枝瘿螨。在实验室可用朱砂叶螨、皮氏叶螨为饲料人工繁殖本种，其取食花粉亦可完成正常发育，但产卵量较低。亦可用六点始叶螨、二斑叶螨作为交替食物。陈守坚（1982）报导本种能有效控制柑橘全爪螨的种群。曾涛等（1992）认为该种属于喜湿种类，饲养时相对湿度应控制在85%～95%之间。蒲天胜等（1995）研究发现美人蕉花粉是20种实验花粉中最适合饲养该种捕食螨的。江原钝绥螨对黄胸蓟马一龄若虫、柑橘粉虱低龄若虫和柑橘全爪螨均有较强的捕食能力。在三种猎物共同存在的条件下，其会优先捕食柑橘全爪螨，柑橘全爪螨的幼、若螨是其喜好的螨态。当柑橘全爪螨密度大时按1∶5释放本种，当柑橘全爪螨发生不严重时按1∶10或1∶20释放，可将害螨数量控制在经济阈值水平之下。在橘园中种植藿香蓟有利于增加江原钝绥螨的种群数量（赵文娟，2014）。

③草栖钝绥螨 *Amblyseius herbicolus* Chant，1959

Typhlodromus (Amblyseius) herbicolus Chant, 1959a, 84. Type locality: Portugal, intercepted at Boston, Massachusetts, USA; host: Bromeliaceae.

Amblyseius (Amblyseius) herbicolus, Muma, 1961: 287; Gupta, 1986: 45.

Typhlodromus herbicolus, Hirschmann, 1962: 23.

Amblyseius deleoni Muma and Denmark, 1970: 68, synonymed by Denmark and Muma, 1989.

Amblyseius impactus Chaudhri, 1968: 553, synonymed by Daneshvar and Denmark, 1982.

Amblyseius amitae Bhattacharyya, 1968: 677, synonymed by Denmark and Muma, 1989.

Amblyseius herbicolus, de Moreas, et al., 2004: 27; Chant and McMurtry, 2007: 78.

Amblyseius giganticus Gupta, 1981: 33, synonymed by Gupta, 1986.

|分布| 中国（辽宁、黑龙江、江苏、福建、江西、河南、湖南、广东、广西、海南、四川、贵州、云南、甘肃、台湾）。阿根廷、澳大利亚、巴西、哥伦比亚、布隆迪、科摩罗、哥斯达黎加、多米尼加、刚果（金）、萨尔瓦多、加纳、危地马拉、洪都拉斯、印度、伊朗、肯尼亚、马拉维、马来西亚、毛里求斯（本土、罗德里格斯岛）、巴布亚新几内亚、秘鲁、菲律宾、卢旺达、塞内加尔、新加坡、南非、泰国、土耳其、委内瑞拉、越南、贝宁、库克群岛、葡萄牙（本土、亚速尔群岛）、西班牙（本土、加那利群岛）、智利（复活节岛）、美国（本土、波多黎各、夏威夷）、法国（瓜德罗普、勒

桑特斯群岛、马提尼克岛、新喀里多尼亚、留尼汪岛）。西印度群岛。

|栖息植物| 凤梨、木槿、柑橘、茶树、枇杷、美丽胡枝子、桑树、阿里山榆、阿里山鹅耳枥、台湾杉、水东哥、熊耳草、野茼蒿、苎麻、番荔枝、秋枫、火炭母、龙眼、台湾桂竹、绣球属种类、杧果、悬钩子、杜虹花、香润楠、鬼针草、构树、长梗紫麻、李、碧桃树、禾串树等，以及我国西南地区木本及草本植物。

Muma等（1970）在佛罗里达州采到一种定名为*Amblyseius deleoni*的植绥螨，Daneshvar等（1982）认为此种为*Amblyseius herbicolus*（Chant，1959a）的同物异名。拉哥群*largoensis* species group的种分布在我国的有草栖钝绥螨（原名德氏钝绥螨）*Amblyseius herbicolus*（Chant，1959a）、拉哥钝绥螨*Amblyseius largoensis*（Muma，1955）、江原钝绥螨*Amblyseius eharai*（Amitai et al.，1981）。三种外形很相似，主要是受精囊囊颈的形状、长度的差异：草栖钝绥螨的受精囊囊颈为喇叭形，囊颈的两边逐渐向囊部张开，颈长28~33μm；江原钝绥螨的受精囊也呈喇叭形，较草栖钝绥螨短，颈长23~25μm；拉哥钝绥螨的受精囊囊颈则呈管状，颈壁两边平行，颈长25~33μm。此类群采自不同地区的同种品系其背刚毛的长度存在差异，但它们之间只是受精囊的形状稍有不同，区分它们要做分子系统学及生物学研究。1990年以前记录的上述三种是混淆的。van der Merwe（1968）认为本种为产雌孤雌生殖。Denmark等（1989）记录了本种与多种植物上害螨关联，Kamburov（1971）、胡敦孝（1989）研究了不同的食物条件对本种取食、发育、生殖的影响。

草栖钝绥螨栖息植物较广，是我国西南地区矮生木本及草本植物上的常见种，是捕食叶螨、细须螨、瘿螨、跗线螨、柑橘全爪螨等害螨的有效天敌。人工繁殖以皮氏叶螨或二斑叶螨做饲料的繁殖率较以花粉的高。湿度对该螨调控柑橘全爪螨种群存在影响（Kashio et al.，1978）。四川苗溪茶场采取繁殖利用和保护的措施，增加茶树上的草栖钝绥螨种群数量控制侧多食性跗线螨，效果显著（王朝禹，1985）。

④ 拉哥钝绥螨*Amblyseius largoensis* Muma，1955

Amblyseiopsis largoensis Muma, 1955: 266. Type locality: Key Largo, Florida, USA; host: key lime. Garman, 1958: 76.

Typhlodromus (Amblyseius) largoensis, Chant, 1959a: 96.

Amblyseius largoensis, Ehara, 1959: 293; De Leon, 1966: 90, 1967: 23; Muma and Denmark, 1970: 69; Wu, 1980b: 41; Schicha, 1981c: 105; McMurtry and de Moraes, 1984: 29; Chen et al., 1984: 332; de Moraes et al., 1986: 17, 2000: 239, 2004a: 143, 2004b: 141–160; Denmark and Muma, 1989: 55; Wu and Lan, 1989b: 449; Wu et al., 1997a: 39; Gondim Jr and de Moraes, 2001: 72; Chant and McMurtry, 2004a: 208, 2007: 78; Zannou et al., 2007: 16; Ferragut et al., 2011: 40; Oliveira et al., 2012: 4; Nguyen and Dao, 2019; Fang et al., 2020b: 257.

Amblyseius (Amblyseialus) largoensis, Muma, 1961: 287.

Typhlodromus largoensis, Hirschmann, 1962: 17.

Amblyseius (Amblyseius) largoensis, Ehara, 1966a: 22; Ehara and Bhandhufalck, 1977: 67; Denmark and Evans, 2011: 69.

Amblyseius magnoliae Muma, 1961: 289, synonymed by Denmark and Evans, 2011.

Amblyseius amtalaensis Gupta, 1977c: 53, synonymed by Gupta, 1986.

Amblyseius neolargoensis van der Merwe, 1965: 59, synonymed by Chant et al., 1978b.

Amblyseius sakalava Blommers, 1976: 96, synonymed by Ueckermann and Loot, 1988.

|分布| 中国（广东、广西、海南、香港、台湾）。安哥拉、澳大利亚、哥伦比亚、哥斯达黎加、古巴、多米尼加、斐济、格鲁吉亚、危地马拉、圭亚那、洪都拉斯、印度、印度尼西亚、伊朗、以色列、科特迪瓦、牙买加、日本、肯尼亚、马来西亚、墨西哥、莫桑比克、新西兰、阿曼、秘鲁、巴布亚新几内亚、菲律宾、圣基茨和尼维斯、沙特阿拉伯、塞拉利昂、新加坡、斯里兰卡、坦桑尼亚、泰国、土耳其、委内瑞拉、越南、马达加斯加、贝宁、库克群岛、特立尼达和多巴哥（特立尼达）、毛里求斯（本土、罗德里格斯岛）、巴西（本土、费尔南多-德诺罗尼亚群岛）、瓦努阿图（本土、富图纳岛）、基里巴斯（吉尔伯特群岛）、法国（圣马丁岛、拉代西拉德岛、勒桑特斯群岛、玛丽-加朗特岛、马提尼克岛、马约特岛、新喀里多尼亚、瓜德罗普、留尼汪岛、圣巴泰勒米岛、塔希提岛）、葡萄牙（马德拉群岛）、美国（本土、波多黎各、萨摩亚群岛、夏威夷）。

|栖息植物| 柑橘、三室黄麻、杧果、海南铁苋菜、糖胶树、龙眼、椰子、瓜栗、豇豆、苎麻、黄花风铃木、槟榔、水黄皮、番荔枝、桑树、洋蒲桃、棕榈、鳄梨等。

拉哥钝绥螨属多食性植绥螨，在椰子上自然分布（Galvao et al.，2007；Lawson-Balagbo et al.，2008；Negloh et al.，2008；Melo et al.，2015）。在世界多地该螨均是椰子嫩叶相关植绥螨中的优势种（Lawson-Balagbo et al.，2008；Reis et al.，2008；Taylor et al.，2012；Lima et al.，2012；Melo et al.，2015）。拉哥钝绥螨是同印度雷须螨 *Raoiella indica* 相关的发生最常见和丰富的捕食者，特别是在印度雷须螨新入侵的几个国家和地区，如加勒比海海岛（Roda et al.，2008）、美国（Roda et al.，2008；Peña et al.，2009；Bowman，2010）、古巴（Ramos et al.，2010）和巴西（Gondim Jr et al.，2012）。通过基于36个形态特征，以及核ITS和线粒体12S rRNA，并结合繁殖兼容性分析，最后得出不同地理种群形态上的差异主要是刚毛的长短不同，分子遗传分析表明来自印度洋海岛的种群和来自美洲的种群属于同一物种，但属于两个遗传分支；不同地理种群在繁殖上具有兼容性（Navia et al.，2014）。

众多专家建议将拉哥钝绥螨设定为实施印度雷须螨生物防治计划的关键种类（Rodrigues et al.，2007；Peña et al.，2009；Carrillo et al.，2010；Gondim Jr. et al.，2012）。将拉哥钝绥螨提升到关键捕食者地位的主要证据是拉哥钝绥螨作为捕食者频繁地与印度雷须螨的自然发生相关（Ramos et al.，2010；Gondim Jr.et al.，2012）；拉哥钝绥螨仅通过取食印度雷须螨就能够发育和繁殖（Domingos et al.，2013）。Carrillo等（2010，2012）报导本种也能在棕榈上捕食印度雷须螨，在食料丰富条件下，本种的发育历期为（5.92±0.67）d，而印度雷须螨为24.5d。在26℃、相对湿度（70±5）%条件下，比较其取食五种食物（印度雷须螨、*Tetranychus glover*、*Aonidiella orientalis*、*Nipaecocus indica*、*Quercus virginiana* 花粉）时的生命表参数，拉哥钝绥螨均能很好完成其发育、生殖。以前两者为食时其内禀增长率分别为（0.127±0.008）、（0.102±0.06），由此认为它是印度雷须螨的生物防治天敌。在新近被印度雷须螨定殖的区域拉哥钝绥螨会发生自然种群的增长（Peña et al.，2009）。拉哥钝绥螨能取食印度雷须螨的各个螨态，但明显喜欢取食卵，能取食大约45粒/d，最多产卵是（2.36±0.11）粒/d，功能反应为Ⅱ型。表明拉哥钝绥螨可以有效控制印度雷须螨的种群，特别是当猎物密度较低时（Carrillo et al.，2012）；捕食螨释放之后能明显地减小印度雷须螨的密度（Carrillo et al.，2014）；之前的取食经历也许改变拉哥钝绥螨对印度雷须螨的功能反应参数，但不会改变其反应的类型（Mendes et al.，2018）。

⑤东方钝绥螨 *Amblyseius orientalis* Ehara，1959（图104）

Amblyseius orientalis Ehara, 1959: 291. Type locality: Sapporo, Hokkaido, Japan; host: *Quercus crispula*.

Ehara, 1961: 96; Ehara, 1962: 53; Chen et al., 1984: 345; Denmark and Muma, 1989: 42; Ehara and Amano, 1993: 18; Wu et al., 1997a: 49; 2009: 189; de Moreas et al., 2004: 45; Chant and McMurtry, 2007: 80.

Amblyseius (Amblyseius) orientalis, Ehara, 1966a: 23; Ehara and Yokogawa, 1977: 56; Ryu, 1993: 103; Ehara et al., 1994: 133; Ehara and Amano, 1998: 41.

| 分布 | 中国（河北、辽宁、江苏、安徽、福建、江西、山东、湖北、湖南、广东、贵州）。印度、韩国、日本、俄罗斯、美国（夏威夷）。

| 栖息植物 | 粗齿栎、柑橘、梨、苹果、桃、枣树、柿、苦楝、樟树、杨树、女贞、南瓜等。

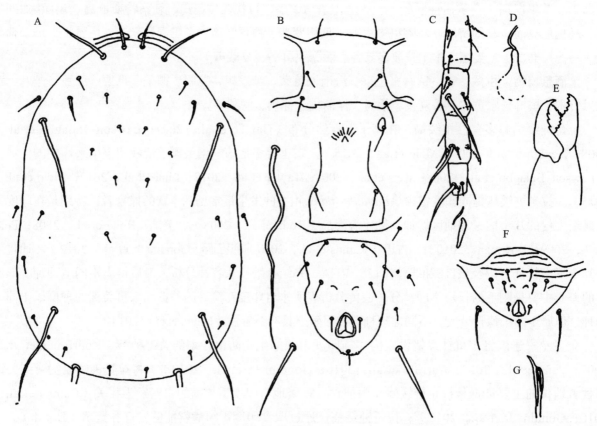

A. 背板；B. 腹面（胸板、生殖板、腹肛板）；C. 足Ⅳ膝节、胫节、基跗节和端跗节；D. 受精囊；E. 螯肢；F. 雄腹肛板；G. 导精趾

图104　东方钝绥螨 *Amblyseius orientalis* Ehara

东方钝绥螨是柑橘全爪螨及叶螨属种类的重要天敌。杨子琦等自1983年7月开始对东方钝绥螨繁殖技术进行了初步研究，并评价了其对柑橘全爪螨的防治效果（杨子琦　等，1987）。东方钝绥螨能捕食柑橘全爪螨成螨、若螨、幼螨和卵。该螨是江西柑橘产区分布广、密度大的优势植绥螨种。它对柑橘全爪螨的发生在一定条件下具有抑制作用，是进行人工繁殖利用的良种之一（廖亚明　等，1985）。张守友（1990）研究了其生物学及食性。东方钝绥螨在河北昌黎地区每年大约发生23代。平均卵期1.8d、幼虫期0.7d、第一若螨期1.0d、第二若螨期1.5d、产卵前4.6d、产卵期15.2d、雌成螨期20.5d、雄成螨期15.6d、生命周期25.5d。平均日产卵量1.5粒，总卵量16粒。雌成螨日捕食山楂叶螨卵3粒及若螨0.46头，总捕食量为卵91粒、若螨43头及山楂叶螨成螨14头。夏斌等（1996）的研究结果表明，25～26℃、相对湿度85%为东方钝绥螨室内大量繁殖的最佳温湿度条件。

张守友等（1992）研究了东方钝绥螨对苹果园中的苹果全爪螨和山楂叶螨的自然控制效果。在全年不喷杀螨剂、杀虫剂的情况下，按照与苹果全爪螨成若螨（1∶57）～（1∶73）的比例释放东方钝绥螨，相对防治效果可达93.14%。李宏度等（1992）在贵州经过2年保护地试验和大面积示范，结果表明东方钝绥螨（原名间泽钝绥螨）完全可以有效控制柑橘全爪螨的危害，可将平均每片叶片害螨数压低并保持在1头以下。熊友群（1993）利用东方钝绥螨防治茄园朱砂叶螨，防效可达96.17%～98.18%。东方钝绥螨一直被认为是叶螨类的专食性捕食者，盛福敬（2013）室内研究发现东方钝绥螨对烟粉虱也有一定的捕食作用。

⑥斯氏钝绥螨*Amblyseius swirskii* Athias-Henriot，1962（图105）

Amblyseius swirskii Athias–Henriot, 1962: 5. Type locality: Beit Dagan, Central District, Israel; host: *Prunus amygdalus*. Prasad, 2013: 1072.

Amblyseius (*Amblyseius*) *swirskii*, Chant and McMurtry, 2007: 81.

Typhlodromips swirskii, de Moraes et al., 2004a: 227.

Amblyseius rykei Pritchard and baker, 1962: 249, synonymed by Zannou et al., 2007.

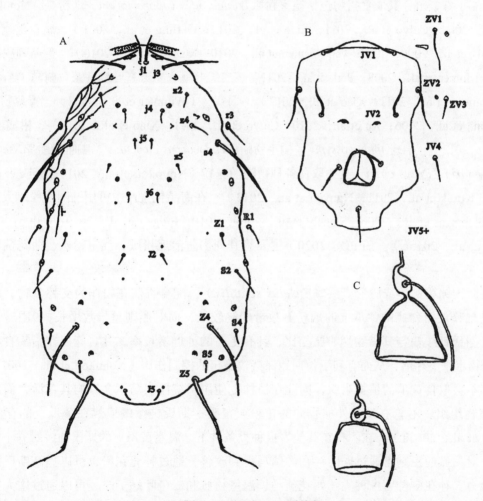

A. 背板；B. 腹肛板；C. 受精囊
图105　斯氏钝绥螨*Amblyseius swirskii* Athias-Henriot（Prasad，2013）

|分布|阿根廷、阿塞拜疆、布隆迪、佛得角、刚果（布）、埃及、格鲁吉亚、加纳、以色列、意大利、肯尼亚、马拉维、尼日利亚、津巴布韦、沙特阿拉伯、塞内加尔、斯洛文尼亚、西班牙、叙利亚、土耳其、坦桑尼亚、美国、也门、贝宁、法国（留尼汪岛）。巴勒斯坦地区。

|栖息植物|巴旦木、杧果、辣椒、凤尾草等。

Chant等（2007）把本种放入Amblyseius（Amblyseius），而de Moraes等（2004a）将其放入Typhlodromips，查原描述Z1毛前有网纹（条纹），j1、s4、Z4、Z5毛渐长，本种与津川钝绥螨Amblyseius tsugawai、安德森钝绥螨相似，放在Amblyseius较适合。Zannou等（2011）将采自两个模式产地的种Amblyseius rykei Pritchard and baker, 1962和Amblyseius swirskii Athias-Henriot, 1962进行了杂交、回交等生物学研究，发现其后代是可育的，证明它们是同种。

斯氏钝绥螨起源于东部地中海区域。Athias-Henriot（1962）在以色列发现本种后，Swirski等（1967）、Ragusa等（1977）比较研究了斯氏钝绥螨分别以不同猎物（如朱砂叶螨、东方真叶螨、柑橘锈螨、烟粉虱）或花粉、蜂蜜为食时的发育及生殖能力等。荷兰Kopper公司以代用猎物——粉螨为饲料大量生产本种并推向市场用于防治西花蓟马和烟粉虱（Bolckmans et al., 2006）。Juan-Blasco等（2012）研究发现本种在实验室及温室条件下能捕食柑橘木虱的卵和若虫。Ji等（2013）研究了本种以柑橘全爪螨为食时的发育历期、生命表和捕食作用。许多研究表明杂食性的斯氏钝绥螨能取食大范围的食物源并能正常繁殖，其取食猎物包括温室粉虱Trialeurodes vaporariorum、烟粉虱（Nomikou et al., 2001, 2002, 2004；Calvo et al., 2011；Xiao et al., 2012；Gerling et al., 2001）、腐食酪螨、侧多食跗线螨（Stansly et al., 2009, 2010；van Maanen et al., 2010；Maanen et al., 2010）、番茄刺皮瘿螨Aculops lycopersici（Momen et al., 2008；Park et al., 2011）、二斑叶螨、东方真叶螨、茶黄蓟马（Arthurs et al., 2009；Dogramaci et al., 2011；Xiao et al., 2012）、烟蓟马（Wimmer et al., 2008）、青葱蓟马、西花蓟马（Messelink et al., 2006；Xu et al., 2010；Calvo et al., 2011；Xiao et al., 2012）、柑橘木虱（Juan-Blasco et al., 2012）、棉蚜Aphis gossypii、橘小粉蚧Pseudococcus citriculus、咖啡蜡蚧Saissetia coffeae、Boarmia selenaria、Prays cirtri，其亦取食各种植物的花粉（Nomikou et al., 2010；Park et al., 2011；Lee, 2011；Kutuk et al., 2011；Nguyen et al., 2013）。在商品化生产中可用椭圆食粉螨大量繁殖斯氏钝绥螨（Bolckmans et al., 2006；Stansly et al., 2009, 2010；Fidgett et al., 2010；Calvo et al., 2011；Cavalcante et al., 2015a）。EPPO（2020）主要将其列为防治烟粉虱、温室粉虱、西花蓟马的生物防治物。

先释放斯氏钝绥螨（或盾形真绥螨Euseius scutalis），配合香蒲花粉作为交替食物，两周后接种烟粉虱，发现释放捕食螨的黄瓜上的烟粉虱数量始终较低，而对照则呈指数增长，9周后，差异达到16～21倍。斯氏钝绥螨与其猎物烟粉虱相比，具有更高的种群增长率，并且能以非猎物食物为食，因而能在低猎物水平下存活，从而有利于长期地保持较稳定的控制作用（Nomikou et al., 2001, 2002）。斯氏钝绥螨不会取食黄瓜的植物组织，因此在植株上使用系统性农药不会影响其存活，而盾形真绥螨则会取食植物组织。不管有没有外加香蒲的花粉或蜜露，斯氏钝绥螨成螨在黄瓜上的存活率都较高（Nomikou et al., 2003a）。在不存在其他害虫种类条件下，温室黄瓜上的斯氏钝绥螨并不能有效控制二斑叶螨。对粉虱的控制可通过同时存在的蓟马得到改善，通过补充花粉也可以提高斯氏钝绥螨对粉虱的控制能力。存在多种害虫种类（西花蓟马、温室粉虱和二斑叶螨）时，可以通过增大斯氏钝绥螨的种群密度，提升其生物防治效果，从而减少植物损害（Nomikou et al., 2010）。每平方米75头斯氏钝绥螨应该足够在温室黄瓜上单独或者一起控制烟粉虱和西花蓟马（Calvo et al., 2011）。斯氏钝绥螨可以作为佛罗里达商业大田黄瓜生产上传统化学农药防治棕榈蓟马的一种有效替代手段（Kakkar et al., 2016）。该种和胡瓜新小绥螨组合能增强对番茄上西花蓟马的防治效果而不存在种间竞争（Ahmed et al., 2018）。在有温室蓟马发生的辣椒植株上，单次释放（30头螨/植株）胡瓜新小绥螨和斯氏钝绥螨，两种捕食螨都能建立种群和明显减少蓟马数量。斯氏钝绥螨是更有效的捕食者，维持每端部叶片蓟马数量在1头/叶以下，相比较胡瓜新小绥螨处理是36头/叶，对照是70头/叶。大田实验也得到了相似的结果，斯氏钝绥螨可以持续繁殖和控制蓟马达63d（Arthurs et al., 2009）。

柑橘木虱的卵和一龄若虫在形状和大小上同烟蓟马非常相似。柑橘木虱的卵会产在新发育未展开的叶片上，以此防止个体大的捕食者的捕食，但捕食螨进去则比较容易。在可控条件下斯氏钝绥螨对柑橘木虱有明显控制作用。进一步研究需要关注释放比例和频次，在大田柑橘园和其他寄主植物上斯氏钝绥螨对柑橘木虱种群的影响，以及斯氏钝绥螨和柑橘木虱与本地植绥螨的相互作用等（Juan-Blasco et al., 2012）。

⑦ 拉氏钝绥螨 *Amblyseius rademacheri* Dosse, 1958

Amblyseius rademacheri Dosse, 1958: 44. Type locality: Stuttgart Hohenheim, Baden Wurttemberg, Germany; host: apple.

Typhlodromus (Amblyseius) rademacheri, Chant, 1959a: 89.

Amblyseius (Typhlodromopsis) rademacheri, Muma, 1961: 287.

Typhlodromus rademacheri, Hirschmann, 1962: 25.

Typhlodromus (Typhlodromus) rademacheri, Westerboer and Bernard, 1963: 658.

Amblyseius (Amblyseius) rademacheri, Ehara, 1966a: 23.

Amblyseius (Typhlodromips) rademacheri, Karg, 1971: 185.

Amblyseius khnzoriani Wainstein and Arutunjan, 1970: 1498, synonymed according to Wainstein, 1975.

Amblyseius (Neoseiulus) rademacheri, Ehara and Amano, 1998: 31; Wu et al., 2009: 157.

Typhlodromips rademacheri, de Moraes et al., 1986: 145, 2004: 221.

Amblyseius rademacheri Dosse, Chant and McMurtry, 2007: 81.

Neoseiulus rademacheri, Wu et al., 2010: 294.

| 分布 | 中国（河北、辽宁、浙江、福建、江西、山东、河南、湖南、广东、贵州）。亚美尼亚、奥地利、阿塞拜疆、丹麦、格鲁吉亚、德国、匈牙利、伊朗、意大利、日本、拉脱维亚、摩尔多瓦、荷兰、波兰、俄罗斯、斯洛伐克、斯洛文尼亚、韩国、西班牙、瑞士、乌克兰。

| 栖息植物 | 异株荨麻、蒿、草莓、杂草、苹果、小果李等。

本种为世界性分布，但主要分布于欧洲地区，以及亚洲的日本和我国（广东、江西）等国家地区，寄主植物种类广泛，尤其喜欢草本植物如异株荨麻等。其形态与安德森钝绥螨很相似，Athias-Henriot（1962，1966）曾将其报道成*Typhlodromus（Amblyseius）andersoni*。

已记录的拉氏钝绥螨能捕食二斑叶螨、柑橘全爪螨等害螨。Castagnoli等（1993）研究了拉氏钝绥螨的取食特性。Kishi等（1979）曾调查该种在日本北海道札幌地区的季节消长动态。

⑧ 塔玛塔夫钝绥螨 *Amblyseius tamatavensis* Blommers, 1974

Amblyseius (Amblyseius) tamatavensis Blommers, 1974: 144. Type locality: Ivoloina, near Tamatave, Madagascar; host: *Citrus (Papeda) hystrix*.

Amblyseius (Amblyseius) maai Tseng, 1976: 123, synonymed by Denmark and Muma, 1989.

Amblyseius aegyptiacus Denmark and Matthysse, in Matthysse and Denmark, 1981: 343, synonymed by Denmark and Muma, 1989.

Amblyseius tamatavensis, de Moraes et al., 2004a: 52; Chant and McMurtry, 2007: 81; Liao et al., 2020: 207.

| 分布 | 中国（台湾）。澳大利亚、巴西、古巴、斐济、印度尼西亚、日本、肯尼亚、马达加斯加、马来西亚、莫桑比克、尼日利亚、巴布亚新几内亚、菲律宾、卢旺达、新加坡、南非、斯里兰卡、泰国、乌干达、美国、瓦努阿图、委内瑞拉、萨摩亚、贝宁、布隆迪、喀麦隆、库克群岛、多米尼加、刚果（布）、加纳、马拉维、毛里求斯（本土、罗德里格斯岛）、智利（复活节岛）、法国（玛丽-加朗特岛、瓜德罗普、马约特岛、马提尼克岛、留尼汪岛）。

| 栖息植物 | 箭叶橙、菠萝、棕榈、蓝眼菊、番石榴、侧柏、万带兰、褐冠小苦荬、茶树、莲子草、魁蒿、桑树、凹缘金虎尾、台湾青枣、加拿大飞蓬、彩叶朱蕉、凉粉草、熊耳草、东北蛇葡萄、黄瓜、鹤望兰、槟榔、菜豆、茄子、丝瓜、葡萄、杧果、巴旦木、葛藤、苎麻、台湾相思、龙眼、椰子、药用鼠尾草、血桐、一品红、野梧桐、马缨丹、黑胡椒、火焰蜘蛛兰、蒌叶、李、梨等。

塔玛塔夫钝绥螨同印度西南部棕榈上的印度雷须螨相关（Taylor et al., 2012）。Cavalcante 等（2015b，2017）评价了巴西一些本地植绥螨种类作为烟粉虱捕食者的潜力。在备选植绥螨中发现塔玛塔夫钝绥螨喜欢取食烟粉虱的卵且可以利用人工猎物饲养，是烟粉虱生物防治很有应用潜力的生防物。塔玛塔夫钝绥螨对烟粉虱捕食的有效性可能随叶片表面组织结构特别是毛状体密度的变化而变化（Barbosa et al., 2019）。

⑨ 高山钝绥螨 *Amblyseius alpigenus* Wu, 1987

Amblyseius alpigenus Wu, 1987a: 260. Type locality: Changbaishan, Wenquan, Jilin, China; host: grass. Wu et al., 1997a: 57, 2010: 290; de Moraes et al., 2004a: 13; Chant and McMurtry, 2004a: 201, 2007: 75; Wu and Ou, 2001: 105.

Amblyseius (*Amblyseius*) *alpigenus*, Wu et al., 2009: 191.

| 分布 | 中国（北京、吉林、甘肃、宁夏）。

| 栖息植物 | 草、金露梅。

⑩ 月桃钝绥螨 *Amblyseius alpinia* Tseng，1983

Amblyseius alpinia Tseng, 1983: 49. Type locality: Neiman, Kaohsiung, Taiwan, China; host: *Alpinia speciosa*. Chant and McMurtry, 2004a: 201, 2007: 75; de Moraes et al., 2004a: 13; Wu et al., 2009: 498, 2010: 290; Liao et al., 2020: 154.

| 分布 | 中国（台湾）。

| 栖息植物 | 吕宋荚蒾、朱槿、广西沙柑、水麻、高山芒、石斑木、银柳、栓皮栎、杉、台湾榆、黄花风铃木、异色山黄麻、荷木、李。

⑪ 高原钝绥螨 *Amblyseius altiplanumi* Ke and Xin，1982

Amblyseius (*Amblyseius*) *altiplanumi* Ke and Xin, 1982: 307. Type locality: Zhongdian, Yunnan, China; host: Rosaceae. Chant and McMurtry, 2007: 75.

Typhlodromips altiplanumi, de Moraes et al., 1986: 136, 2004: 206; Wu et al., 2010: 299.

Amblyseius (*Neoseiulus*) *altiplanumi*, Wu et al., 2009: 169.

| 分布 | 中国（云南）。

|栖息植物|委陵菜属植物。

⑫膨胀钝绥螨 *Amblyseius ampullosus* Wu and Lan, 1991

Amblyseius ampullosus Wu and Lan, 1991: 316. Type locality: Helanshan, China; host: *Artemisia* sp.. Wu et al., 1997a: 54, 2010: 290; Wu and Ou, 2001: 105; de Moraes et al., 2004: 13; Chant and McMurtry, 2004a: 199, 2007: 75.

Amblyseius (*Amblyseius*) *ampullosus*, Wu et al., 2009: 199.

|分布|中国（内蒙古）。伊朗、俄罗斯。

|栖息植物|蒿、草。

⑬坝洒钝绥螨 *Amblyseius basaensis* Fang and Wu，2019（图106）

Amblyseius basaensis Fang and Wu, 2019a, in Fang et al. (2019a) : 573. Type locality: Basa, Hekou, Honghe, Yunnan, China; host: *Ageratum conyzoides*.

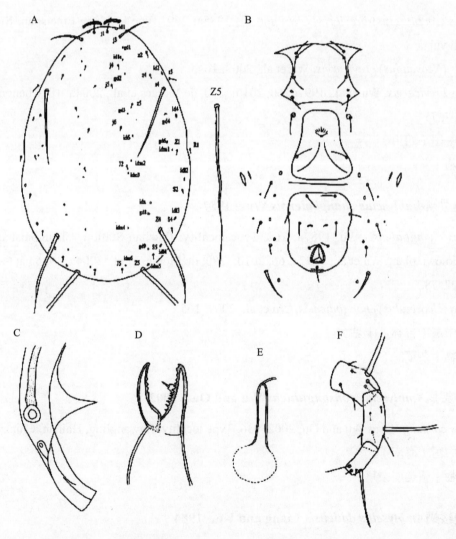

A.背板；B.腹面（胸板、生殖板和腹肛板）；C.气门板；D.螯肢；E.受精囊；F.足Ⅳ膝节、胫节和基跗节

图106　坝洒钝绥螨 *Amblyseius basaensis* Fang and Wu（Fang et al.，2019）

|分布|中国（云南）。
|栖息植物|藿香蓟。

⑭纯洁钝绥螨 *Amblyseius bellatulus* Tseng，1983

Amblyseius (*Amblyseius*) *bellatulus* Tseng, 1983: 38. Type locality: Mingchien, Nantou, Taiwan, China; host: *Morus alba*. Neotype designated by Liao et al. (2017a)：Wufeng, Taichung, Taiwan, China, from *Toona sinensis*. Chant and McMurtry, 2004a: 199，2007: 75; de Moraes et al., 2004a: 17; Wu et al., 2009: 498，2010: 290; Liao et al., 2020: 162.

|分布|中国（台湾）。
|栖息植物|香椿、水稻、杠板归、白羊草、玉米、藿香蓟、豇豆、东北蛇葡萄、接骨草、熊耳草、莲子草、鳢肠、花生、番石榴、姜、蓴菜、台湾青枣、琼崖海棠树、茄子、葫芦、葱、*Ipomoea acuminate*。

⑮短颈钝绥螨 *Amblyseius brevicervix* Wu and Li，1985

Amblyseius (*Amblyseius*) *brevicervix* Wu and Li, 1985a: 269. Type locality: Emeishan, Sichuan, China; host: Tanacetum vulgare.

Amblyseius (*Neoseiulus*) *brevicervix*, Wu et al., 2009: 164.

Amblyseius brevicervix, Wu et al., 1997a: 60, 2010: 290, de Moraes et al., 2004a: 18; Chant and McMurtry, 2004a: 199, 2007: 75.

|分布|中国（四川）。
|栖息植物|艾。

⑯长白钝绥螨 *Amblyseius changbaiensis* Wu，1987

Amblyseius changbaiensis Wu, 1987a: 262. Type locality: Baishan Station, Changbaishan, Antu, Jilin, China; host: unknown plant. Wu et al., 1997a: 66, 2010: 290; de Moraes et al., 2004a: 19; Chant and McMurtry, 2004a: 199, 2007: 78.

Amblyseius (*Neoseiulus*) *changbaiensis*, Wu et al., 2009: 165.

|分布|中国（吉林、宁夏）。
|栖息植物|杂草。

⑰亲缘钝绥螨 *Amblyseius consanguineus* Wu and Ou，2002

Amblyseius consanguineus Wu and Ou, 2002: 936. Type locality: Bawangling, Hainan, China; host: weed.

|分布|中国（海南）。
|栖息植物|蕨类、杂草。

⑱大理钝绥螨 *Amblyseius daliensis* Liang and Ke，1984

Amblyseius daliensis Liang and Ke, 1984: 152. Type locality: Dali, Yunnan, China; host: *Pteridium aquilinum*. Wu et al., 2010: 290; de Moraes et al., 2004a: 22; Chant and McMurtry, 2004a: 199, 2007: 78.

Amblyseius (*Neoseiulus*) *daliensis*, Wu et al., 2009: 166.

|分布|中国（云南）。

|栖息植物|蕨菜。

⑲陷腰钝绥螨*Amblyseius cinctus* Corpuz and Rimando，1966

Amblyseius cinctus Corpuz and Rimando, 1966: 119. Type locality: Gamu, Isabela, Philippines; host: *Panicum pilipes*. Wu and Ou, 2001a: 105; Chant and McMurtry, 2007: 78; Wu et al., 2010: 290.

Amblyseius (*Amblyseius*) *cinctus*, Ehara and Bhandhufalck, 1977: 70; Wu et al., 2009: 198.

Amblyseius (*Multiseius*) *cinctus*, de Moraes et al., 1986: 10, 2004a: 20; Denmark and Muma, 1989: 103.

|分布|中国（广东、广西、海南、云南）。泰国、菲律宾、马来西亚、新加坡、越南。

|栖息植物|柑橘、龙眼、蔬菜、藿香蓟、橡胶、芒萁、杧果、松。

⑳伊东钝绥螨*Amblyseius ezoensis* Ehara，1967

Amblyseius (*Amblyseius*) *ezoensis* Ehara, 1967b: 223. Type locality: Moiwa, Sapporo, Hokkaido, Japan; host: *Heracleum dulce*.

Typhlodromalus ezoensis, de Moraes et al., 1986: 129, 2004a: 197; Wu et al., 2010: 299.

Amblyseius ezoensis, Wu et al., 1997a: 70; Chant and McMurtry, 2007: 78.

Amblyseius (*Neoseiulus*) *ezoensis*, Ehara and Amano, 1998: 31; Wu et al., 2009: 126.

|分布|中国（浙江、福建、江西、湖南、广东、广西、四川）。日本。

|栖息植物|竹、灌木。

㉑坚固钝绥螨*Amblyseius firmus* Ehara，1967

Amblyseius (*Amblyseius*) *firmus* Ehara, 1967b: 222. Type locality: Mombetsu, Hidaka, Hokkaido, Japan; host: *Magnolia kobus* var. *Borealis*. de Moraes et al., 1986: 13; Wu and Ou, 2001: 105; Wu et al., 2009: 204.

Amblyseius firmus, de Moraes et al., 2004a: 24; Chant and McMurtry, 2007: 78; Wu et al., 2010: 290.

|分布|中国（河北、内蒙古、吉林、黑龙江、河南）。日本。

|栖息植物|木兰、杂草。

㉒杂草钝绥螨*Amblyseius gramineous* Wu，Lan and Zhang，1992

Amblyseius (*Amblyscius*) *gramineous* Wu, Lan and Zhang, 1992c: 53. Type locality: Mudanjiang, Heilongjiang, China; host: grass. Wu et al., 2009: 197; Wu and Ou, 2001a: 106.

Amblyseius gramineous, de Moraes et al., 2004a: 26; Chant and McMurtry, 2007: 78; Wu et al., 1997a: 55, 2010: 290.

|分布|中国（河北、黑龙江）。

|栖息植物|杂草。

㉓似巨钝绥螨*Amblyseius grandisimilis* Ma，2004

Amblyseius grandisimilis Ma, 2004: 72. Type locality: Dunhua, Jilin, China; host: forest soil.

Amblyseius grandisimilis, Chant and McMurtry, 2007: 78.

| 分布 | 中国（吉林）。

| 栖息地 | 土壤。

㉔ 海南钝绥螨 *Amblyseius hainanensis* Wu and Qian，1983

Amblyseius (*Amblyseius*) *hainanensis* Wu and Qian, 1983b: 264. Type locality: Hainan, China; host: *Citrus* sp.. de Moraes et al., 1986: 16; Denmark and Muma: 1989: 78; Wu and Ou, 2001a: 106; Wu et al., 2009: 196.

Amblyseius hainanensis, Wu et al., 1997a: 59, 2010: 290; de Moraes et al., 2004a: 27; Chant and McMurtry, 2007: 78.

| 分布 | 中国（海南、云南）。

| 栖息植物 | 柑橘。

㉕ 异毛钝绥螨 *Amblyseius heterochaetus* Liang and Ke，1984

Amblyseius heterochaetus Liang and Ke, 1984: 151. Type locality: Mangshi, Yunnan, China; host: *Achyranthes bidentata*. Chant and McMurtry, 2007: 78.

Amblyseius (*Neoseiulus*) *heterochaetus*, Wu et al., 2009: 161.

Typhlodromips heterochaetus, de Moraes et al., 2004a: 214; Wu et al., 2010: 299.

| 分布 | 中国（云南）。

| 栖息植物 | 牛膝。

㉖ 海氏钝绥螨 *Amblyseius hidakai* Ehara and Bhandhufalck，1977

Amblyseius (*Amblyseius*) *hidakai* Ehara and Bhandhufalck, 1977: 66. Type locality: Fang, Chiang Mai, Thailand; host: unknown tree.

Typhlodromips hidakai, de Moraes et al., 1986: 141, 2004: 214.

Amblyseius hidakai, Wu et al., 1997a: 68; Chant and McMurtry, 2007: 78.

Amblyseius (*Neoseiulus*) *hidakai*, Wu et al., 2009: 160.

Neoseiulus hidakai, Wu et al., 2010: 294.

| 分布 | 中国（广西、云南、海南）。泰国。

| 栖息植物 | 番石榴、杧果、柑橘。

㉗ 花坪钝绥螨 *Amblyseius huapingensis* Wu and Li，1985

Amblyseius (*Amblyseius*) *huapingensis* Wu and Li, 1985b: 342. Type locality: Huaping, Guangxi, China; host: unknown plant.

Typhlodromalus huapingensis, de Moraes et al., 2004a: 198; Wu et al., 2010: 299.

Amblyseius (*Neoseiulus*) *huapingensis*, Wu et al., 2009: 127.

Amblyseius huapingensis, Wu et al., 1997a: 69; Chant and McMurtry, 2007: 78.

| 分布 | 中国（广西）。

| 栖息植物 | 未知。

㉘ 箬竹钝绥螨 *Amblyseius indocalami* Zhu and Chen，1983

Amblyseius indocalami Zhu and Chen, 1983b: 385. Type locality: Wuyishan, Jiangxi, China; host: *Indocalamus tessellates*. Wu et al., 1997a: 61; Wu and Ou, 2001a: 105.

Amblyseius (*Amblyseius*) indocalami, Ehara et al., 1994: 130; de Moraes et al., 2004a: 30; Chant and McMurtry, 2007: 78; Wu et al., 2009: 192, 2010: 290.

|分布|中国（福建、江西、广东）。日本。

|栖息植物|箬竹。

㉙ 香山钝绥螨 *Amblyseius kaguya* Ehara，1966

Amblyseius (*Amblyseius*) *kaguya* Ehara, 1966a: 12. Type locality: Kochi, Kochi Prefecture, Shikoku, Japan; host: bamboo. de Moraes et al., 1986: 17, 2009: 200; Ehara et al., 1994: 132; Ehara and Amano, 1998: 40; Wu and Ou, 2001a: 105.

Amblyseius kaguya, de Moraes et al., 2004: 32; Chant and McMurtry, 2007: 78; Wu et al., 1997a: 53, 2010: 290.

|分布|中国（辽宁、浙江、安徽、江西）。日本。

|栖息植物|茅草、竹、灌木。

㉚ 连山钝绥螨 *Amblyseius lianshanus* Zhu and Chen，1980

Amblyseius lianshanus Zhu and Chen, 1980a: 21. Type locality: Jiulianshan, Jiangxi, China. host: *Cinnamonum cambhora* Wu and Ou, 2001: 106; de Moraes et al., 2004a: 35; Wu et al., 2010: 290.

Amblyseius (*Amblyseius*) *lianshanus*, Wu et al., 2009: 203.

|分布|中国（江西、广东）。

|栖息植物|柑橘、樟树。

㉛ 长中毛钝绥螨 *Amblyseius longimedius* Wang and Xu，1991

Amblyseius longimedius Wang and Xu, 1991b: 321. Type locality: Datong, Qinghai, China; host: unknown plant. de Moraes et al., 2004a: 36; Chant and McMurtry, 2007: 78; Wu et al., 2010: 291.

Amblyseius (*Neoseiulus*) *longimedius*, Wu et al., 2009: 171.

|分布|中国（青海）。

|栖息植物|未知。

㉜ 长囊钝绥螨 *Amblyseius longisaccatus* Wu，Lan and Liu，1995

Amblyseius longisaccatus Wu, Lan and Liu, 1995: 299. Type locality: Chongan, Fujian, China; host: *Osmanthus fragrans*. Wu et al., 1997a: 52; Wu and Ou, 2001a: 106; de Moraes et al., 2004a: 36; Chant and McMurtry, 2007: 78; Wu et al., 2010: 291.

Amblyseius (*Amblyseius*) *longisaccatus*, Wu et al., 2009: 190.

|分布|中国（福建）。

|栖息植物|桂花、樟树。

㉝芒康钝绥螨 *Amblyseius mangkuanensis* Wu and Ou，2009

Amblyseius mangkuanensis Wu and Ou, in Wu et al. (2009) : 202. Type locality: Mangkang, Tibet, China; host: unknown plant.

|分布|中国（西藏）。
|栖息植物|未知。

㉞新斐济钝绥螨 *Amblyseius neofijiensis* Wu，Lan and Liu，1995

Amblyseius neofijiensis Wu, Lan and Liu, 1995: 301. Type locality: Bawangling, Hainan, China; host: "frutices". Wu et al., 1997a: 40, 2010: 13; de Moraes et al., 2004a: 41; Chant and McMurtry, 2004a: 210, 2007: 80.

Amblyseius (*Amblyseius*) *neofijiensis*, Wu et al., 2009: 213.

|分布|中国（海南）。
|栖息植物|灌木。

㉟拟牧草钝绥螨 *Amblyseius neopascalis* Wu and Ou，2001

Amblyseius neopascalis Wu and Ou, 2001: 103. Type locality: Jianyang, Fujian, China; host: *Bambusa* sp..

Amblyseius (*Amblyseius*) *neopascalis*, de Moraes et al., 2004a: 40; Chant and McMurtry, 2004a: 199, 2007: 80; Wu et al., 2009: 206, 2010: 291.

|分布|中国（福建）。
|栖息植物|竹。

㊱钝毛钝绥螨 *Amblyseius obtuserellus* Wainstein and Begljarov，1971

Amblyseius obtuserellus Wainstein and Begljarov, 1971: 1806. Type locality: Khasan, Primorsky Territory, Russia; host: *Potentilla anserina*. Wu et al., 1980b: 44, 1997a: 50, 2010: 291; de Moraes et al., 1986: 24, 2004a: 42; Chant and McMurtry, 2007: 80.

Amblyseius (*Amblyseius*) *obtuserellus*, Ehara and Yokogawa, 1977: 54.

Amblyseius obtuserellaus [sic], Chen et al., 1980: 17.

Amblyseius (*Multiseius*) *obtuserellus*, Denmark and Muma, 1989: 24.

|分布|中国（江苏、浙江、安徽、福建、江西、湖南、广东）。俄罗斯、韩国、日本。
|栖息植物|艾、橙、栀子、杉、乌饭、枇杷、柚、白地瓜、茶树、马尾松。

Ainstein和Begljarov（1971）描述了该种雌螨。吴伟南（1982）描述了雄性并观察了福建、江西、广东等地采集的约30个标本，发现生殖板、腹肛板、肛前孔距等有一些变异，但它们的受精囊形状没有特殊的变化。

Ehara和Yokogawa（1977），Denmark和Muma（1989），Ryu和Lee（1992），吴伟南等（2009）重新描述了这个种。在不同国家的地理种群均具有独特的、颗粒状外表的贮精囊颈，但在个体尺寸、一些背刚毛如j1、j3、s4、Z4和Z5及足Ⅳ上巨毛，以及受精囊颈的长度上存在差异。本种是越南南方柑橘园的优势种植绥螨之一（Fang et al., 2020a）。

钝毛钝绥螨螯肢定趾11齿、动趾4齿，发育很好，也许在生物防治上具有重要作用。其生物学和生物防治上的应用有待进一步深入研究。

㊲牧草钝绥螨*Amblyseius pascalis* Tseng，1983

Amblyseius (*Amblyseius*) *pascalis* Tseng, 1983: 36. Type locality: Lishand, Nantou, Taiwan, China; host: weed. Wu and Ou, 2001a: 104; Wu et al., 2009: 205.

Amblyseius pascalis, de Moraes et al., 2004a: 46; Chant and McMurtry, 2007: 80; Wu et al., 2010: 291.

｜**分布**｜中国（福建、贵州、台湾）。

｜**栖息植物**｜牧草、竹。

㊳芒草钝绥螨*Amblyseius saacharus* Wu，1981

Amblyseius (*Amblyseius*) *saacharus* Wu, 1981: 209. Type locality: Jianyang, Fujian, China; host: *Saccharum arundinaceum*.

Typhlodromips saacharus, de Moraes et al., 1986: 146, 2004: 223.

Amblyseius saacharus, Wu and Lan, 1993: 694; Wu et al., 1997a: 72, 2010: 291.

Amblyseius saacharus［sic］, Chant and McMurtry, 2007: 81.

Amblyseius (*Neoseiulus*) *saacharus*, Wu et al., 2009: 162.

｜**分布**｜中国（福建、江西、湖南、广东、广西）。

｜**栖息植物**｜芒草、灌木、杂草等。

㊴钩囊钝绥螨*Amblyseius strobocorycus* Wu，Lan and Liu，1995

Amblyseius strobocorycus Wu, Lan and Liu, 1995: 300. Type locality: Longsheng, Guangxi, China; host: *Camellia* sp., Castanea sp. and "frutices". Wu et al., 1997a: 42, 2010: 291; Chant and McMurtry, 2004a: 210, 2007: 81; de Moraes et al., 2004a: 131.

Amblyseius (*Neoseiulus*) *strobocorycus*, Wu et al., 2009: 131.

｜**分布**｜中国（福建、广东、广西、海南、四川、贵州）。

｜**栖息植物**｜茶树、山毛榉、灌木等。

㊵拟海南钝绥螨*Amblyseius subhainanensis* Ma，2002

Amblyseius subhainanensis Ma, 2002: 227. Type locality: Dunhua, Jilin, China; host: forest soil. Chant and McMurtry, 2007: 81; Wu et al., 2010: 291.

Amblyseius (*Amblyseius*) *subhainanensis*, Wu et al., 2009: 498.

｜**分布**｜中国（吉林）。

｜**栖息地**｜森林土壤。

㊶拟莲钝绥螨*Amblyseius subpassiflorae* Wu and Lan，1989

Amblyseius subpassiflorae Wu and Lan, 1989b: 450. Type locality: Yadong, Tibet, China; host: *Cryptomeria japonica*. Wu et al., 1997a: 41; de Moraes et al., 2004a: 51; Chant and McMurtry, 2007: 81; Wu et al., 2010: 291.

Amblyseius (*Amblyseius*) *subpassiflorae*, Wu et al., 2009: 214.

|分布|中国（西藏）。

|栖息植物|柳杉、乔松、艾、月季。

㊷细钝绥螨*Amblyseius tenuis* Wu and Ou，2001

Amblyseius tenuis Wu and Ou, 2001a: 103. Type locality: Shaxian, Fujian, China; host: unidentified shrub. de Moraes et al., 2004a: 53.

Amblyseius (*Amblyseius*) *tenuis*, Wu et al., 2009: 207.

Amblyseius wui Chant and McMurtry, 2004a: 201, synonymed by Chant and McMurtry, 2007.

|分布|中国（福建）。

|栖息植物|灌木。

㊸茶钝绥螨*Amblyseius theae* Wu，1983

Amblyseius (*Amblyseius*) *theae* Wu, in Wu and Qian (1983b)：263. Type locality: Jiulianshan, Jiangxi, China; host: *Thea sinensis*.

Typhlodromips theae, de Moraes et al., 1986: 151, 2004: 228; Wu et al., 2010: 299.

Amblyseius theae, Wu et al., 1997a: 65; Chant and McMurtry, 2004a: 201, 2007: 81.

Amblyseius (*Neoseiulus*) *theae*, Wu et al., 2009: 159.

|分布|中国（福建、江西、广东）。韩国。

|栖息植物|茶树、丝瓜。

㊹天目钝绥螨*Amblyseius tianmuensis* Liang and Lao，1994

Amblyseius (*Amblyseius*) *tianmuensis* Liang and Lao, 1994: 370. Type locality: Tianmushan, Zhejiang, China; host: *Quercus glandulifera* var. *brevipetiolata*.

Amblyseius tianmuensis, de Moraes et al., 2004a: 53; Chant and McMurtry, 2007: 81; Wu et al., 2010: 291.

Amblyseius (*Neoseiulus*) *tianmuensis*, Wu et al., 2009: 163.

|分布|中国（浙江）。

|栖息植物|短柄枹。

㊺三角钝绥螨*Amblyseius triangulus* Wu，Lan and Zeng，1997

Amblyseius triangulus Wu, Lan and Zeng, 1997: 257. Type locality: Shiwandashan, Guangxi, China; host: liana. Wu et al., 2010: 291.

Amblyseius triangularis［sic］, Chant and McMurtry, 2007: 81.

Amblyseius (*Neoseiulus*) *triangularis*［sic］, Wu et al., 2009: 167.

Neoseiulus triangularis, de Moraes et al., 2004a: 148.

|分布|中国（广西）。

|栖息植物|藤本。

㊻ 三毛钝绥螨 *Amblyseius trisetosus* Tseng, 1983

Amblyseius (*Amblyseius*) *trisetosus* Tseng, 1983: 49. Type locality: Lushang, Nantou, Taiwan, China; host: litter.

Amblyseius trisetosus, de Moraes et al., 2004a: 53; Chant and McMurtry, 2007: 81.

Neoseiulus trisetosus, Wu et al., 2010: 295.

| 分布 | 中国（台湾）。

| 栖息植物 | 落叶。

㊼ 津川钝绥螨 *Amblyseius tsugawai* Ehara, 1959

Amblyseius tsugawai Ehara, 1959: 290. Type locality: Kuroishi, Aomori, Honshu, Japan; host: apple. Wu, 1980b: 49; Chen et al., 1984: 341; Wu et al., 1991b: 146, 1997a: 64, 2010: 291; de Moraes et al., 2004a: 53.

Typhlodromus (*Amblyseius*) *tsugawai*, Chant, 1959a: 92.

Amblyseius (*Typhlodromopsis*) *tsugawai*, Muma, 1961: 287.

Typhlodromus tsugawai, Hirschmann, 1962: 24.

Amblyseius (*Amblyseius*) *tsugawai*, Ehara, 1966a: 23; Wu et al., 2009: 185;

Typhlodromips tsugawai, de Moraes et al., 1986: 151.

| 分布 | 中国（河北、山西、辽宁、吉林、黑龙江、江苏、浙江、安徽、福建、江西、山东、湖北、湖南、广东、广西、海南、贵州、云南）。韩国、日本。

| 栖息植物 | 柑橘、苹果、橄榄、水稻、甘蔗、棉花、蔬菜等。

㊽ 王氏钝绥螨 *Amblyseius wangi* Yin, Bei and Lu, 1992

Iphiseius wangi Yin, Bei and Lu, 1992: 281. Type locality: Changbaishan, Jilin, China; host: litter.

Amblyseius wangi, de Moraes et al., 2004a: 54; Chant and McMurtry, 2007: 81; Wu et al., 2010: 291.

| 分布 | 中国（吉林）。

| 栖息植物 | 落叶。

㊾ 武夷钝绥螨 *Amblyseius wuyiensis* Wu and Li, 1983

Amblyseius (*Amblyseius*) *wuyiensis* Wu and Li, 1983: 171. Type locality: Shaxian, Fujian, China; host: *Salvia* sp.. de Moraes et al., 1986: 33; Wu et al., 2009: 195.

Amblyseius wuyiensis, Chant and McMurtry, 2004a: 203, 2007: 81; Wu et al., 1997a: 56, 2010: 291; Wu and Ou, 2001: 106; de Moraes et al., 2004a: 55.

| 分布 | 中国（福建、江西、湖南、广东）。

| 栖息植物 | 竹、鼠尾草、灌木等。

㊿ 亚东钝绥螨 *Amblyseius yadongensis* Wu, 1987

Amblyseius (*Amblyseius*) *yadongensis* Wu, 1987c: 359. Type locality: Yadong, Tibet, China; host: grass.

Amblyseius yadongensis, Wu et al., 1997a: 73; de Moraes et al., 2004a: 55; Chant and McMurtry, 2004a:

193, 2007: 81; Wu et al., 2010: 291.

Amblyseius (Neoseiulus) yadongensis, Wu et al., 2009: 135.

|**分布**|中国（西藏）。

|**栖息植物**|草。

(51)云南钝绥螨*Amblyseius yunnanensis* Wu，1984

Amblyseius (*Amblyseius*) *yunnanensis* Wu, 1984: 157. Type locality: Yingjiang, Yunnan, China; host: *Mangifera indica.*

Amblyseius yunnanensis, Wu et al., 1997a: 71.

Typhlodromalus yunnanensis, de Moraes et al., 1986: 135.

Typhlodromips yunnanensis, de Moraes et al., 2004a: 230.

Amblyseius yunanensis［sic］, Chant and McMurtry, 2004a: 210.

Amblyseius (*Neoseiulus*) *yunnanensis*, Wu et al., 2009: 132.

Neoseiulus yunnanensis, Wu et al., 2010: 295.

|**分布**|中国（云南）。

|**栖息植物**|杧果。

（2）横绥螨属*Transeius* Chant and McMurtry

Transeius Chant and McMurtry, 2004a: 181.

morii species group Ehara and Amano, 1998: 32.

Type species: *Amblyseius* (*Transeius*) *bellottii* de Moraes and Mesa, 1988: 74.

本属种类躯体毛序10A：9B/JV-3：ZV，背板光滑或侧边有条纹。背中毛短或微小，S4：Z1＞3.0：1.0，s4：S2＜2.7：1.0，Z5毛稍长于其他各毛，呈毛状或锯齿状。胸板、生殖板和腹肛板光滑，腹肛板五边形，气门沟伸向j1毛水平。足Ⅳ具巨毛。

①高山横绥螨*Transeius montdorensis* Schicha，1979（图107）

Amblyseius montdorensis Schicha, 1979: 44. Type locality: Mont Dore, New Caledonia, France; host: *Datura* sp..

Typhlodromips montdorensis, de Moraes et al., 1986: 143.

Transeius montdorensis, Chant and McMurtry, 2007: 71.

|**分布**|澳大利亚、斐济、瓦努阿图、法国（新喀里多尼亚、塔希提岛）。

|**栖息植物**|大豆、草莓、黄瓜、番茄、曼陀罗。

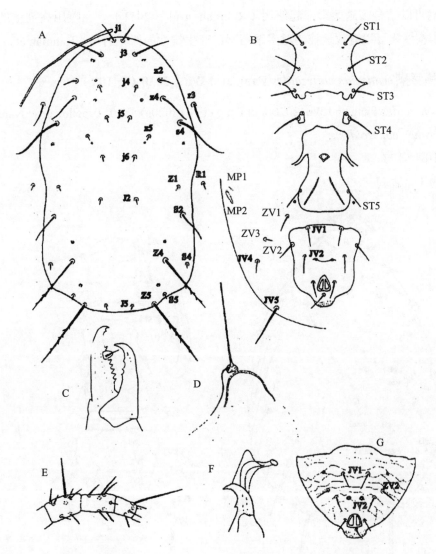

A. 背板；B. 腹面（胸板、生殖板和腹肛板）；C. 螯肢；D. 受精囊；E. 足Ⅳ膝节、胫节和基跗节；F. 导精趾；G. 雄腹肛板

图107　高山横绥螨 Transeius montdorensis（Schicha）（Prasad, 2013）

高山横绥螨首次被描述是在1978年，为来自新喀里多尼亚的种群。之后采自澳大利亚昆士兰、斐济和塔希提的也被报道（Schicha, 1979）。该种常在大豆、草莓、黄瓜和番茄上取食二斑叶螨、侧多食跗线螨、番茄刺皮瘿螨和其他小型节肢动物（Schicha, 1979；Steiner et al., 2002a）。在澳大利亚，高山横绥螨已经商品化并作为蓟马如黄瓜和草莓上的西花蓟马和烟蓟马的生物防治物（Steiner, 2002；Steiner et al., 2002b）。高山横绥螨能取食一、二龄的西花蓟马若虫（Steiner et al., 2002a, 2002b；Hatherly et al., 2004）。高山横绥螨是英国非本土的生防天敌。Hatherly等（2005a）研究调查了它的发育、耐冷性和冬季在田间的存活情况，发现高山横绥螨对低温敏感，并指出在5℃时它的半数存活天数可能是一个可靠的田间存活的预示指标。高山横绥螨不可能在英国的温室外环境建立种群（Hatherly et al., 2004, 2005a）。因此，高山横绥螨可以被授权在英国释放，不存在入侵风险。但高山横绥螨和常用的加州新小绥螨存在种间竞争（Hatherly et al., 2005b）。高山横绥螨和一种土壤捕食螨兵下盾螨 Hypoaspis miles 一起释放是效果最好的组合。多种类组合释放比单一种类释放对西花蓟马的生物防治效果更好。EPPO（2020）将其列为粉虱科 Aleyrodidae（*Trialeurodes* spp. 和 *Bemisia* spp.）、蓟马（西花蓟马和烟蓟马）和瘿螨科种类（番茄刺皮瘿螨）的生物防治物，但其主要还是用于西花蓟马的防治。

高山横绥螨可以结合多杀菌素一起使用（Rahman et al., 2011）。在喷用高剂量的多杀菌素6~7d后，再释放高山横绥螨可以有效地控制对多杀菌素已产生抗性的西花蓟马（Rahman et al., 2012）。

② **藿香蓟横绥螨 *Transeius conyzoides* Fang and Wu，2020（图108）**

Transeius conyzoides Fang and Wu, 2020b, in Fang et al. (2020a) : 360. Type locality: Nanling, Guangdong, China, host: *Ageratum conyzoides*.

| 分布 | 中国（广东）。

| 栖息植物 | 藿香蓟。

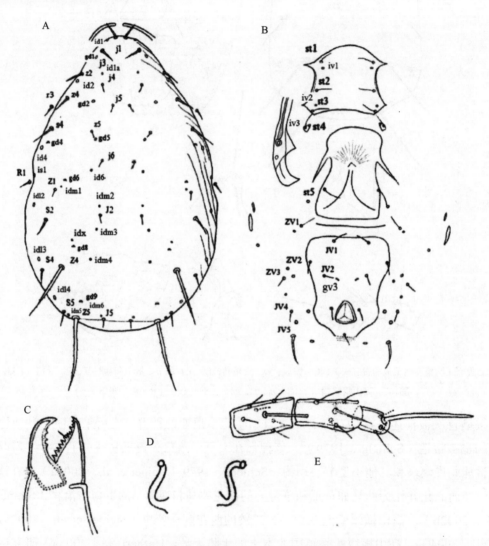

A. 背板；B. 腹面（胸板、生殖板和腹肛板）；C. 螯肢；D. 受精囊；E. 足Ⅳ膝节、胫节和基跗节

图108　藿香蓟横绥螨 *Transeius conyzoides* Fang & Wu（Fang et al., 2020）

③ **广何横绥螨 *Transeius guangheensis* Fang and Wu，2019（图109）**

Transeius guangheensis Fang and Wu, 2019a, in Fang et al. (2019a) : 576. Type locality: Guanghe, Zuozhou, Jiangzhou, Changzuo, Guangxi, China; host: *Phyllostachys bambusoides*.

| 分布 | 中国（广西）。

|栖息植物|桂竹、白花菜。

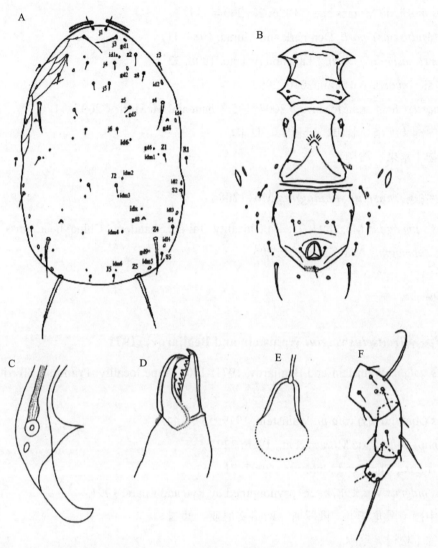

A.背板；B.腹面（胸板、生殖板和腹肛板）；C.气门板；D.螯肢；E.受精囊；F.足Ⅳ膝节、胫节和基跗节

图109 广何横绥螨 *Transeius guangheensis* Fang & Wu（Fang et al., 2019）

④吉林横绥螨 *Transeius jilinensis* **Wu，1987**

Amblyseius jilinensis Wu, 1987b: 263. Type locality: Gongzhuling, Jilin, China; host: *Artemisia* sp..

Amblyseius (*Neoseiulus*) *jilinensis*, Wu et al., 2009: 140.

Amblyseius jilinensis, de Moreas, et al., 2004: 32.

Transeius jiliensis [sic], Wu et al., 2010: 299.

Transeius jilinensis, Chant and McMurtry, 2007: 71.

|分布|中国（吉林）。

|栖息植物|蒿。

⑤毛里横绥螨 *Transius morii* **Ehara，1967**

Amblyseius (*Amblyseius*) *morii* Ehara, 1967b: 219. Type locality: Toyotomi, Sarobetsu wasteland,

Hokkaido, Japan; host: *Salix hultenii* var. *angustifolia*.

Amblyseius morii, de Moraes et al., 1986: 22, 2004a: 39.

Ablyseius (*Multiseius*) *morii*, Denmark and Muma, 1989: 111.

Amblyseius (*Neoseiulus*) *morii*, Ehara and Amano, 1998: 32.

Transius [sic] *morii*, Wu et al., 2010: 299.

Transius morii, Chant and McMurtry, 2004: 185; Chant and McMurtry, 2007: 71.

|分布|中国（河南、甘肃、宁夏）。日本。

|栖息植物|苹果、沙柳。

⑥拟大横绥螨*Transeius submagnus* Ma，2004

Amblyseius submagnus Ma, 2004: 71. Type locality: Tai'an, Shandong, China; host: grass.

Neoseiulus submagnus, Wu et al., 2010: 295.

|分布|中国（山东）。

|栖息植物|草。

⑦沃氏横绥螨*Transeius volgini* Wainstein and Begljarov，1971

Amblyseius volgini Wainstein and Begljarov, 1971: 1804. Type locality: Primorsky Territory, Russia; host: herb.

Amblyseius (*Amblyseius*) *volgini*, Wainstein, 1979: 137–144.

Typhlodromips volgini, de Moraes et al., 1986: 229.

Transeius volgini, Chant and McMurtry, 2007: 71.

Amblyseius magnus Wu, 1987b: 261, synonymed by Ryu and Ehara, 1991.

|分布|中国（黑龙江）。俄罗斯、斯洛文尼亚、韩国。

|栖息植物|松树、草本。

（3）分开绥螨属*Chelaseius* Muma and Denmark

Chelaseius Muma and Denmark, 1968: 232.

Chelaseius (*Chelaseius*) Denmark and Kolodochka, 1990: 219.

Chelaseius (*pontoseius*) Kolodochka and Denmark, 1990, in Denmark and Kolodochka, 1990: 232.

Type species: *Amblyseiopsis floridanus* Muma, 1955: 264.

本属种类具有钝绥螨亚科最常见的33对刚毛，雌螨躯体毛序类型为10A：9B/JV-3：ZV。螯肢通常巨大、强健，定趾比动趾要长很多，仅具有2~3个大齿，动趾无明显的齿。该属的种从北极冻原到热带均有分布，绝大多数来自枯枝落叶，也有来自腐殖质、干草料、石头下及鸟巢中。

佛州分开绥螨*Chelaseius floridanus* Muma，1955

Amblyseiopsis floridanus Muma, 1955a: 264. Type locality: Lake Weir, Florida, USA; host: litter.

Typhlodromus (*Amblyseius*) *floridanus*, Chant, 1959b: 85.

Amblyseius (*Amblyseius*) *floridanus*, Muma, 1961: 287.

Typhlodromus floridanus, Hirschmann, 1962.

Chelaseius (*Chelaseius*) *floridanus*, Denmark and Kolodochka, 1990: 221.

Chelaseius floridanus, de Moraes et al., 1986: 34, 2004a: 57; Chant and McMurtry, 2007: 83.

|分布| 中国（香港、华东地区）。匈牙利、墨西哥、美国（本土、夏威夷）。

|栖息植物| 枯枝落叶。

2. 似前锯绥螨亚族 Proprioseiopsina Chant and McMurtry

Proprioseiopsina Chant and McMurtry, 2004a: 219.

Type genus: *Proprioseiopsis* Muma, 1961: 277.

雌螨躯体毛序类型：10A：8E/JV-3：ZV。背板从长大宽至卵圆形，变化较大。背中毛列5对（j1、j4、j5、j6、J5），缺J2毛，较长者其长度关系为Z5＞Z4＞s4，延长似鞭状，或具小刺，背板上其余各毛不长于上述三者，且短小或微小。近R1毛无明显的腰，r3与R1毛在盾间膜上，腹面各骨板具网纹或光滑，腹肛板常宽于生殖板，气门沟伸至j1毛前方与背板合并，各足常具巨毛。

似前锯绥螨亚族分属检索表

1	足Ⅰ胫节无延长的巨毛 ·· 2
	足Ⅰ胫节具1根或多根延长的巨毛 ·· 3
2	具S4毛（图88），足Ⅰ跗节无巨毛 ················· 似前锯绥螨属 *Proprioseiopsis*
	通常缺S4毛，足Ⅰ跗节具巨毛2根以上 ······················ 斯氏绥螨属 *Swirskiseius*
3	具S2毛（图113）·· 特纳绥螨属 *Tenorioseius*
	缺S2毛（图89）·· 4
4	具j5、S4、Z1毛（图112）······························ 似前锯小绥螨属 *Proprioseiulus*
	缺j5、S4、Z1毛（图89）································· 扁绥螨属 *Flagroseius*

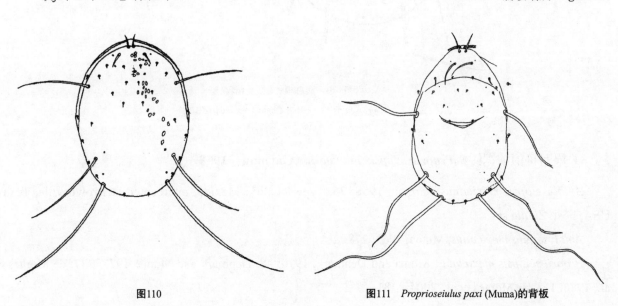

图110　　　　　　　　　　　图111　*Proprioseiulus paxi* (Muma)的背板

似前锯绥螨属 *Proprioseiopsis* Muma,1961(图112,以 *Proprioseiopsis terrestris* 为例)

Proprioseiopsis Muma, 1961: 277. Type species: *Typhlodromus* (*Amblyseius*) *terrestris* Chant, 1959a: 108.

Phytoseiulella Muma, 1961: 276. Type species: *Iphiseius grovesae* Chant, 1959a: 110.

Amblyseius (*Pavlovskeius*) Waistein, 1962b: 12. Type species: *Typhlodromus* (*Amblyseius*) *terrestris* Chant, 1959a: 108.

Amblyseius (*Proprioseiopsis*) van der Merwe, 1968: 161.

Propriseiopsis (*Skironodromus*) Karg, 1983: 302.

Type species: *Typhlodromus* (*Amblyseius*) *terrestris* Chant, 1959a: 108.

雌螨躯体毛序类型为10A：8E/JV-3：ZV。背刚毛16对,其中背中毛列5对(j1、j4、j5、j6、J5),缺J2,较长者长度关系为Z5＞Z4＞s4,余者不长于上述三者,r3与R1毛在盾间膜上,腹肛板为五边形,足Ⅳ膝节、胫节和基跗节各具巨毛1根。

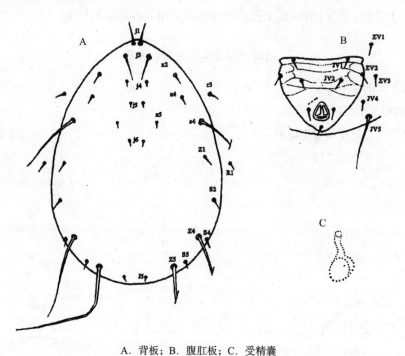

A. 背板；B. 腹肛板；C. 受精囊

图112　*Proprioseiopsis terrestris* Chant (Prasad, 2013)

① 墨西哥似前锯绥螨 *Proprioseiopsis mexicanus* Garman,1958

Amblyseiopsis mexicanus Garman, 1958: 75. Type locality: Mexico, intercepted at Brownsville, Texas, USA; host: *Zinnia* sp..

Amblyseiulus mexicanus, Muma, 1961: 278.

Proprioseiopsis mexicanus, Muma and Denmark, 1970: 48; Denmark and Muma, 1973: 237; de Moraes et al., 1986: 118; de Moraes et al., 2004a: 181.

Amblyseius mexicanus, de Moraes et al., 1991: 126.

Amblyseiulus amotus, 1969: 72, synonymed by Denmark and Evans, 2011.

Proprioseiopsis amotus, Poe and Enns, 1969: 69–82; Childers and Enns, 1975: 453–471; de Moraes et al., 1986: 111; de Moraes et al., 2004a: 171.

Typhlodromus (*Amblyseius*) *asetus* Chant, 1959a: 80, synonymed by Denmark and Evans, 2011.

Amblyseiulus asetus, Muma, 1961: 278.

Proprioseiopsis asetus, Muma and Denmark, 1970: 45; Denmark and Muma, 1973: 237; Tuttle and Muma, 1973: 43.

Amblyseiulus clausae Muma, 1962: 1, synonymed by Denmark and Evans, 2011.

Proprioseiopsis clausae, Muma and Denmark, 1970: 42.

Amblyseius kogi Chant and Hansell, 1971: 713, synonymed by Denmark and Evans, 2011.

Proprioseiopsis kogi, de Moraes et al., 1986: 117; de Moraes et al., 2004a: 179.

Typhlodromus (*Amblyseius*) *putmani* Chant, 1959a: 91, synonymed by Denmark and Evans, 2011.

Amblyseius putmani, Chant and Hansell, 1971: 712.

Amblyseiulus putmani, Muma, 1961: 278.

Amblyseiulus putnami［sic］, Muma, 1964: 16.

Proprioseiopsis putmani, de Moraes et al., 1986: 122; Chant, 2007: 17.

Amblyseiulus temperellus Denmark and Muma, 1967: 171, synonymed by Denmark and Evans, 2011.

|分布|中国（江苏、广东、广西、江西、台湾）。澳大利亚、贝宁、巴西、哥伦比亚、古巴、加纳、肯尼亚、墨西哥、新西兰、巴拿马、秘鲁、牙买加、尼加拉瓜、沙特阿拉伯、阿联酋、加拿大、哥斯达黎加、马达加斯加、美国（本土、夏威夷）、法国（马提尼克岛、瓜德罗普、留尼汪岛）、毛里求斯（罗德里格斯岛）、厄瓜多尔（加拉帕戈斯群岛）。

|栖息植物|百日菊、苹果、沙松、狗牙根、三室黄麻、牛毛草、水稻、茶树、莲子草、泥胡菜、羽芒菊、白背黄花稔、一点红、葱、姜、茄子、南方菟丝子、台湾含笑、甘蔗、葡萄、甜瓜、玉米、*Leucadendron leucocephala*、*Ipomoea acuminate*等，落叶、土壤中也有发现。

墨西哥似前锯绥螨作为西花蓟马和二斑叶螨很有潜力的生防天敌，研究报道较少。Emmert等（2008a）研究了该螨的发育和其他生物学特性。在10～40℃，该螨的发育随温度的变化而变化，当以香蒲花粉为食，在35℃时，该螨除了卵期外，其他发育时间都较短。其最佳发育温度35℃要比大多数植绥螨的最佳发育温度都更高。多次交配会提高其产卵率。在存在雄螨条件下，随着取食的猎物（西花蓟马和二斑叶螨）增多，其产卵率也会提高。该螨具有蓟马成功捕食者的特征。本种每天能捕食4.9头西花蓟马一龄幼虫，其内禀增长率为0.278 9～0.292 5，在佛罗里达州35～40℃条件下仍能存活、生殖，是二斑叶螨和西花蓟马有潜力的天敌（Emmert et al., 2008b）。

②仿盾似前锯绥螨*Proprioseiopsis imitopeltatus* Ma and Lin，2007

Amblyseius imitopeltatus Ma and Lin, 2007: 84. Type locality: Yongan, Fujian, China; host: forest litter.

Proprioseiopsis imitopeltatus, Wu et al., 2010: 298.

|分布|中国（福建）。

|栖息植物|森林落叶。

③喇叭似前锯绥螨 *Proprioseiopsis labaformis* Wu and Ou，2009

Amblyseius (*Proprioseiopsis*) *labaformis* Wu and Ou, in Wu et al. (2009): 180. Type locality: Pingxiang, Guangxi, China; host: candlenut.

Amblyseius (*Proprioseiopsis*) *labaformis*, Wu et al., 2009: 180.

Proprioseiopsis labaformis, Wu et al., 2010: 298.

| 分布 | 中国（广西）。

| 栖息植物 | 石栗。

④线纹似前锯绥螨 *Proprioseiopsis lineatus* Wu and Lan，1991

Amblyseius lineatus Wu and Lan, 1991b: 316. Type locality: Helanshan, Inner Mongolic, China; host: *Artemisia* sp.. Wu et al., 1997a: 63.

Amblyseius (*Proprioseiopsis*) *lineatus*, Wu et al., 2009: 179.

Proprioseiopsis lineatus, de Moraes et al., 2004a: 180; Chant and McMurtry, 2007: 89; Wu et al., 2010: 298.

| 分布 | 中国（内蒙古、辽宁、黑龙江）。

| 栖息植物 | 蒿、榆树。

⑤光滑似前锯绥螨 *Proprioseiopsis okanagensis* Chant，1957

Typhlodromus okanagensis Chant, 1957a: 293. Type locality: Oliver, British Columbia, Canada; host: peach.

Amblyseius (*Amblyseius*) *okanagensis*, van der Merwe, 1968.

Amblyseius okanagensis, Specht, 1968: 680; Wu, 1987b: 267.

Amblyseius (*Proprioseiopsis*) *okanagensis*, Wu et al., 2009: 181.

Proprioseiopsis okanagensis, de Moraes et al., 1986: 120, 2004: 183; Chant and McMurtry, 2007: 89; Wu et al., 2010: 298.

| 分布 | 中国（辽宁）。奥地利、加拿大、美国、波兰、瑞典、挪威、芬兰、德国、俄罗斯、阿塞拜疆、捷克、希腊、拉脱维亚、摩尔多瓦、斯洛伐克、斯洛文尼亚、土耳其、乌克兰、亚美尼亚、法国、格鲁吉亚、匈牙利、冰岛、伊朗、哈萨克斯坦、丹麦（格陵兰岛）。

| 栖息植物 | 蒿、榆树、梨等。

⑥卵圆似前锯绥螨 *Proprioseiopsis ovatus* Garman，1958

Amblyseiopsis ovatus Garman, 1958: 78. Type locality: Ecuador, intercepted at Brownsville, Texas, USA; host: *Cattleya* sp..

Amblyseiopsis ovatus Garman, 1958: 78.

Typhlodromus (*Amblyseius*) *ovatus*, Chant, 1959a: 90.

Proprioseiopsis ovatus, Denmark and Muma, 1973: 237.

Amblyseiulus cannaensis Muma, 1962: 4, synonymed by Denmark and Evans, 2011.

Amblyseiulus hudsonianus Chant and Hansell, 1971: 723, synonymed by Denmark and Evans, 2011.

Amblyseius parapeltatus Wu and Chou, 1981: 274, synonymed by Tseng, 1983.

Amblyseius peltatus van der Merwe, 1968: 119, synonymed by Tseng, 1983.

Iphiseius punicae Gupta, 1980: 213, synonymed by Gupta, 1985.

Proprioseiopsis antonelli Congdon, 2002: 15, synonymed by Denmark and Evans, 2011.

|分布|中国（广东、海南、台湾）。阿根廷、巴西、哥伦比亚、哥斯达黎加、古巴、厄瓜多尔、埃及、加纳、洪都拉斯、日本、马来西亚、莫桑比克、秘鲁、菲律宾、沙特阿拉伯、塞拉利昂、南非、西班牙、斯里兰卡、泰国、土耳其、委内瑞拉、刚果（布）、萨尔瓦多、圭亚那、马拉维、巴拉圭、加拿大、澳大利亚、斐济、莱索托、马达加斯加、巴布亚新几内亚、津巴布韦、印度、美国（本土、波多黎各、夏威夷）、法国（马提尼克岛、马约特岛、留尼汪岛、瓜德罗普、玛丽-加朗特岛、新喀里多尼亚）。

|栖息植物|藿香蓟、卡特兰、覆盆子、美人蕉、赤杨、龙胆草、石榴、花生、红花酢浆草、泥胡菜、莲子草、熊耳草、积雪草、马缨丹、禾本科植物。

⑦ 五边似前锯绥螨 *Proprioseiopsis pentagonus* Wu and Lan, 1995

Amblyseius pentagonus Wu and Lan, 1995: 99. Type locality: Chebaling, Shaoguan, Guangdong, China; host: unknown plant.

Amblyseius (*Proprioseiopsis*) *pentagonus*, Wu et al., 2009: 178.

Proprioseiopsis pentagonus, de Moraes et al., 2004a: 186; Chant and McMurtry, 2007: 89; Wu et al., 2010: 298.

|分布|中国（广东、广西、海南）。

|栖息植物|灌木。

⑧ 柔毛似前锯绥螨 *Proprioseiopsis pubes* Tseng, 1976

Amblyseius (*Amblyseius*) *pubes* Tseng, 1976: 117. Type locality: Tainan, Taiwan, China; host: *Jasminum* sp..

Proprioseiopsis pubes, de Moraes et al., 2004a: 187; Chant and McMurtry, 2007: 89; Wu et al., 2010: 298.

|分布|中国（台湾）。

|栖息植物|茉莉。

3. 肛绥螨亚族 Arrenoseiina Chant and McMurtry

Arrenoseiina Chant and McMurtry, 2004a: 220.

Type genus: *Amblyseius* (*Arrenoseius*) Wainstein, 1962b: 12.

本亚族各种呈土褐色或红棕色。背板宽、大，近圆形，背、腹面各板骨化强，气门沟板常存花纹，躯体毛序类型多为10A：9B/JV-3：ZV。在植绥螨科出现J3、J4毛的种类中，如 *Arrenoseius palustris*（Chant）等少数种类，具J3毛；*Pararrenoseius mumai*（Prassad），具J4毛。

肛绥螨亚族分属检索表

1　具j5毛 ··· 2
　　缺j5毛 ··· 植盾螨属 *Phytoscutus*
2　JV2、ZV2毛着生在腹肛板区的前1/3处，足Ⅰ具巨毛 ·· 拟伊绥螨属 *Iphiseiodes*

JV2、ZV2毛着生在腹肛板区的正常位置，足Ⅰ无巨毛 ·· 3
3　ZV1毛缺，具J4毛 ··· 拟肛绥螨属 *Pararrenoseius*
　　具ZV1毛，缺J4毛 ··· 4
4　足无巨毛，背刚毛短至中等长度，其长度约等，常缺ZV3毛 ·························· 拟钝绥螨属 *Paraamblyseius*
　　足Ⅳ具2~3根巨毛，背刚毛长短不一，常具ZV3毛 ·· 肛绥螨属 *Arrenoseius*

（1）植盾螨属 *Phytoscutus* Muma（图113，以 *Phytoscutus sexpilis* 为例）

Phytoscutus Muma, 1961: 275. Type species: *Phytoscutus sexpilis* Muma, 1961: 275.

Phytoscutella Muma, 1961: 275. Type species: *Typhlodromus salebrous* Chant, 1960: 58.

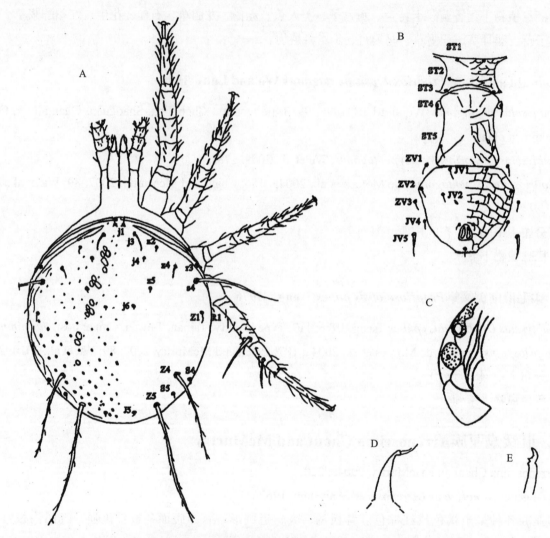

A. 背板；B. 腹面（胸板、生殖板和腹肛板）；C. 气门板；D. 受精囊；E. 导精趾

图113　*Phytoscutus sexpilis* Muma（Prasad，2013）

Iphiseius (*Trochoseius*) Pritchard and Baker, 1962: 259. Type species: *Iphiseius* (*Trochoseius*) *gongylus* Pritchard and Baker, 1962, 304.

Amblyseius (*Phytoscutella*) Ehara and Bhandhufalck, 1977: 73.

Trochoseius, Matthysse and Denmark, 1981: 341.

Amblyseius (*Trochoseius*) Ueckermann and Loots, 1985: 195–200.

Type species: *Phytoscutus sexpilis* Muma, 1961: 275.

雌螨前背板9对毛，缺j5毛，后背板6~9对毛，其中J2、S2、S4、ZV3毛是变化的，JV3毛常不存在，背板及腹面各板骨化强。背板圆形，腹肛板大，与生殖板紧接。气门沟板骨化强，且粗大。Yoshida-Shaul等（1997）、Chant等（2007）评论了该属，全球已记录11种，具4种毛序类型，即9A：6E/JV-3：ZV-3，9A：7D/JV-3：ZV，9A：8E/JV-3：ZV-3，9A：9B/JV-3：ZV-3。

本属种类多分布于热带与亚热带地区，喜栖息于温暖、阴湿浓密的树林中。我国仅记录粗糙植盾螨 *Phytoscutus salebrosus*（Chant）。

粗糙植盾螨 *Phytoscutus salebrosus* Chant，1960

Typhlodromus (*Amblyseius*) *salebrosus* Chant, 1960: 58. Type locality: Jarhat, Assam, India; host: *Citrus* sp..

Phytoscutella salebrosa, Muma, 1961: 275.

Typhlodromus salebrosus, Hirschmann, 1962: 17.

Amblyseius (*Amblyseius*) *salebrosus*, Ehara, 1966a: 23; Tseng, 1983: 3, 5; Chen et al., 1984: 319; Wu, 1989: 202; Wu et al., 1997a: 107.

Phytoscutus taoi Lo, 1970: 49, synonymed by Ehara and Bhandhufalck, 1977.

Amblyseius (*Phytoscutella*) *salebrosus*, Gupta, 1975: 26–45.

Amblyseius (*Phytoscutella*) *salebrosus*, Ehara and Bhandhufalck, 1977: 73.

Phytoscutus salebrosus, de Moraes et al., 2004a: 166; Chant and McMurtry, 2007: 101; Wu et al., 2009: 261, 2010: 296.

| 分布 | 中国（广东、海南、台湾）。印度、泰国、菲律宾、马来西亚。

| 栖息植物 | 柑橘、樟树、野牡丹、桑树、木姜子、枫香树、蕨类植物。

（2）拟钝绥螨属 *Paraamblyseius* Muma（图114，以*Paraamblyseius lunatus*为例）

Paraamblyseius Muma, 1962: 8.

Type species: *Paraamblyseius lunatus* Muma, 1962: 8.

雌螨背板刚毛类型为10A：8B。体棕红色或土红色。背板近圆形，背板与腹面各板骨化强。背刚毛短至中等长度，形状变化较大。盾间膜骨化延伸至腹面，亚侧毛2对（r3与R1）着生其上。腹肛板宽且大，完整或分开为腹板和肛板。气门沟伸至j1毛水平位置。足Ⅳ无明显巨毛。

分类学家对*Paraamblyseius*是有争议的。Muma（1961）把它列为亚属置于钝绥螨属中；Evans（1954）、Chant（1959a，1965）、Ehara（1970）、Denmark（1988）、de Moraes等（1986）、Corpuz-Raro（1994）、Wu等（1981—2009）认为应给予其属的位置，并不置于钝绥螨属或伊绥螨属 *Iphiseius* Berlese。Chant等（2004a，2007）认为该属有9种，大部分分布于热带与亚热带区，我国记述了3种。

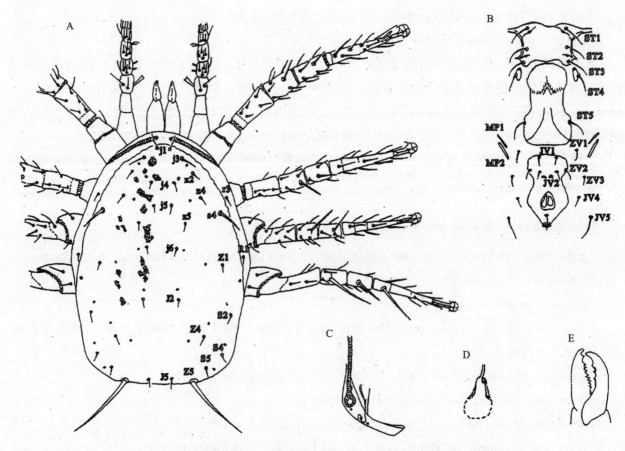

A. 背板；B. 腹面（胸板、生殖板和腹肛板）；C. 气门板；D. 受精囊；E. 螯肢

图114 *Paraamblyseius lunatus* Muma Prasad，2013

① 鼎湖拟钝绥螨 *Paraamblyseius dinghuensis* Wu and Qian，1982

Iphiseius dinghuensis Wu and Qian, 1982: 61. Type locality: Dinghushan, Guangdong, China; host: *Litsea monopetala*. Wu and Li, 1983: 174; de Moraes et al., 1986: 62; Wu, 1989: 209; Wu et al., 1997a: 127, 2009: 244.

Paraamblyseius dinghuensis, Denmark, 1988: 29; Beard and Walter, 1996: 240; de Moraes et al., 2004a: 157; Chant and McMurtry, 2007: 103; Wu et al., 2010: 295.

| 分布 | 中国（福建、广东、海南，武陵山区）。澳大利亚、巴布亚新几内亚。

| 栖息植物 | 假柿树、壳斗科锥属一种。

② 台湾拟钝绥螨 *Paraamblyseius formosanus* Ehara，1970

Iphiseius formosanus Ehara, 1970: 59. Type locality: Kenting, Pingtung, Taiwan, China; host: *Calamus argaritae*. Tseng, 1976: 101; Wu and Qian, 1982: 62.

Paraamblyseius formosanus, Denmark, 1988: 29; de Moraes et al., 2004a: 157; Chant and McMurtry, 2007: 103; Wu et al., 2010: 295.

| 分布 | 中国（台湾）。印度。

| 栖息植物 | 黄藤、野牡丹、蕨类植物。

③广东拟钝绥螨*Paraamblyseius guangdongensis* Wu and Lan,1991

Iphiseius guangdongensis Wu and Lan, 1991a: 191. Type locality: Wuzhishan, Shaoguan, Guangdong, China; host: shrubbery. Wu et al., 1997a: 128.

Paraamblyseius guangdongensis, de Moraes et al., 2004a: 158; Chant and McMurtry, 2007: 103; Wu et al., 2010: 296.

|分布|中国（广东）。

|栖息植物|灌木。

（3）拟伊绥螨属*Iphiseiodes* De Leon

Iphiseiodes De Leon, 1966: 84.

Type species: *Sejus quadripilis* Banks, 1904: 58.

雌螨躯体毛序类型为10A：9B/JV-3：ZV，肛前毛3对，在腹肛板1/3处的前侧板上，背板为卵圆形，骨化强，棕褐色，s4、Z4、Z5稍长，其余各毛微短或微小。腹部各板骨化强，腹肛板宽大于长，肛前毛3对，足Ⅳ巨毛3根。

①四毛拟伊绥螨*Iphiseiodes quadripilis* Banks,1904（图115）

Sejus quadripilis Banks, 1904: 58. Type locality: Eustis, Florida, USA; host: *Citrus sinensis*.

Seius quadripilis, Banks, 1905: 138.

Seiulus quadripilis, Banks, 1915: 85.

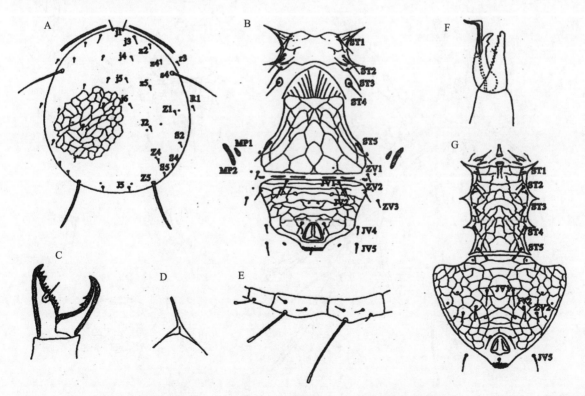

A. 背板；B. 腹面（胸板、生殖板和腹肛板）；C. 螯肢；D. 受精囊；E. 足Ⅳ膝节、胫节和基跗节；F. 导精趾；G. 雄腹肛板

图115　四毛拟伊绥螨 *Iphiseiodes quadripilis* Banks, 1904（Prasad, 2013）

Amblyseius quadripilis, Cunliffe and Baker, 1953: 26; de Moraes and Mesa, 1988: 79.

Amblyseius (*Iphiseills*) *quadripilis*, Muma, 1961: 288; Muma, 1964: 23.

Iphiseiodes quadripilis, Chant, 1959a: 110; De Leon, 1966: 84; Denmark and Muma, 1973: 235-276; Aponte and McMurtry, 1995: 167; de Moraes et al., 2004a: 90.

|分布| 巴西、哥伦比亚、哥斯达黎加、古巴、多米尼亚、圭亚那、洪都拉斯、墨西哥、美国（本土、波多黎各）、特立尼达和多巴哥（特立尼达）。

|栖息植物| 葡萄柚、甜橘等芸香科植物。

Villanueva等（2006）研究了四毛拟伊绥螨对葡萄柚*Citrus paradisi*叶片和甜橘*Citrus sinensis* Osbeck叶片的寄主喜好，发现虽然甜橘上的害螨更多，但四毛拟伊绥螨更多地在葡萄柚树上。在实验室使用Y型管嗅觉仪测试也观察到相似的喜好反应，采自葡萄柚的四毛拟伊绥螨对葡萄柚的叶片表现出明显的喜好，而采自甜橘的四毛拟伊绥螨则没有取食偏好。葡萄柚可能有一些特殊的因子可以留存该螨，使其数量更加丰富。该螨是佛罗里达柑橘园柑橘树冠上，以及地被植物上最丰富的捕食螨种类之一（Childers et al., 2011）。

② 朱鲁盖拟伊绥螨*Iphiseiodes zuluagai* Denmark and Muma，1972（图116）

Iphiseiodes zuluagai Denmark and Muma, 1972: 23. Type locality: Palmira, Valle, Colombia; host: *Citrus sinensis*.

Amblyseius zuluagai, de Moraes and Mesa, 1988: 79.

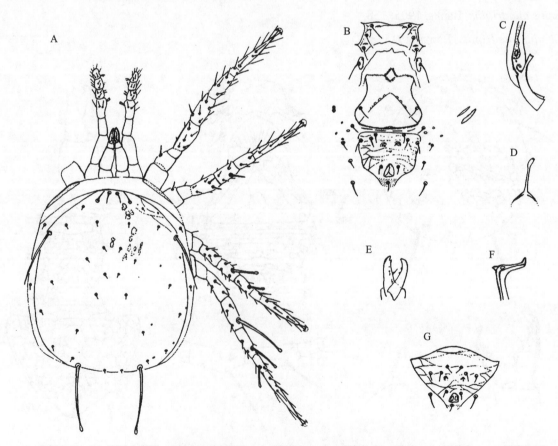

A. 背板和足；B. 腹面（胸板、生殖板和腹肛板）；C. 气门板；D. 受精囊；E. 螯肢；F. 导精趾；G. 雄腹肛板

图116　朱鲁盖拟伊绥螨*Iphiseiodes zuluagai* Denmark and Muma（Denmark et al., 1972）

|分布| 巴西、哥伦比亚、古巴、多米尼亚、巴拿马、秘鲁、美国（波多黎各）、委内瑞拉、法国（瓜德罗普、玛丽-加朗特岛、马提尼克岛）。

|栖息植物| 柑橘、咖啡、麻风树。

在巴西，朱鲁盖拟伊绥螨是一种在柑橘和咖啡树上常见的数量丰富的植绥螨（Pallini Filho et al., 1992；Reis et al., 2000）。该螨也是与橡胶害螨 *Calacarus heveae* 和 *Tenuipalpus heveae* 相关的常见捕食螨种类之一（Michae et al., 2006）。它也会取食巴西重要生物燃料植物麻风树上两种主要害螨侧多食跗线螨和 *T. bastosi*（Sarmento et al., 2010）。在低猎物密度时，朱鲁盖拟伊绥螨与常同域发生的另一种植绥螨 *Euseius alatus* 相比，能杀死并取食较少的紫红短须螨 *Brevipalpus phoenicis*，在高密度时朱鲁盖拟伊绥螨则能取食更多猎物，表明朱鲁盖拟伊绥螨比 *E. alatus* 需求的猎物更多（Reis et al., 2003）。当取食细须螨 *Brevipalpus pulcher*、紫红短须螨或 *Tenuipalpus heveae* 时，朱鲁盖拟伊绥螨的产卵率和存活情况最佳（De Vis et al., 2006a）。嗅觉反应试验表明该螨对发生 *Oligonychus ilicis* 的咖啡植株表现出明显的喜好，而对发生紫红短须螨的植株则没有明显的喜好（Teodoro et al., 2009）。

基于半致死浓度LC_{50}，朱鲁盖拟伊绥螨对于杀螨剂苯丁锡和硫黄的耐受性分别是其猎物——巴西咖啡种植园的 *O. licis* 的32.84倍和17.20倍。苯丁锡和硫黄按推荐浓度使用均能有效控制 *O. licis*，但是硫黄会明显使田间朱鲁盖拟伊绥螨种群缺乏抵抗力。由于该种相对于猎物的低繁殖力，会导致该植绥螨很快灭绝（Teodoro et al., 2005）。在农药选择计划中，也应该考虑亚致死浓度，因为捕食螨定位猎物的能力可能受农药非致死浓度的负面影响（Teodoro et al., 2009）。朱鲁盖拟伊绥螨比其猎物 *O. licis* 对三种有机咖啡生产允许使用的农药更加耐受（Tuelher et al., 2014）。

（七）印小绥螨族 Indoseiulini Ehara and Amano

Indoseiulini Ehara and Amano, 1998: 48.

Type genus: *Gynaeseius* Wainstein, 1962b (= *Indoseiulus* Ehara, 1982: 42).

本族仅1属11种，均具有18对背刚毛，比大多数钝绥螨亚科种类少1对背毛，但由于对缺失背毛的鉴定不明确，所以其背刚毛毛序类型也不明确。其主要特征：气门沟板与背板不合并；背板及各腹板骨化弱；背刚毛为毛状，短或微小，且约等长；足Ⅰ至足Ⅲ无巨毛，足Ⅳ具0~3根巨毛。

酵绥螨属 *Gynaeseius* Wainstein（图117，以 *Gynaeseius irregularis* 为例）

Gynaeseius Wainstein, 1962b: 14. *Amblyseius* (*Kampimodromus*) section *Gynaeseius* Wainstein, 1962b: 14.

Indoseius Ghai and Menon, 1969: 347. Type species: *Indoseius ricini* Ghai and Menon, 1969: 347.

Amblyseius (*Indoseiulus*) Ehara, 1982: 42. Type species: *Indoseius ricini* Ghai and Menon, 1969: 347.

Indoseiulus, Denmark and Kolodochka, 1993: 249.

irregularis group Chant, 1959a: 70.

Type species: *Typhlodromus irregularis* Evans, 1953: 463.

背板刚毛18对，比钝绥螨亚科的大多数种类少1对。由于缺失的1对刚毛不确定，因此背板毛序类型也不确定。除了气门板前端不与背板融合外，该属其他特征有：背板和腹板骨化弱；背刚毛，包括刚毛Z5短/微小、刚毛状、近等长；背板宽大、光滑，末端为平截状；雌螨腹肛板退化，有1对明显的孔，肛前毛JV2和ZV2在板上稍微向前迁移；胸板后边缘没有1个明显的突起；足Ⅲ膝节通常还有足Ⅰ和足Ⅱ膝节具有巨毛。

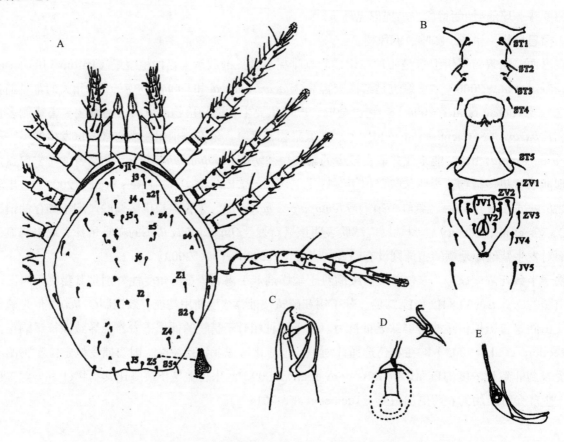

A. 背板；B. 腹面（胸板、生殖板和腹肛板）；C. 螯肢；D. 受精囊；E. 气门板

图117 *Gynaeseius irregularis* Evans（Prasad，2013）

① 横断山酵绥螨 *Gynaeseius duanensis* Liang and Zeng，1992

Indoseiulus duanensis Liang and Zeng, 1992: 45. Type locality: Hengduanshan, China; host: *Carica papaya*. de Moraes et al. 2004a: 89; Wu et al., 2009: 248.

Gynaeseius duanensis, Chant and McMurtry, 2007: 107; Wu et al., 2010: 293.

| 分布 | 中国（四川、云南、西藏、广西、海南）。

| 栖息植物 | 番木瓜。

② 奇异酵绥螨 *Gynaeseius liturivorus* Ehara，1982

Amblyseius (*Indoseiulus*) *liturivorus* Ehara, 1982: 43. Type locality: Kisigawa, Wakayama, Honshu, Japan; host: soybean.

Amblyseius (*Amblyseius*) *liturivorus*, Tseng, 1983: 54.

Indoseiulus liturivorus, de Moraes et al., 1986: 60; Denmark and Kolodochka, 1993: 253; Liang and Zeng, 1992: 47; Ehara and Amano, 1998: 48; de Moraes et al., 2004a: 89; Wu et al., 2009: 247.

Gynaeseius armellae (Schicha and Gutierrez, 1985): 175, synonymed by Denmark and Kolodochka, 1993.

Gynaeseius liturivorus, Chant and McMurtry, 2007: 107; Wu et al., 2010: 293; Liao et al., 2020: 38.

| 分布 | 中国（广西、台湾）。日本、菲律宾、斯里兰卡、越南。

| 栖息植物 | 蓖麻、藿香蓟、木薯。

③ 桑氏酵绥螨 *Gynaeseius santosoi* Ehara，2005

Indoseiulus santosoi Ehara, 2005: 36. Type locality: Cianjur, West Java, Java, Indonesia; host: a fabaceous climbing plant.

Gynaeseius santosoi, Chant and McMurtry, 2007: 107; Liao et al., 2020: 42.

| 分布 | 中国（台湾）。印度尼西亚。

| 栖息植物 | 豆科植物。

（八）真绥螨族 Euseiini Chant and McMurtry

Euseiini Chant and McMurtry, 2005b: 191.

Type genus: *Euseius* Wainstein, 1962b: 15.

本族种类形态差异较大，但有下列特征是很相似的：雌胸板后缘突起，生殖板宽于腹肛板，腹肛板缩小为瓶形或卵圆形，板上的ZV2、JV2毛往前移，几乎靠近边缘。真绥螨族下设3亚族。

真绥螨族分亚族检索表

1　具r5毛 ·· 波多绥螨亚族Ricoseiina
　　缺r5毛 ·· 2
2　螯肢大小与形状正常、定趾上的齿分布均匀，端部具多个小齿。气门沟伸向j1毛水平，颚沟狭，宽4~7μm
　　·· 异盲走螨亚族Typhlodromalina
　　螯肢缩小，短而小，仅定趾末端具多个明显小齿。气门沟不超过j3毛水平，颚沟较宽，宽7~9μm ············
　　·· 真绥螨亚族Euseiina

1. 异盲走螨亚族 Typhlodromalina Chant and McMurtry

Typhlodromalina Chant and McMurtry, 2005b: 195.

Type genus: *Amblyseius* (*Typhlodromalus*) Muma, 1961: 288.

本亚族大部分种类背板毛序类型为10A：9B。螯肢并不退化成短而粗状，定趾上有6~12个明显的齿，均匀分布；颚基沟相对较宽，一般为5~7μm；气门沟通常延长至j1毛水平；背板前侧边通常具线纹，其他部位具明显网纹或光滑；许多种类腹肛板的边缘突出，或在肛孔水平位置鼓起，下边缘呈叶状，腹肛板后面部分为三叶状。

异盲走螨亚族分属检索表

1　雌腹肛板仅具肛前毛1对（图118），足无巨毛，雄腹肛板肛前毛6对（图119）·· 窄胸绥螨属*Tenuisternum*
　　雌腹肛板肛前毛多于1对（图120），至少足Ⅳ具巨毛，雄腹肛板具肛前毛3对（图121）······················ 2
2　大部分背刚毛粗厚，末端具球形瘤状突（图122）··· 普氏走螨属*Prasadromalus*
　　大部分背刚毛既不为刚毛状也不粗厚，形似铁钉，末端尖（图123）·· 3

3 螯肢定趾3齿（图124），定趾端部具直立的毛，雌腹肛板具肛前毛2～3对 ············ 小四走螨属 *Quadromalus*
螯肢定趾6～12齿（图125），定趾端部无直立的毛，雌腹肛板具肛前毛3对（*P. breviscutus* 具2对） ············ 4
4 s4：Z1＜3.0：1.0（图126） ·· 5
s4：Z1＞3.0：1.0（图127） ·· 小钝走螨属 *Amblydromalus*
5 背刚毛短或微小，其长度短于两毛基部之间的距离（有些种Z5毛除外）（图126），Z4毛的长度也不长于Z4～S4两毛基部之间的距离。背板光滑，仅前侧缘具条纹 ·············· 尤氏绥螨属 *Ueckermannseius*
背刚毛中等长度并约略等长（图128），背板除前侧缘具条纹外，其余部分均有装饰，Z4毛的长度长于Z4～S4两毛基部之间的距离 ·· 异盲走螨属 *Typhlodromalus*

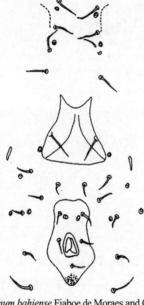

图118 *Tenuisternum bahiense* Fiaboe de Moraes and Gondim的雌螨腹面　　图119 *Tenuisternum bahiense* Fiaboe de Moraes and Gondim的雄螨腹肛板

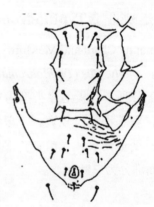

图120 *Typhlodromalus peregrinus* Muma的雌螨腹面　　图121 *Ueckermannseius munsteriensis* van der Merwe的雄螨腹肛板

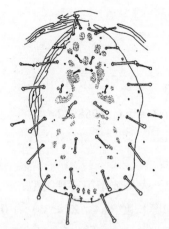 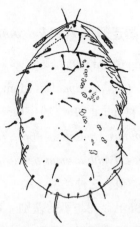

图122　*Prasadromalus breviscutus* de Moraes，Oliviera and Zannou的背板　　图123　*Ueckermannseius havu* Pritchard and Baker的背板

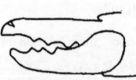 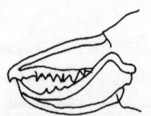

图124　*Quadromalus columbiensis* de Moraes，Denmark and Guerrero的螯肢　　图125　*Typhlodromalus aripo* De Leon的螯肢

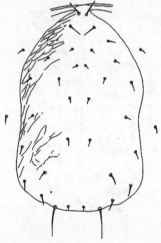 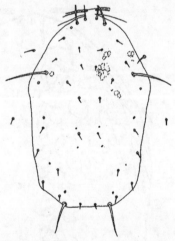

图126　*Ueckermannseius munsteriensis* van der Merwe的背板　　图127　*Amblydromalus limonicus* Garman and McGregor的背板

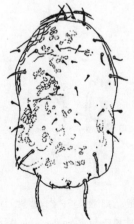

图128　*Typhlodromalus peregrinus* Muma的背板

（1）异盲走螨属 *Typhlodromalus* Muma

sextus group Chant, 1959a: 66.

Amblyseius (*Typhlodromalus*) Muma, 1961: 288; Karg, 1983: 313.

Typhloseius Muma, 1961: 291. Type species: *Amblyseiopsis sextus* Garman, 1958: 72.

Typhlodromalus, De Leon, 1966: 87.

Type species: *Typhlodromus peregrinus* Muma, 1955: 270.

背板毛序类型有三种类型：10A：8B，10A：9B，10A：10B。大多数是第一种类型，三种类型主要是后背板J1、S5毛存在与否的差别。背板稍粗糙，背刚毛短或中等长度，s4：Z1<3.0：1.0。有些毛为锯齿状。雌腹肛板为瓶形，具显著的腰。螯肢定趾有8~12齿。足Ⅰ~Ⅲ常具巨毛，足Ⅳ具3根巨毛，且形状多变。

①阿里波异盲走螨 *Typhlodromalus aripo* De Leon，1967（图129）

Typhlodromalus aripo De Leon, 1967: 21. Type locality: Upper Aripo Valley, Trinidad and Tobago; host: *Solanum stromoniifolium*. Chant and McMurtry, 2005b: 199, 2007: 111; de Moraes et al., 2004: 195.

Amblyseius aripo, de Moraes and McMurtry, 1983: 132.

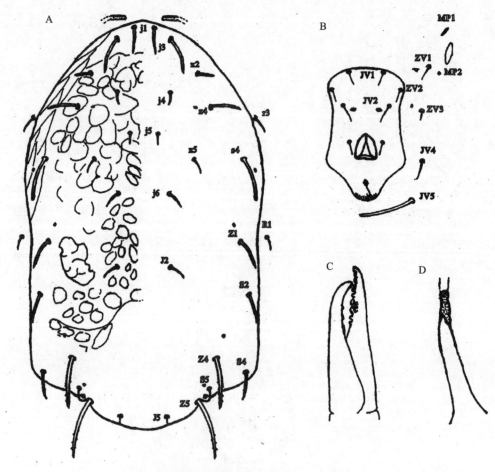

A. 背板；B. 腹肛板；C. 螯肢；D. 受精囊

图129　阿里波异盲走螨 *Typhlodromalus aripo* De Leon（Prasad，2013）

| 分布 | 阿根廷、贝宁、巴西、哥斯达黎加、喀麦隆、哥伦比亚、刚果、萨尔瓦多、圭亚那、牙买加、肯尼亚、马拉维、墨西哥、莫桑比克、巴拉圭、秘鲁、乌干达、特立尼达和多巴哥（特立尼达）、法国（瓜德罗普）。

| 栖息植物 | 茄子、木薯。

阿里波异盲走螨是新热带种类，从新北区（包括墨西哥以北的北美洲广大区域）引种到非洲控制木薯叶螨前进单爪螨 Mononychellus progresivus 和木薯单爪螨。Onzo 等（2003）通过调查木薯单爪螨种群、外来引进的成功定殖栖息于植株顶部的阿里波异盲走螨，以及其他栖息于叶片能取食叶螨的外来或本地的捕食螨种类的种群密度，得出阿里波异盲走螨及其他捕食螨的存在都同维持叶螨的低密度相关。各种捕食螨位于不同的生态位，减少了捕食螨之间的干扰。在缺少叶螨猎物条件下，阿里波异盲走螨取食同种或异种的存活时间要比同域发生的 Euseius fustis、不纯伊绥螨 Iphiseius degenerans 更长（Zannou et al., 2005）。通过使用系统性农药，证明阿里波异盲走螨会取食植物组织。由于木薯叶螨种群年度波动及在植株上的异质分布，阿里波异盲走螨能取食植物组织这一特点使其种群在木瓜田能持续存在并抑制木薯叶螨的暴发（Magalhães et al., 2002）。在干旱季节，阿里波异盲走螨能以非常少的数量保存在木薯的端部。一旦雨季来临，其数量又会增多（Zundel et al., 2007）。两个非洲国家（马拉维和莫桑比克）自引入该螨两年后，当地目标害螨木薯单爪螨的数量逐步减少。该螨对当地植绥螨种群没有影响，两种当地常见的植绥螨 Euseius fustis 和不纯伊绥螨的丰富性反而增加（Zannou et al., 2007）。在干旱的喀麦隆，木薯种植区利用本种控制木薯单爪螨的效果也较好（Zundel et al., 2007）。

②阿西异盲走螨 Typhlodromalus athiasae Pritchard and Baker，1962（图130）

Amblyseius (Amblyseiella) athiasae Pritchard and Baker, 1962: 291. Type locality: kisangani, Eastern Province, DR Congo; host: unknown tree.

Amblyseiella athiasae, de Moraes et al., 1986: 4.

Typhlodromalus athiasae, de Moraes et al., 2004a: 196; Chant and McMurtry, 2007: 111.

| 分布 | 贝宁、喀麦隆、刚果（布）、肯尼亚、尼日利亚、乌干达。

| 栖息植物 | 柑橘、苹果。

阿西异盲走螨是在土耳其及地中海地区柑橘类植物上，与柑橘全爪螨种群相关的最常见、数量丰富的捕食者之一（McMurtry, 1977；Swirski et al., 1982）。Momen 等（1997）评价了9种捕食螨取食东方真叶螨的适合性，证明阿西异盲走螨和巴氏新小绥螨取食该猎物时的产卵率最高。阿西异盲走螨和长足小植绥螨（阿根廷品系）较耐低湿，在相对湿度为43%时仍有50%的卵孵化（Ferrero et al., 2010）。通过延长交配时间可以增强阿西异盲走螨雌螨的生殖力、延长其产卵期、增加其后代中雌螨的比例，多次交配可提升其产卵量（Momen, 1997）。Palevsky 等（1999）比较了本地阿西异盲走螨和外来引进的加州新小绥螨（其实是智利小植绥螨）在以色列苹果园维持种群的行为特征。阿西异盲走螨的幼螨惰性较强，几乎不走动或相互影响，也不取食。而智利小植绥螨则取食、走动和通过须肢和足跗节相互接触。猎物的存在会增加智利小植绥螨幼螨的走动和种内相互作用，但对阿西异盲走螨并没有影响。在10d的饥饿期内，智利小植绥螨雌成螨的移动速度是阿西异盲走螨的1.8～10.1倍。阿西异盲走螨的50%致死时间（6.0d）明显比智利小植绥螨短（10.4d）。在继续提供食物之后，饥饿的阿西异盲走螨并没有复原，而75%的智利小植绥螨则可在2d后产卵。这两种螨的雌成螨对异种卵的取食均要比自相残杀更多。阿西异盲走螨嗜食智利小植绥螨的卵，而这会妨碍智利小植绥螨种群的正常建立。

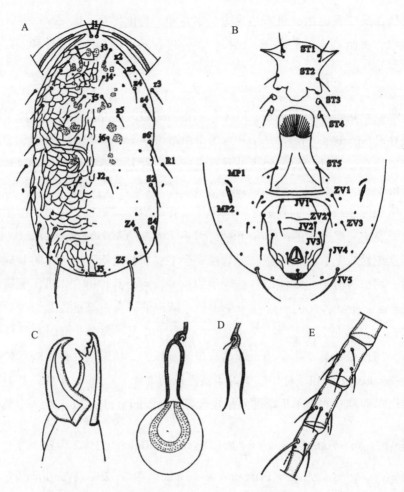

A. 背板；B. 腹面（胸板、生殖板和腹肛板）；C. 螯肢；D. 受精囊；E. 足Ⅳ膝节、胫节和基跗节

图130　阿西异盲走螨 *Typhlodromalus athiasae* Pritchard and Baker（Prasad，2013）

　　Kasap（2011）在华盛顿和巴伦西亚温室的不同栽培品种柑橘苗圃中，分别以1∶10、1∶20和1∶40的益害比释放阿西异盲走螨，并评价了该螨作为柑橘全爪螨的生物防治天敌的有效性。当益害比为1∶10时，在释放一周后可以观察到柑橘全爪螨种群数量明显减少，并且之后一直维持在低密度水平。在没有释放捕食螨的对照组中，华盛顿栽培品种在第三周、巴伦西亚品种在第四周时柑橘全爪螨达到最高密度。因此得出结论，在益害比为1∶10时，阿西异盲走螨在温室两种栽培品种上均能有效地控制柑橘全爪螨种群，当益害比为1∶40时则不能有效控制。

③奇异异盲走螨 *Typhlodromalus peregrinus* Muma，1955（图131）

Typhlodromus peregrinus Muma, 1955: 270. Type locality: Minneola, Florida, USA; host: orange.

Typhlodromus (*Amblyseius*) *peregrinus*, Chant, 1959a: 97.

Typhlodromus (*Typhlodromopsis*) *peregrinus*, De Leon, 1959a: 114.

Amblyseius (*Typhlodromalus*) *peregrinus*, Muma, 1961: 288.

Typhlodromalus peregrinus, Muma, 1961: 288; 1964: 29; De Leon, 1966: 87; Muma and Denmark, 1970: 88; Denmark and Muma, 1972: 25, 1973: 257; de Moraes et al., 1986: 132; 2004a: 202.

Typhlodromus (*Amblyseius*) *evansi* Chant, 1959a: 99, synonymed by Muma, 1964: 29.

Amblyseius evansi, Chant and Baker, 1965: 25.

Typhlodromus (*Amblyseius*) *primulae* Chant, 1959a: 99, synonymed by Muma, 1964.

Typhlodromalus primulae, Muma, 1955: 270.

Typhlodromus (*Amblyseius*) *robiniae* Chant, 1959a: 98, synonymed by Muma, 1964: 29.

Typhlodromalus robiniae, de Moraes et al., 1986: 134; de Moraes et al., 2004a: 203.

Amblyseiopsis sextus Garman, 1958: 72, synonymed by Denmark and Evans, 2011: 240.

Typhlodromus (*Amblyseius*) *sextus*, Chant, 1959a: 66.

Typhloseius sextus, Muma, 1961: 291.

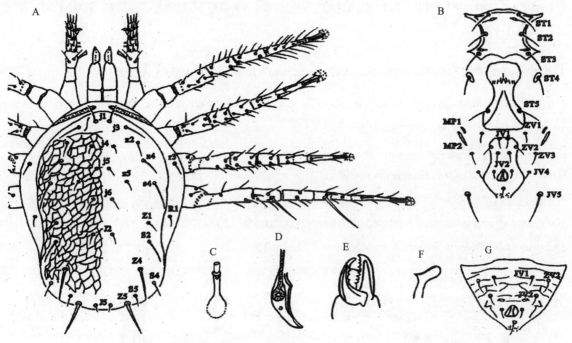

A. 背板；B. 腹面（胸板、生殖板和腹肛板）；C. 受精囊；D. 气门板；E. 螯肢；F. 导精趾；G. 雄腹肛板

图131　奇异异盲走螨 *Typhlodromalus peregrinus* Muma（Prasad，2013）

| 分布 | 阿根廷、巴西、哥伦比亚、哥斯达黎加、古巴、厄瓜多尔、多米尼加、危地马拉、圭亚那、洪都拉斯、墨西哥、秘鲁、苏里南、委内瑞拉、美国（本土、夏威夷）、法国（瓜德罗普、马提尼克岛）。

| 栖息植物 | 柑橘、辣椒、苦苣苔、蔷薇。

奇异异盲走螨（原名奇异近盲走螨）是美国柑橘园最常见的捕食螨之一，占采集标本的80.4%。在"Tahiti"酸橙树上使用针对蓟马防治的选择性农药对柑橘全爪螨及其相关的捕食螨种群有负面影响，捕食螨减少则会导致更高的柑橘全爪螨种群密度。结果农药处理实验地的产量比未处理对照样地明显减少41%、31%、28%和17%（Childers et al.，1999）。从美国佛罗里达州柑橘园多年多次的调查结果分析，本种在获得的捕食螨中的比例占42%~72%，是果园优势的天敌种群（Villanueva et al.，2005）。在佛罗里达南部和中南部柑橘园橘树及地被植物采集的植绥螨中，奇异异盲走螨是第二多的植绥螨种类（Childers et al.，2011）。奇异异盲走螨和阿里波异盲走螨都有从新北区引种到非洲用于控制木薯叶螨前进单爪螨、木薯单爪螨。奇异异盲走螨以粉虱为食时存活和产卵状况最佳，种群增长快（方小端 等，2010）。

（2）小钝走螨属 *Amblydromalus* Chant and McMurtry

Amblydromalus Chant and McMurtry, 2005b: 203.

Amblyseius (*Amblyseius*) section *Amblydromus* Wainstein, 1962b: 15. Type species: *Amblyseius limonicus* Garman and McGregor, 1956: 9. Preoccupied by *Amblydromus* Muma, 1961: 297.

limonicus species group de Moraes, Mesa, Braun and Melo, 1994: 209.

Type species: *Amblydromalus limonicus* Garman and McGregor, 1956: 9.

背板毛序类型10A：9B/JV-3：ZV。背板长大于宽，光滑，Z_5、j_3、s_4背刚毛显著长于其他各毛（有些种含Z_4），s_4：$Z_1 > 3.0 : 1.0$。生殖板宽于腹肛板，雌腹肛板为瓶形，具腰，长大于宽，肛前毛3对。足Ⅳ具巨毛1根。

① 檬小钝走螨 *Amblydromalus limonicus* Garman and McGregor，1956（图132）

Amblyseius limonicus Garman and McGregor, 1956: 9. Type locality: Santa Ana, California, USA; host: *cirtus* sp..

Amblyseiopsis limonicus, Garman, 1958: 72.

Typhlodromus (*Amblyseius*) *limonicus*, Chant, 1959a: 96.

Typhlodromus limonicus, Hirschmann, 1962: 21.

Amblyseius (*Typhlodromalus*) *limonicus*, Muma, 1961: 288.

Amblydromalus limonicus, Chant and McMurtry, 2005b: 203-207. 2007: 117.

Amblyseius (*Amblyseius*) *limonicus*, Wainstein, 1962b: 15.

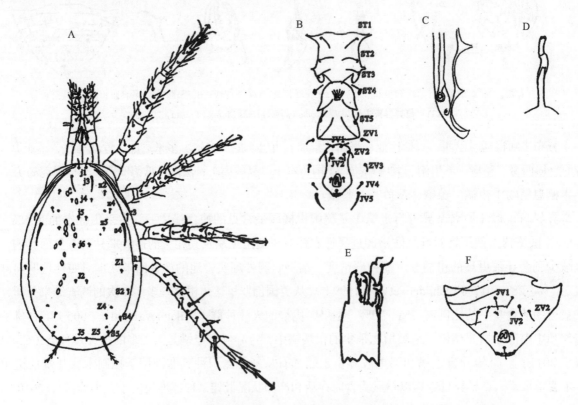

A. 背板；B. 腹面（胸板、生殖板和腹肛板）；C. 气门板；D. 受精囊；E. 导精趾；F. 雄腹肛板

图132　檬小钝走螨 *Amblydromalus limonicus* Garman and McGregor（Prasad，2013）

Typhlodromalus limonicus, De Leon, 1967: 22; de Moraes et al., 2004a: 199.

Typhlodromus (*Amblyseius*) *garmani* Chant, 1959a: 81, synonymed by de Moraes et al., 1986.

Amblyseius (*Typhlodromalus*) *rapax* De Leon, 1965a: 125, synonymed by de Moraes et al., 1982.

|分布| 玻利维亚、巴西、哥伦比亚、哥斯达黎加、古巴、厄瓜多尔、危地马拉、圭亚那、洪都拉斯、牙买加、墨西哥、新西兰、尼加拉瓜、葡萄牙、斯洛文尼亚、西班牙、苏里南、委内瑞拉、特立尼达和多巴哥（特立尼达）、法国、圭亚那、美国（本土、夏威夷、波多黎各）。

|栖息植物| 柑橘、木薯、葡萄、番茄、鳄梨、西葫芦等。该种在美国加利福尼亚州沿海地区的草本植物、灌木和乔木上非常普遍。

Chant等（2007）认为*Amblyseius*（*Typhlodromus*）*limonicus* Garman and McGregor，1956与*Amblyseiopsis limonicus* Garman，1958是同物异名，是作者在不同时间使用了采自同地、同种作物的标本以不同属命名发表的新种。该种形态似*Euseius*属种，腹肛板更似。关于该螨的研究论文甚多，记录了本种的捕食对象有粉虱、*Phyllocoptruta olevivor*、侧多食跗线螨、紫红短须螨、六点始叶螨、东方真叶螨、前进单爪螨、木薯单爪螨、朱砂叶螨、柑橘全爪螨、柑橘锈螨、*Oligonychus peruvianus*。McMurtry等（1965b）和Swirski等（1968）研究了本种的生命表及在不同食物条件下取食、发育、产卵等特性，并认为它是一种有潜能的害螨天敌。EPPO（2020）主要将其列为蓟马和粉虱（主要是烟粉虱）的生物防治物。

本种是木薯单爪螨的重要天敌，对非洲木薯害螨的综合治理很重要。从哥伦比亚、巴西引至非洲的本种控制木薯叶螨前进单爪螨、木薯单爪螨的效果良好（Bennett et al.，1975；Rogg et al.，1990）。檬小钝走螨起源自澳大利亚地区，目前是一种可商业应用于温室作物上蓟马和粉虱生物防治的天敌。在蓟马密度较低时，巴氏新小绥螨和不纯伊绥螨不能建立种群，而该螨则能在黄瓜上很好地存活及控制西花蓟马（van Houten，1996；Van Rijn et al.，1999a）。Medd等（2014）比较了几种商品捕食螨，高山横绥螨、斯氏钝绥螨和檬小钝走螨对温室黄瓜上密集粉虱种群的防治效果，檬小钝走螨表现出较高的捕食水平。病原真菌白僵菌*Beauveria bassiana*和檬小钝走螨以合理间隔结合使用有利于控制新西兰的入侵害虫马铃薯/番茄木虱*Bactericera cockerelli*（Liu et al.，2019a）。檬小钝走螨和白僵菌悬浮液或香蒲花粉*Typha orientalis*组合使用可以明显降低*B. cockerelli*种群及提高作物产量（Liu et al.，2019b）。在温室作物叶片上为檬小钝走螨增加一些人为扩散遮蔽物，也许会增强该螨的控制效果（Liu et al.，2018）。

Vangansbeke等（2014a）研究了檬小钝走螨以四种经济重要害虫（西花蓟马、温室粉虱、侧多食跗线螨和二斑叶螨）为食时的发育、繁殖和生长率，并同大量繁殖的替代猎物甜果螨*Carpoglyphus lactis*，以及三种潜在的人工饲料狭叶香蒲花粉*Typha angustifolia*、地中海粉螟*Ephestia kuehniella*和地中海食蝇*Ceratitis capitata*的冰冻卵进行比较，檬小钝走螨的存活率均较高（>94%），除了取食温室粉虱和二斑叶螨（存活率分别是76%和17.1%），取食香蒲花粉发育最快，该螨能取食较多的侧多食跗线螨的幼若螨和成螨，但不能产生后代。取食温室粉虱的繁殖率明显低于取食西花蓟马的。取食Nutrimite^{TM}（一种人工饲料）、地中海粉螟和地中海实蝇时捕食螨种群增长率最高，超过取食它们的自然天敌西花蓟马。取食3种备选食物的时候会出现自相残杀现象。提供补充食物条件下，檬小钝走螨对西花蓟马幼虫的捕食率下降30%，但存在补充食物可以减少西花蓟马若虫对捕食螨卵的捕食（Vangansbeke et al.，2014b）。香蒲花粉、地中海粉螟卵（其次）是檬小钝走螨大量繁殖的合适食物源，也可以作为替代食物在作物生长早期预防性地释放（Liu et al.，2017）。香蒲花粉也可以作为一种高营养的补充食物促进檬小钝走螨控制害虫螨（Liu et al.，2018）。

②木薯小钝走螨 *Amblydromalus manihoti* Moraes，1994（图133）

Amblyseius manihoti Moraes, in de Moraes et al. (1994b): 211. Type locality: Messias, Alagoas, Brazil; host: *Manihot esculenta*.

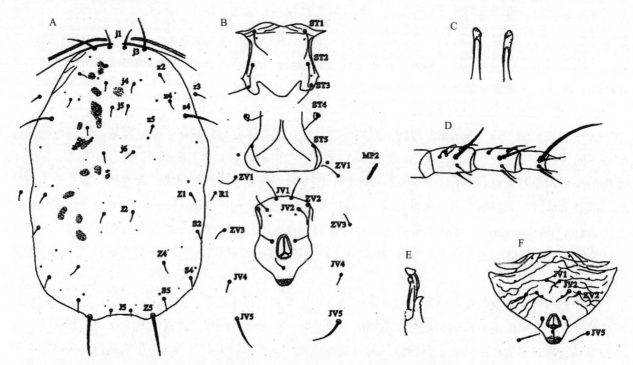

A. 背板；B. 腹面（胸板、生殖板和腹肛板）；C. 受精囊；D. 足Ⅳ膝节、胫节和基跗节；E. 导精趾；F. 雄腹肛板
图133　木薯小钝走螨 *Amblydromalus manihoti* Moraes（Prasad，2013）

Typhlodromalus manihoti, de Moreas, et al., 2004: 200.
Amblydromalus manihoti, Chant and McMurtry, 2005b: 203; Chant and McMurtry, 2007: 117.

│分布│贝宁、玻利维亚、巴西、哥伦比亚、古巴、厄瓜多尔、加纳、危地马拉、尼加拉瓜、巴拉圭、秘鲁、苏里南、委内瑞拉、特立尼达和多巴哥（特立尼达）。

│栖息植物│木薯、番茄、番石榴、橡胶、可可树、木瓜等。

木薯小钝走螨雌螨饥饿2h、6h、10h后，均明显被木薯单爪螨危害的木薯叶片吸引，木薯单爪螨危害木薯叶片所诱导产生的化学气味会吸引捕食螨到有木薯单爪螨发生的叶片上；木薯小钝走螨雌螨饱食状态下则不区分叶片上是否有木薯单爪螨发生（Gnanvossou et al., 2001）。木薯小钝走螨取食木薯单爪螨时的r_m是取食 *Oligonychus gossypii* 时的2.3倍，而以二斑叶螨为食时是零。比起发生 *O. gossypii* 的叶片，木薯小钝走螨更喜欢有木薯单爪螨发生的叶片所散发出的气味（Gnanvossou et al., 2003a）。木薯小钝走螨对为害的老叶、顶端嫩叶没有选择性，因此能与仅存在于植物端部的阿里波异盲走螨共存于一个植株上（Gnanvossou et al., 2003b）。该种从巴西引到非洲能成功控制木薯叶螨（McMurtry et al., 2013）。

2. 真绥螨亚族 Euseiina Chant and McMurtry

Euseiina Chant and McMurtry, 2005b: 209.

Type genus: *Amblyseius* (*Amblyseius*) section Euseius Wainstein, 1962b: 15.

背板毛序类型通常是10A∶9B。螯肢短而粗，定趾末端聚集有一些小齿，颚基沟相对较宽，为7～9μm；JV1位于腹肛板前边缘的正后方；气门沟通常短，并不伸达至j1毛处；s4、Z4、Z5毛不长或成鞭状（*Moraeseius papayana*除外）；背板通常为肥圆状，不具网纹但具前侧条纹；雄螨3对肛前毛排列成一行而不是成三角形；s4∶Z1比例多变。

真绥螨亚族分属检索表

1　腹肛板分开为腹板与肛板，背板骨化强，体棕黑色，盾间膜骨化强 ························· 伊绥螨属*Iphiseius*
　　腹肛板完整，背板骨化正常，体灰白色，盾间膜膜质化 ··· 2
2　具Z1毛 ·· 真绥螨属*Euseius*
　　缺Z1毛 ·· 莫氏绥螨属*Moraeseius*

（1）真绥螨属 *Euseius* Wainstein

finlandicus group Athias-Henriot, 1957: 319–352; Chant, 1959a: 67.

Amblyseius (*Amblyseius*) section *Euseius* Wainstein, 1962b: 15.

Amblyseius (*Amblyseius*) section *Afrodromus* Wainstein, 1962b: 17. Type species: *Typhlodromus africanus* Evans, 1954: 527.

Amblyseius (*Euseius*), De Leon, 1965a: 121.

Euseius Wainstein, De Leon, 1967: 86.

victoriensis group Schicha, 1987: 24.

Amblyseius (*Amblyseius*) *finlandicus* group Ueckermann and Loots, 1988: 61.

Type species: *Seiulus finlandicus* Oudemans, 1915: 183 (senior synonym of *Typhlodromus pruni* Oudemans, 929).

雌螨背刚毛类型为10A∶9B/JV-3∶ZV。大部分种的背板光滑，仅少数种在前侧边具条纹或板上有网纹。背刚毛除Z5毛稍长或具微刺外，其余各毛微小或短小。胸板后缘突起，胸毛3对。生殖板宽于腹肛板，腹肛板为卵圆形，侧缘稍凹入，最宽处为肛门相对之水平位置，肛前毛3对，几乎排列为二横排。螯肢较小，定趾端部多齿。气门沟短，不超过j3毛基部水平位置。足Ⅳ常具1～3根巨毛。

已知本属有205种（Demite et al.，2020），我国记录有28种。1960年以前有些学者把本属的种置于*Typhlodromus*或*Seiulus*中，1960年后又把它置于*Amblyseius*、*Typhlodromips*、*Iphiseius*或把它置于钝绥螨属的*Finlandicus*群或*Euseius*群。Wainstein（1962b）把它归于钝绥螨属的*Typhlodromips*亚属的*Euseius*组。De Leon（1966）、Muma等（1970）把它独立为真绥螨属*Euseius* Wainstein。

本属的种主要栖息于灌木植物上，在矮生的灌木林中数量较多，取食花粉，同时亦捕食行动较慢的瘿螨或其他昆虫幼体（温室粉虱和烟粉虱），取食花粉时的产卵量高于取食其他猎物时的产卵量，如盾形真绥螨*Euseius scutalis*（同物异名*Euseius gossipi*），还对结丝网的阿拉伯叶螨*Tetranychus arabicus*有较强的捕食作用。真绥螨属种类是典型的多面手捕食者，我国已研究尼氏真绥螨、卵圆真绥螨等的生物学，抗性品系培育及其在害螨综合治理中的作用。

① 尼氏真绥螨 *Euseius nicholsi* Ehara and Lee, 1971 (图134)

Amblyseius (*Amblyseius*) *nicholsi* Ehara and Lee, 1971: 67. Type locality: Chai Wan, Hong Kong Island, Hong Kong, China; host: grass. Wu, 1980b: 42; Chen et al., 1984: 328; Wu, 1989: 203.

Amblyseius (*Amblyseius*) *guangxiensis* Wu, 1982: 97, synonymed by Wu et al., 2009: 217.

Euseius nicholsi, de Moraes et al., 1986: 49, 2004: 75; Wu et al., 1991a: 85; 1997: 115; 2009: 217; Wu and Lan, 1992: 1360; Chant and McMurtry, 2005b: 215, 2007: 121.

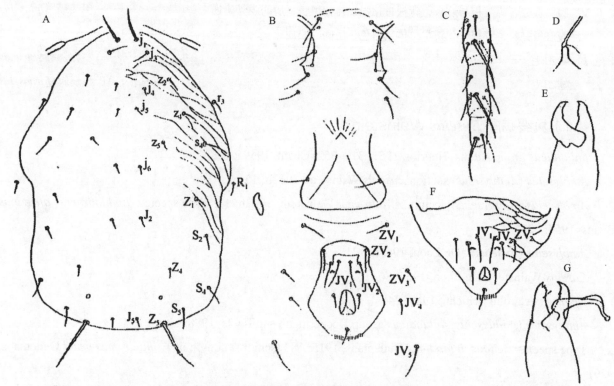

A. 背板；B. 腹面（胸板、生殖板和腹肛板）；C. 足Ⅳ膝节、胫节和基跗节；D. 受精囊；E. 螯肢；F. 雄腹肛板；G. 导精趾

图134　尼氏真绥螨 *Euseius nicholsi* Ehara and Lee, 1971

|分布| 中国（江苏、湖北、江西、湖南、福建、广东、香港、海南、贵州、重庆、四川、台湾。武陵山区）。泰国。

|栖息植物| 柑橘、茶树、李、荔枝、龙眼、枣树、桃、栎、白玉兰、蓖麻、陆英、米槁、何首乌、大豆、辣椒、茄子、丝瓜、紫苏、藿香蓟、薄荷、艾、蒿等。

尼氏真绥螨是多种经济作物害螨的有效天敌，常栖息于杂草、灌木或矮小的乔木上（马盛峰 等，2011）。本种是广东、广西、四川柑橘园的常见种，捕食柑橘全爪螨（陈守坚，1985；黄明度 等，1987；蒲天胜 等，1990；熊锦君 等，1988；方小端 等，2007）、柑橘始叶螨（Zhi et al., 1994）、侧多食跗线螨（Gerson, 1992）等。其人工繁殖的最适温度为28～30℃，相对湿度为90%。成螨每日捕食柑橘全爪螨卵6.8～26.5粒，捕食若螨7.8～13.9头。室内可用多种花粉繁殖（杨子琦等，1986）。曾涛等（1992）认为该种属于喜湿种类，饲养时相对湿度应控制在85%～95%之间。实行果园植被覆盖，可以提高地面湿度，有利于植绥螨的生存和繁殖。张良武等（1993）利用赤眼蜂蛹培养该种。曾涛等（1994）研究指出在缺乏食物时，水分是影响植绥螨存活的关键因素之一，供试的4种捕食螨中，尼氏真绥螨对水分的需求最为迫切。蒲天胜等（1995）研究发现20种花粉中马缨丹花粉最适合饲养该种捕食

螨。该种是贵州省果树汁吸性有害生物如二斑叶螨、柑橘全爪螨、柑橘始叶螨、侧多食跗线螨、苹果全爪螨、茶橙瘿螨Acaphylla theae Watt等多种害螨的天敌优势种（朱群 等，2006）。在柑橘园害螨较少时，本种还可以粉虱、蚜虫、蚧虫的幼虫、卵和分泌的露珠及多种植物花粉作为食物。

广东省科学院动物研究所（原广东省昆虫研究所）等（1978）、张格成（1984）、杨子琦（1986，1987）、杜桐源等（1987，1989，1991，1993）、黄明度等（1987）、麦秀慧等（1982，1984a）分别研究了本种的生物学、生态学、大量繁殖、抗药性品系选育及对柑橘全爪螨的综合治理等。把大量饲养的本种释放在有覆盖植物的柑橘园中，发现本种表现出较好的控害作用。杨子琦等（1986）在江西赣南橘区进行的研究表明，在少施化学农药的情况下，以尼氏真绥螨（原名尼氏钝绥螨）为主的捕食螨可将柑橘全爪螨和柑橘锈螨的危害控制在经济损失以内，收到了显著的应用效益。四川省已利用本种防治柑橘全爪螨并取得显著的效果（吴伟南 等，1991）。韦党扬等（1996）在田间的释放试验表明，尼氏真绥螨对柑橘全爪螨有明显的控制效果，释放后10d柑橘全爪螨的控制效果达94.12%。陈文龙等（1994）在草莓大棚内释放尼氏真绥螨并较好地防治了朱砂叶螨，释放3d后，两释放区校正减退率达60%左右。

黄明度等（1987）、杜桐源等（1987，1993）筛选出了尼氏真绥螨18.9倍的亚胺硫磷抗药性品系。田肇东等（1993）运用60Co-γ射线辐照尼氏真绥螨，并进行相关的生物学研究与抗性筛选。田肇东等（1993）、杜桐源（1991，1993）报道了本种抗药性品系选育，经分析表明为半显性多基因遗传。

② 粉虱真绥螨Euseius aleyrodis El-Badry，1967（图135）

Amblyseius aleyrodis (El-Badry, 1967a): 109. Type locality: Barakat, Gezira, Blue Nile, Sudan; host: cotton.

Amblyseius (Amblyseius) aleyrodis, Ueckermann and Loots, 1988: 87.

Euseius aleyrodis, de Moraes et al., 2004: 61; Chant and McMurtry, 2007: 120.

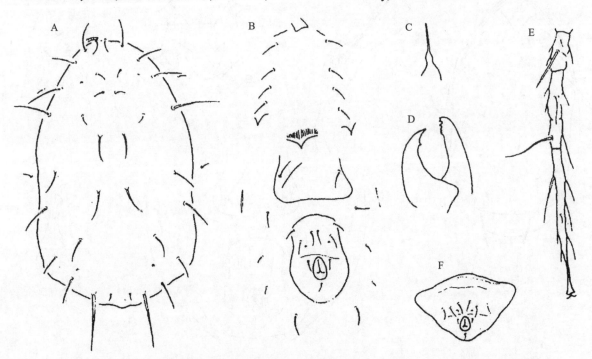

A. 背板；B. 腹面（生殖板和腹肛板）；C. 受精囊；D. 螯肢；E. 足IV膝节、胫节和基跗节；F. 雄腹肛板

图135　粉虱真绥螨*Euseius aleyrodis* El-Badry，1967c

| 分布 | 苏丹。

| 栖息植物 | 棉花。

El-Badry（1967，1968）研究发现本种是苏丹棉田捕食温室粉虱和烟粉虱的重要天敌。但它只喜取食粉虱的卵和一龄幼虫（Gerling，1986）。Gameel（1971）、Greathead等（1981）、Ueckermann等（1988）均研究发现该螨是控制温室粉虱很有潜能的天敌。

③橘真绥螨 *Euseius citri* van der Merwe and Ryke，1964（图136）

Amblyseius (Typhlodromalus) citri van der Merwe and Ryke, 1964: 273. Type locality: Rustenburg, Transvaal, South Africa; host: *Citrus* sp..

Amblyseius (Amblyseius) citri, van der Merwe, 1968: 148.

Amblyseius citri, Vacante et al., 1989: 1325.

Euseius citri, Chant and McMurtry, 2007: 120.

| 分布 | 希腊、南非。

| 栖息植物 | 柑橘。

橘真绥螨是非洲南部柑橘园中常见的捕食螨之一。它在实验室能取食柑橘蓟马 *Scirtothrips aurantii* 的若虫和成虫（Thysanoptera：Thripidae）（Schwartz，1983）及各种植食性害螨（McMurtry，1980；Ueckermann et al.，1988）。橘真绥螨可以减少德兰士瓦东部柑橘园中的柑橘蓟马种群（Grout et al.，1993）。El-Banhawy（1997）、Grout等（1997）调查了南非30个柑橘主产区柑橘树上的植绥螨种类，结果表明橘真绥螨是最丰富的种类之一。橘真绥螨仅以西花蓟马为食也能正常发育（Sengonca et al.，2004a）。

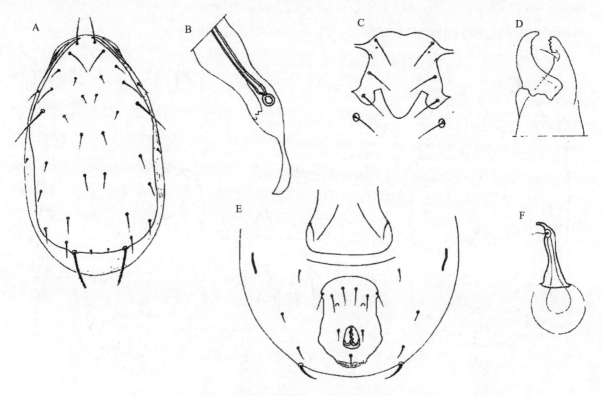

A. 背板；B. 气门板；C. 胸板；D. 螯肢；E. 腹面（生殖板和腹肛板）；F. 受精囊

图136　橘真绥螨 *Euseius citri* van der Merwe and Ryke（van der Merwe et al.，1964）

④橘叶真绥螨*Euseius citrifolius* Denmark and Muma，1970（图137）

Euseius citrifolius Denmark and Muma, 1970: 222. Type locality: Asuncion, Departamento Central, Paraguay; host: *Citrus* sp..

|分布|巴拉圭、阿根廷、巴西、哥伦比亚、尼加拉瓜、秘鲁。

|栖息植物|橡胶、柑橘。

橘叶真绥螨是巴西柑橘上最丰富的捕食螨种类之一。De Vis等（2006b）研究了空气湿度（相对湿度30%～100%）对巴西橡胶上常发生的6种捕食螨卵的有效性影响。比起其他种，橘叶真绥螨和山茶后绥伦螨*Metaseiulus camelliae*的卵在低湿度条件更有效，表明这两个种更有机会在干旱季节持续存在。De Vis等（2006a）研究发现当取食细须螨科猎物如紫红短须螨或者*Tenuipalpus heveae*时，该螨的产卵率和存活率最高；而当取食二斑叶螨、*Oligonychus gossypii*或花蓟马属*Frankliniella* sp.时，其产卵率和存活率最低。

橘叶真绥螨、同心真绥螨*Euseius concordis*（Chant）和*Agistemus* aff. *bakeri*（Stigmaeidae）在柑橘上常同域发生。使用农药杀扑磷、矿物油、溴氰菊酯、氯化铜合氧化铜和氧化亚铜后，与对照相比，捕食螨数量反而明显增加，长须螨stigmaeids的种群并没有明显减少。使用减少植绥螨种群数量的农药如苯菌灵、氯化铜合氧化铜、氧化亚铜、甲基托布津则会使得长须螨种群增加。在柑橘叶片上农药即时处理之后以及之后的33d、50d、83d和105d，植绥螨和长须螨有明显的负相关（Sato et al., 2001）。

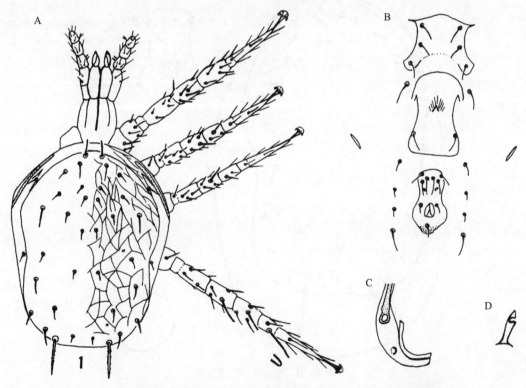

A. 背板；B. 腹面（胸板、生殖板和腹肛板）；C. 气门板；D. 受精囊

图137 橘叶真绥螨 *Euseius citrifolius* Denmark and Muma（Denmark et al., 2013）

⑤同心真绥螨*Euseius concordis* Chant，1959（图138）

Typhlodromus (*Amblyseius*) *concordis* Chant, 1959a: 69. Type locality: Concordia, Entre Rios, Argentina;

host: *Citrus* sp..

Amblyseius (*Iphiseius*) *concordis*, Muma, 1961: 288.

Typhlodromus concordis, Hirschmann, 1962: 21.

Amblyseius concordis, Chant and Baker, 1965: 22.

Euseius concordis, de Moraes et al., 2004a: 64; Chant and McMurtry, 2007: 120.

| 分布 | 阿根廷、巴西、哥伦比亚、哥斯达黎加、萨尔瓦多、危地马拉、洪都拉斯、黑山、尼加拉瓜、巴拉圭、秘鲁、葡萄牙、美国、委内瑞拉、特立尼达和多巴哥（特立尼达）。

| 栖息植物 | 柑橘、咖啡、嘉赐树、茄科植物。

本种的捕食对象：二斑叶螨、柑橘全爪螨、木薯单爪螨、前进单爪螨、*Oligonychus punicae*、侧多食跗线螨、伊氏叶螨。Friese等（1987）研究利用大量生产的本种捕食螨控制木薯叶螨木薯单爪螨、*Oligonychus punicae*、柑橘全爪螨。

Noronha等（2004）研究了不同地方采集的形态鉴定为同心真绥螨的不同种群的繁殖兼容性，发现有部分种群在遗传上隔离。同心真绥螨是在阿根廷西北部11种茄科植物上和伊氏叶螨相关的最丰富的植绥螨种类之一（Furtado et al., 2007），也是巴西咖啡、柑橘上最常见的捕食螨种类之一（Sato et al., 2001；Mineiro et al., 2008）。

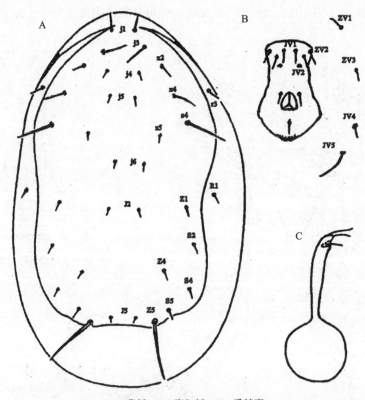

A. 背板；B. 腹肛板；C. 受精囊

图138　同心真绥螨*Euseius concordis* Chant（Prasad，2013）

⑥芬兰真绥螨*Euseius finlandicus* Oudemans，1915（图139）

Seiulus finlandicus Oudemans, 1915: 183. Type locality: Abo, Turun Porin Laani, Finland; host: *Salix caprea*.

Typhlodromus finlandicus, Oudemans, 1930a: 50.

Typhlodromus (*Typhlodromus*) *finlandicus*, Beglyarov, 1957: 375.

Amblyseius finlandicus, Athias-Henriot, 1958a: 34.

Typhlodromus (*Amblyseius*) *finlandicus*, Chant, 1959a: 67.

Typhlodromus (*Typhlodromopsis*) *finlandicus*, De Leon, 1959a: 113.

Amblyseius (*Typhlodromalus*) *finlandicus*, Muma, 1961: 288.

Amblyseius (*Amblyseius*) *finlandicus*, Wainstein, 1962b: 15.

Amblyseius (*Euseius*) *finlandicus*, Arutunjan, 1970: 11.

Euseius finlandicus, De Leon, 1966: 86; de Moraes et al., 1986: 41, 2004: 66; Chant and McMurtry, 2005b: 215, 2007: 121; Tixier et al., 2013: 108.

Euseius pruni Oudemans, 1915: 183, synonymed by Oudemans, 1930a.

|分布| 中国（甘肃、河北、江苏、山东、陕西、西藏）。阿尔巴尼亚、阿尔及利亚、阿根廷、安哥拉、亚美尼亚、奥地利、阿塞拜疆、白俄罗斯、比利时、波黑、保加利亚、加拿大、克罗地亚、塞浦路斯、捷克、丹麦、英国、芬兰、法国、格鲁吉亚、德国、希腊、匈牙利、印度、印度尼西亚、伊朗、意大利、日本、哈萨克斯坦、拉脱维亚、立陶宛、马其顿、墨西哥、摩尔多瓦、黑山、荷兰、尼加拉瓜、挪威、波兰、葡萄牙、俄罗斯、塞尔维亚、斯洛伐克、斯洛文尼亚、韩国、西班牙、瑞典、瑞士、突尼斯、土耳其、乌克兰、美国。

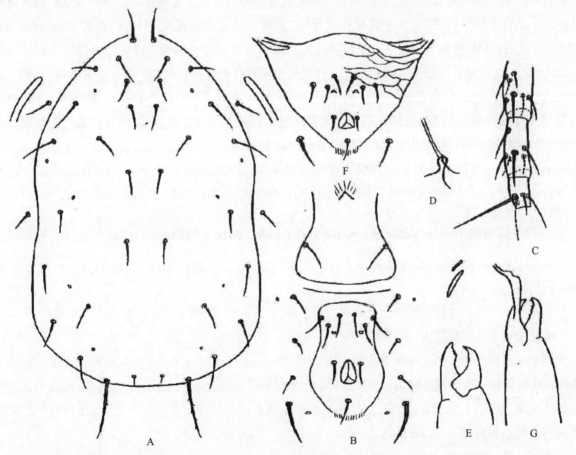

A.背板；B.腹面（生殖板和腹肛板）；C.足IV膝节、胫节和基跗节；D.受精囊；E.螯肢；F.雄腹肛板；G.导精趾

图139　芬兰真绥螨*Euseius finlandicus* Oudemans

|**栖息植物**|黄花柳、欧洲李、苹果、桃、核桃、山楂、桑树、栎、椿树、海棠、杏、桦树、木槿、榆树、栾树、山荆子、二球悬铃木等。

芬兰真绥螨是研究植绥螨初期发现的，其分布范围广，属于花粉嗜食性捕食者。早期一些学者研究了本种的生物学及生态学特性，并从田间采回来后在实验室开展人工繁殖，研究其取食不同食物对本种发育和生殖的影响等。本种的捕食对象有苹果尘螨、苹果全爪螨、二斑叶螨、截形叶螨、山楂叶螨、*Bryobia rubrioculus*、*Oligonychus indicus*。

芬兰真绥螨是芬兰未喷药苹果园中分布最广泛的种类之一（占调查果园植绥螨的74%），仅次于巨毛小植绥螨（79%）。它是苹果树上种群密度最高的捕食螨，平均0.7头/叶，巨毛小植绥螨则占0.5头/叶。在喷药苹果树上，芬兰真绥螨也较常见，但平均密度在0.1头/叶之下。芬兰真绥螨在苹果园周边植物上也广泛发生，存在于33种植物上，且密度最高。因此，在苹果园周围森林边缘的常绿植物和灌木可以作为芬兰真绥螨的重要库源植物。如果限制使用有害的化学农药，这些果园周边植物上的优势植绥螨种类会迁移进果园并且定殖（Tuovinen et al., 1991）。Thakur等（2010）调查发现在印度西姆拉地区，该种捕食螨在苹果、坚果和胡桃上数量丰富，并与苹果全爪螨、加州短须螨、*Aculus malus*和叶螨属种类相关。该螨也是我国甘肃省东部地区苹果、桃、李等果树和林木上捕食螨的优势种，对多种果树及林木害螨，如二斑叶螨、苹果全爪螨、山楂叶螨等有明显的自然控制作用（张新虎，1993；张新虎 等，2000；张新虎 等，2001）。

室内实验发现当芬兰真绥螨、梨盲走螨和异常坎走螨同时存在时，它们之间存在种间竞争。芬兰真绥螨取食的异种幼螨和前若螨数比其他两种植绥螨取食的要多。在无水条件下，芬兰真绥螨每天每雌能取食6.51头梨盲走螨幼螨或5.31头前若螨和取食5.27头异常坎走螨幼螨或5.95头前若螨（Schausberger, 1997）。芬兰真绥螨/异常坎走螨共存系统，芬兰真绥螨会占主导，但两个种在实验过程中都一直存在（Schausberger, 1998）。芬兰真绥螨与西方静走螨相比较有更低的水分散失率（在相对湿度0%、20℃下，前者每小时0.8%，后者是1.3%），两个种均能很好地适应干旱环境（Yoder, 1998）。到了2月中旬，芬兰真绥螨雌螨的光周期敏感性消失，滞育终止。但在越冬点直到3月下半月仍未发现雌螨。这可能是由于当时相对低温以及缺少足够的食物（Broufas, 2000）。

Karadzhov（1973）研究了在苹果园使用杀螨剂西维因对该螨的影响。Kostiainen（1994）、Kostiainen等（1994a，1994b）研究了本种对杀虫剂抗性的遗传改良及其抗性在田间的变化。

⑦ 五倍子真绥螨*Euseius gallicus* Kreiter and Tixier，2010（图140）

Euseius gallicus Kreiter and Tixier, in Tixier et al. (2010): 242. Type locality: Montpellier, France; host: *Prunus cerasus*.

|**分布**|比利时、法国、德国、意大利、毛里求斯、荷兰、斯洛文尼亚、突尼斯、土耳其。

|**栖息植物**|欧洲酸樱桃、欧洲椴、枸杞、蔷薇、牵牛花等。

五倍子真绥螨已经在国际市场上被商业化应用（Pijnakker et al., 2013）。在欧洲和北美，五倍子真绥螨同檬小钝走螨、斯氏钝绥螨均被用于粉虱的生物防治（Cavalcante et al., 2015a）。在荷兰和法国的一些田间试验表明，它也是防治西花蓟马和温室粉虱最有前景的生物防治天敌之一。EPPO（2020）主要将其列为粉虱和蓟马的生物防治物。

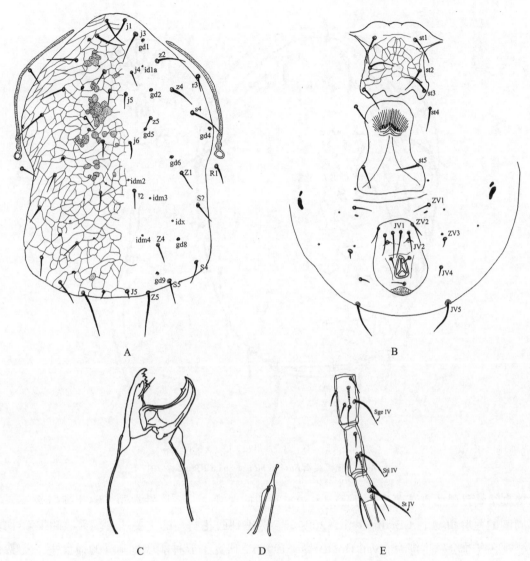

A. 背板；B. 腹面（胸板、生殖板和腹肛板）；C. 螯肢；D. 受精囊；E. 足Ⅳ

图140　五倍子真绥螨 *Euseius gallicus* Kreiter and Tixier

⑧木槿真绥螨 *Euseius hibisci* Chant, 1959（图141）

Typhlodromus (*Amblyseius*) *hibisci* Chant, 1959a: 68. Type locality: Alamos, Sonora, Mexico; host: *Hibiscus* sp..

Amblyseius (*Typhlodromalus*) *hibisci*, Muma, 1961: 288.

Typhlodromus hibisci, Hirschmann, 1962: 20.

Amblyseius hibisci, Schuster and Pritchard, 1963: 223.

Amblyseius (*Euseius*) *hibisci*, Rodriguez et al., 1981: 81–89.

Euseius hibisci, de Moreas et al., 1986: 45, 1991: 137, 2004: 70; Chant and McMurtry, 2007: 121.

|分布|安哥拉、阿根廷、巴哈马、巴西、哥伦比亚、哥斯达黎加、古巴、危地马拉、印度、牙买加、墨西哥、美国（本土、波多黎各）、葡萄牙（马德拉岛）。

|栖息植物|芙蓉、草莓、蓖麻、柠檬等芸香科植物。

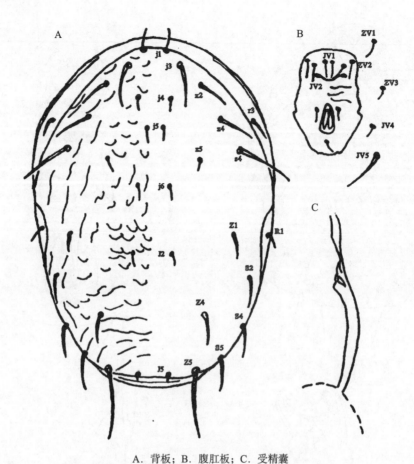

A. 背板；B. 腹肛板；C. 受精囊
图141　木槿真绥螨 *Euseius hibisci* Chant（Prasad，2013）

　　木槿真绥螨是墨西哥草莓生长地区数量最丰富的捕食螨之一。该螨常同二斑叶螨相关，存在草莓上及草莓周围的蓖麻植物上（Badii et al.，2004）。考虑到西花蓟马的主要捕食螨天敌胡瓜新小绥螨和巴氏新小绥螨在冬季会发生滞育，van Houten等（1995b）研究了五种能取食蓟马的捕食螨，发现木槿真绥螨和不纯伊绥螨的卵对低湿度环境最不敏感。两种雌螨都完全不滞育，而且其以西花蓟马低龄若虫和花粉为食时仍能保持适中的捕食和产卵，因此是低湿度、短日照条件下最有前景的西花蓟马生防天敌。该螨还能取食花粉和其他害虫，如多种粉虱的若虫（Badii et al.，2002），属于Ⅳ型捕食螨（McMurtry et al.，1997）。

　　早期McMurtry等（1964a），Swirski等（1970）研究了本种捕食多种害虫和害螨的情况并获得了它们取食、发育和生殖的数据。已记录的本种捕食对象有柑橘锈螨、加州短须螨、紫红短须螨、六点始叶螨、东方真叶螨、柑橘全爪螨、侧多食跗线螨、朱砂叶螨、太平洋叶螨、西花蓟马、红圆蚧*Aonidiella aurantii*、橘实硬蓟马*Scirtothrips citri*、*Eutetranychus banksi*等。

　　在实验室叶螨丝网较少条件下，木槿真绥螨能适量取食二斑叶螨的卵和不成熟螨。但实际上在田间叶螨的丝网存在于各个阶段，木槿真绥螨对丝网并不是很适应。Badii等（2004）研究了二斑叶螨密度固定的条件下，木槿真绥螨雌螨对猎物的不同阶段性喜好；以及在变化密度的二斑叶螨卵、幼螨或前若螨条件下，捕食者雌螨的功能反应；并研究了当提供*Ligustrum ovalifolium*花粉条件下该螨的功能反应。结果证明，比起猎物的其他发育阶段，该螨明显喜欢取食二斑叶螨的卵。取食卵的即时发现率a'最高，处理时间T_h最短。补充花粉会减少其对猎物的取食。在墨西哥，木槿真绥螨是作为进口的专食性的捕食螨如智利小植绥螨的辅助，共同实现大田草莓上二斑叶螨的生物防治。因为木槿真绥螨在植株上的停留时间比专食性的捕食螨更长，当二斑叶螨在植株上再次发生快速定殖时会发生响应作用。

⑨ **卵圆真绥螨** *Euseius ovalis* Evans，1953

Typhlodromus ovalis Evans, 1953: 458. Type locality: Kuala Lumpur, Selangor, Malaysia; host: rubber plant.

Typhlodromus (Amblyseius) ovalis Chant, 1959a: 68.

Amblyseius (Typhlodromalus) ovalis Muma, 1961: 288.

Amblyseius ovalis, Wu, 1980b: 46; Chen et al., 1984: 327.

Euseius ovalis, Gupta, 1978: 335; de Moraes et al., 1986: 49, 2004a: 77; Wu et al., 1997a: 117, 2009: 235; Ehara and Amano, 1998: 43; Chant and McMurtry, 2005b: 215, 2007: 121; Fang et al., 2019b: 1928, 2020b: 261.

|分布| 中国（福建、广东、广西、海南、江苏、江西、贵州、四川、云南、台湾、香港）。澳大利亚、库克群岛、斐济、印度、印度尼西亚、日本、马来西亚、毛里求斯、墨西哥、新西兰、巴布亚新几内亚、菲律宾、斯里兰卡、美国（夏威夷）。

|栖息植物| 柑橘、梨、桃、荔枝、龙眼、西瓜、羊蹄甲、橡胶、蓖麻、苦楝、油桐、桑树、女贞、大叶相思等。

文献记录本种的捕食对象：茶叶瘿螨 *Calacarus carinatus*、侧多食跗线螨、东方真叶螨、咖啡小爪螨、柑橘全爪螨（吴伟南 等，1988）、苹果全爪螨、神泽氏叶螨、卢氏叶螨、截形叶螨、烟粉虱和温室粉虱（Pijnakker，2005）等。

本种容易用人工方法大量繁殖，是荔枝上的优势种。已有研究观察到它频繁取食荔枝瘿螨，是控制荔枝瘿螨的优势种（吴伟南 等，1991）。Messelink等（2006）通过比较10种能取食西花蓟马的捕食螨，证明卵圆真绥螨和檬小钝走螨、斯氏钝绥螨均能达到明显更高的种群水平，可以很好地控制西花蓟马。Nguyen等（2010）研究报道了卵圆真绥螨在25℃条件下取食4种叶螨种类（二斑叶螨、神泽氏叶螨、*Oligonychus mangiferus*、柑橘全爪螨）、玉米花粉或中国丝瓜花粉的发育情况。卵圆真绥螨取食 *O. mangiferus*、二斑叶螨或玉米花粉时，雄螨可以存活12.91～16.74d，雌螨可以存活16.24～23.77d，比取食神泽氏叶螨、柑橘全爪螨或中国丝瓜花粉能存活更长时间。当提供 *O. mangiferus* 幼螨或前若螨作为猎物，卵圆真绥螨幼若螨每天可以捕食18.57头幼螨或17.47头前若螨，交配后的雌螨每天可以捕食16.83头幼螨或12.83头若螨，总捕食330.68头幼螨或252头前若螨。成熟雄螨比雌螨捕食较少的 *O. mangiferus* 幼螨（107.69头）或前若螨（91.51头）。卵圆真绥螨取食 *O. mangiferus* 比取食二斑叶螨时有更高的食物生殖转化率。卵圆真绥螨主要取食二斑叶螨、神泽氏叶螨和 *O. mangiferus* 的幼螨和前若螨而不是卵。推荐可以利用二斑叶螨的待孵化卵作为该螨大量繁殖的合适食物（Nguyen et al.，2011）。卵圆真绥螨不仅具有控制蓟马的潜力而且还有很好的控制粉虱的潜力。辣椒作物上的卵圆真绥螨种群不会受真菌 *Fusarium semitectum* 杀菌剂和久效磷的影响（Mikunthan et al.，2010）。

⑩ **红色真绥螨** *Euseius rubicolus* van der Merwe and Ryke，1964（图142）

Amblyseius (Typhlodromalus) rubicolus van der Merwe and Ryke, 1964: 266. Type locality: Grabouw, Cape, South Africa; host: *Rubus* sp..

Amblyseius (Typhlodromalus) addoensis van der Merwe and Ryke, 1964: 275, synonymed by McMurtry, 1980.

Amblyseius (*Amblyseius*) *addoensis*, Ueckermann and Loots, 1988: 97.

Amblyseius (*Typhlodromalus*) *anneckei* van der Merwe and Ryke, 1964: 268, synonymed by McMurtry, 1980.

Amblyseius (*Typhlodromalus*) *capensis* van der Merwe and Ryke, 1964: 281, synonymed by McMurtry, 1980.

Amblyseius (*Typhlodromalus*) *raptor* van der Merwe and Ryke, 1964: 270, synonymed by McMurtry, 1980.

Amblyseius (*Typhlodromalus*) *undulatus* van der Merwe and Ryke, 1964: 278, synonymed by McMurtry, 1980.

Euseius rubicolus, de Moreas, et al., 2004: 82; Chant and McMurtry, 2007: 123.

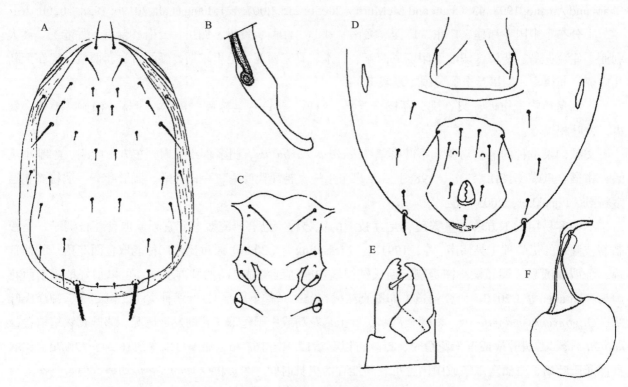

A. 背板；B. 气门板；C. 胸板；D. 腹面（生殖板和腹肛板）；E. 螯肢；F. 受精囊

图142　红色真绥螨*Euseius rubicolus* van der Merwe and Ryke（van der Merwe et al., 1964）

|分布| 南非。

|栖息植物| 柑橘、悬钩子、葡萄、栎、桦树、西番莲等。

红色真绥螨的捕食对象有柑橘蓟马*Scirtothrips aurantii*、朱砂叶螨和柑橘全爪螨。El-Banhawy（1997）、Grout等（1997）调查了南非30个柑橘主产区柑橘树上的植绥螨种类，发现红色真绥螨、橘真绥螨是最丰富的种类，共占到取样标本的86%。Grout等（1997）通过研究红色真绥螨作为柑橘蓟马、朱砂叶螨和柑橘全爪螨的捕食者的潜力，发现另一种在非洲南部柑橘园常见的捕食螨橘真绥螨也能取食柑橘蓟马及各种植食性害螨，并有更宽的地理分布。但它控制柑橘蓟马的效果没有红色真绥螨防治效果好。在非洲更南部，红色真绥螨的种群数量更多。

Grout等（1992）做了一系列分析测试，评价了一些在非洲南部柑橘园常使用的农药在田间风干后的农药残留对红色真绥螨的影响。Grout等（1997）研究了一些杀螨剂、杀虫剂，以及茎秆和土壤应用的系统农药对红色真绥螨的毒性。结果证明，绝大多数杀螨剂的残余毒性相对较低，涕灭威是被测试的唯一一种系统性农药，只造成该螨5%的死亡率。对红色真绥螨触杀作用较强的杀虫剂有氯氰菊酯、杀虫脒、氟胺氰菊酯、氧乐果、矿物油和氟虫腈。

⑪ 盾形真绥螨 *Euseius scutalis* Athias-Henriot，1958（图143）

Typhlodromus scutalis Athias–Henriot, 1958b: 183. Type locality: Rovigo, plaine de la Mitidja, Alger, Algeria; host: *Ceratonia siliqua*.

Amblyseius scutalis, Athias–Henriot, 1960a: 62.

Amblyseius (*Typhlodromalus*) *scutalis*, Muma, 1961: 288.

Amblyseius (*Amblyseius*) *scutalis*, Ueckermann and Loots, 1988: 109.

Euseius scutalis, Ferragut and Escudero, 1997: 233; Swirski et al., 1998: 107; de Moraes et al., 2004a: 82; Chant and McMurtry, 2007: 123.

Typhlodromus (*Amblyseius*) *delhiensis* Narayanan and Kaur, 1960b: 5, synonymed by Wysoki and Bolland, 1983.

Amblyseius gossipi El–Badry, 1967b: 177, synonymed by Wysoki and Bolland, 1983.

Amblyseius (*Amblyseius*) *libanesi* Dosse, 1967: 30, synonymed by Wysoki and Bolland 1983.

Typhlodromus (*Amblyseius*) *finlandicus rubini* Swirski and Amitai, 1961: 196, synonymed by Wysoki and Bolland, 1983.

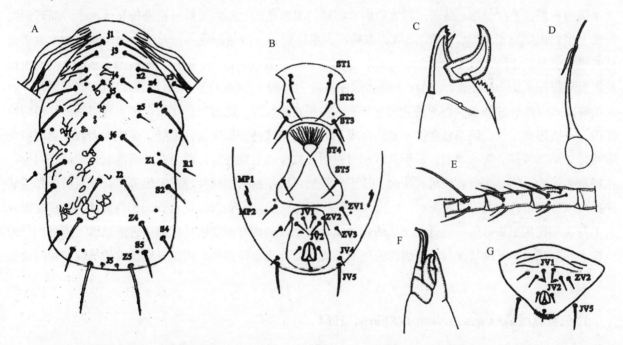

A. 背板；B. 腹面（胸板、生殖板和腹肛板）；C. 螯肢；D. 受精囊；E. 足Ⅳ膝节、胫节和基跗节；F. 导精趾；G. 雄腹肛板

图143　盾形真绥螨 *Euseius scutalis* Athias-Henriot（Prasad，2013）

|分布| 阿尔及利亚、佛得角、塞浦路斯、埃及、加纳、希腊、伊朗、以色列、约旦、摩洛哥、阿曼、秘鲁、沙特阿拉伯、叙利亚、突尼斯、也门、土耳其、西班牙（本土、加那利群岛）。

|栖息植物| 豇豆、鸡蛋花树、棉花、蓖麻等。

众多研究调查了埃及棉田主要害虫、害螨及其自然天敌的发生规律，发现盾形真绥螨对多种害螨有不同程度的嗜食性并具有不同的生殖、发育率，并在此基础上研究了本种的分类、生物学、生态学特性、人工大量繁殖和释放技术及其在棉田控制害螨的效果等。本种的捕食对象有东方真叶螨、朱砂叶螨、二斑叶螨、阿拉伯叶螨、烟粉虱，以及蚧科的 *Chrysomphalus anonidum*、*Brevipalpus pulcher*、*Cenopalpus pulcher*、*Tenuipalpus granati*、*Coccus acuminatus*、*Oligonychus mangiferus* 等。在已研究的真绥螨属中，只有此种是棉花上结丝网的叶螨属种类的重要捕食者（McMurtry，1977a）。Nomikou等（2003a）研究了花粉和粉虱蜜露对盾形真绥螨生活史的影响，研究结果表明蓖麻花粉可以保证该螨的存活、发育和繁殖；粉虱产生的蜜露可以增加该螨的存活率，保证该螨发育成熟，以及保持低水平的产卵。因此花粉和蜜露这些非猎物食物源对盾形真绥螨有利。Nomikou等（2003b）研究发现在黄瓜植株上使用系统性农药涕灭威对叶片上捕食螨的存活有影响，间接证明盾形真绥螨会取食植物叶片组织，且取食植物是必不可少的。当以柑橘全爪螨混合螨态为食物，在20℃、25℃和（30±1）℃时，盾形真绥螨的整个发育时间分别是6.7d、4.9d和4.2d。在25℃时其产卵期比在20℃和30℃时更长。随着温度上升，内禀增长率r_m从0.166到0.295雌螨/雌/d，净生殖率R_0在25℃最高（26.03雌螨/雌），在30℃最低（12.95雌螨/雌）。平均世代时间T_0在25℃最长（17.50d），在30℃时最短（9.53d）（Kasap et al.，2004）。

为了提升温室作物上西花蓟马周年的生物防治效果，van Houten等（1995b）从已知可以取食蓟马的种类中筛选出了5个亚热带的植绥螨种类：木槿真绥螨、不纯伊绥螨、檬小钝走螨、盾形真绥螨和土拉真绥螨。Nomikou等（2001）研究了阿西盲走螨 *Typhlodromus athiasae*（Porath and Swirski）、巴氏新小绥螨、斯氏钝绥螨、盾形真绥螨、结饰植绥螨5种捕食螨以烟粉虱为食时的生活史特征，结果发现盾形真绥螨的种群内禀增长率r_m最高。释放盾形真绥螨的温室黄瓜上的烟粉虱一直维持在低水平，而对照组黄瓜上烟粉虱则呈指数增长。在9周后，烟粉虱成虫达到16~21倍的差异。表明该螨是温室黄瓜上烟蓟马的很有前景的生防天敌（Nomikou et al.，2002）。盾形真绥螨在地中海周边柑橘园害虫综合治理中也发挥重要作用（Kasap et al.，2004；Papadoulis et al.，2009）。Maoz等（2011）在以色列鳄梨果园开展大量淹没式释放一种外来引进的商业捕食螨——加州新小绥螨；通过提供花粉保护本地鳄梨园优势的植绥螨——盾形真绥螨。结果释放加州新小绥螨果园的鳄梨螨种群密度明显下降，但绝大多数采集的捕食螨都是盾形真绥螨。实验表明，盾形真绥螨可以明显减少鳄梨螨种群，即使它并不能刺穿或撕开网巢。在种苗上实验证明，当有花粉可利用时，盾形真绥螨可以压制鳄梨螨种群；提供玉米花粉，盾形真绥螨种群可以持续增长。大田实验揭示，使用风传花粉植物非洲虎尾草 *Chloris gayana* 作为地被，与重复撒放人工花粉相比较更加有效。邻近虎尾草的作物植株上植绥螨种群密度明显比距离远的植株上更高，邻近植株上鳄梨螨种群密度持续较低，因此使用非洲虎尾草作为地被植物，用以自然供给植绥螨花粉的效果较好。

⑫总社真绥螨 *Euseius sojaensis* Ehara，1964

Amblyseius sojaensis Ehara, 1964: 381. Type locality: Soja, Gumma, Honshu, Japan; host: mulberry.

Amblyseius (Amblyseius) sojaensis, Ehara, 1966a: 24, 1972: 168; Ehara et al., 1994: 123.

Amblyseius (Euseius) sojaensis, Ehara and Amano, 1998: 42.

Euseius sojaensis, de Moraes et al., 1986: 54, 2004a: 83; Liao et al., 2020: 101.

| 分布 | 中国（台湾）。日本。

| 栖息植物 | 葛藤、鸡桑、西洋梨、细齿樱桃、桃、李、台湾肖楠、椰子、番木瓜、麻竹、寒绯

樱、香润楠、马拉巴栗、台湾山香圆、洋紫荆、水麻。

该种在日本多地均有分布（Ehara，1964；Ohno et al.，2012；Toyoshima et al.，2018）。Shibao等（2004）报道了在日本该螨具有捕食葡萄园茶黄蓟马的潜力。Kasai等（2005）实验发现总社真绥螨对樟树上的瘿螨有影响，该螨可以减少虫瘿的诱发。*Cayratia japonica*（Thunb.）Gagnep.（葡萄科Vitaceae）植株上的营养液珠有利于总社真绥螨在其上定居。当总社真绥螨在植食性害螨神泽氏叶螨之前定居，该螨可以取食叶螨。营养液珠的存在并不会减少捕食螨对叶螨的捕食，因此*C. japonica*分泌的营养液珠可以作为总社真绥螨的交替食物（Ozawa and Yano，2009）。

⑬**草茎真绥螨***Euseius stipulatus* **Athias-Henriot，1960（图144）**

Amblyseius stipulatus Athias–Henriot, 1960b: 294. Type locality: Morris, Bone, Annaba, Algeria; host: *Citrus* sp..

Typhlodromus stipulates, Hirschmann, 1962: 19.

Amblyseius (*Amblyseius*) *stipulates*, Ueckermann and Loots, 1988: 110.

Euseius stipulatus, de Moreas et al., 2004: 84; Chant and McMurtry, 2007: 123.

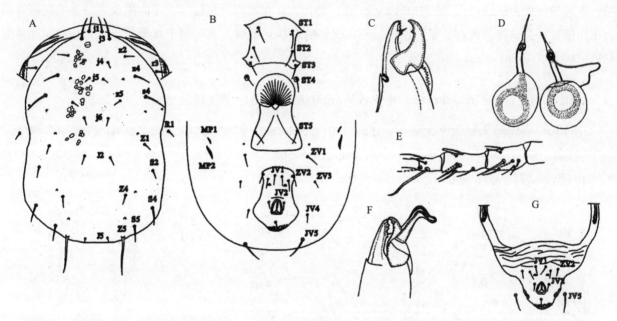

A. 背板；B. 腹面（胸板、生殖板和腹肛板）；C. 螯肢；D. 受精囊；E. 足Ⅳ膝节、胫节和基跗节；F. 导精趾；G. 雄腹肛板

图144　草茎真绥螨*Euseius stipulatus* Athias-Henriot（Prasad，2013）

|**分布**|阿尔及利亚、法国、希腊、匈牙利、伊朗、意大利、黑山、摩洛哥、秘鲁、斯洛文尼亚、叙利亚、突尼斯、土耳其、美国、葡萄牙（本土、亚速尔群岛、马德拉群岛）、西班牙（本土、加那利群岛）。

|**栖息植物**|柑橘、鳄梨等。

草茎真绥螨是在地中海区域广泛分布的捕食螨。Ferragut等（1987）研究了温度和食物对本种产卵和发育的影响。本种在意大利柑橘园对全爪螨控制起一定作用，是柑橘园叶螨的重要天敌。Ferragut等（1992）研究了该种对柑橘全爪螨的取食行为。Bouras等（2005）选择了李、樱桃、杏、苹果、梨、胡桃等植物的花粉，研究其对本种生活史的影响。结果显示，前4种对草茎真绥螨生长、发育、繁殖

有利，胡桃仅可维持其生存。该种的取食对象包括柑橘全爪螨、朱砂叶螨、西花蓟马，以及鳄梨上的 *Oligonychus punicae*、*Planococcus citri*。

草茎真绥螨是地中海盆地西部海岸果园中主要的种类，适应当地比较温和的气候条件，而盾形真绥螨则在东部海岸占优势（de Moraes et al.，2004a）。草茎真绥螨对热压力的适应性比盾形真绥螨弱（Ferragut et al.，1987；Kasap et al.，2004）。在沿海的鳄梨果园，杂食性的草茎真绥螨常与植食性鳄梨螨同时发生且取食该螨，因此被认为是鳄梨螨很好的生物防治候选天敌（Montserrat et al.，2008；González-Fernández et al.，2009）。草茎真绥螨和盾形真绥螨这两种杂食性的植绥螨除了均喜欢取食花粉（González-Fernández et al.，2009）外，也能攻击在巢穴外面徘徊的*Oligonychus perseae*的活动虫态（Montserrat et al.，2008），目前这两种真绥螨属种类均通过生物防治方法被应用于两个农业生态系统，主要针对3种叶螨害虫种类的生物防治，即柑橘上的二斑叶螨和柑橘全爪螨（Aguilar-Fenollosa et al.，2011），以及鳄梨上的 *O. perseae*（González-Fernández et al.，2009；Maoz et al.，2011）。

草茎真绥螨是西班牙柑橘园内的优势捕食螨，加州新小绥螨和智利小植绥螨也是在柑橘园自然存在的种群，但都不能有效防治二斑叶螨。这三种捕食螨中，草茎真绥螨表现出最强的种间竞争能力。在实验条件下，该螨单以二斑叶螨为食，但不能完成生活史（Abad-Moyano et al.，2009）。二斑叶螨存在丝网，该螨的优势会被削弱（Abad-Moyano et al.，2010）。在西班牙柑橘园，田间撒放质量差的花粉能阻止花粉嗜食者到达高的种群数量，这可压制占优势的草茎真绥螨，而有利于其他与草茎真绥螨存在种间竞争的捕食螨（Pina et al.，2012）。

⑭ 维多利亚真绥螨 *Euseius victoriensis* Womersley，1954（图145）

Typhlodromus victoriensis Womersley, 1954: 180. Type locality: Merbein, Victoria, Australia; host: *Citrus* sp..

Typhlodromus (*Amblyseius*) *victoriensis*, Chant, 1959a: 68.

Amblyseius (*Typhlodromalus*) *victoriensis*, Muma, 1961: 288.

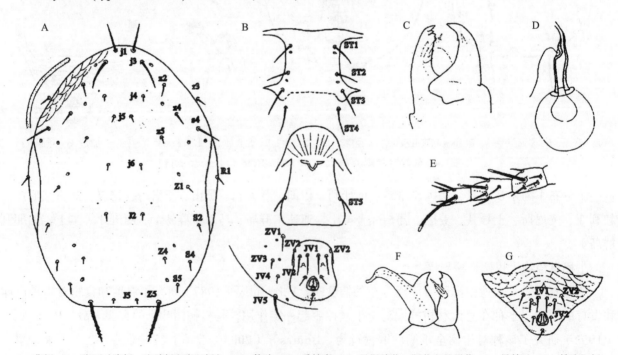

A. 背板；B. 腹面（胸板、生殖板和腹肛板）；C. 螯肢；D. 受精囊；E. 足Ⅳ膝节、胫节和基跗节；F. 导精趾；G. 雄腹肛板

图145 维多利亚真绥螨 *Euseius victoriensis* Womersley（Prasad，2013）

Amblyseius victoriensis, Schicha, 1977: 123.

Euseius victoriensis (Womersley, 1954), de Moreas, et al., 2004: 86; Chant and McMurtry, 2007: 123.

|分布|澳大利亚、美国。

|栖息植物|柑橘。

维多利亚真绥螨原产澳大利亚，是瘿螨的重要天敌。James等人在20世纪80—90年代陆续研究了本种的取食习性、食物类型，以及其生存、发育、生殖等生物学特性。Womersley（1954）将本种从澳大利亚引进以色列控制柑橘锈螨。维多利亚真绥螨在澳大利亚已成功地应用于控制柑橘园的柑橘锈螨、侧多食跗线螨、*Tegolophus australis*、细须螨和二斑叶螨（Beaulieu et al., 2007）。已记录的本种的捕食对象有：*Aceria cornutus*、*Colomerus vitis*、瘿螨*Eriophyes* sp.、柑橘锈螨、*Tegolophus australis*、二斑叶螨。以色列引进五种捕食螨［草栖钝绥螨、维多利亚真绥螨、*Euseius elinae*（Schicha）、立氏盲走螨*Typhlodromus rickeri* Chant 和草茎真绥螨］用以防治柑橘锈螨，但只有维多利亚真绥螨在以色列北部建立了种群（Argov et al., 2002）。

吡虫啉处理后的雌螨表现为产卵增加，每天产卵1.9～2.0粒，而未处理的雌螨是每天1.3～1.6粒。一个杏园的维多利亚真绥螨田间种群在使用吡虫啉之后4周内明显减少，但是在5～6周后种群明显开始恢复，在9～12周种群数量甚至超过对照区2倍多（James，1997）。

⑮ 土拉真绥螨 *Euseius tularensis* Congdon，1985（图146）

Euseius tularensis Congdon, in Congdon and McMurtry (1985): 25. Type locality: south of Lindsay, Tulare, California, USA; host: *Citrus sinensis*. de Moraes et al., 2004a: 85; Chant and McMurtry, 2007: 123.

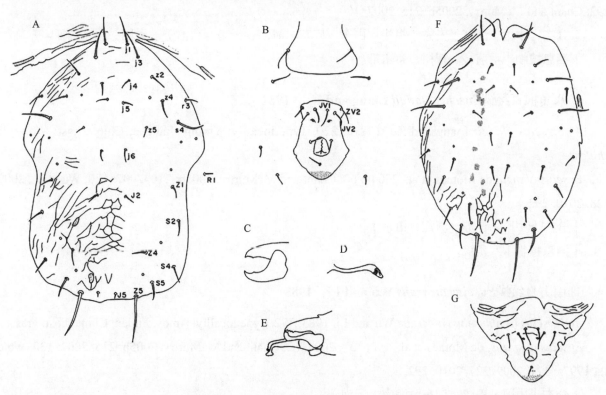

A. 雌背板；B. 腹面（生殖板和腹肛板）；C. 螯肢；D. 受精囊；E. 螯肢和导精趾；F. 雄背板；G. 雄腹肛板

图146　土拉真绥螨*Euseius tularensis* Congdon（Congdon et al., 1985）

|分布|美国。

|栖息植物|柑橘、鳄梨。

土拉真绥螨是加州柑橘园防治柑橘全爪螨和柑橘蓟马的重要生物防治物，在加州南部柑橘种植区非常常见（Congdon et al.，1985），喜欢栖息于柑橘和鳄梨上。其广谱的取食习性与木槿真绥螨非常相似。该种能取食叶片汁液、各种花粉和柑橘蓟马。风传花粉颗粒是影响该螨季节种群增长的主要因素（Kennett et al.，1979）。该种防治柑橘蓟马的效果比防治柑橘全爪螨更好（Congdon et al.，1988）。

每株柑橘释放500或2 000头土拉真绥螨，配合使用苹果花粉，可在果实对柑橘蓟马敏感期之前或期间明显增加集聚的捕食螨的数量。每株单次释放2 000头比分四次释放、每次500头更加有利。更多的捕食螨聚集与生物防治柑橘蓟马的效果提升有明显的相关性，果面的严重疤痕明显减少。在选择性农药条件下，该螨对减少柑橘园的柑橘蓟马具有重要作用（Grafton-cardwell et al.，1995）。

该螨对阿维菌素等杀螨剂敏感，会减少其种群密度至发挥对柑橘蓟马生防作用的阈值0.5头/叶以下（Grafton-Cardwell，2006）。

⑯爱泽真绥螨 *Euseius aizawai* Ehara and Bhandhufalck，1977

Amblyseius (Amblyseius) aizawai Ehara and Bhandhufalck, 1977: 59. Type locality: Chiang Dao, Chiang Mai, Thailand; host: papaya.

Amblyseius aizawai, Liang and Ke, 1983: 163.

Amblyseius (Euseius) aizawai, Ehara, 2002a: 36.

Euseius aizawai, de Moraes et al., 1986: 36, 2004: 60; Wu et al., 1991a: 86, 1997a: 119, 2009: 226, 2010: 292; Chant and McMurtry, 2005b: 215, 2007: 120.

|分布|中国（浙江、安徽、福建、山东、广东、海南、云南、台湾）。泰国、马来西亚。

|栖息植物|番荔枝、槐树、番木瓜。

⑰八角枫真绥螨 *Euseius alangii* Liang and Ke，1981

Amblyseius alangii Liang and Ke, 1981a: 220. Type locality: Yixing, Jiangsu, China; host: *Alangium chinense*.

Euseius alangii, de Moraes et al., 2004a: 60; Chant and McMurtry, 2005b: 216, 2007: 120; Wu et al., 2009: 228, 2010: 292.

|分布|中国（江苏、浙江、山东）。

|栖息植物|八角枫。

⑱南方真绥螨 *Euseius australis* Wu and Li，1983

Amblyseius (Amblyseius) australis Wu and Li, 1983: 172. Type locality: Amoy, Fujian, China; host: grass.

Euseius australis, de Moraes et al., 1986: 37, 2004: 62; Chant and McMurtry, 2005b: 215, 2007: 120; Wu et al., 1997a: 121, 2009: 227, 2010: 292.

|分布|中国（福建、广东、海南、云南）。

|栖息植物|番石榴、杂草。

⑲ 栗真绥螨 *Euseius castaneae* Wang and Xu，1987

Amblyseius castaneae Wang and Xu, 1987: 153. Type locality: Miyun, Beijing, China; host: *Castanea mollissima*.

Euseius castaneae, de Moraes et al., 2004a: 63; Chant and McMurtry, 2005b: 215, 2007: 120; Wu et al., 2009: 224, 2010: 292.

｜分布｜中国（北京、河北）。

｜栖息植物｜栗树。

⑳ 环形真绥螨 *Euseius circellatus* Wu and Li，1983

Amblyseius (*Amblyseius*) *circellatus* Wu and Li, 1983: 173. Type locality: Dazhulan, Jianyang, Nanping, China; host: *Machilus thunbergii*.

Typhlodromalus circellatus, de Moraes et al., 1986: 128.

Amblyseius circellatus, Wu et al., 1997a: 77.

Amblyseius (*Neoseiulus*) *circillatus* [sic], Wu et al., 2009: 80.

Euseius circellatus, de Moraes et al., 2004a: 63; Chant and McMurtry, 2005b: 215; 2007: 120; Wu et al., 2010: 292.

｜分布｜中国（福建、广东、海南、云南、台湾）。印度尼西亚。

｜栖息植物｜大叶樟、松、红楠。

㉑ 细密真绥螨 *Euseius densus* Wu，1984

Amblyseius (*Amblyseius*) *densus* Wu, 1984: 156. Type locality: Yunnan, China; host: unspecified substrate.

Euseius densus, de Moraes et al., 1986: 40, 2004a: 65; Chant and McMurtry, 2007: 120; Wu et al., 1997a: 124, 2009: 229, 2010: 292.

｜分布｜中国（云南）。

｜栖息植物｜桃、牡丹。

㉒ 江西真绥螨 *Euseius jiangxiensis* Wu and Ou，2009

Euseius jiangxiensis Wu and Ou, in Wu et al. 2009: 219. Type locality: Jinggangshan, Jiangxi, China; host: bushes. Wu et al., 2010: 292.

｜分布｜中国（江西）。

｜栖息植物｜灌木。

㉓ 大鹿真绥螨 *Euseius daluensis* Liao and Ho，2017

Euseius daluensis Liao and Ho, in Liao et al. (2017b)：211. Type locality: Wufeng, Hsinchu, Taiwan, China; host: *Bambusa oldhamii*. Liao et al., 2020: 66..

｜分布｜中国（台湾）。

｜栖息植物｜绿竹、麻竹。

㉔ 梁氏真绥螨 *Euseius liangi* Chant and McMurtry，2005

Euseius liangi Chant and McMurtry, 2005b: 215; replacement name for *Euseius sacchari* (Liang and Ke).
Amblyseius sacchari Liang and Ke, 1983: 165. Type locality: Fujian, China; host: *Saccharum officinarum*.
Euseius sacchari, de Moraes et al., 1986: 52.
Neoseiulus liangi, de Moraes et al., 2004a: 128.
Euseius liangi, Wu et al., 2009: 237; Chant and McMurtry, 2007: 120; Wu et al., 2010: 292.

｜分布｜中国（福建、广西）。

｜栖息植物｜甘蔗。

㉕ 长颈真绥螨 *Euseius longicervix* Liang and Ke，1983

Amblyseius longicervix Liang and Ke, 1983: 164. Type locality: Jinghong, Yunnan, China; host: *Citrus grandis*.
Euseius longicervix, de Moraes et al., 1986: 47, 2004a: 73; Chant and McMurtry, 2007: 121; Wu et al., 2009: 232, 2010: 292.

｜分布｜中国（云南）。

｜栖息植物｜橡胶树。

㉖ 长顶毛真绥螨 *Euseius longiverticalis* Liang and Ke，1983

Amblyseius longiverticalis Liang and Ke, 1983: 167. Type locality: Shidian, Yunnan, China; host: unknown plant.
Euseius longiverticalis, de Moraes et al., 1986: 47; 2004: 73; Chant and McMurtry, 2005b: 215; Wu et al., 2009: 230; 2010: 292.

｜分布｜中国（云南）。

｜栖息植物｜滇杨、铁线莲。

㉗ 血桐真绥螨 *Euseius macaranga* Liao and Ho，2017

Euseius macaranga Liao and Ho, in Liao et al. (2017b): 215. Type locality: Xiziwan, Gushan, Kaohsiung, Taiwan, China; host: *Macaranga tanarius*. Liao et al., 2020: 67.

｜分布｜中国（台湾）。

｜栖息植物｜血桐、油桐、苎麻、鬼针草、水黄皮、杜虹花、藿香蓟、野梧桐、异色山黄麻、桑属种类。

㉘ 乌龙真绥螨 *Euseius oolong* Liao and Ho，2018

Euseius oolong Liao and Ho, 2018, in Liao et al. (2018): 2193. Type locality: Tea Research and Extension Station, Yangmei, Taoyuan, Taiwan, China; host: *Camellia sinensis*. Liao et al., 2020: 84.

｜分布｜中国（广东、台湾）。

｜栖息植物｜血桐、羊蹄甲、茶树。

㉙拟卵圆真绥螨 *Euseius paraovalis* Liao and Ho，2017

Euseius paraovalis Liao and Ho, in Liao et al. (2017b) : 223. Type locality: Dogqing Sewage Treatment Plant, Lanyu Island, Taitung, Taiwan, China; host: *Macaranga tanarius*. Liao et al., 2020: 97.

|分布|中国（台湾）。

|栖息植物|血桐、异色山黄麻、桑树。

㉚栎真绥螨 *Euseius querci* Liang and Ke，1983

Amblyseius querci Liang and Ke, 1983: 168. Type locality: Changbaishan, Jilin, China; host: *Quercus acutissima*.

Euseius querci, de Moraes et al., 1986: 51, 2004: 79; Chant and McMurtry, 2005b: 215, 2007: 123; Wu et al., 2009: 231, 2010: 292.

|分布|中国（吉林）。

|栖息植物|栎。

㉛瑞丽真绥螨 *Euseius ruiliensis* Wu and Li，1985

Amblyseius (*Amblyseius*) *ruiliensis* Wu and Li, 1985a: 270. Type locality: Ruili, Yunnan, China; host: unknown plant.

Euseius ruiliensis, de Moraes et al., 2004a: 81; Chant and McMurtry, 2005b: 216, 2007: 123; Wu et al., 2009: 240, 2010: 292.

|分布|中国（云南）。

|栖息植物|未知。

㉜相似真绥螨 *Euseius simileus* Wu and Ou，2009

Euseius simileus Wu and Ou, in Wu et al. (2009) : 242. Type locality: Mengding Basin, Yunnan, China; host: bushes. Wu et al., 2009: 242, 2010: 292.

|分布|中国（云南）。

|栖息植物|灌木。

㉝类卵圆真绥螨 *Euseius similiovalis* Liang and Ke，1983

Amblyseius similiovalis Liang and Ke, 1983: 163. Type locality: Jinghong, Yunnan, China; host: *Robinia pseudoacacia*.

Euseius similovalis [sic], Chant and McMurtry, 2005b: 216.

Euseius similiovalis, de Moraes et al., 1986: 54, 2004a: 83; Wu et al., 1997a: 118, 2009: 23, 2010: 292; Chant and McMurtry, 2007: 123.

|分布|中国（云南）。

|栖息植物|荔枝、杨槐、橡胶树。

㉞ 拟普通真绥螨 *Euseius subplebeius* Wu and Li，1984

Amblyseius (*Amblyseius*) *subplebeius* Wu and Li, 1984b: 46. Type locality: Shennongjia, Hubei, China; host: unspecified substrate. Wu, 1989: 205.

Euseius subplebeius, de Moraes et al., 1986: 55, 2004a: 84; Wu et al., 1997a: 122, 2009: 221, 2010: 292; Chant and McMurtry, 2007: 123.

｜分布｜中国（河南、湖北）。

｜栖息植物｜苹果、核桃、大豆、枣树、栓皮栎。

㉟ 天水真绥螨 *Euseius tianshuiensis* Wu and Ou，2009

Euseius tianshuiensis Wu and Ou, in Wu et al. (2009) : 234. Type locality: Tianshui, Gansu, China; host: shrubbery. Wu et al., 2010: 293.

｜分布｜中国（甘肃）。

｜栖息植物｜灌木。

㊱ 有益真绥螨 *Euseius utilis* Liang and Ke，1983

Amblyseius utilis Liang and Ke, 1983: 169. Type locality: Beijing, China; host: *Malus pumila*.

Euseius utilis, de Moraes et al., 1986: 56, 2004a: 86; Chant and McMurtry, 2005b: 216, 2007: 123; Wu et al., 2009: 223, 2010: 293.

｜分布｜中国（北京、河北）。

｜栖息植物｜苹果。

㊲ 普通真绥螨 *Euseius vulgaris* Liang and Ke，1983

Amblyseius vulgaris Liang and Ke, 1983: 166. Type locality: Simao, Yunnan, China; host: *Quercus acutissima*.

Euseius vulgaris, de Moraes et al., 1986: 57, 2004a: 86; Chant and McMurtry, 2005b: 216, 2007: 123; Wu et al., 2009: 225, 2010: 293.

｜分布｜中国（安徽、福建、江西、云南）。

｜栖息植物｜油桐、梅树、麻栎。

㊳ 西昌真绥螨 *Euseius xichangensis* Wu and Ou，2009

Euseius xichangensis Wu and Ou, in Wu et al. (2009) : 238. Type locality: Xichang, Sichuan, China; host: unknown plant. Wu et al., 2010: 293.

｜分布｜中国（四川）。

｜栖息植物｜未知。

㊴ 西藏真绥螨 *Euseius xizangensis* Wu and Ou，2009

Euseius xizangensis Wu and Ou, in Wu et al. (2009) : 239. Type locality: Tibet Agriculture and Animal

Husbandry College, Nyingchi, Tibet, China; host: bushes. Wu et al., 2010: 293.

| 分布 | 中国（西藏）。

| 栖息植物 | 灌木。

（2）伊绥螨属 *Iphiseius* Berlese

Iphiseius Berlese, 1916, *nomen nudum*: 1921: 95.

Amblyseius (*Iphiseius*), Muma, 1961: 288.

Iphiseius (*Iphiseius*), Pritchard and Baker, 1962: 298.

degenerans species group Papadoulis and Emmanouel, 1991: 36.

Type species: *Seius degenerans* Berlese, 1889: 9. [= *Iphiseius degenerans* (Berlese, 1889)]

在 *Iphiseius* 属已知有两个命名种，模式种不纯伊绥螨 *Iphiseius degenerans* 和 *Iphiseius martigellus* El-Badry。Chant 等（2005b）提出后面种是前面种的同物异名。

不纯伊绥螨雌螨的毛序类型是 10A：9B/JV3：ZV，具钝绥螨亚科常见的 33 对毛。突起为叉状，雌雄的腹肛板均分裂成分开的腹板和肛板。

不纯伊绥螨的原始分布局限在非洲和地中海区域。其在意大利的原始寄主植物是苔藓。该种早已经用于实验室的捕食研究，目前释放于世界各处用于叶螨的生物防治。

不纯伊绥螨 *Iphiseius degenerans* Berlese，1889（图147）

Seius degenerans Berlese, 1889: 9. Type locality: Italy; host: herb and moss.

Amblyseius (*Iphiseius*) *degenerans*, Muma, 1961: 288.

Iphiseius (*Iphiseius*) *degenerans*, Pritchard and Baker, 1962: 299.

Typhlodromus degenerans, Hirschmann, 1962: 21.

Amblyseius degenerans, Northcraft, 1987: 521.

Iphiseius degenerans, de Moraes et al., 2004a: 92; Chant and McMurtry, 2007: 125.

| 分布 | 阿尔及利亚、贝宁、巴西、布隆迪、喀麦隆、佛得角、科摩罗、塞浦路斯、刚果（布）、埃及、格鲁吉亚、加纳、希腊、以色列、意大利、肯尼亚、黎巴嫩、马拉维、摩洛哥、尼日利亚、卢旺达、沙特阿拉伯、塞拉利昂、南非、叙利亚、坦桑尼亚、突尼斯、土耳其、乌干达、美国、也门、赞比亚、津巴布韦、苏丹、马达加斯加、葡萄牙（本土、亚速尔群岛、马德拉群岛）、西班牙（加那利群岛）。

| 栖息植物 | 苔藓、番木瓜、禾本科植物。

不纯伊绥螨冬季不滞育，对低湿较不敏感，产卵和捕食率居中，为低湿、短日照条件下防治西花蓟马最有应用潜力的种类之一（van Houten，1996）。Vantornhout 等（2005）研究了不纯伊绥螨取食蓖麻 *Ricinus communis* L. 花粉、二斑叶螨、西花蓟马若虫、地中海粉螟卵时的繁殖、寿命和种群生命表参数。该螨取食蓖麻花粉时种群增长最快，取食大豆叶碟上的二斑叶螨则种群增长最慢，可能原因是不纯伊绥螨不能很好地处理叶螨的丝网，会导致高后代逃逸率。不纯伊绥螨被证明尤其适合地中海、北欧地区蓟马和粉虱的防治（van Houten et al.，2005）。但不纯伊绥螨和花蝽 *Orius insidiosus* 一起用于防治玫瑰上的西花蓟马并不会提升防治效果，可能是因为存在集团内捕食（Chow et al.，2010）。EPPO（2020）主要将其列为缨翅目昆虫的生物防治物。

氟苯脲不会对不纯伊绥螨造成明显的死亡率（Brown et al.，2003）。

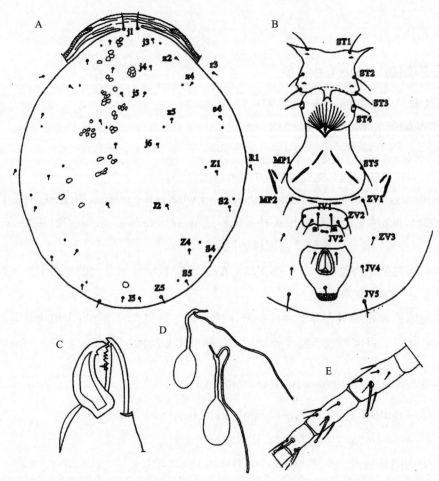

A 背板；B. 腹面（胸板、生殖板和腹肛板）；C. 螯肢；D. 受精囊；E. 足Ⅳ膝节、胫节和基跗节

图147　不纯伊绥螨*Iphiseius degenerans* Prasad，2013

二、植绥螨亚科Phytoseiinae Berlese

Phytoseiini Berlese, 1913: 3; Wainstein, 1962b: 26.

Phytoseiinae Berlese, Vitzthum, 1941: 768; Chant and McMurtry, 1994: 231; Wu et al., 2009: 273; Ehara and Amano, 1998: 48.

Chantiinae, Chant and Yoshida-Shaul, 1986a: 2025.

Type genus: *Phytoseius* Ribaga, 1904: 177.

20世纪60年代以前，传统的植绥螨亚科概念包括全部植绥螨种类，即现在被认为的三大类群——植绥螨、钝绥螨、盲走螨。20世纪60—90年代，植绥螨亚科概念包括了植绥螨族和盲走螨族两个大类群。90年代以后，植绥螨科分为3个亚科，即植绥螨亚科、盲走螨亚科、钝绥螨亚科（Chant et al., 1994），本文的植绥螨亚科是90年代以后的植绥螨属。

植绥螨亚科躯体毛数目最少，为27～30对，大部分种类为28～29对，其中25对毛是稳定的，即j1、j3、j4、j5、j6、z2、z4、z5、s4、r3、J5、Z4、Z5、ST1～ST5、JV1、JV2、JV5、ZV1、ZV2、PA、

PST；7对毛是不稳定的，即J2、z3、z6、s6、R1、JV4、ZV3。z3和s6毛可能同时出现，或仅具其中1对。S系列毛和Z1毛是不存在的。植绥螨亚科背板常粗糙，具装饰纹，背刚毛s4、r3、Z4、Z5具锯齿状，r3毛在背板上。雌螨腹肛板延长或狭小，大部分为花瓶形或鞋形，肛前毛减少，为1~3对，具JV1和JV2毛。JV3毛是不出现的，仅有一个种存在该毛。螯肢齿数显著减少，足Ⅲ膝节仅具6根毛（1–2/0、2/0–1）。

全球已知植绥螨亚科有3属（钱特螨属 *Chantia* Pritchard and Baker、小扁绥螨属 *Platyseiella* Muma和植绥螨属 *Phytoseius* Ribaga）共140多种，我国仅有植绥螨属并已记录31种。

植绥螨亚科分属检索表

1　背板上具z3、z6毛（图148），缺s6毛，大部分背刚毛呈桨状，足Ⅱ膝节具6根毛 ·········· 钱特螨属 *Chantia*
　　背板上具z3毛或缺少，缺z6毛，具s6毛（图149），背刚毛不呈桨状 ·· 2
2　具z3毛（图149）·· 植绥螨属 *Phytoseius*
　　缺z3毛（图150）·· 小扁绥螨属 *Platyseiella*

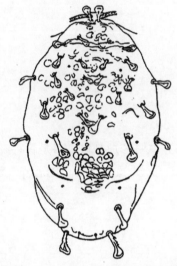

图148　*Chantia paradoxa* Pritchard and Baker的背板

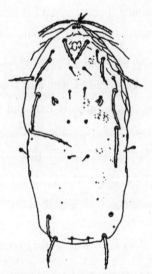

图149　*Phytoseius nahautlensis* De Leon的背板

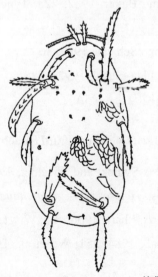

图150　*Platyseiella platypilis* Chant的背板

植绥螨属 *Phytoseius* Ribaga

Phytoseius Ribaga, 1904: 177. Type species: *Gamasus plumifer* Canestrini and Fanzago, 1876: 130.

Phytoseius (*Phytoseius*), Wainstein, 1959: 1361.

Phytoseius (*Dubininellus*), Wainstein, 1959: 1361. Type species: *Phytoseius* (*Dubininellus*) corniger Wainstein, 1959.

Dubininellus, Muma, 1961: 293.

Phytoseius (*Pennaseius*) Pritchard and Baker, 1962: 223. Type species: *Phytoseius* (*Pennaseius*) *amba* Pritchard and Baker, 1962.

Pennaseius, Schuster and Pritchard, 1963: 299.

Typhlodromus (*Phytoseius*), van der Merwe, 1968: 100.

Phytoseius (*Euryseius*) Wainstein, 1970: 1726. Type species: *Phytoseius purseglovei* De Leon, 1965a: 13.

horrridus species group Denmark, 1966: 83.

fotheringhamae species group Schicha, 1987: 35.

hawaiiensis species group Schicha, 1987: 36.

woolwichensis species group Schicha, 1987: 36.

plumifer species group Chant and Yoshida-Shaul, 1992a: 12.

purseglovei species group Chant and Yoshida-Shaul, 1992a: 12.

Type species: *Gamasus plumifer* Canestrini and Fanzago, 1876: 130.

成螨有三种背板毛序类型：12A：3A、12A：4A、12A：5A。主要区别是J2和R1是否存在。

植绥螨属*Phytoseius* Ribaga分3个亚属：翼绥螨亚属*Pennaseius* Pritchard and Baker、宽绥螨亚属*Euryseius* Wainstein、小杜绥螨亚属*Dubininellus* Wainstein。

1）翼绥螨亚属 *Pennaseius* Pritchard and Baker

Phytoseius (*Phytoseius*), Wainstein, 1959: 1361.

Phytoseius (*Pennaseius*) Prichard and Baker, 1962: 223. Type species: *Phytoseius* (*Pennaseius*) *amba* Pritchard and Baker, 1962: 224.

Phytoseius woolwichensis species group Schicha, 1987: 36

plumifer species group Chant and Yoshida-Shaul, 1992a: 12.

雌螨背板具J2和R1毛。背板毛序类型为12A：5A。

①香港植绥螨 *Phytoseius hongkongensis* Swirski and Shechter，1961

Phytoseius (*Phytoseius*) *hongkongensis* Swirski and Shechter, 1961: 99. Type locality: Victoria Mountain, Hong Kong Island, Hong Kong, China; host: *Heterosmilax gaudichaudiana*. Wu, 1989: 192.

Phytoseius (*Pennaseius*) *hongkongensis*, Ehara, 1966a: 25; Wu et al., 2009: 275, 2010: 298.

Phytoseius hongkongensis, Chen et al., 1984: 351; Wu et al., 1997a: 144; de Moraes et al., 2004a: 240; Chant and McMurtry, 2007: 129.

| 分布 | 中国（江苏、福建、江西、山东、湖北、广东、广西、海南、贵州、云南、台湾、香

港）。韩国、日本、泰国、印度尼西亚、马来西亚、巴布亚新几内亚、马达加斯加、越南、马拉维、肯尼亚、贝宁、澳大利亚。

|栖息植物|盐肤木、枇杷、荚蒾、山莓、构树、芫花、茄子、山毛榉、刺槐、柑橘、葛藤、马缨丹。

②微小植绥螨*Phytoseius minutus* Narayanan，Kaur and Ghai，1960

Phytoseius minutus Narayanan, Kaur and Ghai, 1960a: 391. Type locality: New Delhi, Delhi, India; host: *Hibiscus esculentus*. Chen et al., 1984: 352; Wu et al., 1997a: 147; de Moraes et al., 2004a: 247; Chant and McMurtry, 2007: 129.

Phytoseius (*Pennaseius*) *minutus*, Ehara, 1966a: 25; de Moraes et al., 1986: 213: Wu, 1997a: 151; Wu et al., 2009: 277, 2010: 298.

Phytoseius (*Phytoseius*) *minutus*, Denmark, 1966: 48.

Phytoseius wuxianensis Xin, Liang and Ke, 1983: 45, synonymed by Wu, 1997.

Phytoseius yunnanensis Lou, Yin and Tong, 1992: 215, synonymed by Wu et al., 2009.

|分布|中国（江苏、福建、云南、台湾）。印度。

|栖息植物|木槿、柑橘、杂草、灌木。

2）宽绥螨亚属*Euryseius* Wainstein（图151，以*Phytoseius purseglovei*为例）

Euryseius Wainstein, 1970: 1726. Type species: *Phytoseius purseglovei* De Leon, 1965: 13.

purseglovei species group, Chant and Yoshida-Shaul, 1992a: 5–23.

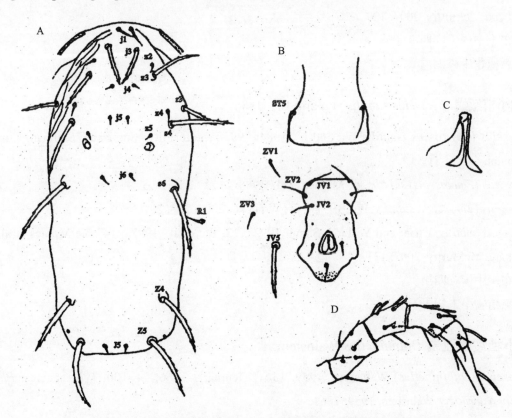

A. 背板；B. 腹面（生殖板和腹肛板）；C. 受精囊；D. 足Ⅳ膝节、胫节和基跗节

图151 *Phytoseius purseglovei* De Leon，1965（Prasad，2013）

雌螨具R1毛，缺J2毛。躯体毛序毛类型为12A：4A/JV-3，4：ZV。前背板具j1、j3、j4、j5、j6、z2、z3、z4、z5、s4、s6、r3毛，后背板J5、Z4、Z5和R1毛。

① 油桐植绥螨 *Phytoseius aleuritius* Wu，1981

Phytoseius (*Phytoseius*) *aleuritius* Wu, 1981: 207. Type locality: Gushan, Fuzhou, Fujian, China; host: *Aleurites fordii*.

Phytoseius (*Pennaseius*) *aleuritius*, de Moraes et al., 1986: 210.

Phytoseius taianensis Liang and Ke, 1981b: 235, synonymed by Chant and Yoshida-Shaul, 1992a.

Phytoseius (*Euryseius*) *aleuritius*, Wu, 1997: 152; Wu et al., 2009: 281, 2010: 297.

Phytoseius aleuritius, Wu et al., 1997a: 145; de Moraes et al., 2004a: 231; Chant and McMurtry, 2007: 129.

| 分布 | 中国（河北、福建、河南、湖北、山东）。

| 栖息植物 | 苹果、梨、油桐、紫苏。

② 切口植绥螨 *Phytoseius incisus* Wu and Li, 1984

Phytoseius (*Phytoseius*) *incisus* Wu and Li, 1984b: 457. Type locality: Nonggang, Guangxi, China; host: *Firmiana simplex*.

Phytoseius (*Pennaseius*) *incisus*, de Moraes et al., 1986: 212.

Phytoseius (*Euryseius*) *incisus*, Wu, 1997: 152 ; Wu et al., 2009: 279.

Phytoseius aleuritius, Chant and Yoshida-Shaul, 1992: 15; Wu et al., 1997a: 146; de Moraes et al., 2004: 241; Chant and McMurtry, 2007: 129.

| 分布 | 中国（广西）。

| 栖息植物 | 梧桐。

③ 细小植绥螨 *Phytoseius subtilis* Wu and Li，1984

Phytoseius (*Phytoseius*) subtilis Wu and Li, 1984a: 99. Type locality: Emeishan, Sichuan, China; host: unknown plant.

Phytoseius (*Pennaseius*) *subtilis*, de Moraes et al., 1986: 217.

Phytoseius (*Euryseius*) *subtilis*, Wu, 1997: 151; Wu et al., 2009: 278, 2010: 298.

Phytoseius subtilis, Chant and Yoshida-Shaul, 1992a: 13; Wu et al., 1997a: 147; de Moraes et al., 2004a: 257; Chant and McMurtry, 2007: 131.

| 分布 | 中国（四川）。

| 栖息植物 | 未知。

3）小杜绥螨亚属 *Dubininellus* Wainstein

Phytoseius (*Dubininellus*) Wainstein, 1959: 1361; Denmark, 1966: 54-100. Type species: *Phytoseius* (*Dubininellus*) *cornoger* Wainstein, 1959: 1361.

Phytoseius (*Phytoseius*) Pritchard and Baker, 1962: 227.

horridus species group Denmark, 1966: 83; Chant and McMurtry, 1994: 233.

雌螨缺J2毛及R1毛。其背板毛序类型均为12A：3A，但腹面毛序类型有3种：JV-3，4：ZV；JV-3：ZV；JV-3，4：ZV-3。足Ⅳ常具巨毛。依据肛前毛及腹侧毛数目，足Ⅳ巨毛数目及背刚毛的相对长度可分为7群。

①结饰植绥螨*Phytoseius finitimus* Ribaga，1904（图152）

Phytoseius finitimus Ribaga, 1904: 178. Type locality: Portici, Campania, Italy; host: *Buddleia madagascariensis*.

Phytoseius (*Dubininellus*) *finitimus*, Wainstein, 1959: 1365.

Phytoseius (*Pennaseius*) *finitimus*, Pritchard and Baker, 1962: 223.

Pennaseius finitimus, Schuster and Pritchard, 1963: 279.

Phytoseius (*Phytoseius*) *finitimus*, Denmark, 1966: 16.

Phytoseius finitimus, Chant, 1959a: 108; de Moraes et al., 2004a: 252; Chant and McMurtry, 2007: 129.

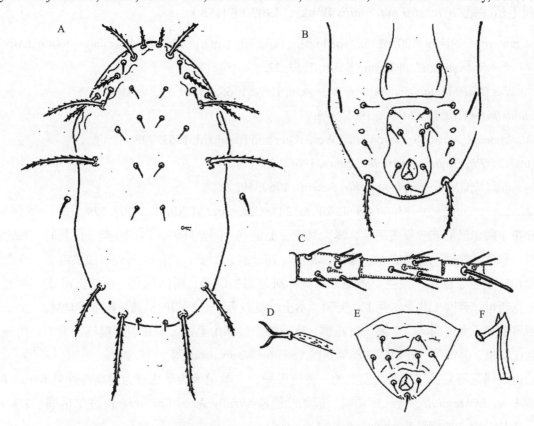

A. 背板；B. 腹面（生殖板和腹肛板）；C. 足Ⅳ；D. 受精囊；E. 雄腹肛板；F. 导精趾

图152　结饰植绥螨*Phytoseius finitimus* Ribaga（Denmark，1966）

|分布| 阿尔及利亚、埃及、法国、希腊、伊朗、以色列、意大利、黑山、摩洛哥、斯洛文尼亚、西班牙、叙利亚、突尼斯、土耳其、美国、葡萄牙（本土、亚速尔群岛）。

|栖息植物| 浆果醉鱼草、葡萄、无花果、柳树、薄荷、鞘冠菊、南欧朴、花楸、三裂槭、土耳其松、山茱萸、梅树、槐树、苹果等。

结饰植绥螨在意大利、西班牙、土耳其等地研究较多，它的捕食对象有食菌螨科Anoetidae中的*Aceria ficus*、*Eriophyes dioscoridis*、无花果瘿螨*E. ficus*、细须螨、阿拉伯叶螨、朱砂叶螨、二斑叶螨。

其中记录较多的是瘿螨，涉及其生活史、种群动态等研究。

在叶片带很多短柔毛的有瘿螨和叶螨发生的植株上，经常发现高密度的结饰植绥螨和多产植绥螨（Tixier et al., 1998; Duso et al., 1999），因此它们对带柔毛作物的生物防治具有应用价值。多毛结构也许为这些螨的发育和繁殖提供具有适宜微气候环境的庇护场所和虫菌穴（如增加相对湿度、降低温度）（McMurtry et al., 1997; Kreiter et al., 2003）。而且，柔毛叶片对保留花粉颗粒和真菌孢子作为捕食螨的交替食物源更加有利（Kreiter et al., 2002; Roda et al., 2003）。结饰植绥螨能单靠取食蚕豆花粉存活和繁殖（Nomikou et al., 2001）。Pappas等（2013）研究了结饰植绥螨分别取食三种主要温室害虫（二斑叶螨、温室粉虱、西花蓟马），以及仅取食蓖麻花粉和蓖麻花粉与猎物的混合物时的发育和生殖情况。结果除了蓟马若虫外，叶螨幼螨和粉虱若虫均能维持结饰植绥螨的正常发育；结饰植绥螨雌螨能取食更多的叶螨卵、幼螨以及粉虱若虫；结饰植绥螨取食3种猎物均能产卵。蓖麻花粉单独使用能维持该螨的发育和繁殖，当和猎物一起使用则会减少该螨对猎物的捕食但会增加其产卵。

② 粗毛植绥螨 Phytoseius macropilis Banks，1909（图153）

Sejus macropilis Banks, 1909: 135. Type locality: Guelph, Ontario, Canada; host: large-toothed aspen.

Phytoseius macropilis, Cunliffe and Baker, 1953: 22.

Phytoseius (Dubininellus) macropilis, Wainstein, 1959: 1365; Chant, 1959a: 107.

Dubininellus macropilis, Muma, 1961: 276.

Typhlodromus (Phytoseius) macropilis, Westerboer and Bernhard, 1963: 728.

Phytoseius (Phytoseius) macropilis, Ehara, 1966a: 26.

Phytoseius (Typhlodromus) macropilis, Schruft, 1967: 192.

Phytoseius macropilis, de Moraes et al., 2004a: 244; Chant and McMurtry, 2007: 129.

| 分布 | 阿尔巴尼亚、亚美尼亚、澳大利亚、奥地利、阿塞拜疆、白俄罗斯、比利时、加拿大、捷克、英国、芬兰、法国、格鲁吉亚、德国、希腊、匈牙利、印度、哈萨克斯坦、拉脱维亚、立陶宛、墨西哥、黑山、荷兰、挪威、波兰、葡萄牙、俄罗斯、塞尔维亚、斯洛伐克、斯洛文尼亚、西班牙、瑞士、塔吉克斯坦、英国（北爱尔兰）、美国（本土、夏威夷）。西印度群岛、高加索地区。

| 栖息植物 | 大齿白杨、苹果、黄花柳、欧洲榛、美洲山毛榉、草莓、甜樱桃、稠李、树莓、红茶藨子、欧亚花楸、美洲椴、光榆、欧洲荚蒾、*Aesculus hippocastani*等。

粗毛植绥螨是研究植绥螨初期发现的一种植绥螨，文献记录的猎物多为瘿螨科种类*Aculus ballei*、苹果锈螨*A. schlechtendali*、紫红短须螨、椴始叶螨*Eotetranychus tiliarium*、前进单爪螨、*Tetranychus tumidus*、山楂叶螨、粉螨科*Tyroglyphidae*（Acaridae）。

Tuovinen等（1991）调查发现粗毛植绥螨是芬兰南部苹果树上分布最广泛的种类，占到非喷药样地采集标本的79%。粗毛植绥螨被认为是热带地区非常有潜力的二斑叶螨生物防治天敌，它的产卵量与智利小植绥螨相当，而且捕食率比智利小植绥螨高（Oliveira et al., 2007）。粗毛植绥螨可以定位搜寻和减小温室草莓上二斑叶螨的种群密度（Oliveira et al., 2009）。粗毛植绥螨已被商业应用于各种作物上二斑叶螨的控制。Sato等（2011）比较了一个粗毛植绥螨巴西种群在番茄上和其他作物上的表现。番茄的毛簇会阻碍该螨及对照螨长足小植绥螨的定位、猎物取食和产卵。二斑叶螨丝网的存在则会导致产生更高的猎物取食水平和捕食者产卵率，可减少茄子毛簇的负面影响，也可部分减少"cerasiforme"番茄品种对该螨的负面影响。该螨是番茄上二斑叶螨很有潜力的天敌。

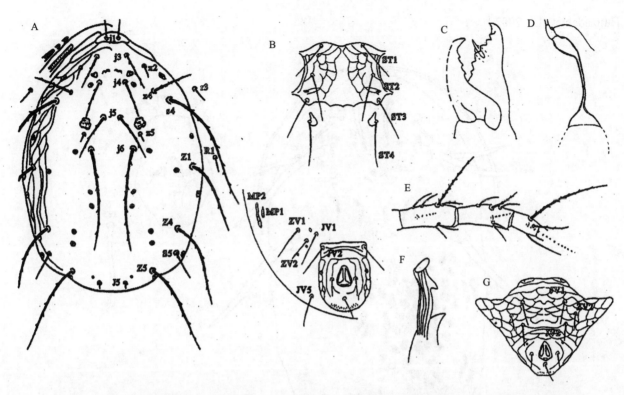

A. 背板；B. 腹面（胸板和腹肛板）；C. 螯肢；D. 受精囊；E. 足Ⅳ膝节、胫节和基跗节；F. 导精趾；G. 雄腹肛板

图153　粗毛植绥螨 *Phytoseius macropilis* Banks，1909（Prasad，2013）

③多产植绥螨 *Phytoseius plumifer* Canestrini and Fanzago，1876（图154）

Gamasus plumifer Canestrini and Fanzago, 1876: 130. Type locality: Maser, Trevigiano, Lombardia, Italy; host: nettle.

Phytoseius (*Phytoseius*) *plumifer*, Wainstein, 1959: 1365.

Typhlodromus plumifer, Hirschmann, 1962: 15.

Typhlodromus (*Phytoseius*) *plumifer*, Chant, 1959a: 106; van der Merwe, 1968: 100.

Phytoseius (*Pennaseius*) *plumifer*, de Moraes et al., 1986: 214.

Phytoseius plumifer, Chant and McMurtry, 1994: 233, 2007: 129; de Moraes et al., 2004a: 251.

Phytoseius dubinini (Begljarov, 1958): 116, synonymed by Wainstein, 1959.

Phytoseius tropicalis Daneshvar, 1987: 30, synonymed by Faraji et al., 2007.

|分布|阿尔及利亚、亚美尼亚、阿塞拜疆、巴西、塞浦路斯、埃及、法国、格鲁吉亚、希腊、匈牙利、伊朗、以色列、意大利、约旦、哈萨克斯坦、黎巴嫩、摩尔多瓦、葡萄牙、沙特阿拉伯、土耳其、乌克兰、美国。

|栖息植物|荨麻、马鞭草、葡萄、苹果等。

多产植绥螨的捕食对象有苹果全爪螨、瘿螨 *Aceria ficus*、朱砂叶螨、二斑叶螨（Hamedi et al., 2011）。在法国Languedoc、Burgundy和Corsica的葡萄园，采取综合防治条件下，该螨出现种群的自然增长。Tixier等（1998）研究了风和作物环境对多产植绥螨捕食螨自然种群的影响。研究证明风的强度和方向会影响植绥螨的传播，而周围密集高大的稳定木本植物种类组成的区域可以作为该螨的库源。多产植绥螨在伊朗分布广泛、数量丰富，是各种作物叶螨重要的泛食性捕食者（Kamali et al., 2001；

Hajizadeh et al., 2002)。

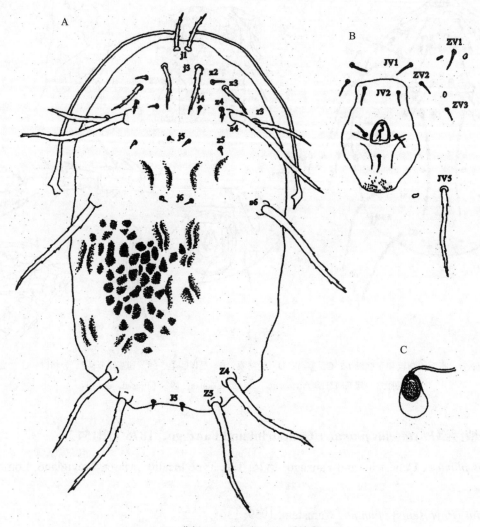

A. 背板；B. 腹肛板；C. 受精囊
图154　多产植绥螨 *Phytoseius plumifer* Canestrini and Fanzago（Prasad, 2013）

Nadimi等（2009）研究了三种杀螨剂对该螨的毒性。结果表明羟噻唑对多产植绥螨毒性较小。而田间推荐使用的唑螨酯和阿维菌素的上限浓度对捕食螨有毒性。Hamedi等（2010）研究证明了唑螨酯的半致死浓度明显影响多产植绥螨雌螨及其下一代的生殖和寿命，会明显减少多产植绥螨的种群增长。Hamedi 等（2011）研究发现亚致死浓度（LC_{10}、LC_{20}和LC_{30}）的阿维菌素会严重影响雌螨及其下一代的生殖和寿命，对该螨的负面影响非常显著。

④短毛植绥螨 *Phytoseius brevicrinis* Swirski and Shechter, 1961

Phytoseius (*Dubininellus*) *brevicrinis* Swirski and Shechter, 1961: 106. Type locality: Tai Po, New Territories, Hong Kong, China; host: *Bambusa* sp.. Denmark, 1966: 96; Wu, 1997: 154; Wu et al., 2009: 303, 2010: 296.

Phytoseius (*Phytoseius*) *brevicrinis*, Ehara, 1966a: 26; de Moraes et al., 1986: 218.

Phytoseius brevicrinis, Wu et al., 1997a: 165; de Moraes et al., 2004a: 233; Chant and McMurtry, 2007: 129.

| 分布 | 中国（广东、海南、香港）。马来西亚、泰国、菲律宾。
| 栖息植物 | 竹。

⑤ 四国植绥螨 *Phytoseius capitatus* Ehara，1966

Phytoseius (*Phytoseius*) *capitatus* Ehara, 1966a: 15. Type locality: Matsuyama, Ehime, Shikoku, Japan; host: *Rhus* sp.. de Moraes et al., 1986: 219; Ehara et al., 1994: 145.

Phytoseius (*Dubininellus*) *capitatus*, Wu, 1997: 155; Wu et al., 2009: 301, 2010: 296.

Phytoseius capitatus, Wu et al., 1997a: 163; de Moraes et al., 2004a: 234; Chant and McMurtry, 2007: 129.

| 分布 | 中国（河北）。韩国、日本。
| 栖息植物 | 黄栌、榛、漆树。

⑥ 中国植绥螨 *Phytoseius chinensis* Wu and Li，1982

Phytoseius (*Dubininellus*) *chinensis* Wu and Li, 1982: 132. Type locality: Chong-an, Wuyishan, Fujian, China; host: *Rhus verniciflua*. Wu, 1997: 155; Wu et al., 2009: 297, 2010: 296.

Phytoseius (*Phytoseius*) *chinensis*, de Moraes et al., 1986: 219.

Phytoseius chinensis, Wu et al., 1997a: 158; de Moraes et al., 2004a: 235; Chant and McMurtry, 2007: 129.

| 分布 | 中国（福建）。
| 栖息植物 | 漆树、竹。

⑦ 柯氏植绥螨 *Phytoseius coheni* Swirski and Shechter，1961

Phytoseius (*Dubininellus*) *macropilis coheni* Swirski and Shechter, 1961: 104. Type locality: Tai Po, New Territories, Hong Kong, China; host: pomelo. Wu et al., 2010: 296.

Phytoseius (*Phytoseius*) *macropilis coheni*, Ehara, 1966a: 26.

Phytoseius (*Dubininellus*) *coheni*, Swirski and Golan, 1967: 225; Wu et al., 2009: 499, 2010: 296.

Phytoseius coheui [sic], Tseng, 1984: 773.

Phytoseius (*Phytoseius*) *coheni*, de Moraes et al., 1986: 219; Denmark and Evans, 2011: 300.

Phytoseius coheni, de Moraes et al., 2004a: 235; Chant and McMurtry, 2007: 129.

Phytoseius (*Phytoseius*) *hawaiiensis* Prasad, 1968b: 1460, synonymed by Denmark and Evans, 2011.

Phytoseius (*Phytoseius*) *huangi* Ehara, 1970: 62, synonymed by Ehara, 2002b.

Phytoseius jianfengensis Chen, Chu and Zhou, 1980: 15, synonymed by Wu 1997.

| 分布 | 中国（福建、江西、广东、广西、海南、贵州、云南、香港、台湾）。库克群岛、印度、菲律宾、越南、澳大利亚、印度尼西亚、日本、马来西亚、巴布亚新几内亚、新加坡、泰国、法国（塔希提岛）、毛里求斯（本土、罗德里格斯岛）、美国（本土、夏威夷）。
| 栖息植物 | 柚、一品红、荔枝、龙眼、茄子、丝瓜、豇豆、茶、甘蔗、台湾相思、竹、枫杨、艾、紫苏、牛蹄豆、石榴、马缨丹、台湾青枣。

⑧ 榛植绥螨 *Phytoseius corylus* Wu，Lan and Zhang，1992

Phytoseius corylus Wu, Lan and Zhang, 1992: 52. Type locality: Mudanjiang, Heilongjiang, China; host:

Corylus sp.. Wu et al., 1997a: 160; de Moraes et al., 2004a: 236; Chant and McMurtry, 2007: 129.

Phytoseius (*Dubininellus*) *corylus*, Wu, 1997: 154; Wu et al., 2009: 305.

| 分布 | 中国（黑龙江）。

| 栖息植物 | 榛。

⑨ 长毛植绥螨 *Phytoseius crinitus* Swirski and Shechter，1961

Phytoseius (*Dubininellus*) *crinitus* Swirski and Shechter, 1961: 102. Type locality: Victoria Mountain, Hong Kong Island, Hong Kong, China; host: *Homalium cochinchinensis*. Denmark, 1966: 66; Wu, 1997: 154; Wu et al., 2009: 296, 2010: 296.

Phytoseius (*Phytoseius*) *crinitus*, Ehara, 1966a: 26; de Moraes et al., 1986: 220.

Phytoseius crinitus, Wu et al., 1997a: 151; Chant and McMurtry, 2007: 129.

| 分布 | 中国（江西、广东、广西、海南、云南、香港、台湾）。日本、印度尼西亚、新加坡、布隆迪、印度、菲律宾、马达加斯加、法国（留尼汪岛）、毛里求斯（本土、罗德里格斯岛）。

| 栖息植物 | 羊蹄甲、番石榴、山毛榉、天料木、马缨丹、朴树、桑树、竹、薜荔、白楸，异色山黄麻及周边土壤里也有发现。

⑩ 丹东植绥螨 *Phytoseius dandongensis* Lu and Yin，1992

Phytoseius dandongensis Lu and Yin, 1992: 372. Type locality: Fenghuangshan, Fengcheng, Liaoning, China; host: *Fraxinus* sp.. de Moraes et al., 2004a: 237.

Phytoseius dangdongensis [sic], Chant and McMurtry , 2007: 129.

Phytoseius (*Dubininellus*) *dandongensis*, Wu et al. , 2009: 313.

| 分布 | 中国（辽宁）。

| 栖息植物 | 曲柳。

⑪ 闽植绥螨 *Phytoseius fujianensis* Wu，1981

Phytoseius (*Dubininellus*) *fujianensis* Wu, 1981: 206. Type locality: Dazhulan, Jianyang, Nanping, Fujian, China; host: *Pachyrhizus* sp.. Wu et al., 2009: 311, 2010: 296.

Phytoseius (*Phytoseius*) *fujianensis*, de Moraes et al., 1986: 221.

Phytoseius fujianensis, Wu et al., 1997a: 157; de Moraes et al., 2004a: 238; Chant and McMurtry, 2007: 129.

| 分布 | 中国（福建、广东、广西、海南、贵州）。

| 栖息植物 | 柑橘、葛藤。

⑫ 花溪植绥螨 *Phytoseius huaxiensis* Xin，Liang and Ke，1982

Phytoseius (*Dubininellus*) *huaxiensis* Xin, Liang and Ke, 1982: 57. Type locality: Guiyang, Guizhou, China; host: *Chrysanthemum indicum*. Wu, 1997: 155; Wu et al., 2009: 300, 2010: 297.

Phytoseius (*Phytoseius*) *huaxiensis*, de Moraes et al., 1986: 222.

Phytoseius silvaticus (*Dubininellus*) Wu and Li, 1984c: 458, synonymed by Wu, 1997.

Phytoseius huaxiensis, de Moraes et al., 2004a: 241; Chant and McMurtry, 2007: 129.

| 分布 | 中国（江苏、安徽、山东、贵州）。

| 栖息植物 | 柚木、野葡萄。

⑬虎丘植绥螨 *Phytoseius huqiuensis* Wu，1980

Phytoseius (*Dubininellus*) *huqiuensis* Wu, 1980a: 243. Type locality: Huqiu Park, Suzhou, Jiangsu, China; host: vine. Wu, 1997: 155; Wu et al., 2009: 310, 2010: 297.

Phytoseius (*Phytoseius*) *huqiuensis*, de Moraes et al., 1986: 229.

Phytoseius huqiuensis, Wu et al., 1997a: 153; de Moraes et al., 2004a: 241; Chant and McMurtry, 2007: 129.

| 分布 | 中国（江苏、广东）。

| 栖息植物 | 柑橘、藤本植物。

⑭陇川植绥螨 *Phytoseius longchuanensis* Wu，1997

Phytoseius (*Dubininellus*) *longchuanensis* Wu, 1997: 156. Type locality: Longchuan, Yunnan, China; host: unknown plant. Wu et al., 2009: 316, 2010: 297.

Phytoseius longchuanensis, de Moraes et al., 2004a: 244; Chant and McMurtry, 2007: 129.

| 分布 | 中国（云南）。

| 栖息植物 | 灌木。

⑮细长植绥螨 *Phytoseius longus* Wu and Li，1985

Phytoseius (*Dubininellus*) *longus* Wu and Li, 1985c: 396. Type locality: Jianfengling, Hainan, China; host: *Glochidion* sp.. Wu et al., 2009: 312, 2010: 297.

Phytoseius longus, de Moraes et al., 2004a: 244; Chant and McMurtry, 2007: 129.

| 分布 | 中国（海南）。

| 栖息植物 | 算盘子。

⑯新凶植绥螨 *Phytoseius neoferox* Ehara and Bhandhufalck，1977

Phytoseius (*Phytoseius*) *neoferox* Ehara and Bhandhufalck, 1977: 49. Type locality: Fang, Chiang Mai, Thailand; host: persimmon.

Phytoseius (*Dubininellus*) *neoferox*, Wu and Liu, 1991: 90; Wu, 1997: 154; Wu et al., 2009: 294, 2010: 297.

Phytoseius neoferox, Wu et al., 1997a: 151; de Moraes et al., 2004a: 249; Chant and McMurtry, 2007: 129.

| 分布 | 中国（福建、江西、广西、云南）。印度、泰国。

| 栖息植物 | 鸡矢藤、大岩桐、山毛榉、三角槭。

⑰日本植绥螨 *Phytoseius nipponicus* Ehara，1962

Phytoseius (*Dubininellus*) *nipponicus* Ehara, 1962: 55. Type locality: Den-en-chofu, Tokyo, Honshu, Japan; host: *Chrysanthemum* sp.. Denmark, 1966: 90; Wu, 1989: 195; Wu et al., 2009: 298, 2010: 297.

Phytoseius (*Phytoseius*) *nipponicus*, Ehara, 1964: 378; de Moraes et al., 1986: 226.

Phytoseius shanghaiensis Xin, Liang and Ke, 1983: 48, synonymed by Wu, 1997.

Phytoseius nipponicus, Chen et al., 1984: 356; Wu et al., 1997a: 150; de Moraes et al., 2004a: 249; Chant and McMurtry, 2007: 129.

| 分布 | 中国（辽宁、江苏、浙江、福建、江西、山东、河南、湖北、湖南、广东、广西、海南、四川、云南、甘肃）。韩国、日本、印度。

| 栖息植物 | 核桃、竹、算盘子、白鲜、艾、荩草、构树、柳树、栓皮栎、油桐、刺榆、榛、盐肤木。

⑱ 光滑植绥螨 *Phytoseius nudus* Wu and Li，1984

Phytoseius (*Dubininellus*) *nudus* Wu and Li, 1984b: 45. Type locality: Shennongjia, Hubei, China; host: unspecified substrate. Wu, 1997: 154; Wu et al., 2009: 306, 2010: 297.

Phytoseius (*Phytoseius*) *nudus*, de Moraes et al., 1986: 226.

Phytoseius nudus, de Moraes et al., 2004a: 249; Chant and McMurtry, 2007: 129.

| 分布 | 中国（湖北）。

| 栖息植物 | 蔷薇、椅杨。

⑲ 千山植绥螨 *Phytoseius qianshanensis* Liang and Ke，1981

Phytoseius qianshanensis Liang and Ke, 1981b: 236. Type locality: Qianshan, Liaoning, China; host: unknown plant. Wu et al., 1997a: 154; de Moraes et al., 2004a: 253.

Phytoseius (*Phytoseius*) *qianshanensis*, de Moraes et al., 1986: 226.

Phytoseius (*Dubininellus*) *qianshanensis*, Wu, 1997: 154; Wu et al., 2009: 307, 2010: 297.

Phytoseius qianshanensis［sic］, Chant and McMurtry, 2007: 129.

| 分布 | 中国（辽宁）。

| 栖息植物 | 未知。

⑳ 雷氏植绥螨 *Phytoseius rachelae* Swirski and Shechter，1961

Phytoseius (*Dubininellus*) *rachelae* Swirski and Shechter, 1961: 108. Type locality: Sai Kung, New Territories, Hong Kong, China; host: *Rhus chinensis*. Wu, 1997: 157; Wu et al., 2009: 283, 2010: 297.

Phytoseius (*Phytoseius*) *rachelae*, Ehara, 1966a: 26; Ehara and Lee, 1971: 72; de Moraes et al., 1986: 226.

Phytoseius rachelae, de Moraes et al., 2004a: 253; Chant and McMurtry, 2007: 129.

| 分布 | 中国（香港）。

| 栖息植物 | 豆科植物。

㉑ 黄泡植绥螨 *Phytoseius rubii* Xin，Liang and Ke，1982

Phytoseius rubii Xin, Liang and Ke, 1982: 58. Type locality: Cangshan, Yunnan, China; host: *Rubus obcordatus*.

Phytoseius (*Phytoseius*) *rubii*, de Moraes et al., 1986: 227.

Phytoseius (*Dubininellus*) *rubii*, Wu, 1997: 156; Wu et al., 2009: 288, 2010: 297.

Phytoseius mori Xin, Liang and Ke, 1983: 47, synonymed by Wu, 1997.

Phytoseius longus, de Moraes et al., 2004a: 254; Chant and McMurtry, 2007: 129.

|分布|中国（福建、云南）。

|栖息植物|黄泡。

㉒皱褶植绥螨*Phytoseius rugatus* Tseng，1976

Phytoseius (*Dubininellus*) *rugatus* Tseng, 1976: 94. Type locality: Tainan, Taiwan, China; host: *Acacia* sp.. Wu et al., 2009: 499, 2010: 297.

Phytoseius rugatus, de Moraes et al., 2004a: 255; Chant and McMurtry, 2007: 129.

|分布|中国（台湾）。

|栖息植物|相思木。

㉓粗糙植绥螨*Phytoseius ruidus* Wu and Li，1984

Phytoseius (*Dubininellus*) *ruidus* Wu and Li, 1984c: 460. Type locality: Longchuan, Yunnan, China; host: unspecified substrate. Wu et al., 2009: 314, 2010: 297.

Phytoseius (*Phytoseius*) *ruidus*, de Moraes et al., 1986: 228.

Phytoseius (*Dubininellus*) *rudius* [sic], Wu, 1997: 156.

Phytoseius ruidus, Wu et al., 1997a: 166; de Moraes et al., 2004a: 255; Chant and McMurtry, 2007: 129.

|分布|中国（广西、云南）。

|栖息植物|未知。

㉔粗皱植绥螨*Phytoseius scabiosus* Xin，Liang and Ke，1983

Phytoseius (*Phytoseius*) *scabiosus* Xin, Liang and Ke, 1983: 46. Type locality: Baoshan, Shanghai, China; host: *Glycine soja*. de Moraes et al., 1986: 226.

Phytoseius (*Dubininellus*) *scabiosus*, Wu, 1997: 156; Wu et al., 2009: 292, 2010: 297.

Phytoseius scabiosus, Wu et al., 1997a: 159; de Moraes et al., 2004a: 255; Chant and McMurtry, 2007: 129.

Phytoseius xilingensis Wang and Xu, 1985: 75, synonymed by Wu et al., 1997a.

|分布|中国（上海、江苏、山东、河北）。

|栖息植物|大豆、女贞、板栗、柳树。

㉕神农架植绥螨*Phytoseius shennongjiaensis* Wu and Ou，2009

Phytoseius (*Dubininellus*) *shennongjiaensis* Wu and Ou, in Wu et al. (2009) : 289. Type locality: Songbai Town, Shennongjia, Hubei, China; host: cork oak. Wu et al., 2010: 297.

|分布|中国（湖北）。

|栖息植物|栓皮栎。

㉖松山植绥螨*Phytoseius songshanensis* Wang and Xu，1985

Phytoseius songshanensis Wang and Xu, 1985: 76. Type locality: Songshan, Yanqing, Beijing, China; host: *Juglans mandshurica*. de Moraes et al., 2004a: 256; Chant and McMurtry, 2007: 129.

Phytoseius (*Dubininellus*) *songshanensis*, Wu, 1997: 156; Wu et al., 2009: 285, 2010: 297.

|分布|中国（北京）。

|栖息植物|核桃楸。

㉗ 松能植绥螨 *Phytoseius sonunensis* Ryu and Ehara，1993

Phytoseius (*Phytoseius*) *sonunensis* Ryu and Ehara, 1993: 16. Type locality: Mountain Sonun, Kochang, Chonbuk, South Korea; host: *Boehmeria spicata*.

Phytoseius (*Phytoseius*) *sonunensis* Ryu and Ehara, 1993: 16.

Phytoseius sonunensis, Liao et al., 2020: 356.

|分布|中国（台湾）。韩国。

|栖息植物|葛藤、土壤。

㉘ 大屿山植绥螨 *Phytoseius taiyushani* Swirski and Shechter，1961

Phytoseius (*Dubininellus*) *taiyushani* Swirski and Shechter, 1961: 111. Type locality: Cheung Sha, Tai Yu Shan Island, Hong Kong, China; host: *Rhus chinensis*. Wu et al., 2010: 297.

Phytoseius (*Phytoseius*) *taiyushani*, Ehara, 1966a: 26.

Phytoseius taiyushani, de Moraes et al., 2004a: 257; Chant and McMurtry, 2007: 131.

|分布|中国（香港）。

|栖息植物|盐肤子。

㉙ 带鞘植绥螨 *Phytoseius vaginatus* Wu，1983

Phytoseius (*Dubininellus*) *vaginatus* Wu, 1983a: 268. Type locality: Jinggangshan, Jiangxi, China; host: *Rhus chinensis*. Wu, 1997: 155; Wu et al., 2009: 302, 2010: 297.

Phytoseius (*Phytoseius*) *vaginatus*, de Moraes et al., 1986: 229.

Phytoseius vaginatus, Wu et al., 1997a: 165; de Moraes et al., 2004a: 257; Chant and McMurtry, 2007: 131.

|分布|中国（江西）。

|栖息植物|盐肤木、竹。

㉚ 王氏植绥螨 *Phytoseius wangi* Wu and Ou，1998

Phytoseius wangi Wu and Ou, 1998a: 121. Type locality: Weixi, Yunnan, China; host: bamboo. de Moraes et al., 2004a: 258; Chant and McMurtry, 2007: 131.

Phytoseius (*Dubininellus*) *wangi*, Wu et al., 2009: 286 .

Phytoseius (*Dubininellus*) *wangi*［sic］, Wu et al., 2010: 297.

|分布|中国（云南）。

|栖息植物|竹。

㉛ 余杭植绥螨 *Phytoseius yuhangensis* Yin and Yu，1996

Phytoseius yuhangensis Yin, Yu, Shi and Yang, 1996: 58. Type locality: Yuhang, Zhejiang, China; host:

bamboo. de Moraes et al., 2004a: 259; Chant and McMurtry, 2007: 131.

Phytoseius (*Dubininellus*) *yuhangensis*, Wu et al., 2009: 308, 2010: 297.

|分布|中国（浙江）。

|栖息植物|竹。

三、盲走螨亚科Typhlodrominae Wainstein

Typhlodromus Scheuten, Evans, 1958b: 223.

Typhlodromus (*Typhlodromus*) Scheuten, Chant, 1957c: 531.

Typhlodromini Wainstein, 1962b: 26.

Chantiini Pritchard and Baker, 1962: 211. Type genus: *Chantia* Pritchard and Baker, 1962.

Chantiinae Pritchard and Baker, Chant and Yoshida-Shaul, 1986a: 2025. Type genus: *Chantia* Pritchard and Baker, 1962.

Gigagnathini Wainstein, Karg, 1983: 299.

Cydnodromellinae Chant and Yoshida-Shaul, 1986b: 2812. Type genus: *Cynodromella* Muma, 1961.

Typhlodrominae Wainstein, Chant and McMurtry 1994: 235. Type genus: *Typhlodromus* Scheuten, 1857: 111.

Type genus: *Typhlodromus* Scheuten, 1857: 111.

本类群是植绥螨科中最原始、躯体毛数目最多的种类。成螨躯体具24对稳定的毛（j1、j3、j4、j5、j6、r3、s4、J5、z2、z4、z5、Z4、Z5、ST1～ST5、JV1、JV5、ZV1、ZV2、PA、PST）；15对毛是不稳定的（J1、J2、z3、z6、Z1、Z3、s6、S2、S4、S5、R1、JV2、JV3、JV4、ZV4）。最多毛者为38对。它们的主要特征是：前半体具z3和s6毛，极少数种类仅具其中之一，后半体S系列毛（即S2、S4、S5）和Z1毛共4对毛中最少具1对。80%种类具有2对或2对以上毛。足Ⅲ膝节具7根毛。螯肢大小和齿数、受精囊形状、背毛长或短、背板装饰纹、足巨毛数、腹肛板形状及大小变化很大。从热带至近北极均有分布，热带与亚热带地区种类尤多。

盲走螨亚科分族检索表

1　缺s6毛（图155）···钱氏绥螨族Chantiinae

　　具s6毛（图156）··2

2　缺z3毛··微静走螨族Galendromimini

　　具z6毛（除*C. pilosus*）···3

3　具z6毛（图157）··副绥伦螨族Paraseiulini

　　缺z6毛（图158）··4

4　大部分种具S4（图159）和JV4毛（个别种例外）···········盲走螨族Typhlodromini

　　缺S4和JV4毛···5

5　z4位于z2和s4毛之间，成三角形排列（图160）············小盲绥螨族Typhloseiopsimi

　　z4、z2和s4毛在一条直线上·······························后绥伦螨族Metaseiulini

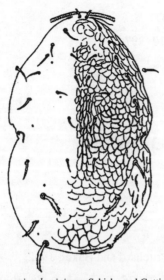

图155 *Papuaseius dominiquae* Schicha and Guttierez的背板

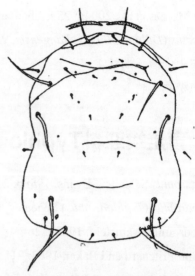

图156 *Silvaseius barretoae* Yoshida-Shaul and Chant的背板

图157 *Paraseiulus soleiger* Ribaga的背板

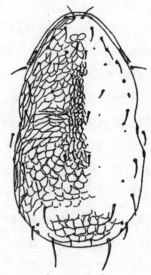

图158 *Typhlodromus*（*Anthoseius*）*singularis* Chant的背板

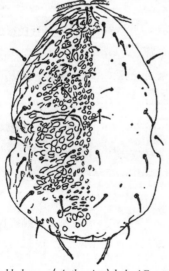

图159 *Typhlodromus*（*Anthoseius*）*bakeri* Garman的背板

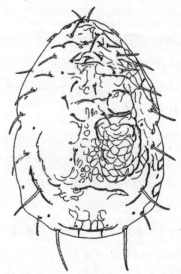

图160 *Africoseiulus namibianus* Ueckermann的背板

（一）钱氏绥螨族Chantiinae Chant and Yoshida-Shaul

Chantiinae Chant and Yoshida-Shaul, 1986a: 2025. Type genus: *Chanteius* (*Chanteius*) Wainstein, 1962b: 19.

Chantiini, Chant and McMurtry, 1994: 237.

Type genus: *Chanteius* (*Chanteius*) Wainstein, 1962b: 19.

本族特征是缺失刚毛s6，以及存在刚毛z3，Z1、S2、S4和S5毛至少存在1对。

钱氏绥螨族分属检索表

1　具z6毛（图161），缺S2、S5和JV4毛，大部分背刚毛较长，齿状 ·································· 椰绥螨属*Cocoseius*

　　缺z6毛（图155），具S5和JV4毛，具S2毛或缺，j4、j5、j6和J5毛并不长 ······································· 2

2　缺Z1毛（图155） ··· 巴布亚绥螨属*Papuaseius*

　　具Z1毛（图162） ··· 钱绥螨属*Chanteius*

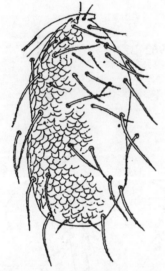 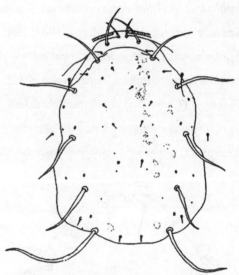

图161　*Cocoseius elsalvador* Denmark and Andrews的背板　　　　图162　*Chanteius contiguus* Chant的背板

钱绥螨属*Chanteius* Wainstein

Typhlodromus (*Diadromus*) Athias-Henriot, 1960a: 67. Preoccupied by *Diadromus* Wesmael, 1844. Type species: *Typhlodromus* (*Typhlodromus*) *contiguus* Chant, 1959b: 29.

Chanteius (*Chanteius*) Wainstein, 1962b: 19.

Chiliseius (*Chiliseius*)［sic］Tseng, 1976: 97. Type species: *Chiliseius* (*Chiliseius*) *lieni* Tseng, 1976 = (*Typhlodromus*［*Typhlodromus*］*contiguus* Chant, 1959b, Chant and Yoshida-Shaul, 1986a).

Diadromus, Chant and Yoshida-Shual, 1986a: 2026.

Chanteius, Chant and Yoshida-Shual, 1987b: 2574.

T. parasukatus group Schicha and Corpuz-Raros, 1992: 24.

T. apoensis group Schicha and Corpuz-Raros, 1992: 24.

Type species: *Typhlodromus* (*Typhlodromus*) *contiguus* Chant, 1959b: 29.

雌螨前背板具前侧毛5对，即j3、z2、z3、z4和s4毛，缺s6毛，总毛数10～11对，后背板至少具Z1、S2、S4或S5中的1对毛，总毛数5～8对。背刚毛长度变化很大，亚侧毛r3在盾间膜上，R1在侧膜上或背板上。腹肛板完整或分裂为腹板和肛板，具3～4对毛在腹肛板上。腹肛板两侧盾间膜上具4～5对毛。足Ⅳ巨毛的多寡是变化的。本属在我国有三种毛序类型（雌螨）：11C∶7C／JV∶ZV，11C∶9B／JV-3∶ZV，11C∶9C／JV∶ZV。

钱绥螨属*Chanteius* Wainstein被Chant等（1986，1987）置于钱绥螨亚科Chantiinae，该亚科包含2个属，即*Chantia*和*Chanteius*，继后Chant等（1994）又把Chantiinae的部分种类置于盲走螨亚科中。现把我国的钱绥螨属*Chanteius*的种归入盲走螨亚科中。

全球已知钱绥螨属*Chanteius* 6种，分布于热带和亚热带地区，我国已记录的该属有5种。

①邻近钱绥螨*Chanteius contiguus* Chant，1959（图163）

Typhlodromus (*Typhlodromus*) *contiguus* Chant, 1959b: 29. Type locality: Tai Po, New Territories, Hong Kong, China; host: *Citrus* sp..

Typhlodromus (*Diadromus*) *contiguus*, Athias–Henriot, 1960a: 67.

Typhloseiopsis contiguus, Muma, 1961: 294.

Typhlodromus (*Typhloseiopsis*) *contiguus*, Pritchard and Baker, 1962: 222.

Typhlodromus contiguus, Hirschmann, 1962: 17.

Chanteius (*Chanteius*) *contiguus*, Wainstein, 1962b: 19.

Typhlodromus contiguas［sic］, Chen et al., 1980: 17.

Diadromus contiguus, Chant and Yoshida–Shaul, 1986a: 2030.

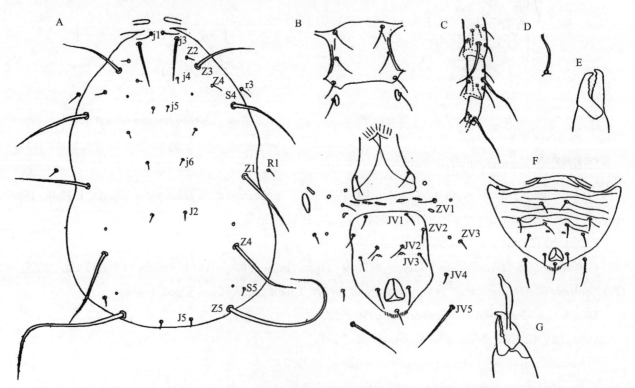

A. 背部；B. 腹面（胸板、生殖板和腹肛板）；C. 足Ⅳ膝节、胫节、基跗节和端跗节；D. 受精囊；E. 螯肢；F. 雄腹肛板；G. 导精趾

图163　邻近钱绥螨*Chanteius contiguus* Chant

Chanteius lieni (Tseng, 1976) : 97. *Chiliseius* (*Chiliseius*) [sic] *lieni* on original description (synonymed by Chant and Yoshida-Shaul, 1986a).

Chanteius contiguus, Chant and McMurtry, 2007: 137; Wu et al., 1997a: 139, 2009: 319; de Moraes et al., 2004a: 261.

|分布|中国（广东、海南、香港、台湾）。日本、马达加斯加、菲律宾、新加坡、法国（马约特岛）。

|栖息植物|杧果、柳树、黄樟、柑橘、车桑子、具柄冬青、广西沙柑、风藤、大叶楠、水同木、火炭母、桑树、异色山黄麻、蕨类植物、苎麻、台湾桂竹、绿竹、水麻、台湾黄肉楠、白楸、鱼骨葵、水东哥、台湾相思、楼梯草、鹅掌柴、葛藤、火麻树属及杜鹃花属种类。

② 广东钱绥螨 *Chanteius guangdongensis* Wu and Lan，1992

Chanteius guangdongensis Wu and Lan, 1992: 59. Type locality: Chebaling, Shixing, Guangdong, China; host: unknown plant. Chant and McMurtry, 1994: 240, 2007: 137; Wu et al., 1997a: 141, 2009: 323; de Moraes et al., 2004a: 262.

|分布|中国（广东）。

|栖息植物|灌木。

③ 海南钱绥螨 *Chanteius hainanensis* Wu and Lan，1992

Chanteius hainanensis Wu and Lan, 1992: 59. Type locality: Bawangling, Hainan, China; host: unknown plant. Wu et al., 1997a: 139, 2009: 323; de Moraes et al., 2004a: 262; Chant and McMurtry, 2007: 137.

Chanteius pangasuganensis (Schicha and Corpuz-Raros, 1992) : 72, synonymed according to Chant and McMurtry, 1994.

|分布|中国（海南）。菲律宾。

|栖息植物|灌木。

④ 分开钱绥螨 *Chanteius separatus* Wu and Li，1985

Typhlodromus (*Chiliseius*) *separatus* Wu and Li, 1985c: 394. Type locality: Jianfengling, Hainan, China; host: *Rhus* sp..

Diadromus separatus, Chant and Yoshida-Shaul, 1986a: 2030.

Chanteius separatus [sic], Wu et al., 2010: 292.

Chanteius separatus, Chant and Yoshida-Shaul, 1987b: 2574; Wu and Lan, 1992: 57; Wu et al., 1997a: 142, 2009: 324; de Moraes et al., 2004a: 262; Chant and McMurtry, 2007: 137.

|分布|中国（海南）。

|栖息植物|漆树、灌木。

⑤ 邓氏钱绥螨 *Chanteius tengi* Wu and Li，1985

Typhlodromus (*Chiliseius*) *tengi* Wu and Li, 1985c: 393. Type locality: Jianfengling, Hainan, China; host: *Sophora* sp..

Diadromus tengi, Chant and Yoshida-Shaul, 1986a: 2032.

Chanteius parisukatus (Schicha and Corpuz-Raros), Chant and McMurtry, 1994: 240.

Chanteius tengi, Chant and Yoshida-Shaul, 1987b: 2574; Wu and Lan, 1992b: 57; Wu et al., 1997a: 140, 2009: 322; de Moraes et al., 2004a: 262; Chant and McMurtry, 2007: 137.

|分布| 中国（海南）。菲律宾。

|栖息植物| 槐树。

（二）微静走螨族 Galendromimini Chant and McMurtry

Cydnodromelliane Chant and Yoshida-shaul, 1986b: 2812.

Galendromimini Chant and McMurtry, 1994: 240. Type genus: *Galendromimimus* Muma, 1961: 297.

Type genus: *Galendromimimus* Muma, 1961: 297.

本族种类缺失刚毛z3，足体背板存在s6毛，区别于植绥螨科其他种的特征：Z1、S2、S4毛和/或S5毛至少存在1对，在雌成螨腹部末端区域JV3和JV4毛至少存在1对。

微静走螨族分属检索表

```
1  具S2和S4毛（图164）··················································· 荣绥螨属 Cydnoseius
   缺S2和S4毛·······································································2
2  缺Z1毛，具R1毛（图156）···············································林绥螨属 Silvaseius
   具Z1毛，缺R1毛（图165）············································微静走螨属 Galendromimus
```

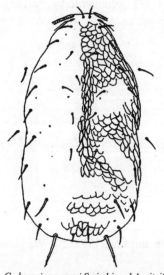 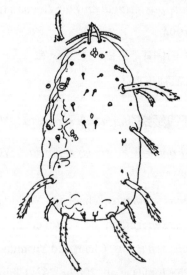

图164 *Cydnoseius negevi* Swirski and Amitai 的背板　　图165 *Galendromimus* (*Nothoseius*) *borinquensis* De Leon 的背板

荣绥螨属 *Cydnoseius* Muma

Cydnoseius Muma, 1967: 274; Chant and McMurtry, 1994: 241.

Type species: *Cydnoseius cordiae* Muma, 1967: 276 (Junior synonymy of *Typhlodromus negevi* Swirski and Amitai, 1961).

该属有6个命名种，但实际上其中4个均是 *C. negevi* 的次异名。

存在刚毛J2、Z1、S2、S4、S5、R1和JV4，缺失刚毛JV3。雌螨背板毛序类型是11D∶9B，具20对刚毛。

尼氏荣绥螨 *Cydnoseius negevi* Swirski and Amitai，1961（图166）

Typhlodromus (*Typhlodromus*) *negevi* Swirski and Amitai, 1961: 194. Type locality: Yotvata, Wadi Arava, Southern District, Israel; host: *Phoenix dactylifera*.

Typhlodromus negevi, Amitai and Swirski, 1966: 21.

Typhlodromus (*Neoseiulus*) *negevi*, Ehara, 1966a: 19.

Cydnoseius cordiae Muma, 1967: 276, synonymed by Chant and Yoshida-Shaul, 1986b.

Typhlodromus medanicus El-Badry, 1967a: 108, synonymed by Chant and Yoshida-Shaul, 1986b.

Typhlodromus zaheri El-Badry, 1967b: 182, synonymed by Chant and Yoshida-Shaul, 1986b.

Typhlodromus africanus Yousef, 1980: 122, synonymed by Chant and Yoshida-Shaul, 1986b.

Typhlodromus schusteri Yousef and El-Brollosy［sic］, in Zaher (1986): 129, synonymed by Kanouh et al., 2012.

Cydnoseius africanus, de Moraes et al., 1986: 184, 2004: 263.

Typhlodromus cordiae, Zaher, 1986: 128.

Cydnoseius cordiae, de Moraes et al., 1986: 184, 2004a: 263.

Cydnoseius medanicus, de Moraes et al., 1986: 184, 2004a: 263.

Cydnodromella negevi, Chant and Yoshida-Shaul, 1986b: 2815.

Amblydromella negevi, de Moraes et al., 1986: 168.

Cydnoseius zaheri, de Moraes et al., 1986: 184, 2004a: 263.

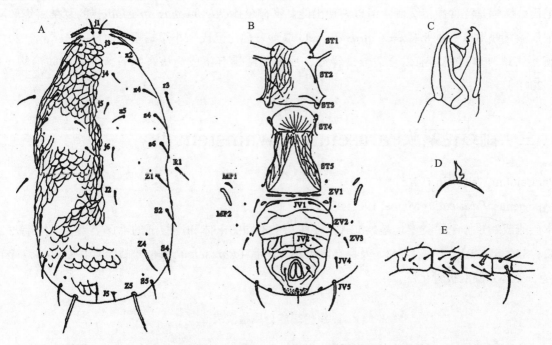

A. 背板；B. 腹面（胸板、生殖板和腹肛板）；C. 螯肢；D. 受精囊；E. 足Ⅳ膝节、胫节和基跗节

图166　尼氏荣绥螨 *Cydnoseius negevi* Swirski and Amitai，1961（Prasad V，2013）

Cydnoseius negevi, Swirski et al., 1998: 109; Chant and McMurtry, 1994: 241; de Moraes et al., 2004a: 263; Chant and McMurtry, 2007: 136–137; Negm et al., 2012: 263.

Neoseiulella schusteri, de Moraes et al., 2004a: 295.

| 分布 | 埃及、以色列、也门、沙特阿拉伯、阿联酋、巴基斯坦、苏丹。

| 栖息植物 | 海枣、破布木、棉花、马缨丹。

Momen（1997）研究了尼氏荣绥螨以二斑叶螨为食时的交配、产卵、性比等生物学特性。该种多次交配有利于最大量的产卵。雌螨的生殖、产卵期和后代中雌螨比例随着交配时间的延长而增加。El-banhawy（1999）研究了在存在或缺失烟粉虱若虫条件下，猎物二斑叶螨若螨的密度对尼氏荣绥螨的取食和繁殖率的影响。结果表明，在不存在烟粉虱若虫的情况下，随着猎物密度的增加，尼氏荣绥螨对二斑叶螨的取食率增大，最大取食率可达32若螨/雌/d；在存在烟粉虱若虫的情况下，取食率也表现相似的趋势，但最大值相对较低，为16若螨/雌/d。

Momen等（2009）研究了尼氏荣绥螨在（28±1）℃、相对湿度（75±5）%的实验条件下，取食4种不同食物类型（烟粉虱的卵、蚧壳虫*Insulaspis pallidula*的卵、*Phoenicoccus marlatti*的卵，以及蓖麻花粉）时的发育时间、存活、生殖及生命表参数，结果表明，取食蓖麻花粉时的总产卵率最高为32.9粒，其次取食粉虱为21.2粒。取食花粉时的净繁殖率R_0、内禀增长率r_m和周限增长率λ均较取食其他三种更高，且后代具有明显的产雌倾向。当分别提供三种食物（瘿螨*Aceria dioscoridis*、椰枣*Phoenix dactylifera*和玉米*Zea mays*花粉）时，取食瘿螨的尼氏荣绥螨发育和繁殖更好，总产卵量最高为41.27卵/雌。当取食玉米花粉和*A. dioscoridis*时，尼氏荣绥螨的内禀增长率r_m最高分别为0.22和0.20，取食椰枣花粉时为0.16。因此当猎物缺乏时，玉米和椰枣花粉可以作为尼氏荣绥螨的交替食物（Hussein et al., 2016）。椰枣花粉可以作为尼氏荣绥螨大量饲养的合适食物源。在低湿度（35%）条件下，尼氏荣绥螨以新鲜椰枣花粉为食也能成功发育和繁殖。因此，在田间干旱条件下，椰枣花粉亦适合作为尼氏荣绥螨的交替食物（Alatawi et al., 2018）。

尼氏荣绥螨是泛食性植绥螨，但也表现出能刺穿椰枣螨*Oligonychus afrasiaticus*的复杂密集丝网的潜力。尼氏荣绥螨对椰枣重要害螨*O. afrasiaticus*的取食表现比巴氏新小绥螨更佳（Negm et al., 2014）。若在椰枣害螨种群建立之前以合适数量释放，尼氏荣绥螨有望成为该害螨有效的生物防治物（Mirza et al., 2018）。

（三）副绥伦螨族 Paraseiulini Wainstein

Paraseiulini Wainstein 1976: 697.

Type genus: *Paraseiulus* Muma, 1961: 299.

本族雌成螨足体毛序类型均是P-13A，存在几个不同的末体和尾腹部的毛序类型，具刚毛z3、s6、J2、S2、S4、S5、R1、JV4、ZV3，及存在刚毛z6（z6毛在*Paraseiulus*属的雄螨上存在变化），背毛长度短/中等，躯体及腹肛板骨化好。

副绥伦螨族分属检索表

1 缺JV2毛（图167），雌腹肛板长大于宽，鞋形，肛前毛2对 ················· 副绥伦螨属*Paraseiulus*

具JV2毛（图168），雌腹肛板近三角形、五边形或长方形，肛前毛4对 ················· 2

2　具Z1毛，z6毛紧靠s6毛（与j6毛比较），定趾7齿 ················· 澳绥伦螨属 *Australiseiulus*
　　缺Z1毛（图169），z6毛在s6和j6毛中间，定趾2～4齿 ················· 库伦螨属 *Kuzinellus*

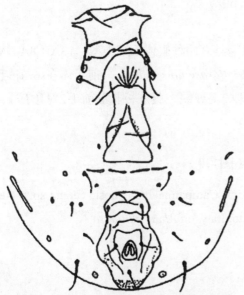

图167　*Paraseiulus soleiger* Ribaga的雌螨腹肛板

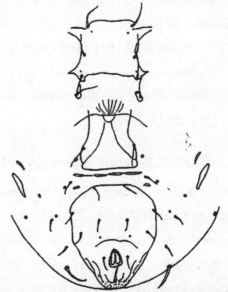

图168　*Australiseiulus angophorae* Schicha的雌螨腹面

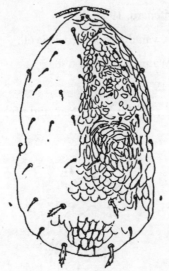

图169　*Kuzinellus ecclesiasticus* De Leon的背板

（1）副绥伦螨属 *Paraseiulus* Muma

Paraseiulus Muma, 1961: 299. Type species: *Melodromus* Wainstein, 1962b: 23; *Seiulus soleiger* Ribaga, 1904: 176.

Berleseseiulus Arutunyan, 1974: 56. Type species: *Paraseiulus incognitus* Wainstein and Arutunyan, 1967: 1768 (= *soleiger* according to Chant and Yoshida-Shaul, 1982).

Typhlodromus (*Bawus*) van der Merwe, 1968: 62. Type species: *Paraseiulus subsoleiger* Wainstein, 1962a: 139.

Paraseiulus (*Paraseiulus*) Wainstein, 1976: 699.

Paraseiulus (*Bawus*) Wainstein, 1976: 699.

T. soleiger group, Chant, 1959a: 59.

T. soleiger species group, Chant and Yoshida-shaul, 1982: 3025.

Type species: *Seiulus soleiger* Ribaga, 1904: 176.

本属种类是植绥螨科中躯体刚毛数目最多的类群，雌螨具有两种躯体毛序类型：13A：8A /JV-2，3：ZV（*Paraseiulus soleiger*）；13A：9A / JV-2，3：ZV（*Paraseiulus talbii*）。前半体在s6与j6毛之间具z6毛（雄螨有些种缺），同时具z3、s6毛。后半体具Z3毛或缺，腹肛板具肛前毛2对（JV1、ZV2毛）。我国已记录的有2种。

① 苏氏副绥伦螨*Paraseiulus soleiger* Ribaga，1904（图170）

Seiulus soleiger Ribaga, 1904: 176. Type locality: Portici, Campania, Italy; host: *Citrus* sp.［Neotype designated by Chant and Yoshida-Shaul (1982), Padova, Veneto, Italy, on *Alnus glutinosa*］.

Typhlodromus (*Neoseiulus*) *soleiger*, Nesbitt, 1951: 39.

Typhlodromus (*Typhlodromus*) *soleiger*, Chant, 1959a: 59.

Paraseiulus soleiger, Muma, 1961: 300.

Melodromus soleiger, Wainstein, 1962b: 23.

Neoseiulus soleiger, Schuster and Pritchard, 1963: 201.

Typhlodromus (*Paraseiulus*) *soleiger*, van der Merwe, 1968: 60.

Paraseiulus (*Paraseiulus*) *soleiger*, Wainstein, 1976: 698.

Typhlodromus soleiger, Chant et al., 1978b: 1338.

Paraseiulus soleiger, de Moraes et al., 2004a: 299; Chant and McMurtry, 2007: 141.

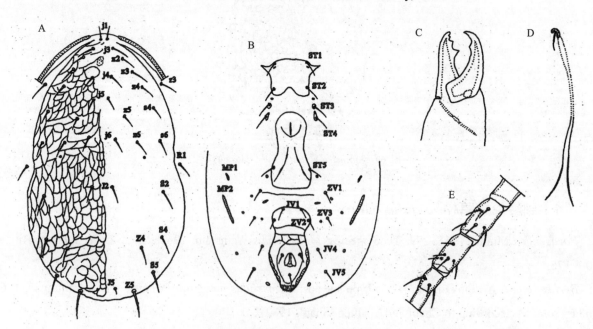

A. 背板；B. 腹面（胸板、生殖板和腹肛板）；C. 螯肢；D. 受精囊；E. 足Ⅳ膝节、胫节和基跗节

图170　苏氏副绥伦螨*Paraseiulus soleiger* Ribaga，1904（Prasad，2013）

|分布| 中国（河北、辽宁、黑龙江、江苏、山东、青海、新疆）。亚美尼亚、奥地利、阿塞拜

疆、白俄罗斯、加拿大、捷克、丹麦、英国、芬兰、法国、格鲁吉亚、德国、希腊、匈牙利、伊朗、意大利、日本、哈萨克斯坦、拉脱维亚、立陶宛、摩尔多瓦、荷兰、挪威、波兰、俄罗斯、塞尔维亚、斯洛伐克、斯洛文尼亚、瑞典、瑞士、突尼斯、土耳其、乌克兰、美国。高加索地区。

| 栖息植物 | 榆树、枫杨、牡荆、欧洲桤木、柑橘、苹果、葎草。

Kropczynska等（1965，1987，1988）陆续研究了苏氏副缓伦螨等多种植绥螨在木本果园的种群动态及对*Aculus ballei*、*Bryobia rubrioculus*、椴始叶螨、*Tetranychus viennensis*的控制作用。该种捕食螨在芬兰南部未喷药的苹果园中很常见（Tuovinen et al.，1991）。

② 泰氏副绥伦螨*Paraseiulus talbii* Athias-Henriot，1960

Typhlodromus talbii Athias-Henriot, 1960a: 75. Type locality: Rovigo, Alger, Algeria; host: *Vitis vinifera*.

Paraseiulus talbii, Wainstein and Arutunjan, 1967: 1769; Abbasova, 1972: 11; McMurtry, 1977: 22; Begljarov, 1981: 20; Chant and Yoshida-Shaul, 1982: 3024; Miedema, 1987: 47; Karg, 1991: 28, 1993: 209; Tuovinen, 1993: 101; Wu et al., 1997a: 170; de Moraes et al., 2004a: 301; Guanilo et al., 2008a: 26; Papadoulis et al., 2009: 110; Ferragut et al., 2010: 138; Barbar et al., 2013: 254.

Paraseiulus subsoleiger Wainstein, 1962a: 139, synonymed by Rowell et al., 1978.

Typhlodromus (*Neoseiulus*) *talbii*, Ehara, 1966a: 17.

Typhlodromus tetramedius Zaher and Shehata, 1970: 117, synonymed by Chant and Yoshida-Shaul, 1982.

Paraseiulus amaliae Ragusa and Swirski, 1976: 183, synonymed by Chant and Yoshida-Shaul, 1982.

Paraseiulus (*Bawus*) *talbii*, Wainstein, 1976: 699.

Paraseiulus (*Bawus*) *ostiolatus* Athias-Henriot, 1978: 699, synonymed by Chant and Yoshida-Shaul, 1982.

Bawus talbii, de Moraes et al., 1986: 180; Swirski and Amitai, 1990: 117; Swirski et al., 1998: 110.

Typhlodromus subsoleiger, Hirshmann, 1962: 12.

| 分布 | 中国（江苏、甘肃）。阿尔及利亚、阿根廷、奥地利、阿塞拜疆、克罗地亚、塞浦路斯、捷克、丹麦、埃及、芬兰、法国、格鲁吉亚、德国、希腊、匈牙利、伊朗、以色列、意大利、摩洛哥、荷兰、波兰、葡萄牙、塞尔维亚、斯洛伐克、斯洛文尼亚、西班牙、瑞典、叙利亚、突尼斯、土耳其、亚美尼亚、哈萨克斯坦、瑞士。高加索地区。

| 栖息植物 | 葡萄、榆树、三尖杉、柠檬等芸香科植物。

捕食*Tydeus caudatus*（Duges）的泰氏副绥伦螨有很强的生殖力（Camporese et al.，1995；McMurtry et al.，2013），在意大利葡萄园能保持该害螨的数量在较低的水平。但泰氏副绥伦螨不成熟个体取食东方真叶螨时存活率非常低，不能发育成螨（Momen et al.，1997）。McMurtry等（2013）把它列为Subtype I-c——镰螯螨的专食性捕食者。

（2）库伦螨属*Kuzinellus* Wainstein

Kuzinellus Wainstein, 1976: 699; Chant and McMurtry, 1994: 244.

Type species: *Paraseiulus kuzini* Wainstein, 1962a: 139.

雌螨躯体毛序类型为13A：8A/JV：ZV。具z6和JV2毛，缺失Z1毛。腹肛板为五边形、瓶形、三角形或方形。肛前毛4对，肛前孔1对。背刚毛形状有两种类型：毛粗厚，着生在瘤状突上；毛细长，刚毛状。我国已记录的2种是属于后者，特征是背刚毛为刚毛状，腹肛板为五边形。

① 颈库螨 *Kuzinellus cervix* Wu and Li，1984（图171）

Typhlodromus (*Anthoseius*) *cervix* Wu and Li, 1984b: 44. Type locality: Shennongjia, Hubei, China; host: *Pinus massoniana*. Wu et al., 1997a: 172; de Moraes et al., 2004a: 317; Chant and McMurtry, 2007: 152.

Amblydromella cervix, de Moraes et al., 1986: 159.

Typhlodromus cervix, Wu and Lan, 1993: 695.

Kuzinellus cervix, Wu et al., 2009: 330, 2010: 293.

| 分布 | 中国（福建、江西、湖北、湖南）。

| 栖息植物 | 马尾松、毛竹。

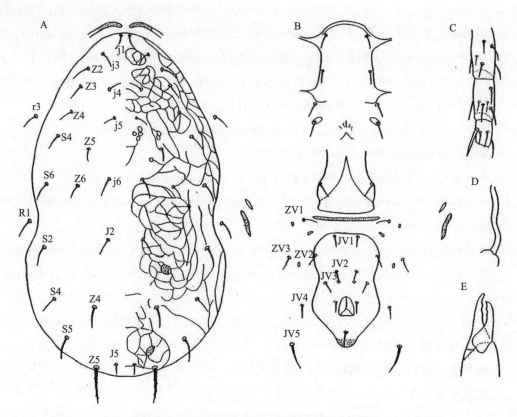

A. 背部；B. 腹面（胸板、生殖板和腹肛板）；C. 足Ⅳ膝节、胫节和基跗节；D. 受精囊；E. 螯肢

图171　颈库螨，新组合 *Kuzinellus cervix* Wu and Li

② 三毛库螨 *Kuzinellus trisetus* Wu，Lan and Zhang，1992

Typhlodromus trisetus Wu, Lan and Zhang, 1992: 48. Type locality: Qianshan, Liaoning, China; host: *Larix* sp.. Wu et al., 1997a: 173.

Amblydromella (*Amblydromella*) *triseta*, Denmark and Welbourn, 2002: 307.

Kuzinellus trisetus, Chant and McMurtry, 2007: 144; de Moraes et al., 2004a: 274; Wu et al., 2009: 331, 2010: 293.

| 分布 | 中国（辽宁）。

| 栖息植物 | 落叶松。

（四）盲走螨族Typhlodromini Wainstein

Typhlodromus Scheuten, Evans, 1953: 449.

Typhlodromus (*Typhlodromus*), Chant, 1957c: 528.

Typhlodromini Wainstein, 1962b: 26. Type genus: *Typhlodromus* Scheuten, 1957: 111.

Type genus: *Typhlodromus* Scheuten, 1957: 111.

这个族是盲走螨亚科最大的类群，包含473个命名种（含同物异名）。它的特点是同时存在z3和s6，存在背毛J2、S2和R1，以及腹部尾部的刚毛JV2和ZV3，缺失刚毛z6、J1和Z3，大多数种类存在刚毛S4和JV4。背刚毛Z1和S5，以及腹部末端刚毛JV3和JV4的发生是变化的。在这个大类群，次生形态有很大的变异，有一些特征和其他类群同源，但不会脱离这个分支的基本统一单元。

在盲走螨族总共有4种背板毛序：12A：9B，存在刚毛Z1，以*Neoseiulella tiliarum*为代表；12A：8A，不存在刚毛Z1，以*Typhlodromus bakeri*（Garman）为代表；12A：7A，刚毛Z1和S5缺失，以*T. pyri* Scheuten为代表；12A：7B，刚毛Z1和S4缺失，以*T. arizonicus*为代表。Chant等（1994）认为该族包含3个属，即盲小绥螨属*Typhloseiulus* Chant and McMurtry、盲走螨属*Typhlodromus* Scheuten和新小绥伦螨属*Neoseiulella* Muma。盲走螨属是盲走螨亚科，盲走螨族中种类最多的类群，我国仅记录有盲走螨属。

盲走螨族分属检索表

1 缺Z1毛（图159） ··· 盲走螨属*Typhlodromus*

 具Z1毛（图172） ·· 2

2. 背刚毛多为粗厚、延长、具刺（图173），气门沟板具条纹，受精囊延长成筒状（图174），腹肛板缩小，肛前毛仅1对（图175） ··· 盲小绥螨属*Typhloseiulus*

 背刚毛细长、毛状（图172），气门沟板具刻点，腹肛板不缩小，肛前毛3~4对 ··· 新小绥伦螨属*Neoseiulella*

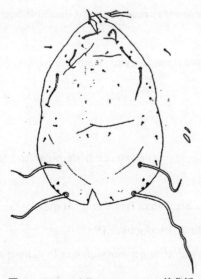 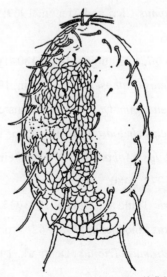

图172　*Neoseiulella cottieri* Collyer的背板　　　　　图173　*Typhloseiulus simplex* Chant的背板

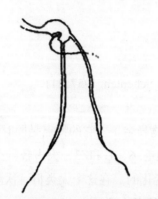

图174　*Typhloseiulus simplex* Chant的受精囊

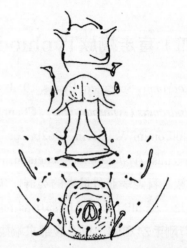

图175　*Typhloseiulus simplex* Chant的雌螨腹面

（1）盲走螨属*Typhlodromus* Scheuten

Typhlodromus Scheuten, 1857: 111. Type species: *Typhlodromus pyri* Scheuten, 1857: 111.

Typhlodromus (*Typhlodromus*), Chant, 1957c: 528.

Anthoseius De Leon, 1959b: 258. Type species: *Anthoseius hebetis* De Leon, 1959b: 258.

Amblydromella Muma, 1961: 294. Type species: *Typhlodromus* (*Typhlodromus*) *fleschneri* Chant, 1960: 60.

Clavidromus Muma, 1961: 296. Type species: *Kampimodromus transvaalensis* Nesbitt, 1951: 55.

Typhlodromella Muma, 1961: 299. Type species: *Seiulus rhenanus* Oudemans, 1905: 78.

Chanteius (*Colchodromus*) Wainstein, 1962b: 19. Type species: *Typhlodromus rarus* Wainstein, 1961: 157.

Typhlodromus (*Neoseiulus*) Hughes, Wainstein, 1962b: 21.

Mumaseius De Leon, 1965c: 23. Type species: *Typhlodromus* (*Typhlodromus*) *singularis* Chant, 1957a: 289.

Orientiseius Muma and Denmark, 1968: 238. Type species: *Typhlodromus* (*Typhlodromus*) *rickeri* Chant, 1960a: 62.

Typhlodromus (*Anthoseius*), van der Merwe, 1968: 20.

Indodromus Ghai and Menon, 1969: 348. Type species: *Indodromus meerutensis* Ghai and Menon, 1969: 348.

Wainsteinius Arutunjan, 1969: 180. Type species: *Typhlodromus leptodactylus* Wainstein, 1961: 153.

Anthoseius (*Anthoseius*) Wainstein, 1972: 1477.

Anthoseius (*Amblydromellus*) Wainstein, 1972: 1477.

Anthoseius (*Indodromus*) Wainstein, 1972: 1478.

Anthoseius (*Aphanoseius*) Wainstein, 1972: 1478. Type species: *Anthoseius* (*Aphanoseius*) *verrucosus* Wainstein, 1972: 1480.

Berethria Tuttle and Muma, 1973: 35. Type species: *Berethria arizonica* Tuttle and Muma, 1973: 36.

Vittoseius kolodochka, 1988: 42. Type species: *Vittoseius povtari* kolodochka, 1988: 42.

Typhlodromus (*Trionus*) Denmark, 1992: 32. Type species: *Typhlodromus magdalenae* Pritchard and Baker, 1962: 218.

Typhlodromus (*Oudemanus*) Denmark, 1992: 34. Type species: *Typhlodromus longipalpus* Swirski and Ragusa, 1976: 115.

Anthoseius (*Litoseius*) kolodochka, 1992: 22. Type species: *Anthoseius* (*Litoseius*) *spectatus* kolodochka, 1992: 22.

T. rhenanus group, Chant, 1959a: 62.

T. barkeri group, Chant, 1959a: 60.

Type species: *Typhlodromus pyri* Scheuten, 1857: 111.

有三种背刚毛类型：12A：8A、12A：7A和12A：7B，其中第一种最常见。雌螨有3种腹部毛序类型：JV：ZV、JV-3：ZV和JV-4：ZV。总共有33～35对躯体刚毛。存在背刚毛z3、s6、J2、S2、R1和腹刚毛JV2、ZV3。背刚毛z6、J1、Z1和Z3缺失。背刚毛S4、S5和腹刚毛JV3、JV4存在或缺失。背刚毛形态、螯肢齿系、受精囊形态及足毛序则存在变化。

盲走螨属*Typhlodromus*有2个亚属，即花绥螨亚属*Anthoseius*和盲走螨亚属*Typhlodromus*。全球已记录461种，我国已记录有90种。其中我国已记录的花绥螨亚属*Anthoseius*有89种，盲走螨亚属2种。

盲走螨属分亚属检索表

1　具S5毛（图159）……………………………………………………………………花绥螨亚属*Anthoseius*
　　缺S5毛（图176）……………………………………………………………………盲走螨亚属*Typhlodromus*

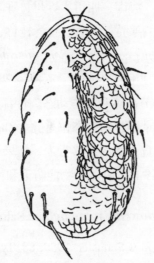

图176　*Typhlodromus*（*Typhlodromus*）*pyri* Scheutene的背板

1）花绥螨亚属*Anthoseius* De Leon

Anthoseius De Leon, 1959b: 258. Type species: *Anthoseius hebetis* De Leon, 1959b.

Amblydromella Muma, 1961: 294. Type species: *Typhlodromus fleschneri* Chant, 1960.

Clavidromus Muma, 1961: 296. Type species: *Kampimodromus transvaalensis* Nesbitt, 1951.

Typhlodromella Muma, 1961: 299. Type species: *Seiulus rhenanus* Oudemans, 1905.

Orientseius Muma and Denmark, 1968. Type species: *Typhlodromus* (*Typhlodromus*) *rickeri* Chant, 1960.

Anthoseius (*Anthoseius*) De Leon, Wainstein, 1972: 1477.

Typhlodromus rhenanus group Chant, 1959a: 62.

Typhlodromus barkeri group Chant, 1959a: 60.

Typhlodromus (*Anthoseius*) De Leon, Chant and McMurtry, 1994: 250; Ehara and Amano, 1998: 56.

Type species: *Anthoseius hebetis* De Leon, 1959b: 258.

该亚属种类主要特征是存在刚毛S5。雌螨背板毛序仅有2种类型即：12A：8A，背板具S4；12A：7B，缺S4毛，全球仅1种，分布于美国亚利桑那州。存在背刚毛z3、s6、J2、S2、S5和R1，以及腹刚毛JV2和ZV3。背刚毛z6、J1、Z1和Z3缺失。其他特征则多变化。

① 竹盲走螨 *Typhlodromus*（*Anthoseius*）*bambusae* Ehara，1964

Typhlodromus (*Neoseiulus*) *bambusae* Ehara, 1964: 379. Type locality: Tottori, Tottori Prefecture, Honshu, Japan; host: *Chimonobambusa marmorea*.

Amblydromella bambusae, de Moraes et al., 1986: 156.

Typhlodromus bambusae, Yin et al., 1996: 59.

Amblydromella (*Lindquistoseia*) *bambusae*, Denmark and Welbourn, 2002: 301.

Typhlodromus (*Anthoseius*) *takahashii* Ehara, 1978, synonymed by Ehara, 1981.

Typhlodromus (*Anthoseius*) *bambusae*, de Moraes et al., 2004a: 313; Chant and McMurtry, 2007: 152; Wu et al., 2009: 337, 2010: 300.

|分布| 中国（浙江、福建、广东、海南、四川、贵州、香港、台湾）。日本。

|栖息植物| 玉米、槟榔、五节芒、寒竹、箣竹、台湾桂竹、赤竹属种类及土壤中也有发现。

该种的捕食对象有竹缺爪螨 *Aponychus corpuzae*、*Schizotetranychus celarius*、*S. miscanthi* 和 *S. recki*。Zhang等（2001a）于1996—1998年在福建毛竹林研究了三种经常以混合种群发生的害螨南京裂爪螨、竹缺爪螨、竹刺瘿螨 *Aculus bambusae* 的季节循环和种群动态。竹盲走螨在秋季和冬季与竹缺爪螨有更高的生态位重叠，但在春季和夏季，则与南京裂爪螨生态位重叠。Zhang等（2003c）在福建几个单种毛竹林研究了叶螨竹缺爪螨、南京裂爪螨和竹盲走螨的迁移行为，结果表明叶螨设置的黏性屏障对阻碍叶螨的主动迁移有作用，但对竹盲走螨的迁移没有影响。猎物能防卫和反击杀死捕食螨（Saito，1986）。

② 尾腺盲走螨 *Typhlodromus*（*Anthoseius*）*caudiglans* Schuster，1959

Typhlodromus (*Typhlodromus*) *caudiglans* Schuster, 1959: 88. Type locality: Davis, Yolo, California, USA; host: unspecifified substrate. Chant et al., 1974: 1288；Wu et al. 1997: 196.

Typhlodromus (*Typhlodromus*) *caudiglans* Schuster, Chant, 1959a: 64.

Typhlodromella caudigans (Schuster)，Muma, 1961: 299.

Typhlodromus (*Anthoseius*) *caudiglans caudiglans*, Chant et al., 1978: 55.

Amblydromella nodosa De Leon, 1962, synonymed by Chant et al., 1978 .

Neoseiulus caudiglans, Schuster and Pritchard, 1963: 295.

Amblydromella (*Amblydromella*) *caudiglans* (Schuster)，de Moraes et al., 1986: 158.

Amblydromella (*Amblydromella*) *caudiglans* (Schuster)，Denmark and Welbourn, 2002: 307; Denmark and Evans, 2011: 309.

Typhlodromus (*Anthoseius*) *caudiglans* (Schuster)，de Moraes et al., 2004a: 315; Chant and McMurtry,

2007: 152.

Typhlodromus (*Anthoseius*) *caudiglanus* [sic], Wu et al., 2009: 372, 2010:300.

Typhlodromus timida Wainstein and Arutunjan, 1968, synonymed by Wainstein, 1975 .

Amblydromella caudiglans, Muma, 1967: 278; de Moraes et al., 1986: 157.

|分布|中国（黑龙江、吉林、辽宁）。澳大利亚、奥地利、阿塞拜疆、加拿大、英国、伊朗、拉脱维亚、立陶宛、摩尔多瓦、新西兰、挪威、俄罗斯、罗马尼亚、斯洛伐克、乌克兰、美国。

|栖息植物|多花蓝果树、黑穗醋栗、樟子松、钻天杨、水曲柳、梨。

尾腺盲走螨的捕食对象有 *Aculus cornutus*、苹果锈螨（Clements，1991；Clements et al.，1993）、苹果全爪螨（Clements et al.，1990，1993；Clements et al.，1991）。尾腺盲走螨能在加拿大安大略梨树上越冬，随后在春季早期梨树上即有存在，因此适合于梨树上苹果全爪螨的生物防治（Putman，1959）。

③瑞氏盲走螨*Typhlodromus*（*Anthoseius*）*recki* Wainstein（图177）

Typhlodromus (*Anthoseius*) *recki* Wainstein, 1958: 203. Type locality: Tbilisi, Georgia; host: *Salvia nemorosa*.

Typhlodromus (*Typhlodromus*) *recki*, Chant, 1959a: 62.

Typhlodromella recki (Wainstein) , Muma, 1961: 299.

Typhlodromus (*Neoseiulus*) *recki*, Ehara, 1966a: 18.

Anthoseius (*Amblydromellus*) *recki*, Kolodochka, 1980: 39.

Amblydromella recki, de Moraes et al., 1986: 171.

Amblydromella (*Aphanoseia*) *recki*, Denmark and Welbourn, 2002: 308.

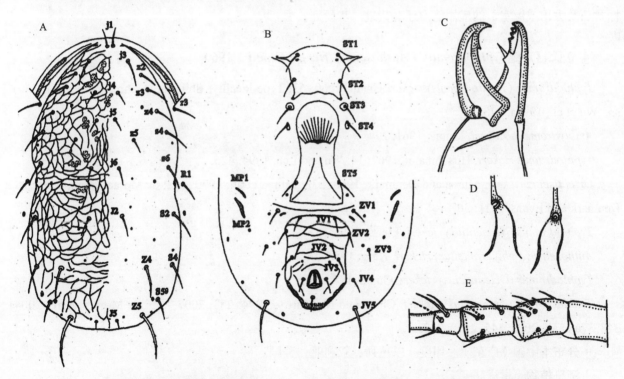

A. 背板；B. 腹面（胸板、生殖板和腹肛板）；C. 螯肢；D. 受精囊；E. 足Ⅳ膝节、胫节和基跗节

图177 瑞氏盲走螨*Typhlodromus*（*Anthoseius*）*recki* Wainstein（Prasad，2013）

Typhlodromus (*Anthoseius*) *recki*, de Moraes et al., 2004a: 344; Chant and McMurtry, 2007: 155; Tixier et al., 2013: 119.

|分布|阿尔及利亚、亚美尼亚、奥地利、阿塞拜疆、塞浦路斯、法国、格鲁吉亚、希腊、匈牙利、伊朗、以色列、意大利、哈萨克斯坦、黎巴嫩、摩尔多瓦、摩洛哥、葡萄牙、俄罗斯、斯洛文尼亚、叙利亚、突尼斯、土耳其、乌克兰。高加索地区。

|栖息植物|林地鼠尾草、葡萄、番茄、茄子、辣椒、马铃薯、苹果、桃、梨、梅、橄榄、榆树、冬青栎、异株荨麻、欧夏至草、龙葵、唇形科筋骨草属植物及其他草本植物和灌木上广泛分布。

该种主要分布在古北区西部尤其是在地中海盆地，在欧洲未开垦的地区很常见，喜好紫草科、茄科、菊科和唇形科植物，在种植作物如葡萄、番茄等上也偶有发现。该种分布广泛，但其生物学及生物防治方面的应用研究很少。

Tixier等（2016）从法国南部采集到该种的5个种群，在实验室研究了它们取食二斑叶螨的能力以及它们的生殖情况，并比较了5个种群间的差异。结果表明该螨生殖率（产卵数/雌/d）为0.5~1.4。每雌每天取食的二斑叶螨的卵数为8~18粒。猎物数量足够多时，捕食率可以高达40粒/雌/d。几个测试种群的猎物取食情况与报道的一些生物防治上利用的捕食螨，如加州新小绥螨和斯氏钝绥螨非常相似。这证明瑞氏盲走螨具有调控二斑叶螨种群数量的能力，且是欧洲本土的植绥螨种类，具有开发利用的优势。Tixier等（2020）研究了3个瑞氏盲走螨种群分别取食3种番茄害虫（二斑叶螨、伊氏叶螨、*Aculops lycopersici*）时的发育情况，及瑞氏盲走螨沿着番茄植株茎秆的扩散，以及从释放源向被危害番茄叶碟的扩散情况。结果显示瑞氏盲走螨是一种泛食性的捕食者。但3个实验种群之间存在差别，其中1个种群对二斑叶螨的平均取食数量甚至超过加州新小绥螨和胡瓜新小绥螨。该螨能顺着番茄植株茎秆走动找寻到食物源。这些结果均证明瑞氏盲走螨是一种可利用于生物防治的植绥螨品种，但其在更大空间（如整株番茄及大田或温室）的应用能力还有待进一步研究。

④ 立氏盲走螨 *Typhlodromus* (*Anthoseius*) *rickeri* Chant, 1960

Typhlodromus (*Typhlodromus*) *rickeri* Chant, 1960: 62. Type locality: Shillong, Assam, India; host: *Citrus* sp.. Wu et al., 1997a: 178.

Amblydromella rickeri, Muma, 1961: 294.

Typhlodromus rickeri, Hirschmann, 1962: 14; Wu and Lan, 1994: 426.

Orientiseius rickeri, Muma and Denmark, 1968: 238; Muma et al., 1970: 142; de Moraes et al., 1986: 202; Denmark and Evans, 2011: 367.

Typhlodromus (*Neoseiulus*) *rickeri*, Ehara, 1966a: 18.

Anthoseius (*Amblydromellus*) *rickeri*, Karg, 1983: 56.

Typhlodromus (*Orientiseius*) *rickeri*, Gupta, 1985: 38.

Typhlodromus (*Anthoseius*) *rickeri*, Chant and McMurtry, 1994: 253, 2007: 155; de Moraes et al., 2004a: 348; Wu et al., 2009: 345, 2010: 302.

|分布|中国（广东）。印度、以色列、叙利亚、美国。

|栖息植物|柑橘。

本种原产印度（模式产地）。McMurtry等（1964b）、McMurtry（1969）研究了本种的生物学并把此种从印度引种到美国加利福尼亚州和佛罗里达州，进行大量繁殖及释放，已发现该种在柑橘及鳄梨上

建立种群。1985年从美国引入我国广东，并在田间采到。该种能以柑橘锈螨、柑橘全爪螨和路易氏始叶螨*Eotetranychus lewisi*为食并繁殖。Argov等（2002）曾引进该种到以色列控制柑橘上的锈蜘蛛，但没能成功建立种群。Carrillo等（2015）发现立氏盲走螨同六点始叶螨种群相关联。

⑤莱茵盲走螨*Typhlodromus*（*Anthoseius*）*rhenanus* Oudemans，1905（图178）

Seiulus rhenanus Oudemans, 1905: 78. Type locality: Beuel, near Bonn, Nordrhein-Westfalen, Germany; host: rotting leaves.

Typhlodromus (*Neoseiulus*) *rhenanus*, Nesbitt, 1951: 38.

Typhlodromus rhenanus, Cunliffe and Baker, 1953: 9.

Typhlodromus (*Typhlodromus*) *rhenanus*, Chant, 1959a: 62.

Typhlodromella rhenana, Muma, 1961: 299.

Anthoseius (*Amblydromellus*) *rhenanus*, Kolodochka, 1974: 28.

Typhlodromus (*Amblydromella*) *rhenanus*, Gupta, 1985: 396.

Amblydromella rhenana, de Moraes et al., 1986: 172.

Typhlodromella rhenana, Evans and Momen, 1988: 210.

Amblydromella (*Aphanoseia*) *rhenana*, Denmark and Welbourn, 2002: 308.

Typhlodromus (*Anthoseius*) *rhenanus*, de Moraes et al., 2004a: 345; Chant and McMurtry, 2007: 155.

Iphidulus communis Ribaga, 1904: 176, synonymed by Berlese, 1918.

Typhlodromus (*Anthoseius*) *foenilis* Oudemans, 1930b: 70, synonymed by Chant, 1959a.

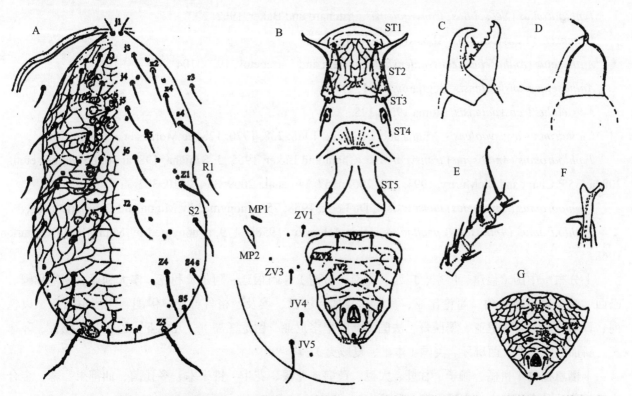

A. 背板；B. 腹面（胸板、生殖板和腹肛板）；C. 螯肢；D. 受精囊；E. 足Ⅳ膝节、胫节和基跗节；F. 导精趾；G. 雄腹肛板

图178 莱茵盲走螨*Typhlodromus*（*Anthoseius*）*rhenanus* Oudemans（Evans et al., 1988）

Typhlodromus (*Anthoseius*) *kazachstanicus* Wainstein, 1958: 203, synonymed by Chant, 1959a.

Typhlodromus (*Anthoseius*) *tortor* (Begljarov and Malov, 1978) : 7, synonymed by Evans and Momen, 1988.

| 分布 | 阿尔及利亚、阿塞拜疆、白俄罗斯、比利时、巴西、加拿大、塞浦路斯、丹麦、英国（本土、北爱尔兰）、芬兰、法国、德国、希腊、匈牙利、印度、伊朗、以色列、意大利、哈萨克斯坦、拉脱维亚、摩尔多瓦、黑山、荷兰、挪威、波兰、俄罗斯、塞尔维亚、斯洛伐克、斯洛文尼亚、西班牙、瑞典、瑞士、叙利亚、突尼斯、土耳其、乌克兰、美国、葡萄牙（本土、马德拉群岛）。

| 栖息植物 | 柑橘、葡萄、苹果、异株荨麻及其他草本和灌木植物上广泛分布。

该螨主要分布在欧洲，在水果园特别是苹果园中非常常见。在未种植区灌木上广泛分布。该螨具有取食植物汁液的特性（Chant, 1959）。

莱茵盲走螨的捕食对象有苹果尘螨、*Phytoptus avellanae*、*Bryobia praetiosa*、*Bryobia rubrioculus*、针叶小爪螨、柑橘全爪螨、苹果全爪螨、*Tetranychus mcdanieli*、盾蚧科*Diaspididae*的榆蛎盾蚧*Lepidosaphes ulmi*（Sidlyarevitsch, 1982; Kozlowski et al., 1991）。

⑥ 南非盲走螨 *Typhlodromus*（*Anthoseius*）*transvaalensis*（Nesbitt, 1951）

Kampimodromus transvaalensis Nesbitt, 1951: 55. Type locality: Nylstroom, Transvaal, South Africa; host: peanut.

Typhlodromus (*Typhlodromus*) *transvaalensis*, Chant, 1959a: 60.

Typhlodromus transvaalensis, Hirschmann, 1962: 14.

Typhlodromus (*Neoseiulus*) *transvaalensis*, Pritchard and Baker, 1962: 222.

Mumaseius transvaalensis, Abbasova, 1970: 1410.

Anthoseius (*Anthoseius*) *transvaalensis*, Wainstein and Vartapetov, 1973: 104.

Anthoseius transvaalensis, Begljarov, 1981: 21.

Neoseiulus transvaalensis, Muma 1961: 295.

Clavidromus transvaalensis, Muma and Denmark, 1968: 238, 1970: 128; de Moraes et al., 1986: 182.

Typhlodromus (*Anthoseius*) *transvaalensis*, Chant and Baker, 1965: 5; Schicha, 1981a: 36; de Moraes et al., 2004a: 355; Chant and McMurtry, 1994: 252, 2007: 157; Wu et al., 2009: 334, 2010: 302.

Typhlodromus (*Anthoseius*) *jackmickleyi*, De Leon, 1958: 75, synonymed by Muma and Denmark, 1968.

Typhlodromus (*Anthoseius*) *pectinatus*, Athias-Henriot, 1958b: 179, synonymed by Muma and Denmark, 1968.

| 分布 | 中国（福建、广东、广西、海南、台湾）。阿根廷、阿尔及利亚、澳大利亚、阿塞拜疆、巴西、喀麦隆、佛得角、哥伦比亚、哥斯达黎加、古巴、埃及、格鲁吉亚、伊朗、印度尼西亚、以色列、日本、约旦、肯尼亚、墨西哥、法国（新喀里多尼亚、留尼汪岛）、几内亚、巴拿马、秘鲁、菲律宾、新加坡、南非、西班牙、美国（本土、夏威夷）。

| 栖息植物 | 柑橘、椰子、甘蔗、大豆、芦笋、龙眼、花生、锥果木、多孔菌、仙都果、蒜、金合欢等，落叶及家居灰尘、土壤里都有发现。

除了在植物上外，该螨还被发现存在于其他各种栖息环境中。Nesbitt（1951）发现该种同"小螨虫"相关。Prasad（1968a, 1968b, 1968c）记录该种来自以尘螨科Pyroglyphidae尘螨属的种类以及蛾螨

科Otopheidomenidae *Nabiseius* sp.饲养的实验室种群，在夏威夷树上的老鼠窝也有发现。此外，驴粪、巧克力及贮藏物中都有发现（Amitai et al.，1978；Corpuz-Raros et al.，1988）。

韦德卫等（2008）研究在27℃条件下，以粗脚粉螨为饲料饲养观察南非盲走螨的生长发育和繁殖情况，组建了实验种群生命表。结果表明，南非盲走螨行孤雌生殖，卵、幼螨、前若螨、后若螨、成螨产卵前期各阶段发育历期分别为2.00d、0.72d、1.96d、1.53d和1.77d，完成1个世代发育需7.98d，雌成螨平均寿命14.82d，平均产卵量25.75粒，各种群生命表参数分别为净生殖率R_0 = 25.01、世代平均周期T = 13.71、内禀增长率r_m = 0.23、周限增长率λ = 1.26、种群倍增所需日数t = 2.95。采用小空间湿度控制法，测定不同湿度对南非盲走螨卵的孵化和成螨产卵的影响。结果表明，卵发育和孵化的最适湿度为75.0%～85.0%，96.0%的相对高湿度对成螨的产卵和存活均有不利影响。以柑橘全爪螨不同螨态为猎物时，南非盲走螨对柑橘全爪螨幼螨的捕食量最大，日平均捕食量为5.40头，而对柑橘全爪螨雌成螨则几乎不取食。

⑦ **普通盲走螨*Typhlodromus*（*Anthoseius*）*vulgaris* Ehara，1959**

Typhlodromus vulgaris Ehara, 1959: 286. Type locality: Sapporo, Hokkaido, Japan; host: apple.

Typhlodromus (*Typhlodromus*) *vulgaris*, Chant, 1959a: 64.

Amblydromella vulgaris, Muma, 1961: 294.

Typhlodromus (*Neoseiulus*) *vulgaris*, Ehara, 1964: 381.

Anthoseius (*Amblydromellus*) *vulgaris*, Wainstein, 1979: 137.

Anthoseius vulgaris, Rivnay and Swirski, 1980: 177.

Typhlodromus (*Anthoseius*) *juniperus* Chant, 1959a: 61, synonymed by Ehara et al., 1994.

Amblydromella (*Amblydromella*) *vulgaris*, Denmark and Welbourn, 2002: 295.

Typhlodromus (*Anthoseius*) *vulgaris*, de Moraes et al., 2004a: 357; Chant and McMurtry, 2007: 157.

|分布|中国（香港）。伊朗、日本、俄罗斯、韩国。

|栖息植物|麻栎、梨、苹果。

普通盲走螨是泛食性捕食者，能取食花粉、害螨、蓟马和其他微小节肢动物（McMurtry et al.，1997；Kishimoto，2002，2005；Toyoshima，2003）。当普通盲走螨迁移进二斑叶螨产生的复杂丝网时，经常被二斑叶螨的黏性丝线所困。一旦被困，它们的行动和取食行为均会受阻直到逃离丝网。

Kawashima等（2006）自2004年秋季调查日本中部梨园树栖螨的越冬物候学，分别在梨树的细枝、主要树枝和主干布置自制的螨捕捉装置（由透明胶带、魔术贴和黑毛纱构成），发现普通盲走螨是日本中部梨园用陷阱法收集到的主要捕食螨种类，绝大多数普通盲走螨收集自细枝上的陷阱。在细枝上的短期陷阱（两周更换一次），直到2004年11月中旬梨树完全落叶一直能收集到普通盲走螨的雌雄螨，但从12月至翌年4月则很少收集到。而在细枝上的长期陷阱（每月更换一次），1—4月都收集到数量丰富的普通盲走螨雌螨，但没有收集到其他螨态。这些结果表明普通盲走螨在11月末期移动到长期陷阱，而且只有雌螨在陷阱里越冬。这些雌螨在翌年5月份早期开始迁移和繁殖，当时无论在短期还是长期陷阱里都发现了不成熟螨态的普通盲走螨。而且该螨各个活动螨态都能活跃取食下毛瘿螨属种类*Acalitus* sp.并繁殖。

⑧ **相思盲走螨*Typhlodromus*（*Anthoseius*）*acacia* Xin，Liang and Ke，1980**

Typhlodromus acacia Xin, Liang and Ke, 1980: 468. Type locality: Fuzhou, Fujian, China; host: *Acacia richii*.

Amblydromella acacia, de Moraes et al., 1986: 154.

Amblydromella (*Amblydromella*) *acacia*, Denmark and Welbourn, 2002: 295.

Typhlodromus (*Anthoseius*) *acacia*, de Moraes et al., 2004a: 308; Chant and McMurtry, 2007: 152; Wu et al., 2009: 387, 2010: 300.

│分布│中国（福建）。

│栖息植物│台湾相思。

⑨ **敏捷盲走螨*Typhlodromus*（*Anthoseius*）*agilis*（Chaudhri，1975）**

Orientiseius agilis Chaudhri, 1975: 189. Type locality: 2 miles north of Havelian, Northwest Frontier, Pakistan; host: *Rubus* sp.. de Moraes et al., 1986: 202.

Typhlodromus agilis, Wu and Lan, 1994: 430; Wu et al., 1997a: 182.

Typhlodromus (*Anthoseius*) *agilis*, de Moraes et al., 2004a: 309; Chant and McMurtry, 2007: 152; Wu et al., 2009: 343, 2010: 300.

│分布│中国（福建、湖南、云南）。巴基斯坦。

│栖息植物│柚、梨、悬钩子及灌木等。

⑩ **椿盲走螨*Typhlodromus*（*Anthoseius*）*ailanthi* Wang and Xu，1985**

Typhlodromus ailanthi Wang and Xu, 1985: 71. Type locality: Pinggu, Beijing, China; host: *Ailanthus altissima*.

Amblydromella (*Amblydromella*) *ailanthi*, Denmark and Welbourn, 2002: 307.

Typhlodromus (*Anthoseius*) *ailanthi*, de Moraes et al., 2004a: 309; Chant and McMurtry, 2007: 152; Wu et al., 2009: 357, 2010: 300.

│分布│中国（北京）。

│栖息植物│臭椿、花曲柳。

⑪ **霸王岭盲走螨*Typhlodromus*（*Anthoseius*）*bawanglingensis* Fang，Hao and Wu，2018（图179）**

Typhlodromus (*Anthoseius*) *bawanglingensis* Fang, Hao and Wu, 2018b: 926. Type locality: Bawangling, Hainan, China; host: *Adinandra hainanensis*.

│分布│中国（海南）。

│栖息植物│海南杨桐。

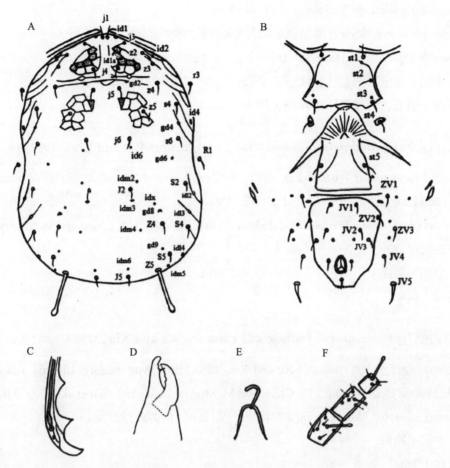

A. 背板；B. 腹面（胸板、生殖板和腹肛板）；C. 气门板；D. 螯肢；E. 受精囊；F. 足Ⅳ膝节、胫节和基跗节

图179　霸王岭盲走螨 *Typhlodromus bawanglingensis* Fang, Hao & Wu（Fang et al., 2018）

⑫二叉盲走螨 *Typhlodromus*（*Anthoseius*）*bifurcutus* Wu, 1983

Typhlodromus bifurcutus Wu, 1983b: 15. Type locality: Shaxian, Fujian, China; host: *Rhus* sp..

Amblydromella bifurcata［sic］, de Moraes et al., 1986: 156.

Amblydromella (*Aphanoseia*) *bifurcata*［sic］, Denmark and Welbourn, 2002: 307.

Typhlodromus (*Anthoseius*) *bifurcuta*［sic］, de Moraes et al., 2004a: 314; Chant and McMurtry, 2007: 152.

Typhlodromus (*Anthoseius*) *bifurcutus*, Wu et al., 2009: 409; 2010: 300.

| 分布 | 中国（福建）。

| 栖息植物 | 漆树。

⑬北方盲走螨 *Typhlodromus*（*Anthoseius*）*borealis* Ehara, 1967

Typhlodromus (*Anthoseius*) *borealis* Ehara, 1967b: 213. Type locality: Hamakoshimizu, Abashiri, Hokkaido, Japan; host: *Rosa rugosa*. de Moraes et al., 2004a: 314; Chant and McMurtry, 2007: 152; Wu et al., 2009: 416, 2010: 300.

Typhlodromus (*Typhlodromus*) *borealis*, Tseng, 1983: 70.

Amblydromella borealis, de Moraes et al., 1986: 156.

Typhlodromus borealis, Chen et al., 1984: 313; Wu et al., 1997a: 208.

Amblydromella (*Aphanoseia*) *borealis*, Denmark and Welbourn, 2002: 308.

| 分布 | 中国（辽宁、黑龙江、江苏、安徽、江西、广西）。日本。

| 栖息植物 | 油茶、马尾松、落叶松、玫瑰。

⑭短中毛盲走螨*Typhlodromus*（*Anthoseius*）*brevimedius* Wu and Liu，1991

Typhlodromus brevimedius Wu and Liu, 1991: 86. Type locality: Wuyishan, Fujian, China; host: *Castanea mollissima*. Wu and Lan, 1994: 430; Wu et al., 1997a: 180.

Typhlodromus (*Anthoseius*) *brevimedius*, de Moraes et al., 2004a: 314; Chant and McMurtry, 2007: 152; Wu et al., 2009: 352, 2010: 300.

| 分布 | 中国（福建）。

| 栖息植物 | 板栗。

⑮大麻盲走螨*Typhlodromus*（*Anthoseius*）*cannabis* Ke and Xin，1983

Typhlodromus (*Anthoseius*) *cannabis* Ke and Xin, 1983: 186. Type locality: Lijiang, Yunnan, China; host: *Clematis* sp.. de Moraes et al., 2004a: 315; Chant and McMurtry, 2007: 152; Wu et al., 2009: 346, 2010: 300.

Typhlodromus cannabis, Wu and Lan, 1994: 426; Wu et al., 1997a: 177.

| 分布 | 中国（四川、云南）。

| 栖息植物 | 大麻、菠菜。

⑯张氏盲走螨*Typhlodromus*（*Anthoseius*）*changi* Tseng，1975

Typhlodromus (*Typhlodromus*) *changi* Tseng, 1975: 57. Type locality: Neipu, Chiayi, Taiwan, China; host: *Areca catechu*.

Amblydromella changi, de Moraes et al., 1986: 159.

Amblydromella (*Amblydromella*) *changi*, Denmark and Welbourn, 2002: 307.

Typhlodromus (*Anthoseius*) *changi*, de Moraes et al., 2004a: 317; Chant and McMurtry, 2007: 152; Wu et al., 2009: 499, 2010: 300.

| 分布 | 中国（台湾）。

| 栖息植物 | 槟榔、绿竹、台湾芦竹、台湾桂竹。

⑰中国盲走螨*Typhlodromus*（*Anthoseius*）*chinensis* Ehara and Lee，1971

Typhlodromus (*Anthoseius*) *chinensis* Ehara and Lee, 1971: 62. Type locality: Shek O, Hong Kong Island, Hong Kong, China; host: *Bauhinia* sp.. de Moraes et al., 2004a: 318; Chant and McMurtry, 2007: 152; Wu et al., 2009: 375, 2010: 300.

Typhlodromus (*Typhlodromus*) *chinensis*, Tseng, 1983: 70.

Amblydromella chinensis, de Moraes et al., 1986: 159.

Typhlodromus chinensis, Wu et al., 1997a: 198.

Amblydromella (*Amblydromella*) *chinensis*, Denmark and Welbourn, 2002: 307.

| 分布 | 中国（广东、香港、台湾）。韩国。

| 栖息植物 | 柑橘、大叶相思、羊蹄甲、杜虹花、桑树、水麻、悬钩子属种类。

⑱崇明盲走螨 *Typhlodromus*（*Anthoseius*）*chongmingensis* Wu and Ou，2009

Typhlodromus (*Anthoseius*) *chongmingensis* Wu and Ou, in Wu et al. (2009) : 400. Type locality: Chongming, Shanghai, China; host: citrus. Wu et al., 2010: 300.

| 分布 | 中国（上海）。

| 栖息植物 | 柑橘。

⑲凹胸盲走螨 *Typhlodromus*（*Anthoseius*）*concavus* Wang and Xu，1991

Typhlodromus concavus Wang and Xu, 1991a: 188. Type locality: Taishan, Shandong, China; host: *Morus alba*.

Amblydromella (*Aphanoseia*) *concava*, Denmark and Welbourn, 2002: 308.

Typhlodromus (*Anthoseius*) *luensis* Lao and Liang, 1994: 314, synonymed by Wu et al., 2009.

Typhlodromus (*Anthoseius*) concavus, de Moraes et al., 2004a: 319; Chant and McMurtry, 2007: 152; Wu et al., 2009: 410, 2010: 300.

| 分布 | 中国（山东）。

| 栖息植物 | 苹果、桑树。

⑳毛榛盲走螨 *Typhlodromus*（*Anthoseius*）*coryli* Wu and Lan，1991

Typhlodromus coryli Wu and Lan, 1991c: 329. Type locality: Liupanshan, Ningxia, China; host: *Corylus mandshurica*. Wu et al., 1997a: 190.

Amblydromella coryli, Denmark and Welbourn, 2002: 309.

Typhlodromus (*Anthoseius*) *coryli*, de Moraes et al., 2004a: 319; Chant and McMurtry, 2007: 152; Wu et al., 2009: 370; 2010: 300.

| 分布 | 中国（辽宁、甘肃、宁夏）。

| 栖息植物 | 毛榛子。

㉑头状盲走螨 *Typhlodromus*（*Anthoseius*）*coryphus* Wu，1985

Typhlodromus (*Anthoseius*) *coryphus* Wu, 1985: 83. Type locality: Sanming, Fujian, China; host: *Rhus* sp.. de Moraes et al., 2004a: 319; Chant and McMurtry, 2007: 152; Wu et al., 2009: 423, 2010: 300.

Typhlodromus coryphus, Wu et al., 1997a: 207.

Amblydromella (*Amblydromella*) corypha, Denmark and Welbourn, 2002: 307.

| 分布 | 中国（福建、广东、广西）。

| 栖息植物 | 盐肤木、龙眼、栀子。

㉒蕲艾盲走螨 *Typhlodromus*（*Anthoseius*）*crossostephium* Liao and Ho，2017

Typhlodromus (*Anthoseius*) *crossostephium* Liao and Ho, in Liao et al. (2017c) : 1640. Type locality: Lanyu Island, Taiwan, China; host: *Crossostephium chinense*.

| 分布 | 中国（台湾）。

| 栖息植物 | 芙蓉菊。

㉓崔氏盲走螨 *Typhlodromus*（*Anthoseius*）*cuii* Wu and Ou，1998

Typhlodromus (*Anthoseius*) *cuii* Wu and Ou, 1998b: 133. Type locality: Weixi, Yunnan, China; host: *Davidia* sp.. de Moraes et al., 2004a: 320; Chant and McMurtry, 2007: 152; Wu et al., 2009: 363; 2010: 300.

| 分布 | 中国（云南）。

| 栖息植物 | 灌木。

㉔金露梅盲走螨 *Typhlodromus*（*Anthoseius*）*dasiphorae* Wu and Lan，1991

Typhlodromus dasiphorae Wu and Lan, 1991c: 328. Type locality: Hezuo, Gansu, China; host: *Dasiphora fruticosa*. Wu et al., 1997a: 203.

Amblydromella (*Lindquistoseia*) *dasipnorae*, Denmark and Welbourn, 2002: 301.

Typhlodromus (*Anthoseius*) *dasiphorae*, de Moraes et al., 2004a: 321; Chant and McMurtry, 2007: 152; Wu et al., 2009: 339, 2010: 300.

| 分布 | 中国（甘肃）。

| 栖息植物 | 金露梅。

㉕大通盲走螨 *Typhlodromus*（*Anthoseius*）*datongensis* Wang and Xu，1991

Typhlodromus datongensis Wang and Xu, 1991b: 322. Type locality: Datong, Qinghai, China; host: unknown plant.

Amblydromella (*Amblydromella*) *datongensis*, Denmark and Welbourn, 2002: 307.

Typhlodromus (*Anthoseius*) *datongensis*, de Moraes et al., 2004a: 321; Chant and McMurtry, 2007: 152; Wu et al., 2009: 385, 2010: 300.

| 分布 | 中国（青海、西藏、甘肃、宁夏）。

| 栖息植物 | 桃、苹果、杂草。

㉖长形盲走螨 *Typhlodromus*（*Anthoseius*）*eleglidus* Tseng，1983

Typhlodromus (*Typhlodromus*) *eleglidus* Tseng, 1983: 64. Type locality: Paintienyen, Chiayi, Taiwan, China; host: *Litchi chinensis*.

Typhlodromus eleglidus, Wu et al., 1991a: 82.

Neoseiulella eleglidus, de Moraes et al., 2004a: 293; Chant and McMurtry, 2007: 147.

Typhlodromus (*Anthoseius*) *eleglidus*, Wu et al., 2009: 499, 2010: 300.

| 分布 | 中国（台湾）。

| 栖息植物 | 荔枝。

㉗细小盲走螨 *Typhlodromus*（*Anthoseius*）*gracilentus* Tseng，1975

Typhlodromus (*Typhlodromus*) *gracilentus* Tseng, 1975: 61. Type locality: Yuch Shih Chieh, Kaohsiung, Taiwan, China; host: *Grevillea robusta*.

Amblydromella gracilenta, de Moraes et al., 1986: 162.

Amblydromella (*Amblydromella*) *gracilenta*, Denmark and Welbourn, 2002: 307.

Typhlodromus (*Anthoseius*) *gracilentus*, de Moraes et al., 2004a: 326; Chant and McMurtry, 2007: 152; Wu et al., 2009: 390, 2010: 300.

| 分布 | 中国（台湾）。
| 栖息植物 | 斜基粗叶木、竹。

㉘广东盲走螨 *Typhlodromus*（*Anthoseius*）*guangdongensis* Wu and Lan，1994

Typhlodromus guangdongensis Wu and Lan, 1994: 428. Type locality: Wuzhishan, Shaoguan, Guangdong, China; host: *Quercus* sp.. Wu et al., 1997a: 181.

Typhlodromus (*Anthoseius*) *guangdongensis*, de Moraes et al., 2004a: 326; Chant and McMurtry, 2007: 152; Wu et al., 2009: 348, 2010: 300.

| 分布 | 中国（广东）。
| 栖息植物 | 栓皮栎。

㉙广西盲走螨 *Typhlodromus*（*Anthoseius*）*guangxiensis* Wu，Lan and Zeng，1997

Typhlodromus guangxiensis Wu, Lan and Zeng, 1997: 255. Type locality: Shiwandashan, Guangxi, China; host: grass.

Typhlodromus (*Anthoseius*) *guangxiensis*, de Moraes et al., 2004a: 326; Chant and McMurtry, 2007: 152; Wu et al., 2009: 395, 2010: 300.

| 分布 | 中国（广西）。
| 栖息植物 | 杂草。

㉚牯岭盲走螨 *Typhlodromus*（*Anthoseius*）*gulingensis* Zhu，1985

Typhlodromus gulingensis Zhu, 1985b: 389. Type locality: Lushan, Jiangxi, China; host: *Pinus parviflora*.

Typhlodromus (*Anthoseius*) *gulingensis*, de Moraes et al., 2004a: 326; Chant and McMurtry, 2007: 155; Wu et al., 2009: 376, 2010: 300.

| 分布 | 中国（江西）。
| 栖息植物 | 日本五针松。

㉛海南盲走螨 *Typhlodromus*（*Anthoseius*）*hainanensis* Wu and Ou，2002

Typhlodromus (*Anthoseius*) *hainanensis* Wu and Ou, 2002: 940. Type locality: Sanya, Hainan, China; host: *Casuarina* sp.. Wu et al., 2009: 422, 2010: 301.

| 分布 | 中国（海南）。

| 栖息植物 | 木麻黄、竹。

㉜ 冬盲走螨 *Typhlodromus*（*Anthoseius*）*hibernus* Wang and Xu，1991

Typhlodromus hibernus Wang and Xu, 1991b: 324. Type locality: Yuzhong, Gansu, China; host: *Quercus* sp..

Typhlodromus (*Anthoseius*) hibernus, de Moraes et al., 2004a: 328; Chant and McMurtry, 2007: 155; Wu et al., 2009: 349, 2010: 301.

| 分布 | 中国（甘肃）。

| 栖息植物 | 栎。

㉝ 肥厚盲走螨 *Typhlodromus*（*Anthoseius*）*higoensis* Ehara，1985

Typhlodromus (*Anthoseius*) *higoensis* Ehara, 1985: 115. Type locality: Kurokami-cho, Kumamoto, Kyushu, Japan; host: bamboo. de Moraes et al., 2004a: 328; Chant and McMurtry, 2007: 155; Wu et al., 2009: 404, 2010: 301.

Amblydromella higoensis, de Moraes et al., 1986: 163.

Typhlodromus higoensis, Wu and Lan, 1993: 695; Wu et al., 1997a: 197.

Amblydromella (*Amblydromella*) *higoensis*, Denmark and Welbourn, 2002: 307.

| 分布 | 中国（福建、湖南、广东、海南）。日本。

| 栖息植物 | 竹。

㉞ 平岛盲走螨 *Typhlodromus*（*Anthoseius*）*hirashimai* Ehara，1972

Typhlodromus (*Anthoseius*) *hirashimai* Ehara, 1972: 140. Type locality: Mountain Ontake, Kiso, Honshu, Japan; host: *Abies mariesii*. de Moraes et al., 2004a: 329; Chant and McMurtry, 2007: 155; Wu et al., 2009: 399, 2010: 301.

Typhlodromus (*Typhlodromus*) *hirashimai*, Tseng, 1983: 70.

Amblydromella hirashimai, de Moraes et al., 1986: 163.

Typhlodromus hirashimai, Wu and Liu, 1997: 153.

Amblydromella (*Amblydromella*) *hirashimai*, Denmark and Welbourn, 2002: 307.

| 分布 | 中国（广东）、日本。

| 栖息植物 | 松、冷杉。

㉟ 黄家盲走螨 *Typhlodromus*（*Anthoseius*）*huangjiaensis* Fang and Wu，2020（图180）

Typhlodromus (*Anthoseius*) *huangjiaensis* Fang and Wu, 2020b, in Fang et al. (2020a): 363. Type locality: Huangjia Village, Nanling, Guangdong, China; host: *Bidens pilosa*.

| 分布 | 中国（广东）。

| 栖息植物 | 鬼针草。

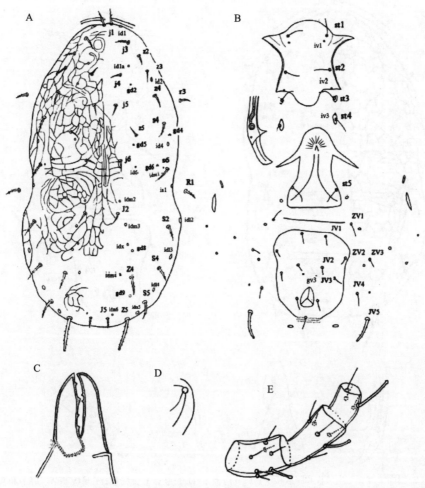

A. 背板；B. 腹面（胸板、生殖板和腹肛板）；C. 螯肢；D. 受精囊；E. 足IV膝节、胫节和基跗节
图180　黄家盲走螨 Typhlodromus (Anthoseius) huangjiaensis Fang & Wu（Fang et al.，2020）

㊱胡氏盲走螨 Typhlodromus (Anthoseius) hui Wu，1987

Typhlodromus (*Anthoseius*) *hui* Wu, 1987c: 360. Type locality: Linzhi, Shaijilashan, Tibet, China; host: unspecified substrate. de Moraes et al., 2004a: 329; Chant and McMurtry, 2007: 155; Wu et al., 2009: 393, 2010: 301.

Typhlodromus hui, Wu et al., 1997a: 193.

Amblydromella (*Amblydromella*) *hui*, Denmark and Welbourn, 2002: 307.

|分布| 中国（西藏）。

|栖息植物| 未知。

㊲斗形盲走螨 Typhlodromus (Anthoseius) informibus Fang，Hao and Wu，2018（图181）

Typhlodromus (*Anthoseius*) *informibus* Fang, Hao and Wu, 2018b: 928. Type locality: Bawangling, Hainan, China; host: *Rourea minor*.

|分布| 中国（海南）。

|栖息植物| 红叶藤、粗毛玉叶金花。

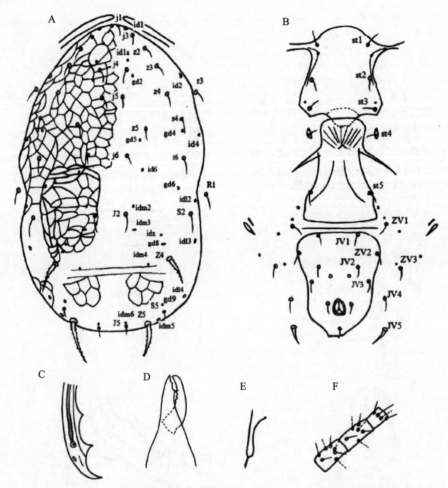

A.背板；B.腹面（胸板、生殖板和腹肛板）；C.气门板；D.螯肢；E.受精囊；F.足IV膝节、胫节和基跗节

图181　斗形盲走螨 Typhlodromus (Anthoseius) informibus Fang, Hao & Wu（Fang et al., 2018）

㊳ 峡盲走螨 Typhlodromus（Anthoseius）insularis Ehara，1966

Typhlodromus (*Neoseiulus*) *insularis* Ehara, 1966a: 10. Type locality: Takamatsu, Kagawa, Shikoku, Japan; host: *Viburnum* sp..

Typhlodromus (*Typhlodromus*) *insularis*, Tseng, 1983: 70.

Amblydromella insularis, de Moraes et al., 1986: 164.

Amblydromella (*Amblydromella*) *insularis*, Denmark and Welbourn, 2002: 307.

Typhlodromus (*Anthoseius*) *insularis*, Ehara, 1967b: 212; Ehara, 1972: 138; de Moraes et al., 2004a: 330; Chant and McMurtry, 2007: 155; Wu et al., 2009: 397, 2010: 301.

|分布| 中国（广东）。日本。

|栖息植物| 荚蒾等杂草。

㊴ 中凹盲走螨 Typhlodromus（Anthoseius）intermedius Wu，1988

Typhlodromus (*Anthoseius*) *intermedius* Wu, 1988: 99. Type locality: Changbaishan, Jilin, China; host: *Larix* sp.. de Moraes et al., 2004a: 331; Chant and McMurtry, 2007: 155; Wu et al., 2009: 353, 2010: 301.

Typhlodromus intermedius, Wu et al., 1997a: 209.

Amblydromella (*Aphanoseia*) *intermedia*［sic］, Denmark and Welbourn, 2002: 308.

|分布|中国（吉林）。

|栖息植物|落叶松。

⑩尖峰盲走螨*Typhlodromus*（*Anthoseius*）*jianfengensis* **Wu and Ou，2002**

Typhlodomus *jianfengensis* Wu and Ou, 2002: 941. Type locality: Hainan, China; host: *Juniper* sp..

Typhlodromus (*Anthoseius*) *jianfengensis*, Wu et al., 2009: 401, 2010: 301.

|分布|中国（海南）。

|栖息植物|刺柏。

㊶兰屿盲走螨*Typhlodromus*（*Anthoseius*）*lanyuensis* **Tseng，1975**

Typhlodromus (*Typhlodromus*) *lanyuensis* Tseng, 1975: 54. Type locality: Lanyu Island, Taiwan, China; host: weed.

Amblydromella lanyuensis, de Moraes et al., 1986: 166.

Amblydromella (*Amblydromella*) *lanyuensis*, Denmark and Welbourn, 2002: 307.

Typhlodromus (*Anthoseius*) *lanyuensis*, de Moraes et al., 2004a: 334; Chant and McMurtry, 2007: 155; Wu et al., 2009: 360, 2010: 301.

|分布|中国（台湾）。

|栖息植物|台湾相思、棱果榕、四脉麻。

㊷侧膜盲走螨*Typhlodromus*（*Anthoseius*）*lateris* **Wu，Lan and Liu，1995**

Typhlodromus lateris Wu, Lan and Liu, 1995: 302. Type locality: Chongan, Fujian, China; host: *Camellia* sp..

Typhlodromus (*Anthoseius*) *lateris*, de Moraes et al., 2004a: 335; Chant and McMurtry, 2007: 155; Wu et al., 2009: 403, 2010: 301.

|分布|中国（福建）。

|栖息植物|茶树。

㊸林芝盲走螨*Typhlodromus*（*Anthoseius*）*linzhiensis* **Wu，1987**

Typhlodromus (*Anthoseius*) *linzhiensis* Wu, 1987c: 361. Type locality: Linzhi, Tibet, China; host: *Dichotomum dichotoma*. de Moraes et al., 2004a: 335; Chant and McMurtry, 2007: 155; Wu et al., 2009: 369, 2010: 301.

Typhlodromus linzhiensis, Wu et al., 1997a: 186.

|分布|中国（西藏）。

|栖息植物|芒萁。

㊹ 理塘盲走螨 *Typhlodromus*（*Anthoseius*）*litangensis* Wu and Ou，2009

Typhlodromus (*Anthoseius*) *litangensis* Wu and Ou, in Wu et al. (2009)：378. Type locality: Litang, Sichuan, China; host: unknown plant. Wu et al., 2010: 301.

| 分布 | 中国（四川）。

| 栖息植物 | 未知。

㊺ 长短毛盲走螨 *Typhlodromus*（*Anthoseius*）*longibrevis* Wu and Ou，2009

Typhlodromus (*Anthoseius*) *longibrevis* Wu and Ou, in Wu et al. (2009)：351. Type locality: Tengchong, Yunnan, China; host: crinite uraria herb. Wu et al., 2010: 301.

| 分布 | 中国（云南）。

| 栖息植物 | 山菁。

㊻ 长颈盲走螨 *Typhlodromus*（*Anthoseius*）*longicervix* Wu and Liu，1997

Typhlodromus longicervix Wu and Liu, 1997: 149. Type locality: Shaoguan, Guangdong, China; host: *Pinus massoniana*.

Typhlodromus (*Anthoseius*) *longicervix*, de Moraes et al., 2004a: 335; Chant and McMurtry, 2007: 155; Wu et al., 2009: 377, 2010: 301.

| 分布 | 中国（广东）。

| 栖息植物 | 马尾松。

㊼ 庐山盲走螨 *Typhlodromus*（*Anthoseius*）*lushanensis* Zhu，1985

Typhlodromus lushanensis Zhu, 1985b: 388. Type locality: Lushan, Jiangxi, China; host: *Platycladus orientalis*. Wu et al., 1997a: 202.

Amblydromella (*Amblydromella*) *lushamensis*［sic］, Denmark and Welbourn, 2002: 307.

Typhlodromus (*Anthoseius*) *lushanensis*, de Moraes et al., 2004a: 335; Chant and McMurtry, 2007: 155; Wu et al., 2009: 413, 2010: 301.

| 分布 | 中国（江西、湖南）。

| 栖息植物 | 小灌木。

㊽ 类瘦盲走螨 *Typhlodromus*（*Anthoseius*）*macroides* Zhu，1985

Typhlodromus macroides Zhu, 1985b: 389. Type locality: Lushan, Jiangxi, China; host: *Boehmeria nivea*. Wu et al., 1997a: 186.

Amblydromella (*Amblydromella*) *macroides*, Denmark and Welbourn, 2002: 307.

Typhlodromus (*Anthoseius*) *macroides*, de Moraes et al., 2004a: 336; Chant and McMurtry, 2007: 155; Wu et al., 2009: 362, 2010: 301.

| 分布 | 中国（江西、广东）。

| 栖息植物 | 芒萁。

㊾瘦盲走螨*Typhlodromus*（*Anthoseius*）*macrum* Ke and Xin，1983

Typhlodromus macrum Ke and Xin, 1983: 185. Type locality: Zhongdian, Yunnan, China; host: grass.

Typhlodromus (*Anthoseius*) *macrum*, de Moraes et al., 2004a: 336; Chant and McMurtry, 2007: 155; Wu et al., 2009: 361, 2010: 301.

| **分布** | 中国（云南）。

| **栖息植物** | 杂草。

㊿沿海盲走螨*Typhlodromus*（*Anthoseius*）*marinus* Wu and Liu，1991

Typhlodromus marinus Wu and Liu, 1991: 85. Type locality: Fuzhou, Fujian, China; host: *Pinus massoniana*.

Typhlodromus (*Anthoseius*) *marinus*, de Moraes et al., 2004a: 337; Chant and McMurtry, 2007: 155; Wu et al., 2009: 373, 2010: 301.

| **分布** | 中国（福建、广东）。

| **栖息植物** | 马尾松、马鞭草。

(51)单毛盲走螨*Typhlodromus*（*Anthoseius*）*monosetus* Wang and Xu，1991

Typhlodromus monosetus Wang and Xu, 1991a: 186. Type locality: Changbaishan, Jilin, China; host: *Acer truncatum*.

Typhlodromus (*Anthoseius*) *monosetus*, de Moraes et al., 2004a: 338; Chant and McMurtry, 2007: 155; Wu et al., 2009: 354, 2010: 301.

| **分布** | 中国（吉林）。

| **栖息植物** | 元宝槭。

(52)新粗糙盲走螨*Typhlodromus*（*Anthoseius*）*neocrassus* Tseng，1983

Typhlodromus (*Typhlodromus*) *neocrassus* Tseng, 1983: 67. Type locality: Taichung, Taiwan, China; host: *Psidium guajava*.

Typhlodromus (*Anthoseius*) *neocrassus*, de Moraes et al., 2004a: 39.

| **分布** | 中国（台湾）。

| **栖息植物** | 山栀子。

(53)肥胖盲走螨*Typhlodromus*（*Anthoseius*）*obesus* Tseng，1983

Typhlodromus (*Typhlodromus*) *obesus* Tseng, 1983: 64. Type locality: Hualien, Taiwan, China; host: unknown plant.

Typhlodromus (*Anthoseius*) *obesus*, de Moraes et al., 2004a: 340; Chant and McMurtry, 2007: 155; Wu et al., 2010: 301.

| **分布** | 中国（台湾）。

| **栖息植物** | 黄花风铃木、孟仁草、伞序臭黄荆 、白背黄花稔、鬼针草。

(54)东方盲走螨*Typhlodromus*（*Anthoseius*）*orientalis* Wu，1981

Typhlodromus (*Typhlodromus*) *orientalis* Wu, 1981: 210. Type locality: Jianyang, Fujian, China; host: *Bambusa* sp..

Amblydromella orientalis, de Moraes et al., 1986: 169.

Typhlodromus orientalis, Wu et al., 1997a: 184.

Amblydromella (*Amblydromella*) *orientalis*, Denmark and Welbourn, 2002: 307.

Typhlodromus (*Anthoseius*) *orientalis*, de Moraes et al., 2004a: 340; Chant and McMurtry, 2007: 155; Wu et al., 2009: 356, 2010: 301.

|**分布**|中国（河南、福建、广东）。

|**栖息植物**|竹。

(55)松盲走螨*Typhlodromus*（*Anthoseius*）*pineus* Wu and Li，1984

Typhlodromus (*Anthoseius*) *pineus* Wu and Li, 1984a: 98. Type locality: Huaping, Guangxi, China; host: *Pinus massoniana*. de Moraes et al., 2004a: 340; Chant and McMurtry, 2007: 155; Wu et al., 2009: 388, 2010: 301.

Amblydromella pinea, de Moraes et al., 1986: 170.

Typhlodromus pineus, Wu et al., 1997a: 199.

Amblydromella (*Amblydromella*) *pinea*, Denmark and Welbourn, 2002: 307.

|**分布**|中国（江西、湖南、广东、广西、海南）。

|**栖息植物**|马尾松、油桐。

(56)侧柏盲走螨*Typhlodromus*（*Anthoseius*）*platycladus* Xin，Liang and Ke，1980

Typhlodromus platycladus Xin, Liang and Ke, 1980: 468. Type locality: Zhenjiang, Jiangsu, China; host: *Platycladus orientalis*.

Amblydromella platyclada, de Moraes et al., 1986: 170.

Amblydromella (*Aphanoseia*) *platyclada*, Denmark and Welbourn, 2002: 308.

Typhlodromus (*Anthoseius*) *platycladus*, de Moraes et al., 2004a: 342; Chant and McMurtry, 2007: 155; Wu et al., 2009: 415, 2010: 301.

|**分布**|中国（江苏）。

|**栖息植物**|侧柏。

(57)孔盲走螨*Typhlodromus*（*Anthoseius*）*porus* Wu，1988

Typhlodromus (*Anthoseius*) *porus* Wu, 1988: 101. Type locality: Harbin, Heilongjiang, China; host: *Quercus* sp.. de Moraes et al., 2004a: 343; Chant and McMurtry, 2007: 155; Wu et al., 2009: 359, 2010: 301.

Typhlodromus porus, Wu et al., 1997a: 184.

Amblydromella (*Aphanoseia*) *pora*［sic］, Denmark and Welbourn, 2002: 308.

|**分布**|中国（黑龙江）。

|**栖息植物**|栎。

(58)千山盲走螨*Typhlodromus*（*Anthoseius*）*qianshanensis* Wu，1988

Typhlodromus (*Anthoseius*) *qianshanensis* Wu, 1988: 102. Type locality: Qianshan, Liaoning, China; host: unknown plant. de Moraes et al., 2004a: 344; Chant and McMurtry, 2007: 155; Wu et al., 2010: 302.

Typhlodromus qianshanensis, Wu et al., 1997a: 200.

Amblydromella (*Amblydromella*) *qianshanensis*, Denmark and Welbourn, 2002: 295.

|分布|中国（吉林、辽宁）。

|栖息植物|未知。

(59)似方肛盲走螨*Typhlodromus*（*Anthoseius*）*quadratoides* Wu and Liu，1997

Typhlodromus quadratoides Wu and Liu, 1997: 151. Type locality: Jianfengling, Bawangling, Hainan, China; host: brake and shrubbery.

Typhlodromus (*Anthoseius*) *quadratoides*, de Moraes et al., 2004a: 344; Chant and McMurtry, 2007: 155; Wu et al., 2009: 420, 2010: 302.

|分布|中国（海南）。

|栖息植物|蕨类植物、灌木。

(60)方肛盲走螨*Typhlodromus*（*Anthoseius*）*quadratus* Wu and Liu，1997

Typhlodromus quadratus Wu and Liu, 1997: 150. Type locality: Jianfengling, Bawangling, Hainan, China; host: shrubbery and brake.

Typhlodromus (*Anthoseius*) *quadratus*, de Moraes et al., 2004a: 344; Chant and McMurtry, 2007: 155; Wu et al., 2009: 420, 2010: 302.

|分布|中国（海南）。

|栖息植物|蕨类植物、灌木。

(61)茶藨子盲走螨*Typhlodromus*（*Anthoseius*）*ribei* Ke and Xin，1983

Typhlodromus ribei Ke and Xin, 1983: 187. Type locality: Diqing, Yunnan, China; host: *Ribes* sp.. Wu et al., 1997a: 201.

Amblydromella (*Amblydromella*) *ribei*, Denmark and Welbourn, 2002: 307.

Typhlodromus (*Anthoseius*) *ribei*, de Moraes et al., 2004a: 347; Chant and McMurtry, 2007: 155; Wu et al., 2009: 402, 2010: 302.

|分布|中国（云南）。

|栖息植物|灌木。

(62)粗壮盲走螨*Typhlodromus*（*Anthoseius*）*robutus* Wu and Ou，2009

Typhlodromus (*Anthoseius*) *robutus* Wu and Ou, Wu et al. (2009) : 386. Type locality: Chebaling, Guangdong, China; host: bushes.

Typhlodromus (*Anthoseius*) *robutus*, Wu et al., 2010: 302.

| 分布 | 中国（广东、云南）。

| 栖息植物 | 茶蔍子、蔷薇。

⑥ 琉球盲走螨 *Typhlodromus*（*Anthoseius*）*ryukyuensis* Ehara，1967

Typhlodromus (*Anthoseius*) *ryukyuensis* Ehara, 1967a: 69. Type locality: Nakijin, Okinawa, Japan; host: *Citrus* sp..

Typhlodromus (*Typhlodromus*) *ryukyuensis*, Tseng, 1975: 54.

Amblydromella ryukyuensis, de Moraes et al., 1986: 174.

Amblydromella (Aphanoseia) *ryukyuensis*, Denmark and Welbourn, 2002: 308.

| 分布 | 中国（福建、台湾）。日本。

| 栖息植物 | 柑橘、白兰、多叶羽扇豆、海芋、黄藤、矮牵牛、寒绯樱、桑树、青冈栎、香润楠、血桐、异色山黄麻、马唐草、台湾相思。

⑥ 锯胸盲走螨 *Typhlodromus*（*Anthoseius*）*serrulatus* Ehara，1972

Typhlodromus (*Anthoseius*) *serrulatus* Ehara, 1972: 142. Type locality: Shiroyama, Tokushima City, Shikoku, Japan; host: *Zelkova serrata*. Ryu and Lee, 1992: 31; de Moraes et al., 2004a: 350; Chant and McMurtry, 2007: 155; Wu et al., 2009: 382, 2010: 302.

Typhlodromus (*Typhlodromus*) *serrulatus*, Chang and Tseng, 1978: 342.

Amblydromella serrulata, de Moraes et al., 1986: 175.

Typhlodromus serrulatus, Wu and Lan, 1993: 696; Wu et al., 1997a: 187.

Amblydromella (*Amblydromella*) *serrulata*, Denmark and Welbourn, 2002: 307.

Typhlodromus fujianensis Wu and Liu, 1991: 86 (Synonymed by Wu et al., 2009)．

| 分布 | 中国（辽宁、河北、浙江、安徽、山东、江西、湖南、福建、台湾、广东、广西）。日本、南非、泰国。

| 栖息植物 | 橄榄、杨梅、桃、榉树、胡桃楸、山栀子、台湾相思、香樟、杧果、龙眼、大戟、木槿属种类等。

⑥ 山西盲走螨 *Typhlodromus*（*Anthoseius*）*shanxi* Ma and Fan，2016（图182）

Typhlodromus (*Anthoseius*) *shanxi* Ma and Fan, 2016, in Ma et al. (2016)：1615. Type locality: Manghe, Jincheng, Shanxi, China; host: *Crataegus pinnatifida*.

| 分布 | 中国（山西）。

| 栖息植物 | 山楂、毛梾、玫瑰、青麸杨、接骨木、鹅耳枥、萱草、小叶鼠李、溲疏、三裂绣线菊、八角枫、破布木、辽东栎、锦带花、栓皮栎、核桃、枸杞、杜仲、棘刺树、蒙桑、连翘、白玉兰、蔷薇科及忍冬科植物。

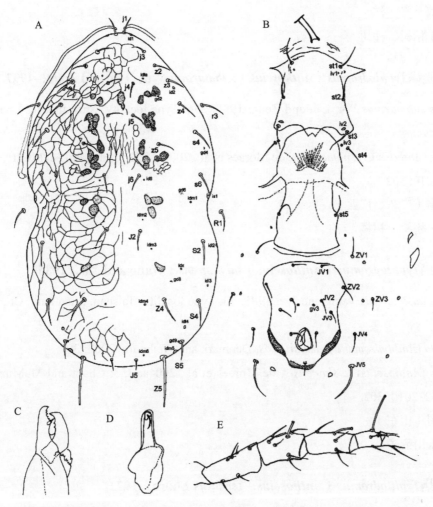

A. 背板；B. 腹面（胸板、生殖板和腹肛板）；C. 螯肢；D. 受精囊；E. 足Ⅳ膝节、胫节和基跗节

图182　山西盲走螨 *Typhlodromus* (*Anthoseius*) *shanxi* Ma and Fan（Ma et al.，2016）

⑯森林盲走螨*Typhlodromus*（*Anthoseius*）*silvanus* Ehara and Kishimoto，1994

Typhlodromus (*Anthoseius*) silvanus Ehara and Kishimoto, in Ehara et al. (1994)：153. Type locality: Kurata–hachiman Shrine, Baba, Tottori, Japan; host: *Quercus myrsinaefolia*. de Moraes et al., 2004a: 351; Chant and McMurtry, 2007: 155; Wu et al., 2009: 384, 2010: 302.

Amblydromella (*Amblydromella*) *silvana*, Denmark and Welbourn, 2002: 307.

|分布| 中国（广东）。日本。

|栖息植物| 细叶青冈栎、灌木等。

⑰约等盲走螨*Typhlodromus*（*Anthoseius*）*subequalis* Wu，1988

Typhlodromus (*Anthoseius*) subequalis Wu, 1988: 100. Type locality: Heilongjiang, China; host: *Thuja orientalis*. de Moraes et al., 2004a: 352; Chant and McMurtry, 2007: 155; Wu et al., 2009: 368, 2010: 302.

Typhlodromus subequalis, Wu et al., 1997a: 192.

Amblydromella (*Aphanoseia*) *subequalis*, Denmark and Welbourn, 2002: 309.

| 分布 | 中国（黑龙江）。

| 栖息植物 | 柏树、榆树。

⑱ 似沿海盲走螨 *Typhlodromus*（*Anthoseius*）*submarinus* Wu, Lan and Zeng, 1997

Typhlodromus submarinus Wu, Lan and Zeng, 1997: 256. Type locality: Shiwandashan, Guangxi, China; host: *Pinus massoniana*.

Typhlodromus (*Anthoseius*) *submarinus*, de Moraes et al., 2004a: 352; Chant and McMurtry, 2007: 155; Wu et al., 2009: 398, 2010: 302.

| 分布 | 中国（广东、广西）。

| 栖息植物 | 松树、柑橘。

⑲ 泰山盲走螨 *Typhlodromus*（*Anthoseius*）*taishanensis* Wang and Xu, 1985

Typhlodromus taishanensis Wang and Xu, 1985: 73. Type locality: Taishan, Shandong, China; host: *Malus baccata*.

Amblydromella (*Amblydromella*) *taishanensis*, Denmark and Welbourn, 2002: 307.

Typhlodromus (*Anthoseius*) *taishanensis*, de Moraes et al., 2004a: 353; Chant and McMurtry, 2007: 155; Wu et al., 2009: 392, 2010: 302.

| 分布 | 中国（山东）。

| 栖息植物 | 山荆子。

⑳ 三孔盲走螨 *Typhlodromus*（*Anthoseius*）*ternatus* Ehara, 1972

Typhlodromus (*Anthoseius*) *ternatus* Ehara, 1972: 145. Type locality: Mountain Ontake, Kiso, Honshu, Japan; host: *Abies veitchii*. de Moraes et al., 2004a: 354; Chant and McMurtry, 2007: 155; Wu et al., 2009: 340, 2010: 302.

Amblydromella ternata, de Moraes et al., 1986: 176.

Typhlodromus ternatus, Wu et al., 1992: 51, 1997a: 204.

Amblydromella (*Lindquistoseia*) *ternata* [sic], Denmark and Welbourn, 2002: 301.

| 分布 | 中国（吉林、黑龙江）。日本。

| 栖息植物 | 落叶松。

㉑ 三齿盲走螨 *Typhlodromus*（*Anthoseius*）*tridentiger* Tseng, 1975

Typhlodromus (*Typhlodromus*) *tridentiger* Tseng, 1975: 64. Type locality: Lanyu Island, Taiwan, China; host: unknown plant.

Amblydromella tridentiger, de Moraes et al., 1986: 177.

Amblydromella (*Amblydromella*) *tridentiger*, Denmark and Welbourn, 2002: 307.

Typhlodromus (*Anthoseius*) *tridentiger*, de Moraes et al., 2004a: 355; Chant and McMurtry, 2007: 157; Wu et al., 2009: 394, 2010: 302.

| 分布 | 中国（台湾）。

| 栖息植物 | 血桐、桑树、黄槿、野梧桐、兰屿树兰、台湾相思、异色山黄麻、伞序臭黄荆。

⑫管形盲走螨 *Typhlodromus*（*Anthoseius*）*tubuliformis* Wu and Ou，2009

Typhlodromus (*Anthoseius*) *tubuliformis* Wu and Ou, in Wu et al. (2009) : 379. Type locality: Hongshan Commune, Lancang River which at the foot of Meri Snow Mountain, Yunnan, China; host: unknown plant. Wu et al., 2010: 302.

| 分布 | 中国（云南）。

| 栖息植物 | 未知。

⑬榆盲走螨 *Typhlodromus*（*Anthoseius*）*ulmi* Wang and Xu，1985

Typhlodromus ulmi Wang and Xu, 1985: 72. Type locality: Fangshan, Beijing, China; host: *Ulmus* sp..

Amblydromella (*Amblydromella*) *ulmi*, Denmark and Welbourn, 2002: 307.

Typhlodromus (*Anthoseius*) *ulmi*, de Moraes et al., 2004a: 356; Chant and McMurtry, 2007: 157; Wu et al., 2010: 302.

| 分布 | 中国（北京）。

| 栖息植物 | 榆树。

⑭多样盲走螨 *Typhlodromus*（*Anthoseius*）*variegatus* Wu and Ou，2009

Typhlodromus (*Anthoseius*) *variegatus* Wu and Ou, in Wu et al. (2009) : 406. Type locality: Yadong, Tibet, China; host: apple. Wu et al., 2010: 302.

| 分布 | 中国（西藏）。

| 栖息植物 | 月季、苹果。

⑮马鞭草盲走螨 *Typhlodromus*（*Anthoseius*）*verbenae* Wu and Lan，1994

Typhlodromus verbenae Wu and Lan, 1994: 429. Type locality: Shenzen, Guangdong, China; host: *Verbena officinalis*.

Typhlodromus verbenae [sic], Wu et al., 1997a: 183.

Amblydromella (*Amblydromella*) *verenae* [sic], Denmark and Welbourn, 2002: 307.

Typhlodromus (*Anthoseius*) *verenae* [sic], Wu et al., 2009: 342, 2010: 302.

Typhlodromus (*Anthoseius*) *verbenae*, de Moraes et al., 2004a: 356; Chant and McMurtry, 2007: 157.

| 分布 | 中国（广东）。

| 栖息植物 | 马鞭草。

⑯五指山盲走螨 *Typhlodromus*（*Anthoseius*）*wuzhishanensis* Wu and Ou，2009

Typhlodromus (*Anthoseius*) *wuzhishanensis* Wu and Ou, in Wu et al. (2009) : 383. Type locality: Wuzhishan, Shaoguan, Guangdong, China; host: bamboo. Wu et al., 2010: 302.

| 分布 | 中国（广东）。

| 栖息植物 | 竹。

㊆ 西安盲走螨 *Typhlodromus*（*Anthoseius*）*xianensis* Chen and Zhu，1980

Typhlodromus xianensis Chen and Zhu, 1980: 11. Type locality: Xi'an, Shanxi, China; host: *Buxus microphylla*.

|分布|中国（陕西）。

|栖息植物|小叶黄杨、木槿、榆树。

㊆ 兴城盲走螨 *Typhlodromus*（*Anthoseius*）*xingchengensis* Wu，Lan and Zhang，1992

Typhlodromus xingchengensis Wu, Lan and Zhang, 1992: 50. Type locality: Xingcheng, Liaoning, China; host: apple.

Amblydromella (*Aphanoseia*) *xingchengensis*, Denmark and Welbourn, 2002: 309.

Typhlodromus (*Anthoseius*) *xingchengensis*, de Moraes et al., 2004a: 358; Chant and McMurtry, 2007: 157; Wu et al., 2009: 412, 2010: 302.

|分布|中国（辽宁、黑龙江）。

|栖息植物|苹果。

㊆ 忻氏盲走螨 *Typhlodromus*（*Anthoseius*）*xini* Wu，1983

Typhlodromus (*Anthoseius*) *xini* Wu, 1983b: 16. Type locality: Hainan, Guangdong, China; host: banana. de Moraes et al., 2004a: 358; Chant and McMurtry, 2007: 157; Wu et al., 2009: 336, 2010: 302.

Clavidromus xini, de Moraes et al., 1986: 183.

Typhlodromus xini, Wu et al., 1997a: 205.

|分布|中国（海南、广东）。

|栖息植物|香蕉。

㊆ 新疆盲走螨 *Typhlodromus*（*Anthoseius*）*xinjiangensis* Wu and Li，1987

Typhlodromus (*Anthoseius*) *xinjiangensis* Wu and Li, 1987: 377. Type locality: Shihezi, Xinjiang, China; host: apple. de Moraes et al., 2004a: 358; Chant and McMurtry, 2007: 157; Wu et al., 2009: 365, 2010: 302.

Typhlodromus xinjiangensis, Wu et al., 1997a: 194.

Amblydromella (*Prasadoseia*) *xinjiangensis*, Denmark and Welbourn, 2002: 301.

|分布|中国（新疆）。

|栖息植物|苹果、哈密瓜、核桃、柳树。

㊆ 修复盲走螨 *Typhlodromus*（*Anthoseius*）*xiufui* Wu and Liu，1997

Typhlodromus xiufui Wu and Liu, 1997: 148. Type locality: Liupanshan, Ningxia, China; host: shrubbery and grass.

Typhlodromus (*Anthoseius*) *xiufui*, de Moraes et al., 2004a: 358; Chant and McMurtry, 2007: 157; Wu et al., 2009: 405, 2010: 302.

|分布|中国（宁夏）。

|栖息植物|灌木、杂草。

㉘西藏盲走螨 *Typhlodromus*（*Anthoseius*）*xizangensis* Wu and Lan，1994

Typhlodromus xizangensis Wu and Lan, 1994: 426. Type locality: Rigaze, Tibet, China; host: *Salix* sp.. Wu et al., 1997a: 179.

Typhlodromus (*Anthoseius*) *xizangensis*, de Moraes et al., 2004a: 358; Chant and McMurtry, 2007: 157; Wu et al., 2009: 347, 2010: 302.

|分布|中国（西藏）。
|栖息植物|大叶柳。

㉙亚东盲走螨 *Typhlodronus*（*Anthoseius*）*yadongensis* Wu and Ou，2009

Typhlodromus (*Anthoseius*) *yadongensis* Wu and Ou, in Wu et al. (2009) : 408. Type locality: Yadong, Tibet, China; host: *Pinus griffithii*. Wu et al., 2010: 303.

|分布|中国（西藏）。
|栖息植物|乔松。

㉚安松盲走螨 *Typhlodromus*（*Anthoseius*）*yasumatsui* Ehara，1966

Typhlodromus (*Neoseiulus*) *yasumatsui* Ehara, 1966a: 11. Type locality: Kochi, Kochi Prefecture, Shikoku, Japan; host: unknown plant.

Typhlodromus (*Typhlodromus*) *yasumatsui*, Tseng, 1983: 70.

Amblydromella yasumatsui, de Moraes et al., 1986: 178.

Typhlodromus yasumatsui, Wu and Liu, 1997: 152.

Amblydromella (*Aphanoseia*) *yasumatsui*, Denmark and Welbourn, 2002: 309.

Typhlodromus (*Anthoseius*) *yasumatsui*, de Moraes et al., 2004a: 359; Chant and McMurtry, 2007: 157; Wu et al., 2009: 418, 2010: 303.

|分布|中国（福建、广东、海南）。韩国、日本。
|栖息植物|大叶樟、茶树、马尾松。

㉛银川盲走螨 *Typhlodromus*（*Anthoseius*）*yinchuanensis* Liang and Hu，1988

Typhlodromus yinchuanensis Liang and Hu, 1988: 317. Type locality: Yinchuan, Ningxia, China; host: *Ulmus pumila*.

Typhlodromus (*Anthoseius*) *yinchuanensis*, de Moraes et al., 2004a: 359; Chant and McMurtry, 2007: 157; Wu et al., 2009: 414, 2010: 303.

|分布|中国（宁夏）。
|栖息植物|侧柏。

㉜尤溪盲走螨 *Typhlodromus*（*Anthoseius*）*youxiensis* Ma and Lin，2007

Typhlodromus youxiensis Ma and Lin, 2007: 85. Type locality: Youxi, Fujian, China; host: under a bark of whitered tree.

Typhlodromus (*Anthoseius*) *youxiensis*, Wu et al., 2010: 303.

|分布| 中国（福建）。

|栖息植物| 白蜡树。

⑧⑦ 张掖盲走螨 *Typhlodromus*（*Anthoseius*）*zhangyensis* Wang and Xu，1991

Typhlodromus zhangyensis Wang and Xu, 1991b: 323. Type locality: Zhangye, Gansu, China; host: *Malus pumila*.

Amblydromella (*Aphanoseia*) *zhangyensis*, Denmark and Welbourn, 2002: 309.

Typhlodromus (*Anthoseius*) *zhangyensis*, de Moraes et al., 2004a: 359; Chant and McMurtry, 2007: 157; Wu et al., 2009: 367, 2010: 303.

|分布| 中国（甘肃）。

|栖息植物| 苹果。

⑧⑧ 赵氏盲走螨 *Typhlodromus*（*Anthoseius*）*zhaoi* Wu and Li，1983

Typhlodromus (*Anthoseius*) *zhaoi* Wu and Li, 1983: 170. Type locality: Sangang, Wuyishan, Fujian, China; host: *Pinus massoniana*. de Moraes et al., 2004a: 359; Chant and McMurtry, 2007: 157; Wu et al., 2009: 424, 2010: 303.

Amblydromella zhaoi, de Moraes et al., 1986: 179.

Typhlodromus zhaoi, Wu et al., 1997a: 199.

Amblydromella (*Amblydromella*) *zhaoi*, Denmark and Welbourn, 2002: 307.

|分布| 中国（福建、广东、海南）。

|栖息植物| 马尾松、毛竹。

⑧⑨ 中甸盲走螨 *Typhlodromus*（*Anthoseius*）*zhongdianensis* Wu and Ou，2009

Typhlodromus (*Anthoseius*) *zhongdianensis* Wu and Ou, 2009; in Wu et al. (2009) : 364. Type locality: Zhongdian, Yunnan, China; host: unknown plant. Wu et al., 2010: 303.

|分布| 中国（云南）。

|栖息植物| 未知。

2）盲走螨亚属 *Typhlodromus*（*Typhlodromus*）Scheuten

Typhlodromus Scheuten, 1857: 111. Type species: *Typhlodromus pyri* Scheuten, 1857: 111.

Typhlodromus (*Typhlodromus*) Scheuten, Chant, 1957c: 528.

Wainsteinius Arutunjan, 1969: 180. Type species: *Typhlodromus leptodactylus* Wainstein, 1961: 153. (=*Typhlodromus longipalpus* Swirski and Ragusa, 1976, Chant and Yoshida-Shaul, 1987a) .

Typhlodromus (*Trionus*) Denmark, 1992: 32. Type species: *Typhlodromus magdalenae* Pritchard and Baker, 1962: 218.

Typhlodromus (Oudemanus) Denmark, 1992: 34. Type species: *Typhlodromus longipalpus* Swirski and

Ragusa, 1976: 115. (=*Typhlodromus leptodactylus* Wainstein, 1961).

pyri species group Chant and Yoshida-Shaul, 1987a: 1771.

Type species: *Typhlodromus pyri* Scheuten, 1857: 111.

雌螨背板具z3和s6毛，缺S5毛，躯体毛序有2种类型：12A：7A/JV：ZV和12A：7A/JV-3：ZV。背刚毛的形状、相对长度，腹肛板的形状是变化的。

本亚属是Muma（1961）、Chant等（1987a）、Papadoulis等（1990）和Denmark等（1992）指明的在盲走螨类群中缺S5毛种类，我国有2种。

① 梨盲走螨*Typhlodromus*（*Typhlodromus*）*pyri* Scheuten，1857（图179）

Typhlodromus pyri Scheuten, 1857: 104. Type locality: Bonn, Nordrhein Westfalen, Germany; host: *Pyrus communis*. Chant et al., 1974: 1274; Denmark, 1992: 6.

Typhlodromus (*Typhlodromus*) *pyri*, Chant, 1959a: 64; de Moraes et al., 2004a: 367; Chant and McMurtry, 2007: 157.

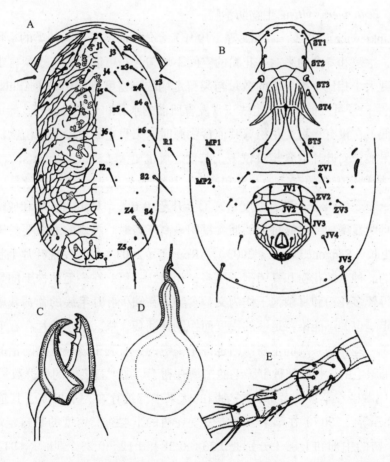

A. 背板；B. 腹面（胸板、生殖板和腹肛板）；C. 螯肢；D. 受精囊；E. 足Ⅳ膝节、胫节和基跗节

图179　梨盲走螨*Typhlodromus*（*Typhlodromus*）*pyri* Scheuten（Prasad，2013）

|分布| 澳大利亚、奥地利、阿塞拜疆、白俄罗斯、比利时、加拿大、智利、克罗地亚、捷克、丹麦、埃及、英国（本土、北爱尔兰）、芬兰、法国、德国、希腊、匈牙利、意大利、摩尔多瓦、黑山、荷兰、新西兰、挪威、波兰、俄罗斯、沙特阿拉伯、叙利亚、斯洛伐克、斯洛文尼亚、西班牙、瑞典、

瑞士、土耳其、乌克兰、美国、葡萄牙（本土、马德拉群岛）。

|栖息植物|西洋梨、柑橘、苹果、葡萄，在灌木植物上广泛分布。

梨盲走螨是植绥螨研究初期在欧洲和北美落叶果树上发现的瘿螨、苹果全爪螨最常见的一种天敌。梨盲走螨与伪新小绥螨形态相似，但为更加有效的生物防治物（Walde et al.，1992；van der Werf et al.，1997）。其分布广、变异多，关于其的研究报告甚多，其中研究最多的是在梨树上控制梨瘿螨 *Eriophyes pyri* 的效果，被认为是最重要的生物防治物（Prasličkaet al.，2011）。研究涉及的范围较广，涵盖本种的分类学、种内形态变异、生物学、生态学、抗药性及其在多种果园害虫综合治理中的作用。最为突出的贡献是以本种为材料研究了苹果园该种种群季节动态尤其在冬季的越冬情况，肯定了在果园中交替猎物（瘿螨）是维持其种群数量的重要因素（Sandra et al.，1997）。已记录的捕食对象有 *Aculus* sp.、*Aceria sheldoni*、苹果尘螨、*Bryobia rubrioculus*、*Colomerus vitis*、梨瘿螨（Sandra et al.，1997；Prasličkaet al.，2011）、椴始叶螨、假眼小绿叶蝉 *Empoasca vitis*、*Eotetranychus carpini*、针叶小爪螨 *Oligonychus ununguis*、二斑叶螨、苹果全爪螨、*Tetranychus cucurbitacearum*、*T. mcdanieli*、镰螯螨 *Tydeus caudatus*、*Drepanothrips reuteri*、*Vasates schlechtendali*。EPPO（2020）主要将其列为柑橘全爪螨、二斑叶螨、葡萄瘿螨 *Eriophyes vitis*、*Epitrimerus vitis* 的生物防治物。

Kropczynska-Linkiewicz（1973）、Duso等（1991）等分别研究了不同种类的猎物及其他食物源对梨盲走螨生长、发育、生殖和寿命的影响。花粉的空间不均匀分布可能影响春季梨盲走螨种群的建立。在季节早期，花粉密度大小相比苹果尘螨的数量与梨盲走螨的丰富度更加相关（Addison et al.，2000）。*Erysiphe orontii* 的分生孢子可以提供梨盲走螨正常发育所需的水分和必要的营养，雌成螨可以正常交配和繁殖，不过产卵率低。在没有猎物、花粉等其他食物源时，梨盲走螨可以依靠植物材料存活和繁殖，它会取食苹果叶片和果实，对叶片取食相对较多，取食疤痕也更大（Sengonca et al.，2004b）。葡萄霜霉病GDM菌丝能够支持梨盲走螨的存活、发育和产卵。生命表参数显示GDM菌丝是比花粉适食性稍差的食物源（Pozzebon et al.，2008）。随着温度从25℃上升至30℃，梨盲走螨若螨和成螨平均每天及总的对苹果全爪螨取的食量明显增加，成螨每天的捕食量明显高于若螨。雌螨的寿命要长于雄螨，在25℃时生存时间要比30℃时更长（Sengonca et al.，2003）。Roda等（2003）研究发现叶片毛状体丰富的苹果品种比叶片毛状体稀疏的品种上的花粉和真菌孢子更多，相差2~3倍。在多毛植株上的梨盲走螨种群较大，可能是由于可以获得较多花粉和真菌孢子作为交替食物。在缺少叶片毛簇的葡萄栽培品种上，即使存在螨的食物源，梨盲走螨也并不能维持足够的密度而控制住葡萄害螨。植物叶片存在毛簇，可影响梨盲走螨的持续性。这对于一些作物系统的生物防治也许是关键的，有利于该螨生物防治的成功（Loughner et al.，2008）。在不带腺毛的植物间间种带腺毛的植物有利于增加梨盲走螨的种群数量（Loughner et al.，2010）。梨盲走螨能藏匿在苹果的蒂部，在果园的落果中持续存在，水果成了其越冬的避护所（Gurr et al.，1997）。Khan等（2005）在苹果园调查发现在树的下层有高密度的梨盲走螨聚集（0.34~0.64个/叶），明显高于树的中部和上层（分别是0.23~0.38和0.12~0.23个/叶）。91.4%~94.1%的卵、89.6%~91.7%的幼螨、73.0%~76.5%的若螨、60.5%~64.6%的雌成螨和52.6%~55.9%的雄成螨，均聚集在叶片的下表面活动。在冬季超过50%的捕食螨聚集在底层。越冬世代全部由雌螨组成，在6月世代中雌螨同雄螨的比例是2∶1，在8月是3∶1。梨盲走螨以雌成螨在树枝粗糙的结构、裂隙中越冬。

在商业苹果园保护梨盲走螨，可减少杀螨剂的使用（Hardman et al.，1991；Walde et al.，1992；Blommers，1994）。在原捷克斯洛伐克水果大规模生产中，该螨常被用作叶螨生物防治的天敌（Pultar et al.，1992）。该螨结合选择性农药能较好地控制苹果园的害螨（Agnello et al.，2003）。在葡萄园，泛食性的梨盲走螨和异常坎走螨对于维持植食性螨的数量在经济可接受的水平以下发挥重要作用。它们能随害螨和交替猎物/食物的增加而增加数量，在猎物稀缺条件下能持续存在，且能耐受几种杀真菌剂和杀虫剂（Duso et al.，2009）。Praslička等（2011）于2006—2008年，比较了使用梨盲走螨防治梨树上梨瘿螨与使用化学农药Polysulphide-Ca防治效果的差异。不处理样地有危害症状叶片比率最高达20.9%，而梨盲走螨处理样地有危害症状叶片率最低是3.7%，化学农药处理样地是8.6%。从2006—2008年，对照样地感染率变化不大（从20.3%～21.5%），而梨盲走螨处理样地从2006年的5.5%下降到2007的4.3%，再到2008年的1.3%。而化学农药处理样地则从2006年的5.5%到2007年的8.5%，再到2008年的11.8%。

梨盲走螨/芬兰真绥螨和梨盲走螨/异常坎走螨两种植绥螨共存的系统，起始数量相同，但最后均只剩下梨盲走螨。当猎物充足时，梨盲走螨的数量变得越来越庞大，最终取代芬兰真绥螨和异常坎走螨。梨盲走螨占优势的原因可能是：梨盲走螨雌成螨在不存在食物条件下能存活更长时间；能靠取食植绥螨作为猎物完成不成熟螨的发育及维持生殖；在低叶螨密度条件下比异常坎走螨和芬兰真绥螨有取食的优势（Schausberger，1998）。梨盲走螨能分辨出同一叶片上的其他捕食者，该螨与其他捕食螨的负相关性最强烈（Slone et al.，2001）。本地的梨盲走螨和外来的加州新小绥螨之间存在种间竞争，会取食对方的幼螨。在选择性试验中，两者则均喜欢取食二斑叶螨（Hatherly et al.，2005b）。

OP-抗性的梨盲走螨品系已被用于许多欧洲国家的IPM计划（Blommers，1994）。敏感品系雌螨发育历期更长，与有机磷抗性品系的产卵前期有明显的差异，产卵期和产卵后期则差异不大，OP-抗性品系的总产卵量最多，敏感品系则产卵很少。不同品系的卵及成螨的大小、雄螨的寿命等生物学特征也有明显差异，不过这些与抗性水平不相关（Fitzgerald et al.，2000）。梨盲走螨在意大利北部"Prosecco"和"Cabernet Franc"品种的葡萄园较多，应用代森锰锌杀菌剂对"Cabernet Franc"上的梨盲走螨有明显负面影响，而对"Prosecco"品种上的捕食螨则没有（Pozeebon et al.，2002）。Auger等（2005）连续10代筛选得到抗代森锰锌的梨盲走螨品系，其半致死浓度比标准的敏感品系要高73倍。在长期应用代森锰锌的样地，梨盲走螨种群对这种杀真菌剂的敏感性降低，雌螨的存活、生殖和雌螨后代的可利用性均较少受到影响（Auger et al.，2004）。应用选择性的杀螨剂（阿维菌素、四螨嗪），在苹果园结合应用梨盲走螨在树上捕食及伪新小绥螨在地面捕食，可以降低高密度的二斑叶螨及镇压苹果全爪螨。直到下一年，都能控制叶螨在较低水平（Hardman et al.，2007）。Kreiter等（2010）测试了120多种农药，绝大多数测试的杀虫剂/杀螨剂对梨盲走螨有毒性而绝大多数杀真菌剂无毒性或轻微毒性。梨盲走螨对溴氰菊酯、λ-三氟氯氰菊酯、毒死蜱具有抗性。

② 开心盲走螨 *Typhlodromus*（*Typhlodromus*）*exhilaratus* Ragusa，1977（图180）

Typhlodromus exhilaratus Ragusa，1977：380. Type locality：Scillato, Sicily, Italy；host：*Rosmarinus officinalis*.

Typhlodromus exhilaratus exhilaratus, Chant and Yoshida-Shaul (1987a)，1795.

Typhlodromus exhilaratus americanus, Chant and Yoshida-Shaul (1987a)，1795.

Typhlodromus (*Typhlodromus*) *exhilaratus*, de Mores et al., 2004: 371; Chant and McMurtry, 2007: 157.

| 分布 | 奥地利、塞浦路斯、埃及、法国、希腊、匈牙利、以色列、意大利、摩洛哥、葡萄牙、突尼斯、土耳其、美国。

| 栖息植物 | 迷迭香、葡萄、意大利果松、花楸、栎、苹果等，土壤中也有发现。

Chant等（1987a）比较了意大利和美洲标本，认为它们属于不同亚种类型，定名为*Typhlodromus*

exhilaratus exhilaratus Ragusa亚种和*Typhlodromus exhilaratus americanus* Chant and Yoshida–Sahul亚种。该种捕食对象有*Colomerus vitis*、*E. carpini*、柑橘全爪螨、苹果全爪螨。该螨还能取食花粉作为交替食物，其中最喜欢迷迭香和酢浆草的花粉（Ragusa，1981）。

Ragusa（1981）报道了不同食物（花粉、叶螨、全爪螨及其他猎物）对开心盲走螨（意大利亚种）发育历期有显著的影响，但没有用美洲种作比较研究。该螨能在低湿、高温条件存活和发育（在相对湿度55%、25℃，超过50%的卵能正常孵化）（Liguori et al.，1995）。开心盲走螨是葡萄园优势种，而另一种形态相似的植绥螨多栖盲走螨*T. phialatus*则主要在邻近非种植区域分布，在葡萄园很少发现（Tixier et al.，2006）。开心盲走螨和多栖盲走螨两个种占据同一生态系统。开心盲走螨食量及产卵量更大，可能部分导致多栖盲走螨在葡萄园较难定居而开心盲走螨占主导优势（Meszaros et al.，2007）。杀真菌剂（烯酰吗啉-代森锰锌）对两种品系影响都不大。开心盲走螨对毒死蜱更加耐受，20%的雌螨在田间建议使用的药剂浓度下能够存活，而多栖盲走螨在低于推荐的浓度下100%死亡。这也可导致开心盲走螨成为葡萄上的优势种，而多栖盲走螨只在作物周围区域发生（Barbar et al.，2007）。

开心盲走螨是法国南部葡萄树及间种的花楸*Sorbus domestica*和意大利果松*Pinus pinea*上的优势植绥螨种类（Barbar et al.，2006）。植物螨密度在两种间种植物上存在差异，*P. pinea*是比*S. domestica*更有利于开心盲走螨的寄主植物。

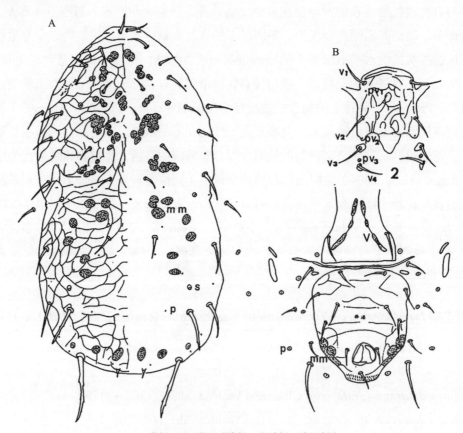

A. 背板；B. 腹面（胸板、生殖板、腹肛板）

图180　开心盲走螨*Typhlodromus*（*Typhlodromus*）*exhilaratus* Ragusa（Ragusa，1977）

③树木盲走螨*Typhlodromus*（*Typhlodromus*）*corticis* Herbert，1958

Typhlodromus corticis Herbert, 1958: 429. Type locality: Starr's Point, Nova Scotia, Canada; host: apple.

Chant et al., 1974: 1274; Chant and Yoshida-Shaul, 1987a: 1776; Wu et al., 1997a: 174.

Typhlodromus (*Typhlodromus*) *cortices* [sic], Wu et al., 2010: 303.

Typhlodromus (*Typhlodromus*) *rodovae* Wainstein and Arutunjan, 1968: 1241, synonymed by Chant and Yoshida-Shaul, 1987a.

Typhlodromus (*Typhlodromus*) *corticis*, de Moraes et al., 2004a: 363; Chant and McMurtry, 2007: 157; Wu et al., 2009: 426.

| 分布 | 中国（黑龙江）。加拿大、芬兰、希腊、意大利、俄罗斯、斯洛伐克、西班牙、亚美尼亚、阿塞拜疆、摩尔多瓦、挪威、乌克兰。

| 栖息植物 | 落叶松、苹果、柏树。

④范氏盲走螨*Typhlodromus*（*Typhlodromus*）*fani* Wu and Ou，2009

Typhlodromus (*Typhlodromus*) *fani* Wu and Ou, in Wu et al. (2009) : 427. Type locality: Shaowu, Fujian, China; host: longan tree. Wu et al., 2010: 303.

| 分布 | 中国（福建）。

| 栖息植物 | 龙眼。

（2）新小绥伦螨属*Neoseiulella* Muma（图183，以*Neoseiulella nesbitti*为例）

Neoseiulella Muma, 1961: 295.

Type species: *Typhlodromus nesbitti* Womersley, 1954: 179.

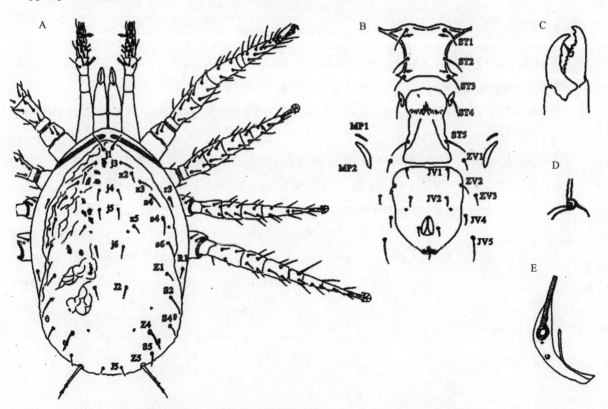

A. 背板；B. 腹面（胸板、生殖板和腹肛板）；C. 螯肢；D. 受精囊；E. 气门板

图183　*Neoseiulella nesbitti* Womersley（Prasad, 2013）

该属特征是缺失刚毛z6，存在刚毛Z1。雌螨存在背毛z3、s6、J2、Z1、S2、S4、S5及R1，存在腹毛JV2和JV3。刚毛z6、J1、Z3缺失。大多数种类的受精囊颈部为杯状或高脚酒杯状，并不加长。雌螨腹部毛序类型多样，刚毛JV3存在或缺失。

竞争新小绥伦螨 *Neoseiulella compta* Corpuz，1966

Typhlodromus comptus Corpuz, 1966: 729. Type locality: Los Banos, Laguna, Philippines; host: *Casuarina equisetifolia*.

Neoseiulella multispinosa Tseng, 1975: 48, synonymed by Chant and Yoshida-Shaul, 1989.

Neoseiulella compta, de Moraes et al., 2004a: 292; Liao et al., 2020: 378.

| 分布 | 中国（台湾）。菲律宾。

| 栖息植物 | 木麻黄、伞序臭黄荆、紫云英。

（五）后绥伦螨族 Metaseiulini Chant and McMurtry

Cydnodromellinae Chant and Yoshida-Shaul, 1986b: 2812.

Metaseiulini Chant and McMurtry, 1994: 258. Type genus: *Metaseiulus* Muma, 1961: 295.

Type genus: *Metaseiulus* Muma, 1961: 295.

本族有4属，多分布于西半球，我国从国外引进1种，西方静走螨 *Galendromus occidentalis* 属于静走螨属 *Galendromus* Muma。

后绥伦螨族分属检索表

1　缺 R1毛，具S2毛（图184）··静走螨属 *Galendromus*
　　具R1毛，缺S2毛（图185）··2
2　背板侧列毛均一致地较长（图185），R1毛短于s6毛，S5毛的长度与Z5约等，两者均较长，JV1、JV3与ZV2毛几乎在一直线，足无巨毛································似盲走螨属 *Typhlodromina*
　　背板侧列毛短或中等长度（图186），有些毛更短于其他毛，R1和s6毛短或中等长，并约略等长，S5毛的长显著短于Z5，JV1、JV3与ZV2毛常呈三角形排列（图187），足具1～2根巨毛或无巨毛·············3
3　颚体、须肢、螯肢和足Ⅰ显著伸长（图188），背板刚毛短，形似铁钉（图189），背板前端稍尖···巨绥螨属 *Gigagnathus*
　　颚体、须肢、螯肢和足Ⅰ并不伸长，背板刚毛短，但不似铁钉（图190），背板前端圆或卵圆形···后绥伦螨属 *Metaseiulus*

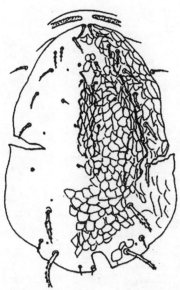

图184　*Galendroimus*（*Mugidromus*）*carinulatus*（De Leon）的背板

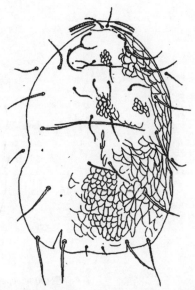

图185　*Typhlodromina conspicua*（Garman）的背板

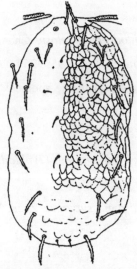

图186　*Metaseiulus*（*Leonodromus*）*luculentis* De Leon的背板

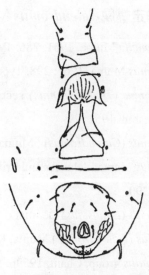

图187　*Gigagnathus extendus* Chant的雌螨腹面

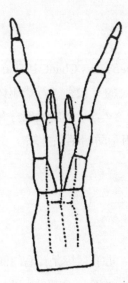

图188　*Gigagnathus extendus* Chant的口下板

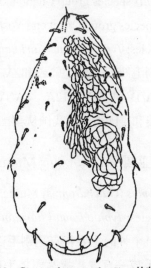

图189　*Gigagnathus extendus* Chant的背板

图190　*Metaseiulus*（*Metaseiulus*）*pini* Chant的背板

（1）静走螨属 *Galendromus* Muma

Cydnodromella Muma, 1961: 286. Type species: *Typhlodromus* (*Typhlodromus*) *pilosus* Chant, 1959a: 53.

Galendromus Muma, 1961: 298. Type species: *Typhlodromus floridanus* Muma, 1955: 269.

Typhlodromus (*Typhlodromus*) section *Trichoseius* Wainstein, 1962b: 21. Type species: *Typhlodromus occidentalis* Nesbitt, 1951: 29.

Galendromus (*Galendromus*), Muma, 1963: 17.

Mataseiulus Muma, Schuster and Pritchard, 1963: 214. Type species: *Typhlodromus* (*Typhlodromus*) *validus* Chant, 1957a: 290.

Galendromus (*Ennoseius*) Denmark, 1982: 165. Type species: *Galendromus superstus* Zack, 1969: 75.

Metaseiulus (*Galendromus*) Muma, Karg, 1983: 324.

T. occidentalis group, Chant, 1959b: 53.

occidentalis species group *sensu* McMurtry, 1983: 249.

occidentalis species group Chant and Yoshida-shaul, 1984a: 1861.

pilosus species group Chant and Yoshida-shaul, 1983: 249.

Type species: *Typhlodromus floridanus* Muma, 1955: 269 [= *T* (*T*) *helveolus* Chant, 1959a: 58].

雌螨背刚毛缺R1和S4毛。z3和ZV3可能出现或缺少。本属已记录的有12种，雌螨躯体毛序有3种类型：12A：6A/JV-4：2V、12A：6A/JV-4：2V-3和11D：6A/JV-4：2V-3。本属大部分种类分布限定于西半球的中美和美国南部。我国从美国和澳大利亚引进西方静走螨用于防治苹果叶螨。

静走螨亚属 *Galendromus* Muma

Galendromus (*Galendromus*) Muma, 1963: 17.

Type species: *Typhlodromus floridanus* Muma, 1955: 269.

该亚属11个种的主要特点是刚毛j3和z3的位置：j3毛邻近j1毛，几乎直接是j1毛的侧边，刚毛z3通常与z2和z4毛成一直线。雌螨躯体毛序类型有3种：12A：6A/JV-4：ZV，32对刚毛；12A：6A/JV-

4：ZV-3，31对刚毛；或者11D：6A/JV-4：ZV-3，30对刚毛（仅模式种）。刚毛S5与刚毛Z4和Z5插入点等距。S5和Z5毛长度接近。足Ⅱ膝节上有7或8根刚毛。

① 佛罗里达静走螨 *Galendromus*（*Galendromus*）*floridanus* Muma，1955（图191）

Typhlodromus floridanus Muma, 1955: 269. Type locality: Lake Alfred, Florida, USA; host: *Citrus* sp..

Galendromus floridanus, Muma, 1961: 298.

Galendromus floridanus, Chant and McMurtry, 2007: 164.

Metaseiulus (*Galendromus*) *floridanus*, Karg, 1983: 324.

Galendromus (*Galendromus*) *helveolus*, Chant, 1959a: 58, synonymed by Chant and McMurtry, 2007.

|分布| 哥斯达黎加、古巴、牙买加、墨西哥、尼加拉瓜、美国。

|栖息植物| 柑橘、桐棉。

Chant等（1984b）研究了 *occidentalis* species group，后Chant等（1994，2007）已接受下列：

a. *Typhlodromus floridanus* Muma，1955 = *Galendromus helveolus*（Chant，1959a）；

b. *Typhlodromus floridanus* 和 *Typhlodromus gratus* 非常相似，但它们是不同种。

佛罗里达静走螨能侵入网巢内攻击 *Oligonychus perseae*。在冷储藏之后，佛罗里达静走螨的捕食效率会降低，其捕食行为与毛序假说一致，即捕食螨入侵网巢的有效性和倾向性与背刚毛的长度相关（Takano-Lee et al.，2002）。

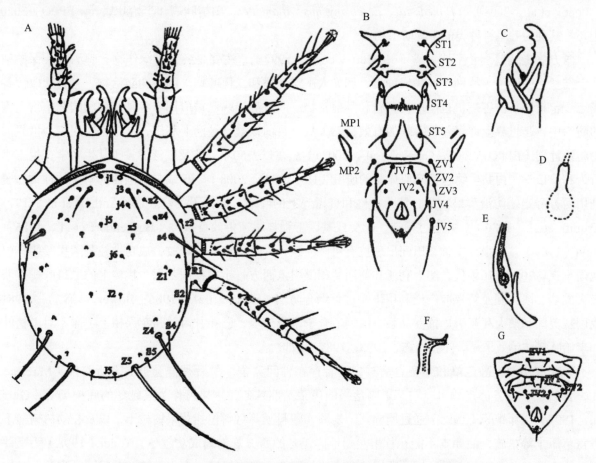

A. 背板；B. 腹面（胸板、生殖板和腹肛板）；C. 螯肢；D. 受精囊；E. 气门板；F. 导精趾；G. 雄腹肛板

图191 佛罗里达静走螨 *Galendromus*（*Galendromus*）*floridanus* Muma（Prasad, 2013）

② 西方静走螨 *Galendromus*（*Galendromus*）*occidentalis* Nesbitt，1951

Typhlodromus occidentalis Nesbitt, 1951: 29. Type locality: Brandon, Manitoba, Canada; host: *Rosa* sp. .Collyer, 1982, 188; Chant and Yoshida-Shaul, 1984a, 1868.

Typhlodromus (*Typhlodromus*) *occidentalis*, Chant, 1959a: 59.

Galendromus (*Galendromus*) *occidentalis*, Denmark, 1982: 143.

Metaseiulus occidentalis, Schuster and Pritchard, 1963: 214.

Metaseiulus (*Galendromus*) *occidentalis*, Karg, 1983: 324.

Typhlodromus (Galendromus) *occidentalis*, Ryu and Lee, 1992: 36; Ryu, 1993: 123.

Galendromus occidentalis, Muma, 1961: 298; Chant and McMurtry, 2007: 167.

|分布| 中国［甘肃（引种）、台湾］。澳大利亚、奥地利、加拿大、智利、希腊、以色列、约旦、墨西哥、芬兰、新西兰、俄罗斯、南非、韩国、美国、委内瑞拉。

|栖息植物| 苹果、蔷薇等。

Chant等（1994）提出在*Galendromus*亚属中分2个种团，包括*occidentalis*种团和*pilosus*种团共11种，后一种团只有1种。Chant等（1984b）指出*occidentalis*种团的种仅分布于西半球的中美洲和美国南部。

西方静走螨的捕食猎物包括二斑叶螨、太平洋叶螨（Stavrinides et al., 2010）、苹果全爪螨、*T. telarius*、*Comstockaspis perniciosus*、*Eriosoma lanigerum*、柑橘全爪螨（Xiao et al., 2010）、大西洋叶螨（Popov et al., 2008）、*T. medanili*、*Eotetranychus willamettei*、山楂叶螨和李始叶螨等。EPPO（2020）主要将其列为叶螨科种类的生物防治物。

西方静走螨属于Ⅱ型捕食螨（McMurtry et al., 1997），主要是各种常绿作物、啤酒花、保护地作物上结丝网的叶螨（特别是叶螨属种类，例如太平洋叶螨和二斑叶螨）的生物防治物，它喜欢取食各种螨态（包括卵）的害螨，也能取食花粉和其他食物。西方静走螨已被应用于各种作物和园艺植物上害螨的防治中，是世界上许多作物害螨的有效自然天敌。目前该螨已被商业利用，被广泛应用于全世界的生物防治计划（EPPO, 2002；Gerson et al., 2003a）。在过去60年，涉及广泛的关于其生物学、生态学、行为和遗传学、内共生物包括病原体等的研究（Hoy et al., 2008）。该螨是美国西部本土的种类。美国利用西方静走螨防治苹果、梨、葡萄、桃和杏树等上的叶螨，取得了良好效果（Anthon et al., 1975；Asquith et al., 1980）。并通过筛选、杂交或基因工程技术遗传改良该种（Beckendorf et al., 1985）。Hoyt（1969）首次报导本种在田间出现抗有机磷品系，并进行培养、释放，成功地控制苹果叶螨，引起他国重视。20世纪70年代，澳大利亚和新西兰相继引入西方盲走螨控制苹果、桃树上的二斑叶螨并获得极大成功。澳大利亚苹果园广泛利用该螨进行综合防治（Bower et al., 1986；Bower, 1987）。1981年我国从美国和澳大利亚引进抗性品系，该螨适合于干旱环境，已在甘肃兰州苹果树上定居，对山楂叶螨和李始叶螨防治效果显著（张乃鑫，1983，1987，1988）。

一起应用西方静走螨和梨盲走螨时，两者存在种间竞争，最后种群会被后者所取代（MacRae et al., 1997）。西方静走螨可以在苹果园落果的果蒂基部越冬，水果可作为其越冬的庇护场所（Gurr et al., 1997）。邓雄等（1988）通过用棉絮、麦颖、塑料膜等材料包扎苹果树枝干，以及在幼树树冠下地表盖草压土等措施，使原本不能在甘肃兰州地区越冬的西方静走螨成功越冬。Yoder（1998）为了评价西方静走螨在北美西部干旱地区的适应情况，比较了西方静走螨同一个来自芬兰苹果园的实验芬兰真绥螨种群保持水分平衡的特征。两种螨分别包含73.6%和74.9%的含水量，可从86%和92%相对湿度的空气里以及水珠里吸收水分。在20℃、相对湿度0%的条件下，西方静走螨相对芬兰真绥螨具有更低的净水损耗率（分别为每小时0.8%和1.3%），使得其能更加有效地保持水分。Kazak等（2004）研究表明变化的光周期和对二斑叶螨卵的取食差异并不影响西方静走螨的生殖。西方静走螨在15℃和28℃时取食太平洋叶螨的内禀增长率r_m比取食 E. willamettei 更高；在22℃时，取食两种猎物的r_m相似。从15～28℃，西方静走螨的r_m均比猎物太平洋叶螨要高（Stavrinides et al., 2010）。

实验室实验表明西维因抗性品系和野生品系的生物学特性没有差异（Roush et al., 1981）。西维因抗性的品系和一个田间采集的抗硫-OP品系杂交，筛选出对三种农药有抗性的品系（COS品系），并在柠檬的IPM计划中进行应用（Hoy, 2000）。James（2003）研究表明针对蚜虫使用的吡虫啉浓度（0.13g a.i./L有效成份）对来自华盛顿啤酒花园的西方静走螨是高毒性的（100%致死），1/2或1/4比例的浓度对该螨仍然高毒（79.5%～100%致死率）。通过取食使用吡虫啉（0.13g a.i./L）处理过的豆科植物饲养的活动虫态的叶螨，导致的系统毒性也高（98.3%致死率），干残留物也具有高毒性（93%～98%致死率）。Irigaray等（2006）研究了5种新型杀螨剂对西方静走螨的负面影响，证明乙螨唑和联苯肼酯的毒性相对较小，不会影响西方静走螨成螨的寿命，但会导致其不产卵。Costello（2007）研究葡萄园杀菌药物硫黄对太平洋叶螨及其主要捕食螨西方静走螨密度的影响。证明硫黄本身对捕食螨影响不大，但使用时机不对会刺激叶螨的爆发。花期前经硫黄处理的葡萄园比开花后处理及使用杀菌剂的样地的捕食螨/猎物比更大。Zalom等（2010）研究了一些新型的杀螨剂对西方静走螨存活、生殖和发育的影响。结果证明阿维菌素对该种的影响最小。拟除虫菊酯类通过直接接触和农药残留，显著影响杏树上的西方静走螨种群。有害的农药残留能在树干上持续超过1年，在处理叶面上持续存在5个月。Beers等（2014）在实验室测试了15种农药对西方静走螨的毒性，只有多杀菌素类杀虫剂和高效氯氟氰菊酯对西方静走螨有害。

（2）后绥伦螨属 *Metaseiulus* Muma

Paraseiulella Muma, 1961: 294. Type species: *Typhlodromus* (*Typhlodromus*) *burrelli* Chant, 1959a: 51. (junior synonym of *Typhlodromus ellipticus* De Leon, 1958: 73. Chant and Yoshida-Shaul, 1983).

Metaseiulus Muma, 1961: 295. Type species: *Typhlodromus* (*Typhlodromus*) *validus* Chant, 1957a: 290.

Clavidromina Muma, 1961: 296. Type species: *Typhlodromus ellipticus* De Leon, 1958 [senior synonym of *Typhlodromus* (*Typhlodromus*) *burrelli* Chant, 1959a: 51. Chant and Yoshida-Shaul, 1983].

Amblydromus Muma, 1961: 297. Type species: *Typhlodromus smithi* Schuster, 1957: 203.

Chanteius (*Evansoseius*) Wainstein, 1962b: 20. Type species: *Typhlodromus anchialus* Kennett, 1958: 473. (junior synonym of *Typhlodromus arboreus* Chant, 1957a: 292, Chant and Yoshida-Shaul, 1984b).

Chanteius (*Eratodromus*) Wainstein, 1962b: 20. Type species: *Typhlodromus* (*Typhlodromus*) *validus* Chant, 1957a: 290.

Typhlodromus (*Typhlodromus*) section Lamiaseius Wainstein, 1962b: 21. Type species: *Typhlodromus* (*Typhlodromus*) *mcgregori* Chant, 1957a.

Galendromus (*Leonodromus*) Muma, 1963a: 36. Type species: *Typhlodromus luculentis* De Leon, 1959c: 126.

Galendromus (*Menaseius*) Muma, 1963a: 27. Type species: *Seius pomi* Parrott, Hodgkiss and Schoene, 1906: 302.

Galendromus (*Cursoriseius*) Tuttle and Muma, 1973: 31. Type species: *Metaseiulus brevicollis* Gonzalez and Schuster, 1962: 19.

Metaseiulus (*Metaseiulus*), Karg, 1983: 323. Type species: *Typhlodromus* (*Typhlodromus*) *validus* Chant, 1957a: 290.

Typhlodromus (*Typhloseiopsis*), Pritchard and Baker, 1962: 222.

Typhloseiopsis, Schuster and Pritchard, 1963: 205.

Typhlodromina Muma, 1961: 297.

Typhlodromus (*Metaseiulus*), Pritchard and Baker, 1962: 222.

T. smithi group Chant, 1959a: 49.

T. validus group Chant, 1959a: 56.

cornus species group Chant and Yoshida-Shaul, 1983: 1049.

pini species group Chant and Yoshida-Shaul, 1984a: 276.

pomi species group Chant and Yoshida-Shaul, 1984c: 2611.

brevicollis species group Chant and Yoshida-Shaul, 1984d: 2632.

Type species: *Typhlodromus* (*Typhlodromus*) *validus* Chant, 1957a: 290.

该属毛序类型为12A：6B（*Metaseiulus ferlai*除外，其毛序类型是12A：7B，存在S2毛）。腹肛板毛序是JV-4：ZV，具32对体毛；或者JV-4：ZV-3，具31对体毛；或JV-3，4：ZV-3，具30对体毛。

溪流后绥伦螨*Metaseiulus*（*Metaseiulus*）*flumenis* Chant，1957（图192）

Typhlodromus (*Typhlodromus*) *flumenis* Chant, 1957a: 290. Type locality: 8 miles west of Hedley, Similkameen River, British Columbia, Canada; host: *Shepherdia canadensis*.

Wainstein, 1962b: 21; Hirschmann, 1962: 14; Chant et al., 1974: 1283; de Moraes et al., 1991: 135.

Galendromus flumenis, Muma, 1961: 298; de Moraes et al., 1986: 192.

Metaseiulus flumenis, Schuster and Pritchard, 1963: 225; Tuttle and Muma, 1973: 32, 53.

Galendromus (*Menaseius*) *flumenis*, Muma, 1963a: 34; Denmark, 1982: 149.

Typhlodromus flumenis, Chant and Yoshida-Shaul, 1984b: 2613.

Metaseiulus (*Metaseiulus*) *flumenis*, Chant and McMurtry, 1994; de Moraes et al., 2004a: 281.

Galendromus loculus Denmark and Muma, 1967: 178, synonymed by Denmark, 1982.

Typhlodromus (*Typhlodromus*) *mcgregori* Chant, 1959a: 57, synonymed by Chant and Yoshida-Shaul, 1984b.

Galendromus (*Menaseius*) *mcgregori*, Muma, 1963: 33; Schuster and Pritchard, 1963: 225.

|分布| 加拿大、智利、巴西（萨尔瓦多）、墨西哥、美国。

|栖息植物| 水牛莓、侧柏、松树。

溪流后绥伦螨是美国加州科切拉谷地花簇上自然存在的捕食螨。Chant（1957）首先将采自加拿大不列颠哥伦比亚省一些胡颓子科植物上的该种描述成溪流后绥伦螨。在美国，该种在落叶和常绿树、灌木和草本上均有发现，是不喷药苹果园和葡萄园的优势种（Prischmann et al.，2003；Croft et al.，2004）。该螨猎物包括叶螨科、细须螨科、瘿螨科、温特螨科Winterschmidtiidae种类和小型昆虫，如蓟马、粉虱，以及花粉（Croft et al.，1969；Blackwood et al.，2004）。基于McMurtry等（1997）的生活史

归类，溪流后绥伦螨属于type Ⅲ接近type Ⅱ。这个归类是基于溪流后绥伦螨取食花粉表现与type Ⅲ种类相比相对较差，而并不像type Ⅱ种类能很好适应对*Tetranychus* sp.的捕食。

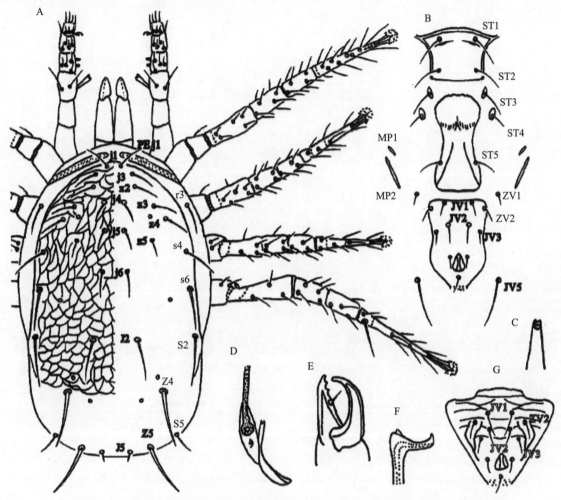

A. 背板；B. 腹面（胸板、生殖板和腹肛板）；C. 受精囊；D. 气门板；E. 螯肢；F. 导精指；G. 雄腹肛板

图192　溪流后绥伦螨*Metaseiulus* (*Metaseiulus*) *flumenis* Chant（Prasad, 2013）

Blackwood等（2004）研究了4种在美国俄亥俄州中部和东部苹果上发生的植绥螨溪流后绥伦螨、西方静走螨、柑橘后绥伦螨*Metaseiulus citri*（Garman and McGregor）和尾腺盲走螨，当取食二斑叶螨卵或幼螨时的猎物阶段喜好和发育时间，及当取食不同食物组合时的产卵率，结果发现溪流后绥伦螨对二斑叶螨猎物不同阶段没有取食倾向性；溪流后绥伦螨发育时间较短，可以在不同猎物范围和花粉下持续产卵。Ganjisaffar等（2015）研究了溪流后绥伦螨对*Oligonychus pratensis*的猎物阶段性喜好及功能反应，以及其刺穿叶螨属种类复杂丝网及切断丝线的行为。在混合螨态草地小爪螨低密度条件下，溪流后绥伦螨消耗的猎物百分比更高，表明溪流后绥伦螨镇压低密度草地小爪螨更有效。因此，大量释放时，建议溪流后绥伦螨在害螨发生早期释放。

（吴伟南　方小端）

第三章
植绥螨在主要作物上的应用

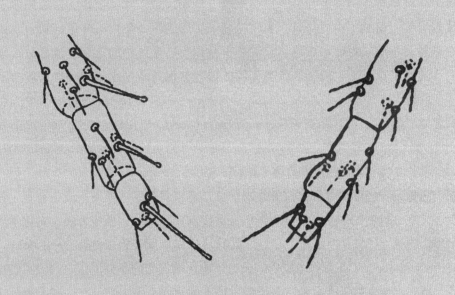

第一节 植绥螨在柑橘上的应用

一、中国利用植绥螨防治柑橘有害生物概况

柑橘是芸香科Rutaceae柑橘亚科Aurantioideae柑橘族Citreae柑橘亚族Citinae真正柑橘组原产亚洲的柑橘属Citrus、枳属Poncirus、金橘属Fortunella和原产澳大利亚的澳沙檬属Eremocitrus、多蕊橘属Clymenia、沃指檬属Microcitrus等六属植物的统称。中国是柑橘的重要发源地，种植历史悠久。古籍《尚书·禹贡》记载，在4000多年前的夏朝，柑橘已被列为贡税之物。如今中国的柑橘种植面积和产量均居世界首位，主要栽培作物有橘、柑、橙、柚、柠檬、金橘和枳等。柑橘也是世界第一大水果种类。

柑橘分布于温暖的南方，其上的植食性节肢动物（包括昆虫、螨类等）种类很多，如螨类（柑橘全爪螨、柑橘始叶螨、侧多食跗线螨、锈蜘蛛等）、蚧类（柑橘粉蚧、柑橘棉蚧、堆蜡粉蚧、矢尖蚧、红圆蚧、吹棉蚧等）、蛾蝶类（柑橘潜叶蛾、柑橘凤蝶、油桐尺蛾、嘴壶夜蛾、玉米螟等）、蚜虫（橘蚜、棉蚜、绣线蚜等）、粉虱（柑橘粉虱、黑刺粉虱等）、天牛、象甲、叶甲、蟓、实蝇、瘿蚊、蓟马、蜗牛，还有传播黄龙病的柑橘木虱等。它们是柑橘园生态系统中的重要组成部分，承担着不可或缺的生态功能。在通常情况下，它们受到各类天敌的抑制，保持较低水平的种群密度，对柑橘未有明显为害。如柑橘全爪螨，有东方钝绥螨Amblyseius orientalis、江原钝绥螨A. eharai、尼氏真绥螨Euseius nicholsi、卵圆真绥螨E. ovalis、纽氏肩绥螨Scapulaseius newsami、巴氏新小绥螨Neoseiulus barkeri、深点食螨瓢虫Stethorus punctillum、龟纹瓢虫Propylaea japonica、塔六点蓟马Scolothrips takahashii、中华草蛉Chrysoperla sinica等多种节肢动物和汤普森多毛菌Hirsutella thompsonii等微生物天敌。但在环境改变导致生态平衡受到破坏时，一些种类的个体数量急剧增长，造成显著经济损失，成为有害生物。尤其是叶螨、木虱、粉虱、蚧虫、蚜虫等种类，由于个体小，世代发育时间短，繁殖力强，对化学农药易产生抗药性，在失去天敌制约时，极易暴发成灾，导致严重的"3R"问题（害虫抗药性resistance、害虫再猖狂resurgencn、药剂残留residue）。在目前主要依赖人工合成化学农药的条件下，它们成了整个柑橘病虫防控的重点和难点。例如，植食性螨类显著增多成为柑橘上的重要有害生物，与一些杀菌剂（石硫合剂、波尔多液、敌菌丹、苯菌灵、托布津、多菌灵等对多毛菌等真菌性微生物天敌有严重杀伤作用）、菊酯类、有机磷杀虫剂的大面积使用，导致相关天敌急剧减少有密切关系。在许多地区，柑橘全爪螨对现有各类有机化学农药的抗性极高，已形成无药可用的局面。

柑橘是多年生的常绿木本植物，具有相对稳定的生态系统，可为自然天敌和人工释放天敌提供良好的栖息环境。若善加利用，各类天敌可对柑橘上的有害生物发挥持久有效的控制作用。植绥螨即是柑橘上分布较广的一类捕食性天敌。植绥螨搜索猎物的能力强，捕食量大，且防治谱广，如温氏新小绥螨（拟长毛钝绥螨）可捕食7属16种叶螨；胡瓜新小绥螨和巴氏新小绥螨不仅能捕食柑橘全爪螨、侧多食跗线螨、蓟马、烟粉虱等，还能捕食柑橘木虱的卵和低龄若虫（欧阳革成 等，2011；张艳璇 等，2011b；Fang et al.，2013，2018），巴氏新小绥螨还能猎杀一些植物病原线虫（周万琴 等，2012）。它们发育历期短，繁殖速度快，如江原钝绥螨在25℃下发育历期仅为5.1d，一生产卵41.7粒；而柑橘全爪螨在相同条件下的发育历期却为14.4d，一生产卵8.3粒，当目标有害生物数量较多时，植绥螨种群能很

快增长并迅速对目标有害生物发挥有效控制作用。植绥螨寿命长，食性广，当目标有害生物缺少时，可取食其他多种猎物或植物花粉等并在果园长期维持种群生存。因此，植绥螨在对小型害虫害螨的控制上具有特别重要的地位与作用。

在中国，利用植绥螨防治柑橘害螨已有较长的历史。20世纪60年代初，中国农业科学院柑橘研究所通过对果园内植绥螨生物学的研究，发现其能控制柑橘黄蜘蛛的发生（黄良炉 等，1964）。1974年，广东省科学院动物研究所（原广东省昆虫研究所）从重庆引进植绥螨进行人工繁殖释放，以防治柑橘全爪螨，成为国内最早成功应用捕食螨进行田间防治的范例。20世纪70年代末，在果园保留或种植藿香蓟以保护捕食螨，取得了很好的控制全爪螨的效果，是国际上首次以控制柑橘害螨为目的的柑橘复合种植模式，在国内外被大面积推广应用（黄明度 等，1979，2008）。广东利用江原钝绥螨、纽氏肩绥螨、卵圆真绥螨防治柑橘全爪螨等害螨取得了良好的效果（黄明度 等，2011）。重庆利用尼氏钝绥螨大面积防治柑橘全爪螨及柑橘始叶螨也获得成功（张格成，1984）。近些年，随着以粉螨人工养殖植绥螨技术的日益发展与成熟，植绥螨的商品化生产规模显著扩大，胡瓜新小绥螨和巴氏新小绥螨在柑橘害螨控制上的推广应用面积大幅度增加。

二、植绥螨在柑橘园的自然分布与田间利用

1. 植绥螨在柑橘园的种类与分布

我国所有柑橘产区均有植绥螨分布。根据最新的分类系统，到目前为此，在我国柑橘上发现或应用的植绥螨有12属53种（见表7）。这些植绥螨在柑橘上的防控对象包括：柑橘全爪螨、柑橘始叶螨、六点始叶螨、柑橘锈螨、侧多食跗线螨、柑橘粉虱、柑橘木虱等。

表7 中国柑橘上的植绥螨科Phytoseiidae种类与分布

属	种	分布	其他栖息植物	曾用名或误用名
钝绥螨属 Amblyseius	海氏钝绥螨 A. hidakai (Ehara and Bhandhufalck)	广西、云南、海南	番石榴、杧果	—
	江原钝绥螨 A. eharai Amitai and Swirski	江苏、浙江、福建、江西、山东、湖北、湖南、广东、广西、海南、香港、台湾	龙眼、水稻、杉、茶树等	红原钝绥螨 Amblyseius eharai Amitai and Swirsk
	隘腰钝绥螨 A. cinctus Corpuz and Rimando	广东、广西、海南、云南	龙眼、蔬菜、藿香蓟、橡胶、芒果、杧果、松	—
	草栖钝绥螨 A. herbicolus (Chant)	辽宁、黑龙江、江苏、福建、江西、河南、湖南、广东、广西、海南、四川、贵州、云南、甘肃、台湾	凤梨、木槿、茶树、枇杷等	德氏钝绥螨 Amblyseius deleoni Muma and Denmark
	拉哥钝绥螨 A. largoensis (Muma)	广东、广西、海南、香港、台湾		—
	钝毛钝绥螨 A. obtuserellus Wainstein and Begljarov	江苏、浙江、安徽、福建、江西、湖南、广东	艾、栀子、杉、乌饭、枇杷、白地瓜、茶树、马尾松	—

（续表）

属	种	分布	其他栖息植物	曾用名或误用名
钝绥螨属 *Amblyseius*	东方钝绥螨 *A. orientalis* Ehara	河北、辽宁、江苏、安徽、福建、江西、山东、湖北、湖南、广东、贵州	梨、苹果、桃、枣树、柿、苦楝、樟树、杨树、女贞等	—
	海南钝绥螨 *A. hainanensis* Wu and Qian	海南、云南	—	—
	津川钝绥螨 *A. tsugawai* Ehara	河北、山西、辽宁、吉林、黑龙江、江苏、浙江、安徽、福建、江西、山东、湖北、湖南、广东、广西、海南、贵州、云南	橄榄、水稻、甘蔗、棉花、蔬菜等	—
	连山钝绥螨 *A. lianshanus* Zhu and Chen	江西、广东	樟树	—
	追（近）空钝绥螨 *A. paraaerialis* Muma	广东、广西、云南	—	—
新小绥螨属 *Neoseiulus*	巴氏新小绥螨 *N. barkeri* Hughes	河北、安徽、福建、山东、河南、湖南、湖北、广东、广西、云南、陕西、海南、江西、香港、台湾	番木瓜、水稻、芒草、黄花蒿、野苋菜、酢浆草等	巴氏钝绥螨/单毛钝绥螨 *Amblyseius barkeri* Hughes 麦氏钝绥螨 *A. mckenziei* Schuster and Pritchard
	加州新小绥螨 *N. californicus* (McGregor)	广东、海南、四川、云南	枇杷、柠檬、凤眼莲、灯心草、粉苞苣、番木瓜等	—
	胡瓜新小绥螨 *N. cucumeris* (Oudemans)	国外引入种	甜瓜、棉花、蔬菜、水果等	胡瓜钝绥螨 *Amblyseius cucumeris* Oudemans
	真桑新小绥螨 *N. makuwa* (Ehara)	辽宁、吉林、黑龙江、江苏、安徽、福建、江西、山东、湖北、湖南、广东、广西、海南、四川、贵州、云南、甘肃、台湾	杉树、茶树、葡萄、野苋菜、风轮菜、水稻、大豆、烟草等	真桑钝绥螨 *Amblyseius* (*Neoseiulus*) *makuwa* Ehara
	长刺新小绥螨 *N. longispinosus* (Evans)	福建、广东、广西、海南、云南、香港、台湾	水稻、草莓、棉花等	长刺钝绥螨/长毛钝绥螨 *Amblyseius longispinosus* Evana
	温氏新小绥螨 *N. womersleyi* (Schicha)	安徽、福建、广西、贵州、河北、江苏、江西、山东、浙江、台湾	荔枝、玉米、棉花、苹果、香蕉、黄麻、玫瑰、桑树、柏、大豆等	拟长毛（刺）钝绥螨 *Amblyseius* (*Neoseiulus*) *pseudolongispinosus* Xin, Liang and Ke 澳氏钝绥螨 *Amblyseius womersleyi* Schicha
	拟网纹新小绥螨 *N. subreticulatus* (Wu)	辽宁、吉林、黑龙江、江西、广东、广西、新疆	艾、梨、杂草	拟网纹钝绥螨 *Amblyseius* (*Neoseiulus*) *subreticulatus* Wu
	台湾新小绥螨 *N. taiwanicus* (Ehara)	广东、海南、台湾	杂草、水稻、凤梨	—

（续表）

属	种	分布	其他栖息植物	曾用名或误用名
肩绥螨属 Scapulaseius	纽氏肩绥螨 S. newsami（Evans）	福建、广东、海南、江西、香港	橡胶、丝瓜、节瓜、水瓜、豇豆、棉花、荔枝、龙眼、藿香蓟、辣椒、姜、紫苏	纽氏钝绥螨 Amblyseius newsami（Evans）
	大黑肩绥螨 S. oguroi（Ehara）	辽宁、吉林、江苏、浙江、安徽、福建、江西、山东、湖南、广东、广西、海南、四川、贵州、云南	野梧桐、梨、三角槭，多种蔬菜及杂草等	大黑钝绥螨 Amblyseius（Neoseiulus）oguroi Ehara
	冲绳肩绥螨 S. okinawanus（Ehara）	江苏、浙江、安徽、福建、江西、山东、湖南、广东、广西、海南、贵州、云南、台湾、香港	荔枝、龙眼、杧果、梨、苦楝、刺槐，多种蔬菜及杂草等	冲绳钝绥螨 Amblyseius（Neoseiulus）okinawanus Ehara
	亚洲肩绥螨 S. asiaticus（Evans）	福建、江西、湖南、广东、广西、海南、云南、香港	梨、番石榴、马鞭草、黄皮、土牛膝、野菊、芝麻、女贞、风轮菜等	亚洲钝绥螨 Amblyseius（Neoseiulus）asiaticus Evans 白云钝绥螨 Amblyseius baiyunensis Wu
	恩氏肩绥螨 S. anuwati（Ehara and Bhandhufalck）	江苏、江西、福建、湖南、广东、海南、台湾	油桐、杉、荸草等	恩氏钝绥螨/安氏钝绥螨 Amblyseius（Neoseiulus）anuwati Ehara and Bhandhufalck
似前锯绥螨属 Proprioseiopsis	墨西哥似前锯绥螨 P. mexicanus（Garman）	江西、台湾	百日菊、苹果等	少毛钝绥螨 Amblyseius（Proprioseiopsis）asetus Chant
	卵圆似前锯绥螨 P. ovatus（Garman）	广东、海南、台湾	藿香蓟等	拟盾钝绥螨 Amblyseius（Proprioseiopsis）parapeltatus Wu and Chou 盾钝绥螨 Amblyseius peltatus Merwe
真绥螨属 Euseius Wainstein	尼氏真绥螨 E. nicholsi（Ehara and Lee）	江苏、湖北、江西、湖南、福建、广东、香港、海南、贵州、重庆、四川、台湾，武陵山区	茶树、桃、李、荔枝等	广西钝绥螨 Amblyseius guangxiensis Wu 尼氏钝绥螨 Amblyseius nicholsi Ehara
	卵圆真绥螨 E. ovalis（Evans）	江苏、福建、江西、广东、广西、海南、贵州、四川、云南、台湾、香港	梨、桃、荔枝、龙眼、西瓜、羊蹄甲、橡胶、蓖麻、苦楝、油桐、桑树、女贞、大叶相思等	卵形钝绥螨 Amblyseius ovalis Evans
	爱泽真绥螨 E. aizawai（Ehara and Bhandhufalck）	浙江、安徽、福建、山东、广东、海南、云南、台湾	番荔枝、槐树、番木瓜	间泽钝绥螨 Amblyseius aizawai Ehara and Bhandhuflach
	维多利亚真绥螨 E. victoriensis（Womersley）	国外引入种	—	魏氏钝绥螨 Amblyseius victoriensis
冲绥螨属 Okiseius Ehara	亚热冲绥螨 O. subtropicus Ehara	江苏、浙江、福建、江西、广东、广西、海南、贵州、云南、台湾	丝瓜、酢浆草、山麻、藿香蓟等	亚热带钝绥螨 Amblyseius subtropicus Tseng
植盾螨属 Phytoscutus Muma	粗糙植盾螨 P. salebrosus（Chant）	广东、海南、台湾	樟树、野牡丹、桑树等	粗糙钝绥螨 Amblyseius selebrosus Chant

(续表)

属	种	分布	其他栖息植物	曾用名或误用名
植绥螨属 Phytoseius	中国植绥螨 P. chinensis Wu and Li	福建	漆树、竹	中国植绥螨 P. chinensis Chang
	长毛植绥螨 P. crinitus Swirski and Shechter	江西、广东、广西、海南、云南、香港、台湾	羊蹄甲、番石榴、山毛榉等	—
	柯氏植绥螨 P. coheni Swirski and Shechter	广东、福建、广西、江西、海南、贵州、云南、香港、台湾	一品红、荔枝、龙眼、荔子、丝果等	夏威夷植绥螨 P. hawiiensis Prasad 科氏植绥螨 P. coheni Swirski and Sche
	香港植绥螨 P. hongkongensis Swirski and Shechter	江苏、福建、江西、山东、湖北、广东、广西、海南、贵州、云南、台湾、香港	盐肤木、枇杷、荚蒾、山莓、构树、芫花、茄子、山毛榉、刺槐等	—
	虎丘植绥螨 P. huqiuensis Wu	广东、江苏	藤本植物	—
	新凶（猛）植绥螨 P. neoferox Ehara and Bhandhufalck	广东、福建、云南	—	—
	日本植绥螨 P. nipponicus Ehara	辽宁、江苏、浙江、福建、江西、山东、河南、湖北、湖南、广东、广西、海南、四川、云南、甘肃	核桃、竹、算盘子、白鲜、艾等	—
	闽植绥螨 P. fujianensis Wu	福建、广东、广西、海南、贵州	葛藤	—
拟植绥螨属 Paraphytoseius	东方拟植绥螨 P. orientalis（Narayanan，Kaur and Ghai）	广东、福建、广西、江西、云南、湖南、贵州、台湾、香港	竹、山毛榉、构树、粗糖树等	多齿钝绥螨 Amblyseius multidentatus Swirki and She
	纤细拟植绥螨 P. cracentis	广西	—	卡拉卡钝绥螨 Amblyseius (paraphytoseius) cracentis Corpuz and Rimando, 1966
盲走螨属 Typhlodromus	中国盲走螨 T.（Anthoseius）chinensis Ehara and Lee	广东、香港、台湾	大叶相思、羊蹄甲、杜虹花等	—
	头状盲走螨 T.（Anthoseius）coryphus Wu	福建、广东、广西	盐肤木、龙眼、榄子	—
	琉球盲走螨 T.（Anthoseius）ryukyuensis Ehara	福建、台湾	白兰、多叶羽扇豆、海芋等	—
	锯胸盲走螨 T.（Anthoseius）serrulatus Ehara	辽宁、河北、浙江、安徽、山东、江西、湖南、福建、台湾、广东、广西	橄榄、杨梅、桃、榉树等	—
	普通盲走螨 T.（Anthoseius）vulgaris Ehara	香港	麻栎、梨	—
	南非盲走螨 T.（Anthoseius）transvaalensis（Nesbitt）	福建、广东、广西、海南、台湾	椰子、甘蔗、龙眼、大豆等	—
	敏捷盲走螨 T.（Anthoseius）agilis（Chaudhri）	福建、湖南、云南	梨及灌木	—
	似沿海盲走螨 T.（Anthoseius）submarinus Wu, Lan and Zeng	广东、广西	松树	—
	崇明盲走螨 T.（Anthoseius）chongmingensis Wu and Ou	上海	—	—

（续表）

属	种	分布	其他栖息植物	曾用名或误用名
钱绥螨属 Chanteius	邻近钱绥螨 C. contiguus（Chant）	广东、海南、香港、台湾	芒果、柳树、黄樟等	邻走（近）盲走螨 T. contignus Chant
分开绥螨属 Chelaseius	佛州分开绥螨 C. floridanus	香港，华东地区	—	佛州钝绥螨 Amblyseius floridanus Muma

2. 植绥螨在柑橘园的保护与利用

柑橘是多年生的常绿木本植物，加之邻近其他植物，如防风林、杂草等，构成相对稳定、复杂的生境，可供捕食螨栖息、生长、繁殖和避害。捕食螨也有相对良好的环境适应能力。因此，在通常情况下，柑橘园内捕食螨可发挥对植食性虫、螨种群增长的抑制作用，控制其不致对柑橘产生明显危害。只需在个别情况下对少数种类害虫进行局部的针对性防治。陈守坚（1985）在一个新建柑橘园内开展了为期5年多的试验，除第1年、第2年对部分柑橘树使用过杀螨剂及柴油乳剂防治红蜘蛛外，全园未再使用过人工合成杀虫剂。虽然柑橘园内仍有广东常见的22种柑橘园害虫，但除锈蜘蛛有2年在全园发生过外，其他害虫的虫口密度均保持在防治指标以下。柑橘全爪螨在园中仅在第1、第2年在部分树上发生，在及时释放草栖钝绥螨及尼氏真绥螨进行控制后，5年中全园红蜘蛛密度没有超过平均每叶2头的防治指标。在越南，一些农民在果园引入黄猄蚁，多年已不需使用杀虫杀螨剂（卢慧林 等，2020）。

但是，若遭遇极端气候、耕作与栽培方法失当、化学农药使用不合理等，导致环境条件发生较大变化，柑橘园内捕食螨及其他天敌种群衰落甚至灭绝，植食性虫、螨猖獗成灾的风险极大。广东省怀集县的一个2 000亩（亩为废弃单位，1亩=1/15公顷≈666.67m²）的果园，全年仅采取使用少数几次苦参碱和释放一次胡瓜新小绥螨的措施，就连续10多年获得较好收益。只是由于后面接手的业主转而使用人工合成的化学农药，果园3年内即因黄龙病严重发生而被弃管。

因此，若要保护柑橘园内捕食螨，充分发挥其控害作用，须从保护和改善果园环境，选择安全环保的农药、采取合理的控制措施着手。

3. 柑橘园留草与间种

果园温、湿度和食物等会影响捕食螨的种群数量，从而影响其控害效果。相对来说，荫蔽、温湿适中的环境较适合捕食螨生存，而植食性虫、螨比较喜欢干燥、阳光充足的环境，对极端气候耐受能力强。柑橘园留草与间种，可以增加果园郁闭度和湿度，减少园内温度的急剧变化和极端温度，从而改善果园小气候和捕食螨的生存环境。捕食螨一般食性较广，可栖息存活于多种植物上。捕食螨通常还选择植物花粉等作为补充营养。柑橘园留草与间种，丰富了捕食螨的食物来源和栖息场所，增加了捕食螨在柑橘树间迁移的安全性和远距离活动的可能性。

广东省科学院动物研究所（原广东省昆虫研究所）（黄明度 等，1978）发现，在柑橘园种植一种菊科杂草——藿香蓟，对柑橘全爪螨的重要天敌纽氏肩绥螨的种群有明显的助长作用。藿香蓟全年可以开花，花粉及其上的蓟虫的幼虫可作为钝绥螨的食料，因此藿香蓟在钝绥螨的食物谱中是非常重要的一环。同时，柑橘园覆盖藿香蓟后，在夏季高温季节，可使柑橘树冠外围温度从40～45℃降至35℃以下，相对湿度增加。这种小生境的改善，有利于钝绥螨种群的稳定和增长。藿香蓟草丛中的生态条件适合钝绥螨的生存繁殖，钝绥螨在藿香蓟叶片上的密度，常比在柑橘叶片上高。在需要使用化学农药防治其他害虫或病害而引致柑橘树上的钝绥螨数量明显减少时，藿香蓟上的钝绥螨是一个重要的补充源泉。藿香蓟的生长抑制了其他杂草，大大减少用于除草的劳动力。藿香蓟可作绿肥，根系较浅，无明显与柑橘争肥现象。经多年试验，证明上述方法防治柑橘全爪螨的效果良好（Huang et al., 1981, 1982；麦秀慧 等，1984）。

蒲天胜等（1990）通过系统调查发现，在果园内众多种类的杂草中，藿香蓟上植绥螨的种类与柑橘上的最为相似。这也可能是柑橘园中保留或种植藿香蓟，可以较好地利用捕食螨防治柑橘叶螨的重要原因之一。

黄珍岚等（1993）报道，橘园间种大豆对钝绥螨有助长作用，有利于对柑橘全爪螨数量的控制。

熊忠华等（2012）报道，不同寄主上的尼氏真绥螨对柑橘红蜘蛛的捕食能力存在差异。室内试验显示：对柑橘红蜘蛛成螨的日均捕食量，柑橘上的尼氏真绥螨成螨显著高于紫苏上的；对柑橘红蜘蛛若螨的捕食能力，薄荷和梧桐上的尼氏真绥螨显著为高，柑橘和茶叶上的次之，紫苏上的最低；对柑橘红蜘蛛幼螨的日均捕食量，5种寄主上的尼氏真绥螨之间则无显著差异。这种不同寄主上的捕食螨对同种猎物的捕食能力存在差异的原因是什么，存在差异是暂时的还是可长期保留的，可否影响其在田间的应用效果，尚需进一步探讨。

方小端等（2019）在调查植绥螨在柑橘园的时空分布时，发现植绥螨在橘树树冠外层的种群密度在夜晚23:30较高，而柑橘全爪螨正好相反，在白天15:30密度更高。选择在橘树树冠外层植绥螨分布较少而柑橘全爪螨分布较多的白天时间段喷施植物油乳剂和矿物油乳剂等，因药液风干后即失去触杀作用，可以较好地达到控制柑橘全爪螨又保护捕食螨的可持续控害效果。调查还发现在白天藿香蓟上的植绥螨显著多于假臭草上的，在夜晚两种草上的植绥螨数量无显著差异，表明植绥螨在白天多栖息于藿香蓟上，晚上则从藿香蓟上转出。这进一步证明了果园留植藿香蓟对保护捕食螨控害有较好作用，而在形态上与藿香蓟高度相似的假臭草的相关作用则不大。

在果园种草、留草对捕食螨生存繁殖、群落结构、控害效能的影响方面，在如何选择更优良的草种，采取合理的管理措施以提高捕食螨控制柑橘害虫害螨的有效性和可持续性等方面，仍有许多问题值得深入研究。

4. 化学农药的筛选与使用

柑橘园内丰富的天敌，在通常情况下，可将大多数植食性虫、螨控制在为害水平以下。但仍需使用农药对少数柑橘病虫害进行应急处理和防控。这些农药对包括捕食螨在内的天敌群落不可避免地产生或多或少的负面影响。农药对植绥螨具有直接杀伤作用，如化学防治不利于释放的巴氏新小绥螨防治柑橘全爪螨（方小端 等，2009）；常用的60余种农药中，只有BT（苏云金杆菌）对智利小植绥螨成螨无毒性（董慧芳 等，1991）。农药对植绥螨还有间接杀伤作用，如取食农药处理的叶螨卵，可引起植绥螨产卵量减少。同时，农药还可通过食物链的生物浓缩引起植绥螨死亡，如用有机磷杀虫剂、甲基磷等处理黄瓜后，叶螨会取食黄瓜叶片的汁液，然后植绥螨取食叶螨引起死亡。施于土壤中的内吸性杀虫剂通过食物链也会引起智利小植绥螨死亡。大部分菊酯类农药对捕食螨有很强的杀伤力，当植株上施用某些菊酯类药剂，即使其残留量降解到不能再杀死捕食螨，释放的智利小植绥螨也仍难以建立种群（董慧芳 等，1990）。因此植绥螨的利用往往因使用化学农药防治而受影响（吴伟南 等，2007）。

如何准确评估这些农药对果园内节肢动物群落结构（如不同种类捕食螨及其猎物，包括目标有害生物的数量和比例）、多样性和稳定性的影响，权衡利害，选择合适的农药种类、使用方法和时机，以获得持久、最佳的综合效益，是目前的一个难点。

针对捕食螨，研究者做了大量的农药药效测试和药剂筛选工作。

需要特别注意的是，各类人工合成有机农药对目标试虫的药效试验，仅对当时当地的柑橘害虫防治有较准确的指导价值。由于各地的用药种类和次数、时间等各不相同，柑橘害虫的抗药性发展可能差异显著。同一地方，随着用药次数和时间的增加，柑橘害虫对同一种农药的抗药性也可能快速上升。还需要注意农药的交互抗性。已对吡虫啉、啶虫脒产生抗药性的柑橘害虫种群，虽然从未被施用过噻虫嗪、呋虫胺和其他新烟碱类杀虫剂，但对它们的抗性倍数已达低抗至中等抗性水平（邓明学 等，2012）。合理混合并交叉使用药剂可有效延缓抗药性的产生。农药混用要以互不干扰、增效、不增毒、无药害和现配现用为原则。

虽然人工合成有机化学农药的发展日新月异，相对低毒、环保的农药不断推出，但总的来说，频繁施用人工合成有机化学农药会使害虫对杀虫剂的抗药性剧增，导致果农难以准确掌握施用剂量，防治效果难以得到保证。且人工合成有机化学农药对天敌的杀伤作用仍然较大，容易导致果园失去天敌保护，少数的柑橘木虱种群快速增长。毕竟人工合成有机化学农药的药效期较短，不可能覆盖整个柑橘害虫害螨活动期。一些人迷信化学防治，还在于使用了过时的防治效果评价方法和指标，在筛选农药和考察一项防治措施的防治效果时，仅以对目标试虫的短期杀伤作用为指标，忽视了对其的综合控制作用（如行为拒避）和长期控制作用（天敌控制作用）。因此，虽然目前尚不能完全取消人工合成有机化学农药，但应尽可能地减少其使用次数和使用剂量。除了选择更适合的农药种类外，选择适当的施药方式和防治时机也是非常重要的。如灌根和注干施药更利于天敌的保护。

陈守坚（1985）通过5年的田间观察发现，在正常情况下不施农药时，红蜘蛛在柑橘园中可以长期处于防治指标以下。而菊酯类农药是破坏果园生态平衡的典型药剂，如喷射速灭杀丁1~2次后20d内红蜘蛛数量即直线上升。

宋子伟等（2019）调查发现，香橼柠檬园中的捕食螨种类较多，其构成和数量随着季节不同而迥异。捕食螨中的优势种以植绥螨为主，其中纽氏肩绥螨是植绥螨科中的优势种类，其种群数量能保持稳定增长。在未使用化学杀虫剂的条件下，自然天敌对柑橘全爪螨有显著的控制作用。

陈霞等（2007）进行了4种常用杀虫剂针对目标害虫推荐使用浓度范围对天敌胡瓜钝绥螨成螨的毒力测定，综合急性毒性和二次中毒毒性测定结果显示，毒死蜱Chlorphifos、灭幼脲Chlorbenzurin、吡虫啉Imidacloprid对胡瓜钝绥螨都具有极强的毒性，可造成毁灭性杀伤，苏云金杆菌Bt对胡瓜钝绥螨影响极小，无明显毒性。而吡虫啉是综合园较常用的防治柑橘木虱的农药，这与胡瓜新小绥螨的利用相矛盾。因此在利用胡瓜新小绥螨的时候，需要选择其他合适的农药作为配套。

卢慧林等（2018）研究矿物油对3种无机铜杀菌剂防治柑橘疮痂病的田间药效，发现矿物油不仅对铜制剂防治疮痂病有增效作用，也能有效抑制其对柑橘全爪螨的诱发效应。

方小端等比较了苦参碱、三氯杀螨醇、矿物油乳剂和阿维菌素对胡瓜新小绥螨、柑橘木虱成虫（喷液法）和柑橘全爪螨成螨（喷玻片法）24 h的毒力作用（表8）。结果显示：

苦参碱对胡瓜新小绥螨的LC_{50}值是对柑橘木虱LC_{50}值的75.69倍，是对柑橘全爪螨LC_{50}值的3.57倍。说明在同等浓度下，苦参碱对柑橘全爪螨和木虱的直接杀伤作用均高于其对胡瓜新小绥螨的。

阿维菌素与苦参碱相类似，对胡瓜新小绥螨的LC_{50}值是对柑橘木虱LC_{50}值的2.21倍，是对柑橘全爪螨LC_{50}值的2.26倍。

表8 不同农药对胡瓜新小绥螨、柑橘木虱和柑橘全爪螨的毒力作用

	苦参碱	三氯杀螨醇	矿物油乳剂	阿维菌素
胡瓜新小绥螨	$Y=16.793+3.374X$ ($R=0.908$, $F=18.871$, $p=0.012$) $LC_{50}=9.84$mg/L	$Y=28.443+0.114X$ ($R=0.914$, $F=20.361$, $p=0.011$) $LC_{50}=189.10$mg/L	$Y=0.168+1.444X$ ($R=0.875$, $F=42.449$, $p=0.0001$) $LC_{50}=2.47$mL/L	$Y=33.991+0.613X$ ($R=0.816$, $F=7.975$, $p=0.048$) $LC_{50}=26.12$mg/L
柑橘木虱	$Y=42.645+58.514X$ ($R=0.689$, $F=19.900$, $p=0.000$) $LC_{50}=0.13$mg/L	$Y=18.639+0.169X$ ($R=0.922$, $F=22.557$, $p=0.009$) $LC_{50}=185.57$mg/L	$Y=0.073+0.801X$ ($R=0.963$, $F=206.022$, $p=0.0001$) $LC_{50}=5.33$mL/L	$Y=19.283+2.599X$ ($R=0.858$, $F=77.787$, $p=0.000$) $LC_{50}=11.82$mg/L
柑橘全爪螨	$Y=34.631+5.560X$ ($R=0.690$, $F=14.504$, $p=0.002$) $LC_{50}=2.76$mg/L	$Y=25.822+0.059X$ ($R=0.648$, $F=9.425$, $p=0.009$) $LC_{50}=409.80$mg/L	$Y=0.793-6.646X$ ($R=0.793$, $F=22.041$, $p=0.0001$) $LC_{50}=1.18$mL/L	$Y=23.942+2.254X$ ($R=0.920$, $F=71.898$, $p=0.000$) $LC_{50}=11.56$mg/L
建议田间使用浓度	0.3% 1 000～2 000倍 1.50～3.00mg/L	20% 400～800倍 250～500mg/L	99% 150～250倍 4.00～6.67mL/L	1.8% 1 000～2 000倍 9.00～18.00mg/L
胡瓜新小绥螨死亡率	21.85%～26.92%	56.94%～85.44%	>74.70%	39.51%～45.03%
柑橘木虱死亡率	100%	60.89%～100%	39.30%～60.70%	42.67%～66.07%
柑橘全爪螨死亡率	42.97%～52.33%	40.57%～55.32%	>95.60%	44.23%～64.51%

在同等浓度下，矿物油乳剂对柑橘全爪螨的直接杀伤作用高于其对胡瓜新小绥螨的，但对柑橘木虱成虫的直接杀伤作用较小。

而三氯杀螨醇对胡瓜新小绥螨的LC_{50}值与对柑橘木虱的LC_{50}值相近，仅是柑橘全爪螨LC_{50}值的46.14%。即在同等浓度下，三氯杀螨醇对柑橘全爪螨和柑橘木虱的防治效果不佳，反而会大量杀伤胡瓜新小绥螨，已没有应用的价值。

从结果还可以看出，在建议田间使用浓度下，苦参碱对柑橘木虱的毒力作用强，当果园中柑橘木虱数量高时，可先施苦参碱控制柑橘木虱后再应用胡瓜新小绥螨控制柑橘全爪螨和柑橘木虱。但苦参碱对柑橘全爪螨的防治效果则不太理想，在密度较高时，应适当提高其田间使用浓度。而矿物油乳剂对柑橘全爪螨的控制效果优异。阿维菌素对柑橘全爪螨的控制效果也不好（可能与频繁使用导致抗药性显著上升有关），但提高其田间使用浓度又会对胡瓜新小绥螨有较大的伤害，须慎重使用。

需要指出的是，上述试验仅考察了各农药对天敌和害虫成虫的直接触杀作用，且由于各农药的作用机理不同，并对目标试虫的作用是多方面的和长期的，试验结果并不代表田间实际情况。如室内试验显示矿物油乳剂对胡瓜新小绥螨的伤害较大，但植物上的矿物油乳剂待风干后即失去毒性，这对一直栖息在作物上的柑橘全爪螨有较大杀伤作用，而具有昼伏夜出习性的捕食螨则可能会免遭较大伤害。矿物油乳剂对试虫还有很强的行为拒避作用，这种拒避作用对植食性的害虫的针对性很强，对肉食性的天敌则影响较弱。即矿物油乳剂对捕食螨等天敌的负面影响可能更加小些。各农药对天敌和害虫的影响，需结合田间试验进行综合评价。

方小端等（2012）通过田间试验调查比较了不同防治措施对柑橘全爪螨的自然种群增长产生的影响。柑橘园分为6个区，分别采取以下6种防治措施：矿物油乳剂，矿物油乳剂＋巴氏新小绥螨，常规化学防治＋巴氏新小绥螨，常规化学防治，巴氏新小绥螨，不采取防治措施。

试验期内（2010年6—10月），试验区1和试验区2各施SK矿物油乳剂（200倍液）4次。试验区3和试验区4各施常规化学农药5次。试验区2、试验区4和试验区5分别于2010年7月和9月释放捕食螨2次。试验区6不采取防治措施。

结果显示：不同防治措施处理对柑橘全爪螨的自然种群增长产生了不同程度的影响。试验期间，常规化学农药处理，以及常规化学防治加捕食螨处理的试验区中柑橘全爪螨种群波动较大，出现多个高峰，在试验中期（8月23—30日）及末期（9月28日—10月30日），柑橘全爪螨种群密度均超过了防治指标。而在整个试验期间，其他试验区的柑橘全爪螨种群波动不大，一直维持在较低水平（图193）。这表明现有的常规化学防治对自然天敌、捕食螨的伤害力较大，而矿物油乳剂则能很好地保护天敌。矿物油乳剂和捕食螨相辅相成，对柑橘红蜘蛛有很好的协同控制作用。

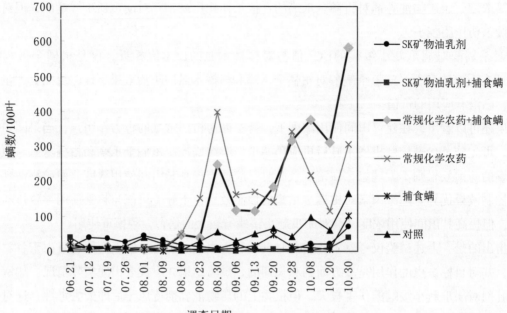

图193　不同处理试验区柑橘全爪螨种群动态

方小端等（2014）在采取不同防治措施的柑橘园（苦参碱、矿物油乳剂、阿维菌素和不防治样地处理柑橘园）内，经调查得到的植绥螨分别有2种6头、4种13头、1种8头和10种93头（表9），采取不同防治措施的柑橘园内的植绥螨类群结构也出现差异，其优势种分别是海南钝绥螨、钝毛钝绥螨、江原钝绥螨。表明每一种农药对植绥螨均有一定的影响作用，但不同处理措施对不同种植绥螨的影响不同。调查得到的植绥螨数量远少于在不防治柑橘园中植绥螨的数量。矿物油乳剂处理防治园内的植绥螨4种13头，在种类和数量上均多于苦参碱和阿维菌素农药防治的柑橘园。采取化学防治的样地植绥螨种数单一，仅江原钝绥螨一种。结果表明：矿物油乳剂对多数种类植绥螨的影响相对较小，但对江原钝绥螨等有较大影响；苦参碱对海南钝绥螨的影响较小；阿维菌素等农药对诸多植绥螨种类均有较大影响，不过，由于阿维菌素等农药已在广泛和频繁使用，江原钝绥螨对它可能已产生一定的抗药性。

表9　不同防治措施处理样地的植绥螨种类

植绥螨种类		苦参碱为主		矿物油乳剂为主		阿维菌素为主		不防治	
属	种	数量/头	比例/%	数量/头	比例/%	数量/头	比例/%	数量/头	比例/%
钝绥螨属 *Amblyseius*	海南钝绥螨 *A. hainanensis*	5	83.33	2	15.38	—	—	25	26.88
	江原钝绥螨 *A. eharai*	1	16.67	—	—	8	100	52	55.91
	钝毛钝绥螨 *A. obtuserellus*	—	—	9	69.23	—	—	4	4.30
	拉哥钝绥螨 *A. largoensis*	—	—	—	—	—	—	1	1.08
	武夷钝绥螨 *A. wuyiensis*	—	—	1	7.69	—	—	2	2.15
	隘腰钝绥螨 *A. cinctus*	—	—	—	—	—	—	2	2.15

（续表）

植绥螨种类		苦参碱为主		矿物油乳剂为主		阿维菌素为主		不防治	
属	种	数量/头	比例/%	数量/头	比例/%	数量/头	比例/%	数量/头	比例/%
新小绥螨属 Neoseiulus	巴氏新小绥螨 N. barkeri	—	—	1	7.69	—	—	3	3.23
	真桑新小绥螨 N. makuwa	—	—	—	—	—	—	1	1.08
真绥螨属 Euseius	尼氏真绥螨 E. nicholsi	—	—	—	—	—	—	2	2.15
盲走螨属 Typhlodromus	未定种 Typhlodromus sp.	—	—	—	—	—	—	1	1.08
总数		1属2种6头		2属4种13头		1属1种8头		4属10种93头	

三、人工释放捕食螨在柑橘园的应用

数十年来，多种国外和本地捕食螨被用来防治柑橘害虫害螨，并取得良好的防治效果。但由于难以进行大规模、低成本的繁殖，其大面积推广应用受到限制。由于胡瓜新小绥螨和巴氏新小绥螨易用粉螨进行大量饲养，其已成为我国两种主要的商品化植绥螨。这两种捕食螨具有嗜食柑橘全爪螨、食料范围广等优良生物学特性，是目前在我国柑橘园中应用最多的两种植绥螨（徐学农，2013）。

不过，其田间配套应用技术成了限制其大规模利用的瓶颈（张艳璇 等，2002，2003a，2003b；闵慧霓 等，2005；徐海莲 等，2010）。如何充分发挥其在生态防治中的作用还有待开展进一步深入地研究。

1. 国外捕食螨引进

伪新小绥螨Neoseiulus fallacis原产于美国北部和加拿大南部的温带地区，广泛分布于北美（美国为模式产地）和加拿大等矮生植物和落叶果树上，是果园中控制害螨的有效天敌（Garman，1948；Croft et al.，1977；Thistlewood，1991；McMurtry et al.，1997；Pratt et al.，1999），其捕食作用范围较广，除了对二斑叶螨具有很好的效果之外，对柑橘全爪螨也具有良好的控制作用。本种1983年由中国农业科学院从美国引入我国，用来控制苹果园中的苹果全爪螨（王宇人 等，1990；吴元善 等，1991），而后用于柑橘上螨类（李继祥 等，1986）的防治，都取得了良好的效果。

① 智利小植绥螨*Phytoseiulus persimilis* Athias-Henrio，1957

我国于1975年从加拿大引进，1982年又从澳大利亚引进该种。室内实验显示，智利小植绥螨可取食柑橘全爪螨并产卵，但捕食能力和繁殖能力较低（张兆清，1985）。

② 立氏盲走螨*Typhlodromus（Anthoseius）rickeri* Chant，1960

原产于印度，分布于柑橘上。1985年曾从美国引入我国广东，但没有相关应用后续报道。

③ 胡瓜新小绥螨*Neoseiulus cucumeris* Oudemans，1930

是2000年以后国内研究最多、规模化生产程度最高的种类（徐学农，2013）。胡瓜新小绥螨最初由复旦大学在20世纪80年代从国外引进。1996年福建省农业科学院植物保护研究所又从英国重新引进，最先用于竹园叶螨的防治并获得成功。张艳璇等（2002）报道了胡瓜新小绥螨的饲料配方及其大量繁殖方法，目前已建立起年生产量达百亿头级捕食螨的生产基地，其产品用于柑橘全爪螨等多种害螨的大面积防治。最近发现胡瓜新小绥螨也可取食柑橘木虱的卵和初孵若虫（张艳璇 等，2010；欧阳革成 等，2011），在田间可较大程度地减少柑橘木虱的种群密度（Fang et al.，2013）。

在20~32℃时，胡瓜新小绥螨雌成螨对柑橘全爪螨捕食能力较强，若螨的捕食能力比雄成螨强；在27~28℃时，胡瓜新小绥螨各螨态的捕食能力最强（张艳璇 等，2004）。

2. 本地捕食螨利用

研究发现，对柑橘全爪螨有捕食作用的本地植绥螨种类很多，如尼氏真绥螨（黄明度 等，1987；吴伟南，1994；Paul et al.，1992；李朋新，2008；李继祥 等，1995）、草栖钝绥螨（陈守坚 等，1982）、长刺新小绥螨（林碧英 等，2001；张艳璇，1996）、东方钝绥螨（朱志民 等，1985；朱志民 等，1992；余德亿 等，2008；杨子琦 等，1987）和巴氏新小绥螨（Hughes，1948）（舒畅 等，2007；魏洁贤 等，2013）等。田间试验证明，钝绥螨是控制柑橘全爪螨的有效天敌，在平均每叶超过0.2头钝绥螨的柑橘园，柑橘全爪螨可以完全受到控制（陈守坚，1985）。

巴氏新小绥螨是我国本土的植绥螨种类。该螨属于广食性捕食螨类，其天然食物有叶螨、花粉、粉螨和蓟马等（忻介六，1988）。其因发育历期短、死亡率低、产卵率高、扩散力强等优点而被认为是最好的生物防治作用物之一（Bonde，1989）。

在16~32℃时，利用椭圆食粉螨为食饲养的巴氏新小绥螨对柑橘全爪螨具有较强的捕食能力。巴氏新小绥螨在28℃时具有最高的捕食效能，温度过高或过低，均会减弱巴氏新小绥螨对柑橘全爪螨的捕食能力。巴氏新小绥螨各螨态对柑橘全爪螨的功能反应均为Holling Ⅱ型，但对柑橘全爪螨的捕食能力有一定的差异，其中雌成螨的捕食能力最强，若螨其次，雄成螨的捕食能力最弱。

巴氏新小绥螨雌成螨对柑橘全爪螨各螨态的取食具有选择性，柑橘全爪螨的幼若螨是巴氏新小绥螨的嗜好虫态（凌鹏 等，2008）。这与东方钝绥螨（赖永房 等，1991）、间泽钝绥螨（何永福 等，1993）、江原钝绥螨（江汉华 等，1988）对柑橘全爪螨的嗜好虫态一致。原因可能是叶螨的幼螨和若螨个体较小，并且行动缓慢，因而容易受到这些捕食螨的攻击。而成螨行动较快，个体大，捕食螨不愿意去捕食。卵因有坚硬的卵壳保护，捕食螨也不易取食。可能也与其固有的取食习性有关。巴氏新小绥螨可取食柑橘木虱的初孵若虫，但不攻击柑橘木虱的卵，而胡瓜新小绥螨则更嗜食柑橘木虱的卵（Fang et al.，2013）。

从2005年起，江西省植保植检站开始利用巴氏新小绥螨防治柑橘全爪螨的技术研究成果，现已解决了该螨室内繁殖、贮存中的难题，实现了商品化生产。2005—2006年，在江西赣南8个县进行了应用人工繁殖的巴氏新小绥螨控制柑橘全爪螨的多点试验、示范，取得了良好效果。夏季和秋季，每株挂放1袋巴氏新小绥螨（约600头），释放后15~20d，柑橘全爪螨数量明显下降，3~6个月内不需使用农药进行防治，柑橘全爪螨种群数量一直控制在防治指标以下，为无公害脐橙的生产提供了有力的保障，同时可以节约成本50~100元/667m^2（舒畅 等，2007）。潮州中天农业科技有限公司生产的柏氏钝绥螨（即巴氏新小绥螨）已在重庆、四川等西南地区得到大面积应用（魏洁贤 等，2013）。

在赣南脐橙园柑橘全爪螨大量繁殖期，仅凭巴氏新小绥螨对其进行生物防治很难奏效，需结合化学农药对其进行防治。理想的化学药剂应对捕食性天敌巴氏新小绥螨毒力弱，而对害螨柑橘全爪螨毒力强。研究证明，二甲基二硫醚、阿维菌素、甲氰菊酯等对巴氏新小绥螨有较强的毒力，柑橘园释放巴氏新小绥螨时，不推荐使用。初步认为，哒螨灵和石硫合剂可用于协调江西赣南脐橙园化学防治和生物防治（肖顺根 等，2010）。

加州新小绥螨是世界性分布的种类，柑橘也是其在自然界中栖息的植物（Oatman et al.，1977；Fraulo et al.，2008）。国外已将加州新小绥螨商品化（徐学农 等，2007）。福建省农业科学院植物保护研究所曾于2009年引进加州新小绥螨。2013年在四川省成都市和广东省鼎湖山地区发现并采集到了加州新小绥螨，并已商品化生产。加州新小绥螨国内品系对柑橘全爪螨的卵、幼螨和若螨控制力较强，但对成螨的控制作用弱。其对侧多食跗线螨各螨态的捕食能力强弱则依次为幼螨＞雌成螨＞若螨＞卵。总体上对柑橘全爪螨和侧多食跗线螨均有良好的控制潜力，并能在柑橘树上正常繁殖。

3. 捕食螨果园释放与配套

捕食螨果园释放需要综合考察当地实情及目标害虫发生特点，选择适当的时间、方式及数量，进行果园释放，并辅以适当的配套措施。

释放捕食螨的最佳时间，是在害虫害螨的发生高峰前期。

因为捕食螨仅能防治一种或少数几种目标害虫，对其他病虫害仍需进行防治。为避免或减少化学农药的使用，在释放前应进行适度修剪和清园，减少病源和其他害虫的虫口基数。采取其他更安全的措施控制其他病虫害，如杀虫灯、糖醋诱杀液、拒避剂等。

改善和优化果园生态环境，如种草留草，增加捕食螨栖息的场所。但草种的选择与管理、不同草种对捕食螨及其长期控害效果的影响，尚需进一步研究。

针对使用较多的农药种类，对捕食螨进行抗药性品系筛选后释放，也是可考虑的措施之一。但由于捕食螨的抗药性品系筛选需要较长的时间，针对多种农药的复合筛选则更加困难，而捕食螨果园使用的农药种类繁多且更新速度很快，其实际应用价值有待检验。无公害且没有抗药性的油基农药如高品质的植物油乳剂和矿物油乳剂，对捕食螨和其他天敌比较安全，且对柑橘园多种害虫害螨有良好控制作用，使用简单方便，成本也不高，可协同捕食螨使用。

同时释放几种天敌防治一种或多种害虫害螨也是一个值得研究的方向。田明义（1995）通过研究发现，在一定益害数量比例条件下，尼氏钝绥螨（即尼氏真绥螨）或深点食螨瓢虫均可在短期内发挥控制作用，将柑橘全爪螨种群数量控制在较低的密度。当尼氏钝绥螨：柑橘全爪螨为1∶20时，1个月后猎物密度从26头/叶降至1头/叶以下，而对照组则保持在20头/叶。当深点食螨瓢虫：柑橘全爪螨为1∶25时，1个月后猎物数量从29头/叶下降至9.5头/叶。两种天敌共同作用时，猎物密度下降更迅速，当尼氏钝绥螨：深点食螨瓢虫：柑橘全爪螨为1∶0.5∶30时，不到1个月，猎物种群密度从24头/叶降至0.2头/叶。室内试验显示，利用捕食螨搭载白僵菌以控制柑橘木虱有较好效果（张艳璇 等，2011b），并筛选出了对柑橘木虱毒力强且对胡瓜新小绥螨相对安全的白僵菌菌株（张艳璇 等，2013）。

在释放技术上，除了传统的挂袋外，在捕食螨人工繁殖成本降低而田间防控人工成本上升的形势下，利用无人机释放捕食螨的技术也在研发应用中。

四、存在问题与前景展望

以捕食螨防治柑橘害虫，已得到较大面积的应用，也有许多成功控害的案例。但其中仍有诸多问题值得深入探索和改进。

目前应用胡瓜新小绥螨和巴氏新小绥螨多采用淹没式释放，在短期对靶向害虫有较好的控制效果，但其种群在果园内不能长期保持较高的密度或建立种群，持效性较差，且成本较高。需改善果园生境，创造适合其长期生存的条件，或筛选更适应于柑橘园环境的捕食螨种类。而且，在释放后的果园，常常调查不到胡瓜新小绥螨，这可能是由于调查方法有误（如胡瓜新小绥螨具有惧光性，这需要对其生活习性进行进一步研究），或确实是因为它们不适应柑橘园环境而消失了。因此，需要更深入了解捕食螨的时空分布，寻找更好的捕食螨调查方法，以便于对释放胡瓜新小绥螨或巴氏新小绥螨控制柑橘全爪螨的真实作用进行确切的评价。因为除了捕食螨对柑橘全爪螨的直接猎食外，配套措施也可能保护了自然天敌，从而对柑橘全爪螨进行了有效控制。何种作用是主要的，尚不十分清楚。

释放外来捕食螨，对本地的捕食螨及其他自然天敌有何影响，也是一个值得重视的问题。

在化学农药的筛选上，目前比较注重对商品捕食螨的保护，其实对柑橘园中主要自然天敌的保护同样重要。应在全面了解柑橘园生态系统特点的基础上，确定关键的目标有害生物，找出其主要自然天敌（包括捕食螨），减少或避免其受到农药的负面影响。

除了柑橘全爪螨外，其他害螨的危害也不可忽视。胡瓜新小绥螨或巴氏新小绥螨对其中多种叶螨（如锈螨与侧多食跗线螨）有无显著控制作用，如何寻找针对这些叶螨的商品捕食螨，都值得研究。

在南方柑橘园，控制柑橘木虱及其传播的黄龙病是一项极其重要且艰难的工作。黄龙病的控制本身已经非常困难，柑橘木虱又具有高效快速的传病能力——极少的柑橘木虱即可导致黄龙病大发生，目前尚无有效的生物防治方法，只能施以频繁的化学防治。由于柑橘木虱具有高繁殖能力、严重世代重叠、多寄主为害和可长距离迁移的特性，果园常年处在柑橘木虱随时传播黄龙病的威胁之下。化学农药防治药效期短且破坏了自然天敌对柑橘木虱的持续控制能力，虽频繁应用仍达不到有效控制黄龙病的效果，并严重影响到以捕食螨防治柑橘全爪螨措施的实行。以相对简单易行的无公害防治措施，同时对柑橘上的这两种关键有害生物进行及时有效的控制，并且保护、优化与增强柑橘园生态系统特别是节肢动物群落的结构和功能，对柑橘病虫进行可持续、全方位的管理，是目前亟待解决的问题。

广东省科学院动物研究以胡瓜新小绥螨同时控制柑橘全爪螨和柑橘木虱，辅之以农业措施、物理措施和生物源、矿物源农药等，以最大程度地减少柑橘木虱和黄龙病的危害的研究取得了一定的进展，试验果园内自然天敌得到良好保护，柑橘木虱数量在关键月份比常规农药防治对照有显著减少，柑橘全爪螨和其他害虫也得到了较好控制。在全面了解柑橘园生态系统特点、深入研究商品捕食螨与自然天敌（包括捕食螨）间的竞争与协同及与其他措施的干扰与协调的基础上，努力使这些措施更加协调和有效。

（欧阳革成　黄明度）

第二节　植绥螨在苹果园害螨生态控制中的应用

苹果（*Malus pumila*）色泽鲜艳，口味多样，营养丰富，深受我国人民的喜爱。自改革开放以来，苹果在我国的种植面积和产量呈现逐年增长的趋势，是我国种植面积最大、产量最高的水果，我国已成为世界上最大的苹果生产国和出口国（翟衡 等，2007）。根据2017年统计资料，我国苹果种植面积达到250.96万hm^2（中国统计年鉴，2018）。按照我国农业部"中国苹果优势区域布局"，原来环渤海湾、黄土高原、黄河故道、西南冷凉高地四大主产区的格局，逐步调整为环渤海湾和黄土高原两大优势主产区（刘天军 等，2012）。渤海湾优势产区，主要包括山东、辽宁、河北等3个省；黄土高原优势产区主要包括陕西、山西、河南、甘肃，以及新疆等省、自治区。不同产区的病虫螨害种类和发生情况，随着苹果产业的商业流通，逐渐趋于一致，原来只在新疆发生的苹果蠹蛾也已经开始进入黄土高原和渤海湾主产区（张润志 等，2012）。为了保证收成，种植者每年都要投入大量资金进行防护，果园管理中通常制订病虫害防治历，按害虫发生时间喷药，即喷保险药、预防药（张金勇 等，2013），治小治了，确保丰产丰收。药剂防治已经成为果树生产的重要举措，经调查，果农在苹果的一个生产季里平均用药13次，最高达20~22次（曹克强 等，1998），针对害螨的防治，用药量占了整个防治计划的50%~70%（于丽辰 等，2002）。在保证果面光洁、卖相好、稳产丰收的同时，却陷入了另一个误区——果品农药超标，给人民健康带来隐患，出口遭遇绿色壁垒；害虫抗药性增强，农药越来越不管用；生态环境恶化，田间天敌越来越少，甚至荡然无存。而用药大户苹果叶螨，由于抗药性产生迅速，经常处于"猖獗—控制—再猖獗"（曹子刚，1982）的恶性循环中，成为苹果害虫综合防治的瓶颈。为了解决这一困境，科研人员不断探讨，在害螨成灾原因、植绥螨在控制害螨中的作用，以及果园生态系统重建方面取得了重要进展，为实现害螨的无害化控制奠定了基础。

一、害虫概况及害螨发生种类与演替

1. 害虫发生概况

根据苹果害虫普查结果，全国苹果产区记载了78种害虫，其中主要害虫21种，发生最普遍的是叶螨类和蚜虫类（赵增锋，2012）。桃小食心虫、山楂叶螨、苹果全爪螨、二斑叶螨、乱跗线螨、绣线菊蚜、苹果绵蚜、苹果小卷叶蛾、金纹细蛾等属于主要靶标害虫。20世纪90年代全国普及推广苹果套袋技术（陈学森 等，2010），套袋苹果几乎占全部苹果的90%以上。苹果套袋通常在桃小食心虫越冬成虫高峰期之前完成，完美地躲开了桃小食心虫落卵期，有效地隔离了桃小食心虫的危害，因此桃小食心虫不再需要进行化学防控。解决食心虫的防控之后，害螨成为最重要的靶标害虫。套袋苹果黑点病，一种由乱跗线螨危害导致的症状（郝宝峰 等，2007）。根据2009—2017年一些监测站点的数据分析，苹果园叶螨主要有山楂叶螨、二斑叶螨和苹果全爪螨3种，其中山楂叶螨发生最广，占比65.48%，二斑叶螨占22.67%，苹果全爪螨占11.85%（高越 等，2019）。尹英超（2015）对保定一些苹果果园进行了监测，发现2010—2011年优势叶螨种为山楂叶螨，2012—2014年优势种群则转变成苹果全爪螨，并混有少量的二斑叶螨。

20世纪60年代以前，苹果树上以食叶性害虫为主，叶螨只有果苔螨危害，用石硫合剂即可得到有效控制（曹子刚，1982）。随着广谱性有机磷、有机氯杀虫剂的应用并展现出对害虫的高效控制效果后，食叶性害虫得到控制，但同时也导致叶螨为害日益加重，最早在老果区20世纪60年代便出现山楂叶螨猖獗危害的现象，到20世纪70年代中后期，叶螨成为苹果园中主要防治对象之一，并经常暴发成灾，进入"控制—猖獗"的循环状态（曹子刚，1982；张乃鑫 等，1990）。直到现在，螨类一直是全年使用化学农药防控的重中之重，并常带来重大损失，甚至导致绝收，是小虫闹大灾的典型案例。20世纪90年代在主产区发生大范围螨害失控，二斑叶螨暴发成灾。1997年8月，于丽辰等（2000）考察了保定市容城县大南头果园，其占地200亩，主栽苹果和梨。当时二斑叶螨大发生，园主用遍了当时市场出售的所有杀螨剂，耗费了10万元的防治费用，仍然无法控制，最后全园落叶，仅有未成熟的果实挂在树上，直接造成当年绝收，损失惨烈。

受到苹果叶螨危害的果树，表现为叶片失绿，甚至枯黄，光合强度减弱，花芽形成减弱，根系生长受到抑制。蔡宁华等（1992）以苹果全爪螨和山楂叶螨为研究对象，根据北京市海淀区2个果园1987—1989年的调查数据，评估了叶螨危害造成的损失，认为螨害对当年产量造成的损失达到11.25%，但更大的损失表现在翌年，高达86.2%。

2. 苹果园中主要害螨和中性螨类

①山楂叶螨 *Amphitetranychus viennensis* Zacher

山楂叶螨又名山楂双叶螨，主要危害苹果（*Malus pumila*）、梨（*Pyrus bretschneideri*）、桃（*Amygdalus persica*）、杏（*Armeniaca vulgaris*）、山楂（*Crataegus pinnatifida*）、海棠（*Malus spectabilis*）、樱桃（*Cerasus pseudocerasus*）、沙果（*Malus asiatica*）、榆叶梅（*Amygdalus triloba*）等，是北方重要害螨之一，一般一年发生7～10代，世代重叠，以受精雌成螨在树干、主枝、侧枝的粗皮缝隙、枝杈处和树干附近的土壤缝内越冬。昌黎地区1953年开始记载该螨的发生和危害情况。1960—1961年因为对有机磷产生抗性而出现猖獗危害的现象；更替使用三氯杀螨砜等药剂后，得到控制；1973—1975年再次出现猖獗危害，再次更换药剂，使用三氯杀螨醇和杀虫脒有效控制了害螨；1978—1979年，再次因抗药性的产生而出现猖獗危害（曹子刚，1982），这在阿维菌素出现后得到了控制。进入90年代，其优势种地位被二斑叶螨取代；2003—2012年再次成为苹果产区的优势种群；至今与苹果全爪螨经常出现优势种地位的互换，与二斑叶螨3个种混合发生的区域比较多。

吾买尔江等（1985）首次报道了山楂叶螨在新疆的发现。1981年，山楂叶螨在新疆巴音郭楞州个别县的苹果上出现，被认为是在1979年以前，先后多次从辽宁、山东等地引进大量苹果梨等果树种苗、接穗，此螨随种苗、接穗传入的。山楂叶螨适应性强，繁殖快，蔓延迅速，为害日趋严重，有可能取代当地果树害螨的优势种——李始叶螨。赵增锋（2012）认为新疆山楂叶螨为优势种群。

②苹果全爪螨 *Panonychus ulmi*（Koch）

苹果全爪螨主要寄主为苹果、梨、沙果、桃、杏、李、山楂等，其中苹果受害最重（邱强，2000）。一年可发生9代。以深红色卵在结果枝、2～3年枝条节缝、果台上等处越冬。翌年春季苹果花蕾膨大时，越冬卵开始孵化，90%集中在10d内孵化。

该螨20世纪50年代就成为辽宁苹果的主要害螨之一。而河北昌黎地区在1964年之前，尚未出现过该螨。1969年,昌黎地区果园内该螨数量大增,并逐渐与山楂叶螨数量持平,开始2种害螨混合发生,1975年该螨转变为优势害螨种群。该螨逐渐南移,遍布苹果产区(曹子刚,1982)。但新疆地区该螨出现时间较晚。陆承志等1992年报道,在阿克苏地区农一师三团发现一种严重为害苹果、梨、桃等果树的红褐色叶螨,经王慧芙鉴定为苹果全爪螨。2015年该螨已成为新疆部分地区的优势种,属于重点靶标害虫(宋素琴 等,2015)。目前与山楂叶螨、二斑叶螨混合发生。

③ 二斑叶螨 *Tetranychus urticae* Koch

二斑叶螨又名二点叶螨,是一种重要的世界性害螨。该螨分布范围广,寄主种类多,不仅为害棉花、大豆、蔬菜、花卉等作物,也是苹果、梨、桃、葡萄等落叶果树重要害螨之一,寄主植物共计50余科200余种(van Leeuwen,2010)。这是目前唯一一种既可以为害多年生高大的木本植物也可以为害一年生草本植物的果树叶螨。该螨一年可发生8~10代,以橙红色越冬滞育型雌成螨在树干翘皮和粗皮缝隙内、根颈处或果树根际周围土缝及落叶杂草下群集越冬。翌年春季平均气温上升到10℃左右时,越冬雌成螨开始出蛰。首先在树下阔叶杂草及果树根蘖上取食和产卵繁殖,果树发芽后再上树为害(周玉书 等,1996)。

郭玉杰等(1988)报道,1983年秋在北京园林植物叶螨种类调查时首次发现了绿色型叶螨,二斑叶螨在温室中为害严重。在北京中山公园和颐和园,与花卉相邻的苹果树上发现有二斑叶螨。认为该螨是从国外引进花卉、草莓或苹果苗木时传入的。20世纪90年代初,甘肃天水、河北昌黎等地的苹果园出现了一种绿色型叶螨(朴春树,1993),鉴定为二斑叶螨,90年代中叶其在河北、甘肃、山东、辽宁果园暴发成灾,取代了山楂叶螨成为果园优势种群,主要为害苹果、梨、桃等。多地学者呼吁警惕二斑叶螨在我国的蔓延为害(周玉书 等,1996;谌有光,1997;董慧芳 等,1987)。其内禀增长力(顾耘,1997;闫文涛 等,2010)、耐药性(抗药性)(顾耘 等,2000;程立生 等,1994)明显高于山楂叶螨,在种间竞争中占有明显的优势,由此可认为二斑叶螨将成为我国果树、蔬菜的重要害螨。顾耘(1997)发现,二斑叶螨对山楂叶螨的生态位重叠度指数是1.05,而山楂叶螨对二斑叶螨则是0.95;在生存空间资源上,二斑叶螨对山楂叶螨的生态位重叠度指数是1.11,而山楂叶螨对三斑叶螨则相应为0.89。两种叶螨生态位重叠度指数均接近于1,该结果表明,当这两种叶螨同时生活在苹果树上时,将会发生激烈的竞争。根据对混合种群中r_m减少率分析,当r_m减少率小于0或等于0时,说明种群间无影响,值越大,影响的程度越高。影响小的物种,竞争能力强,反之则弱。在1994年,二斑叶螨的r_m减少率为14.42%,而山楂叶螨则为41.09%,两相对比相差近3倍;在1995年,二斑叶螨r_m减少率是-8.3%,而山楂叶螨是11.04%。上述结果表明,山楂叶螨在竞争中将一直处于劣势。闫文涛等(2010)研究了苹果园3种害螨的种间效应,认为在复合种群中,种群增长速度二斑叶螨>山楂叶螨>苹果全爪螨,二斑叶螨增长趋势更明显,在食物资源和空间资源的利用中占有明显的优势。苹果全爪螨则在各复合种群中表现出明显的劣势,其增长速度最慢,种群数量受到明显的抑制。山楂叶螨在与苹果全爪螨的复合种群中,其增长速度和趋势明显高于后者。曾有研究认为二斑叶螨将取代其他叶螨成为苹果的优势种群。然而,进入21世纪后,此种突然从露地植物、果树上迅速减少和消失,只在温室果树、草莓和蔬菜等保护地严重为害。即使是2009年后田间数量有所上升,其在苹果园内数量也大多位于山楂叶螨或苹果全爪螨之下。究竟是什么原因导致其从露地果园中消失?焦蕊等分析了昌黎苹果全爪螨大发生和消失时期的气象资料,认为二斑叶螨出蛰时间早于其他叶螨,可能会受到早春低温的影响,探讨了低温胁迫对二斑叶螨的生存影响,结果表明,卵期遭遇低温0℃96h胁迫后,当代卵以及子代卵具有相同的反应,即成螨寿命缩短、产卵量持续下降，雌性比例下降，进而影响种群的数量发展，对二斑叶螨种群繁衍有负面影响（Jiao et al., 2016）。由此可见，在北方地区，春季出现的短时低温可能会对二斑叶螨种群的增殖造成极为不利的影响。二斑叶螨有可能在气候条件适宜的时候再次暴发成灾，应该保持持续警惕。

④ 李始叶螨 *Eotetranychus pruni* Oudemans

李始叶螨主要为害植物为苹果、榆树、柳、山楂、白蜡、海棠、杨树等（张乃鑫 等，1990；鲁素玲 等，1995）。

李始叶螨主要分布在西北黄土高原产区，是新疆、甘肃的果树主要害螨。1965年从新疆传入甘肃，一年发生6代，以受精雌成螨在树干老粗皮、翘皮下大枝叉皱摺处、树盘内杂草、土石下、中晚熟苹果果实凹洼处等场所越冬。造成的产量损失达20%~70%（吴冠一 等，1988）。

张乃鑫（1990）研究报道，1983年之前甘肃地区的优势害螨为李始叶螨，其次为山楂叶螨，苹果全爪螨发生很轻，可被三氯杀螨醇高效控制。1986年全年喷杀虫（螨）剂10次，1987年7月16日调查时已用药4次，结果未查到李始叶螨，但苹果全爪螨的种群密度为4头/叶。其优势地位被苹果全爪螨取代。相反，在连续两年未喷化学农药的苹果园中，苹果全爪螨的种群密度为1.3头/叶，而李始叶螨则高达66.2头/叶。证明苹果园李始叶螨与苹果全爪螨种群数量的变动和是否喷用杀虫（螨）剂以及喷洒的次数密切相关。

⑤ 果苔螨 *Bryobia rubrioculus* Scheute

果苔螨主要为害苹果、梨、榛子、沙果、山楂、桃、李、杏、梅、樱桃等（邱强，2000）。在20世纪四五十年代，在没有使用有机磷农药之前，果苔螨是昌黎地区苹果园优势叶螨种群，其为害使叶片变黄，早春对开花造成严重威胁，是需要防治的靶标害虫。一般一年发生5~6代，以卵在枝条和树皮上越冬，早春花芽开绽期开始孵化，90%的卵集中在10d内孵化。初孵幼螨，集中取食幼嫩叶片和花蕾，造成叶片苍白或黄白，影响树体发育，不结网。8月中旬产越冬卵。早期用石硫合剂进行防治，即可控制该害的危害。1953—1956年开始使用有机磷农药1605和1059进行防治，果苔螨得到高效控制，之后从果园中消失（曹子刚，1982）。目前果苔螨仅在荒芜的果园中有所发生。

关于果苔螨的研究报道较少。花蕾等（1993）报道了陕西乾县北部苹果园1991年果苔螨大发生，造成重要损失，使用药剂20%灭扫利2 500~4 000倍液、2.5%功夫2 000倍液、40%氧乐果3 000倍液及40%乐果2 000倍液，防效均在90%以上。该螨仅对三氯杀螨醇表现出高抗。

由此可见，果苔螨目前处于次要害虫状态，是一个对化学药剂敏感的类型，但也是具有潜在危险的叶螨。

⑥ 乱跗线螨 *Tarsonemus confuses* Ewing

乱跗线螨广泛存在于常见树木上（林坚贞 等，2000）。在我国，苹果落花后30~40d进行套袋是一种普遍应用的技术措施，可以保护果实免受害虫危害、病菌侵染，从而减少化学农药的使用，提高果品质量（陈学森，2010）。然而，到20世纪90年代后期，在我国北方套袋果园黑点病暴发危害。刘和生等报道，2003年陕西省大面积发生套袋苹果黑点病，轻者5%~6%，平均被害率在20%，严重的达到60%以上，严重影响果实外观，影响果品售价。发生原因不详。郝宝锋等（2007，2010）和于丽辰等（2012）证明了乱跗线螨是套袋苹果黑点病的致害因子，并揭示了发生规律。田间采回的叶片上通常可以在显微镜下很容易观察到有乱跗线螨爬行，在不采用套袋措施的果实上几乎不发生为害行为。乱跗线螨具有趋暗的习性，在果实套袋后进入果袋，隐藏在苹果的萼洼处并在其周围为害。已找到有效的控制方法，即套袋前后使用矿物油控制，发生严重的地区可采用用矿物油100倍液浸泡果袋头尾两端，防效可达95%以上。Li等（2018）尝试了利用巴氏新小绥螨控制乱跗线螨的途径。此外van der Walt等（2011）报道在南非克瑞斯区域，跗线螨在苹果生长的各个阶段都占据优势种类，并且与点腐病（core rot diseases）的发生密切相关。

⑦丽新须螨 *Cenopalpus pulcher* Canestrini et Fanzago

丽新须螨为中国新记录种，分布于北京、辽宁、河北、山东、陕西。为害苹果、梨。在叶片反面靠近主、侧及凹陷处为害。受害严重时叶片呈灰褐色甚至造成焦叶致使果树提早落叶，影响果树的发育和结果。在辽宁省朝阳地区的一些果园，该螨的发生规模已超过了山楂叶螨，成为当地苹果、梨生产中的重要害螨。以朱红色的雌螨在主干及主侧枝等部位的翘皮下、枝条的粗糙部位的缝隙或芽鳞缝等处聚集越冬。在河北省昌黎地区5月上中旬大量出蛰，5月下旬至8月下旬发生盛期，在北京地区9月下旬进入越冬（王慧芙 等，1981；朝阳地区农校植保教研组，1979）。张守友1991年记录到有植绥螨属可以捕食丽新须螨。

⑧三脊瘿螨 *Calepitrimerus baileyi* Keifer，1938和内蒙上三脊瘿螨 *C. neimongolensis* Kuang & Geng，1993

1999年耿家镕等报道了奇异叶刺瘿螨（异名，奇异叶刺瘿螨 *Phyllocoptes aphrastus* Keifer，1940）和内蒙上三脊瘿2种瘿螨引发了内蒙古巴盟的苹果梨生产基地的果实"黑疤病"，发生严重。2种瘿螨均以若螨在果台上、叶蝉为害的枝条伤痕处、死芽及小鳞片内群居越冬。于3月下旬开始活动，6—8月为盛发期，造成果实"黑疤"，黑疤增大增多，导致商品失掉价值。产卵部位为叶缘卷起的边内，或者果实的萼洼或梗洼内，有时也产在黑疤的边缘上，两种瘿螨都是营自由生活。春季梨树芽膨大期，树上喷波美3~5度石硫合剂，其防效在90%以上，是经济、简便、安全、有效的防治方法。

⑨斯氏刺瘿螨 *Aculus schlechlendali* Keifer

斯氏刺瘿螨为1996年李庆等在四川苹果上发现的一种新害螨，受害叶片呈黄褐色，严重时焦枯脱落。该种正是在美国苹果园普遍存在的，可以做西方静走螨替代猎物，协助完成西方静走螨控制叶螨种群数量的瘿螨。国内尚属首次报道。报道称目前发现该螨仅为害苹果，以成、若、幼螨为害叶片，多聚集于叶的主脉、侧脉两侧吸取汁液，以叶背虫数居多。受害叶片失绿、色淡，继而呈黄绿色，叶背呈黄褐色。受害严重果园植株被害率高达80%~90%，对苹果树势影响极大。该螨以雌成螨在芽腋两侧以20~30头的数量群集越冬，越冬雌成螨于翌年4月上中旬平均气温12℃左右，苹果芽萌动时开始出蛰。虫口密度高达327头/cm^2。少雨、低湿和温暖天气有利于该螨发生和为害。6月下旬以后，气温升高，雨量增加，湿度增大，以捕食螨 *Amblyseius* sp. 为主的天敌大量活动，明显抑制斯氏刺瘿螨种群数量的增长。因此对苹果斯氏刺瘿螨的防治应在苹果萌芽至开花期和谢花后进行，可有效地控制其危害。

⑩其他瘿螨 Eriophyidae spp.

笔者在昌黎苹果园田间取样镜检时，常常会发现叶片背面的绒毛中有瘿螨出没，但并未发现其造成的危害症状，种群数量不大。该螨未经专家鉴定，种名不详，是苹果园潜在害虫，目前则可作为田间植绥螨的替代猎物，对维持捕食螨在田间的生存和种群数量有意义。

⑪镰螯螨 *Tydeus* spp.

崔晓宁等（2012）报道，在打药少的苹果园中，叶片上经常会出现镰螯螨属（*Tydeus*）的螨类活动。这是一类食性比较杂的螨类。通过观察，发现它可以取食叶片上的菌类和腐生生物，实验室条件下也可以取食苹果叶片。崔晓宁等观察到，当苹果园中叶螨数量不足的情况下，镰螯螨可以代替叶螨成为芬兰真绥螨的主要猎物。结合室内捕食作用测定结果，发现芬兰真绥螨对镰螯螨有一定的捕食能力，25℃条件下，其日最大捕食量为2.792头。镰螯螨可以维持芬兰真绥螨的正常发育和繁殖。目前尚不清楚该类螨在果园中的真正作用，以及是否具有危害性，但它的存在的确起到了作为捕食螨的替代猎物的作用。国外在20世纪70年代有报道称镰螯螨可作为植绥螨的食料（Flaherty et al.，1971；MeMurtry et al.，1971）。

二、植绥螨天敌研究与应用

1. 我国苹果园中自然存在的植绥螨

根据吴伟南等（1993）、张守友等（1991）、张亚玲（2012）和植绥螨志（吴伟南 等，2009）的记载，我国与苹果相关的捕食螨种类有36种。

①东方钝绥螨 *Amblyseius orientalis* Ehara，1959

|分布|河北、辽宁、江苏、安徽、福建、江西、山东、湖北、湖南、广东、贵州。
|栖息植物|粗齿栎、柑橘、梨、苹果、桃、枣树、柿、苦楝、樟树、杨树、女贞、南瓜等。

东方钝绥螨捕食苹果全爪螨和山楂叶螨，可高效控制苹果全爪螨（张守友 等，1991）。

②温氏新小绥螨 *Neoseiulus womersleyi* Schicha，1975，曾用名：拟长刺钝绥螨 *Neoseiulus pseudolongispinosus* Xin，Liang and Ke，1981

|分布|安徽、福建、广西、贵州、河北、江苏、江西、山东、浙江、台湾。
|栖息植物|苹果、草莓、葎草、番木瓜、马鞭草、南洋杉、杧果、喀西茄、白花丹、酢浆草、高粱、蝴蝶兰、棕叶狗尾草、白背黄花稔、港口马兜铃、竹、番茄、构树、滨当归、马利筋、番荔枝、黄野百合、一品红、桑树、柑橘、盐肤木、丝瓜、葡萄、野茼蒿、芒属种类，在土壤里也有发现。

温氏新小绥螨可捕食苹果全爪螨，是控制棉花、蔬菜、苹果上叶螨的优势种。

③草栖钝绥螨 *Amblyseius herbicolus* Chant，1959

|分布|辽宁、黑龙江、江苏、福建、江西、河南、湖南、广东、广西、海南、四川、贵州、云南、甘肃、台湾。
|栖息植物|凤梨、木槿、柑橘、茶树、枇杷、美丽胡枝子、桑树、阿里山榆、阿里山鹅耳枥、台湾杉、水东哥、熊耳草、野茼蒿、苎麻、番荔枝、秋枫、火炭母、龙眼、台湾桂竹、绣球属种类、杜

果、悬钩子、杜虹花、香润楠、鬼针草、构树、长梗紫麻、李、碧桃树、禾串树等，以及我国西南地区木本及草本植物。

草栖钝绥螨在我国分布广泛。栖息植物种类多，是西南地区柑橘、茶树上控制害螨的优势种。在我国苹果树上可偶然采到。

④津川钝绥螨 Amblyseius tsugawai Ehara，1959

|分布| 河北、山西、辽宁、吉林、黑龙江、江苏、浙江、安徽、福建、江西、山东、湖北、湖南、广东、广西、海南、贵州、云南。

|栖息植物| 柑橘、苹果、橄榄、水稻、甘蔗、棉花、蔬菜等。

⑤条纹新小绥螨 Neoseiulus striatus Wu，1983，曾用名：条纹钝绥螨 Amblyseius striatus Wu，1983

|分布| 辽宁、山东、内蒙古。

|栖息植物| 苹果。在山东莱阳苹果树上采到。

⑥藏柳似盲走螨 Typhlodromips tibetasalicis Wu，1987，曾用名：藏柳钝绥螨 Amblyseius tibetasalicis Wu，1987

|分布| 西藏。

|栖息植物| 苹果、柳杉、艾、乔松、月季等。

藏柳似盲走螨仅分布于高海拔的西藏亚东，在多种植物上均分布较多，是该地区的优势种。

⑦拟普通真绥螨 Euseius subplebeius Wu and Li，1984，曾用名：拟普通钝绥螨 Amblyseius subplebeius Wu and Li，1984b

|分布| 河南、湖北。

|栖息植物| 苹果、核桃、大豆、枣树、栓皮栎。

拟普通真绥螨在湖北神农架（模式产地）及河南郑州的苹果园数量多，是当地控制苹果叶螨的优势种。

⑧芬兰真绥螨 Euseius finlandicus Oudemans，1915

|分布| 甘肃、河北、江苏、山东、陕西、西藏。

|栖息植物| 黄花柳、欧洲李、苹果、桃、核桃、山楂、桑树、栎、椿树、海棠、杏、桦树、木槿、榆、栾树、山荆子、二球悬铃木等。

芬兰真绥螨捕食二斑叶螨、苹果全爪螨、山楂叶螨。可以花粉、叶螨、瘿螨为食，对自然控制害螨起一定的作用（张新虎 等，2000）。

⑨有益真绥螨 Euseius utilis Liang and Ke，1983，曾用名：有益钝绥螨 Amblyseius utilis Liang and Ke，1983

|分布| 北京、河北。

| 栖息植物 | 苹果。

⑩ 油桐植绥螨 *Phytoseius aleuritius* Wu，1981

| 分布 | 河北、福建、河南、湖北、山东。
| 栖息植物 | 苹果、梨、油桐、紫苏。

是河南郑州苹果园控制叶螨的优势种。

⑪ 锯胸盲走螨 *Typhlodromus*（*Anthoseius*）*serrulatus* Ehara，1972，曾用名：锯胸花绥螨 *Anthoseius serrulatus*（Ehara）

| 分布 | 辽宁、河北、浙江、安徽、山东、江西、湖南、福建、台湾、广东、广西。
| 栖息植物 | 橄榄、杨梅、桃、榉树、胡桃楸、山栀子、台湾相思、香樟、杜果、苹果、大戟、木槿属种类等。

⑫ 尾腺盲走螨 *Typhlodromus*（*Anthoseius*）*caudiglans* Schuster，1959

| 分布 | 黑龙江、吉林、辽宁。
| 栖息植物 | 多花蓝果树、黑穗醋栗、樟子松、钻天杨、水曲柳、梨。

尾腺盲走螨在哈尔滨太阳岛上的柳树上数量较多，对控制害螨起一定作用，在河北苹果树上偶然可见。

⑬ 普通盲走螨 *Typhlodromus*（*Anthoseius*）*vulgaris* Ehara，1959

| 分布 | 香港。
| 栖息植物 | 麻栎、梨。

⑭ 新疆盲走螨 *Typhlodromus*（*Anthoseius*）*xinjiangensis* Wu and Li，1987

| 分布 | 新疆。
| 栖息植物 | 苹果、哈密瓜、核桃、柳树。

新疆盲走螨是新疆苹果树上的主要种，对控制害螨起一定的作用。

⑮ 张掖盲走螨 *Typhlodromus*（*Anthoseius*）*zhangyensis* Wang and Xu，1991

| 分布 | 甘肃。
| 栖息植物 | 苹果。

⑯ 西安盲走螨 *Typhlodromus*（*Anthoseius*）*xianensis* Chen and Chu，1980

| 分布 | 陕西。
| 栖息植物 | 小叶黄杨、木槿、榆树。

西安盲走螨在苹果树上数量少。

⑰兴城盲走螨*Typhlodromus*（*Anthoseius*）*xingchengensis* Wu, Lan and Zhang, 1992

|分布| 辽宁、黑龙江。

|栖息植物| 苹果。

⑱西方静走螨*Galendromus*（*Galendromus*）*occidentalis* Nesbitt, 1951, 曾用名：西方盲走螨 *Typhlodromus occidentalis* Nesbitt, 1951

|分布| 台湾、甘肃（引进）。

|栖息植物| 苹果、蔷薇等。

西方静走螨为1980年我国从美国和澳大利亚引进的（张乃鑫 等, 1986a）抗性品系, 适合于干旱环境, 已在甘肃兰州苹果树上定居, 对害螨有良好的防治效果（张乃鑫 等, 1987, 1988）。2010年被张新虎等在兰州等地采到（张亚玲, 2012）。

⑲伪新小绥螨*Neoseiulus fallacis* Garman, 1948, 曾用名：伪钝绥螨*Amblyseius fallacis* Garman, 1948

|分布| 北京、山东（引种）。

|栖息植物| 苹果、柑橘。

伪新小绥螨为1983年从美国引入山东, 用于防治苹果全爪螨、山楂叶螨, 被认为有可能在渤海湾一带苹果产区定居（孔建 等, 1990; 王宇人, 1990）。

⑳巴氏新小绥螨*Neoseiulus barkeri* Hughes, 1948

|分布| 河北、安徽、福建、山东、河南、湖南、湖北、广东、广西、云南、陕西、海南、江西、香港、台湾。

|栖息植物| 柑橘、番木瓜、水稻、芒草、黄花蒿、野苋菜、酢浆草、麦、毛蕊花、荆芥草、棉花、刺柏、大豆、梨、日本落叶松、艾、鸭跖草、地肤、补血草、葡萄、紫苏、菊、莴苣、苹果、百里香、含羞草、桑树、接骨草、白背黄花稔、葱、土牛膝、茄子、花生、高粱、蒲葵、菠萝、青冈栎、黄瓜、辣椒、芦笋、圣罗勒、雪维菜及真菌类蘑菇。

㉑双尾新小绥螨*Neoseiulus bicaudus* Wainstein, 1962

|分布| 辽宁、新疆。

|栖息植物| 苹果、葡萄、杏树、金色狗尾草、狗牙根、北美乔松、毛鸭嘴草、红毛草、马利筋、单冠菊属植物、*Aster spinosus*、*Peyanum mexicanum*、*Distichilis stricta*等。

㉒加州新小绥螨*Neoseiulus californicus* McGregor, 1954

|分布| 广东、四川、海南、云南。

|栖息植物| 枇杷、柠檬、凤眼莲、灯心草粉苞苣、番木瓜等。

2013年徐学农等将加州新小绥螨定为中国新记录种（Xu et al., 2013）。可捕食苹果叶螨, 如苹果全爪螨、山楂叶螨、二斑叶螨（黄婕, 2009）。

㉓ 双环新小绥螨 *Neoseiulus dicircellatus* Wu and Ou，1999

| 分布 | 北京、河北。
| 栖息植物 | 苹果。

㉔ 古山新小绥螨 *Neoseiulus koyamanus* Ehara and Yokogawa，1977

| 分布 | 河北、安徽、福建、江西、山东、河南。
| 栖息植物 | 苹果、茄瓜、大豆、大叶梧桐、蓖麻、禾本科植物。

㉕ 安德森钝绥螨 *Amblyseius andersoni* Chant，1957

| 分布 | 内蒙古。
| 栖息植物 | 枸杞、西梅、苹果、黄兰含笑、银白槭等。

安德森钝绥螨捕食二斑叶螨、朱砂叶螨、苹果全爪螨。

㉖ 拉氏钝绥螨 *Amblyseius rademacheri* Dosse，1958

| 分布 | 河北、辽宁、浙江、福建、江西、山东、河南、湖南、广东、贵州。
| 栖息植物 | 异株荨麻、蒿、草莓、杂草、苹果、小果李等。

㉗ 毛里横绥螨 *Transius morii* Ehara，1967

| 分布 | 河南、甘肃、宁夏。
| 栖息植物 | 苹果、沙柳。

㉘ 墨西哥似前锯绥螨 *Proprioseiopsis mexicanus* Garman，1958

| 分布 | 江苏、广东、广西。
| 栖息植物 | 百日菊、苹果、沙松、狗牙根、三室黄麻、牛毛草、水稻、茶树、莲子草、泥胡菜、羽芒菊、白背黄花稔、一点红、葱、姜、茄子、南方菟丝子、台湾含笑、甘蔗、葡萄、甜瓜、玉米等。落叶、土壤中也有发现。

㉙ 卵圆真绥螨 *Euseius ovalis* Evans，1953

| 分布 | 福建、广东、广西、海南、江苏、江西、贵州、四川、云南、台湾、香港。武陵山区。
| 栖息植物 | 柑橘、梨、桃、荔枝、龙眼、西瓜、羊蹄甲、橡胶、蓖麻、苦楝、油桐、桑树、女贞、大叶相思等。

捕食苹果全爪螨、二斑叶螨。

㉚ 苏氏副绥伦螨 *Paraseiulus soleiger* Ribaga，1904

| 分布 | 河北、辽宁、黑龙江、江苏、山东、青海、新疆。
| 栖息植物 | 榆树、枫杨、牡荆、欧洲桤木、柑橘、苹果、莲草。

㉛ 凹胸盲走螨 *Typhlodromus*（*Anthoseius*）*concavus* Wang and Xu，1991

| 分布 | 山东。
| 栖息植物 | 苹果、桑树。

㉜ 树木盲走螨 *Typhlodromus*（*Typhlodromus*）*corticis* Herbert，1958

| 分布 | 黑龙江。
| 栖息植物 | 落叶松、苹果、柏树。

㉝ 大通盲走螨 *Typhlodromus*（*Anthoseius*）*datongensis* Wang and Xu，1991

| 分布 | 西藏、甘肃、宁夏。
| 栖息植物 | 桃、苹果、杂草。

㉞ 多样盲走螨 *Typhlodromus*（*Anthoseius*）*variegatus* Wu and Ou，2009

| 分布 | 西藏。
| 栖息植物 | 月季、苹果。

㉟ 灵敏新小绥螨 *Neoseiulus astutus* Begljarov，1960，曾用名：灵敏钝绥螨 *Typhlodromus astutus* Begljarov

| 分布 | 辽宁、黑龙江、河北。
| 栖息植物 | 杨树、梨、苹果、柳树、李、栎。

灵敏新小绥螨捕食二斑叶螨、朱砂叶螨。

㊱ 泰氏副绥伦螨 *Paraseiulus talbii* Athias-Henriot，1960

| 分布 | 江苏、甘肃。
| 栖息植物 | 苹果、榆树、三尖杉、柠檬等芸香科植物。

2. 河北省苹果园植绥螨种类及其研究现状

河北省昌黎果树研究所20世纪50年代成立了叶螨研究组，70年代末成立了捕食螨研究组，90年代合并为农螨组，延续至今，开展了果园植绥螨应用和资源调查研究。张守友等（1991年）报道了河北北部苹果树捕食螨种类，调查记录了和苹果有关的植绥螨9种，其中6种有种名三种未定名。于丽辰等（2002a）报道，1997年，在昌黎果树研究所未施农药的苹果标本园中存在7种植绽螨——东方钝绥螨，津川钝绥螨，拟长刺钝绥螨，灵敏钝绥螨，有益真绥螨，芬兰真绥螨，兴城盲走螨；同时开始研究利用生物多样性原理，对害螨进行生态调控管理，即在果园中种植地被植物或自然生草，保护利用田间自然捕食螨种群控制害螨技术，并取得成功。2008年，昌黎果树所实习生张金平偶然在昌黎苹果园中采到了巴氏新小绥螨燕山品系，并在国家农业部"捕食螨繁育与大田应用技术研究"项目（徐学农主持）的支持下，对该种进行了大规模人工饲养研究。该品系多次被各地引种，主要的引种地区为北京、广东、江西、甘肃、内蒙，重庆等地，用于控制害螨研究、人工饲养和田间人工释放。2018—2020年昌黎果树研究所作为国家长期基础性数据库天敌监测点，监测到昌黎地区苹果园优势捕食螨种为有益真绥螨（许长新提供）。结合《植绥螨志》（吴伟南等，2009）记载，河北省与苹果相关的植绥螨种类至少有16种，主要是东方钝绥螨、芬兰真绥螨、温氏新小绥螨（曾用名，拟长刺钝绥螨）、津川钝绥螨、灵敏新小绥螨、尾腺盲走螨（曾用名，麻背盲走螨）、有益真绥螨、兴城盲走螨、油桐植绥螨、锯胸盲走螨、巴氏新小绥螨、双环新小绥螨、古山新小绥螨、拉氏钝绥螨、苏氏副绥伦螨，以及1个未鉴定的植绥螨属Phytoseius sp.种，主要捕食山楂叶螨和丽新须螨。上述标本均经吴伟南鉴定。

3. 利用植绥螨控制苹果害螨的探讨

①**西方静走螨**Galendromus（Galendromus）Occidentalis Nesbitt，1951，曾用名：西方盲走螨 *Typhlodromus occidentalis Nesbitt*，1951

1980年，中国农业科学院生防研究室分别从澳大利亚、美国引入抗有机磷的静走螨品系后做了大量释放研究，分别于1981—1985年在苹果园中进行了人工释放研究，释放点广布于渤海湾和西北黄土高原苹果优势区。试验结果显示，西方静走螨在甘肃、新疆、宁夏、陕北等干旱地区的释放点里，均能生存和发展，表现出对山楂叶螨和李始叶螨显著的控制效果。而在北京、江苏、河南、河北、山东、辽宁等地的释放未能获得成功。通过对相对湿度的研究，发现当相对湿度为29.5%时，西方静走螨的成活率达84%，而相对湿度增至92.5%时，其成活率则显著下降，由此认为该螨是一种喜干忌湿的类型。谌有光等在延安山楂叶螨危害严重的苹果园释放西方静走螨，发现其可以有力地控制山楂叶螨的危害，但是难以在延安地区安全越冬（张乃鑫 等，1986a，1988；谌有光 等，1982）。

室内饲养实验表明，西方静走螨捕食山楂叶螨和李始叶螨时生长发育良好。在兰州苹果园田间释放发现，西方静走螨可以很好地控制这两种叶螨的危害，尤其对李始叶螨的防控效果可以持续两年。其释放时期应该选择在发生初期，在虫口密度小，每叶有雌成螨4头以下时，其扩散速度较快，防效较好（张乃鑫 等，1987）。罗兰等（1996）研究了西方静走螨对李始叶螨的捕食功能反应，其捕食功能反应符合Holling II模型，认为有一定的控制潜力。

1990年，邓雄等发现西方静走螨可以在兰州地区自然越冬，建立种群。能否越冬成功与越冬前和出蛰期的食料条件及其活动期使用化学药剂的影响密切相关。2010年，甘肃农业大学张新虎等采集到该螨（张亚玲，2012），证明该螨已在甘肃地区成功定居。

②**伪新小绥螨**Neoseiulus fallacis Ganman，1948，曾用名：虚伪钝绥螨*Amblyseius fallacis Garman*

伪新小绥螨于1983年由中国农业科学院生防研究室从美国引入。伪新小绥螨取食山楂叶螨和苹果全爪螨时，完全能够正常生长发育和繁殖（张乃鑫 等，1986b）。

王宇人等（1990）的田间释放试验于1987年和1988年春季在青岛市农科所苹果园中进行。该园发生的叶螨以苹果全爪螨为主，山楂叶螨零星发生。试验期间不使用任何化学农药，连续进行两年。1987年6月4日，按益害比1∶50释放，计算出所需伪新小绥螨的释放量，然后将带有伪新小绥螨的菜豆叶片分散挂在苹果树的叶簇中，任其自动扩散，释放后每隔7d或10d调查一次。6月19日调查，每叶有伪新小绥螨雌成螨0.1头，有雌成螨率为22.5%；至7月17日，种群数量迅速上升并达到高峰，平均每叶有雌成螨1.14头，雌成螨上叶率达65%。随后，苹果全爪螨发生数量受到控制，由此伪新小绥螨数量也开始减少，至8月14日雌成螨数量降为每叶0.06头。1988年对1987年释放树上的伪新小绥螨的出蛰、上树、下树的数量动态观察表明，伪新小绥螨以雌成螨在苹果树下的杂草根部或土壤缝隙中越冬。5月初开始出蛰，出蛰螨先在树下的三叶草上活动，捕食朱砂叶螨，种群数量逐渐增多，至6月中旬左右，树上的苹果全爪螨数量增长到每叶1头雌成螨时，伪新小绥螨即开始向苹果树上迁移。伪新小绥螨出蛰后的雌成螨大部经树干基部爬行上树，首先在果树内膛活动，逐渐向外围扩散，至7月9日其种群数量达到高峰，平均单叶有雌成螨1.92头，螨上叶率达64%。在伪新小绥螨的捕食下，苹果全爪螨数量减少。猎物缺少导致该螨数量迅速下降，至7月10日降至0.25头/叶的水平，约维持到10月10日左右。在树冠上的伪新小绥螨数量减少的同时，树下三叶草上的伪新小绥螨数量开始增加，并在其上觅食、繁殖，11月下旬气温明显降低时，进入越冬。从两年伪新小绥螨在苹果园中种群消长动态看，青岛地区的气候和猎物条件是适宜伪新小绥螨生存和发展的，并能建立种群，控制叶螨为害。

吴元善等（1991）在甘肃天水苹果园释放了伪新小绥螨防治苹果全爪螨，也取得了一定的防效，但对于它们是否能在田间建立种群，尚有待研究。孔建等（1990）研究了伪新小绥螨对北方环境条件的适应性，发现它们在11.23~36℃的温度范围内均能正常生长，但在30℃以上时，产卵量降低一半。相对湿度70%以上是其生育的适宜湿度，低湿度下卵的孵化率低，是影响其成活率的主要原因。根据伪新小绥螨对环境的要求及我国北方苹果园的生态条件，作者认为它们有可能在渤海湾一带的苹果产区定居，并能对害螨控制发挥较好的作用。孙月华等（2009年）研究了伪新小绥螨对二斑叶螨的捕食功能反应，认为其符合Holling II型方程，其雌成螨喜食二斑叶螨的卵、幼螨和若螨，而对二斑叶螨雌成螨的捕食能力较弱。伪新小绥螨捕食总量随其本身密度增大而增大，捕食率随着自身密度的增加而下降。

③ 胡瓜新小绥螨 *Neoseiulus cucumeris* Oudemans，1930

复旦大学20世纪90年代从英国引进胡瓜新小绥螨（经佐琴 等，2001）。徐桂梅（2009）研究了胡瓜新小绥螨对苹果叶螨的捕食行为，主要包括搜寻、捕捉、吸食、清洁、静息等5个部分。在搜寻猎物时，其身体与叶面平行，足 I 呈倒八字形张开，不断地左右摆动，时走时停。在搜寻过程中，遇到卵迅速用须肢和螯肢夹住猎物，用须肢反复碰几次再捕食。捕食猎物后有一梳理过程，且梳理频率很高，主要是对须肢和螯肢进行清理。之后静息，身体与地面平行，足 I 前伸，但仍保持颤动，具有高度警觉性。

胡瓜新小绥螨以苹果全爪螨为取食对象，能够完成全世代的发育，最喜欢取食卵和幼螨。应该在苹果全爪螨发生的初期或低密度时释放胡瓜新小绥螨，能有效控制苹果全爪螨种群增长。在生防园、化防园（水胺硫磷500倍液、速螨酮3 000倍液、甲氰菊酯2 000倍液喷施3次）释放胡瓜新小绥螨控制苹果全爪螨的效果分别为91.73%和67.96%，生防园防治效果明显高于化防园（张辉元 等，2010）。

④ 东方钝绥螨 *Amblyseius orientalis* Eharu，1959

东方钝绥螨是我国北方苹果园中普遍存在的植绥螨，早在20世纪90年代河北昌黎果树研究所张守友（1990，1992）就开始了对其的应用探讨。1990年研究了其生物学及食性。它们在29.7℃左右、相对湿度76.3%条件下，要8.8d完成一个世代。在河北昌黎地区每年大约发生23代，在树皮下越冬。卵期1.8d、幼螨期0.7d、第一若螨期1.0d、第二若螨期1.5d、产卵前期4.6d、产卵期15.2d、雌成螨期20.5d、雄成螨期15.6d。观察到的最多产卵量为47粒。一生平均可捕食卵91粒，若螨43头，成螨14头。喜食山楂叶螨和苹果全爪螨，也可捕食二斑叶螨。观察到在喷药较少的果园中，东方钝绥螨分布很多，而在化防园很少见到。1992年发表了人工释放东方钝绥螨对苹果园苹果全爪螨和山楂叶螨的控制结果。在全年不喷杀螨剂、杀虫剂的情况下，按照与苹果全爪螨成若螨（1∶57）～（1∶73）的比例释放东方钝绥螨，相对防治效果可达93.14%。

⑤ 芬兰真绥螨 *Euseius finlandicus* Oudemans，1951

芬兰真绥螨在我国苹果产区普遍分布，是甘肃地区（张新虎，2000）、山东地区（关秀敏，2002）果园优势捕食螨种类。

张新虎等（2000）观察到成螨产卵有趋触性，在叶片上卵多产在主脉两侧或叶片基部主侧脉相交处或刺毛多而隐蔽的凹陷内。芬兰真绥螨喜阴湿怕强光，活动期主要在叶片背面主脉两侧。芬兰真绥螨主要以雌成螨在果树的粗皮翘缝、卷叶、缠于枝条上的叶片、剪锯口和蜘蛛的丝茧等处越冬。早春分布初期主要在树上靠近主枝的侧枝的向阳面，随气温的回升和新叶的出现而陆续向四周和新叶扩散，但新出叶上一般很少。

芬兰真绥螨可取食苹果全爪螨、山楂叶螨、李始叶螨、二斑叶螨，尤喜各种瘿螨及桃、梨花粉并可完成世代发育。对山楂叶螨和苹果全爪螨卵的最大理论捕食量分别是71.11粒、57.14粒，对2种害螨的幼螨、若螨捕食量则分别为3.96头和30.67头。张新虎等观察到，芬兰真绥螨在山楂叶螨各螨态等量共存的情况下对卵表现出明显的正喜好，喜好性系数是对幼若螨的9倍，对成螨表现为明显的负喜好。芬兰真绥螨在山楂叶螨的卵与成螨共存的情况下，对卵的喜好性系数是对成螨喜好性系数的862倍。认为芬兰真绥螨对山楂叶螨种群的控制作用主要是通过捕食卵来实现的。观察到一头饥饿24h的雌成螨在1h内可取食3粒卵和2头若螨。在山楂叶螨和苹果全爪螨雌成螨同密度存在的情况下，对苹果全爪螨的喜好性系数是对山楂叶螨喜好性系数的5.2倍，可见芬兰真绥螨对苹果全爪螨的控制效果好于对山楂叶螨。该螨目前尚未见有人工释放研究，认为应该走保护利用的路线。

芬兰真绥螨一生经过卵、幼螨、前若螨、后若螨和成螨5个生育阶段。在（25±0.5）℃、相对湿度80.5%条件下，以苹果全爪螨幼若螨为食料时，其卵期45.4h、幼螨期34.7h、前若螨期29.6h、后若螨期27.64h，实验种群雌成螨的平均寿命32.67d，雌雄性比68∶32，单雌产卵量47.7粒。捕食功能反应类型与HollingⅡ型吻合。以山楂叶螨幼若螨、苹果全爪螨幼若螨和卵为食料时芬兰真绥螨实验种群的内禀增长率分别是0.129 9、0.179 3和0.095 8。

张新虎（1993）在室内条件下，进行了模拟释放试验，发现按1∶15释放的益害螨在16d以后比例变为1∶6.08，而以1∶20释放的益害螨在16d以后比例变为1∶3.6。按1∶30释放的益害螨在12d以后比例变为1∶5.3，14d后变为1∶3.8，16d以后变到1∶2.57。很显然，按益害比1∶30释放的，其净增殖能力比山楂叶螨强，但田间控制能力怎样还有待于进一步的研究证实。田间调查发现，田间的施药次数多少与芬兰真绥螨种群数量动态有直接关系。调查地区凡是喷药次数少（少于3次）的果园中和未施药的零星果树上，芬兰真绥螨的种群密度就较大，而山楂叶螨和苹果全爪螨很少或没有；在喷药多的果园中，芬兰真绥螨的数量甚少，施药在6次以上的果园中芬兰真绥螨的数量为0，山楂叶螨反而多。这表明芬兰真绥螨对农药有极高的敏感性。

⑥ 巴氏新小绥螨 *Neoseiulus barkeri* Hughes，1948

国内进行人工大量饲养的巴氏新小绥螨均为本地种，主要有两个品系，一个来自柑橘园（江西）（李爱华，2007），一个来自苹果园（河北）。巴氏新小绥螨属多食性捕食螨，除捕食叶螨、跗线螨和瘿螨外，还捕食蓟马、蚜虫、介壳虫、粉虱的幼虫或若虫、线虫，当猎物匮乏时会取食植物花粉和昆虫蜜露（周万琴 等，2012）。

根据黄婕（2019）的研究结果，巴氏新小绥螨对山楂叶螨各螨态的捕食能力依次为：卵＞幼螨＞第一若螨＞第二若螨＞成螨，捕食能力参数（a/Th）值从卵到成螨依次为：74.356 1、65.906 8、27.531 0、18.983 1、5.452 1。巴氏新小绥螨对山楂叶螨、二斑叶螨的卵、幼螨具有嗜食性，对苹果全爪螨的卵、幼螨、第一若螨具有嗜食性，对3种叶螨各螨态的功能反应均属于HollingⅡ型。

尹超英等（2015）报道了苹果园释放巴氏新小绥螨控制苹果全爪螨的试验结果，认为释放捕食螨可以很好地控制苹果全爪螨种群数量。巴氏新小绥螨对苹果全爪螨具有很强的捕食效应，可以减少化学农药的使用，避免苹果农药残留和叶螨产生抗药性等问题的出现。

李立涛等研究了巴氏新小绥螨对乱跗线螨的捕食功能反应，认为巴氏新小绥螨对不同虫态的乱跗线螨密度的反应具有不同类型的功能反应，其对幼螨符合Ⅰ型反应，攻击率在不同捕食密度下没有变化（图194）；对卵和静止期符合Ⅱ型反应，即随着密度的增加，捕食率显著降低（图194）；对雌成螨符合Ⅲ型反应，即当成虫密度从10增加到20左右时，捕食率显著增加，之后显著降低（图194）。显然巴氏新小绥螨最喜食的是乱跗线螨的幼螨（Li et al., 2018）。

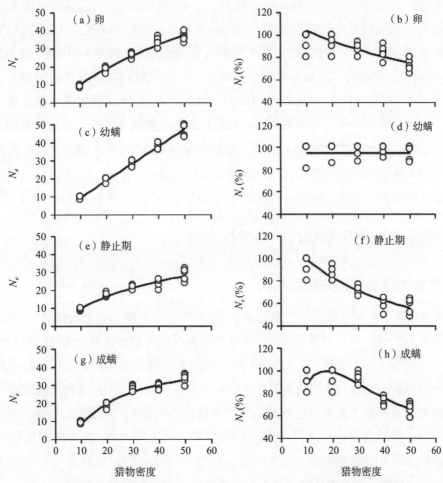

图194 巴氏新小绥螨 *N. barkeri* 对乱跗线螨 *T. confusus* 不同虫态的捕食功能反应

⑦加州新小绥螨 *Neoseiulus californicus* McGregor, 1954

覃贵勇、徐学农先后分别在四川、广东省采到该种，徐学农将其定为中国新记录种（覃贵勇，2013；Xu et al., 2013）。

黄婕（2019）等研究了加州新小绥螨对山楂叶螨、二斑叶螨及苹果全爪螨的捕食功能反应。加州新小绥螨对山楂叶螨各螨态的捕食能力依次为：幼螨＞卵＞第一若螨＞第二若螨＞成螨，捕食能力参数（a/Th）值从卵到成螨依次为：49.545 8、85.107 4、34.922 1、32.849 1、7.032 9。对山楂叶螨的卵、幼螨、第一若螨具有嗜食性，对二斑叶螨的卵、幼螨具有嗜食性，对苹果全爪螨的卵、幼螨、第一若螨具有嗜食性。对山楂叶螨、二斑叶螨和苹果全爪螨的各螨态的功能反应属于Holling Ⅱ型。在山东省临沂市一苹果园释放了加州新小绥螨，1个月后山楂叶螨数量持续为0，表明该螨能够有效控制害螨发生。

三、苹果园害螨的生态调控技术

抗药性是导致害螨优势种群变化的重要因素之一，即化学合成农药促使其抗药性不断增加，导致其从次要害虫转变成主要害虫。害螨作为一个害虫群体，以其群体的抗药性增长应对不同化学农药的车轮战，使我们疲于奔命，被动地跟在抗药性的后面应对。害螨的抗药性容易形成或迅速发展，而一般自然天敌不易产生抗药，植绥螨对农药较为敏感，农药对其表现出很强的杀伤力（赵海明 等，2012），若杀螨药使用次数超过6次，田间的捕食螨几乎就看不到了（张新虎，1993；于丽辰，2002a）。然而，不可否认农药是保证果品质量和丰产的不可缺少的物资，一定时期内不可能完全摒弃化学药剂不用，因此，必须重视天敌与农药的协调问题（赵海明 等，2012），这样才能最大限度地避免农药的不良后果——天敌消失。上述研究也揭示了我国苹果园中自然存在着种类繁多的捕食螨及其猎物——螨类，害螨和中性螨类，中性螨类基本不对苹果造成危害，如镰鳌螨（崔晓宁 等，2012），在没有害螨的情况下，这些螨类可以成为捕食螨的替代猎物，起到保持田间捕食螨种群的作用。因此，为捕食螨营造出适宜生存的环境，使其在果园中增殖，发挥自然控制果园害螨的作用，将是实现害螨控制的关键技术。

1. 减少和选择性使用化学农药，保护捕食螨安全

（1）叶螨危害的经济阈值与指标防治

长期以来指导我国北方果树叶螨化学防治的指标为3头/叶。"叶螨药效试验准则"国标（姜辉 等，2000）规定初夏季节为2～4头/叶，秋季为7头/叶，这个指标没有考虑捕食螨等天敌的控制作用，加上种植者喷"保险药、预防药"（张金勇 等，2013）的心理因素，使我们生产上喷药次数明显偏多，阻碍了捕食螨在果园中的发展，导致天敌控制害螨的自然力量削弱和消失。美国是研究和实施苹果园植绥螨保护措施最早的国家，并引领了世界研究潮流。他们的防治指标是5～7头/叶（Wise，2014），而且与捕食螨数量挂钩，是一个动态指标，认为在益害比为10∶7（西方静走螨∶叶螨）时害螨可以不用进行化学防治即可得到控制的可能性为90%（Croft et al., 1977），如果害螨达到7头/叶，而益害比低于该指标，可进行化学防治。显然，减少农药的使用频次，有利于捕食螨的保护、利用。

2012年，仇贵生等以二斑叶螨为研究靶标，探讨了害螨的经济阈值和防治指标。认为在经济允许损失率为4.57%时，若以虫口密度作为经济允许危害水平的评价方法，则7月3日之前的经济危害允许水平

为≤7.70头/叶，7月25日之前的经济危害水平为≤8.70头/叶。

防治指标放宽后，天敌的数量有时间得到发展，天敌控害作用得到发挥，可以缓解害螨的化学防治的压力，减缓抗性发展速度。

（2）选择性使用对天敌友好的农药，充分发挥天敌的控害作用

刘平等（2014）报道了9种杀螨剂对巴氏新小绥螨和二斑叶螨的雌成螨的LC_{50}，根据各药剂的益害生物毒性选择指数（TSR）对供试药剂毒性进行了比较，毒性选择指数大小依次为：毒死蜱＞螺螨酯＞哒螨灵＞炔螨特＞唑螨酯＞阿维菌素＞三唑锡＞甲氰菊酯＞噻螨酮。其中，毒死蜱和螺螨酯的毒性选择指数分别为10.864 1和9.361 3，对巴氏新小绥螨和二斑叶螨均有较高的正向选择性，毒死蜱和螺螨酯可优先用于生产中害虫（螨）的防治，同时最大限度地保护捕食螨，实现对害虫（螨）化学防治和生物防治的相互协调。

焦蕊等（2016）以捕食性天敌巴氏新小绥螨雌成螨为靶标，对6种果园常用农药的室内毒力进行了测定，并运用安全系数指标，对参试药剂的安全性进行了初步评价。结果表明：螺螨酯、腈菌唑、戊唑醇、甲维盐和噻螨酮的安全系数均＞5，对巴氏新小绥螨表现出低风险性，具有与巴氏新小绥螨协同使用的潜力；三唑锡的安全系数为3.68，对巴氏新小绥螨有一定的杀伤力，表现出中等风险性。

陈霞等（2007，2011）测试了9种杀虫剂、杀菌剂对胡瓜新小绥螨的毒力，测试结果显示，毒死蜱、灭幼脲、吡虫啉对胡瓜新小绥螨都具有极强的毒性，可造成毁灭性杀伤，苏云金杆菌Bt对胡瓜新小绥螨影响极小，无明显毒性。5种杀菌剂对胡瓜新小绥螨的校正死亡率均低于5%，说明这5种杀菌剂对胡瓜新小绥螨为无毒或低毒，释放捕食螨的生防园必要时可选用10%安瑞克、10%专打、35%世福、80%必备和20%龙克菌进行病害防治。

Beers等（2014）通过测试药剂对西方静走螨的致死率评价了15种药剂的毒力，按照死亡率＜25%为低风险、25%≤死亡率≤75%为中风险、死亡率＞75%为高风险的标准，划分了农药的安全性。结果显示：多杀霉素24%、硫黄23%、西维因11%、螺虫乙酯10%、氯虫苯甲酰胺8%、溴氰虫酰胺4%、保棉磷0%、7种药剂为低风险；噻虫啉64%、氟酰脲33%、啶虫脒32%、氯虫双酰胺30%、代森锰锌＋铜28%、5种药剂为中风险；乙酰多杀菌素96%、高效氯氟氰菊酯94%，2种药剂具有高风险。

黄婕等（2019）测试了8种常用农药对加州新小绥螨的安全系数，证实螺螨酯、联苯肼酯、吡蚜酮、噻虫嗪、氯虫苯甲酰胺，5种药剂对加州新小绥螨安全无毒；1.8%阿维菌素4.895 3，20%虫酰肼0.788 0，2种药剂为中等风险；15%哒螨灵0.183 5，为高风险。

张新虎（1993）根据室内对甘肃地区常用的杀虫剂、杀螨剂对芬兰真绥螨和山楂叶螨的毒力测定，发现20%灭扫利乳油对芬兰真绥螨的毒力是对山楂叶螨的14倍多。20%三氯杀螨醇对它的毒力是对山楂叶螨的5倍，说明芬兰真绥螨对常用杀螨剂的抗药性非常弱。张新虎等（2000）报道双甲脒、灭扫利、久效磷、氧化乐果对芬兰真绥螨的毒性分别是对山楂叶螨毒性的15.99、13.08、12.31和10.01倍；水胺硫磷、氧乐菊酯、丰收菊酯、天王星、克螨特对芬兰真绥螨的毒性分别是对山楂叶螨毒性的9.72、8.45、7.52、7.36和5.93倍；三氯杀螨醇、浏阳霉素、功夫对芬兰真绥螨的毒性最低，分别是对山楂叶螨的毒性的3.38、1.64和1.43倍。由此可见，上述农药对芬兰真绥螨都是高毒或剧毒的。

郑开福（2013）测试了5种农药对芬兰真绥螨和截形叶螨的LC_{50}，认为阿维·四螨嗪对芬兰真绥螨和截形叶螨选择性最强，选择性比值为14.213 6，噻螨酮和阿维菌素同样具有较强的选择性，选择性比值为12.538 9和10.330 6，高效氯氰菊酯、三锉锡等对其选择性较差，选择系数仅为0.640 1和0.531 9。

吴元善等（1994）以23种农药（杀虫、杀螨、杀菌）在常用剂量下，对伪新小绥螨耐药性做了24～48h的毒力测试。13种杀虫（螨）剂中，浏阳霉素48h的致死率最低（致死率11.1%），其次是三氯杀螨醇，为40.0%；其后，甲基对硫磷、水胺硫磷致死率为70%～81%；哒螨酮、久效磷、氧乐氰菊、敌敌畏，致死率为91%～98%；而氧化乐果、灭虫素、丰收菊酯、溴氰菊酯、灭扫利5种农药毒性最高，24h致死率100%。测试的10种杀菌剂中，朴海因、代森锰锌、多氧霉素、退菌特、甲基托布津，48h的致死率为6.7%～12.2%；晶体石硫合剂、粉锈宁为24.4%～25.6%；多菌灵、自配的波尔多液和石硫合剂致死率最高，达34.4%～44.4%。可以看出伪新小绥螨对菊酯类、哒嗪酮类、有机磷药剂敏感，但对甲基对硫磷、三氯杀螨醇、水胺硫磷具有一定抗药性，仅浏阳霉素安全；杀菌剂几乎都是安全的，但自配的石硫合剂和波尔多液有一定的杀伤力。

张守友等（1990）测试了几种杀螨剂对温氏新小绥螨（曾用名：拟长刺钝绥螨）的毒性，认为50%苯丁锡、50%三环锡（进口）、23%灭螨胺、73%克螨特（进口）对捕食螨安全；而40%乐杀螨、37%克螨特、25%三环锡（国产）具有高风险。

此外，程小敏（2012）报道了13种药剂对胡瓜新小绥螨和巴氏新小绥螨的毒力测定结果。6种杀虫剂对胡瓜新小绥螨的毒力大小依次为噻嗪酮＜甲氰菊酯＜丁硫克百威＜阿维菌素＜阿维·柴油＜高效氯氰菊酯，其中高效氯氰菊酯对胡瓜新小绥螨毒性最高，其LC_{50}为14.005mg/L，毒性最低的为噻嗪酮，其LC_{50}为504.309mg/L；2种杀菌剂对胡瓜新小绥螨的毒力大小为代森锰锌＜咪鲜胺，说明咪鲜胺对胡瓜新小绥螨的毒性比代森锰锌高；5种杀螨剂对胡瓜新小绥螨的毒力大小为炔螨特＜三唑锡＜噻螨酮＜满扣＜阿维·哒螨灵，其中阿维·哒螨灵对胡瓜新小绥螨毒性最高，其LC_{50}为9.365mg/L，毒性最低的为炔螨特，LC_{50}为872.722mg/L。6种杀虫剂对巴氏新小绥螨的毒力大小为噻嗪酮＜甲氰菊酯＜丁硫克百威＜阿维·柴油＜阿维菌素＜高效氯氰菊酯，其中，高效氯氰菊酯对胡瓜新小绥螨毒性最高，LC_{50}为13.625mg/L，毒性最低的为噻嗪酮，LC_{50}为578.989 mg/L；2种杀菌剂对巴氏新小绥螨的毒力大小为代森锰锌＜咪鲜胺，说明咪鲜胺对巴氏新小绥螨的毒性比代森锰锌高；5种杀螨剂对巴氏新小绥螨的毒力大小为炔螨特＜三唑锡＜噻螨酮＜满扣＜阿维·哒螨灵，其中阿维·哒螨灵对巴氏新小绥螨毒性最高，LC_{50}为9.036mg/L；毒性最低的为炔螨特，LC_{50}为729.033mg/L。

于丽辰等（2000，2002b）报道了99.1%矿物油敌死虫抑制二斑叶螨产卵的毒力测定结果，按等比数列设置处理浓度，采用喷雾处理苹果叶片，形成药膜后，接种二斑叶螨雌螨和雄螨，观察二斑叶螨产卵能力。5个处理与对照相比，药后24～72h产卵量受到抑制，达到极显著水平；96h，除低浓度（0.125%）为差异显著水平外，其他4个处理均为极显著水平；120～144h达到显著水平。矿物油乳剂杀虫机理为物理封闭杀虫，害螨不会产生抗药性，对害螨有忌避作用。该实验中供试叶螨没有直接接触药剂，其抑制作用显然是通过气味来实现的。方小端（2012）报道了喷洒矿物油之后可以马上释放捕食螨，并取得了最佳的防治效果，可见矿物油对肉食性的捕食螨不具有忌避作用。

方小端等（2012）进行了矿物油乳剂与巴氏新小绥螨对柑橘全爪螨的协同控制研究，认为矿物油乳剂使用后叶面变干即可进行释放捕食螨，相比较化学防治之后，捕食螨释放必须间隔一周才能进行，这对于害螨的控制极其不利。试验设了5个处理：单独使用矿物油乳剂、矿物油乳剂＋巴氏新小绥螨、常规化学防治＋巴氏新小绥螨、常规化学防治、单独使用巴氏新小绥螨。试验结果显示，不同处理对柑橘全爪螨的自然种群干扰的差异非常显著，矿物油乳剂对柑橘全爪螨表现出良好的种群抑制作用，其干扰控制指数IIPC为0.243 9，校正螨口减退率为75.61%。而化学防治加捕食螨处理区和单独使用化学农药处理区的柑橘全爪螨种群数量反而出现增长，IIPC为1.494 2和3.719 5，校正螨口减退率分别为-49.42%

和-271.95%。单释放捕食螨处理的IIPC为0.205 3，校正螨口减退率79.47%。矿物油乳剂和捕食螨处理的IIPC为0.048 8，校正螨口减退率为95.12%。由此可见，矿物油乳剂和捕食螨相互配合，对柑橘全爪螨种群表现出很好的协同控制作用。

农药对几种与苹果相关的捕食螨毒力评价见表10。

表10　农药对几种与苹果相关的捕食螨的毒力评价

捕食螨种类	农药种类及毒力大小	参考文献/评价方法
巴氏新小绥螨/二斑叶螨	40%毒死蜱10.846，中度正向选择；24%螺螨酯9.361 3、15%哒螨灵2.164 9、73%炔螨特1.918 9、5%唑螨酯1.408 2、1.8%阿维菌素1.095 2，具有正向选择；15%噻螨酮0.355 6、20%甲氰菊酯0.362 1、20%三唑锡0.689 1，具有负向选择。认为40%毒死蜱、24%螺螨酯适合与生防相协调	刘平等（2014）/TSR
巴氏新小绥螨	95.1%三唑锡3.68，中等风险；98%噻螨酮7.65、70.2%甲维盐43.12、98%戊唑醇68.38、95.2%腈菌唑95.60、97%螺螨酯156.52，5种药剂属于低风险，杀菌剂安全	焦蕊等（2016）/安全系数
胡瓜新小绥螨	苏云金杆菌5%，安全；毒死蜱100%、灭幼脲100%、吡虫啉100，3种高毒	陈霞等（2007）/死亡率
	10%安瑞克2.73%、10%专打1.63%、35%世福1.77%、80%必备2.66%、20%龙克菌0.89%，均为低风险	张艳璇等（2011）/死亡率
西方静走螨	多杀霉素24%、硫黄23%、西维因11%、螺虫乙酯10%、氯虫苯甲酰胺8%、溴氰虫酰胺4%、保棉磷0%，7种药剂为低风险；噻虫啉64%、氟酰脲33%、啶虫脒32%、氯虫双酰胺30%、代森锰锌+铜28%，5种药剂为中风险；乙酰多杀菌素96%、高效氯氟氰菊酯94%，2种药剂具有高风险	Beers等（2014）/死亡率
加州新小绥螨	螺螨酯、联苯肼酯、吡螨酮、噻虫嗪、氯虫苯甲酰胺，5种药剂安全无毒；1.8%阿维菌素4.895 3、20%虫酰肼0.788 0，2种药剂为中等风险；15%哒螨灵0.183 5，为高风险	黄婕等（2019）/安全系数
芬兰真绥螨/山楂叶螨	双甲脒、灭扫利、久效磷、氧化乐果、水胺硫磷、氧乐菊酯、丰收菊酯、天王星、克螨特、三氯杀螨醇的TSR均远低于1，浏阳霉素、功夫的TSR，则接近1，全部为高风险的负向选择药剂	张新虎等（2000）/TSR
芬兰真绥螨/截形叶螨	阿维·四螨嗪14.213 6、噻螨酮12.538 9、阿维菌素10.330 6，具有中度正向选择，属于安全药剂，适合与生防相协调；高效氯氰菊酯0.640 1、三锉锡0.531 9，为负向选择，是对芬兰真绥螨高毒的药剂	郑开福（2013）/TSR
伪新小绥螨	杀虫（螨）剂：10%浏阳霉素1 000×（11.1%），低风险；50%甲基对硫磷1 500×（70.0%）、20%三氯杀螨醇1 000×（40.0%），2种药剂具有中风险；20%灭扫利4 000×（100%）、2.5%溴氰菊酯3 500×（100%）、40%丰收菊酯3 000×（100%）、0.2%灭虫素1 500×（100%）、40%氧化乐果1 500×（100%）、80%敌敌畏1 000×（98.9%）、2.5%氧乐氰菊2 000×（96.7%）、50%久效磷1 500×（91.1%）、20%哒螨酮2 500×（89.9%）、40%水胺硫磷1 500×（81.1%），10种药剂为高风险	吴元善等（1994）/死亡率
	杀菌剂：45%晶体石硫合剂250×（24.4）、20%甲基托布津800×（12.2%）、50%退菌特800×（10.0）、10%多氧霉素800×（8.9%）、70%代森锰锌500×（8.9%）、5%朴海因1 500×（6.7%）6种药剂为低风险；石硫合剂0.3度×（44.4%）、40%多菌灵1 000×（37.8%）、石灰倍量式波尔多液240×（34.4%）、15粉锈宁1 000×（25.6%），4种药剂具有中风险	
温氏新小绥螨	50%苯丁锡45 835.29、50%三环锡（进口）39 985.27、23%灭螨胺6 221.55、73%克螨特（进口）3 832.66，对捕食螨安全；40%乐杀螨140.57、37%克螨特1 952.99、25%三环锡（国产）2 340.99，高风险	张守友等（1990）/致死中浓度量

注：益害生物毒性选择指数（TSR）=天敌的LC$_{50}$/害虫的LC$_{50}$。药剂的安全系数=天敌的LC$_{50}$/田间推荐使用浓度。利用药剂对天敌的致死率评价药剂安全性，采用Elizabeth的标准，死亡率<25%为低风险；25%≤死亡率≤75%为中风险；死亡率>75%为高风险。

2. 果园生草与捕食螨的保护利用

在我国传统果园管理中，必须将园中的杂草清理干净，因为普遍认为园中的杂草会和果树争夺肥水营养。大量的试验已经证明，事实正好相反。自然生草和人工种植绿肥苜蓿等的果园土壤墒情显著好于清耕果园，杂草明显提升了土壤营养状况和果品质量（焦蕊 等，2008；姚城城 等，2017；尼群周 等，2010；周江涛 等，2019）。在生草控害的防治试验中，大部分试验采用的是人工生草的模式，少数为自然生草加人工刈割。人工生草主要采用的是种植三叶草和苜蓿。王大平（2001）报道了人工生草后可以在不施任何杀虫剂、杀螨剂情况下，以天敌的自然控制作用有效地控制果树害螨、蚜虫和金纹细蛾等次生性害虫的危害。大多研究结果支持了类似的观点。张硕（2018，2019）认为生草果园害虫的发生数量明显少于清耕果园；施药越频繁的果园害虫的发生数量越多，天敌发生数量越少。与清耕区相比，生草区害虫数量明显较少，天敌数量明显增多，害虫的平均发生量是清耕区的59%，果树上天敌的平均发生量是清耕区的1.4倍。果园喷施杀虫剂后，生草区果树上天敌数量的降幅明显小于清耕区，且恢复速度快于清耕区，说明果园种植紫花苜蓿有利于保护和增殖自然天敌，从而控制果树害虫。果园的最大益害比为1∶1.5，最小为1∶7.4，此时园内自然天敌可以有效控制害虫危害，不需要使用杀虫剂防治。该调查结果说明果园生草有利于天敌增殖以控制害虫，后期天敌数量多，少使用或不使用杀虫剂可显著增加越冬天敌数量，为翌年发挥天敌作用创造有利条件。宫永铭等（2004）肯定了苹果园地下用三叶草、苜蓿充分覆盖果园地面后，苹果树上的东亚小花蝽、七星瓢虫、龟纹瓢虫、异色瓢虫、草蛉、捕食螨、蜘蛛等，发生高峰期较对照提前7~10d，持续时间长，树上的种群密度比对照园增加60.93%~73.47%；地面三叶草上比对照园增加了17倍。全年仅喷布1次杀螨剂和2~3次杀虫剂，即可将苹果叶螨、蚜虫和潜叶蛾等害虫数量控制在经济危害允许水平。某些病虫害减轻或发生期推迟（宫永铭 等，2004；姜玉兰 等，2003）。宫永铭等同时发现，种草园中二斑叶螨为害有加重的趋势。众所周知三叶草、苜蓿等豆科植物是二斑叶螨的喜食植物，李爱华等（2009）认为这类植物为二斑叶螨提供了良好的中间寄主和越冬场所，有利于二斑叶螨繁衍和栖居。种植三叶草的苹果园二斑叶螨发生程度重于清耕果园。因此如果苹果园树下生草采用该类植物，一旦二斑叶螨大发生，就可能面临害螨失控的风险。

于丽辰等（2002a）报道了一个长满禾本科杂的苹果园，在二斑叶螨大发生的1997年，叶螨受到了高效自然控制的消息。同时在常规化防园（本所南一区45亩苹果园，杀螨剂使用8次）和自然防治园（植保苹果标本园5亩，不施药，地下以禾本科杂草为主，人工接种二斑叶螨）进行。将两个园的害螨和天敌进行对比。害螨开始为害时间：在常规化防园，二斑叶螨4月20日上树，山楂叶螨和苹果全爪螨于4月下旬出现；自然防治园中二斑叶螨6月10日上树，比常规化防园晚50天，山楂叶螨6月中旬，苹果全爪螨6月30日出现，比常规化防园晚40~50d。田间消长：常规化防园，从5月20日—8月10日害螨密度一直维持在防治指标（3头/叶）以上，三种害螨混合发生，全年出现2个峰值，即6月20日6.32头/叶，7月30日79.49头/叶；自然防治园，整个生长季节，三种害螨的活动态虫口密度均未达到防治指标，维持在2头/叶以下，全年出现2个峰值（6月20日为0.27头/叶；7月30日1.79头/叶）。优势种的演变：常规化防园中，6月10日以前山楂叶螨、苹果全爪螨为果园优势种，6月10日—6月20日，3种螨数量相当，6月21日—7月5日为转折期，7月5日以后二斑叶螨成为绝对的优势种，8月下旬树上螨口数量锐减，开始向树下转移，9月底从树上完全消失；自然防治园中，山楂叶螨为唯一的优势种群，8月10日之后迅速减少，8月底从树上消失。天敌：常规化防园，全年未查到天敌，天敌完全丧失了对害螨的抑制作用。自然防治园，天敌种类多、数量大，主要有东方钝绥螨、津川钝绥螨、温氏新小绥螨、灵敏新小绥螨、有益真绥螨、芬兰真绥螨、兴城盲走螨等捕食螨，其次为塔六点蓟马 *Scolothrip sexmaculatus*、微小花蝽 *Orius minutus*。天敌早于害螨在树上出现。由此可见，农药的使用对二斑叶螨转化为优势种群有推动作用；在自然天敌丰富的情况下，叶螨不能造成危害；富含禾本科杂草的果园二斑叶螨受到了抑制。

于丽辰等（2001）比较了苹果园地下5种地被植物和清耕对照对害螨的生态控制效果，除草坪（早熟禾）地被区，树上害螨数量全年在2.6头/叶以下，其他5个处理均超过了防治指标（3头/叶），依次顺序为大葱（7.8头）、大豆（12.2头）、红薯（16.9头）、对照（28.4头）、韭菜（32.4头）；全年害螨数量比较：草坪、大葱植被的树上害螨数量显著低于对照，韭菜则显著高于对照；大豆、红薯植被的害螨数量与对照差异不显著。捕食螨数量比较：草坪、大葱植被的捕食螨数量显著高于对照，韭菜植被显著低于对照，大豆、红薯与对照差异不显著。捕食螨与害螨数量相关性显著。张林林等（2020）报道了以自然生草加刈割的方式逐渐将果园杂草演变为以马唐 *Digitaria sanguinalis* 为主的苹果与杂草的复合生态模式，对比了施药与不施药两种模式下，清耕、生草［含地布+行间自然生草、自然生草（全园地下生草）］不同系统节肢动物类群变化，结果显示施药是对生态系统影响最大的因子，显著降低了物种多样性指数（H'）、均匀度指数（J）和丰富度（S），却增加了优势集中性指数，然而生草园无论是否施药，均比清耕果园显著增加了苹果园内的寄生性、捕食性天敌，以及中性个体的数量，其中寄生蜂、捕食螨数量和种类十分丰富；植食性种类多，但种群数量小。苹果园生草可增加节肢动物群落稳定性。该试验证明了苹果园自然生草的生态系统具有保持生态稳定的作用，可显著减小农药对生态系统的破坏力度。

3. 害螨生态调控技术

（1）害螨生态调控概念

在果园生态系统中，根据生态学的基本原理和生物多样性理论，增加系统中天敌的种类和数量，达到将害螨种群数量调控在防治指标之下的目的。

（2）生态调控原则

①增加果园的生物多样性

保留果园自然生长的杂草或人工种植的矮生植物，构成"果树-地被植物"立体生态系统，系统内的天敌种类和数量比清耕果园更丰富，害螨种群数量受到天敌的抑制，从而达到控制害螨的目的。

②改善果园小气候

通过合理疏剪，改善果园通风透光条件，降低果园湿度，创造不利于害虫害螨发生的条件。

③减少化学农药的使用

通过建立"果树-地被植物"立体生态系统，增加系统中的生物多样性，发挥自然天敌对害螨的控制作用，达到减少化学农药使用和减小对天敌的杀伤作用的目的。

(3) 生态调控措施

①地被植物选择、管理及天敌控害能力

选择没有或较少与果树有共同害螨种类的禾本科杂草作为地被植物的主体。通过人为管理果园自生杂草，抑制阔叶杂草的生长，使禾本科杂草逐渐成为优势地被植物，与果树共同构成果园立体生态结构。地被植物的主要管理方法为刈割，当地被植物生长至30～40cm高时，人工或机械刈割，留茬高度约10cm，割下的杂草置于行间或树下。

天敌控害能力，通常在由"果树–禾本科植被"的立体生态结构中，苹果园捕食螨与叶螨的益害比可以达到0.24～126，远远高于1.10∶7（Croft et al., 1977）。其他天敌如瓢虫、草蛉等种类和数量丰富，害螨种群数量被控制在每叶3头以下，可抑制害螨暴发。

②农业防治

树体修剪和肥水管理，保持合理密植，控制枝量；加强夏季修剪，疏除徒长枝和过密枝条，防止果园枝叶徒长，形成密闭生境，造成有利于害螨繁殖的条件。肥水均衡，树体强壮；增施有机肥，保持树体均衡生长，增强其抗虫能力。

③生物防治

人工补充释放捕食螨巴氏新小绥螨等或其他捕食性天敌，一般于5—6月间平均单叶害螨数量小于每叶2头，益害比低于0.24时，可释放捕食螨补充天敌。或在化学防治后进行捕食螨释放补充田间天敌，可采用方小端等（2012）的释放模式。

④化学防治

休眠期，春季萌芽前全园应喷施100倍矿物油乳剂或3波美度～5波美度石硫合剂等进行清园。

生长期防治，当害螨达到7头/叶时，而捕食螨益害比低于0.24时，可进行化学农药防治。应选择以矿物油为主导药剂，配合选用高效、低毒、低残留的生态相容性农药品种和剂型（可参见本节农药分析部分），同时药剂使用应符合GB/T 8321（中华人民共和国国家标准，2018）的要求并追踪国标的更新版本。应控制用药浓度和用药次数，交替、轮换使用不同作用机理的杀螨剂。建议施药方案：

a. 矿物油200倍液；或矿物油400倍液～500倍液＋杀螨剂；

b. 在害螨卵量较多时施用矿物油400倍液～500倍液＋杀螨剂＋杀卵剂。

（于丽辰　贺丽敏　于　斌　许长新　焦　蕊　张林林　李立涛）

第三节 植绥螨在棉花上的应用

一、棉花害螨主要种类

棉叶螨（cotton red spider mite）又称棉红蜘蛛。在我国为害棉花的叶螨主要有朱砂叶螨*Tetranychus cinnabarinus*（Boisduval）、截形叶螨*T. truncatus*、二斑叶螨*T. urticae*、土耳其斯坦叶螨*T. turkestani*和敦煌叶螨*T. dunhuangensis*，均属蛛形纲蜱螨亚纲真螨总目绒螨目叶螨科（洪晓月，2010）。叶螨能对棉花造成严重危害，因此，挖掘天敌资源，做好叶螨的生物防治，减少农药使用，对促进经济发展、生态安全有深远意义（鲁素玲 等，1997）。

二、控制棉花害螨的捕食螨种类

自然界分布的捕食叶螨的天敌种类较多，对棉田的捕食螨种类研究报道相对较少（黄明度，2011）。不同地区的棉田捕食螨种类不同，据20世纪报道棉田自然分布的捕食螨主要为绒螨科、赤螨科、大赤螨科及植绥螨科（鲁素玲 等，1989，1997；王瑞明 等，2003；徐文华 等，2003）；21世纪随着捕食螨天敌研究技术的开发和利用，引进和释放捕食螨以及开发本地捕食螨对棉叶螨进行控害的研究和应用逐渐增多，目前文献报道，能够控制棉叶螨的捕食螨主要有胡瓜新小绥螨*Neoseiulus cucumeris*（原名胡瓜钝绥螨*Amblyseius cucumeris*）、双尾新小绥螨*N. bicaudus*（王振辉 等，2015）、智利小植绥螨*Phytoseiulus persimilis*（王银方 等，2013a）、加州新小绥螨*N. californicus*（汪小东 等，2014a；李庆 等，2014）、温氏新小绥螨 *N. womersleyi*（原名拟长刺钝绥螨*A. pseudolongispinosus*）（吴振球，1980）等种类。

三、捕食螨对棉叶螨主要种类的捕食能力

不同棉区的棉花害螨均为复合种群，同一种捕食螨对不同害螨的捕食能力不同。如智利小植绥螨对土耳其斯坦叶螨、截形叶螨、朱砂叶螨的捕食中，智利小植绥螨雌成螨和若螨对三种棉叶螨均有捕食能力，其中雌成螨的捕食能力远大于若螨；在土耳其斯坦叶螨、截形叶螨和朱砂叶螨三种猎物中，智利小植绥螨雌成螨对土耳其斯坦叶螨的攻击率（a）最高，为0.67，对朱砂叶螨的攻击率最低，为0.21；对土耳其斯坦叶螨的捕食能力最强，为10.73，对截形叶螨的捕食能力为8.20，对朱砂叶螨的捕食能力最弱，为3.75（王银方 等，2013a）。

加州新小绥螨雌成螨在25℃对朱砂叶螨卵、幼螨、若螨和成螨的捕食能力a/Th 值分别为42.42、81.63、54.30和17.94，对朱砂叶螨幼螨、若螨和卵的控制力高于对成螨的。在31℃时，加州新小绥螨对朱砂叶螨雌成螨日均捕食量和对猎物的控制能力a/Th达最大值，分别为10.80头和29.54（李庆 等，2014）。加州新小绥螨雌成螨在28℃时对土耳其斯坦叶螨捕食能力最强，对其雌成螨、若螨和卵的攻击系数分别为0.63、0.72、0.76，最大日捕食量分别为10.81头、24.89头和40.82粒（汪小东 等，2014a）。

加州新小绥螨在28℃时对截形叶螨的雌成螨、若螨和卵的捕食能力分别为5.07、9.79和21.53。温度高于28℃之后，其捕食能力开始逐渐降低（汪小东 等，2014b）。

双尾新小绥螨对土耳其斯坦叶螨和截形叶螨的各个螨态均可捕食，对土耳其斯坦叶螨雌成螨的攻击率最大，为1.41，而对卵的攻击率最小，为0.93。对卵的处理时间（T_h）最短，为0.008，对成螨的处理时间最长0.076；对卵的日捕食量最大可以达到125.00头，对若Ⅰ和若Ⅱ的日最大捕食量分别为71.43头/d和45.46头/d，对成螨的日最大捕食量为13.16头/d（王振辉 等，2015）。双尾新小绥螨对截形叶螨雌成螨的攻击率最大，为1.09，而对卵的攻击率最小，为0.99。对卵的日捕食量最大可以达到108.0头，对若Ⅰ和若Ⅱ的日最大捕食量分别为47.80头/d和45.40头/d，对成螨的日最大捕食量为7.20头/d（Zhang et al., 2017）。

同种捕食螨对同一种棉花害螨不同虫态取食偏好性不同，如智利小植绥螨幼螨喜食棉叶螨（朱砂叶螨）的若螨和卵，成螨喜食棉叶螨的成螨和若螨（成文禄，2004）。温氏新小绥螨若虫期平均捕食红蜘蛛卵28.6粒，成虫平均每天捕食成、若虫16.7头，更喜食叶螨的卵（吴振球，1980）。加州新小绥螨对于朱砂叶螨的幼螨和若螨的控制能力相对于其他螨态要强（崔琦，2013）。而加州新小绥螨雌成螨在16~32℃温度范围内，对土耳其斯坦叶螨各螨态的捕食量为卵＞若螨＞雌成螨（汪小东 等，2014a），双尾新小绥螨雌成螨每日对截形叶螨卵和幼螨的捕食量（106.8粒/d/雌和45.4头/d/雌）要显著大于土耳其斯坦叶螨（64.4粒/d/雌和39.4头/d/雌），而对两种叶螨的若螨和成螨捕食量无明显差异（王振辉 等，2015）。

四、捕食螨在棉田的扩散能力

捕食螨在棉田的扩散能力和搜索能力对捕食螨防效有重要作用，扩散速度与猎物密度、寄主品种有很大关系，作物的栽培方式也影响着其在植株间的扩散速度。捕食螨在植株上的扩散能力包括垂直扩散即株内扩散，以及水平扩散即株间扩散。智利小植绥螨在株内扩散需按益害比1∶10在一株棉株上释放捕食螨，把智利小植绥螨集中放在植株的顶部。智利小植绥螨的垂直扩散速度是很快的，释放后5d，就可扩散到植株的各个部位。智利小植绥螨在植株上的分布一般和棉叶螨分布是一致的，释放后可迅速扩散到植株有棉叶螨的部位，这种习性有利于控制害螨的发展。但是智利小植绥螨的水平扩散速度很慢。在一株棉株上释放智利小植绥螨后7d，只有约16%的相邻的植株上有捕食螨，17d仅有约40%的相邻植株上有捕食螨。智利小植绥螨有趋向高密度猎物的习性，因此，应采用每株释放的方法，以利于智利小植绥螨在最短时间内到达有棉叶螨的部位（成文禄，2004）。

五、捕食螨对棉叶螨田间控害效果

21世纪前，国内捕食螨的规模化生产技术一直没有重大突破，因此，捕食螨的规模化释放应用相对较少，对田间自然种群的保护利用较多。进入21世纪后，随着规模化生产技术的成熟、生产量的扩大，以及生产的捕食螨种类的增加，捕食螨的规模化释放成为可能并获得较多应用（徐学农 等，2013b）。目前棉田释放的捕食螨主要是胡瓜新小绥螨，其次为双尾新小绥螨和智利小植绥螨。

张艳璇等研究了胡瓜新小绥螨在新疆棉花叶螨防治中所起的作用。2003 年在新疆生产建设兵团第六师新湖农场释放胡瓜新小绥螨。研究结果表明，胡瓜新小绥螨对棉叶螨有很好的控制作用，在释放捕食螨5d后防效达61.3%，释放25d后防效达64%，释放35d后防效达93%。同年在第六师共青团农场、芳草湖农场、106团等地棉田进行不同释放时间和释放量的试验，面积116.6hm^2，平均防效85%~90%，减少农药使用3~4次。2004年由于比2003年提早10天在棉田释放胡瓜新小绥螨，并以控制中心发生株为主，很好地控制棉叶螨向周边扩散蔓延。释放后第5d防效达61.5%、10d后达87.13%、20d后达到92.28%，直至棉花采收，棉叶螨一直被控制在经济阈值以下，对照区由于受棉叶螨严重危害，在7月下旬叶片全部脱落、植株干死（张艳璇 等，2005）。

双尾新小绥螨为新疆本地捕食螨，在整个生防期间，三个生防区叶螨种群的数量始终低于对照区，其中1∶5生防区叶螨总量仅是对照区螨量的25%~47%，1∶10生防区叶螨总量是对照区螨量的19%~56%，在三个生防小区中最高，约是对照区螨量的41%~73%。释放双尾新小绥螨可有效地抑制土耳其斯坦叶螨种群的数量增长。因此应用双尾新小绥螨在棉田对土耳其斯坦叶螨进行生物防治时，推荐最佳释放比例1∶10（董芳 等，2019）。

在棉花上，按益害比1∶160释放智利小植绥螨，10d后棉株上的棉叶螨全被吃光。捕食螨在棉株上的转移，主要取决于食料，当益害比大于1∶5时，捕食螨开始转移，13d后邻近植株上的棉叶螨可全部被捕食。在田间有棉叶螨的棉株上放智利小植绥螨，1d后捕食螨定居数为40%，7d后捕食螨增加24倍（成文禄，2004）。1头温氏新小绥螨雌成螨能控制10~100头棉叶螨，以1∶50接虫（益害比），3d后棉叶螨虫量后下降20.8%，5d后下降84.6%，7d后下降96.9%，10d后完全消灭（吴振球 等，1980）。

在叶螨发生初期释放捕食螨控制棉叶螨的效果明显，当害螨大发生时，控制效果不是很理想。因此，如何和化学农药协调作用显得很有必要。司嘉怡等报道了阿维菌素、印楝素、苦参碱、除虫菊素和吡虫啉5种常用杀虫剂分别与胡瓜新小绥螨对棉田朱砂叶螨的联合防治效果。结果表明：1.8%阿维菌素EW（1∶8 000）处理6d后释放胡瓜新小绥螨对朱砂叶螨的防治效果最佳，20d后相对防治效果高达96.63%；其次是0.3%印楝素EC（1∶250）处理7d后释放胡瓜新小绥螨，1d和20d后防效分别为59.7%和90.16%；0.5%苦参碱AS（1∶2 000）处理6d后释放胡瓜新小绥螨，20d后相对防治效果达到82.65%（司嘉怡 等，2016）。符振实在室内生测的基础上，在大田用对双尾新小绥螨相对安全的丁氟螨酯联合释放双尾新小绥螨，结果表明，先施用丁氟螨酯后释放双尾新小绥螨，对棉叶螨的防治效果在57%以上，最高达到了93.34%，防效其次的为先释放双尾小绥螨后施用丁氟螨酯的生防区，效果第三的为只释放双尾新小绥螨的生防区（符振实 等，2020）。因此在棉叶螨大发生时，先使用对捕食螨安全的药剂降低害螨数量，然后根据叶螨技术释放捕食螨，即可很好控制害螨，也可以降低棉田化学农药使用次数。

（张建萍）

第四节 植绥螨在天然橡胶林上的应用

巴西橡胶树原产南美亚马孙河流域的热带雨林，是大戟科三叶橡胶属巴西橡胶树种，是热带重要的经济作物之一，也是国防重要的战略资源。我国橡胶树分布在海南、云南、广东等地（黄慧德，2017），其在海南和云南农业生产中占有极其重要的地位。

据报道，我国橡胶上的害虫种类多达185种，分属3纲11目，主要有吸汁类叶螨、蚧壳虫、蛀干类小蠹虫和白蚁（王云忠 等，2016）。蚧壳虫主要有矢尖蚧、橡副珠蜡蚧 Parasaissetia nigra、橄珠蜡蚧等（陈邓 等，2009），小蠹虫主要有两色足距小蠹 Xyleborus discolor、橡胶材小蠹 Xyleborus affinis 等（殷涛，2018），白蚁主要有黄翅大白蚁 Macrotermes barneyi、小头钩白蚁 Ancistrotermes dimorphus、黑翅土白蚁 Odontotermes fromosaus 等（陈邓 等，2009；袁浩 等，2021）。害螨类主要有六点始叶螨 Eotetranychus sexmaculatus、朱砂叶螨 Tetranychus cinnabarinus、东方真叶螨 Eotetranychus orientalis、海南小爪螨 Oligonychus hainanensis、华南短须螨 Brevipalpus huananis、柑橘全爪螨 Panonychus citri、比哈小爪螨 Oligonychus biharen 等（林延谋 等，1995；周明 等，2008；吴忠华 等，2014；贾静静 等，2019）。六点始叶螨、比哈小爪螨主要为害开割胶林，朱砂叶螨主要为害中、幼林地，其他害螨主要为害苗圃和定植1～2年的幼林地（周明 等，2008），海南小爪螨更喜好为害老叶（吴忠华 等，2014）。

国外有关报道中为害橡胶的害螨主要是 Calacarus heveae 和 Tenuipalpus heveae 等。六点始叶螨在橡胶上鲜有发生，其主要为害柑橘、油梨等植物（Deus et al., 2012）。

近年来，六点始叶螨在我国海南、云南等地橡胶园大面积发生，受害橡胶树叶片枯黄脱落，严重影响橡胶乳胶产量，甚至造成割胶停顿或整株死亡。六点始叶螨还常与橡胶常见的炭疽病和白粉病同期发生，增加了橡胶种植业的经济损失，是橡胶产业发展面临的重要威胁。

一、六点始叶螨在天然橡胶上的发生概况

六点始叶螨又叫六斑始叶螨、橡胶黄蜘蛛，隶属蛛形纲真螨目叶螨科。该螨以刺吸式口器吸食橡胶汁液，成螨、若螨和幼螨均可为害，常常导致橡胶二次落叶，严重影响胶乳产量，还会导致树势衰弱，诱发次期性害虫，为害加剧。

六点始叶螨在我国主要为害橡胶开割树，还可为害柑橘、油梨、油桐、柚子、番石榴、菠萝蜜、龙眼、茶树、台湾相思、苦楝、樱桃、葡萄等50多种植物（杨光融 等，1983；杨光融，1987；李智全，1998；刘公民 等，2010），最喜为害橡胶（李智全，1998），是橡胶园数量最多、为害最严重的害螨种类（林延谋 等，1985；周明 等，2008）。

六点始叶螨在海南无越冬现象，终年可见其为害（杨光融 等，1983），云南和海南在地理位置和气候上存在一定的差异，两地橡胶树上的害螨和捕食螨的种类与数量也存在着较大的差异。害螨在海南发生边代数为23代/年，在云南害螨和捕食螨发生世代数分别为18～19代/年（周明 等，2008）和27～32代/年（吴忠华 等，2015），世代重叠严重。

据有关文献，我国橡胶害螨自1972年首次暴发以来，又分别在1980年、1993年、1995年、2004年、2008年、2009年多次在植胶区大面积发生（李智全，1998；王树明 等，2007a；邬国良 等，2010），

橡胶害螨频发对橡胶产业的发展是一个巨大的挑战。橡胶害螨一度成灾的原因以及橡胶捕食螨的保护利用尤其值得我们关注和探讨。

二、橡胶六点始叶螨的防治

林延谋等人研究了海南橡胶不同品种对六点始叶螨的抗性，认为六点始叶螨的发生与橡胶品系无关，与物候期有关，橡胶树的古铜物候期对六点始叶螨的生长发育最有利（杨光融 等，1983），是其发生流行的重要因素。李涛等2016年研究发现云南橡胶六点始叶螨每年常有2~3个发生高峰期，时间分别集中在4月、6月及9月（李涛 等，2016）。目前，国内对六点始叶螨的防治主要是采取化学防治措施，鲜有生物防治应用等报道。

林延谋等人研究认为用20%三氯杀螨砜喷雾效果较好，硫黄粉对天敌植绥螨杀伤力强，喷药后害螨很快回升（林延谋 等，1985）。林延谋等人还利用40%氧化乐果进行涂干防治六点始叶螨，结果虽能有效抑制害螨，但均产生了药害，不建议使用（林延谋 等，1987）。李智全采用石灰加硫黄粉进行防治，但防治效果不理想，而新剂型农药克螨特烟剂防治效果较好。

随着橡胶病虫害防治用药水平的提高及农药剂型的发展，热雾剂逐渐成为橡胶病虫害防治药剂的首选。王树明等分别采用30%敌畏·哒热雾剂、杀螨卫士热雾剂及哒螨灵热雾剂防治六点始叶螨，收到较好的防治效果（王树明 等，2007b）。

螨类是极易产生抗药性的生物种类之一，国内外关于作物螨类抗药性的研究报道较多。有关研究结果表明，六点始叶螨已经对多种农药出现了不同程度的抗药性（李培征 等，2008；郝慧华 等，2009）。橡胶害螨的抗药性问题突出也是限制橡胶生产发展的严重问题之一。李培征等人测定了海南橡胶上的六点始叶螨对常用杀螨剂的抗药性，结果发现六点始叶螨对常见供试药剂出现不同程度的抗药性，但对阿维菌素抗药性相对不明显，建议考虑阿维菌素混配热雾剂的开发使用（李培征 等，2008）。阿维菌素在橡胶病虫害的防治中常与其他农药复配制成热雾剂。邬国良等人配制并测定了15%哒·阿维热雾剂对海南橡胶六点始叶螨的药效，结果发现哒·阿维热雾剂是防治六点始叶螨相对理想的药剂，建议在热雾剂中添加植物抗蒸腾效应物质以促进螨害与旱害的协同防治（邬国良 等，2010）。

化学防治虽然能在短时间内快速有效地控制害螨数量，但是，橡胶树冠高大，化学药剂施药操作难度高，用药量大，化学防治成本高，橡胶叶螨抗药性增长过快（李培征 等，2008；郝慧华 等，2009；王进强 等，2010），化学防治的"3R"问题突出，对自然环境污染较大，同时，害螨为害初期的症状不易被观察，往往是一经发现已属严重发生，错过了化学防治的最佳时期。上述原因使得对六点始叶螨的有效防治难度增大。

三、橡胶害螨的生物防治

生物防治相对于化学防治，具有无毒无害、对人畜安全、对环境友好等特点，逐步受到普遍重视。目前，国外有关报道中橡胶上的捕食螨主要是橘叶真绥螨*Euseius citrifolius*、同心真绥螨*E. concordis*、过渡盲走螨*Typhlodromus annectens*、山茶后绥伦螨*Metaseiulus camelliae*和*Amblyseius compositus*等（Zacarios et al.，2001；De Vis et al.，2006）。有关在橡胶害螨的生物防治中应用捕食螨的研究鲜有报道。我国橡胶害螨的生物防治研究主要集中在对天敌种类资源的调查、捕食能力研究以及捕食螨的人工繁殖研究方面。

林延谋等人于1978—1979年对海南橡胶上的六点始叶螨的重要天敌纽氏肩绥螨（原名纽氏钝绥螨）进行了基础研究，认为纽氏肩绥螨是抑制橡胶园叶螨数量变化的有力因子之一（林延谋 等，1993）。林延谋（1984）对海南、湛江橡胶树的螨类进行了调查，发现橡胶捕食螨主要是植绥螨科、长须螨科和大赤螨科，并指出橡胶园钝绥螨是制约害螨暴发的有效天敌。六点始叶螨的自然天敌有10多种，以植绥螨所起作用最大（华南热带作物学院，1989）。吴忠华等（2014）研究发现云南西双版纳橡胶树捕食螨有卵圆真绥螨和草栖钝绥螨2种，同时研究指出捕食螨是西双版纳橡胶上六点始叶螨的天敌优势种群，应用前景较好。贾静静等人研究了加州新小绥螨和尼氏真绥螨对3种橡胶叶螨的控害效能，认为加州新小绥螨和尼氏真绥螨在橡胶叶螨的生物防治中均具有很高的利用价值，其中，加州新小绥螨能适应35℃的高温条件，可作为热带亚热带植胶区叶螨的重要天敌资源进行利用（贾静静，2019），尼氏真绥螨对六点始叶螨的控害效果最佳，可以将尼氏真绥螨作为橡胶害螨的优势天敌加以利用（贾静静 等，2019）。

张方平等（2010）以橡胶六点始叶螨的成螨为猎物，测定了拟小食螨瓢虫对六点始叶螨的捕食作用，认为拟小食螨瓢虫也是可以用于防治六点始叶螨的生防资源。朱国渊等（2019）发现云南兼食瓢虫 *Micraspis yunnanensis* 是云南橡胶叶螨的新天敌。

半个世纪以来，橡胶害螨几经大发生，害螨发生面积、防治用药、橡胶园气候环境、种植模式及栽培品种等均已发生变化，这些变化也势必影响到橡胶害螨及其天敌种类的变化。郝慧华在2015—2016年，按不同区域，分不同季节对海南橡胶园捕食螨的种类进行了广泛的调查研究，在海南岛的橡胶树上共采集到植绥螨科Phytoseiidae钱绥螨属*Chanteius*、真绥螨属*Euseius*、新小绥螨属*Neoseiulus*、钝绥螨属*Amblyseius*、肩绥螨属*Scapulaseius* 共5属13种捕食螨，其中邻近钱绥螨和卵圆真绥螨分别为海南南部和北部橡胶园的本地优势种捕食螨。邻近钱绥螨在海南分布数量最多、面积相对较广，为海南橡胶园本地捕食螨的特优种（郝慧华，2019）。卵圆真绥螨还可取食东方真叶螨、跗线螨、杧果小爪螨、西花蓟马等多种小型害虫害螨，在国内多个省市分布较广，开发应用前景较好，是海南橡胶园最具开发利用价值的本地捕食螨。

采用智利小植绥螨、胡瓜新小绥螨、斯氏钝绥螨和巴氏新小绥螨4种商品捕食螨和本地橡胶园的捕食螨优势种卵圆真绥螨，研究这5种捕食螨对六点始叶螨的取食情况以筛选可用于田间释放的捕食螨。斯氏钝绥螨对六点始叶螨卵和幼螨的取食量相对较高，应在六点始叶螨的产卵期或幼螨孵化期释放为佳，巴氏新小绥螨对六点始叶螨若螨和成螨的取食量相对较高，应在六点始叶螨的若螨发生高峰期释放为佳。

从目前商品捕食螨的市场供应来看，智利小植绥螨虽然在捕食六点始叶螨方面表现出绝对的优势，但智利小植绥螨的市场商品供应量相对紧缺，不能满足及时、大量的市场应用。胡瓜新小绥螨虽然在柑橘、草莓、棉花、蔬菜、茶叶等方面的应用十分广泛，但对六点始叶螨的捕食量相对较小，室内捕食测定时逃逸率相对较高，不适合用于橡胶上对六点始叶螨的控制。卵圆真绥螨在海南橡胶园拥有相对的种群数量优势，对橡胶上六点始叶螨各螨态均具有良好的取食表现，但目前尚不能大规模饲养。如果智利小植绥螨、卵圆真绥螨的大规模繁殖饲养技术被攻克，能够较好地满足市场需求，必将对橡胶害螨的生物防治起到巨大的推动作用。

四、海南橡胶园捕食螨种类及分布

海南橡胶园捕食螨种类及分布见表11。郝慧华2019年采集到海南橡胶园植绥螨科的13种捕食螨，它们分别是钱绥螨属*Chanteius*的邻近钱绥螨，真绥螨属*Euseius*的卵圆真绥螨、普通真绥螨*E. vulgaris*、拟普通真绥螨*E. subplebeius*、南方真绥螨*E. australis*，肩绥螨属*Scapulaseius*的纽氏肩绥螨*Scapulaseius* newsami、建阳肩绥螨S. jianyangensis、亚洲肩绥螨S. asiaticus，新小绥螨属Neoseiulus的温氏新小绥螨Neoseiulus womersleyi（原名拟长刺新小绥螨N. pseudolongispinosus），钝绥螨属Amblyseius的海南钝绥螨A. hainanensis、草栖钝绥螨A. herbicolus、拉哥钝绥螨A. largoensis、隘腰钝绥螨A. cinctus。

在海南橡胶园各捕食螨的种类中以邻近钱绥螨的数量最多，其次是卵圆真绥螨、海南钝绥螨、普通真绥螨，再次是建阳肩绥螨、草栖钝绥螨及拉哥钝绥螨，其他种类的捕食螨则普遍较低。

以上发现的本地橡胶园植绥螨对六点始叶螨的捕食能力强，对橡胶园环境适应性强，具有重要的开发利用价值，科学研究及实践应用中应加快此类捕食螨的应用技术开发。在实际生产中，我们还应加强对橡胶园植绥螨的田间保护研究，做好橡胶病虫害的预测预报，争取及早防治和采用生物防治。

表11　海南橡胶园捕食螨种类及分布

科属名称		捕食螨种类	分布地点	捕食螨比例/%
植绥螨科 Phytoseiidae	钱绥螨属 Chanteius	邻近钱绥螨 C. contiguus	保亭、昌江、万宁、三亚、乐东、五指山、琼中、屯昌、定安	27.84
	真绥螨属 Euseius	卵圆真绥螨 E. ovalis	白沙、儋州、临高、澄迈、屯昌、海口	14.64
		普通真绥螨 E. vulgaris	昌江、陵水、琼中、东方、白沙	13.78
		拟普通真绥螨 E. subplebeius	昌江、五指山	0.86
		南方真绥螨 E. australis	陵水、三亚	0.86
	肩绥螨属 Scapulaseius	纽氏肩绥螨 S. newsami	儋州、临高	0.86
		建阳肩绥螨 S. jianyangensis	陵水、万宁、琼中、屯昌、定安、琼海、海口、文昌	10.76
		亚洲肩绥螨 S. asiaticus	儋州、白沙	0.86
	新小绥螨属 Neoseiulus	温氏新小绥螨 N. womersleyi	儋州、澄迈	0.44
	钝绥螨属 Amblyseius	海南钝绥螨 A. hainanensis	保亭、陵水、万宁、三亚、东方、乐东、五指山、琼山、临高、屯昌、定安、琼海	14.20
		草栖钝绥螨 A. herbicolus	昌江、陵水、万宁、五指山、琼中、澄迈、屯昌、定安、海口	8.61
		拉哥钝绥螨 A. largoensis	保亭、陵水、白沙、儋州、临高、澄迈、定安、琼海、海口、文昌	5.88
		隘腰钝绥螨 A. cinctus	儋州、临高	0.44

郝慧华在2016年1月至2018年12月进行了橡胶园捕食螨优势种卵圆真绥螨与六点始叶螨的田间种群动态调查，见图195。

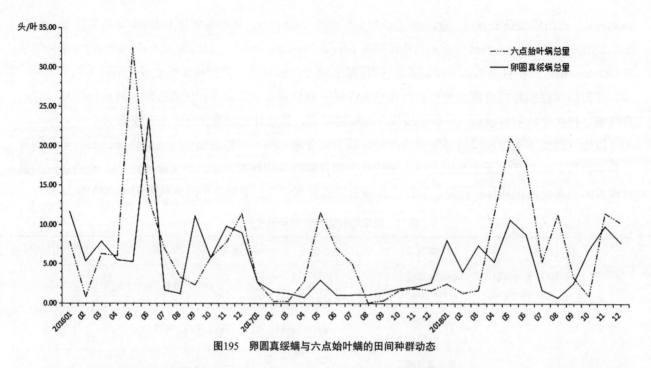

图195 卵圆真绥螨与六点始叶螨的田间种群动态

六点始叶螨和卵圆真绥螨橡胶园在一年内有2~4次明显的种群数量高峰,六点始叶螨的田间种群数量在3—4月开始明显迅速回升,5—7月往往有1次相对较高的种群数量高峰,10—12月往往还会再有1~2次的发生高峰。卵圆真绥螨在1—3月,以及9—11月的田间种群数甚至超过六点始叶螨的种群数量,将六点始叶螨的种群数量限制在相对较低的水平之下。卵圆真绥螨9—10月和翌年1—3月,在较长的时间内能够将六点始叶螨的田间种群数量限制在较低的数量水平,大大降低翌年六点始叶螨的发生基数,对六点始叶螨是一个重要的限制因素,可以减少橡胶六点始叶螨的大发生概率。4—10月,卵圆真绥螨的田间种群数量明显随着六点始叶螨的田间种群数量的变化而波动,表现出明显的跟随效应,卵圆真绥螨等捕食螨对六点始叶螨的发生起着重要的调节作用。农业生产中尤其应注意加强保护和开发利用。

五、捕食螨在橡胶园的保护与利用

橡胶园田间捕食螨的保护利用方面,建议注意做好橡胶园清园、留草与间种,也可以将带有较多病虫害的落叶集中制成堆沤肥。

在橡胶落叶上、林下自然生长的橡胶幼苗叶片上均有相对较多的六点始叶螨,但捕食螨分布较少。所以,应在落叶期及时清园,重点清除田间林下分布的橡胶幼苗,减少翌年害螨的发生基数。同时,林下适当留种藿香蓟等开花植物,为捕食螨提供花粉等补充食物和栖息场所。

在病虫害发生严重的年份,还可以在橡胶落叶期,选择在发生严重的林段上,将大量落叶集中堆沤,制成有机肥;在暖冬年份,也可以在橡胶园周边的林下增加种植豇豆,这对橡胶园捕食螨优势种卵圆真绥螨有较好的保护作用。

李图宝(2018)研究橡胶林常见病虫害防控策略时建议在局部特别干旱地区的橡胶林周围种植六点始叶螨的寄生树种护林,减少六点始叶螨的生存空间。卵圆真绥螨在洋紫荆、台湾相思等植物上的种群数量较大。这两种树种开花时间分别在11月至翌年3—5月,其花粉均是卵圆真绥螨相对喜食的,可以有效提高植绥螨田间越冬的存活率。建议在橡胶园田间林下间种或在林间道路两旁种植洋紫荆、台湾相思等树种，保护植绥螨顺利越冬。

1. 化学农药的筛选与使用

郝慧华（2019）研究测定了生产上常用的11种农药对斯氏钝绥螨和巴氏新小绥螨的室内毒力，结果表明11种农药中，对斯氏钝绥螨和巴氏新小绥螨毒力最高的均是乙唑螨腈，最低的是联苯肼酯。乙唑螨腈对害螨杀螨效果较好，但对捕食螨的毒杀作用也比较强，综合防治中尤其应注意其安全间隔期。2种捕食螨对11种农药的敏感性略有不同，巴氏新小绥螨相对斯氏钝绥螨对农药的敏感性更强，若结合化学防治，喷药后田间释放巴氏新小绥螨的间隔时间应比释放斯氏钝绥螨的时间更长些为宜，对为害严重的抗性叶螨防治时可优先考虑释放斯氏钝绥螨。阿维菌素对斯氏钝绥螨和巴氏新小绥螨的毒力均比三氟氯氰菊酯的大，在橡胶病虫害的防治应用中应适当减少阿维菌素的使用频率，以减少对田间捕食螨天敌生物的影响。

阿维菌素和三氟氯氰菊酯在供试药剂中对2种植绥螨的毒力居中，阿维菌素对斯氏钝绥螨和巴氏新小绥螨的毒力均比三氟氯氰菊酯的大，但二者除了有杀螨作用外还具有杀虫作用，且杀虫谱广，在橡胶生产中的应用广泛，使用频率较高。在橡胶病虫害的防治应用中应加强病虫害的预测预报，尤其应注意农药的残留期对植绥螨的影响，适当延长化学农药与植绥螨释放之间的间隔时间，注意减少阿维菌素的使用频率，以减少对田间植绥螨天敌生物的影响。

2. 人工释放植绥螨在橡胶园的应用

六点始叶螨的发生受气候和橡胶物候期的影响较大，利用植绥螨防治六点始叶螨在田间应用开展时，应立足海南橡胶生产实际，做好橡胶病虫害预测预报，掌握用好橡胶园"以螨治螨"生物防治应用的关键技术和配套技术，还应制订相应的橡胶病虫害综合治理方案并提前组织技术培训，关键是及时抓住防治适期，组织协调多方力量参与，齐抓共建。

3. 植绥螨在橡胶园田间释放的关键技术

植绥螨在橡胶害螨的生物防治中具有巨大的应用潜力，结合海南橡胶园的生境特点，植绥螨在橡胶害螨防治应用中的关键技术如下。

（1）清园

对于橡胶园管理而言，农户一般在割胶开始前进行1~2次除草等清园工作。植绥螨的释放可在橡胶清园结束后一周进行。对于橡胶苗圃而言，除草之前不宜进行淹没式释放。橡胶园成林环境相对比较密闭阴凉，林下杂草相对较少，释放前也可以不进行清园。

（2）林下种（留）草

林下种草或留草可以为越冬植绥螨提供良好的栖息环境和补充食物源，尤其在橡胶落叶期，有利于田间植绥螨种群的繁衍生息，较好地维持田间生态系统的稳定性。

橡胶林下的除草尽量不用或少用化学除草剂，或者仅留中间杂草带，也可在林下种植开花植物，植物种类可以选择豇豆、蓖麻、蕨类植物、藿香蓟等。植绥螨释放前、后1个月均不宜使用化学除草剂。

(3) 释放适期

根据六点始叶螨的田间种群发生动态特点，海南橡胶园一年内往往有2~4个害螨发生高峰，释放适期应安排在叶螨发生高峰之前的1~2个月，即在2—3月橡胶的古铜物候期释放；若叶螨发生严重，可在同年8—9月再释放1次。正常情况下，在六点始叶螨常年发生较重的部分林段，可以在春、秋释放1~2次，第二次释放可适当减少释放用量。

每年2—3月的橡胶换叶期，害螨种群数量处于较低的水平，但是随着气候的变暖和新叶的老化，老叶上的害螨迅速转移至快速生长的新叶上，蔓延扩散，为害范围扩大，同时新叶营养及气候环境条件较适宜六点始叶螨的生长繁殖，叶螨种群数量增长较快，因此每年的2—3月是防治的关键期。

若田间六点始叶螨连年（3年以上）发生数量较低，2—3月的田间六点始叶螨数量长时间稳定在11.5头/叶以下，则田间植绥螨的自然种群即可控制六点始叶螨的发展，本年度内往往不易大发生。若六点始叶螨田间种群数量在11.5~23.4头/叶，则可以通过释放植绥螨达到不使用化学农药即可控制六点始叶螨的效果。若六点始叶螨田间种群数量长时间超过23.4头/叶，则需要结合化学防治和气候特点进行植绥螨释放，才能达到理想的防治效果。化学防治时应注意选择对植绥螨毒力相对较小的联苯肼酯、乙螨唑等农药，并注意农药残留对植绥螨的影响，化学防治后至植绥螨释放的时间间隔在一个月以上。不同地区应根据害螨的发生规律及程度，选择适宜的释放时间。如果害螨连年发生数量较大，持续时间较长，建议一年释放2次，即在春季2—3月释放后，于秋季落叶高峰期，在田间林下地面落叶上以较低密度的淹没式释放法再释放一次。

(4) 释放方法

目前生产上常用的植绥螨田间释放方法主要有两种：接种式释放方法和淹没式释放方法。在海南橡胶园的植绥螨田间释放应用中，这2种方法都适用，但根据不同的橡胶园环境特点和叶螨发生的不同程度，应选用不同的释放方法。

①接种式释放方法

接种式释放方法又被称为悬挂式释放法。该法主要采用树体挂袋或枝干悬挂简易释放器的方式，适合于害螨刚发生或尚未发生的田间害螨种群较低的情况，或树体高大、林下无橡胶苗圃的开割林且害螨发生密度较小的情况。接种式释放仅是进行少量的局部释放，起到预防和及时控制的作用，所以，应提前关注橡胶病虫害的预测预报工作。接种式释放每次释放所需植绥螨的数量较少，但需要多次释放，可参考市场上的慢速释放袋或利用一次性纸杯自制简易释放器完成。

②淹没式释放方法

该法适合于害螨种群密度较高的情况，或林下有橡胶苗圃的开割林。淹没式释放可以在短时间内控制害螨的发生，但需要释放大量的植绥螨。进行淹没式释放时，直接将植绥螨连同麦麸等饲养基质一起人工撒施到中下部的叶片上，也可以撒施到较低的树杈空间。对于枝叶和树杈都较高的橡胶树，可以用地上的橡胶叶片卡在胶碗旁边的铁丝上，然后将植绥螨撒施在叶片上，但要注意天气，避免风雨影响，根据实际情况也可以探索采用无人机进行释放，可大大提高释放效率。淹没式释放一般只能人工进行，需要选择合适的包装规格进行。

（5）释放数量

接种式释放时，根据害螨发生情况采用每株一袋或隔株一袋，连年释放的园地可以视害螨发生情况，隔行释放或隔株释放以减少释放次数和单位面积内的释放量。

淹没式释放时，根据害螨发生情况，于橡胶园周边低矮的开割树枝干或林下苗圃的幼苗上撒施，用量每株一袋或根据幼苗植株大小和害螨发生情况酌量增减释放量。

4. 植绥螨在橡胶园中的释放建议

植绥螨等天敌生物的释放技术亟待普及，尤其是生产一线的海南胶农对此知之甚少。同时，我们对购买的植绥螨材料进行检测时发现，植绥螨材料内部的温度可达33～35℃，植绥螨作为微小型生物，在这样长时间的运输中极易因高温致死。因此，植绥螨由工厂到田间的冷链运输中如何保障其存活率和捕食活性，也是一个值得关注的问题。除此之外，植绥螨对六点始叶螨的防治效果还跟橡胶园环境、植绥螨的释放技术，以及化学防治等环节有着紧密的关系。故建议如下。

（1）植绥螨释放后1～2个月内不喷洒农药

释放植绥螨后1～2个月内不喷洒任何农药。但当其他病虫突发，必须喷药时应参考斯氏钝绥螨对常用农药的毒力大小，即乙唑螨腈＞毒死蜱＞虫螨腈＞喹螨醚＞阿维菌素＞炔螨特＞三氟氯氰菊酯＞哒螨灵＞乙螨唑＞丁氟螨酯＞联苯肼酯，合理选择对植绥螨毒性较低的农药。

释放植绥螨后一般在1～2个月后方可达到较高的防治效果，因此初始阶段不应因看不到防治效果而放弃，应加强对植绥螨等生物防治作用特点的正确认识。

（2）植绥螨的储运

海南省地处热带、亚热带，常年温度较高，植绥螨因高温贮存，螨虫个体小，包装箱透气通风有限，往往到货时植绥螨已经大量死亡。植绥螨要求的储运条件较高，要求冷链运输，运输中应使用冰袋、冷藏、通风透气等低温运输技术，最好采用空运，暂时贮存时应置于15～20℃的空调房。

同时，建议政府有关部门加大对天敌生产企业，尤其是物流运输企业的支持力度，在先进的低温运输车引进、生物运输包装材料的研发与使用、活体冷链运输优先等方面给予支持，保障活体生物商品冷链运输的安全与快捷，充分保障天敌等生物产品的田间释放效果。

（3）植绥螨产品应随用随买

植绥螨作为生防作用物，极不耐储运，应提前计划购买和施用的时间，随用随买，不应提前购买。储存中装有植绥螨的释放袋应保持通风透气，避免挤压。

（4）植绥螨出厂后应在7d内尽快释放

植绥螨作为生物防治作用物具有生物特性，不耐贮存，所以出厂后应尽快释放，一般不超过7d。否则，植绥螨容易发生逃逸和高温致死等情况，影响释放效果并造成室内环境污染。

(5) 做好田间病虫害预测预报，掌握防治适期

为达到较好的田间释放效果，应提前了解田间病虫害的发生动态或农技部门发布的病虫害预测预报，及时掌握防治适期，于害螨发生初期释放。

(6) 植绥螨在天然橡胶上应用的前景展望

陈青等（2015）研究报道了中国热带农业科学院环境与植物保护研究所已经筛选出的抗六点始叶螨的橡胶树品种并已经建立橡胶抗螨相关基因的资源平台，这对橡胶抗药性害螨的治理是一大技术突破。如果该技术育种得到大面积推广应用，将极大地推进橡胶病虫害的综合治理。

目前植保无人机防治技术在橡胶病虫害防治中的推广应用（张永科 等，2018）给橡胶病虫害的生物防治提供了极大便利，采用无人机进行飞机喷撒植绥螨防治技术具有良好的发展前景。"以螨携菌"防治柑橘病虫害也取得了较好的应用效果，也将使橡胶"以螨治螨，以螨携菌"防治橡胶多种病虫害的生物防治成为可能，为橡胶病虫害的综合防治开辟广阔的应用空间。

随着科研工作者对橡胶病虫害防治技术研究的深入，多种措施并举的综合治理技术趋于成熟，植绥螨防治在橡胶病虫害综合治理中具有良好的发展前景。

（郝慧华）

第五节 植绥螨在竹、茶园上的应用

一、利用植绥螨控制毛竹害螨的实践

毛竹林螨类已报道9科23属45种，其中植绥螨科12种（张艳璇 等，1999c；Lin et al.，2000），常见害螨有南京裂爪螨 *Schizotetranychus nanjingensis*、竹裂爪螨 *Stigmaeopsis celarius*、竹缺爪螨 *Aponychus corpuzae* 和竹刺瘿螨 *Aculus bambusae*。国内螨类危害毛竹始于1985年浙江的余杭，1990年后福建、四川等地相继发生，1995年后福建的龙岩、三明、南平等地普遍发生，局部成灾，造成大片竹山落叶、似火烧状。竹盲走螨 *Typhlodromus bambusae* 是毛竹林中捕食南京裂爪螨的优势种，在竹林中随着南京裂爪螨种群密度下降，竹盲走螨种群数量增加，室内竹盲走螨用南京裂爪螨作为猎物，从卵到发育成螨再产卵需要7.5d，每天每只交配的雌螨平均产3.2粒卵。竹盲走螨雌螨取食南京裂爪螨雌螨的数量随着猎物增加而增加。在28~30℃条件下比22~24℃条件下处理猎物的时间短。竹盲走螨取食丝瓜花粉、腐食酪螨卵或幼螨不能存活或产卵（Zhang et al.，1999b，2000a，2000b，2000c）。长刺新小绥螨 *Neoseiulus longispinosus* 随温度增加，处理南京裂爪螨时间缩短，而成功的攻击率随着温度增加而增加（Zhang et al.，1999b）。贾克锋等（2002）建议释放和助迁人工繁殖的捕食螨，以1：20益害螨比例，可取得理想的预防效果。刘巧云（2002）建议在竹林螨害早期，释放300头捕食螨，能有效防止叶螨暴发成灾。张艳璇等（2003c）报道胡瓜新小绥螨能取食南京裂爪螨、竹裂爪螨、竹缺爪螨和竹刺瘿螨，并能正常产卵，因此认为其可以作为天敌控制毛竹害螨。巫奕龙（2003）报道张艳璇课题组引进英国捕食螨（胡瓜新小绥螨）结合乡土优势种（竹盲走螨）在福建省20多个县毛竹产区建立2 000多公顷以螨治螨示范区，控制害螨效果良好，经济、社会、生态效益显著。张艳璇等（2004）将人工繁殖的胡瓜新小绥螨 *Neoseiulus cucumeris*（Oudemans，1930）装入螨类慢速释放袋，每袋500头（各种螨态）。释放地点：南平延平区大横镇常坑村、永安市洪田镇生卿村建立"以螨治螨"示范区。设立释放胡瓜新小绥螨的生防区和对照区二种处理，处理区竹林结构、管理水平均一致。生防区毛竹害螨历年发生较重。释放量：在毛竹林释放胡瓜新小绥螨，每株1袋，释放后一周内无大雨。观察方法：每处理固定15株为观察株，每月观察1次，每株取100张毛竹中部叶片，带回室内，在双目解剖镜下观察益、害螨数量。释放结果：南京裂爪螨、竹裂爪螨、竹缺爪螨和竹刺瘿螨，控制效果分别为84.00%、99.37%、100%、100%；与对照区比较，1个月后生防区捕食螨总量增加73.45%，2个月后增加12.18%；毛竹长势明显优于对照区（表12、表13）。

表12 南平延平区释放胡瓜新小绥螨对毛竹4种害螨的防治效果

害螨种类	处理类型	释放前 头/叶		释放后1个月			释放后2个月	
		头/叶	减退率/%	防效	头/叶	减退率/%	防效	减退率/%
南京裂爪螨	生防	1.25	6.75	-440.00	77.37	2	-60.00	84.11
	对照	2.98	71.1	-2285.91		30	-906.71	
竹缺爪螨	生防	10.32	6.5	37.02	60.41	0.14	98.64	99.37
	对照	8.36	13.3	-59.09		18	-115.31	

（续表）

害螨种类	处理类型	释放前 头/叶	释放后1个月			释放后2个月		
			头/叶	减退率/%	防效	头/叶	减退率/%	防效
竹裂爪螨	生防	27.8	8	71.22	63.86	0	100.00	100
	对照	29.26	23.3	20.37		10	65.82	
竹刺瘿螨	生防	23.2	1	95.69	94.37	0	100.00	100
	对照	20	15.3	23.50		0	100.00	

表13 南平延平区释放天敌后天敌数量、毛竹长势变化情况

处理	释放前		释放后1个月		释放后2个月	
	天敌数量/（头/叶）	长势	天敌数量/（头/叶）	长势	天敌数量/（头/叶）	长势
生防区	0.22	0	1.27	2.2	0.99	2.4
对照区	0.16	0	0.60	1.7	0.66	1.2

注：天敌数量为平均每叶上的捕食螨总量，毛竹长势表示为1—差，2—中，3—好，0—新抽出未长叶，表内为平均值。

示范区经过4年全面综合治理后，新竹、新笋长得多。1999年秋、2000年秋连续间伐2次，每亩平均砍去老竹100~110根，对照区仅砍去7~13根。示范区2000—2001年连续2年（大小年）挖笋714kg（544~884kg），而对照区仅挖笋345.3kg（272~383kg）。示范区3年产值平均1 066.2元（927.3~1 229.2元），对照区产值3年为407.2元（312~429元），示范区比对照区平均增加产值659元/亩，提高了161.8%。

张艳璇等（2004）应用实验种群生命表数据分析毛竹林本土优势种竹盲走螨和引进种胡瓜新小绥螨对毛竹4种害螨南京裂爪螨、竹裂爪螨、竹缺爪螨、竹刺瘿螨的控制能力。结果表明：首先，胡瓜新小绥螨取食上述4种害螨的世代存活率分别为90.4%、77.55%、87.93%、81.63%，每只雌螨总产卵量分别为38.12粒、45.77粒、35.59粒、30.26粒，而乡土优势种竹盲走螨取食上述4种害螨的世代存活率分别为95.23%、100%、87.7%、80.48%，每只雌螨总产卵量分别为44.5粒、46.8粒、41.15粒、20.1粒。其次，竹盲走螨以南京裂爪螨为猎物时其内禀增长率（0.155）与引进种胡瓜新小绥螨（0.154）相近，均明显高于南京裂爪螨（0.108 9）；竹盲走螨以竹裂爪螨为猎物时其内禀增长率（0.152）与胡瓜新小绥螨（0.152）相同但明显低于竹裂爪螨（0.192）；竹盲走螨以竹缺爪螨为猎物时其内禀增长率为（0.148）明显低于引进种胡瓜新小绥螨（0.175）和其猎物（0.185）；竹盲走螨取食竹刺瘿螨易大量逃跑，雌螨产卵量低，引进种胡瓜新小绥螨取食竹刺瘿螨能正常生长发育，但是其内禀增长率（0.144）明显低于其取食上述其余3种害螨的内禀增长率，产卵量高于当地种竹盲走螨，并描述1998年以来每年5—6月助迁人工繁殖的胡瓜新小绥螨控制毛竹害螨蔓延的效果。张艳璇等（2004）研究了纯竹林害螨总量平均高于混交林289.28%，混交林天敌竹盲走螨总量平均高于纯竹林263.56%；混交林益、害螨比例为1∶13，而纯竹林益、害螨比例是1∶118。结果表明纯竹林地面垦复、辟草，使得以芒草为生的芒草裂爪螨 Schizotetranychus miscanthi 种群数量急剧下降，导致乡土优势种竹盲走螨缺乏中间食物，难以维持种群。在毛竹-芒草混生的毛竹林（含其他树种），由于毛竹上害螨和林下芒草裂爪螨受到共同天敌——竹盲走螨的控制维持着稳定的益、害种群数量，虽然有害螨，但不成灾。在纯竹林，由于地面垦复、辟草破坏原有生物链，导致毛竹害螨失去天敌控制而突发性成灾，证明纯竹林中天敌锐减是

导致毛竹害螨暴发成灾的重要因素。石纪茂等（2006）报道浙江余杭植绥螨 *Phytoseius*（*Dubininellus*）*yuhangensis*（Yin et al.，1996）是竹裂爪螨的重要天敌。室内20℃恒温饲养余杭植绥螨需21.2d完成一个世代，28℃时则10.4d就可完成，30℃以上出现死亡。幼螨、第一若螨和雄成螨捕食量相对较少，雌成螨每天平均捕食竹裂爪螨5.5只，最多可捕食13只，雌成螨期最多可捕食165只。雌成螨捕食量大，发育即加快，产卵量增加，产卵期延长，卵粒个体也加大。一头雌成螨一生产卵量7～15粒，卵产于竹叶背面基部茸毛丛中或竹裂爪螨的丝网内。余杭植绥螨随竹裂爪螨种群数量的消长而消长，竹裂爪螨在浙江有两个明显的高峰期，其每个高峰期5～7d后，余杭植绥螨也出现明显的高峰期；而余杭植绥螨每次高峰期后6～9d，竹裂爪螨发生量就明显下降。颜文勇等（2009）在新竹有枝条的中部竹杆上，用厚纸绑成漏斗状，释放卵圆真绥螨 *Euseius ovalis* 在漏斗内，控制毛竹叶螨防治效果达79.3%。

二、利用捕食螨控制茶园害螨的实践

苏国崇等（2000）报道温州茶园螨类8科16属27种，其中植绥螨科6种；张辉等（2019）回顾茶园捕食螨108种，其中植绥螨科53种，日本、中国广东英德茶场江原钝绥螨为优势种，海南钝绥螨对卵形短须螨的卵取食量达29粒。王润贤等（2002）报道在江苏省农林学校实习茶场鸠坑品种释放植绥螨控制叶螨，按照益害比1∶10，释放捕食螨20d后，防治效果达46%。毛建辉等（2016）通过人工释放胡瓜新小绥螨3万头/亩控制名山茶园害螨。饶辉福等（2016）介绍湖北鄂南茶园在茶树害螨发生初期，每亩释放20包（1 500头/包）胡瓜新小绥螨，可以防治茶橙瘿螨和咖啡小爪螨，成功率达85%～95%。

①侧多食跗线螨 *Polyphagotarsonemus latus*（Banks，1904）

侧多食跗线螨俗名茶黄螨，四川苗溪茶场茶黄螨发生普遍，1978—1983年进行小面积释放江原钝绥螨（原名德氏钝绥螨，吴伟南 等，2009）试验（王朝禹 等，1983），释放时间：10月28日茶黄螨进入停卵越冬前（有螨叶芽率为44.47%）。释放数量：按每米茶行均匀释放江原钝绥螨10头，0.3亩茶园共释放1 234头江原钝绥螨，不放螨0.13亩茶园作为对照区。释放结果：释放后茶园在第一年茶黄螨有螨芽叶率是对照茶园的38.9%（6月）、70.9%（7月）、54.9%（8月）、27.7%（9月）和3.3%（10月）；翌年有螨芽叶率是对照茶园的14.5%（6月），13.0%（8月），3.0%（9月）和1.5%（10月）。

不同释放期：秋末释放（9月下旬至10月中旬），春季释放（3—4月），茶黄螨始盛期释放（6—8月）（有螨芽叶率30%～40%），每平方米捕食螨释放量=叶面积指数×茶黄螨分布率×控制系数（0.5，1.0，1.5，2.0）。释放方法：将江原钝绥螨撒施于茶丛上部。释放结果：冬前释放捕食螨对茶黄螨（有螨芽叶率低于10.7%）控制效果最好，其次是春季释放捕食螨对茶黄螨后期控制效果好。茶黄螨始盛期释放捕食螨，基本上不能控制茶黄螨危害。

不同海拔高度：1 000m海拔高度的茶园释放江原钝绥螨的费用比化防园减少1.26倍，1 200m释放捕食螨的费用是化防费用的47.4%，1 400m释放捕食螨费用是化防费用的44.2%。

温州茶区主要害螨为茶黄螨和茶橙瘿螨，温州市特产站与福建省农科院植保所合作开展茶叶害螨生物防治技术探索，利用胡瓜新小绥螨（原名胡瓜钝绥螨）通过淹没式释放与慢速释放控制侧多食跗线螨实践（苏国崇 等，2001），一袋捕食螨（1万头）用稻谷壳5kg搅拌均匀，慢速释放：用一次性杯子分装，放在茶丛中。淹没式释放：将搅拌均匀的捕食螨，直接撒在茶树叶片上。自然对照区为空白对照。释放结果：释放后第10d，慢速释放控制侧多食跗线螨效果优于淹没式释放。释放后第30d淹没式释放与慢速释放控制侧多食跗线螨效果分别达99.51%和99.44%，与对照形成显著差异，但不同释放方法之间差异不显著（表4）。

表14 胡瓜新小绥螨不同释放方法对侧多食跗线螨控制效果（苏国崇 等，2000）

处理	释放前	释放后10d			释放后30d		
	螨量/头	螨量/头	减退率/%	防效/%	螨量/头	减退率/%	防效/%
淹没式释放	65	25	61.54	97.44	41	36.92	99.51
慢速释放	65	10	84.62	98.97	47	27.69	99.44
对照	1	15	−1 400	—	129	−12 800	—

山东德州田丽丽等（2010）提到捕食螨捕食茶橙瘿螨；詹金碧等（2011，2012）在贵州湄潭县茶园侧多食跗线螨的发生逐年加重时，利用胡瓜新小绥螨控制茶黄螨。释放时机为春茶采摘结束后，释放量为40袋/亩（2 500头/袋），释放7d、14d、21d、35d控制茶黄螨效果分别为73.95%、84.50%、84.86%和86.97%，随着时间的延长，防效逐渐提高；而化防区防效分别为90.72%、88.71%、74.64%和58.22%，随着时间延长，化防区控制侧多食跗线螨的效果逐渐下降（表15）。

表15 释放胡瓜新小绥螨防治茶黄螨试验结果（詹金碧 等，2011）

处理	释放后7d			释放后14d			释放后21d			释放后35d		
	害螨数/（头/100叶）	减退率/%	防效/%	害螨数/（头/100叶）	减退率/%	防效/%	害螨数/（头/100叶）	减退率/%	防效/%	害螨数/（头/100叶）	减退率/%	防效/%
生防区	15	51.61	73.95	14	54.84	84.50	37	−19.35	84.86	36	−16.13	86.97
化防区	5	82.76	90.72	10	65.52	88.71	58	−100	74.64	108	−272.41	58.22
空白区	65	85.71	—	102	−191.43	—	276	−688.57	—	312	−791.43	—

注：释放前每百叶害螨数分别为生防区31只，化防区29只，空白区35只。

② 茶橙瘿螨 *Acaphylla steinwedeni* Keifer，1943

胡瓜新小绥螨从幼螨至成螨各活动螨阶段均能捕食茶橙瘿螨，雌成螨捕食量为1 978.49头，前5d雌成螨每天取食茶橙瘿螨79.78头，每天胡瓜新小绥螨产2.19粒卵，雌螨产卵量范围36~48粒。雄螨捕食量为879.56头，能连续取食25粒茶橙瘿螨的卵（季洁 等，2001）。浙江温州地区利用捕食螨控制茶橙瘿螨（苏国崇 等，2001a，谢前途 等，2002）。永嘉茶园释放胡瓜新小绥螨，释放量为每亩1万头，慢速释放：将胡瓜新小绥螨1万头用稻谷壳5kg搅拌均匀，分装进一次性杯子，放在茶丛中。淹没式释放：将搅拌均匀的胡瓜新小绥螨均匀撒在茶树上。控制茶橙瘿螨效果：淹没式释放的第10d、第30d，防效分别为86.58%和92.61%；而慢速释放的第10d和第30d，防效分别为99.86%和96.66%（表16）。苏国崇等（2001b）在永嘉乌牛早茶园释放胡瓜新小绥螨后，10d、20d、30d、40d的防效分别为93.3%、79.0%、26.5%和74.7%。

表16 胡瓜新小绥螨不同释放方法对茶橙瘿螨控制效果（苏国崇 等，2000）

处理	释放前	释放后10d			释放后30d		
	螨量/头	螨量/头	减退率/%	防效/%	螨量/头	减退率/%	防效/%
淹没式释放	643	197	69.36	86.58	104	83.83	92.61
慢速释放	643	2	99.69	99.86	47	92.69	96.66
对照	198	452	−128.28	—	433	−118.69	—

周铁锋等（2011）报道茶橙瘿螨是浙江杭州茶园辅食害螨的优势种，在茶树鸠坑品种，树龄25年，设3个处理，每个处理为1亩地，释放胡瓜新小绥螨6.8万头，4.5万头，3.4万头；1个化学药剂对照，1个清水对照。释放结果：6.8万头胡瓜新小绥螨控制茶橙瘿螨持续性效果最好，其50d防效达81.40%。4.5万头胡瓜新小绥螨控制茶橙瘿螨第50d防效达79.25%。

③卵形短须螨*Brevipalpus obovatus* Donnadieu，1875

朱梅等（2010）发现广东英德茶场为金萱成年封行茶园，面积为1 000m^2，主要害螨为卵形短须螨。设生防区和对照区，生防区共释放胡瓜新小绥螨180袋（300头/袋），对照1区不释放。释放结果：释放胡瓜新小绥螨10d后，卵形短须螨数量有所减少，防效只有23.30%～26.32%；50d后，卵形短须螨61.54%以上的种群数量得到压制，表明胡瓜新小绥螨在持续控制茶园害螨方面具有很好的效果。

④咖啡小爪螨*Oligonychus coffeae*（Nietner，1861）

张征等（2009）在广西柳州三江县茶园（面积0.3公顷，茶树品种：福云6号，树龄3年以上）按照益螨与害螨比例（1∶60）～（1∶150），每10～15m^{2}释放1袋（2 500只/袋）胡瓜新小绥螨固定在茶丛分枝处。释放结果：生防区全年没有害螨为害，而化防区同期打了3次化学农药。

三、以螨携菌多靶标控制害虫

张征（2016）介绍了鹿寨大乐岭茶场近仟亩茶园基地2012—2015年每年4月中旬、6月中旬、9月上旬茶毛虫为害严重，平均每百叶20头以上幼虫危害茶树，采茶时，平均每隔1米左右，随处可见成团茶毛虫（数量100～200头），叶片被吃光，工人采茶回来全身发痒，皮肤浮肿发炎。2015年6月在柳州市农业技术推广中心的指导下，引进福建艳璇生物防治技术有限公司生产的"捕食螨＋白僵菌"制剂——生物导弹，对茶毛虫进行防控试验。2015年6月9—15日释放胡瓜新小绥螨携菌体（500头/袋），球孢白僵菌大于0.001g，每头携菌大于1万个孢子。释放方法与示范面积：大袋撒施＋挂空袋，每亩40袋，300亩；悬挂小袋＋瓶装撒施，每亩50小袋＋5瓶（25 000头/瓶），300亩；小袋悬挂，每亩100小袋，100亩。释放结果：生物导弹（捕食螨＋白僵菌）可有效控制茶园的茶毛虫，一次施用可控制茶毛虫一年以上。对茶园咖啡小爪螨、茶小绿叶蝉等多种害虫具有防治效果。从试验效果与成本看，以"大袋撒施＋挂空袋"为宜，三种防治茶毛虫效果差异不大，操作简便，施用效率高，节省人工成本，是有机茶生产的重要保障。

徐翔（2019）2017年在四川平昌县云台镇龙尾村绿色茶叶生产基地、高县落润乡公益村茶山，设置了生防区（10亩）、化防区（3亩）、空白对照区（0.5亩）。在生防区释放胡瓜新小绥螨前进行清园，一周后检查茶叶害螨包括卵，按照少于2只作为释放标准每亩释放500袋胡瓜新小绥螨携菌体（1 000头/袋），化防区用5%桉油精20mL/亩＋2 000IU茶核·苏云金杆菌20mL/亩施药，空白对照区按34%螺螨酯悬浮剂4 000倍液，每亩施用药液75kg。

对侧多食跗线螨防治结果显示：释放胡瓜新小绥螨携菌体35d后校正防效达85.7%，而化防区防效仅32.5%，由此看出胡瓜新小绥螨对侧多食跗线螨有很好的控制作用。

对茶小绿叶蝉防治效果表明：释放捕食螨携菌体7d后校正防效达73.77%；14d后防效达69.47%，21d后防效达67.68%，高于茶农自防区；60d后和90d后防效达66.67%，能够取得很好的防治效果。（表17）

因为同期对照区的茶小绿叶蝉数量很少，是否捕食螨携菌体在茶园扩散所致，有待进一步探讨。

表17 释放胡瓜新小绥螨携菌体对茶小绿叶蝉防效（徐翔，2019）

处理	释放前 虫量/只	放螨后7d 虫量/只	放螨后7d 减退率/%	放螨后7d 防效/%	放螨后14d 虫量/只	放螨后14d 减退率/%	放螨后14d 防效/%	放螨后21d 虫量/只	放螨后21d 减退率/%	放螨后21d 防效/%	放螨后30d 虫量/只	放螨后30d 减退率/%	放螨后30d 防效/%	放螨后60d 虫量/只	放螨后60d 减退率/%	放螨后60d 防效/%	放螨后90d 虫量/只	放螨后90d 减退率/%	放螨后90d 防效/%
生防区	8.6	3.2	62.79	73.77	5.8	32.56	69.47	6.4	25.58	67.68	0.8	90.70	33.33	0.2	97.69	66.67	0.6	93.02	66.67
化防区	11.2	5.0	55.36	68.53	11.4	-1.79	53.93	10.4	7.14	59.67	1.2	89.29	23.21	0.2	98.21	74.40	0.2	98.21	91.47
空白对照区	8.6	12.2	-41.86	—	19.0	-120.93	—	19.8	-130.23	—	1.2	86.05	—	0.6	93.02	—	1.8	79.07	—

（张艳璇　林坚贞）

第六节 植绥螨在蔬菜上的应用

随着蔬菜总种植面积、单产、总产量逐年增长，尤其设施蔬菜面积与产量持续稳步增长，蔬菜病虫害问题也日益突出。温室大棚等设施在有效隔离大型害虫的同时，由于大棚内温度较高、春季升温较早，有利于个体小、生存环境相对隐蔽的有害生物种群快速增长。所以目前设施蔬菜的有害生物发生呈现小型化趋势，叶螨、蓟马和粉虱等小型吸汁性有害生物发生猖獗。总体来说，"小虫闹大灾"的现象频频发生，而利用传统化学农药防治这些害虫（螨）不仅容易诱发抗药性，而且存在食品安全、环境污染等多方面隐患。如何高效、安全地防治这些小型有害生物，已经成为植保领域一个亟待突破的重要问题。

利用以虫治虫、以螨治虫等生物防治措施防治蔬菜害虫（螨）是各种防治方法中最为绿色、环保、安全的措施。捕食螨，是一类具有捕食作用的螨类，包括植绥螨科Phytoseiidae、厉螨科Laelapidae、绒螨科Trombldiider、赤螨科Erythraeidae、大赤螨科Anystidae、长须螨科Stigmaeidae、巨螯螨科Macrochelidae、肉食螨科Cheyletidae、囊螨科Ascidae、吸螨科Bdellidae和巨须螨科Cunaxidae等类群。在各类捕食螨中，目前开发种类最多、研究最为透彻、应用最为广泛的是植绥螨科捕食螨（徐学农 等，2015）。植绥螨捕食叶螨、瘿螨、跗线螨和其他小型的节肢动物（吴伟南，1994），是国际上防治害虫（螨）最重要的商品化天敌类群。其个体小、繁殖快、捕食能力强，能够在田间有效地搜索与捕猎害虫（螨），且不少种类已经实现规模化生产，使得淹没式释放成为可能（徐学农 等，2013b）。有些植绥螨对植物线虫也有一定防控作用。下面就蔬菜上的主要害虫（螨）、植物寄生线虫，植绥螨的种类及商品化品种，植绥螨在蔬菜上害虫（螨）、植物寄生线虫防治上的应用，植绥螨与其他防治方法的协调应用，展望等五个方面展开。

一、蔬菜上的主要害虫（螨）、植物寄生线虫

1. 害螨类

蔬菜上的害螨主要包括叶螨、跗线螨、瘿螨和根螨。

（1）叶螨

危害蔬菜的叶螨种类多（Pritchard et al.，1995）。目前我国共记载叶螨种类100多种，常见的蔬菜叶螨大多是叶螨属*Tetranychus*，主要种有二斑叶螨*Tetranychus urticae*、朱砂叶螨*T. cinnabarinus*、截形叶螨*T. truncates*、神泽氏叶螨*T. kanzawai*、豆叶螨*T. phaselus*和土耳其斯坦叶螨*T. turkestani*；其他属的种有全爪螨属*Panonychus*的苹果全爪螨*Panonychus ulmi*，始叶螨属*Eotetranychus*的六点始叶螨*Eotetranychus sexmaculatus*（蔡仁莲 等，2014）。

（2）跗线螨

蔬菜上的跗线螨主要是侧多食跗线螨。侧多食跗线螨（茶黄螨）*Polypbagotarsonemus latus*，是一

种寄生于约60种植物（Gerson，1992）的多食性害螨，是一种世界性的害螨，主要为害的蔬菜有茄子、青椒、番茄、黄瓜等。该螨个体小（体长0.2mm左右）、难于识别，世代重叠，同时其对蔬菜的危害症状与病毒病症状极为相似，给该螨的鉴别带来了困难，使侧多食跗线螨得不到有效防治（于东坡 等，2009）。仙客来螨 *Phytonemus* (*Steneotarsonemus*) *pallidus*，是温室内分布的一种害螨，会导致叶片发育迟缓和起皱，植物内（如草莓）叶团紧密、枯萎，果实品质差、产量低（Jeppson et al.，1975）。

（3）瘿螨

蔬菜上的瘿螨主要是番茄刺皮瘿螨 *Aculops lycopersici*，又名番茄锈螨（tomato russet mite，简称TRM），是温室蔬菜上的一种害螨。1892年首先发现于美国，并在1917年由澳大利亚学者第一次进行了种类描述（Massee，1937）。它主要为害番茄，另外也为害茄子、辣椒和马铃薯等。为害从番茄较低的茎和叶开始，表现为失色、枯萎和脱落（Perring et al.，1986）。

（4）根螨

蔬菜上的主要根螨是罗宾根螨 *Rhizoglyphus robini* 和刺足根螨 *Rhizoglyphus echinopus*。罗宾根螨，又名罗氏根螨，为害的蔬菜有马铃薯、茄子、胡萝卜、甘蓝、萝卜、葱、洋葱、蒜和韭菜等（王永卫 等，1997；范青海 等，2007）；刺足根螨，又叫球根粉螨、水竽根螨、葱螨，为害的蔬菜有马铃薯、大蒜、大葱、洋葱和韭菜（范青海 等，2007）。被根螨为害的蔬菜植株须根减少，根系不发达，长势弱，地上部表现为叶片枯黄，逐渐枯萎死亡，造成田间缺苗断垄而大幅度减产，商品价值也严重下降。根螨既有寄生性也有腐生性，有很强的携带腐烂病菌和镰刀菌的能力。随刺足根螨的咬食，镰刀菌、疫病、腐霉病、细菌性腐烂病等其他病害也会严重发生，引起植株霉变、腐烂、死亡。

2. 害虫类

蔬菜上的小型害虫主要包括蓟马、粉虱、蕈蚊等。

（1）蓟马

温室蔬菜上的蓟马主要包括：西花蓟马（WFT） *Frankliniella occidentalis*；葱蓟马 *Thrips tabaci*，也称烟蓟马；花蓟马 *F. intonsa*；节瓜蓟马 *T. palmi*，也称棕榈蓟马。这些蓟马种类都能传播植物病毒。蔬菜上发生严重的主要是前两种。西花蓟马为害500多种寄主植物，该害虫是番茄斑点萎蔫病毒的主要载体。此外，西花蓟马对多种杀虫剂（Kay et al.，2010；Thalavaisundaram et al.，2008）均产生抗药性。葱蓟马是一种世界性的、多食性的害虫，在叶子或花上完成生活史（Tamotsu，2000），是温室蔬菜上的一种主要害虫、部分温室蔬菜上的葱蓟马已被西花蓟马所取代。

（2）粉虱

烟粉虱 *Bemisia tabaci* 和温室白粉虱 *Trialeurodes vaporariorum* 是温室蔬菜的主要害虫。产卵于寄主植物叶片，叶表面可见竖立的椭球形的卵。初孵化的幼虫可以移动几厘米远，然后定居下来，取食，保持静止到成虫，是常见的多食性的害虫。它们直接危害植物叶片，导致枯萎和早衰；产生的蜜露污染植物表面，导致煤污病，阻碍光合作用，减少产量，影响质量；还能传播各种植物病毒，特别是马铃薯病毒和双生病毒（Brown et al.，1996）。烟粉虱（Byrne et al.，2000；Gorman et al.，2010）和温室白粉虱

（Bi et al., 2007）对多种杀虫剂均表现出抗药性。

（3）蕈蚊

蕈蚊幼虫生活在潮湿的土壤和落叶层中，钻到植物根部，引发植物疾病（Vanninen，2001）。蕈蚊通常是嗜真菌的，也传播真菌病原体。韭菜迟眼蕈蚊 *Bradysia odoriphaga* 幼虫俗称"韭蛆"，是百合科、菊科、十字花科和葫芦科等蔬菜的主要害虫之一（李红 等，2007）。该害虫一般集聚于韭菜地下的鳞状茎和柔嫩的茎部，其为害过的韭菜叶片枯黄萎蔫、腐烂，甚至成片死亡，可造成韭菜减产40%~60%（姚树萍 等，2017）。

3. 植物寄生线虫

植物寄生线虫是一类无脊椎动物，其种类约占所有线虫种类的10%，目前世界上有记载的植物寄生线虫约200多个属5 000余种（谢辉，2005），多数种类广泛分布于植物根系和根际土壤中，少数种类分布于植物的地上部分。植物寄生线虫是重要的植物病原物之一，它们可以寄生在植物的各种组织器官内，为害植物造成的损失全球每年超过1 000亿美元（Abad et al.，2008）。

二、植绥螨的种类及商品化品种

植绥螨根据食性划分为四个类型：Ⅰ型叶螨的专食性捕食者，Ⅱ型叶螨的选择性捕食者，Ⅲ型多食性捕食者，Ⅳ型花粉嗜食性捕食者（McMurtry et al.，1997）。

Ⅰ型叶螨的专食性捕食者，主要包括智利小植绥螨 *Phytoseiulus persimilis*，最早在智利被发现，后经由欧洲被引入世界各地，是国际上开发最早的叶螨天敌，在20世纪60年代已经引起关注（Laing，1968）。也是我国第一个引入的植绥螨种类，于1975年由蒲蛰龙和李丽英先生从瑞典引入广州（吴伟南 等，1982），此后又多次引入（吴伟南，1986a），但在我国尚没有野外定殖的记录。智利小植绥螨是叶螨的专食性捕食者，对于结丝网的叶螨如二斑叶螨和朱砂叶螨捕食效果较好。国内外均有大量研究智利小植绥螨的生物学及其对叶螨的捕食作用（Amano et al.，1977；Escudero et al.，2005；Laing，1968；Schulten et al.，1978；Stenseth et al.，1979；郭玉杰 等，1987；王银方 等，2013ab；王银方 等，2014；吴伟南 等，1982）。由于其发育历期短、产卵量高，在适宜的条件下种群增长速度接近甚至超过叶螨，且食性专一，捕食量大，长期以来都在叶螨防控中被广泛应用。

Ⅱ型叶螨的选择性捕食者，如加州新小绥螨 *Neoseiulus californicus* 是另一种国际上应用于叶螨防治的捕食螨品种。除叶螨外，加州新小绥螨还能以蓟马等其他小型有害生物为猎物完成生活史。能在猎物密度较低的时期靠花粉生存。由于其多食性和对各种温度和湿度的耐受性，被大量饲养用于叶螨的防治。根据McMurtry等（1997）对植绥螨的食性分类，加州新小绥螨被认为是型类植绥螨。但随后，Croft等（1998）认为加州新小绥螨食性较广，可能属于Ⅲ型植绥螨。McMurtry等（2013）仍然把加州新小绥螨列为Ⅱ型。但总体来说，Ⅱ型、Ⅲ型的食性范围可能是连续渐变的，加州新小绥螨处于2个类群交接处。2010年，在中国鼎湖山保护区采集到中国本地的加州新小绥螨，确定为中国新记录种（Xu et al.，2013）。

Ⅲ型多食性捕食者，如巴氏新小绥螨 *Neoseiulus barkeri*，原名巴氏钝绥螨，是国际上主要应用于蓟马防治的捕食螨品种，还可捕食多种害螨，如叶螨、细须螨、跗线螨、瘿螨、刺足根螨（张倩倩，范青海，2005）和植物寄生线虫（周万琴 等，2012）等。在缺乏猎物时，它还可取食花粉（Hessein et al.，1990；Nomikou et al.，2001）。Remakers（1983）用麦麸作为原始饲料，饲喂粉螨作为巴氏新小绥螨的替代食物取得成功，而获商品化生产。巴氏新小绥螨在中国有分布。胡瓜新小绥螨*Neoseiulus cucumeris*，原名胡瓜（黄瓜）钝绥螨，也是国际上主要应用于蓟马防治的捕食螨品种，20世纪80年代，最早由复旦大学引进中国。1996年福建省农业科学院植物保护研究所又从英国引进。斯氏钝绥螨*Amblyseius swirskii*，虽然无法适应叶螨的丝网，但它可以捕食害螨的幼螨和蓟马的若虫（Xu et al.，2010；Messelink et al.，2008；van Maanen et al.，2010）。荷兰Koppert天敌公司商业化生产斯氏钝绥螨，获得在荷兰、英国、西班牙、法国、美国和加拿大等主要市场的释放执照。2006年4月，美国也开始商业化生产该螨，加拿大也发布了引进该螨的许可令。2005以来，斯氏钝绥螨产品销售量迅速上升（孟瑞霞 等，2007），到2014年，鉴于其在蔬菜和果树上防治粉虱、蓟马、跗线螨等效果好，且在没有猎物时，取食花粉也能存活，提前释放起到提前预防的目的，关键是容易大规模饲养，因而现已在全球超过50个国家得到应用（Calvo et al.，2015）。2011年，中国农业科学院植物保护研究所从荷兰正式引进斯氏钝绥螨，但在进行风险性评估（徐学农 等，2013a）时，发现其对中国本土的捕食螨有风险（Guo et al.，2016）。东方钝绥螨*Amblyseius orientalis*，对多种叶螨的防控起着重要的作用，以前一直被认为是叶螨的专食性捕食者，中国农业科学院植物保护研究所首次发现该螨对粉虱具有一定的捕食作用（盛福敬，2013）。另外，中国农业科学院植物保护研究所在国际上还首次发现津川钝绥螨*Amblyseius tsugawai*，也对粉虱具有很强的捕食能力，与国际上防治粉虱的斯氏钝绥螨的捕食量相当（杨静逸 等，2018）。

Ⅳ型花粉嗜食性捕食者，如尼氏真绥螨*Euseius nicholsi*，是多种经济作物害螨，如二斑叶螨、柑橘全爪螨*Panonychus citri*、柑橘始叶螨*Eotetranychus kankitus*、侧多食跗线螨、苹果全爪螨、茶橙瘿螨*Acaphylla theae*等的天敌优势种（朱群 等，2006；马盛峰 等，2011）。

目前，在繁殖利用的植绥螨主要存在于钝绥螨属、新小绥螨属、小植绥螨属、盲走螨属、静走螨属和真绥螨属，这些类群也是当前益螨利用中研究较多，繁殖应用技术较成熟的类群。另外应用较多的捕食螨还有下盾螨属和帕厉螨属等。国内外商品化生产的植绥螨品种包括智利小植绥螨、加州新小绥螨、西方静走螨*Galendromus occidentalis*（原名西方盲走螨*Typhlodromus occidentalis*）、胡瓜新小绥螨、伪新小绥螨*Neoseiulus fallacis*（原名伪钝绥螨*Amblyseius fallacis*）、巴氏新小绥螨、斯氏钝绥螨、东方钝绥螨等植绥螨科的捕食螨。其他科捕食螨品种：剑毛帕厉螨*Stratiolaelaps scimitus*、尖狭下盾螨*Hypoaspis aculeifer*等（表18）。

表18 世界商业化生产的捕食螨品种及应用（徐学农 等，2007）

属	品种	防治对象	备注
钝绥螨属	安德森钝绥螨*Amblyseius andersoni*	二斑叶螨、榆全爪螨和番茄刺皮瘿螨	
	拉哥钝绥螨*Amblyseius largoensis*	叶螨	
	东方钝绥螨*Amblyseius orientalis*	叶螨和粉虱	
	斯氏钝绥螨*Amblyseius swirskii*	蓟马、粉虱、侧多食跗线螨和番茄刺皮瘿螨	☆
	津川钝绥螨*Amblyseius tsugawai*	叶螨和粉虱	
小钝走螨属	檬小钝走螨*Amblydromalus limonicus*	蓟马、粉虱、木虱	☆
横绥螨属	高山横绥螨*Transeius montdorensis*	蓟马和叶螨等	
真绥螨属	维多利亚真绥螨*Euseius victoriensis*	橘叶刺瘿螨	
	尼氏真绥螨*Euseius nicholsi*	叶螨、柑橘全爪螨、柑橘始叶螨、侧多食跗线螨、苹果全爪螨、茶橙瘿螨等	

（续表）

属	品种	防治对象	备注
静走螨属	佛罗里达静走螨 Galendromus floridanus（原名 Galendromus helveolus）	樟小爪螨、六点始叶螨	
	西方静走螨 Galendromus occidentalis	叶螨	☆
新小绥螨属	巴氏新小绥螨 Neoseiulus barkeri	烟蓟马、西花蓟马、叶螨和植物寄生线虫	☆
	加州新小绥螨 Neoseiulus californicus	叶螨、侧多食跗线螨、仙客来螨和番茄刺皮瘿螨	△☆
	胡瓜新小绥螨 Neoseiulus cucumeris	烟蓟马、西花蓟马、侧多食跗线螨、仙客来螨、二斑叶螨和番茄刺皮瘿螨	△☆
	伪新小绥螨 Neoseiulus fallacis	叶螨	
	温氏新小绥螨 Neoseiulus womersleyi	叶螨、侧多食跗线螨	
	Neoseiulus setulus	草莓上的害螨	
小植绥螨属	智利小植绥螨 Phytoseiulus persimilis	二斑叶螨	△☆
	巨毛小植绥螨 Phytoseiulus macropilis	叶螨	
	长足小植绥螨 Phytoseiulus longipes	二斑叶螨	☆
盲走螨属	Typhlodromus doreenae	短须螨	
	梨盲走螨 Typhlodromus pyri	果树上叶螨	☆
伊绥螨属	不纯伊绥螨 Iphiseius degenerans	蓟马	△☆
下盾螨属	尖狭下盾螨 Hypoaspis aculeifer	蕈蚊、西花蓟马、刺足根螨、罗氏根螨	△☆
	兵下盾螨 Hypoaspis miles	蕈蚊、西花蓟马、刺足根螨、罗氏根螨	△☆
帕厉螨属	剑毛帕厉螨 Stratiolaelaps scimitus	蕈蚊、西花蓟马、刺足根螨、罗氏根螨	☆

注：△表示已建立了质量控制标准；☆表示目前世界上最常用的商业化天敌。

三、植绥螨在蔬菜上害虫（螨）、植物寄生线虫防治上的应用

1. 防治害螨

植绥螨应用在蔬菜上害螨的防治，主要包括防治叶螨、跗线螨、瘿螨和根螨。

（1）防治叶螨

捕食螨是最重要的叶螨捕食者，其中植绥螨是最大的类群。叶螨产生的丝网阻碍了许多天敌昆虫或捕食螨的捕食，但这也吸引了专性天敌，其中最著名的是智利小植绥螨。智利小植绥螨从20世纪60年代起就被应用于叶螨防治（Chant，1961）。随后，其应用范围和面积都不断增长（van Lenteren et al.，1988），应用于温室蔬菜、果树等作物上叶螨的防治（Chant，1961；Drukker et al.，1997）。在我国，智利小植绥螨自引进后也被应用于蔬菜（吴伟南 等，1982；杨子琦 等，1989，1990；宫亚军，2015）上叶螨的防治。

为明确智利小植绥螨对温室蔬菜叶螨的控制作用，Chant（1961）在温室中待红芸豆长到15片真叶时，每株红芸豆上接种5头叶螨雌成螨；过2周后，等到芸豆叶片有轻微螨害时，按照叶螨接种初始量的1/10，接种智利小植绥螨雌成螨；接种捕食螨2周后，叶螨的数量被压制到每株植株上只有1头；3周后平均为1.5头。而未释放捕食螨区，叶螨数量急剧增加，叶片受到严重危害甚至枯死。杨子琦等（1989）

在释放智利小植绥螨防治茄子和菜豆上的叶螨时，按益害比1∶10释放智利小植绥螨，在释放30d后，叶螨被控制在平均每叶2头以下；而对照区，茄子上叶螨增加80%以上，菜豆上叶螨增加58%以上。宫亚军等（2015）探索智利小植绥螨控制茄子二斑叶螨的最优释放数量。在1∶10、1∶30和1∶50不同益害比及10头/叶、30头/叶和60头/叶二斑叶螨不同猎物密度下，研究了智利小植绥螨捕食二斑叶螨的效果，以及智利小植绥螨的增殖率，发现智利小植绥螨对茄子上的二斑叶螨具有较好的防控效果，推荐在二斑叶螨发生早期时按益害比1∶10～1∶30释放智利小植绥螨，以保证较快的防控效果和较少的捕食螨释放量。

不同寄主植物叶螨饲养的智利小植绥螨更喜食饲养它的寄主植物上的叶螨，Drukker等（1997）在芸豆叶片上大量饲养的智利小植绥螨用到番茄上叶螨的防治效果和适应性较差，而经过在番茄上饲养4代后再释放应用，适应性恢复，防治效果提高。

越来越多的其他植绥螨也被用来控制叶螨，其中被普遍应用的是加州新小绥螨（Gerson et al.，2012）和温氏新小绥螨*Neoseiulus womersleyi*（原名拟长毛钝绥螨*Amblyseius pseudolongispinosus*）（吴千红 等，1988；候爱平 等，1996），它们是偏食叶螨的多食性捕食者，能在猎物密度较低的时期靠花粉生存。由于其多食性和对各种温度和湿度的耐受性，加州新小绥螨被大量饲养，用于防治叶螨。还有一些多食性植绥螨，如斯氏钝绥螨（Messelink et al.，2010；Xu et al.，2010）、胡瓜新小绥螨（张艳璇 等，2009b；张征，2006）等，无法与叶螨产生的丝网相抗衡，在控制带有丝网的叶螨方面不是特别有效，但使用时间早，也能捕食一定数量的叶螨，起到很好的预防效果。

（2）防治跗线螨

Weintraub等（2003）在甜椒上释放的胡瓜新小绥螨，在防治侧多食跗线螨方面与杀虫剂效果相当。Jovicich等（2008）在温室辣椒上适时适量释放加州新小绥螨，每株释放4头加州新小绥螨就能取得对侧多食跗线螨很好的防治效果；同样，朱睿等（2019）探究加州新小绥螨对侧多食跗线螨的潜在控制能力时，发现加州新小绥螨雌成螨对猎物幼螨控制能力最强。Tal等（2007）首次报道，斯氏钝绥螨每24h大约吃40头侧多食跗线螨，具有Ⅱ型功能反应；van Maanen等（2010）使用斯氏钝绥螨在辣椒上防治侧多食跗线螨取得了很好的效果。于东坡等（2009）报道，温氏新小绥螨成螨和若螨都能捕食侧多食跗线螨及其卵，一个世代可捕食侧多食跗线螨及其卵372头（粒）。

Easterbrook等（2001）应用加州新小绥螨和胡瓜新小绥螨2种植绥螨对英格兰草莓中的仙客来螨进行防治试验，释放加州新小绥螨和胡瓜新小绥螨相比于对照分别减少了70%～80%的害螨。在害螨发生早期按照1头胡瓜新小绥螨与10头仙客来螨的比例释放，就能达到很好的防治效果。

（3）防治瘿螨

Brodeur等（1997）报道，胡瓜新小绥螨捕食番茄刺皮瘿螨的所有螨态。加州新小绥螨防治番茄刺皮瘿螨，平均每天捕食24头活跃的瘿螨（Castagnoli et al.，2003）。多位研究者发现斯氏钝绥螨适合于番茄刺皮瘿螨的控制，斯氏钝绥螨每天可捕食超过100头瘿螨，并大约5d内完成其发育（Park et al.，2010）。Momen等（2008）报道，斯氏钝绥螨以番茄刺皮瘿螨为食时产卵量大（每雌产卵约35粒）。其他防治番茄刺皮瘿螨的植绥螨有同心真绥螨*Euseius concordis*（de Moraes et al.，1983）和安德森钝绥螨*Amblyseius andersoni*（Fischer et al.，2005）。

（4）防治根螨

在世界各地防治根螨的捕食螨中，以尖狭下盾螨 *Gaeolaelaps aculeifer* 最为有效（Lesna et al., 1995），还未见有植绥螨防治根螨的报道。在温室试验中，当以（1:2）～（1:5）的益害比释放尖狭下盾螨时百合鳞茎上的罗宾根螨数量减少。在这个试验过程中，每个百合鳞茎的罗宾根螨数，6周内被控制在10只以下。当释放益害比为3:1（Lesna et al., 2000）时，可完全消灭罗宾根螨。

2. 防治小型害虫

植绥螨在蔬菜上防治小型害虫，主要包括蓟马、粉虱和蕈蚊。

（1）防治蓟马

由于蓟马对多种杀虫剂产生抗药性，且隐蔽性强，杀虫剂防治蓟马的效果并不完全令人满意，而许多植绥螨以蓟马为食，得以发挥防治蓟马的作用。目前研究和应用较多的为胡瓜新小绥螨、不纯伊绥螨 *Iphiseius degenerans*（原名 *Amblyseius degenerans*）和木槿真绥螨 *Amblyseius hibisci* 等（张婧 等，2010）。其中，胡瓜新小绥螨已在荷兰、英国、法国等国家广泛用于防治温室大棚蔬菜和花卉上的西花蓟马（李美 等，2006）。不纯伊绥螨和木槿真绥螨在低湿、短日照条件下对西花蓟马具有明显的控制潜力（van Houten et al., 1995b）。高山横绥螨 *Transeius montdorensis*（原名高山小盲绥螨 *Typhlodromips montdorensis*）在25℃条件下，对蓟马1龄若虫的日捕食量达7.23～14.44头（Steiner et al., 2003）。另外，巴氏新小绥螨对西花蓟马种群数量具有明显的控制作用，雌成螨捕食西花蓟马1龄若虫7～12头/d（张金平 等，2008）。此外，由于98%的西花蓟马进入土壤中化蛹，因此，土栖型的捕食性螨兵下盾螨 *Hypoaspis miles* 和尖狭下盾螨 *Hypoaspis aculeifer* 对蛹期西花蓟马的控制效果更好（Berndt et al., 2004）。

胡瓜新小绥螨作为西花蓟马和烟蓟马的捕食者，可以成功防治蔬菜上的蓟马（van Lenteren et al., 1988），是最早商品化（1980年开始）的捕食螨之一（Weintraub et al., 2003），不仅是一种有效的捕食者，而且与植物生长调节剂和一些杀虫剂相容（Weintraub et al., 2003）。蔬菜上密集的毛状体（如茄子叶片上的毛状物），会降低胡瓜新小绥螨的捕食效率（Madadi et al., 2007）。

Hansen（1988）在温室黄瓜上，以40～300头/m²的密度释放巴氏新小绥螨来控制烟蓟马，在整个生长季节，7个温室中有6个能把烟蓟马的密度控制在15头/叶以下，另一个温室中能把蓟马的数量控制在25头/叶以下。Hoy等（1991）在田间释放巴氏新小绥螨防治卷心菜烟蓟马的试验表明，在蓟马密度较小时释放效果更好。王恩东等（2010）在温室大棚茄子上释放巴氏新小绥螨，对西花蓟马的种群数量有一定的压低作用，且自然产生的东亚小花蝽，明显可以增强对西花蓟马的控制作用。

在室内试验中，加州新小绥螨捕食西花蓟马并完成生活史；应用在田间，在辣椒植株上观察到蓟马种群显著减少（Weintraub et al., 2008）。加州新小绥螨虽然主要用于控制叶螨，但也有助于控制蓟马。

斯氏钝绥螨是2005年被商品化开发出来的，可以有效地防治西花蓟马和烟蓟马（Wimmer et al., 2008）。Buitenhuis等（2010）报道，同时释放斯氏钝绥螨和胡瓜新小绥螨两种捕食蓟马的捕食螨可能导致它们之间的负相互作用，从而降低对蓟马的有效控制。斯氏钝绥螨和胡瓜新小绥螨存在集团内种间竞争关系，相对于西花蓟马，斯氏钝绥螨更喜欢捕食胡瓜新小绥螨的幼螨。除非这两种捕食螨在作物上表现出不同的资源分配，否则有可能对蓟马控制失败。

(2) 防治粉虱

早在20世纪60年代，斯氏钝绥螨就被发现是粉虱的捕食者。在实验室和半田间试验的一系列研究中，Nomikou等（2001，2004）证明了斯氏钝绥螨具有控制烟粉虱种群的能力。斯氏钝绥螨是一种贪食粉虱的捕食螨（Messelink et al.，2008）。斯氏钝绥螨也是蓟马的捕食者，但在蓟马存在的情况下，并没有减少对粉虱的捕食。在粉虱和蓟马两种寄主共存的情况下，捕食螨的数量增加了15倍；当叶螨与蓟马同时存在时，捕食螨的数量甚至增加更强（高达50倍），控制粉虱的效果得到增强，同时减小了叶螨危害（Messelink et al.，2010）。

巴氏新小绥螨和胡瓜新小绥螨对粉虱也有一定的控制作用。陈军（2012）利用巴氏新小绥螨和胡瓜新小绥螨防治棚室番茄上的烟粉虱，发现2种捕食螨均对烟粉虱虫口密度具有一定的抑制作用，控害持效期约在50d左右，巴氏新小绥螨控制粉虱的作用略强于胡瓜新小绥螨。张艳璇等（2011a，2011d）在山东寿光的蔬菜基地开展了利用胡瓜新小绥螨控制日光大棚甜椒和茄子上烟粉虱的研究与应用：在甜椒上释放胡瓜新小绥螨3次，第一次释放后30d内对烟粉虱种群控制效果为92.9%~93.6%，40d以后一直维持在61.1%~67.9%，相对于常规化防区减少农药使用10次。其还提出了日光大棚应用胡瓜新小绥螨控制茄子上烟粉虱的策略：在茄子的整个生长季节（250d）中需释放胡瓜新小绥螨4~6次，苗期每次每株释放5~10头，结果期每次每株释放20~40头；释放胡瓜新小绥螨的生防区可比常规化防区减少农药使用18次。

东方钝绥螨首次被发现可应用于粉虱的防治。盛福敬（2013）在温室大棚甜椒植株上释放东方钝绥螨防治烟粉虱，设置益害比为3∶1、6∶1及对照，3∶1和6∶1处理对烟粉虱卵的防效分别高达68.10%和70.51%，对烟粉虱整体种群的最高防效分别为48.00%和40.58%。

(3) 防治蕈蚊

防治蕈蚊，一般用的捕食螨都是帕厉螨，还未见有植绥螨防治蕈蚊的报道。其中剑毛帕厉螨 [*Stratiolaelaps* (= *Hypoaspis*) *scimitus*]，是一种土壤中的螨类，可以控制迟眼蕈蚊（Chambers et al.，1993），在25℃下以迟眼蕈蚊为食，每只雌螨产卵约60粒（Ydergaard et al.，1997）。剑毛帕厉螨和迟眼蕈蚊的幼虫的栖息地重叠，蕈蚊将其大部分卵产在剑毛帕厉螨聚集基质距顶部1厘米处（Wright et al.，1994）。剑毛帕厉螨种群在没有食物的情况下能存活数周。在喂食的情况下，产卵的成螨能存活4个多月，这一特性表明，剑毛帕厉螨是可用来防治蕈蚊类的生物防治物（Chambers et al.，1993）。

3. 防治植物寄生线虫

周万琴等（2016）通过盆栽茄子评价巴氏新小绥螨对相似穿孔线虫的捕食作用，发现巴氏新小绥螨每头雌成螨平均每天捕食相似穿孔线虫49.5头，在盆栽茄子根际释放巴氏新小绥螨10d、20d和30d后，其在根际土壤、表层土壤和地上植株均有分布，在10d时分布在这3个位置的数量差异不明显，但随着释放时间的延长，可能由于土壤中缺乏食物，根际土壤中该螨的分布数量显著少于植物地上部分。

四、植绥螨与其他防治方法的协调应用

由于天敌种群在田间的建立与扩增受到环境影响较大，且单一品种捕食螨的防治对象有限，实际应

用中，捕食螨通常需要与其他的农业及防控措施相配合，才能更好地发挥其作用。

1. 植绥螨与物理等防控措施相结合

一些物理防控措施可弥补捕食螨在捕猎对象上的局限性。尤其是针对一些不同虫态生存于农业系统不同位置的有害生物，可考虑在不同位置联合应用多种防控措施进行防控。例如在植株上释放巴氏新小绥螨捕食西花蓟马低龄若虫，在土壤中释放剑毛帕厉螨捕食其入土化蛹的老熟幼虫及蛹等，并在田间同时应用黄板诱杀其成虫。黄板通常用来监测一些害虫的发生情况。在黄板上涂上西花蓟马的引诱物质，可诱杀其成虫。多种措施结合，对蓟马可起到很好的立体防控作用（徐学农 等，2012）。谷培云等（2013）在春秋棚彩椒上释放巴氏新小绥螨和剑毛帕厉螨立体防治蓟马，释放巴氏新小绥螨（200头/m^2）防效为47.16%，联合释放巴氏新小绥螨（200头/m^2）和剑毛帕厉螨（150头/m^2）防效达到74.31%。

2. 植绥螨与生物农药（如白僵菌和绿僵菌等）的联合应用

捕食螨在田间活动能力和对猎物的搜索能力均较强，可以利用这一优势，将捕食螨作为载体搭载生防菌剂如白僵菌等，促进其在田间扩散，快速到达其防控对象。Wu等（2014b，2015a，2015b，2018）在其系列研究中发现，巴氏新小绥螨在短时间内可以被动携带大量的白僵菌孢子，并将具有活性的孢子主动传播出去，从而对蓟马成虫起到触杀作用，发挥捕食螨和白僵菌联合应用的潜力。但巴氏新小绥螨取食感染白僵菌的西花蓟马若虫可能对其生长发育与繁殖产生负面影响。因此，联合应用也存在风险（Wu et al.，2015b，2018）。

植绥螨和昆虫病原真菌要在不同时间使用，避免相互直接影响，共同发挥对害虫螨的控制。Canassa等（2019）在菜豆种子上接种绿僵菌*Metarhizium robertsii*和白僵菌*Beauveria bassiana*，让其在菜豆生长过程中，发挥对叶螨的控制。而接种的菜豆植物及感染的叶螨，对智利小植绥螨没有明显的影响，从而达到防治叶螨的目的。

3. 植绥螨与化学农药的协调应用

（1）农药安全间隔期

防治害虫时，需要在害虫密度小时使用其天敌，这样效果更好，防治成本更低。植绥螨也是如此。因此在害虫螨密度高时，先使用化学农药降低害虫（螨）虫口密度，在化学农药过安全间隔期后，再释放捕食螨，从而达到事半功倍的效果。

（2）使用对害虫（螨）相对专性的化学农药

联苯肼酯（Bifenazate）是美国科聚亚公司生产的联苯肼类（Carbazate）杀螨剂，是一种新型选择性叶面喷雾药剂。目前，该药剂对二斑叶螨具有非常好的防效，而阿维菌素、哒螨灵、炔螨特和噻螨酮的推荐剂量已不能很好地控制该螨（宫亚军 等，2013）。根据van Leeuwen等（2008）的研究，联苯肼酯作用于二斑叶螨 CYTB 基因（van Leeuwen et al.，2010）。联苯肼酯是一种对捕食螨安全的化学药剂。

联苯肼酯对智利小植绥螨具有极高的安全性，该药剂与智利小植绥螨联合使用对二斑叶螨具有良好的控制效果。43%联苯肼酯悬浮剂对二斑叶螨具有很好的防效，是目前用于防治二斑叶螨最有效的杀螨剂之一（宫亚军 等，2013），但由于该药剂以触杀为主，对未喷施到药液的二斑叶螨效果较差。鉴于联苯肼酯对智利小植绥螨安全的特点，在释放前如果植株上已有一定数量的叶螨，为降低危害、减少智利小植绥螨的释放数量，可以先用该药剂压低叶螨虫口数量，然后释放智利小植绥螨。这种化学防治与生物防治相结合的方式，可做到完全彻底控制叶螨危害，有效减少用药量。宫亚军（2015）评价了联苯肼酯与捕食性天敌智利小植绥螨联合使用的效果，发现143mg/L联苯肼酯对智利小植绥螨成螨和若螨的存活和生殖能力均无显著影响，处理后96h对若螨的最高致死率为2.30%，成螨为2.04%；处理组8d的平均产卵量为15.08粒/雌，与对照平均产卵量15.45粒/雌无显著差异；处理组所产卵的平均孵化率为98.63%，与对照组平均孵化率98.13%无显著差异；联苯肼酯悬浮剂在143mg/L浓度下对二斑叶螨的控制效果表现为速效性高于单独使用智利小植绥螨，但持效性低于智利小植绥螨，防效在第22d时开始下降。二者联合使用表现出较好的速效性与持效性，处理后第2d防效达97.35%，第18d时达100%。

4. 植绥螨间及与其他天敌的联合应用

（1）植绥螨间的联合应用

吕佳乐（2016）报道联合应用智利小植绥螨和加州新小绥螨两种捕食螨可以有效防治黄瓜叶螨。田间平均叶螨密度与智利小植绥螨–加州新小绥螨密度比的关系可以用幂函数较好拟合，当叶螨密度低于77.6/株时，田间智利小植绥螨密度低于加州新小绥螨，反之前者密度高于后者。推测这一叶螨密度附近区域可能是两种捕食螨的优势发生交替的过渡区域，也是比较适宜联合应用两种捕食螨对叶螨进行防治的主要范围。

（2）植绥螨与其他天敌的联合应用

Dogramaci等（2011）联合应用斯氏钝绥螨和美洲小花蝽 *Orius insidiosus* 防治甜椒上的茶黄蓟马 *Scirtothrips dorsalis*，发现美洲小花蝽和捕食螨分别捕食蓟马的不同虫态，美洲小花蝽捕食蓟马的成虫，捕食螨捕食蓟马的幼虫。

Calvo等（2009）发现捕食性天敌昆虫（半翅目的烟盲蝽 *Nesidiocoris tenuis*）和/或寄生蜂（蒙氏桨角蚜小蜂 *Eretmocerus mundus*）的存在，能提高斯氏钝绥螨对粉虱的控制能力。这可能是由于不同天敌对应害虫的不同阶段，即捕食螨主要以粉虱卵和低龄幼虫为食，而寄生蜂（和/或烟盲蝽）主要寄生（捕食）粉虱的2龄和3龄若虫。

五、展望

利用植绥螨防治蔬菜害虫（螨）、植物寄生线虫，可使蔬菜生产不用或少用化学农药，降低农产品农药残留和对生态环境的影响，提高农产品品质，从而达到促进增收的目的。为充分发挥植绥螨的潜力，我们还需要从以下方面出发，寻找技术上与管理上的突破。

1. 捕食螨应用技术与释放策略

目前在我国，无论是捕食螨的挂袋释放还是撒放，主要是用手工释放，费时费力，效率低下。有必要研制捕食螨释放机械，包括捕食螨的无人机释放等技术。在释放策略方面，为实现较好的防效，通常需要在有害生物低密度时释放捕食螨。待田间有害生物密度较高时释放往往已经错过了最佳防控时机，但另一方面，若要捕食螨能够快速建立种群实现长期防控，又必须确保其在田间有充分的食物。为解决这一矛盾，需要研究在释放捕食螨的同时撒放其人工饲料以帮助其建立并扩增种群的相关技术，以实现在猎物密度较低时的捕食螨田间种群扩增及达到防控害虫的目的。

2. 其他病虫害防控技术的集成应用策略

在联合应用捕食螨与其他防控措施时，有必要在了解各种防控措施的机制与其相互影响的基础上，形成更为精细、具体的应用策略，使得各种防控措施均能充分发挥作用，并实现优势互补。

3. 捕食螨应用的中长期评价

生物防治对田间生态环境的改善、对害虫种群的控制等效果往往需要经过一段较长的时间才能体现出来。如果将用于评估化学防治的短期评价体系生搬硬套到生物防治中，容易对生物防治产生效果差、成本高的误判。我们在中国农业科学院植物保护研究所廊坊基地进行了4年的连续观察，发现前2年释放过巴氏新小绥螨的黄瓜大棚内，第3年、第4年的黄瓜生长季节内该螨未经释放仍大量发生，它们不仅建立了种群，而且对同期发生的蓟马也有较好的控制作用。因此，有必要建立针对捕食螨的中长期评价体系，以便更客观地反映其效果。

（王恩东　徐学农）

第七节　斯氏钝绥螨的研发及应用

烟粉虱Bemisia tabaci Gennadius新生物型的入侵，激发了人们对捕食螨作为其生物防治剂的研究，斯氏钝绥螨就是在这样的背景下产生的抗击烟粉虱的一种新天敌（Nomikou et al., 2001）。

已知植绥螨科捕食螨在中东地区的一些农业生态系统中可捕食烟粉虱的未成熟阶段（Nomikou et al., 2001）。从1997年开始，荷兰阿姆斯特丹大学种群生物学系Maurice W. Sabelis 教授的研究团队开始了捕食螨作为烟粉虱生物防治剂的收集和评价工作。在以色列和约旦，烟粉虱是大田作物上的主要农业害虫，因此这两个国家被选为捕食螨的收集地。研究团队于1997年在以色列从感染有烟粉虱的棉花Gossypium hirsutum植株上采集获得斯氏钝绥螨Typhlodromips swirskii Athias-Henriot（Nomikou et al., 2001）。

斯氏钝绥螨起源于地中海东部海岸，在以色列的扁桃、柑橘类作物上很早就曾被发现并可自然发生（Athias-Henriot, 1962; Porath et al., 1965），在以色列其他果树、葡萄、蔬菜、棉花、野生树木和灌木，以及各种1年生和多年生植物上都可发现斯氏钝绥螨（Swirski et al., 1997）。此外，其他中东国家、南欧、西非、中非和东非，以及北美、中南美洲都有该螨的报道（Demite et al., 2014）。

一、作为烟粉虱和蓟马生物防治剂的研发

经评价，在采集获得的5种植绥螨中，斯氏钝绥螨以取食烟粉虱幼期阶段后具有较高的内禀增长率而表现突出，显示对烟粉虱有很好的控制潜力（Nomikou et al., 2001）。Nomikou等并在单株植物的空间尺度内研究该螨对烟粉虱的控制潜力，每周为黄瓜植株提供1次香蒲花粉 Typha sp. 作为捕食螨的交替食物以维持其种群并促进种群增长，并证明了斯氏钝绥螨能够抑制温室中单株黄瓜上的烟粉虱种群（Nomikou et al., 2002）。在大的空间范围内，捕食者及其猎物不同的扩散能力将影响生物防治的效果。捕食螨的扩散只能通过行走或气流，而烟粉虱则可以通过飞行进行扩散。在温室范围内斯氏钝绥螨能够区分烟粉虱虫害植物和清洁植株，可通过随机搜寻而找到有猎物的植株，随后便被滞留在这些植株上（Nomikou et al., 2005）。虽然具有较强扩散力的烟粉虱可转移到没有捕食螨的植株而暂时逃避捕食者的捕食，即表现有反捕食行为（Nomikou et al., 2003c），而且斯氏钝绥螨过去和当前取食的食物种类（如猎物食物烟粉虱和非猎物食物花粉）对触发猎物的反捕食行为都是重要的因素（Meng et al., 2006），然而，烟粉虱因捕食螨诱导而产生的这样的扩散也是很有限的（Meng et al., 2012）。捕食螨不是很贪吃，但相对于烟粉虱来讲，有较高的存活率、繁殖率和种群增长率，花粉的补充又使得捕食螨在温室建立种群并在整个生长季节保持下去，这进一步降低了烟粉虱及其所传播病毒病的暴发概率，从而也降低了对作物的危害，显示有很好的应用前景。因此，斯氏钝绥螨被正式提出可以作为烟粉虱的生防作用物（Nomikou et al., 2003a）。

这些研究引起了Koppert商业生物防治公司的注意，其从阿姆斯特丹大学获得该螨。在荷兰的商业化温室中，斯氏钝绥螨只以甜椒花粉为食物就能建立种群（Bolckmans et al., 2005）。在夏季条件下，其控制甜椒、黄瓜和其他作物上西花蓟马Frankliniella occidentalis的防效均优于胡瓜钝绥螨Amblyseius cucumeris（van Houten et al., 2005; Calvo et al., 2014）。同时，以人工猎物甜果螨Carpoglyphus lactis

（Acari：Carpoglyphidae）为基础的大量饲养斯氏钝绥螨的专利也被开发并申请（Bolckmans et al.，2006）。特别是斯氏钝绥螨在西班牙的应用取得初步成功后，以释放斯氏钝绥螨为主的生物防治策略很快被世界各地的蔬菜和观赏植物种植者所采用，其有效性在其他作物和其他国家也得以印证，在全球温室中得以广泛使用（Calvo et al.，2014），这反过来又促进了对其进一步的研发，为其广泛应用提供了可能（Calvo et al.，2014）。

二、优良生物学特性

斯氏钝绥螨具有的一些优良特性，使其成为一种成功的生物防治剂。

1. 适用范围广

除了各种野生植物外，斯氏钝绥螨还能在多种蔬菜作物（包括辣椒、黄瓜或茄子），以及观赏植物和果树上建立种群（Calvo et al.，2012；Calvo et al，2014；Gerson et al.，2012；Juan-Blasco et al.，2012）。

2. 能以多种猎物为食

斯氏钝绥螨是一种广食性捕食螨（McMurtry et al.，2013），可同时捕食不止一种重要的猎物，主要被用于对烟粉虱和蓟马的增强型生物防治（Cock et al.，2010），是蓟马和粉虱的有效捕食者，特别是在这两种害虫同时发生或温度较高的情况下可发挥更大的功效。

斯氏钝绥螨也能以温室白粉虱*Trialeurodes vaporariorum*为猎物发育并繁殖（Bolckmans et al.，2005）。Messelink等（2008，2010）研究发现蓟马和叶螨的存在增加了斯氏钝绥螨的密度，从而加强了其对温室白粉虱的控制作用，认为捕食螨以混合猎物为食表现更好。

斯氏钝绥螨还能以二斑叶螨*Tetranychus urticae*为食并繁殖（Xiao et al.，2012），但是它明显偏爱西花蓟马（Xu et al.，2010）。当温室黄瓜上没有其他害虫时，斯氏钝绥螨不能控制叶螨，主要原因是其不能进入叶螨密结的网内，只能取食结网外围或靠近网边缘的叶螨（van Houten et al.，2007a；Messelink et al.，2010）。然而，当有西花蓟马和（或）温室白粉虱存在时叶螨的为害比没有其他猎物存在时轻得多，这可能是因为当这些害虫存在时捕食者斯氏钝绥螨具有较强的数值反应（Messelink et al.，2010）。斯氏钝绥螨也可以控制茶黄蓟马*Scirtothrips dorsalis*及露地黄瓜上的蓟马*Thrips palmi*（Arthurs et al.，2009；Dogramaci et al.，2011；Kakkar et al.，2016）。

斯氏钝绥螨对细须螨科Tenuipalpidae害螨也有一定控制作用，其在甜椒、辣椒、茄子上的侧多食附线螨*Polyphagotarsonemus latus*的防治中均取得了良好的效果（van Maanen et al.，2010；Onzo et al.，2012；Abou-Awad et al.，2014a，2014b）；在对入侵种印度雷须螨（红棕螨）*Raoiella indica*（Peña et al.，2009）的控制中也发挥着重要的作用。

此外，该螨还能取食柑橘木虱*Diaphorina citri*，并能显著减少温室中单个植株上的种群数量（Juan-Blasco et al.，2012）。

3. 能以非猎物食物（可替代食物）为食

在生物防治中，一个很重要的问题是捕食螨能否持续。斯氏钝绥螨能以非猎物食物如花粉为食

(Goleva et al., 2013; Nomikou, 2003), 并可发育和繁殖, 使捕食螨种群在害虫出现之前就在植物上积累 (Bolckmans et al., 2005), 这将有助于其在开花植物中大量繁殖 (如甜椒上), 并在猎物稀少或缺乏时在作物上存活下来 (Nomikou et al., 2010; Kutuk et al., 2011)。这种能以椒类花粉建立种群的能力, 也使得观赏椒类在温室中可作为斯氏钝绥螨的银行植物以增加其种群密度, 从而有利于长期的生物控制 (Avery et al., 2014; Xiao et al., 2012)。对于缺乏花粉的作物或有其他困难, 阻碍了斯氏钝绥螨的建立或持续, 应研究开发应用替代食物或伴生植物策略。

4. 容易在人造猎物上饲养

斯氏钝绥螨可取食的人造猎物螨包括甜果螨、棉兰皱皮螨 *Suidasia medanensis* (Suidasiidae)、食虫狭螨 *Thyreophagus entomophagus* (Acaridae) 和害嗜鳞螨 *Lepidoglyphus destructor* 等 (Fidgett et al., 2008; Baxter et al., 2011; Bolckmans et al., 2013; Midthassel et al., 2013; Nguyen et al., 2013), 这使得其大规模经济生产成为可能。

三、限制防治效果的主要环境因子

1. 寄主植物的影响

虽然在培养皿叶盘上斯氏钝绥螨取食番茄刺皮瘿螨 *Aculops lycopersici* (Eriophyidae) 后发育繁殖良好 (Park et al., 2010, 2011), 但由于番茄植株茎叶上的腺体毛 (trichome) 阻碍了捕食螨的运动, 因此不能有效防治番茄上的害螨 (van Houten et al., 2013)。此外, 在番茄类作物上, 由于花粉少, 以及叶片表面的特点, 该螨不能很好地建立种群 (Cox et al., 2006), 因而不适合在该类作物上应用。

2. 温度的影响

斯氏钝绥螨种群增长的下限约为15.5℃, 上限为37.0℃, 在20～32℃之间种群增长迅速, 这也是许多农业系统中常见的温度范围 (Lee et al., 2011), 这可以保证捕食螨在夏季条件下发挥更好的防效。

四、在IPM中的应用

捕食螨与其他IPM策略的组合对于优化生物防治的效益是重要的。斯氏钝绥螨对于以同一害虫不同发育阶段为目标的其他天敌是一种补充, 同时几种产品联合应用可以优化其在不同作物生长阶段和不同环境中的释放方案。

1. 与其他生物防治剂的联合应用

捕食螨包括斯氏钝绥螨对不同发育阶段的烟粉虱、蓟马的攻击程度不同, 烟粉虱的卵和1龄幼虫, 再次2龄和3龄幼虫, 都容易遭受攻击, 而老龄幼虫和成虫则不易受攻击 (Nomikou et al., 2001; Nomikou et al., 2004); 蓟马的1龄幼虫易被斯氏钝绥螨捕食, 而伪蛹期和成虫期的蓟马则不易被攻击。因此, 捕食螨虽然可使靶标猎物保持在低密度水平, 但不能完全消灭靶标猎物, 有时需要与攻击靶标猎物其他发育阶段的1种或多种天敌 (例如寄生蜂、捕食性蜂类、土栖捕食螨、瓢虫、昆虫病原线虫或真菌等）联合应用。这样，用于靶标害虫的不同生物防治剂的兼容性，即确定斯氏钝绥螨参与的集团内捕食作用（intraguild predation，IGP），以及斯氏钝绥螨与同一作物上或同一温室中控制其他害虫策略的兼容性，是设计IPM计划时应考虑的最重要的一个因素。

植绥螨的种间捕食和同类相残较常见。作为一种捕食范围广泛的多食性捕食螨，斯氏钝绥螨具有捕食其他生物防治剂的巨大潜力，如可以成为胡瓜钝绥螨的捕食者（Buitenhuis et al., 2010b），从而有可能干扰其他捕食者而产生负作用。但在大多数情况下，很少有证据表明这些相互作用会影响商业化温室作物系统中生物防治计划的结果。斯氏钝绥螨与其他生物防治剂在多种作物联合应用，显示对粉虱、蓟马、叶螨和其他害虫的生物防治也并无不利作用（van Houten et al. 2007b；Calvo et al., 2012）。但与食蚜瘿蚊*Aphidoletes aphidimyza*联合应用时，斯氏钝绥螨和胡瓜钝绥螨都可消耗食蚜瘿蚊的卵，从而破坏瘿蚊对蚜虫的生物控制，导致蚜虫密度显著增加（Messelink et al., 2011, 2013），引起其他天敌所控猎物种群增长的"营养级联"效应（"trophic cascading"）（Rosenheim et al., 1995）。因此，当多种小型害虫混合发生时，如果需用捕食螨来控制蓟马和（或）粉虱，应考虑用其他生物防治剂来替代食蚜瘿蚊控制蚜虫。

反之，在温室中，一些生物防治剂也可能具有捕食并影响斯氏钝绥螨的潜在作用；然而，在文献中还没有发现IGP对其有任何负面影响的证据。在温室中使用小花蝽种类*Orius* spp和斯氏钝绥螨并没有产生负面作用，但也没有比只使用一种捕食者对蓟马的防效更好（Chow et al., 2010；Weintraub et al., 2011）。然而，这种联合释放策略仍然是值得推荐的，因为其加强了对另一种害虫即烟粉虱的控制，从而可减少病毒的传播（Calvo et al., 2012）。此外，虫生真菌如白僵菌可以广泛感染节肢动物种类，但对斯氏钝绥螨无影响（Shipp et al., 2003, 2012）。

2. 与杀虫剂的兼容性

斯氏钝绥螨可与许多杀虫剂兼容（Gradish et al., 2011），包含一些化学活性成分如氟啶虫酰胺flonicamid、吡蚜酮pymetrozine和生物杀虫剂（Cock et al., 2011；Colomer et al., 2011；Cuthbertson et al., 2012），不可同时控制生物防治无法克服的病虫害。而对于不相容的杀虫剂则可通过调整施用时间或方法以减少其可能的负面作用。此外，大多数负作用只测试了对天敌的致死率的影响，而事实上亚致死效应（如寿命、发育、生殖力和捕食能力的变化）也会影响生物防治剂的生理和行为（Desneux et al., 2007）。随着新农药的开发和商业化，对这些新产品与斯氏钝绥螨的相容性的研究，不仅包括致死（急性）毒性，也应包括亚致死（慢性）毒性。

五、释放技术及实践应用

1. 产品形式及释放方式

捕食螨在植株上良好的覆盖和传播对生物防治非常重要，因此开发了不同的产品形式及各种释放方法，以便在不同的情况和环境中使用。最初，捕食螨只能装在以麦麸为载体材料的瓶子里，需要人工撒放；后来，又开发了以机械鼓风机为基础的释放系统，使捕食螨分布更加均匀，也降低了人工成本（Opit et al., 2005；Pezzi et al., 2015）。另一种方法是"缓慢释放"，即用繁育袋，内含一些载体原料如麦麸，以及饲养人造猎物螨的食物来源，捕食螨在袋中取食并繁殖，通过袋上的小孔离开，并可在作物中扩散数周的时间（Midthassel et al.，2014）。对于斯氏钝绥螨来说，商业化的缓释袋可以包含单种人造猎物，还可包含两种人造猎物，即甜果螨和害嗜鳞螨组合，缓释繁育袋的使用寿命可以从3~4周延长到6~8周（Bolckmans et al.，2013）。

捕食螨不能飞行，而且温室的风速很低，所以其无法在空中传播（Zemek et al.，1999），在温室作物中进行扩散完全依靠步行。理想的情形应是在作物生育期早期将捕食螨释放到每一植株上，因此在温室中选择释放方式时如何布局作物是要考虑的最重要的因素之一（Buitenhuis et al.，2015）。瓶装产品适用于在作物连续覆盖的情况下撒放，这样可使浪费最小化；在植物相互隔离的条件下，撒放产品的使用将导致捕食螨大量损失，无法到达靶标猎物，因此缓释袋可提供在一段时间内大量密集释放捕食螨（Buitenhuis et al.，2015）；在没有花粉类替代食物存在的环境中，缓释袋也是一种不错的选择，预防性释放有助于将害虫保持在较低水平（Midthassel et al.，2014）。

2. 实践应用

（1）蔬菜生防实践

虽然斯氏钝绥螨起源于荷兰，但因许多甜椒种植者对胡瓜钝绥螨与小花蝽 *Orius laevigatus* 组合防治蓟马的效果很满意，所以荷兰种植者最初对斯氏钝绥螨的利用进程较为缓慢。2006年，西班牙的新鲜蔬菜因农药残留而停止出口，种植者被迫寻找化学防治的替代品，在甜椒中大量采用了基于斯氏钝绥螨生物控制的害虫综合管理方案。在西班牙6000公顷的保护地甜椒中，在3年内生物防治面积便从2005年的5%增加到100%。在西班牙南部的黄瓜、茄子、甜瓜和西葫芦中，斯氏钝绥螨对烟粉虱和西花蓟马也取得很好的防治效果（Calvo et al.，2008，2011）。

（2）花卉生防实践

在观赏植物上推广生物防治中，蓟马长期以来一直是一个难题，而斯氏钝绥螨对蓟马的防治效果，确保了其在全面生物控制计划中的价值（Buitenhuis et al.，2015）。对产品外观上完美的要求，意味着观赏植物上害虫允许为害水平极低，这样捕食螨因猎物密度很低而缺乏足够的食物来源以建立种群或增加数量（Skirvin et al.，2003；Van Driesche et al.，2004；Buitenhuis et al.，2010a，2015）。因此，观赏植物的生物控制计划应以相对较高的频率进行预防性释放，定期重复释放或使用繁育系统如缓释袋来维持足够的捕食者在作物中生存。

自2005年商业化生产后，斯氏钝绥螨迅速成为保护地生产中最成功的生物防治剂之一，在欧美国家广泛被用于控制蔬菜和观赏植物上烟粉虱、西花蓟马、温室白粉虱及侧多食跗线螨等多种小型害虫和螨类（Bolckmans et al.，2005；孟瑞霞 等，2007；Messelink et al.，2005，2006，2008；Calvo et al.，2014；Kutuk et al.，2011，2017），目前已在全球50多个国家得到投放应用（Calvo et al.，2014），在温室作物生物防治中发挥着重要作用。

（孟瑞霞）

第八节　温氏新小绥螨在综合治理中的应用

一、近似种类

温氏新小绥螨（台湾原名是温氏小新绥螨/温氏捕植螨）*Neoseiulus womersleyi*属于barkeri种群，和温氏新小绥螨在形态上甚为相似的还有长刺新小绥螨（台湾原名长刺小新绥螨/长毛捕植螨）*N. longispinosus*。温氏新小绥螨原被归在长刺新小绥螨名下，Schicha（1975）以二者末体背毛S5长度有异，将其自长刺新小绥螨分开而独立命名。Collyer（1982）以采得一些个体之S5为不等之中间型长度，认为二者仍系同种，*N. womersleyi*为长刺新小绥螨的同种异名（synonym）；Ho等（1995）进行普查发现两者具有地理分布差异，同时进行二者间的杂交配对，具生殖隔离，确认为不同种。曾义雄认为拟长刺新小绥螨*N. pseudolongispinosus*（台湾原名拟长刺小新绥螨）是温氏新小绥螨之同种异名（Tseng，1983），并为de Moraes等（1986）及de Moraes等（2004a）编纂全球植绥螨名录时采纳。

温氏新小绥螨、长刺新小绥螨的生活习性极为近似，发育、繁殖能力、捕食能力在伯仲之间（Shih et al.，1979；Lo et al.，1979；Chou et al.，1989；Xin et al.，1984；Ibrahim et al.，1994；Lee et al.，2000；Nguyen et al.，2012；Puspitarini，2012；Rahman et al.，2013），均为捕食叶螨的好天敌，具备防治、压抑叶螨族群之能力，在海峡两岸均被应用在叶螨的生物防治上。Ho等（1995）在台湾调查温氏新小绥螨及长刺新小绥螨之发生分布，前者在全岛均有发现，后者则主要分布于南半部，农作物上叶螨族群中所采得者主要为温氏新小绥螨，而长刺新小绥螨主要发生在天然生长的植物上；台湾实施叶螨生物防治时，所曾利用者为温氏新小绥螨，所研究的对象也为温氏新小绥螨。本文谨介绍温氏新小绥螨的生物学及有关利用方式。

二、自然界中发生的情况

温氏新小绥螨是一种在自然界中普遍发生的种类，任何植物上，只要叶螨属叶螨建立了族群，就可在叶螨族群中发现它。Ho等（1995）列举24科41种曾采到温氏新小绥螨之植物，包含乔木、灌木及草本植物。此螨大抵逐叶螨而栖息，叶螨未建立族群之叶片很难发现其踪影；笔者在台湾各地采集近30年，所采得之温氏新小绥螨率皆得于叶螨族群中，当植物叶片上没有叶螨时，未曾采得温氏新小绥螨。此时在植物上狼奔豕突之植绥螨往往为草栖钝绥螨/长尾捕植螨*Amblyseius herbicolus*或卵圆真绥螨/卵形捕植螨*Euseius ovalis*；部分灌木或草本植物上，尚可能为其他种类之植绥螨。许多植绥螨可兼食花粉，甚或以花粉饲养，另有许多植绥螨可捕食小型昆虫，笔者不曾在花或小型昆虫族群中采集得温氏新小绥螨。自此观之，温氏新小绥螨应为适应于专食叶螨之植绥螨，此观察也与McMurtry等（2013）提出其为TypeⅡ叶螨的捕食者生活形态相符。

以叶螨之类别而言，笔者所采集得之温氏新小绥螨多发现于叶螨属叶螨族群中，虽也曾在*Oligonychus*、*Eotetranychus*、*Schizotetranychus*、*Aponychus*属之叶螨族群中发现，并且观察到其捕食*Oligonychus*、*Schizotetranychus*属之叶螨，但以在不同叶螨族群中所发现之温氏新小绥螨个体数及卵数而言，仍以在叶螨属叶螨族群中数量最高；亦即若以叶螨族群中发现温氏新小绥螨之频度，或在它们族群中温氏新小绥螨繁殖之丰度来论断，温氏新小绥螨较偏好取食Tetranychus属叶螨，田野间之叶螨属叶螨族群中，很少有未发现温氏新小绥螨者。其他属叶螨族群中所存在的植绥螨，往往不是温氏新小绥螨。

三、生物学特性

应用在生物防治之天敌，须具备若干条件，乃能有效抑制害物。这些条件中最基本的包括喜食（最好是嗜食）防治对象、繁殖速率与防治对象相当或是高于防治对象、与防治对象共同发生。温氏新小绥螨已如前述，主要发生在叶螨属叶螨族群中，农作物除果树及木本之观赏植物外，所发生之叶螨以叶螨属为主，温氏新小绥螨乃成为农作物上行叶螨生物防治时之首选天敌。它对叶螨的喜好可从下述其取食叶螨时之发育及繁殖状况窥见一斑。

温氏新小绥螨的生活史及族群介量（population parameters）曾被多人研究，但Lo等（1979）同时探讨了温氏新小绥螨与二斑叶螨/二点叶螨Tetranychus urticae Koch的生活史及族群介量，其试验条件、饲育材料及方法相同，具高度之比较性，谨以其结果来介绍温氏新小绥螨的优良天敌特色。

在20℃、25℃、30℃、35℃时，温氏新小绥螨自卵产下至成螨蜕出只需要8.5～3.8d，发育速度极快（表19）。相同温度下，二斑叶螨之发育期较温氏新小绥螨慢2.5～12.8d。成螨寿命也是温氏新小绥螨更长。温氏新小绥螨产卵量虽低于二斑叶螨，但除30℃以外，各温度下之族群介量增殖率极限（Finite rate of increase，λ）也是温氏新小绥螨高于二斑叶螨。若以温氏新小绥螨每产一粒卵所捕食之叶螨卵量来计算，各温度下每一头雌温氏新小绥螨在产卵期中每日可消耗 1.2～2.4头以上二斑叶螨所产之卵，以此而言，温氏新小绥螨确具抑制二斑叶螨族群之能力。

表19 温氏新小绥螨（NW）及二斑叶螨（TU）在四种温度下之发育期长（d）、寿命（d）及产卵量

项 目	温度/℃			
	20	25	30	35
发育期/d				
NW ♀	8.5	5.7	5.0	3.8
TU ♀	21.3	11.7	7.6	7.3
寿命/d				
NW ♀	41.8	42.6	36.5	25.9
TU ♀	31.6	29.5	11.9	11.1
产卵总数/粒				
NW	47.6	55.6	62.5	47.2
TU	86.9	130.5	112.2	61.6
日产卵率/（粒·天$^{-1}$）				
NW	1.6	2.3	3.3	3.9
TU	3.4	5.1	10.4	6.4
增殖率极限/λ				
NW	1.17	1.257	1.377	1.571
TU	1.124	1.254	1.492	1.387
NW产一卵平均捕食TU卵数/粒*	4.9	4.6	3.8	4
每头产卵期之雌NW每日可消耗k只TU所产之卵/粒	2.3	2.1	1.2	2.4

注：*以产卵期之食量计算。

不同种类叶螨之繁殖能力往往弱于二斑叶螨，台湾农作物上发生频率最高之神泽氏叶螨 *Tetranychus kanzawai* Kishida 之发育及繁殖能力即微逊于二斑叶螨（Shih et al.，1978；Tsai et al.，1989；Ullah et al.，2011），温氏新小绥螨对这些叶螨乃同样具有生物防治之能力。

台湾曾在草莓与桑树上释放温氏新小绥螨防治神泽氏叶螨，均获得良好效果（Lo et al.，1984；Ho et al.，1991）。其后因为害草莓之叶螨变更为二斑叶螨，田间释放温氏新小绥螨防治二斑叶螨之效果不理想，判断温氏新小绥螨不是防治二斑叶螨之天敌，便自美国、澳大利亚引进当时在国际上应用于叶螨生物防治最成功、最著名之伪新小绥螨（台湾原名伪钝绥螨/法拉斯捕植螨）*Neoseiulus fallacis*（Garman）及智利小植绥螨/智利捕植螨 *Phytoseiulus persimilis* Athias-Henriot，改转为以此二引进植绥螨进行生物防治。但温氏新小绥螨在日本及韩国却持续受到重视，在桑树、茶树、梨及苹果上均进行了以温氏新小绥螨防治二斑叶螨或神泽氏叶螨之研发，得到很好之成效（Kim et al.，1996；Kakimoto et al.，2002；Mochizuki，2002，2003a，2003b；Han et al.，2003；Jung et al.，2003，2004）。

Ho 等（1999）在 28℃ 及 13L：11D 下比较了温氏新小绥螨与此二种植绥螨取食神泽氏叶螨时的生物学，三者的发育期都是 4d 多，温氏新小绥螨约慢 6h，日产卵量以智利小植绥螨较高，温氏新小绥螨与伪新小绥螨相似，但每日取食量则温氏新小绥螨居于智利小植绥螨与伪新小绥螨之间，温氏新小绥螨每产一卵所捕食之神泽氏叶螨卵数近似智利小植绥螨而高于伪新小绥螨（表20）。然而在每日供应 120 粒叶螨卵时，温氏新小绥螨之食量与智利小植绥螨不相上下而远高于伪新小绥螨。在食物量很少时（每日仅供应 2 粒叶螨卵），温氏新小绥螨仍会产卵、徘徊，伪新小绥螨会产卵而倾向于离开，智利小植绥螨不产卵且倾向于离开；伪新小绥螨及智利小植绥螨均需要较多的食物来吸引它们留驻（表20）。Vanas 等（2006）也发现智利小植绥螨至少需要 5 粒、平均需 14.5 粒二斑叶螨卵以产一粒卵；即便食物密度低时，也会在未食尽叶螨前离开叶螨族群，为每一粒产下的卵留下 5.6 粒叶螨卵为食。这些信息显示温氏新小绥螨为优于伪新小绥螨之天敌，繁殖力相近但食量较大，对食饵叶螨具较高之压制力。虽然繁殖与取食皆逊于智利小植绥螨，但食物极少时，仍会留下后代，若叶螨再起，能立即发挥抑制效果。

表20　温氏新小绥螨、伪新小绥螨及智利小植绥螨取食神泽氏叶螨卵时的一些表现

	N. womersleyi	*N. fallacies*	*P. persimilis*
发育期/d	4.92（4.67）	4.58（4.75）	4.56（4.55）
日产卵量	3.4	3.3	4.6
日取食量	32.1	18.7	45.9
取食的卵数/产卵数	9.4	5.7	10
每天提供一定叶螨卵数条件下5天平均的产卵量*			
2粒卵	0.28	0.33	0
5粒卵	0.93	0.78	0.16
10粒卵	2.21	2.13	0.47
叶碟上留存的叶螨卵数百分比**			
2粒卵	60	0	10
5粒卵	60	40	20
10粒卵	90	40	60

*5天平均；**第5天留存的叶螨卵数百分比。

食物少时仍然徘徊可能意味其散布较缓，然而生物防治本就是一种人为引介、提高天敌密度之手段，自可弥补此点。Ho（2005a）因为这些特性而重新肯定了温氏新小绥螨作为生物防治之天敌的价值。

四、繁殖方法

叶螨天敌之繁殖需维持三条生产线，第一条生产线为食饵之寄主植物，第二条生产线为食饵，第三条生产线为天敌。此三条生产线需稳定维持，任何一条生产线出问题皆意味下一条生产线所饲养之对象将缺乏食物供应而难以为继，使得天敌之大量繁殖失败。倘若能将前二条生产线简化或合并，例如使用人工饲料或是可从市场直接取得之食物，即可将天敌生产之失败风险降至最低。部分植绥螨以腐食酪螨 Tyrophagus sp.饲养而大量繁殖，即为一例：无须栽种寄主植物，直接以可自市场购得之现成饲料繁殖食酪螨，整体成败仅余植绥螨生产线之风险及勿让食酪螨族群中混入天敌。而三条生产线中，寄主植物之生产需要大面积之土地，若省去此生产线，也可大幅度降低对生产空间的需求，可在较节约的空间中生产巨量之植绥螨，大大降低生产成本。

温氏新小绥螨因必须以叶螨饲养，其大量繁殖仍需三条生产线。食饵多使用繁殖力强之二斑叶螨或神泽氏叶螨 Tetranychus kanzawai；食饵寄主植物则多使用青皮豆（大豆之一品种）（Lee et al., 1990）或花豆 Phaseolus limensis，前者取其生长迅速、在台湾一年四季皆有豆种供应，后者取其叶大。寄主植物生长至一定时期后，运往叶螨繁殖区繁殖叶螨；叶螨繁殖至一定数量/密度后，运往植绥螨繁殖区饲养植绥螨；后者繁殖至一定密度后，采收供应田间释放。此三条生产线必须互相隔离，前一条生产线忌被后续生产线污染，亦即寄主植物生产线不可被叶螨或植绥螨污染，否则叶螨生产线将垮台；叶螨生产线若被植绥螨或任何其他类天敌污染，植绥螨生产线将垮台（Ho, 2005b）。

寄主植物生产线的常见问题包含种子发芽率及各种病虫害，需要引起重视的是病害问题，尤其是土壤性病害。如果重复使用生产寄主植物之介质，因为采收后有多量植物质残留于介质中，如根系、种皮、子叶、枯叶、未发芽豆种等，易成土壤性病害之温床，需注意对介质消毒。叶螨生产线忌受叶螨天敌污染，否则极易发生整体族群被毁的现象。以台湾农业试验所的经验，此生产线设在温/网室内，较易发生的天敌为植绥螨及捕食性瘿蚋。前者可将叶螨族群连豆株浸于50℃温水中60s，将植绥螨族群消灭，叶螨族群虽略微受损，2d后即复原（Ho et al., 1992）；后者可施用无杀螨效果之选择性杀虫剂予以消灭。然而温/网室中易产生高湿，须严防虫生真菌 Neozygite sp.之发生。发生捕食性天敌时，可因叶螨族群成长不如预期而警觉并进行补救，蒙受有限度损失；发生虫生真菌往往无迹象可循，叶螨族群全面遭受感染，一夕发病而全毁。而无论哪一科均有赖定期抽样，以放大镜或解剖显微镜仔细察看从而予以防范。

叶螨生产线及植绥螨生产线在新鲜豆株或饲育单元中接入叶螨/植绥螨之数量及采收之时机，将因生产地之气候条件及寄主植物/食饵之生长繁殖性状而有变化，宜自行测试决定。

台湾农业试验所将豆种泡水并在水中打气而后播种，可提高发芽率。另外在叶螨生产线上将饲有叶螨之豆叶接种至清洁豆株，或是在植绥螨生产线上将饲有植绥螨之豆叶接种至新养成叶螨族群之豆株时，在欲接种之豆株上覆以渔网，将种源豆叶散置于渔网上，约2~3d后，种源豆叶上之螨已爬至网下之新豆株上。收起渔网、抖落枯叶，可节省许多人工。

Lee（1994）发展以微胶囊盛装人工饲料制作人工卵之技术，以此成功地大量饲养基征草蛉（Mallada basalis Walker）供生物防治运用（Lo et al., 2002）。此技术为温氏新小绥螨等必须以叶螨为食的植绥螨的大量饲养带来一线光明，只是仍需克服微胶囊膜的厚度及胶囊大小均须降低至植绥螨可取食的程度等问题。

五、田间应用

以植绥螨防治叶螨，都发现将植绥螨与叶螨的比例维持在1∶40之内，可成功压制叶螨族群，其中又以1∶20为较优比例。通常在叶螨密度不高时即可进行预防性释放植绥螨。

以表19中温氏新小绥螨及二斑叶螨之增殖率极限，及每一头雌温氏新小绥螨在产卵期中每日消耗 k 只二斑叶螨所产卵之 k 值，做一精确度不足但简单约略之叶螨族群增长估测：假设在二斑叶螨数为10头、20头、30头、40头、50头时，有一头雌温氏新小绥螨存在，在20℃、25℃、30℃、35℃下，推估二斑叶螨族群之增长及其与温氏新小绥螨之比例在14d中之变化如图196所示。

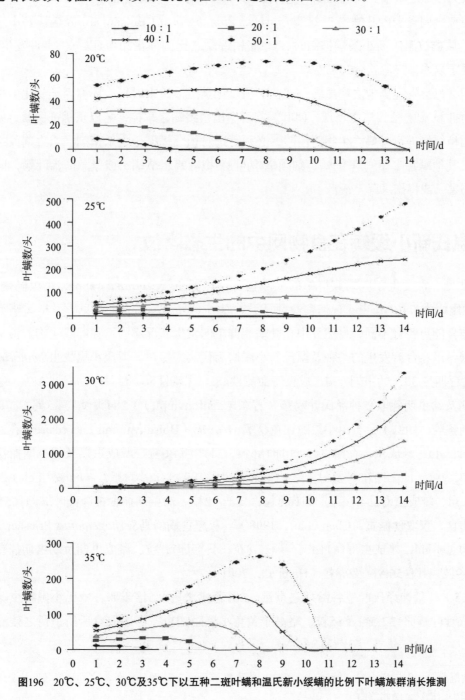

图196　20℃、25℃、30℃及35℃下以五种二斑叶螨和温氏新小绥螨的比例下叶螨族群消长推测

二斑叶螨数＝（前一日二斑叶螨数－前一日温氏新小绥螨数×该温度之k值）×二斑叶螨之增殖率极限

温氏新小绥螨数＝前一日温氏新小绥螨数×温氏新小绥螨之增殖率极限

20℃及35℃下，即使二斑叶螨：温氏新小绥螨为50∶1，二斑叶螨族群也将迅速被压抑。25℃下，除了50∶1外，其余各比例中之二斑叶螨均因在14d之内受到压抑而下降或开始下降。30℃时，温氏新小绥螨仅在20∶1及10∶1之比例下可压抑二斑叶螨。因此，建议在平均温度达30℃左右之季节（如夏季），运用温氏新小绥螨进行生物防治时，宜以叶螨：温氏新小绥螨为20∶1之比例在田间均匀释放温氏新小绥螨，或是田间管理时将此比例作为是否需要进行人为防治（不论是释放天敌还是施用杀螨剂）之标值。在较为冷凉之季节、均温在25℃左右，可考虑采用40∶1之比例。

笔者曾在茄园调查朱砂叶螨/赤叶螨*Tetranychus cinnabarinus*（Boisduval）及温氏新小绥螨之发生消长。当叶螨之族群被温氏新小绥螨抑制时，叶螨/植绥螨之比例都在20∶1以下。事件发生时期为5—8月，在台湾属于夏季，气温符合30℃左右。

因为田间必然会发生其他之病虫害，往往必须以化学防治法来对付；环境因子变化多端，极有可能因突发状况而抑制/影响植绥螨之表现，使叶螨族群逸出植绥螨之掌控，需以杀螨剂做紧急处理以确保经济收成。使用植绥螨进行叶螨之生物防治时，必须筛选对植绥螨安全之杀菌剂、杀虫剂及杀螨剂来防治病害、虫害、其他螨害（跗线螨/细螨、细须螨/伪叶螨/拟叶螨、节螨）或紧急防治叶螨，同时保护植绥螨族群不受伤害，或将伤害降至最低。

六、温氏新小绥螨在食物网中的生态席位

自然界常见、常发生于叶螨族群中的天敌包含小黑瓢虫类*Stethorus* spp.、小黑隐翅虫类*Oligota* spp.、捕食性瘿蝇类*Feltiella* spp.、捕食性蓟马类（以 *Scolothrips* spp.最常见）及植绥螨类。它们的发育、繁殖及捕食能力各有不同，自然界中在叶螨族群中的发生状况不同，在叶螨生物防治上的应用也应有所不同，谨各以在台湾发生的一种及温氏新小绥螨为代表来探讨。罗氏小黑瓢虫*Stethorus loi* Sasaji在23.8℃下，发育期15.3d，幼虫期7.3d，成虫寿命雌性48.4d、雄性56.6d，日产卵量6.2粒，终生产卵164.5粒；雌成虫期及幼虫期各取食神泽氏叶螨第二若螨（deutonymph）1 284头及124.5头，亦即日食26.5头及17头（施剑鎣等，1991）。黄角小黑隐翅虫*O. flavicornis*（Boisduval and Lacordaire）在28℃下发育期16.3d，幼虫期5.4d，雌成虫寿命43.3d，产卵186粒，日产卵4.6粒。雌成虫期及幼虫期捕食神泽氏叶螨卵4 656粒及332.9粒，日食107.5粒及61.6粒（Chen et al.，1993）。小瘿蚊*F. minuta*（Felt）28℃下发育期9d，幼虫期3.3d，雌成虫寿命4.1d，产卵16.3粒，日产4.2粒。幼虫期捕食神泽氏叶螨卵165粒，日食51.8粒；成虫不捕食，仅取食糖蜜（Chen et al.，1998）。灰斑食螨蓟马*S. rhagenianus* Priesner[①] 在28℃下发育期11.1d，幼虫期4d，雌成虫寿命11d，产卵22.8粒，日产卵2.1粒。雌成虫期及幼虫期捕食神泽氏叶螨卵650.2粒及39粒，日食56.5粒及9.8粒（Ho et al.，2001）。

Ho（2005）秤量神泽氏叶螨各龄期之重量，2龄若螨之重量5倍于卵，罗氏小黑瓢虫雌成虫及幼虫期约为每日取食叶螨卵132.5粒及85粒，略高于黄角小黑隐翅虫。考虑取食后所遗留之残渣应有相当重

[①] 原为印度食螨蓟马（*S. indicus*），Strassen（1993）更正 *S. indicus*为*S. rhagenianus* 之同物异名。此资讯系台湾农业试验所陈怡如小姐提供，谨此致谢。

量，则二者之食量应相当，且发育、产卵及寿命均近似，属于同一层级之捕食者。小瘿蚊成虫期不捕食叶螨，主要为幼虫期捕食叶螨，约日食52粒叶螨卵，与灰斑食螨蓟马雌成虫日食56.5粒叶螨卵相近，二者应属相同层级之捕食者。Ho等（1999）与Chen等（2001，2002a，2002b）观察了黄角小黑隐翅虫、小瘿蚊、灰斑食螨蓟马及温氏新小绥螨对不同数量神泽氏叶螨卵粒的取食及产卵反应，温氏新小绥螨只要每日供应2粒叶螨卵即出现取食和产卵行为，供应10粒叶螨卵可引致70%个体停留不逃逸，供应20粒叶螨卵可正常产卵（日产卵量达到生活史研究中之表现）。灰斑食螨蓟马有10粒叶螨卵时即出现取食和产卵行为，40粒叶螨卵时有70%个体停留，80粒叶螨卵时可正常产卵。小瘿蚊成虫有10粒叶螨卵即取食、产卵，但要有40粒叶螨卵方始有个体停留，100粒叶螨卵有70%个体停留，120粒叶螨卵才正常产卵（是则小瘿蚊及灰斑食螨蓟马的生态席位应有不同）。黄角小黑隐翅虫在供应10粒叶螨卵时似乎视若无睹，20粒叶螨卵才出现取食现象，40粒叶螨卵才有产卵行为，160粒叶螨卵才能引发正常产卵（成虫活动力强，在封闭空间下无法判读其停留行为）。这些信息能反映出这几类天敌在自然界中对叶螨密度有不同的反应，食量高的天敌在叶螨密度不敷所需时，很可能不做停留、弃之他去，也不会产卵留下后代，而未发挥功效。反向而言，它们取食叶螨到一定程度后，当叶螨密度不符需求时，会转移至他处，留下一定数量的叶螨继续为害。它们所留下的叶螨数量若为该农作物栽培管理上所无法接受，此天敌即非为该作物叶螨生物防治或综合管理所能应用，应当另寻较适当之天敌。

　　Zhan等（1998，1999a）观察温氏新小绥螨时，发现当食饵数量增加后，其捕食量会降低。此现象亦出现于Xiao等（2013）及Canlas等（2006）对加州小新绥螨的观察中。温氏新小绥螨则在Ali等（2011）之研究中供应若螨为食饵时有此现象，但供应卵及幼螨时则未出现；也未出现于Ho等（1999）以叶螨卵供给之测试中。Saito（1986）发现叶螨之雄成螨可攻击并杀死幼期之植绥螨，Zhang等（1998）发现叶螨数量多时会对植绥螨做出防卫行为，笔者亦曾在高密度叶螨之叶片上观察到叶螨雄成螨对植绥螨幼期之攻击行为。这些似乎都指向在叶螨密度高时，植绥螨对叶螨的抑制能力会降低，前述之20∶1或40∶1之有效防治比例将被颠覆。笔者曾分析在未施药茄园中，发生温氏新小绥螨之茄叶有70%仅栖有100只以内之叶螨，这些叶片上叶螨与温氏新小绥螨之比例在40∶1之内（Ho，2001）。亦即在自然状况下，叶螨密度高之处所，温氏新小绥螨的发生会较少。不论是温氏新小绥螨不喜前往，还是对叶螨数量增长之反应有所延缓，都意味着它不适合于应用在此环境中抑制叶螨。

（何琦琛　廖治荣）

参 考 文 献

蔡宁华，秦玉川，胡敦孝，1992．叶螨为害苹果树的产量损失估测［J］．植物保护学报（2）：165-170．
蔡仁莲，郭建军，金道超，2014．蔬菜叶螨发生特点及其生物防治的研究进展［J］．贵州农业科学，41：81-86．
曹克强，王爱茹，杨军玉，等，1998．河北中部地区苹果、梨主要病虫害危害现状及分析［J］．河北农业大学学报（3）：45-49．
曹子刚，1982．昌黎果区果树红蜘蛛综合防治及优势种群的演变［J］．河北农学报，7（2）：70-72．
朝阳地区农校植保教研组，1979．朝阳地区丽新须螨发生初报［J］．辽宁农业科学（4）：13-16．
陈邓，黄所，陆绍德，2009．橡胶树危险性虫害防治初报［J］．中国热带农业，6：54-55．
陈芬，2012．基于线粒体COI基因和核糖体ITS基因的常见钝绥螨（蜱螨亚纲：植绥螨科）系统发育研究［D］．南昌：南昌大学．
陈军，2012．巴氏钝绥螨棚室应用技术研究［D］．合肥：安徽农业大学．
陈青，卢芙萍，卢辉，等，2015．橡胶小蠹虫及六点始叶螨监测预警与综合防控研究进展［C］//中国热带作物学会．第九次全国会员代表大会暨2015年学术年会论文摘要集．
陈守坚，1985．以自然控制为主的柑橘园害虫综合治理［J］．昆虫天敌，1（4）：223-231．
陈守坚，周芬薇，庄胜概，等，1982．德氏钝绥螨的生物学和利用［J］．昆虫学报，25（1）：49-55．
陈文龙，何继龙，孙兴全，1994．塑料大棚草莓上朱砂叶螨种群聚集与扩散趋势的初报［J］．上海农学院学报，2：150-152．
陈熙雯，朱志民，1980．我国西北地区植绥螨三新种记述［J］．江西大学学报，4（1）：10-14．
陈熙雯，朱志民，梁来荣，1984．植绥螨（见：中国农业螨类）［M］．上海：上海科学技术出版社．
陈熙雯，朱志民，周芬薇，1980．广东植绥螨记述（蜱螨目：植绥螨科）［J］．南昌大学学报（理科版），4（1）：15-20．
陈霞，张艳璇，季洁，等，2006．截形叶螨对胡瓜钝绥螨的吸引作用［J］．蛛形学报，15（2）：98-101．
陈霞，张艳璇，季洁，等，2007．4种杀虫剂对胡瓜钝绥螨成螨的急性毒性［J］．昆虫天敌（02）60-63．
陈霞，张艳璇，季洁，等，2010．5种杀虫剂对胡瓜钝绥螨的影响［J］．蛛形学报，19（1）：50-57．
陈霞，张艳璇，季洁，等，2011．胡瓜钝绥螨抗阿维菌素品系的筛选及抗性稳定性分析［J］．福建农业学报，26（5）：793-797．
陈学森，郝玉金，杨洪强，等，2010．我国苹果产业优质高效发展的10项关键技术［J］．中国果树（4）：65-67．
陈耀年，2016．巴氏新小绥螨及与顶孢霉联用对二斑叶螨捕食功能的研究［D］．兰州：甘肃农业大学．
陈耀年，汝阳，尚素琴，2016．巴氏新小绥螨对二斑叶螨混合抗性品系和敏感品系的捕食功能［J］．中国生物防治学报，32（4）：428-433．
谌有光，沈宝成，宁殿林，等，1997．警惕二斑叶螨在陕西果产区蔓延为害［J］．西北园艺（01）：35-36．
谌有光，王春华，魏慧雪，等，1986．西方盲走螨防治山楂叶螨的研究初报［J］．昆虫知识（6）：268-269．
成文禄，2004．智利小植绥螨防治棉叶螨的探究［J］．生物学教学，29（8）：59．
程立生，潘俊松，1994．几种杀螨剂对二斑叶螨和朱砂叶螨的毒力测定［J］．植物保护，20（4）：18-19．
程小敏，2012．猎物和常用农药对捕食螨的影响研究［D］．武汉：华中农业大学．
程小敏，郑薇薇，张宏宇，2013．猎物对两种钝绥螨发育和繁殖的影响［J］．环境昆虫学报，35（1）：72-76．
崔琦，2013．温度对加州新小绥螨发育繁殖的影响及其对朱砂叶螨的控制作用［D］．成都：四川农业大学．
崔晓宁，沈慧敏，郑开福，等，2012．苹果园镰螯螨种群的时空动态分析［J］．植物保护学报，38（3）：54-58．
崔晓宁，张亚玲，沈慧敏，等，2011．巴氏钝绥螨对截形叶螨的捕食作用［J］．植物保护学报，38（6）：575-576．
邓雄，张乃鑫，贾秀芬，1990．西方盲走螨在兰州地区苹果园定殖和防治叶螨效果的观察研究［J］．生物防治通报（2）：54-58．
邓雄，郑祖强，张乃鑫，等，1988．西方盲走螨保护越冬的研究［J］．生物防治通报，4（3）：97-101．
董芳，符振实，王嘉阳，等，2019．双尾新小绥螨对土耳其斯坦叶螨控制效果评价［J］．新疆农业科学，56（1）：1-12．
董芳，张燕南，陈静，等，2018．双尾新小绥螨对五种寄主植物不同受害后挥发物的趋性［J］．应用昆虫学报，55（3）：438-444．

董慧芳，1990．增效浏阳霉素防治叶螨的效果和对智利植绥螨影响的研究［J］．生物防治通报，6（3）：97-101．
董慧芳，郭玉杰，1985．应用智利小植绥螨防治温室一串红上二斑叶螨的试验［J］．生物防治通报，1（1）：12-15．
董慧芳，郭玉杰，1987．应该重视二斑叶螨在我国的传播问题［J］．植物保护（01）：47．
董慧芳，牛离平，1990．非致死浓度农药对智利植绥螨繁殖和定居的影响［J］．生物防治通报，6（2）：59-63．
董慧芳，牛离平，1991．复方苏云金杆菌商品制剂对捕食螨的影响［J］．生物防治通报，7（1）：10-12．
董慧芳，张乃鑫，1984．专食性植绥螨的饲养方法［J］．植物保护（1）：20-21．
董婷婷，2017．巴氏新小绥螨滞育与卵黄原蛋白及其受体的关系研究［D］．合肥：安徽农业大学．
杜桐源，熊锦君，1989．尼氏钝绥螨抗亚胺硫磷——杀虫双品系的筛选及遗传分析［M］//黄明度．柑橘害虫综合治理论文论文集．北京：学术书刊出版社．
杜桐源，熊锦君，黄明度，1987．尼氏钝绥螨抗亚胺硫磷品系的生物学特性观察［J］．昆虫天敌，9（3）：173-176．
杜桐源，熊锦君，黄明度，1991．尼氏钝绥螨抗有机磷自然种群的研究［J］．昆虫天敌，13（2）：61-65．
杜桐源，熊锦君，田肇东，1993．尼氏钝绥螨抗有机磷赣州种群的遗传分析［J］．昆虫天敌，15（1）：6-9．
范青海，苏秀霞，陈艳，2007．台湾根螨属种类、寄主、分布于检验技术［J］．昆虫知识，44（4）：596-602．
范潇，2015．联苯肼酯和乙螨唑对二斑叶螨及巴氏新小绥螨亚致死效应研究［D］．重庆：西南大学．
方小端，刘慧，吴伟南，等，2010．利用植绥螨为主的粉虱生物防治研究进展［J］．中国植保导刊，30（8）：11-14．
方小端，卢慧林，宋子伟，等，2019．植绥螨在橘树、藿香蓟和假臭草上的时空分布［J］．应用昆虫学报，56（4）：760-765．
方小端，欧阳革成，卢慧林，等，2012．矿物油乳剂与巴氏新小绥螨对柑橘全爪螨的协同控制研究［J］．环境昆虫学报，34（3）：322-328．
方小端，欧阳革成，卢慧林，等，2013．不同防治措施对柑橘全爪螨及橘园天敌类群的影响［J］．应用昆虫学报，50（2）：413-420．
方小端，欧阳革成，卢慧林，等，2014．不同防治措施柑橘园植绥螨的类群结构与多样性研究［J］．环境昆虫学报，36（2）：133-138．
方小端，欧阳革成，卢慧林，等，2016．一种调查柑橘全爪螨、捕食螨等微小节肢动物的新方法［J］．中国植保导刊，36（7）：47-50．
方小端，吴伟南，李健雄，2007．广州市植绥螨调查名录［J］．昆虫天敌，29（3）：138-141．
方小端，吴伟南，刘慧，等，2008a．西方花蓟马的生物防治研究进展［J］．中国生物防治，24（4）：363-368．
方小端，吴伟南，刘慧，等，2008b．以植绥螨防治入侵害虫西方花蓟马研究进展［J］．中国植保导刊，28（4）：10-12．
符振实，白洪瑞，唐思琼，等，2020．3种杀螨剂与双尾新小绥螨联合防治棉叶螨［J］．新疆农业科学，57（6）：1127-1135．
符振实，苏杰，董芳，等，2019．双尾新小绥螨防治菜豆土耳其斯坦叶螨的释放技术研究［J］．应用昆虫学报，56（4）：750-759．
甘炯城，欧阳革成，杨悦屏，等，2009．5种高毒农药替代产品对尼氏钝绥螨的毒力作用［J］．中国南方果树，38（5）：61-63．
高越，王银平，王亚黎，等，2019．我国苹果主产区苹果叶螨种类及杀螨剂应用现状［J］．中国植保导刊，39（2）：67-70．
戈峰，2002．现代生态学［M］．北京：科学出版社．
耿家镕，赵钧，李德刚，等，1999．苹果梨黑疤病的发生与防治研究［J］．中国果树（2）：8-10．
宫亚军，石宝才，王泽华，等，2013．新型杀螨剂—联苯肼酯对二斑叶螨的毒力测定及田间防效［J］．农药，52（3）：225-227．
宫亚军，王泽华，王甦，等，2015．智利小植绥螨对茄子二斑叶螨控制效果研究［J］．应用昆虫学报，52：1123-1130．
宫永铭，鲁志宏，杨玉霞，等，2004．苹果园生草对病虫害及天敌消长的影响（初报）［J］．落叶果树（6）：31-32．
谷培云，马永军，焦雪霞，等，2013．释放捕食螨对彩椒上蓟马防效的初步评价［J］．生物技术进展，3（1）：54-56．
顾耘，1997．二斑叶螨与山楂叶螨种间竞争的研究［J］．华东昆虫学报，6（1）：71-76．
顾耘，张迎春，赵川德，等，2000．几种杀螨剂对3种叶螨的毒力比较［J］．莱阳农学院学报，17（3）：203-206．
关秀敏，2002．芬兰真绥螨生物学及捕食功能的研究［D］．泰安：山东农业大学．
广东省昆虫研究所生物防治研究室，广州市沙田果园场农科所，1978．利用钝绥螨为主综合防治柑橘红蜘蛛的研究［J］．昆虫学报，21（3）：260-270．
郭建晗，孟瑞霞，张东旭，等，2016．有益真绥螨与巴氏新小绥螨的集团内捕食和同类相残作用［J］．昆虫学报，59（5）：560-567．
郭喜红，尹哲，乔岩，等，2013．9种常用农药对拟长毛钝绥螨的致死作用［J］．生物技术进展，3（1）：50-53．
郭玉杰，董慧芳，1987．变温变湿对智利小植绥螨发育和存活的影响［J］．生物防治通报，3（1）：19-22．

郭玉杰, 牛离平, 董慧芳, 1988. 观赏植物上二斑叶螨的发生和为害 [J]. 昆虫知识 (6): 353–355.
韩国栋, 唐思琼, 苏杰, 等, 2020. 双尾新小绥螨对烟粉虱和土耳其斯坦叶螨的捕食选择性 [J]. 中国生物防治学报, 36 (3): 347–352.
郝宝锋, 于丽辰, 许长新, 2007. 套袋苹果内新害螨—乱跗线螨 [J]. 果树学报 (2): 180–184.
郝宝锋, 于丽辰, 许长新, 等, 2010. 乱跗线螨 (*Tarsonemus confusus*) 引发套袋苹果黑点病及其防治 [J]. 果树学报, 27 (6): 956–960, 1074.
郝慧华, 2009. 海南胶林植绥螨优势种卵圆真绥螨生物学及捕食效能研究 [D]. 海口: 海南大学.
郝慧华, 2019. 捕食螨对橡胶六点始叶螨的控制作用及抗药性分子机理初步研究 [D]. 海口: 海南大学.
郝慧华, 李培征, 王鸿宾, 等, 2009. 8种杀虫 (螨) 剂对橡胶六点始叶螨的室内毒力测定 [J]. 热带农业科学, 29 (3): 1–3.
何琦琛, 2001. 叶螨的四个天敌之间的比较——基于消费者的角色 [C] //谢丰国, 林政行, 顾世红. 跨世纪台湾昆虫学研究之进展研讨会论文集.
何琦琛, 2002. 四种叶螨天敌的比较——自田间发生频度论其功效 [J]. 台湾昆虫特刊, 3: 27–37.
何琦琛, 2005. 对温氏捕植螨的重新评估 [J]. 台湾昆虫特刊, 7: 167–184.
何琦琛, 陈文华, 1998. 小瘿蚊生活史、捕食量及其在茄园的季节变动 [J]. 中华昆虫, 18: 27–37.
何琦琛, 陈文华, 1999. 三种捕植螨发育期、生殖力与捕食量的比较 [J]. 中华昆虫, 19: 193–199.
何琦琛, 陈文华, 2001. 印度食螨蓟马对神泽氏叶螨卵量的取食与产卵反映评估 [J]. 植物保护学会会刊, 43: 165–172.
何琦琛, 陈文华, 2002a. 黄角小黑隐翅虫对神泽氏叶螨卵量的取食与产卵反应评估 [J]. 植物保护学会会刊, 44: 15–20.
何琦琛, 陈文华, 2002b. 小瘿蚊对神泽氏叶螨卵量的取食与产卵反应评估 [J]. 台湾昆虫, 22: 19–26.
何琦琛, 罗干成, 1979. 温度对二点叶螨生活史及繁殖力之影响 [J]. 中华农业研究, 28 (4): 261–271.
何琦琛, 罗干成, 1991. 桑园神泽业螨之生物防治 [J]. 台湾农业, 27: 82–89.
洪晓月, 2012. 农业螨类学 [M]. 北京: 中国农业出版社.
候爱平, 张艳璇, 杨孝泉, 等, 1996. 利用长毛钝绥螨控制冬瓜上二斑叶螨研究 [J]. 昆虫天敌, 18 (1): 29–33.
胡敦孝, 梁来荣, 1989. 钝绥螨属 (蜱螨亚纲植绥螨科) 拉哥群两个种的比较研究 [J]. 北京农业大学学报, 1: 75–78.
胡军华, 王雪莲, 张耀海, 等, 2016. 巴氏新小绥螨对柑橘全爪螨处理的枳橙叶片挥发物的行为反应 [J]. 应用昆虫学报, 53 (1): 30–39.
花蕾, 王永熙, 陈武, 1993. 果苔螨在乾县北部的发生及药剂防治试验, 干旱地区农业研究 [J]. 11 (增刊): 86–89.
华南热带作物学院, 1989. 热带作物病虫害防治学 [M]. 北京: 农业出版社.
黄慧德, 2017. 我国天然橡胶生产分析 [J]. 世界热带农业信息, 3: 23–24.
黄建华, 陈洪凡, 王丽思, 等, 2016. 应用捕食螨防治蓟马研究进展 [J]. 中国生物防治学报, 32 (1): 119–124.
黄建华, 罗任华, 秦文婧, 等, 2012. 巴氏新小绥螨对芦笋上烟蓟马捕食效能研究 [J]. 中国生物防治学报, 28 (3): 353–359.
黄婕, 2019. 两种捕食螨对苹果园害螨的控害潜能研究 [D]. 泰安: 山东农业大学.
黄婕, 王蔓, 门兴元, 等, 2019. 苹果园8种常用药剂对加州新小绥螨的安全性评价 [J]. 山东农业科学, 51 (4): 124–127.
黄良炉, 张格成, 王代武, 等, 1964. 柑橘红蜘蛛发生规律及其防治研究 [J]. 昆虫知识 (6): 266–270.
黄明度, 1979. 柑橘园水热条件与植绥螨的数量消长 [J]. 昆虫天敌, 1 (1): 61–65.
黄明度, 2011. 中国植绥螨研究与应用 [M]. 广州: 中山大学出版社.
黄明度, 麦秀慧, 李树新, 等, 1979. 丘陵地柑橘园利用钝绥螨防治橘全爪螨研究初报 [J]. 昆虫知识, 16 (5): 215–216.
黄明度, 熊锦君, 杜桐源, 1987. 尼氏钝绥螨抗亚胺硫磷系的筛选及遗传分析 [J]. 昆虫学报, 2: 133–139.
黄明度, 杨悦屏, 欧阳革成, 等, 2008. 复合种植系统昆虫群落多样性研究 [M]. 广州: 广东科技出版社.
黄珍岚, 等, 1993. 橘园行间种大豆繁殖两种钝绥螨及控制柑橘红蜘蛛的研究 [J]. 江西农业大学学报 (江西橘园捕食螨利用及害虫综合治理专辑): 92–95.
季洁, 张艳璇, 王长方, 等, 2001. 胡瓜钝绥螨捕食茶橙瘿螨的实验种群生命表及捕食作用初探 [J]. 华东昆虫学报, 10 (2): 71–75.
贾静静, 2019. 加州新小绥螨和尼氏真绥螨对3种橡胶害螨的控制作用和适应性评价 [D]. 海口: 海南大学.
贾静静, 符悦冠, 张方平, 等, 2019. 尼氏真绥螨对三种橡胶叶螨的控害效能评价 [J]. 应用昆虫学报, 56 (40): 718–727.
贾克锋, 2002. 综合治理毛竹螨类 [J]. 浙江林业 (06): 20–21.
贾克锋, 封荣祥, 黄勇军, 等, 2002. 毛竹螨类钝发生与治理 [J]. 浙江林业科技, 22 (1): 34–37.

江汉华, 欧高才, 1989. 湖南省橘园常见植绥螨种类记述和检索 [J]. 湖南农学院学报, 15 (1): 62-68.

姜辉, 王晓军, 陈景芬, 等, 2000. 农药田间药效试验准则 (一) 杀螨剂防治苹果叶螨 [S]. GB/T 17980.7-2000. 2000-02-01.

姜晓环, 徐学农, 王恩东, 2010. 植绥螨性比及性别决定机制与影响因素研究进展 [J]. 中国生物防治, 26 (3): 352-358.

姜玉兰, 赵清春, 田淑彦, 等, 2003. 种草果园天敌调查及天敌对果树害虫的控制研究 [J]. 山西果树 (6): 6-8.

焦蕊, 许长新, 于丽辰, 等, 2016. 以天敌巴氏新小绥螨为靶标对6种果园常用药剂的安全性评价 [J]. 河北农业科学, 20 (3): 32-34.

焦蕊, 赵同生, 贺丽敏, 等, 2008. 自然生草和有机物覆盖对苹果园土壤微生物和有机质含量的影响 [J]. 河北农业科学, 12 (12): 29-30, 48.

金道超, 关惠群, 熊继文, 等, 1988. 尼氏钝绥螨生物学研究初报 [J]. 贵州农学院学报, 7 (2): 42-45.

经佐琴, 杨琰云, 李新义, 等, 2001. 黄瓜钝绥螨 (*Amblyseius cucumeris*) 发育历期与温度的关系 [J]. 复旦学报 (自然科学版), 40 (5): 577-580.

柯励生, 忻介六, 1982. 中国钝绥螨属二新种 [J]. 昆虫分类学报, 4 (4): 307-310.

柯励生, 忻介六, 1983. 盲走螨属三新种 [J]. 昆虫分类学报, 5 (2): 185-188.

柯励生, 杨琰云, 忻介六, 1990. 拟长毛钝绥螨抗乐果品系的筛选及遗传分析 [J]. 昆虫学报, 33 (4): 393-397.

孔建, 张乃鑫, 1990. 伪钝绥螨对北方环境条件适应性的研究 [J]. 华北农学报 (3): 104-111.

劳军, 梁来荣, 1994. 中国盲走螨属一新种和二纪录 (蜱螨亚纲: 植绥螨科) [J]. 动物分类学报, 19 (3): 314-316.

李爱华, 2007. 巴氏钝绥螨的人工饲养方法: 中国, 101011046 [P]. 2007-08-08.

李爱华, 张玉涛, 宫永铭, 等, 2009. 山东省苹果害螨发生现状与防治策略 [J]. 山东农业科学 (11): 93-95.

李红, 朱芬, 周兴苗, 等, 2007. 危害西瓜幼苗的韭菜迟眼蕈蚊的生物学特性及防治 [J]. 昆虫知识, 44 (6): 834-836, 951.

李宏度, 李德友, 冉琼, 等, 1992. 间泽钝绥螨的分布及其控制柑橘红蜘蛛的效果 [J]. 贵州农业科学 (3): 25-28.

李继样, 张格成, 1986. 利用虚伪钝绥螨控制柑橘螨类研究初报 [J]. 中国柑橘 (2): 12-14.

李佳敏, 吴千红, 杨琰云, 2003. 黄瓜钝绥螨对茶黄螨的功能反应 [J]. 复旦学报 (自然科学版) (4): 593-596.

李美, 符悦冠, 2006. 胡瓜钝绥螨研究进展 [J]. 华南热带农业大学学报, 12 (4): 32-38.

李培征, 刘文波, 曹凤勤, 2008. 六点始叶螨对常用杀螨剂的抗药性测定 [J]. 安徽农业科学, 36 (27): 11837-11838.

李朋新, 2008. 巴氏新小绥螨实验种群生态学研究 [D]. 南昌: 南昌大学.

李庆, 蔡如希, 1996. 苹果斯氏刺瘿螨发生与危害调查 [J]. 植物保护 (3): 16-17.

李庆, 崔琦, 蒋春先, 等, 2014. 加州新小绥螨对朱砂叶螨的控制作用 [J]. 植物保护学报, 41 (3): 257-262.

李涛, 王树明, 张勇, 等, 2016. 橡胶炭疽病、六点始叶螨发生规律及其相关性研究 [J]. 广东农业科学, 43 (4): 104-110.

李图宝, 2018. 橡胶林常见病虫害防控策略 [J]. 南方农业, 12 (29): 8-9.

李文台, 1994. 基微草蛉微胶囊人工饲料制作技术开发 [J]. 中华昆虫, 14: 47-52.

李亚新, 张乃鑫, 1990. 伪钝绥螨滞育的研究 [J]. 植物保护, 16 (5): 14-15.

李亚迎, 2017. 不同猎物共存系统中巴氏新小绥螨种群调节与扩散机制研究 [D]. 重庆: 西南大学.

李艳, 周光锋, 于丽颖, 2013. 8种药剂对紫薇梨象成虫的室内毒力测定及室外药效试验 [J]. 中国森林病虫, 32 (4): 30-33.

李杨, 2018. 斯氏顿绥螨与巴氏新小绥螨集团内捕食及联合释放评价 [D]. 呼和浩特: 内蒙古农业大学.

李永涛, 刘敏, 潘云飞, 等, 2016. 短时高温暴露处理对双尾新小绥螨 *Neoseiulus bicaudus* Wainstein生长发育的影响 [J]. 应用昆虫学报, 53 (1): 40-47.

李智全, 1998. 东平农场橡胶六点始叶螨发生为害及防治研究 [J]. 热带作物研究 (2): 1-5.

梁来荣, 何励生, 1981. 钝绥螨属二新种 [J]. 复旦学报, 20 (2): 220-222.

梁来荣, 柯励生, 1982. 冲绥螨属一新种 [J]. 昆虫分类学报, 4 (3): 229-230.

梁来荣, 柯励生, 1981. 中国植绥螨属二新种 [J]. 昆虫分类学报, 3 (3): 235-237.

梁来荣, 柯励生, 1982. 钝绥螨属一新种和一新记录 [J]. 复旦学报, 21 (3): 351-354.

梁来荣, 柯励生, 1983. 中国钝绥螨属芬兰群种种类记述 [J]. 动物分类学报, 8 (2): 162-172.

梁来荣, 柯励生, 1984. 钝绥螨属三新种 [J]. 动物分类学报, 9 (2): 151-155.

梁来荣, 胡成业, 1988. 宁夏植绥螨科二新种记述 [J]. 昆虫分类学报, 10 (3-4): 317-319.

梁来荣, 劳军, 1994. 浙江天目山植绥螨科一新种和一新记录 (蜱螨亚纲: 植绥螨科) [J]. 昆虫学报, 37 (3):

370-372.

梁来荣, 曾涛, 1992. 印小绥螨属一新种及一新纪录 [J]. 动物分类学报, 17 (1): 45-47.

梁伟光, 1989. 杀虫剂对柑橘园节肢动物群落的影响 [C] //黄明度. 柑橘害虫综合治理论文集. 北京: 学术期刊出版社.

廖亚明, 朱志民, 1985. 东方钝绥螨的食性研究 (摘要) [J]. 江西植保 (3): 17-18.

林坚贞, 张艳璇, 刘浩官, 2000. 跗线螨总科 Tarsonemoidea [M] //黄邦侃. 福建昆虫志 (第九卷) 蜱螨亚纲 Acarina. 福州: 福建科学技术出版社.

林延谋, 1984. 广东胶园常见的钝绥螨种类和自然控制作用 [J]. 热带作物研究, 3: 31-33.

林延谋, 符悦冠, 1993. 海南岛钝绥螨属种类及其利用的初步研究 [J]. 热带作物学报, 14 (1): 83-89.

林延谋, 符悦冠, 杨光融, 1995. 温度对东方真叶螨的发育与繁殖的影响 [J]. 热带作物学报, 16 (1): 94-98.

林延谋, 杨光融, 符悦冠, 1987. 用40%氧化乐果涂橡胶树干防治六点始叶螨试验初报 [J]. 热带作物研究 (1): 42-44.

林延谋, 杨光融, 王洪基, 等, 1985. 胶树六点始叶螨的发生规律及防治研究 [J]. 热带作物学报, 6 (2): 111-118.

凌鹏, 夏斌, 李朋新, 2008. 巴氏钝绥螨对柑橘全爪螨的捕食效能 [J]. 蛛形学报, 17 (1): 29-34.

刘公民, 李斌, 2010. 版纳地区橡胶树主要病虫害现状及防治对策 [J]. 农业科技通讯 (3): 157-159.

刘和生, 李丙智, 2003. 今年套袋苹果萼洼黑点病发生情况调查 [J]. 西北园艺 (10): 42-43.

刘静月, 吕佳乐, 徐学农, 等, 2019. 不同营养源添加的人工饲料对加州新小绥螨的生物学影响 [J]. 应用昆虫学报, 56 (04): 710-717.

刘静月, 2021. 人工饲养对加州新小绥螨生长及生殖的影响 [D]. 兰州: 甘肃农业大学.

刘平, 尚素琴, 张新虎, 2014. 9种常用杀螨剂对巴氏新小绥螨和二斑叶螨的毒力及毒力选择性研究 [J]. 植物保护, 40 (5): 181-184, 202.

刘巧云, 2002. 毛竹叶螨的综合防治 [J]. 中国林业, 12: 37.

刘天军, 范英, 2012. 中国苹果主产区生产布局变迁及影响因素分析 [J]. 农业经济问题, 33 (10): 36-42, 111.

刘贻聪, 王玲, 张友军, 等, 2016. 二斑叶螨田间种群对阿维菌素的抗性及抗性相关基因表达分析 [J]. 昆虫学报, 59 (19): 1199-1205.

卢慧林, Nguyen T N T, Nguyen V H, 等, 2020. 越南地区柑橘黄龙病发生及防治 [J]. 环境昆虫学报, 42 (2): 383-390.

卢慧林, 欧阳革成, 谭炳林, 等, 2018. 矿物油对无机铜制剂防治柑橘疮痂病和柑橘全爪螨的增效作用 [J]. 农药, 57 (5): 383-386.

鲁素玲, 丁胜, 1989. 玛河流域棉田叶螨天敌研究初报 [J]. 石河子农学院学报, 11 (1): 59-64.

鲁素玲, 谭瑞成, 闫约博, 等, 1995. 新疆林木害螨研究初报 [J]. 石河子农学院学报 (2): 37-40.

鲁素玲, 张建萍, 韩顺涛, 等, 1997. 北疆棉区叶螨天敌种类初步研究 [J]. 新疆农业大学学报 (增刊): 20-24.

陆承志, 蒋永喜, 1992. 苹果全爪螨在阿克苏发生 [J]. 新疆农业科学 (4): 170.

罗干成, 何琦琛, 1979. 温度对长毛捕植螨生活史繁殖力及捕食能力之影响 [J]. 中华农业研究, 28 (4): 237-250.

罗干成, 曾信光, 何琦琛, 1984. 草莓叶螨生物防治 (1) [J]. 中华农业研究, 33 (4): 406-417.

罗兰, 陈明, 罗进仓, 等, 1996. 西方盲走螨捕食李始叶螨的功能反应 [J]. 甘肃农业科技 (6): 38-39.

罗佑珍, 殷绥公, 佟颖. 1992. 云南省植绥螨属一新种 (蜱螨亚纲: 植绥螨科) [J]. 云南农业大学学报, 7 (4): 215-216.

吕佳乐, 2016. 智利小植绥螨、加州新小绥螨与二斑叶螨共存时的种群动态及互作 [D]. 北京: 中国农业科学院.

马立名, 2002. 吉林省钝绥螨属二新种 (蜱螨亚纲: 植绥螨科) [J]. 昆虫分类学报, 24 (3): 227-231.

马立名, 2004. 钝绥螨属2新种和东方盲走螨雄螨及若螨描述 (蜱螨亚纲: 革螨股: 植绥螨科) [J]. 蛛形学报, 13 (2): 71-76.

马立名, 林坚贞, 2007. 植绥螨科3新种和似巨钝绥螨特征补充 (蜱螨亚纲: 中气门目) [J]. 蛛形学报, 16 (2): 83-88.

马盛峰, 郭建军, 2011. 尼氏真绥螨 (*Euseius nicholsi*) 的研究进展 [J]. 贵州农业科学, 39 (4): 92-95+99.

马盛峰, 郭建军, 金道超, 等, 2013. 蔬菜田间常用杀虫 (螨) 剂对尼氏真绥螨成螨的室内毒力测定 [J]. 贵州农业科学, 41 (4): 83-84.

麦秀慧, 黄明度, 李树新, 等, 1982. 利用和保护钝绥螨防治柑橘红蜘蛛的研究 [J]. 广东农业科学 (2): 11-14.

麦秀慧, 黄明度, 李树新, 等, 1984a. 利用和保护钝绥螨防治柑橘红蜘蛛 [M] //农牧渔业部植物保护总站. 中国生物防治的进展. 北京: 中国农业出版社.

麦秀慧, 李树新, 熊锦君, 等, 1984b. 生态因素与钝绥螨种群数量关系及应用于防治橘全爪螨的研究 [J]. 植物保护学报, 1: 29-34.

毛建辉, 陈宇, 罗曦, 2016. 名山茶园病虫害绿色防控技术集成与示范 [J]. 四川农业科技, 7: 36-38.

孟瑞霞，张青文，刘小侠，2007．利用植绥螨防治烟粉虱的研究进展［J］．昆虫知识，44（6）：798-803．
孟翔，欧阳革成，方小端，等，2013．基于COI基因的柑橘木虱捕食性天敌的捕食效能评估［J］．生态学报，33（23）：7430-7436．
缪勇，郑炳宗，1996．几种杀虫（螨）剂对拟长毛钝绥螨的毒力测定［J］．昆虫知识，33（5）：287-288．
尼群周，石海强，秦立者，等，2010．苹果园地表覆盖方式对土壤含水量及果实品质的影响［J］．河北农业科学，14（10）：18-21．
欧阳才辉，黄卫民，姚易根，等，2007．释放巴氏钝绥螨控制柑橘全爪螨试验示范效果初报［J］．中国植保导刊，27（9）：23-24．
欧阳革成，陈宁，郭明昉，等，2011．绿色防治柑橘木虱控制黄龙病的策略与技术探讨［J］．中国南方果树，40（1）：25-27．
潘贵华，1990．广西柑橘园捕食螨的种类及其保护与利用［J］．广西农业科学（1）：30-34．
彭勇强，孟瑞霞，张东旭，等，2013．两种植绥螨的同类相残和集团内捕食作用［J］．生态学杂志，32（7）：1825-1831．
蒲倩云，2015．两种农药对巴氏新小绥螨的毒力及阿维菌素亚致死剂量对其解毒酶系的影响［D］．兰州：甘肃农业大学．
蒲倩云，尚素琴，张新虎，2016．两种农药对巴氏新小绥螨和截形叶螨的毒力及安全性评价［J］．甘肃农业大学学报，51（2）：84-87．
蒲天胜，曾涛，韦德卫，1995．20种植物花粉对4种植绥螨的饲养效果［J］．广西植保，4：6-8．
蒲天胜，曾涛，韦德卫，等，1990．广西柑橘园捕食螨资源调查及开发利用［J］．植物保护学报，17（4）：355-358．
朴春树，周玉书，吴元善，等，1993．二斑叶螨危害果树初报［J］．中国果树（4）：24-25．
祁慧芳，1981．利用钝绥螨防治园林花木红蜘蛛的初步研究［J］．昆虫天敌，3（1-2）：59-63．
邱强，2000．原色苹果病虫害图谱［M］．3版．北京：中国科学技术出版社．
仇贵生，张怀江，闫文涛，等，2012．苹果园二斑叶螨的经济为害水平［J］．植物保护学报，39（3）：200-204．
饶辉福，丁坤明，程长松，等，2016．鄂南茶园5种害螨的发生与防治技术［J］．植物医生，29（002）：55-56．
任伊森，1984．关于柑橘害虫新猖獗及其防治途径的探讨［J］．浙江柑橘（4）：24-27．
上海市植保植检站，复旦大学生物系，宝山县植保植检站，等，1984a．拟长毛钝绥螨生物学及应用的研究［M］//农牧渔业部植物保护总站．中国生物防治的进展．北京：中国农业出版社．
尚素琴，陈耀年，2017b．巴氏新小绥螨在马铃薯腐烂茎线虫上的实验种群生命表及其捕食作用［J］．植物保护学报，44（4）：589-594．
尚素琴，刘平，陈耀年，等，2017a．巴氏新小绥螨对二斑叶螨的捕食功能及控制潜力研究［J］．植物保护，43（3）：118-121+159．
尚素琴，刘平，张新虎，2016．不同温度下巴氏新小绥螨对西花蓟马初孵若虫的捕食功能［J］．植物保护，42（3）：141-144．
尚素琴，郑开福，张新虎，2015．巴氏钝绥螨对二斑叶螨的捕食功能反应［J］．植物保护学报，42（3）：316-320．
盛福敬，2013．东方钝绥螨替代猎物的研究及防治烟粉虱的初步探索与应用［D］．北京：中国农业科学院．
施剑銮，黄淑明，谢忠能，1978．神泽氏叶螨之生物特性，生命表及栖群内在增殖率［J］．植物保护学会刊，20：182-190．
施剑銮，林炳杰，张智惠，1991．罗氏小黑瓢虫之生物特性，捕食量及栖群内在增殖率［J］．植物保护学会刊，33：290-300．
施剑銮，谢忠能，1979．长毛捕植螨之生物特性，生命表，捕食潜能及栖群内在增殖率［J］．植物保护学会刊，21：175-183．
石纪茂，余华星，俞建新，等，2006．竹裂爪螨天敌——余杭植绥螨研究［J］．林业科学研究，19（1）：79-81．
司嘉怡，袁准，冯睿，等，2016．5种杀虫剂和黄瓜新小绥螨对棉田朱砂叶螨的协调防治．植物保护，42（3）：229-234．
宋素琴，楚敏，曹焕，等，2015．新疆阿克苏地区苹果园主要病虫害发生现状调查［J］．中国果树（3）：74-75，82．
宋子伟，方小端，张宝鑫，等，2019．香橼柠檬捕食螨和叶螨发生动态初报［J］．应用昆虫学报，56（4）：766-771．
苏国崇，林坚贞，朱永明，等，2000a．温州茶园螨类名录［J］．武夷科学，16：14-17．
苏国崇，林坚贞，朱永明，等，2000b．利用捕食螨控制茶叶害螨试验初报［J］．中国茶叶，6：26-27．
苏国崇，林坚贞，朱永明，等，2001．捕食螨控制茶叶害螨生物防治技术初探［J］．茶叶，27（4）：27-29．
孙月华，郅军锐，王清，等，2009．伪钝绥螨对二斑叶螨的捕食作用［J］．中国生物防治，25（3）：196-199．
覃贵勇，2013．小新绥螨 Neoseiulus sp. 对柑橘全爪螨的控制作用及其实验种群生命表的组建［D］．雅安：四川农业大学．
覃贵勇，李庆，杨群芳，等，2013．加州新小绥螨对柑橘全爪螨的控制潜力［J］．植物保护学报，40（2）：149-154．
唐斌，张帆，陶淑霞，等，2004．中国植绥螨资源及其生物学研究进展［J］．昆虫知识，41（6）：527-531．
田丽丽，宋鲁彬，姚元涛，2010．茶树虫害的生物防治［J］．落叶果树（2）：49-50．

田明义, 1995. 应用排除法分析两种天敌对橘全爪螨的控制作用 [J]. 中国生物防治, 11 (4): 153-155.
田肇东, 杜桐源, 黄明度, 1993. ^{60}Co-γ辐射对尼氏钝绥螨抗多虫畏性状的诱导及其他生物学效应 [J]. 动物学研究, 14 (4): 347-353.
汪小东, 刘峰, 张建华, 等, 2014a. 加州新小绥螨对土耳其斯坦叶螨的捕食作用 [J]. 植物保护学报, 41 (1): 19-24.
汪小东, 袁秀萍, 黄艳勤, 等, 2014b. 应用实验种群生命表评价加州新小绥螨对土耳其斯坦叶螨和截形叶螨的控制能力 [J]. 应用昆虫学报, 51 (3): 795-801.
汪小东, 张建华, 黄艳勤, 等, 2014c. 加州新小绥螨对截形叶螨的捕食作用 [J]. 西北农业学报, 23 (2): 39-43.
王朝禹, 1985. 四川茶园德氏钝绥螨的利用 [J]. 中国茶叶 (5): 18-19.
王朝禹, 杨清镐, 陈常修, 1983. 茶园释放德氏钝绥螨试验报告 [R]. 利用德氏钝绥螨防治茶跗线螨的研究鉴定资料, 32-37.
王成斌, 2018. 混合猎物系统对巴氏新小绥螨生物效能的影响 [D]. 重庆: 西南大学.
王大平, 2001. 苹果园植被多样化在果树害虫持续治理中的作用 [J]. 西南师范大学学报 (自然科学版) (3): 333-336.
王恩东, 徐学农, 吴圣勇, 2010. 释放巴氏新小绥螨对温室大棚茄子上西花蓟马及东亚小花蝽数量的影响 [J]. 植物保护, 36 (5): 101-104.
王慧芙, 崔云琦, 张守友, 1981. 我国北方为害果树的叶螨和细须螨 [J]. 植物保护学报 (1): 9-16.
王吉, 2020. 尼氏真绥螨卵黄原蛋白基因的克隆与表达分析 [D]. 南昌: 南昌大学.
王进强, 许丽月, 周明, 等, 2010. 六点始叶螨高效防治剂的室内筛选 [J]. 中国森林病虫 (1): 30-32.
王珂, 2009. 巴氏新小绥螨实验种群生态学研究 [D]. 重庆: 西南大学.
王瑞明, 林付根, 陈永明, 等, 2003. 江苏盐城农区捕食性天敌常见种在Bt棉田的消长动态 [J]. 安徽农业科学, 31 (3): 352-355.
王润贤, 葛晋纲, 2002. 茶园中利用植绥螨防治叶螨的效果 [J]. 茶业通报, 24 (2): 27-28.
王树明, 陈鸿洁, 白建相, 等, 2007a. 河口地区橡胶树六点始叶螨发生规律初步观察 [J]. 热带农业科技, 30 (1): 5-7.
王树明, 陈鸿洁, 白建相, 等, 2007b. 三种热雾剂防治橡胶六点始叶螨药效试验 [J]. 热带农业科技, 30 (3): 5-6.
王银方, 吐尔逊, 郭文超, 等, 2013a. 智利小植绥螨对土耳其斯坦叶螨、截形叶螨、朱砂叶螨的捕食作用 [J]. 新疆农业科学, 50 (5): 839-844.
王银方, 吐尔逊, 郭文超, 等, 2013b. 智利小植绥螨对土耳其斯坦叶螨的捕食效能评价 [J]. 环境昆虫学报, 35: 176-181.
王银方, 吐尔逊, 何江, 等, 2014. 智利小植绥螨以土耳其斯坦叶螨为食的试验种群生命表 [J]. 中国生物防治, 30: 329-333.
王永卫, 王旭疆, 袁丽萍, 等, 1997. 罗宾根螨的初步研究 [J]. 蛛形学报, 6 (1): 53-57.
王宇人, 李亚新, 张乃鑫, 等, 1990. 应用伪钝绥螨防治苹果全爪螨的试验 [J]. 生物防治通报, 6 (3): 102-106.
王源岷, 徐筠, 1985. 植绥螨八新种 [J]. 昆虫分类学报, 7 (1): 69-78.
王源岷, 徐筠, 1987. 钝绥螨属一新种 [J]. 昆虫分类学报, 9 (2): 153-155.
王源岷, 徐筠, 1990. 北京地区的植绥螨 [C]//北京昆虫学会成立四十周年学术讨论会论文摘要汇编.
王源岷, 徐筠, 1991a. 中国北方植绥螨二新种和二新纪录 [J]. 动物分类学报, 16 (2): 186-189.
王源岷, 徐筠, 1991b. 中国北方植绥螨五新种和五新纪录 [J]. 动物分类学报, 16 (3): 320-327.
王云忠, 罗江英, 李平生, 等, 2016. 南联山农场橡胶树害虫的发生及防治建议 [J]. 农业科技通讯, 3: 158-160.
王允场, 2009. 几种杀虫 (螨) 剂对巴氏钝绥螨的毒力及亚致死效应研究 [D]. 重庆: 西南大学.
王振辉, 李永涛, 李婷, 等, 2015. 双尾新小绥螨的形态特征及捕食性功能 [J]. 应用昆虫学报, 52 (3): 580-586.
韦党扬, 赵琦, 1996. 尼氏真绥螨控制橘全爪螨试验简报 [J]. 广西植保, 2: 41-42.
韦德卫, 于永浩, 曾涛, 2008. 南非盲走螨实验种群的发育历期及生命表 [J]. 昆虫知识, 45 (2): 269-271.
韦德卫, 曾涛, 蒲天胜, 1994. 四种植绥螨在不同温度下的耐饥力测定 [J]. 广西植保, 1: 14-15.
韦德卫, 曾涛, 蒲天胜, 1995. 四种植绥螨的功能反应和数值反应 [J]. 西南农业学报 (01): 120-124.
农业部科技教育司, 2012. 农业轻简化实用技术汇编 [M]. 北京: 中国农业出版社.
邬国良, 郑服丛, 蔡笃程, 等, 2010. 15%哒·阿维热雾剂的配制及其对橡胶六点始叶螨的药效 [J]. 热带作物学报, 31 (12): 2255-2259.
邬祥光, 赖友胜, 林善祥, 1975. 广东柑橘园的昆虫演替 [J]. 昆虫学报, 18 (2): 201-210.
巫奕龙, 2003. 中国成功利用捕食螨防治毛竹螨害 [J]. 世界竹藤通讯, 1 (2): 44.
吾买尔江, 陈向东, 吕文宣, 等, 1985. 防止山楂叶螨在新疆蔓延 [J]. 新疆农业科学 (4): 10.

吴冠一，梁志宏，任怀礼，等，1988. 李始叶螨发生规律研究初报［J］. 甘肃农业科技（10）：20-21.
吴洪基，1994. 圆果大赤螨的初步研究［J］. 昆虫天敌，16（3）：101-106.
吴千红，陈晓峰，1988. 拟长毛钝绥螨对朱砂叶螨的捕食效应［J］. 复旦学报，27（4）：414-420.
吴圣勇，王鹏新，张治科，等，2014. 捕食螨携带白僵菌孢子的能力及所携带孢子的活性和毒力［J］. 中国农业科学，47（20）：3999-4006.
吴圣勇，杨清坡，徐长春，等，2019. 昆虫病原真菌和捕食螨间的互作关系及二者联合应用研究进展［J］. 中国生物防治学报，35（1）：127-133.
吴伟南，1978. 植绥螨科分类特征及三种柑橘钝绥螨的描述. 广东省昆虫研究所生防室，华南农学院植保系，螨类资料［R］，25-28.
吴伟南，1979a. 叶螨的重要天敌——植绥螨（上）［J］. 国外科技（9）：36-40.
吴伟南，1979b. 叶螨的重要天敌——植绥螨的食料［J］. 国外科技（10）：35-37.
吴伟南，1980a. 植绥螨属一新种记述（蜱螨：植绥螨科）［J］. 动物学研究，1（2）：243-246.
吴伟南，1980b. 中国的钝绥螨属记述（蜱螨目：植绥螨科）［J］. 昆虫天敌，2（3）：39-50.
吴伟南，1981. 武夷山植绥螨五新种记述（蜱螨：植绥螨科）［J］. 武夷科学，1：205-213.
吴伟南，1982. 我国南方柑橘钝绥螨属及其新种描述（蜱螨目：植绥螨科）［J］. 昆虫学报，25（1）：96-101.
吴伟南，1983a. 中国盲走螨属二新种（蜱螨亚纲：植绥螨科）［J］. 动物学研究，4（1）：15-18.
吴伟南，1983b. 中国植绥螨二新种（蜱螨亚纲：植绥螨科）［J］. 动物分类学报，8（3）：267-270.
吴伟南，1984. 云南钝绥螨属二新种（蜱螨亚纲：植绥螨科）［J］. 动物分类学报，9（2）：156-158.
吴伟南，1985. 福建省盲走螨属一新种及其他二种记要（蜱螨亚纲：植绥螨科）［J］. 武夷科学，5：83-87.
吴伟南，1986a. 叶螨属的专性捕食者——智利小植绥螨［J］. 江西植保，3：25-27.
吴伟南，1986b. 植绥螨的遗传学及遗传改良（上）［J］. 国外科技（10）：31-34.
吴伟南，1986c. 植绥螨的遗传学及遗传改良（下）［J］. 国外科技（11）：31-34.
吴伟南，1986d. 植绥螨在生物防治上应用的进展和前景［J］. 农垦综防（7）：41-46，50.
吴伟南，1986e. 福建省钝绥螨属一新种和一新记录种（蜱螨亚纲：植绥螨科）［J］. 武夷科学，6：121-124.
吴伟南，1987a. 植绥螨在生物防治上应用的进展和前景（续）［J］. 农垦综防（8）：35-39.
吴伟南，1987b. 中国东北地区植绥螨科新种和新记录，Ⅱ钝绥螨属（蜱螨亚纲：植绥螨科）［J］. 动物分类学报，12（3）：260-270.
吴伟南，1987c. 蜱螨目：植绥螨科［J］. 西藏农业病虫及杂草，1（2）：355-364.
吴伟南，1988. 中国东北地区植绥螨科新种和新纪录Ⅰ. 盲走螨属（蜱螨亚纲：植绥螨科）［J］. 昆虫学报，31（1）：99-105.
吴伟南，1989. 植绥螨（中国蜱螨概要）［M］. 北京：科学出版社：176-211.
吴伟南，1994. 捕食螨的交替食物在植食性节肢动物生物防治中的重要作用［J］. 江西农业大学学报，16（3）：253-256.
吴伟南，方小端，刘慧，等，2008. 利用巴氏钝绥螨控制番木瓜皮氏叶螨的研究［J］. 中国南方果树，1：50-52.
吴伟南，黄静玲，1982. 棘螨属一新种（蜱螨目：植绥螨科）［J］. 武夷科学，2：134-136.
吴伟南，蓝文明，1988. 中国柑橘园植绥螨及其利用问题［J］. 昆虫知识，25（6）：341-344.
吴伟南，蓝文明，1989a. 贵州省钝绥螨属二新种（蜱螨亚纲：植绥螨科）［J］. 昆虫学报，32（2）：248-252.
吴伟南，蓝文明，1989b. 中国钝绥螨属拉哥群种类记述（蜱螨亚纲：植绥螨科）［J］. 动物分类学报，14（4）：447-452.
吴伟南，蓝文明，1991a. 广东伊绥螨属一新种（蜱螨亚纲：植绥螨科）［J］. 动物分类学报，16（2）：191-202.
吴伟南，蓝文明，1991b. 中国西北地区钝绥螨属五新种和一新纪录（蜱螨亚纲：植绥螨科）［J］. 动物分类学报，16（3）：313-319.
吴伟南，蓝文明，1991c. 中国西北地区盲走螨属二新种和一新纪录种（蜱螨亚纲：植绥螨科）［J］. 动物分类学报，16（3）：328-331.
吴伟南，蓝文明，1992. 植绥螨科（蜱螨亚纲：植绥螨科）. 湖南森林昆虫图鉴［M］. 长沙：湖南科学技术出版社.
吴伟南，蓝文明，1993. 植绥螨科. 黄复生主编，西南武陵山地区昆虫（蜱螨亚纲）［M］. 北京：科学出版社.
吴伟南，蓝文明，1994. 中国盲走螨属Agilis群种类记述（蜱螨亚纲：植绥螨科）［J］. 动物分类学报，19（4）：426-432.
吴伟南，蓝文明，1995. 中国钝绥螨属Messor群种类记述（蜱螨亚纲：植绥螨科）［J］. 蛛形学报，4（2）：99-102.
吴伟南，蓝文明，曾涛，1997b. 广西十万大山植绥螨科三新种（蜱螨亚纲：植绥螨科）［J］. 动物分类学报，22（3）：255-259.
吴伟南，蓝文明，刘依华，1991a. 中国荔枝植绥螨种类及其利用价值［J］. 昆虫天敌，13（2）：82-91.
吴伟南，蓝文明，刘依华，等，1991b. 中国南方水稻植绥螨简记［J］. 昆虫天敌，13（3）：144-150.
吴伟南，蓝文明，刘依华，等，1995. 植绥螨科四新种（蜱螨亚纲：植绥螨科）［J］. 动物分类学报，20（3）：299-305.

吴伟南，蓝文明，张守友，等，1992. 中国东北地区植绥螨新种和新记录（Ⅲ）（蜱螨亚纲：植绥螨科）［J］. 动物分类学报，17（1）：48-56.
吴伟南，李益群，1987. 新疆植绥螨三新种［J］. 动物分类学报，12（4）：375-379.
吴伟南，李兆权，1982. 福建植绥螨属一新种（蜱螨目：植绥螨科）［J］. 武夷科学，2：132-133.
吴伟南，李兆权，1983. 福建省植绥螨四新种和鼎湖伊绥螨雄性描述（蜱螨亚纲：植绥螨科）［J］. 武夷科学，3：170-176.
吴伟南，李兆权，1984a. 中国植绥螨四新种（蜱螨亚纲：植绥螨科）［J］. 昆虫学报，27（1）：98-103.
吴伟南，李兆权，1984b. 湖北神农架植绥螨三新种（蜱螨亚纲：植绥螨科）［J］. 动物分类学报，9（1）：44-48.
吴伟南，李兆权，1984c. 中国南方植绥螨属三新种（蜱螨亚纲：植绥螨科）［J］. 昆虫学报，27（4）：457-460.
吴伟南，李兆权，1985a. 我国南方钝绥螨属三新种记述（蜱螨亚纲：植绥螨科）［J］. 动物分类学报，10（3）：268-272.
吴伟南，李兆权，1985b. 钝绥螨属二新种（蜱螨亚纲：植绥螨科）［J］. 昆虫分类学报，7（4）：341-344.
吴伟南，李兆权，1985c. 海南岛植绥螨科四新种（蜱螨亚纲：植绥螨科）［J］. 动物分类学报，10（4）：393-398.
吴伟南，梁来荣，蓝文明，1997a. 中国经济昆虫志 第五十三册 蜱螨亚纲 植绥螨科［M］. 北京：科学出版社.
吴伟南，刘依华，1991. 盲走螨属三新种及植绥螨属一新记录种记述（蜱螨亚纲：植绥螨科）［J］. 武夷科学，8：85-91.
吴伟南，刘依华，1997. 盲走螨属四新种和二新记录种（蜱螨亚纲：植绥螨科）［J］. 武夷科学，13（5）：148-156.
吴伟南，刘依华，蓝文明，等，1998. 植绥螨科（蜱螨亚纲：植绥螨科）［M］//福建昆虫志第九卷. 福州：福建科学技术出版社.
吴伟南，卢剑铨，1986. 植绥螨生物学研究的进展［J］. 国外科技，6：27-30，36.
吴伟南，卢剑铨，1988. 植绥螨研究新进展［M］. 重庆：科学技术文献出版社重庆分社.
吴伟南，欧剑峰，黄静玲，2009. 中国动物志 无脊椎动物 第四十七卷 蛛形纲 蜱螨亚纲 植绥螨科［M］. 北京：科学出版社.
吴伟南，欧剑锋，2002. 植绥螨（蜱螨亚纲）海南森林昆虫［M］. 北京：科学出版社.
吴伟南，欧阳定慧，钱兴，等，1982. 温度对智利小植绥螨的影响及其防治皮氏叶螨的初步试验［J］. 植物保护学报，9（4）：279-281.
吴伟南，钱兴，1982. 我国南方伊绥螨属一新种记述（蜱螨目：植绥螨科）［J］. 动物分类学报，7（1）：61-63.
吴伟南，钱兴，1983a. 钝绥螨属二新种（蜱螨亚纲：植绥螨科）［J］. 昆虫分类学报，5（3）：263-265.
吴伟南，钱兴，1983b. 冲绥螨属一新种及亚热冲绥螨雄性（蜱螨亚纲：植绥螨科）［J］. 昆虫分类学报，5（1）：75-77.
吴伟南，张金平，方小端，等，2008. 植绥螨的营养生态学及其在生物防治上的应用［J］. 中国生物防治，24（1）：85-90.
吴伟南，张守友，谭国华，等，1993. 中国苹果树上的植绥螨及其利用价值［J］. 昆虫天敌，15（1）：28-32.
吴伟南，周芬薇，1981. 广东钝绥螨属一新种（蜱螨目：植绥螨科）［J］. 动物学研究，2（3）：273-274.
吴瑜，夏斌，肖顺根，等，2009. 巴氏钝绥螨rDNA的ITS基因片段序列分析［J］. 蛛形学报，18（001）：45-48.
吴元善，东孝子，任宏涛，等，1994. 伪钝绥螨对23种农药的耐药性测试［J］. 生物防治通报，10（1）：32-34.
吴元善，柳玉莲，张领耘，1991. 应用伪钝绥螨防治苹果全爪螨初报［J］. 生物防治通报，7（4）：160-162.
吴振球，1980. 拟长刺钝绥螨控制棉田红蜘蛛［J］. 上海农业科技（3）：39-40.
吴忠华，周明，段波，等，2014. 西双版纳橡胶树主要害螨及优势种螨类天敌种类调查［J］. 热带作物学报，35（3）：563-569.
吴忠华，朱国渊，普妹，等，2015. 橡胶树六点始叶螨主要生物学和有效积温研究［J］. 中国农学通报，31（13）：164-168.
夏斌，朱志民，1996. 不同温度下东方钝绥螨实验种群生命表［C］//中国有害生物综合治理论文集.
肖顺根，2010. 光照时间对巴氏新小绥螨生长发育影响及其应用基础研究［D］. 南昌：南昌大学.
谢辉，2005. 植物线虫分类学［M］. 2版，北京：高等教育出版社.
谢前途，胡方南，陈胜龙，2002. 茶橙瘿螨生物防治技术试验初报［J］. 温州农业科技（1）：27，34.
忻介六，梁来荣，柯励生，1980. 盲走螨属三新种［J］. 复旦大学学报，19（4）：468-472.
忻介六，梁来荣，柯励生，1982. 云贵植绥螨属二新种记述［J］. 动物学研究（增刊），3：57-60.
忻介六，梁来荣，柯励生，1983. 植绥螨属四新种记述［J］. 动物分类学报，8（1）：45-49.
忻介六，苏德明，1979. 昆虫、螨类、蜘蛛的人工饲料［M］. 北京：科学出版社.
熊锦君，杜桐源，黄明度，等，1988. 尼氏钝绥螨抗亚胺硫磷品系在柑园应用试验初报［J］. 昆虫天敌，10（1）：9-14.
熊友群，1993. 保护利用捕食螨综合防治茄园红蜘蛛的试验初报［J］. 江西农业科技（2）：20-21.
熊忠华，熊件妹，李海霞，等，2012. 5种寄主上的尼氏真绥螨对柑橘红蜘蛛的捕食能力差异研究［J］. 生物灾害科学，

35（2）：157-160.

徐桂梅，2009．陇东地区苹果树主要害螨的发生规律研究［D］．兰州：甘肃农业大学．

徐国良，黄忠良，欧阳学军，等，2002．中国植绥螨的研究应用［J］．昆虫天敌，24（1）：37-44．

徐海莲，李爱华，钟玲，等．释放巴氏钝绥螨对沙田柚上的橘全爪螨的防治效果［J］．昆虫知识，47（1）：102-104．

徐金汉，李心忠，1995．荔枝瘿螨的天敌——亚热冲绥螨的生物学及其捕食效能［J］．华东昆虫学报，4（1）：61-64．

徐文华，王瑞明，武进龙，等，2003．江苏沿海棉区常见捕食性天敌在Bt棉田的消长动态与分布［J］．江西农业学报，15（3）：20-27．

徐翔，2019．茶园以螨治螨试验报告（平昌、高县）（总报告）胡瓜钝绥螨携菌体多靶标控制茶园害虫、害螨试验示范报告［R］．四川省农业厅植保站，1-3．

徐学农，吕佳乐，王恩东，2013a．国际捕食螨研发与应用的热点问题及启示［J］．中国生物防治学报，29（2）：163-174．

徐学农，吕佳乐，王恩东，2013b．捕食螨在中国的研究与应用［J］．中国植保导刊，33（10）：26-34．

徐学农，吕佳乐，王恩东，2015．捕食螨繁育与应用［J］．中国生物防治学报，31（5）：647-656．

徐学农，王恩东，2007．国外昆虫天敌商品化现状及分析［J］．中国生物防治，23（4）：373-382．

徐学农，王恩东，王伯明，2012．温室大棚蔬菜上蓟马立体防控技术［M］//农业部科技教育司．农业轻简化实用技术汇编．北京：中国农业出版社．

闫文涛，仇贵生，周玉书，等，2010．苹果园3种害螨的种间效应研究［J］．果树学报，27（5）：815-818．

颜文永，吴永辉，陈培基，2009．毛竹叶螨综合防治试验［J］．华东森林经理，23（3）：26-29．

羊战鹰，吴伟南，1998．植绥螨的培养与释放防治害螨的研究［J］．昆虫天敌，20（2）：34-38．

杨超，2012．基于线粒体COI及核糖体ITS序列分析的中国尼氏真绥螨自然种群遗传多样性研究［D］．南京：南京农业大学．

杨登录，2014．基于线粒体COI和12S rRNA基因的尼氏真绥螨分子系统地理学研究［D］．南昌：南昌大学．

杨光融，林廷谋，1983．橡胶六点始叶螨的生物学研究［J］．热带作物学报，4（1）：85-90．

杨光融，林廷谋，1987．温度对橡胶六点始叶螨种群变动的影响［J］．热带作物学报，8（1）：103-107．

杨静逸，盛福敬，宋子伟，等，2018．东方钝绥螨与津川钝绥螨对烟粉虱卵及1龄若虫的功能反应比较［J］．中国生物防治学报，34（2）：214-219．

杨子琦，曹克加，李卫平，1987．东方钝绥螨研究初报［J］．昆虫天敌，9（4）：203-206．

杨子琦，陶方玲，曹华国，等，1989．应用智利小植绥螨防治茶树、蔬菜、花卉上叶螨的效果［J］．生物防治通报，5（3）：134．

杨子琦，陶方玲，曹华国，等，1990．释放智利小植绥螨防治蔬菜上神泽氏叶螨的田间试验［J］．生物防治通报，14：88-89．

杨子琦，王玉林，杨峰，等，1986．捕食螨捕食柑橘害螨的研究［J］．江西农业大学学报，4：81-84．

姚城城，张杰，卢艳芬，等，2017．自然生草改变苹果园土壤根际细菌群落的组成和结构［J］．北京农学院学报，32（4）：36-41．

姚树萍，贾丽，2017．韭菜迟眼蕈蚊幼虫发生与防治［J］．西北园艺（综合）（3）：42-44．

殷绥公，贝纳新，吕成军．1992．中国伊绥螨属二新种（蜱螨亚纲：植绥螨科）［J］．沈阳农业大学学报，23（4）：281-285．

殷绥公，余华星，石纪茂，等，1996．浙江植绥螨科一新种及一新纪录（蜱螨亚纲：植绥螨科）［J］．动物分类学报，21（1）：58-60．

殷绥公，吴艳，赵日瑾，1983．辽宁省植绥螨资源的初步报道［J］．沈阳农学院学报，1：30-36．

殷涛，2018．海南橡胶小蠹虫多样性和生态位调查初步［D］．海口：海南大学．

尹英超，2015．望都苹果园叶螨的发生动态及释放捕食螨的防控效果评价［D］．保定：河北农业大学．

尹园园，吕兵，林清彩，等，2018．5种生物杀虫剂对4种天敌昆虫的安全性评价［J］．生物安全学报，27（2）：128-132．

于东坡，高九思，高阳，2009．侧多食跗线螨天敌种类调查及其应用前景研究［J］．安徽农业科学，37（15）：7050-7052，7055．

于丽辰，郝宝锋，许长新，等，2012．套袋苹果萼洼黑点病致害因子及其防治技术［J］．河北果树（6）：9-10，62．

于丽辰，许长新，贺丽敏，等，2000．敌死虫抑制二斑叶螨产卵能力测试［J］．河北果树（3）：10-11．

于丽辰，许长新，贺丽敏，等，2002．二斑叶螨的发生与天敌、农药、其他叶螨等关系的研究［C］//李典谟，康乐，吴钜文，等．昆虫学创新与发展——中国昆虫学会2002年学术年会论文集．北京：中国科学技术出版社．

于丽辰，许长新，焦蕊，等，2018．北方果树害螨生态调控技术规程［P］．DB13/T 2658-2018．

于丽辰，许长新，乔广玉，等，2001．苹果园地下不同植被对害螨的生态效应研究初报［C］//第二届中国（海峡两岸）昆虫学学术讨论会论文摘要集．

于丽辰, 许长新, 乔广玉, 等, 2002. 机油乳剂控制害螨的性能测试［C］//新世纪（首届）全国绿色环保农药技术论坛暨产品展示会论文集.

余德亿, 张艳璇, 唐建阳, 等, 2008. 捕食螨在我国农林害螨生物防治中的应用［J］. 昆虫知识, 45（4）: 537-541.

袁浩, 林小兵, 夏尚文, 等, 2021. 不同种植模式的橡胶林对白蚁多样性的影响［J］. 云南大学学报（自然科学版）, 43（1）: 182-189.

袁杰, 金道超, 郭建军, 等, 2010. 尼氏真绥螨4个Dmrt基因DM结构域的克隆及序列分析［J］. 山地农业生物学报, 29（03）: 47-52.

曾涛, 韦德卫, 蒲天胜, 1992. 湿度对植绥螨存活和繁殖影响研究［J］. 广西植保, 4: 13-15.

翟衡, 史大川, 束怀瑞, 2007. 我国苹果产业发展现状与趋势［J］. 果树学报（3）: 355-360.

詹金碧, 夏忠敏, 江健, 等, 2011. "以螨治螨"生物技术防治茶黄螨应用初报［J］. 耕作与栽培, 6: 39, 59.

詹金碧, 夏忠敏, 江健, 等, 2012. 胡瓜钝绥螨防治茶黄螨防治茶黄螨试验［J］. 植物医生, 25（3）: 43-44.

张宝鑫, 李敦松, 冯莉, 等, 2007. 捕食螨的大量繁殖及其应用技术的研究进展［J］. 中国生物防治, 23（3）: 279-283.

张宝鑫, 李敦松, 宋子伟, 等, 2015. 一种捕食螨饲养装置及其饲养方法: 中国CN 103238569 A［P］. 广东农业科学院植物保护研究所.

张东旭, 孟瑞霞, 张鹏飞, 等, 2013. 巴氏新小绥螨对猎物搜寻能力的研究［J］. 应用昆虫学报, 50（1）: 203-209.

张帆, 唐斌, 陶淑霞, 等, 2005. 中国植绥螨规模化饲养及保护利用研究进展［J］. 昆虫知识, 42（2）: 139-143.

张方平, 符悦冠, 2004. 海南香蕉皮氏叶螨的发生与防治［J］. 中国南方果树, 33（6）: 44-47.

张方平, 韩冬银, 张敬宝, 2010. 拟小食螨瓢虫捕食六点始叶螨的初步观察［J］. 昆虫知识, 47（6）: 1236-1239.

张格成, 1984. 利用捕食螨防治柑橘红蜘蛛［M］//农牧渔业部植物保护总站. 中国生物防治的进展. 北京: 农业出版社.

张格成, 李继祥, 1996. 中国柑橘上的捕食螨种类［J］. 四川果树（3）: 3-5.

张国豪, 2017. 巴氏新小绥螨高温品系筛选及其适应性机制研究［D］. 重庆: 西南大学.

张辉, 李慧玲, 李良德, 等, 2019. 茶园捕食螨的研究进展［J］. 茶叶学报, 60（1）: 41-49.

张辉元, 马明, 董铁, 等, 2010. 胡瓜新小绥螨对苹果全爪螨的生物防治效果［J］. 应用生态学报, 21（1）: 191-196.

张金平, 范青海, 张帆, 2008. 应用实验种群生命表评价巴氏新小绥螨对西花蓟马的控制能力［J］. 环境昆虫学报, 30（3）: 229-232.

张金勇, 陈汉杰, 2013. 我国苹果害螨防治策略认识误区剖析及改进建议［J］. 中国果树,（2）: 73-74.

张良武, 曹爱华, 1993. 应用赤眼蜂蛹人工饲养尼氏钝绥螨的研究初报［J］. 生物防治通报, 9（1）: 9-11.

张林林, 许长新, 焦蕊, 等, 2020. 施药与生草管理对苹果园节肢动物群落结构及相对稳定性的影响［J］. 果树学报, 37（4）: 582-592.

张乃鑫, 邓雄, 陈建峰, 1986a. 西方盲走螨的引进及应用［J］. 植物保护（2）: 11, 17-18.

张乃鑫, 孔建, 1986b. 虚伪钝绥螨的食性研究［J］. 生物防治通报（1）: 10-13.

张乃鑫, 邓雄, 陈建锋, 等, 1987. 西方盲走螨防治苹果树叶螨的研究［J］. 生物防治通报（3）: 97-101.

张乃鑫, 邓雄, 陈键锋, 等, 1988. 西方盲走螨区域适应性初探［J］. 植物保护学报, 15（2）: 105-109.

张乃鑫, 董慧芳, 陈建峰, 等, 1983. 猎物和湿度对三种植绥螨生育的影响［J］. 植物保护学报, 10（2）: 103-108.

张乃鑫, 孔建, 1985. 虚伪钝绥螨对湿度适应性的初步探讨［J］. 生物防治通报, 1（3）: 6-9.

张乃鑫, 郑祖强, 邓雄, 1990. 兰州苹果园叶螨优势种演变原因其防治对策初探［J］. 果树科学（1）: 31-36.

张婍, 王晶晶, 李正跃, 等, 2010. 西花蓟马天敌种类及主要种类的控害潜能［J］. 植物保护, 36（4）: 41-48.

张倩倩, 范青海, 2005. 猎物对巴氏钝绥螨生长发育和繁殖的影响［J］. 华东昆虫学报, 14（2）: 165-168.

张润志, 王福祥, 张雅林, 等, 2012. 入侵生物苹果蠹蛾监测与防控技术研究——公益性行业（农业）科研专项（200903042）进展［J］. 应用昆虫学报, 49（1）: 37-42.

张守友, 1990. 东方钝绥螨生物学及食量研究［J］. 昆虫天敌, 12（1）: 21-24.

张守友, 曹信稳, 韩志强, 等, 1992. 东方钝绥螨对苹果园两种叶螨自然控制作用研究［J］. 昆虫天敌, 14（1）: 21-24.

张守友, 田惠芝, 1990. 几种新杀螨剂对拟长刺钝绥螨的毒力测定［J］. 农药, 29（1）: 39, 51.

张守友, 田慧芝, 1989. 五种新农药对拟长刺钝绥螨生物测定［J］. 河北果树（1）: 30-32.

张守友, 王之岑, 曹信稳, 等, 1991. 河北北部苹果树扑食螨种类初报［J］. 河北果树（2）: 33-34.

张硕, 陈鹏, 刘锦, 等, 2019. 使用农药对生草苹果园主要害虫及其天敌的影响［J］. 山东农业科学, 51（2）: 91-96.

张硕, 王晓, 陈鹏, 等, 2018. 苹果园后期主要害虫及其天敌发生情况［J］. 山东农业科学, 50（5）: 115-118.

张晓娜, 金道超, 邹晓, 等, 2014. 杀二斑叶螨高毒力环链棒束孢菌株的筛选及其对尼氏真绥螨的影响［J］. 环境昆虫学报, 36（3）: 372-380.

张新虎, 1993. 芬兰真绥螨捕食作用研究初报——功能反应和选择性试验［J］. 甘肃农业大学学报, 28（3）: 287-289.

张新虎, 沈慧敏, 2001. 芬兰钝绥螨对二点叶螨捕食作用的研究 [J]. 甘肃科学学报, 13 (2): 35-37.
张新虎, 沈慧敏, 刘长仲, 2000. 芬兰真绥螨生物学特性的研究 [J]. 甘肃农业大学学报, 12 (4): 388-394.
张亚玲, 2012. 甘肃省捕食螨资源调查及有益真绥螨个体发育形态学研究 [D]. 兰州: 甘肃农业大学.
张艳璇, 陈霞, 林坚贞, 等, 2011c. 5种杀菌剂对胡瓜钝绥螨的毒性测定 [J]. 福建农业科技, 1: 63-65.
张艳璇, 季洁, 林坚贞, 等, 2004a. 释放胡瓜钝绥螨控制毛竹害螨研究 [J]. 福建农业学报, 19 (2): 73-77.
张艳璇, 林坚贞, 池燕斌, 等, 1996a. 应用智利小植绥螨控制露天草莓园神泽氏叶螨 [J]. 中国生物防治, 4: 47-48.
张艳璇, 林坚贞, 侯爱平, 等, 1996b. 捕食螨大量繁殖、贮存、释放技术研究 [J]. 植物保护, 22 (5): 11-13.
张艳璇, 林坚贞, 季洁, 2002. 工厂化生产胡瓜钝绥螨防治柑橘全爪螨的应用效果 [J]. 植保护技术与推广, 10: 25-28.
张艳璇, 林坚贞, 季洁, 等, 2003a. 胡瓜钝绥螨控制柑橘害螨研究 [J]. 植物保护, 29 (5): 31-33.
张艳璇, 林坚贞, 季洁, 等, 2003b. 利用胡瓜钝绥螨控制脐橙上的柑橘全爪螨研究 [J]. 中国南方果树, 32 (1): 12-13.
张艳璇, 林坚贞, 季洁, 等, 2003c. 从实验种群生命表参数评价胡瓜钝绥螨控制毛竹害螨的能力 [J]. 昆虫天敌, 25 (1): 1-9.
张艳璇, 林坚贞, 季洁, 等, 2004b. 竹盲走螨、胡瓜钝绥螨对毛竹害螨的控制作用研究 [J]. 林业科学, 40 (5): 132-137.
张艳璇, 林坚贞, 季洁, 等, 2009a. 中国新疆棉花害螨的生物防治研究与应用 [C] //成卓敏. 粮食安全与植保科技创新. 北京: 中国农业科学技术出版社.
张艳璇, 林坚贞, 季洁, 等, 2009b. 胡瓜钝绥螨控制蔬菜害螨的研究与应用 [J]. 现代农业科技, 9: 122-124.
张艳璇, 林坚贞, 杨闽, 等, 1999. 福建省竹林益害螨名录 (Ⅰ) [J]. 华东昆虫学报, 8 (1): 22-25.
张艳璇, 林坚贞, 张公前, 等, 2011a. 胡瓜钝绥螨控制大棚甜椒烟粉虱的研究 [J]. 福建农业学报, 26 (1): 91-97.
张艳璇, 孙莉, 林坚贞, 2011b. 利用捕食螨搭载白僵菌控制柑橘木虱的研究 [J]. 福建农业科技, 6: 72-75.
张艳璇, 王福堂, 陈芳, 等, 2005. 胡瓜钝绥螨控制新疆棉花害螨的研究与应用 [C] // 中国生物多样性保护基金会. 第五届生物多样性保护与利用高新科学技术国际研讨会论文集.
张艳璇, 王福堂, 季洁, 等, 2006. 胡瓜钝绥螨对香梨害螨控制作用的评价及其应用策略 [J]. 中国农业科学, 39 (3): 518-524.
张艳璇, 张公前, 季洁, 等, 2011d. 胡瓜钝绥螨对日光大棚茄子上烟粉虱的控制作用 [J]. 生物安全学报, 20 (2): 132-140.
张燕南, 顾佳敏, 陈静, 等, 2018. 寄主植物对双尾新小绥螨运动速率及捕食能力的影响 [J]. 昆虫学报, 61 (9): 1047-1053.
张永科, 李岚岚, 2018. 植保无人机防治橡胶白粉病现场演示活动在云南省热作所举行 [J]. 热带农业科技, 41 (02): 59.
张兆清, 1985. 智利小植绥螨饲养释放试验 [J]. 昆虫知识 (5): 209-212.
张征, 2006. 利用胡瓜钝绥螨控制茄子害螨 [J]. 中国蔬菜, 8: 52.
张征, 2016. 释放生物导弹防治茶园害虫的效果. 鹿寨县大乐岭茶业有限公司总结报告 [R]: 1-3.
张征, 王德涛, 兰毅, 等, 2009. 柳州有机茶生产技术研究与应用 [J]. 茶业通报, 31 (2): 86-88.
张志恒, 任伊森, 何晓, 等, 1994. 未来柑橘病虫害的生态治理 [J]. 广西柑橘 (4): 15-19.
赵海明, 唐良德, 胡美英, 等, 2012. 捕食螨的抗药性研究进展 [J]. 中国生物防治学报, 28 (2): 282-288.
赵文娟, 2014. 江原钝绥螨的捕食能力及其应用技术研究 [D]. 武汉: 华中农业大学.
赵增锋, 2012. 苹果病虫害种类、地域分布及主要病虫害发生趋势研究 [D]. 保定: 河北农业大学.
郑开福, 2013. 芬兰真绥螨与截形叶螨的相互关系及其对几种药剂的敏感性 [D]. 兰州: 甘肃农业大学.
郑开福, 沈慧敏, 张新虎, 2013. 芬兰真绥螨生物学特性的研究 [J]. 应用昆虫学报, 50 (2): 401-405.
郅军锐, 郭振中, 熊继文, 等, 1994. 尼氏钝绥螨对柑橘始叶螨捕食作用研究 [J]. 昆虫知识, 31 (1): 19-22.
叶贵标, 简秋, 秦东梅, 等, 农药合理使用准则 (十). 中华人民共和国国家标准GB/T 8321. 2018-02-06发布, 2018-09-01实施.
周爱农, 张孝羲, 1989. 拟长毛钝绥螨的生物学特性研究 [J]. 生物防治通报, 5 (4): 155-156.
周江涛, 李燕青, 闫帅, 等, 2019. 果园地面覆盖对苹果果实品质和矿质营养的影响 [J]. 中国果树 (4): 16-20.
周明, 王进强, 李跃林, 等, 2008. 西双版纳州橡胶叶螨暴发成灾原因及防治对策 [J]. 植物保护导刊, 28 (5): 32-33.
周铁锋, 石春华, 余继忠, 2011. 胡瓜钝绥螨对茶橙瘿螨田间防效评价 [J]. 浙江农业科学 (5): 1114-1116.
周万琴, 谢辉, 李敦松, 2016. 巴氏新小绥螨对相似穿孔线虫的捕食作用及在植物上的分布 [J]. 西南师范大学学报 (自然科学版), 41 (1): 62-65.
周万琴, 徐春玲, 徐学农, 等, 2012. 巴氏新小绥螨的新特性——捕食植物线虫及其发育繁殖 [J]. 中国生物防治学报，28（4）：484-489.

周玉书，朴春树，刘池林，1996. 警惕二斑叶螨在北方果区为害蔓延［J］. 植物保护，（5）：51-52.

朱国渊，张永科，段波，等，2019. 橡胶叶螨的新天敌——云南兼食瓢虫的初步观察［J］. 热带农业科技，42（3）：15-19.

朱梅，侯柏华，吴伟南，等，2010. 茶园螨类调查及利用胡瓜钝绥螨控制卵形短须螨的初步研究［J］. 环境昆虫学报，32（2）：204-209.

朱群，金道超，郭建军，2006. 贵州植绥螨及其优势种概述［J］. 贵州农业科学，34（5）：114-116.

朱睿，郭建军，乙天慈，等，2019. 加州新小绥螨对侧多食跗线螨的捕食潜能［J］. 植物保护学报，46（2）：465-471.

朱志民，1985a. 庐山植绥螨记述［J］. 江西大学学报，4：21-26.

朱志民，1985b. 庐山盲走螨属三新种［J］. 动物分类学报，10（4）：388-392.

朱志民，陈熙雯. 1980a. 江西钝绥螨属二新种［J］. 江西大学学报，4（1）：21-25.

朱志民，陈熙雯. 1980b. 江西捕食螨名录［J］. 江西大学学报，4（1）：26-30.

朱志民，陈熙雯，1983a. 江西钝绥螨属记述和已知种的检索［J］. 昆虫天敌，5（3）：181-187.

朱志民，陈熙雯，1983b. 江西钝绥螨属三新种记述［J］. 动物分类学报，8（4）：384-387.

朱志民，陈熙雯. 1985a. 西藏钝绥螨属一新种［J］. 昆虫学报，28（2）：204-205.

朱志民，陈熙雯. 1985b. 江西庐山钝绥螨属一新种［J］. 动物分类学报，10（3）：273-275.

朱志民，陈熙雯，1982. 钝绥螨属一新种记叙［J］. 动物分类学报，7（3）：280-281.

朱志民，赖永房，1992. 中国研究与利用捕食螨概况［J］. 蛛形学报，1（2）：57-64.

朱志民，郑本春，1985. 柑橘害螨及其防治［J］. 江西植保（3）：33-37.

ABAD P, GOUZY J, AURY J M, et al., 2008. Genome sequence of the metazoan plant-parasitic nematode *Meloidogyne incognita*［J］. Nature Biotechnology, 26（8）：909-915.

ABAD-MOYANO R, PINA T, FERRAGUT F, et al., 2009. Comparative life-history traits of three phytoseiid mites associated with *Tetranychus urticae*（Acarina：Tetranychidae）colonies in clementine orchards in eastern Spain: implications for biological control［J］. Experimental and Applied Acarology, 47（2）：121-132.

ABAD-MOYANO R, PINA T, PÉREZ-PANADÉS J, et al., 2010. Efficacy of *Neoseiulus californicus* and *Phytoseiulus persimilis* in suppression of *Tetranychus urticae* in young clementine plants［J］. Experimental and Applied Acarology, 50（4）：317-328.

ABBASOVA E D, 1970. Little known species and new subspecies of the genus *Mumaseius* De Leon（Acarina：Phytoseiidae）［J］. Zoologicheskii Zhurnal, 49：1410-1414［in Russian］.

ABBASOVA E D, 1972. Phytoseiid mites（Parasitiformes：Phytoseiidae）of Azerbaijan. Avtoreferat Dissertatsii na Soiskanie Uchenoy Stepeni Kandidata Biologicheskikh Nauk［M］. Azerbaijan：Baku, Akadrmiya Nauk Azerbaydzhanskoy SSR, Institut Zoologi：34［in Russian］.

ABOU-AWAD B A, HAFEZ S M, FARHAT B M, 2014a. Biological studies of the predacious mite *Amblyseius swirskii*, a predator of the broad mite *Polyphagotarsonemus latus* on pepper plants（Acarina：Phytoseiidae：Tarsonemidae）［J］. Arch Phytopathol Plant Prot, 47：349-354.

ABOU-AWAD B A, HAFEZ S M, FARHAT B M, 2014b. Bionomics and control of the broad mite *Polyphagotarsonemus latus*（Banks）（Acarina：Tarsonemidae）［J］. Archives of phytopathology and Plant Protection, 47：631-641.

ABOU-ELELLA G M, 2003. Effect of eriophyid prey species and relative humidity on some biological aspects of the predatory mite, *Proprioseiopsis*（*Amblyseius*）*lindiquisti*（Acarina：Phytoseiidae）［J］. Egyptian Journal of Biological Pest Control, 13（1-2）：31-33.

ADDISON J A, HARDMAN J M, WILDE S J, 2000. Pollen availability for predaceous mites on apple: spatial and temporal heterogeneity［J］. Experimental and Applied Acarology, 24（1）：1-18.

AGNELLO A M, REISSIG W H, KOVACH J, et al., 2003. Integrated apple pest management in New York State using predatory mites and selective pesticides［J］. Agriculture, Ecosystems and Environment, 94：183-195.

AGUILAR-FENOLLOSA E, IBÁÑEZ-GUAL M V, PASCUAL-RUIZ S, et al., 2011. Effect of ground-cover management on spider mites and their phytoseiid natural enemies in clementine mandarin orchards（Ⅰ）：Bottom-up regulation mechanisms［J］. Biological Control, 59（2）：158-170.

AHMAD S, POZZEBON A, DUSO C, 2013. Augmentative releases of the predatory mite *Kampimodromus aberrans* in organic and conventional apple orchards［J］. Crop Protection, 52：47-56.

AHMED N, LOU M, 2018. Efficacy of two predatory phytoseiid mites in controlling the western flower thrips, *Frankliniella occidentalis*（Pergande）（Thysanoptera：Thripidae）on cherry tomato grown in a hydroponic system［J］. Egyptian

Journal of Biological Pest Control, 28: 15.

ALATAWI F J, NEGM M W, 2011. Four new records of mites (Acarina: Astigmata) phoretic on insects in Riyadh, Saudi Arabia [J]. Journal of the Saudi Society of Agricultural Sciences, 10 (2): 95-99.

ALATAWI F J, FAHAD J, BASAHIH, et al., 2018. Suitability of date palm pollen as an alternative food source for the predatory mite *Cydnoseius negevi* (Swirski & Amitai) (Acarina: Phytoseiidae) at a low relative humidity [J]. Acarologia, 58 (2): 357-365.

ALHEWAIRINI S S, 2019. Toxic effects of oxamyl and pyridaben on seven predatory mites: A call and attention [J]. Pakistan Journal of Agricultural Sciences, 56 (4): 1045-1055.

ALI F S, 1998. Life Tables of *Phytoseiulus macropilis* (Banks) (Gamasida: Phytoseiidae) at different Temperatures [J]. Experimental and Applied Acarology, 22 (6): 335-342.

ALI M P, NAIF A A, HUANG D, 2011. Prey consumption and functional response of a phytoseiid predator, *Neoseiulus womersleyi*, feeding on spider mite, *Tetranychus macfarlanei* [J]. Journal of Insect Science, 11: 167.

AMANO H, CHANT D A, 1978. Some factors affecting reproduction and sex ratios in two species of predacious mites, *Phytoseiulus persimilis* Athias-Henriot and *Amblyseius andersoni* (Chant) (Acarina: Phytoseiidae) [J]. Canadian Journal of Zoology, 56 (7): 1593-1607.

AMANO H, CHANT D A, 1979. Mating behaviour and reproductive mechanisms of two species of predacious mites, *Phytoseiulus persimilis* Athias-Henriot and *Amblyseius andersoni* (Chant) (Acarina: Phytoseiidae) [J]. Acarologia, 20 (2): 196-213.

AMIN M M, MIZELL R F, FLOWERS R W, 2009. Response of the predatory mite *Phytoseiulus macropilis* (Acarina: Phytoseiidae) to pesticides and kairomones of three spider mite species (Acarina: Tetranychidae), and non-prey food [J]. Florida Entomologist, 92 (4): 554-562.

AMITAI S, SWIRSKI E, 1966. Illustrations of spermathecae in several previously described phytoseiid mites (Acarina) from Hong Kong and Israel [J]. The Israel Journal of Agricultural Research, 16: 19-24.

AMITAI S, SWIRSKI E, 1978. A new genus and new records of phytoseiid mites (Mesostigmata: Phytoseiidae) from Israel [J]. Israel Journal of Entomology, 12: 123-143.

AMITAI S, SWIRSKI E, 1981. A new species of *Amblyseius* (Acarina: Phytoseiidae) from the Far East [J]. Israel Journal of Entomology, 15: 59-66.

ANTHON E W, SMITH L O, 1975. Integrated control of mites on prunes in central Washington [J]. Journal of Economic Entomology, 68 (5): 655-656.

APONTE O, MCMURTRY J A, 1995. Revision of the genus *Iphiseiodes* De Leon (Acarina: Phytoseiidae) [J]. International Journal of Acarology, 21 (3): 165-183.

ARATCHIGE N S, FERNANDO L, Silva P, et al., 2010. A new tray-type arena to mass rear *Neoseiulus baraki*, a predatory mite of coconut mite, *Aceria guerreronis* in the laboratory [J]. Crop Protection, 29 (6): 556-560.

ARATCHIGE N S, SABELIS M W, LESNA I, 2007. Plant structural changes due to herbivory: Do changes in Aceria-infested coconut fruits allow predatory mites to move under the perianth [J]. Experimental and Applied Acarology, 43 (2): 97-107.

ARGOV Y, AMITAI S, BEATTIE G A C, et al., 2002. Rearing, release and establishment of imported predatory mites to control citrus rust mite in Israel [J]. BioControl, 47 (4): 399-409.

ARTHURS S, MCKENZIE C L, CHEN J, et al., 2009. Evaluation of *Neoseiulus cucumeris* and *Amblyseius swirskii* (Acarina: Phytoseiidae) as biological control agents of chilli thrips, *Scirtothrips dorsalis* (Thysanoptera: Thripidae) on pepper [J]. Biological Control, 49: 91-96.

ARUTUNJAN E S, 1969. A new genus of predatory mites of the family Phytoseiidae Berlese, 1916 (Parasitiformes: Phytoseiidae) [J]. Doklady Akademii Nauk Armyanskoi SSR, 48 (3): 178-181 [in Russian].

ARUTUNJAN E S, 1970. Phytoseiid mites (Phytoseiidae) on agricultural crops in the Armenian SSR [J]. Akademii Nauk Armyanskoi SSR, Otdelenie Biologicheskikh Nauk, Dissertatsii na Soiskanie Uchenoi Stepeni Candidata Biologrcheskikh Nauk, Zooliya, 97: 1-31 [in Russian].

ARUTUNJAN E S, 1974. New genus and new species of mites of the family Phytoseiidae Berlese (Parasitiformes) [J]. Doklady Akademii Nauk Armyanskoi, 58: 56-59 [in Russian].

ASQUITH D, CROFT B A, HOYT S C, et al., 1980. The systems approach and general accomplishments toward better insect control in pome and stone fruits. In: Huffaker C B, New technology of pest control [M]. New York: New technology of pest control.

ATHIAS-HENRIOT C, 1957. Phytoseiidae et Aceosejidae (Acarina, Gamasina) d'Algerie. I. Genres *Blattisocius* Keegan, *Iphiseius* Berlese, *Amblyseius* Berlese, *Phytoseius* Ribaga, *Phytoseiulus* Evans [J]. Bulletin de la Societe d'Histoire Naturelle de l'Afrique du Nord, 48: 319-352.

ATHIAS-HENRIOT C, 1958a. Phytoseiidae et Aceosejidae (Acarina: Gamasina) d'Algerie. II. Phytoseiidae. Cle des genres *Amblyseius* Berlese (Suite) et Seiulus Berlese [J]. Bulletin de La Societe d'Histoire Naturelle de l'Afrique du Nord, 49: 23-43.

ATHIAS-HENRIOT C, 1958b. Contribution a la connaissance du genre *Typhlodromus* Scheuten (Acarinaens Parasitiformes, Phytoseiidae). Description de deux especies nouvelles d'Algerie et cle des especies du groupe *finlandicus* [J]. Revue de Pathologie Vegetale et d'Entomologie Agricole de France, 37 (2): 179-186.

ATHIAS-HENRIOT C, 1959. Acarinaens planticoles d'Algérie I. 5e contribution au genre *Amblyseius* Berlese (Phytoseiidae). II. Premiere liste d'Actinochitinosi (Cheyletidae, Caligonellidae, Hemisarcoptidae) [J]. 5 Bulletin de l'Academy Royal de Belgique, Class des Sciences, (Ser. 5), 45: 130-153.

ATHIAS-HENRIOT C, 1960a. Phytoseiidae et Aceosejidae (Acarina: Gamasina) d' Algérie. IV. Genre *Typhlodromus* Scheuten, 1857 [J]. Bulletin de la Societe d'Histoire Naturelle de l'Afrique Du Nord, 51: 62-107.

ATHIAS-HENRIOT C, 1960b. Nouveaux *Amblyseius* d' Algerie (Parasitiformes, Phytoseiidae) [J]. Acarologia, 2: 288-299.

ATHIAS-HENRIOT C, 1961. Mesostigmates (Urop. excl.) edaphiques Mediterraneens (Acaromorpha, Anactinotrichida) [J]. Acarologia, 3: 381-509.

ATHIAS-HENRIOT C, 1962. *Amblyseius swirskii*, un nouveau phytoseiide voisin d'*A. andersoni* (Acarinaens anactinotriches) [J]. Annales de l'Ecole Nationale d' Agriculture d' Alger, 3: 1-7.

ATHIAS-HENRIOT C, 1966. Contribution a l' etude des *Amblyseius* palearctiques (Acarinaens anactinotriches, Phytoseiidae) [J]. Bulletin Scientifique de Bourgogne, 24: 181-230.

ATHIAS-HENRIOT C, 1975. Nouvelles notes sur les Amblyseini. II-Le relevé organotaxique dela face dorsale adulte (Gamasides Protoadeniques, Phytoseidae) [J]. Acarologia, 17: 20-29.

ATHIAS-HENRIOT C, 1977. Nouvelles notes sur les Amblyseiini. III. Sur le genre Cydnodromus: Redefinition, composition (Parasitiformes, Phytoseiidae) [J]. Entomophaga, 22: 61-73.

ATHIAS-HENRIOT C, 1978. Typhlodromini du Vaucluse, avec. description de trois especes nouvelles (Arachnides, Gamasides, Phytotseiidae) [J]. Annales de Zoologie et d'Ecologie Animale, 10: 695-701.

AUGER P, BONAFOS R, KREITER S, et al., 2005. A genetic analysis of mancozeb resistance in *Typhlodromus pyri* (Acarina: Phytoseiidae) [J]. Experimental and Applied Acarology, 37 (1-2): 83-91.

AUGER P, KREITER S, MATTIODA H, et al., 2004. Side effects of mancozeb on *Typhlodromus pyri* (Acarina: Phytoseiidae) in vineyards: results of multi-year field trials and a laboratory study [J]. Experimental and Applied Acarology, 33 (3): 203-213.

AVERY P B, KUMAR V, XIAO Y, et al., 2014. Selecting an ornamental pepper banker plant for *Amblyseius swirskii* in floriculture crops [J]. Arthropod-Plant Interactions, 8: 49-56.

BADII M H, HERNÁNDEZ-ORTIZ E, FLORES A E, et al., 2004. Prey stage preference and functional response of *Euseius hibisci* to *Tetranychus urticae* (Acarina: Phytoseiidae, Tetranychidae) [J]. Experimental and Applied Acarology, 34 (3-4): 263-273.

BADII M H, MCMURTRY J A, FLORES A E, 1999. Rates of development, survival and predation of immature stages of *Phytoseiulus longipes* (Acarina: Mesostigmata: Phytoseiidae) [J]. Experimental and Applied Acarology, 23 (8): 611-621.

BAKER E W, WHARTON G W, 1952. An Introduction to Acarology [M]. New York: The Macmillan Company.

BANKS N, 1904. A treatise on the Acarina or mites [M]. USA: Proceedings US National Museum.

BANKS N, 1909. New Canadian mites (Arachnoidea, Acarina) [J]. Proceedings of the Entomological Society of Washington, 11: 133-143.

BANKS N, 1915. The Acarina or mites. A review of the group for the use of economic entomologists [J]. United States Department of Agriculture Report, 108: 1-153

BARBAR Z, 2013. Survey of phytoseiid mite species (Acarina: Phytoseiidae) in citrus orchards in Lattakia Governorate, Syria [J]. Acarologia, 53 (3): 247-261.

BARBAR Z, TIXIER M S, CHEVAL B, et al., 2006. Effects of agroforestry on phytoseiid mite communities (Acarina: Phytoseiidae) in vineyards in the South of France [J]. Experimental and applied acarology, 40 (3-4): 175-188.

BARBAR Z, TIXIER M S, KREITER S, 2007. Assessment of pesticide susceptibility for *Typhlodromus exhilaratus* and *Typhlodromus phialatus* strains (Acarina: Phytoseiidae) from vineyards in the south of France [J]. Experimental and applied acarology, 42 (2): 95-105.

BARBOSA M F C, POLETTI M, POLETTI E C, 2019. Functional response of *Amblyseius tamatavensis* Blommers (Mesostigmata: Phytoseiidae) to eggs of *Bemisia tabaci* (Gennadius) (Hemiptera: Aleyrodidae) on five host plants [J]. Biological Control, 138: 104030.

BASHIR M H, ZAHID M, KHAN M A, et al., 2018. Pesticides toxicity for *Neoseiulus barkeri* (Acarina: Phytoseiidae) and non-target organisms [J]. Pakistan Journal of Agricultural Sciences, 55 (1): 63-71.

BEARD J J, 2001. A review of Australian *Neoseiulus* Hughes and *Typhlodromips* De Leon (Acarina: Phytoseiidae: Amblyseiinae) [J]. Invertebrate Taxonomy, 15: 73-158.

BEARD J J, WALTER D E, 1996. Australian mites of the genera *Paraphytoseius* Swirski and Shechter and *Paraamblyseius* Muma (Acarina: Phytoseiidae) [J]. Australian Journal of Entomology, 35: 235-241.

BEAULIEU F, WEEKS A R, 2007. Free-living mesostigmatic mites in Australia: their roles in biological control and bioindication [J]. Australian Journal of Experimental Agriculture, 47 (4): 460-478.

BECKENDORF S K, HOY M A, 1985. Genetic impreovement of arthropod natural enemies through selection, hybridization or genetic engineering techniques. In: Hoy M A, Herzog D C, Biological Control in agricultural IPM systems [M]. Florida: Academic Press.

BEERS E H, SCHMIDT R A, 2014. Impacts of orchard pesticides on *Galendromus occidentalis*: Lethal and sublethal effects [J]. Crop Protection, 56: 16-24.

BEGLJAROV B A, MALOV N A, MESHKOV O I, 1990. Flour mite for mass breeding of phytoseiids [J]. Zashchita rastenii, 10: 25.

BEGLJAROV G A, 1957. Effect of DDT on the abundance of tetranychid mites and their predators [J]. Entomologicheskoe Obozrenie, 36 (2): 370-385 [in Russian].

BEGLJAROV G A, 1960. Two new species of mites of the genus *Typhlodromus* Scheuten, 1857 (Parasitiformes, Phytoseiidae) [J]. Entomologicheskoe Obozrenie, 39: 956-958 [in Russian].

BEGLJAROV G A, 1981. Keys to the determination of phytoseiid mites of the USSR [M]. Russia: Leningrad, Information Bulletin International Organization for Biological Control of Noxious Animals and Plants, East Palaearctic Section, 2: 1-97 [in Russian].

BEGLJAROV G A, MALOV N A, 1978. Key to the species of phitoseiid mites from Moldavia and neighbouring north Bukovina (near Samkam) [J]. Vrediteli Rasteniy i ikh Entomofagi Izdatelstvo Ytverzhdeno k Izdaniyu Uchenym Sovetom. Vnii Biologicheskikh Metodov Zashchity Razteniy, "Chtiinza", Kishinev, Russia: 3-12 [in Russian].

BERLESE A, 1889. Acarina: Myriopoda et Scorpiones hucusque in Italia reperta [J]. Tipografia Del Seminario, 6 (54): 7-9.

BERLESE A, 1913. Systema Acarorum genera in familiis suis disposita [J]. Acaroteca Italica, 1-2: 3-19.

BERLESE A, 1914. Acarina nuovi. Manipulus IX [J]. Redia, 10: 113-150.

BERLESE A, 1916. Centuria prima di Acarina nuovi [J]. Redia, 12: 19-66.

BERLESE A, 1918. Centuria quarta di Acarina nuovi [J]. Redia, 12 (2): 115-192.

BHATTACHARYYA S K, 1968. Two new phytoseiid mites from eastern India (Acarina: Phytoseiidae) [J]. Journal of Bombay Natural History Society, 65 (3): 677-680.

BI J K, TOSCANI N C, 2007. Current status of the greenhouse whitefly, *Trialeurodes vaporariorum*, suscepti-bility to neonıcotinoid and conventional insecticides on strawberries in southern California [J]. Pest Management Science, 63: 747-752.

BI S, LV J, XU J, et al., 2019. RNAi mediated knockdown of RpL11, RpS2, and tra-2 led to reduced reproduction of Phytoseiulus persimilis [J]. Experimental and applied acarology, 78 (4): 505-520.

BLACKWOOD J S, LUH H K, CROFT B A, 2004. Evaluation of prey-stage preference as an indicator of life-style type in phytoseiid mites [J]. Experimental and Applied Acarology, 33 (4): 261-280.

BLOMMERS L H M, 1994. Integrated pest management in European apple orchards [J]. Annual Review of Entomology, 39: 213-241.

BLOMMERS L, 1974. Species of the genus *Amblyseius* Berlese, 1914, from Tamatave, East Madagascar (Acarina: Phytoseiidae) [J]. Bulletin Zoologisch Museum Universiteit van Amsterdam, 3: 143-155.

BLOMMERS L, 1976. Some Phytoseiidae (Acarina: Mesostigmata) from Madagascar, with descriptions of eight new species and notes on their biology [J]. Bijdragen tot Dierkunde, 46 (1): 80-106.

BLOMMERS L, CHAZEAU J, 1974. Two new species of predator mites of the genus *Amblyseius* Berlese (Acarina: Phytoseiidae) from Madagascar [J]. Zeitschrift fur Angewandte Entomologie, 75: 308-315.

BOLCKMANS K J F, VAN HOUTEN Y M, 2009. Mite composition, use thereof, method for rearing the phytoseiid predatory mite *Amblyseius swirskii*, rearing system for rearing said phytoseiid mite and methods for biological pest control on a crop. WO Patent, WO/2006/057552.

BOLCKMANS K, VAN HOUTEN Y, HOOGERBRUGGE H, 2005. Biological control of whiteflies and western flower thrips in greenhouse sweet peppers with the phytoseiid predatory mite *Amblyseius swirskii* Athias- Henriot (Acarina: Phytoseiidae). In: Proceedings 2nd International Symposium on Biological Control of Arthropods [C], 555-565.

BONDE J, 1989. Biological studies including population-growth parameters of the predatory mite *Amblyseius barkeri* (Acarina: Phytoseiidae) at 25° C in the laboratory [J]. Entomophaga, 34: 275-287.

BOSTANIAN N J, COULOMBE L J, 1986. An integrated pest management program for apple orchards in southwestern Quebec [J]. The Canadian Entomologist, 118 (11): 1131-1142.

BOSTANIAN N J, LASNIER J, RACETTE G, 2005. A grower-friendly method to transfer predacious mites to commercial orchards [J]. Phytoparasitica, 33 (5): 515-525.

BOURAS S L, PAPADOULIS G T, 2005. Influence of selected fruit tree pollen on life history of *Euseius stipulatus* (Acarina: Phytoseiidae) [J]. Experimental and Applied Acarology, 36 (1-2): 1-14.

BOWER C C, 1987. Control of San Jose scale [*Comstockaspis perniciosus* (Comstock) (Hemiptera: Diaspididae)] and woolly aphid [*Eriosoma lanigerum* (Hausmann) (Hemiptera: Pemphigidae)] in an integrated mite control program [J]. Plant Protection Quarterly, 2 (2): 55-58.

BOWER C C, THWAITER W G, 1986. Integrated control of mite pests of apples [J]. Agfacts (H4. AE. 4, 2nd ed.): 4.

BOWMAN H M, HOY M A, 2012. Molecular discrimination of phytoseiids associated with the red palm mite *Raoiella indica* (Acari: Tenuipalpidae) from Mauritius and South Florida [J]. Experimental and Applied Acarology, 57 (3-4): 395-407.

BRITTO E, GAGO E, MORAES G, 2012. How promising is Lasioseius floridensis as a control agent of polyphagotarsonemus latus? [J]. Experimental and Applied Acarology, 56 (3): 221-231.

BRODEUR J, BOUCHARD A, TURCOTTE G, 1997. Potential of four species of predatory mites as biological control agents of the tomato russet mite, *Aculops lycopersici* (Massee) (Eriophyidae) [J]. The Canadian Entomologist, 129: 1-6.

BRODSGAARD H F, HANSEN L S, 1992. Effect of *Amblyseius cucumeris* and *Amblyseius barkeri* as Biological Control agents of *Thrips tabaci* on glasshouse cucumbers [J]. BioControl Science and Technology, 20 (3): 215-223.

BROUFAS G D, KOVEOS D S, GEORGATSIS D I, 2000. Overwintering sites and winter mortality of *Euseius Finlandicus* (Acarina: Phytoseiidae) in a peach orchard in Northern Greece [J]. Experimental and Applied Acarology, 26 (1-2): 1-12.

BROWN A S S, SIMMONDS M S J, BLANEY W M, 2003. Influence of a short exposure to teflubenzuron residues on the predation of thrips by *Iphiseius degenerans* (Acarina: Phytoseiidae) and *Orius laevigatus* (Hemiptera: Anthocoridae) [J]. Pest Management Science, 59: 1255-1259.

BROWN J K, BIRD J, FROHLICH D, et al., 1996. The relevance of variability within the *Bemisia tabaci* species complex to epidemics caused by subgroup III geminiviruses [J]. IOBC/WPRS Bulletin, 28 (1): 77-89.

BUITENHUIS R, MURPHY G, SHIPP L, et al., 2015. *Amblyseius swirskii* in greenhouse production systems: a floriculture perspective [J]. Experimental and Applied Acarolgy, 65: 451-464.

BUITENHUIS R, SHIPP L, SCOTT-DUPREE C, 2010. Intra-guild vs extra-guild prey: effect on predator fitness and preference of *Amblyseius swirskii* (Athias-Henriot) and *Neoseiulus cucumeris* (Oudemans) (Acarina: Phytoseiidae) [J]. Bulletin of Entomological Research, 100: 167-73.

BUITENHUIS R, SHIPP L, SCOTT-DUPREE C, 2010a. Dispersal of *Amblyseius swirskii* Athias-Henriot (Acarina: Phytoseiidae) on potted greenhouse chrysanthemum [J]. Biological Control, 52: 110-114.

BUITENHUIS R, SHIPP L, SCOTT-DUPREE C, 2010b. Intra-guild vs extra-guild prey: effect on predator fitness and preference of *Amblyseius swirskii* (Athias-Henriot) and *Neoseiulus cucumeris* (Oudemans) (Acarina: Phytoseiidae) [J]. Bulletin of Entomological Research, 100 (2): 167.

BYRNE F J, GORMAN K J, CAHILL M, et al., 2000. The role of B-type esterases in conferring insecticide resistance in the tobacco whitefly, *Bemisia tabaci* (Genn.) [J]. Pest Management Science, 56: 867-874.

CALVO F J, BLOCKMANS K, BELDA J E, 2009. Development of a biological control-based integrated pest management method for *Bemisia tabaci* for protected sweet pepper crops [J]. Entomologia Experimentalis et Applciata, 133: 9-18.

CALVO F J, BOLCKMANS K, BELDA J E, 2008. Controlling the tobacco whitefly *Bemisia tabaci* (Genn.) (Hom: Aleyrodidae) in horticultural crops with the predatory mite *Amblyseius swirskii* (Athias-Henriot) [J]. Journal of Insect Science, 8: 4.

CALVO F J, BOLCKMANS K, BELDA J E, 2011. Control of *Bemisia tabaci* and *Frankliniella occidentalis* in cucumber by *Amblyseius swirskii* [J]. BioControl, 56 (2): 185-192.

CALVO F J, BOLCKMANS K, BELDA J E, 2012. Biological control-based IPM in sweet pepper greenhouses using *Amblyseius swirskii* (Acarina: Phytoseiidae) [J]. Biocontrol Science and Technology, 22: 1398-1416.

CALVO F J, BOLCKMANS K, BELDA J E, et al., 2009. Development of a biological control-based Integrated Pest Management method for *Bemisia tabaci* for protected sweet pepper crops [J]. Entomologia Experimentalis et Applicata, 133: 9-18.

CALVO F J, KNAPP M, HOUTEN Y M V, et al., 2014. *Amblyseius swirskii*: What made this predatory mite such a successful biocontrol agent? [J]. Experimental and Applied Acarology, 65 (4): 419-433.

CAMORESE P, DUSO C, 1996. Different colonization patterns of phytophagous and predatory mites (Acarina: Tetranychidae, Phytoseiidae) on three grape varieties: a case study [J]. Experimental and Applied Acarology, 20 (1): 1-22.

CAMPORESE P, DUSO C, 1995. Life history and life table parameters of the predatory mite *Typhlodromus talbii* [J]. Entomologia Experimentalis et Applicata, 77 (2): 149-157.

CANASSA F, TALL S, MORAL R A, et al., 2019. Effects of bean seed treatment by the entomopathogenic fungi *Metarhizium robertsii* and *Beauveria bassiana* on plant growth, spider mite populations and behavior of predatory mites [J]. Biological Control, 132: 199-208.

CANESTRINI G, FANZAGO F, 1876. Nuovi Acarina italiani (Seconda Serie) [J]. Atti Societa Veneto-Trentina di Scienze Naturiali, 5: 130-142.

CANLAS L J, AMANO H, OCHIAI N, et al., 2006. Biology and predation of the Japanese strain of *Neoseiulus californicus* (McGregor) (Acarina: Phytoseiidae) [J]. Systematic and Applied Acarology, 11: 141-157.

CARMONA A A, 1968. Contribuicao para o estudo de alguns acaros fitofagos e depredadores, de Angola [J]. Agronomia Lusitana, 29: 267-288+12 plates.

CARRILLO D, MARJORIE A H, PEÑA J E, 2014. Effect of *Amblyseius largoensis* (Acarina: Phytoseiidae) on *Raoiella indica* (Acarina: Tenuipalpidae) by predator exclusion and predator release techniques [J]. The Florida Entomologist, 97 (1): 256-261.

CARRILLO D, MORAES G J DE, PEÑA J E, 2015. Prospects for biological control of plant feeding mites and other harmful organisms. Progress in Biological Control Volume 19 [M]. Cham: Springer.

CARRILLO D, PEÑA J E, 2012. Prey-stage preferences and functional and numerical responses of *Amblyseius largoensis* (Acarina: Phytoseiidae) to *Raoiella indica* (Acarina: Tenuipalpidae) [J]. Experimental and Applied Acarology, 57 (3-4): 361-372.

CARRILLO D, PEÑA J, HOY M A, et al., 2010. Development and reproduction of *Amblyseius largoensis* (Acarina: Phytoseiidae) feeding on pollen, *Raoiella indica* (Acarina: Tenuipalpidae), and other microarthropods inhabiting coconuts in Florida, USA [J]. Experimental and Applied Acarology, 52 (2): 119-129.

CASTAGNOLI M, LIGUORI M, SIMONI S, 1999. Effect of two different host plants on biological features of *Neoseiulus californicus* (Mcgregor) [J]. International Journal of Acarology, 25 (2): 145-150.

CASTAGNOLI M, LINGUOR M, SIMMON S, 1993. Distribution, sampling and association of soyabean mites in Italy [J]. Redia, 76 (1): 111-120.

CASTAGNOLI M, SAURO S, LIGUORI, 2003. Evaluation of *Neoseiulus californicus* (McGregor) (Acarina Phytoseiidae) as a candidate for the control of *Aculops lycopersici* (Tryon) (Acarina Eriophyoidea): a preliminary study [J]. Redia, 86: 97-100.

CASTAGNOLI M, SIMONI S, 1999. Effect of long-term feeding history on functional and numerical response of *Neoseiulus californicus* (Acarina: Phytoseiidae) [J]. Experimental and Applied Acarology, 23 (3): 217-234.

CAVALCANTE A C C, BORGES L R, LOURENÇÃO A L, et al., 2015a. Potential of two populations of *Amblyseius swirskii* (Acarina: Phytoseiidae) for the control of *Bemisia tabaci* biotype B (Hemiptera: Aleyrodidae) in Brazil [J]. Experimental and Applied Acarology, 67 (4): 525-533.

CAVALCANTE A C C, SANTOS V L V D, ROSSI L C, et al., 2015b. Potential of five Brazilian populations of Phytoseiidae (Acarina) for the biological control of *Bemisia tabaci* (Insecta: Hemiptera) [J]. Journal of Economic Entomology, 108: 29-33.

CAVALCANTE A C C, MANDRO M E A, PAES E R, et al., 2017. *Amblyseius tamatavensis* Blommers (Acarina: Phytoseiidae) a candidate for biological control of *Bemisia tabaci* (Gennadius) biotype B (Hemiptera: Aleyrodidae) in Brazil [J]. International Journal of Acarology, 43 (1): 10-15.

CÉDOLA C V, SÁNCHEZ N E, LILJESTHRÖM G G, 2001. Effect of tomato leaf hairiness on functional and numerical response of *Neoseiulus californicus* (Acarina: Phytoseiidae) [J]. Experimental and Applied Acarology, 25 (10-11): 819-831.

CHAMBERS R J, WRIGHT E M, LIND R J, 1993. Biological control of glasshouse sciarid flies (*Bradysia* spp.) with the predatory mite, *Hypoaspis miles*, on cyclamen and poinsettia [J]. Biocontrol Science Technology, 3: 285-293.

CHANG G A, SHIH C I T, 2001. Life style and intrinsic rate of increase of *kanzawai* spider mite (*Tetranychus kanzawai* Kishida) on four types of tea. Taiwan Tea Research Bulletin, 20: 29-42.

CHANT D A, 1955. Notes on mites of the genus *Typhlodromus* Scheuten, 1857 (Acarina: Laelaptidae), with descriptions of the males of some species and the female of a new species [J]. The Canadian Entomologist, 87 (11): 496-503.

CHANT D A, 1957a. Descriptions of some phytoseiid mites (Acarina, Phytoseiidae). Part I. Nine new species from British Columbia with keys to the species of British Columbia. Part II. Redescriptions of eight species described by Berlese [J]. The Canadian Entomologist, 89 (7): 289-308.

CHANT D A, 1957b. Descriptions of two new phytoseiid genera (Acarina: Phytoseiidae), with a note on *Phytoseius* Ribaga, 1902 [J]. The Canadian Entomologist, 89 (8): 357-363.

CHANT D A, 1957c. Note on the status of some genera in the family Phytoseiidae (Acarina). The Canadian Entomologist, 89 (11): 528-532.

CHANT D A, 1959a. Phytoseiid mites (Acarina: Phytoseiidae). Part I. Bionomics of seven species in southeastern England. Part II. A taxonomic review of the family Phytoseiidae, with descriptions of thirty-eight new species [J]. The Canadian Entomologist, 61 (12): 1-166.

CHANT D A, 1959b. Description of a new species of *Typhlodromus* (Acarina: Phytoseiidae) from Eastern Asia [J]. The Canadian Entomologist, 91: 29-31.

CHANT D A, 1960. Descriptions of five new species of mites from India (Acarina: Phytoseiidae, Aceosejidae) [J]. The Canadian Entomologist, 92: 58-65.

CHANT D A, 1961. An experiment in biological control of *Tetranychus telarius* (L.) (Acarina: Tetranychidae) in a greenhouse using the predacious mite *Phytoseiulus persimilis* Athias-Henriot (Phytoseiidae) [J]. The Canadian Entomologist, 93: 437-443.

CHANT D A, 1965. Generic concepts in the family Phytoseiidae (Acarina: Mesostigmata) [J]. The Canadian Entomologist, 97: 351-374.

CHANT D A, BAKER E W, 1965. The Phytoseiidae (Acarina) of Central America [J]. Memoirs of the Entomological Society of Canada, 41: 1-56.

CHANT D A, DENMARK H A, BAKER E W, 1959. A new subfamily, Macroseinae Nov., of the family Phytoseiidae (Acarina: Gamasina) [J]. The Canadian Entomologist, 91 (12): 808-811.

CHANT D A, HANSELL R I C, 1971. The genus *Amblyseius* (Acarina: Phytoseiidae) in Canada and Alaska [J]. Canadian Journal of Zoology, 49 (5): 703-758.

CHANT D A, HANSELL R I C, ROWELL H, 1978a. A numerical taxonomic study of variation in populations of *Typhlodromus caudiglans* Schuster (Acarina: Phytoseiidae) [J]. Canadian Journal of Zoology, 56 (1): 55-65.

CHANT D A, HANSELL R I C, ROWELL H J, et al., 1978b. A study of the family Phytoseiidae (Acarina: Mesostigmata) using the methods of numerical taxonomy [J]. Canadian Journal of Zoology, 56: 1330-1347.

CHANT D A, HANSELL R I C, YOSHIDA-SHAUL E, 1974. The genus *Typhlodromus* Scheuten (Acarina: Phytoseiidae) in Canada and Alaska [J]. Canadian Journal of Zoology, 52: 1265-1291.

CHANT D A, MCMURTRY J A, 1994. A review of the subfamilies Phytoseiinae and Typhlodrominae (Acarina: Phytoseiidae) [J]. International Journal of Acarology, 20 (4): 223-310.

CHANT D A, MCMURTRY J A, 2003a. A review of the subfamily Amblyseiinae Muma (Acarina: Phytoseiidae): Part I. Neoseiulini new tribe [J]. International Journal of Acarology, 29 (1): 3-46.

CHANT D A, MCMURTRY J A, 2003b. A review of the subfamily Amblyseiinae Muma (Acarina: Phytoseiidae):

Part Ⅱ. The tribe Kampimodromini Kolodochka [J]. International Journal of Acarology, 29 (3): 179-224.

CHANT D A, MCMURTRY J A, 2005a. A review of the subfamily Amblyseiina Muma (Acarina: Phytoseiidae): Part Ⅴ. Tribe Amblyseiini, subtribe Proprioseiopsina Chant, McMurtry [J]. International Journal of Acarology, 31 (1), 3-22.

CHANT D A, MCMURTRY J A, 2005b. A review of the subfamily Amblyseiinae Muma (Acarina: Phytoseiidae) Part Ⅵ. The tribe Euseiini n. tribe, subtribes Typhlodromalina n. subtribe, Euseiina n. subtribe, and Ricoseiinan. subtribe [J]. International Journal of Acarology, 31 (3): 187-224.

CHANT D A, MCMURTRY J A, 2005c. A review of the subfamily Amblyseiinae Muma (Acarina: Phytoseiidae) Part Ⅶ. *Typhlodromips*ini n. tribe [J]. International Journal of Acarology, 31 (4): 315-340.

CHANT D A, MCMURTRY J A, 2006a. A review of the subfamily Amblyseiinae Muma (Acarina: Phytoseiidae): Part Ⅷ [J]. The tribes Macroseiini Chant, Denmark and Baker, Phytoseiulini n. tribe, Afroseiulini n. tribe and Indoseiulini Ehara and Amano [J]. International Journal of Acarology, 32 (1): 13-25.

CHANT D A, MCMURTRY J A, 2006b. A review of the subfamily Amblyseiinae Muma (Acarina: Phytoseiidae): Part Ⅸ. An overview [J]. International Journal of Acarology, 32 (2): 125-152.

CHANT D A, MCMURTRY J A, 2007. Illustrated keys and diagnoses for the generaand subgenera of the Phytoseiidae of the world (AcarinaL Mesostigmata) [M]. West Bloomfield: Indira Publishing House, 219.

CHANT D A, MCMURTRY J A, 2004a. A review of the subfamily Amblyseiinae Muma (Acarina: Phytoseiidae): Part Ⅲ. The tribe Amblyseiini Wainstein, subtribe Amblyseiina n. subtribe. International Journal of Acarology, 30 (3), 171-228.

CHANT D A, MCMURTRY J A, 2004b. A review of the subfamily Amblyseiinae Muma (Acarina: Phytoseiidae): Part Ⅳ. Tribe Amblyseiini Wainstein, subtribe Arrenoseiina Chant, McMurtry [J]. International Journal of Acarology, 30 (4): 291-312.

CHANT D A, YOSHIDA-SHAUL E, 1980. A world review of the *liliaceus* species group in the genus *Typhlodromus* Scheuten (Acarina: Phytoseiidae) [J]. Canadian Journal of Zoology, 58: 1129-1138.

CHANT D A, YOSHIDA-SHAUL E, 1982. A world review of the soleiger species group in the genus *Typhlodromus* Scheuten (Acarina: Phytoseiidae) [J]. Canadian Journal of Zoology, 60 (12): 3021-3032.

CHANT D A, YOSHIDA-SHAUL E, 1983. A world review of five similar species groups in the genus *Typhlodromus* Scheut: Part Ⅱ. The conspicns and cornus groups (Acarina: Phytoseiidae) [J]. Canadian Journal of Zoology, 61 (5): 1041-1057.

CHANT D A, YOSHIDA-SHAUL E, 1984a. A world review of five similar species groups in the genus *Typhlodromus* Scheuten. Part Ⅲ. The pini group (Acarina: Phytoseiidae) [J]. Canadian Journal of Zoology, 62 (2): 276-290.

CHANT D A, YOSHIDA-SHAUL E, 1984b. A world review of the *occidentalis* species group in the genus *Typhlodromus* Scheuten (Acarina: Phytoseiidae) [J]. Canadian Journal of Zoology, 62 (9): 1860-1871.

CHANT D A, YOSHIDA-SHAUL E, 1984c. A world review of the pomi species group in the genus *Typhlodromus* Scheuten (Acarina: Phytoseiidae) [J]. Canadian Journal of Zoology, 62 (12): 2610-2630.

CHANT D A, YOSHIDA-SHAUL E, 1984d. A world review of four species groups in the genus *Typhlodromus* Scheuten (Acarina: phytoseiidae): brevicollis, luculentis, carinulatus and pinnatus [J]. Canadian Journal of Zoology, 62 (12): 2631-2642.

CHANT D A, YOSHIDA-SHAUL E, 1986a. The subfamily Chantiinae in the family Phytoseiidae (Acarina: Gamasina) [J]. Canadian Journal of Zoology, 64 (9): 2024-2034.

CHANT D A, YOSHIDA-SHAUL E, 1986b. A new subfamily, Cydnodromellinae, in the family Phytoseiidae (Acarina: Gamasina) [J]. Canadian Journal of Zoology, 64 (12): 2811-2823.

CHANT D A, YOSHIDA-SHAUL E, 1987a. A world review of the *pyri* species group in the genus *Typhlodromus* Scheuten (Acarina: Phytoseiidae) [J]. Canadian Journal of Zoology, 65 (7): 1770-1804.

CHANT D A, YOSHIDA-SHAUL E, 1987b. A note on the subfamily Chantiinae Pritchard and Baker (Acarina: Phytoseiidae) [J]. Canadian Journal of Zoology, 65: 2574.

CHANT D A, YOSHIDA-SHAUL E, 1989. A world review of the tiliarum species group in the genus *Typhlodromus* Scheuten (Acarina: Phytoseiidae) [J]. Canadian Journal of Zoology, 67 (4): 1006-1046.

CHANT D A, YOSHIDA-SHAUL E, 1990. The identities of *Amblyseius andersoni* (Chant) and *A. potentillae* (Garman) in the family Phytoseiidae (Acarina: Gamasina) [J]. International Journal of Acarology, 16 (1): 5-12.

CHANT D A, YOSHIDA-SHAUL E, 1991. Adult ventral setal patterns in the family Phytoseiidae (Acarina: Gama sina) [J].

International Journal of Acarology, 17: 187-199.

CHANT D A, YOSHIDA-SHAUL E, 1992a. A revision of the tribe Phytoseiini Berlese with a world review of the purseglovei species group in the genus *Phytoseius* Ribaga (Acarina: Phytoseiidae) [J]. International Journal of Acarology, 18 (1): 5-23.

CHANT D A, YOSHIDA-SHAUL E, 1992b. Adult idiosomal setal patterns in the family Phytoseiidae (Acarina: Gamasina) [J]. International Journal of Acarology, 18 (3): 177-193.

CHAUDHRI M W, 1968. Six new species of mites of the genus *Amblyseius* (Acarina: Phytoseiidae) from Pakistan [J]. Acarologia, 10 (4): 550-562.

CHAUDHRI W M, 1975. Three new mites of the genus *Orientiseius* (Acarina: Phytoseiidae) from Pakistan [J]. Pakistan Journal of Zoology, 7 (2): 185-190.

CHAUDHRI W M, AKBAR S, RASOOL A, 1979. Studies on the predatory leaf inhabiting mites of Pakistan [M]. Faisalabad: University of Agriculture, 243.

CHEN W H, HO C C, 1993. Life cycle, food consumption, and seasonal fluctuation of *Oligota flavicornis* (Boisduval & Lacordaire) on eggplant [J]. Chinese Journal of Entomology, 13 (1): 1-8.

CHILDERS C C, ABOU-SETTA M M, 1999. Yield reduction in 'Tahiti' lime from *Panonychus citri* feeding injury following different pesticide treatment regimes and impact on the associated predacious mites [J]. Experimental and Applied Acarology, 23 (10): 771-783.

CHILDERS C C, DENMARK H A, 2011. Phytoseiidae (Acarina: Mesostigmata) within citrus orchards in Florida: species distribution, relative and seasonal abundance within trees, associated vines and ground cover plants [J]. Experimental and Applied Acarology, 54 (4): 331-371.

CHILDERS C C, ENNS W R, 1975. Predaceous arthropods associated with spider mites in Missouri apple orchards [J]. Journal of Kansas Entomological Society, 48: 453-471.

CHOW A, CHAU A, HEINZ K M, 2010. Compatibility of *Amblyseius* (*Typhlodromips*) *swirskii* (Athias-Henriot) (Acarina: Phytoseiidae) and *Orius insidiosus* (Hemiptera: Anthocoridae) for biological control of *Frankliniella occidentalis* (Thysanoptera: Thripidae) on roses [J]. BioControl, 53: 188-196.

CLEMENTS D R, 1991. The role of stigmaeids in the orchard Acarinane system [D]. Canada: Queen's University at Kingston.

CLEMENTS D R, HARMSEN R, 1990. Predatory behavior and prey stage preferences of stigmaeid and phytoseiid mites and their potential compatibility in biological control [J]. The Canadian Entomologist, 122 (3-4): 321-328.

CLEMENTS D R, HARMSEN R, 1993. Prey peferences of adult and immature *Zetzellia mali* Ewing (Acarina: Stigmaeidae) and *Typhlodromus caudiglans* Schuster (Acarina: Phytoseiidae) [J]. The Canadian Entomologist, 125 (5): 967-969.

CLEMENTS D R, HARMSEN R, CLEMENTS P J, 1991. A mechanistic simulation to complement an empirical transition matrix model of Acarinane popultion dynamics [J]. Ecological Modelling, 59 (3-4): 257-278.

ÇOBANOĞLU S, 1989. Antalya ili sebze alanlarinda tespit edilen Phytoseiidae Berlese, 1915 (Acarina: Mesostigmata) Turleri [J]. Bitki Koruma Bulteni, 29 (1-2): 47-64.

COCK M J W, VAN LENTEREN J C, BRODEUR J, et al., 2011. Field trial measuring the compatibility of methoxyfenozide and flonicamid with *Orius laevigatus* Fieber (Hemiptera: Anthocoridae) and *Amblyseius swirskii* (Athias-Henriot) (Acarina: Phytoseiidae) in a commercial pepper greenhouse [J]. Pest Management Science, 67: 1237-1244.

COLLIER K F S, ALBUQUERQUE G S, DE LIMA J O G, et al., 2007. *Neoseiulus idaeus* (Acarina: Phytoseiidae) as a potential biocontrol agent of the two-spotted spider mite, *Tetranychus urticae* (Acarina: Tetranychidae) in papaya: performance on different prey stage - host plant combinations [J]. Experimental and Applied Acarology, 41: 27-36.

COLLIER K F S, DE LIMA J O G, ALBUQUERQUE G S, 2004. Predacious mites in papaya (*Carica papaya* L.) orchards: in search of a biological control agent of phytophagous mite pests [J]. Neotropical Entomology, 33: 799-803.

COLLYER E, 1976. Integrated control of apple pests in New Zealand 6. Incidence of European red mite, *Panonychus ulmi* (Koch), and its predators [J]. New Zealand Journal of Zoology, 3 (1): 39-50.

COLLYER E, 1982. The Phytoseiidae of New Zwaland (Acarina). I. The genera *Typhlodromus* and *Amblyseius* - keys and new species [J]. New Zealand Journal of Zoology, 9: 185-206.

CONG L, CHEN F, YU S J, et al., 2016. Transcriptome and difference analysis of resistant predatory mite, *Neoseiulus barkeri* (Hughes) [J]. International Journal of Molecular Sciences, 17 (6): 704.

CONGDON B D, 2002. The family Phytoseiidae (Acarina) in western Washington State with descriptions of three new species [J].

International Journal of Acarology, 28 (1): 3-27.
CONGDON B D, MCMURTRY J A, 1988. Prey selectivity in *Euseius tularensis* (Acarina: Phytoseiidae) [J]. Entomophaga, 33: 281-287.
CONGDON B D, MCMURTRY J A, 1985. Biosystematics of *Euseius* on California citrus and avocado with the description of a new species (Acarina: Phytoseiidae) [J]. International Journal of Acarology, 11 (1): 23-30.
COOMBS M R, BALE J S, 2013. Comparison of thermal activity thresholds of the spider mite predators *Phytoseiulus macropilis* and *Phytoseiulus persimilis* (Acarina: Phytoseiidae) [J]. Experimental and Applied Acarology, 59: 435-445.
COOMBS M R, BALE J S, 2014. Thermal biology of the spider mite predator *Phytoseiulus macropilis* [J]. BioControl, 59 (2): 205-217.
CORPUZ L A, 1966. Seven new species of mites of the genera *Typhlodromus* and *Phytoseius* (Phytoseiidae: Acarina) [J]. The Philippine Agriculturist, 50: 729-738.
CORPUZ-RAROS L A, 1994. Four new species of Amblyseiinae (Phytoseiidae, Acarina) from Philippines [J]. Asia Life Science, 3 (2): 213-226.
CORPUZ-RAROS L A, RIMANDO L, 1966. Some Philippine Amblyseiinae (Phytoseiidae: Acarina) [J]. The Philippine Agriculturist, 50: 114-136.
CORPUZ-RAROS L A, SABIO G C, VELASCO-SORIANO M, 1988. Mites associated with stored products, poultry houses and house dust in the Philippines [J]. Philippine Entomologist, 7: 311-321.
COSTELLO M J, 2007. Impact of sulfur on density of *Tetranychus pacificus* (Acarina: Tetranychidae) and *Galendromus occidentalis* (Acarina: Phytoseiidae) in a central California vineyard [J]. Experimental and Applied Acarology, 42 (3): 197-208.
COX P D, MATTHEWS L, JACOBSON R J, et al., 2006. Potential for the use of biological agents for the control of *Thrips palmi* (Thysanoptera: Thripidae) outbreaks [J]. Biocontrol Science and Technology, 16: 871-891.
CROFT B A, 1971. Comparative studies on four strains of *Typhlodromus occidentalis* (Acarina: Phytoseiidae). V. Photoperiodic induction of diapause [J]. Annals of the Entomological Society of America, 64: 962-964.
CROFT B A, 1990. Arthropod Biological Control Agents & Pesticides [M]. New York: Wiley & Sons: 723.
CROFT B A, BLACKWOOD J S, MCMURTRY J A, 2004. Classifying life-style types of phytoseiid mites: diagnostic traits [J]. Experimental and Applied Acarology, 33 (4): 247-260.
CROFT B A, CROFT M B, 1993a. Larval survival and feeding by immature *Metaseiulus occidentalis*, *Neoseiulus fallacis*, *Amblyseius anderson* and *Typhlodromus pyri* on life-stage groups of *Tetranychus urticae* Koch and phytoseiid larvae [J]. Experimental and Applied Acarology, 17 (9): 685-693.
CROFT B A, JORGENSEN C D, 1969. Life history of *Typhlodromus mcgregori* (Acarina: Phytoseiidae) [J]. Annals of the Entomological Society of America, 62 (6): 1261-1267.
CROFT B A, LUH H K, 2004. Phytoseiid mites on unsprayed apple trees in Oregon, and other western states (USA): distributions, life-style types and relevance to commercial orchards [J]. Experimental and Applied Acarology, 33 (4): 281-326.
CROFT B A, MACRAE I V, 1992. Biological Control of apple mites by mixed populations of *Metaseiulus occidentalis* (Nesbitt) and *Typhlodromus pyri* Scheuten (Acarina: Phytoseiidae) [J]. Enviromental Entomology, 21 (1): 202-209.
CROFT B A, MACRAE I V, CURRANS K G, 1992. Factors affecting biological control of apple mites by mixed populations of *Metaseiulus occidentalis* and *Typhlodromus pyri* [J]. Experimental and Applied Acarology, 14 (3-4): 343-355.
CROFT B A, MCGROARTY D L, 1977. The role of *Amblyseius fallacis* (Acarina: Phytoseiidae) in Michigan apple orchards [R]. Michigan Agricultural experiment station, 333: 1-48.
CROFT B A, MESSING R H, DUNLEY J E, et al., 1993b. Effects of humidity on eggs and immatures of *Neoseiulus fallacis*, *Amblyseius andersoni*, *Metaseiulus occidentalis* and *Typhlodromus pyri* (Phytoseiidae): Implications for biological control on apple, caneberry, strawberry and hop [J]. Experimental and Applied Acarology, 17 (6): 451-459.
CROFT B A, MONETTI L, PRATT P, 1998. Comparative life histories and predation types: are *Neoseiulus californicus* and *N. fallacis* (Acarina: Phytoseiidae) similar type II selective predators of spider mites? [J]. Environmental Enviromental Entomology, 27: 531-538.
CROFT B A, PRATT P D, LUH H K, 2004. Low-density releases of *Neoseiulus fallacis* provide for rapid dispersal and control of *Tetranychus urticae* (Acarina: Phytoseiidae, Tetranychidae) on apple seedlings [J]. Experimental and Applied Acarology, 33: 327-339.
CROFT B A, ZHANG Z Q, 1994. Walking and feeding and intraspecific interaction of larvae of *Metaseiulus occidentalis*,

Typhlodromus pyri, *Neoseiulus fallacis* and *Amblyseius andersoni* held with and without eggs of *Tetranychus urticae* [J]. Experimental and Applied Acarology, 18 (10): 567-580.

CROFT B A, HOYING S A, 1975. Carbaryl resistance in native and released populations of *Amblyseius* fallacis [J]. Environmental Entomology, 4: 895-898.

CUNLIFFE F, BAKER E W, 1953. A guide to the predatory phytoseiid mites of the United States [M]. USA: Pinellas Biology Laboratory, Inc.: 1, 28.

CUTHBERTSON A G S, MATHERS J J, CROFT P, et al., 2012. Prey consumption rates and compatibility with pesticides of four predatory mites from the family Phytoseiidae attacking *Thrips palmi* Karny (Thysanoptera: Thripidae) [J]. Pest Management Science, 68: 1289-1295.

DANESHVAR H, 1987. Some predatory mites from Iran, with descriptions of one new genus and six new species (Acarina: Phytoseiidae, Ascidae) [J]. Entomologie et Phytopathologie Appliquees, 54 (1-2): 13-37 [in English]; 55-73 [in Persian].

DANESHVAR H, DENMARK H A, 1982. Phytoseiids of Iran (Acarina: Phytoseiidae) [J]. International Journal of Acarology, 8 (1): 3-14.

DE COURCY-WILLIAMS M E, 2001. Biological control of thrips on ornamental crops: interactions between the predatory mite *Neoseiulus cucumeris* (Acarina: Phytoseiidae) and western flower *thrips*, *Frankliniella occidentalis* (Thysanoptera: Thripidae), on Cyclamen [J]. Biocontrol Science and Technology, 11: 41-55.

DE LEON D, 1957. Three new *Typhlodromus* from southern Florida (Acarina: Phtyoseiidae) [J]. The Florida Entomologist, 40: 141-144.

DE LEON D, 1958. Four new *Typhlodromus* from southern Florida (Acarina: Phytoseiidae) [J]. The Florida Entomologist, 41 (2): 73-76.

DE LEON D, 1959a. Seven new *Typhlodromus* from Mexico with collection notes on three other species (Acarina: Phytoseiidae) [J]. The Florida Entomologist, 42: 113-121.

DE LEON D, 1959b. Two new genera of phytoseiid mites with a note on *Proprioseius meridionalis* Chant (Acarina: Phytoseiidae) [J]. Philadelphia: Entomological News, 70 (10): 257-262.

DE LEON D, 1959c. The genus *Typhlodromus* in Mexico (Acarina: Phytoseiidae) [J]. The Florida Entomologist, 42: 123-129.

DE LEON D, 1962. Twenty-three new phytoseiids, mostly from southeastern United States (Acarina: Phytoseiidae) [J]. The Florida Entomologist, 45 (1): 11-27.

DE LEON D, 1965a. Phytoseiid mites from Puerto Rico with descriptions of new species (Acarina: Mesostigmata) [J]. The Florida Entomologist, 48 (2): 121-131.

DE LEON D, 1965b. A note on *Neoseiulus* Hughes 1948 and new synonymy (Acarina: Phytoseiidae) [C] //Proceedings of the Entomological Society of Washington, 67 (1): 23.

DE LEON D, 1966. Phytoseiidae of British Guyana with keys to species (Acarina: Mesostigmata) [J]. Studies on the Fauna of Suriname and other Guyanas, 8: 81-102.

DE LEON D, 1967. Some mites of the Caribbean Area. Part I. Acarina on plants in Trinidad, West Indies [M]. USA: Kansas, Lawrence, Allen Press Inc.: 1-66.

DE MORAES G J, LIMA H C, 1983. Biology of *Euseius concordis* (Chant) (Acarina, Phytoseiidae): a predator of the tomato russet mite [J]. Acarologia, 24: 251-55.

DE VIS R M J, MORAES G J DE, BELLINI M R, 2006a. Initial screening of little known predatory mites in Brazil as potential pest control agents [J]. Experimental and Applied Acarology, 39 (2): 115-125.

DE VIS R M J, MORAES G J DE, BELLINI M R, 2006b. Effect of air humidity on the egg viability of predatory mites (Acarina: Phytoseiidae, Stigmaeidae) common on rubber trees in Brazil [J]. Experimental and Applied Acarology, 38: 25-32.

DEMITE P R, MORAES G Jde, MCMURTRY J A, et al., 2020. Phytoseiidae Database. Available from: www. lea. esalq. usp. br/phytoseiidae/ (Accessed 12/18/2020)

DENMARK H A, 1966. Revision of the genus *Phytoseius* Ribaga, 1904 (Acarina: Phytoseiidae) [J]. Florida Department of Agriculture Bulletin, 6: 1-105.

DENMARK H A, 1982. Revision of *Galendromus* Muma, 1961 (Acarina: Phytoseiidae) [J]. International Journal of Acarology, 8: 133-167.

DENMARK H A, 1988. Revision of the genus *Paraamblyseius* Muma (Acarina: Phytoseiidae) [J]. International Journal of Acarology, 14（1）：23-40.

DENMARK H A, 1992. A revision of the genus *Typhlodromus* Scheuten（Acarina：Phytoseiidae）［J］. Occasional Papers of the Florida State Collection of Arthropods, 7：1-43.

DENMARK H A, EDLAND T, 2002. The subfamily Amblyseiinae Muma（Acarina：Phytoseiidae）in Norway［J］. International Journal of Acarology, 28（3）：195-220.

DENMARK H A, EVANS G A, AGUILAR H, et al., 1999. Phytoseiidae of Central America（Acarina：Mesostigmata）［M］. USA：Michigan, West Bloomfield, Indira Publishing House：125.

DENMARK H A, EVANS G A., 2011. Phytoseiidae of North America and Hawaii（Acarina：Mesostigmata）［M］. USA：Indira Publishing House, West Bloomfield：451.

DENMARK H A, KOLODOCHKA L A, 1993. Revision of the genus *Indoseiulus* Ehara（Acarina：Phytoseiidae）［J］. International Journal of Acarology, 19（3）：249-257.

DENMARK H A, MUMA M H, 1967. Six new Phytoseiidae from Florida（Acarina：Phytoseiidae）［J］. The Florida Entomologist, 50：169-180.

DENMARK H A, MUMA M H, 1970. Some phytoseiid mites of Paraguay（Acarina：Phytoseiidae）［J］. The Florida Entomologist, 53（4）：219-227.

DENMARK H A, MUMA M H, 1973. Phytoseiid mites of Brazil（Acarina：Phytoseiidae）［J］. Revista Brasileira de Biologia, 33（2）：235-276.

DENMARK H A, MUMA M H, 1989. A revision of the genus *Amblyseius* Berlese, 1914（Acarina：Phytoseiidae）［J］. Occasional Papers of the Florida State Collection of Arthropods, 4：1-149.

DENMARK H A, SCHICHA E, 1983. Revision of the genus *Phytoseiulus* Evans（Acarina：Phytoseiidae）［J］. International Journal of Acarology, 9：27-35.

DENMARK H A, WELBOURN W C, 2002. Revision of the genera *Amblydromella* Muma and *Anthoseius* De Leon（Acarina：Phytoseiidae）［J］. International Journal of Acarology, 28（4）：291-316.

DENMARK H A, MUMA M H, 1972. Some Phytoseiidae of Colombia（Acarina：Phytoseiidae）［J］. The Florida Entomologist, 55（1）：19-29.

DESNEUX N, DECOURTYE A, DELPUECH J M, et al., 2007. The sublethal effects of pesticides on beneficial arthropods［J］. Annual Review of Entomology, 52：81-106.

DEUS E G, SOUZA M S M, MINEIRO J L C, et al., 2012. Mites（Arachnida：Acarina）collected on rubber trees *Hevea brasiliensis*（Willd. ex A. Juss.）Mull. Arg. in Santana, Amapa state, Brazil［J］. Brazilian Journal of Biology, 72（4）：915-922.

DING L, CHEN F, LUO R, et al., 2018. Gene cloning and difference analysis of vitellogenin in *Neoseiulus barkeri*（Hughes）［J］. Bulletin of Entomological Research, 108（2）：141-149.

DOGRAMACI M, ARTHURS S P, CHEN J J, 2011. Management of chilli thrips *Scirtothrips dorsalis*（Thysanoptera：Thripidae）on peppers by *Amblyseius swirskii*（Acarina：Phytoseiidae）and *Orius insidiosus*（Hemiptera：Anthocoridae）［J］. Biological Control, 59（3）：340-347.

DOMINGOS C A, MELO J W D S, GONDIM J M G C, et al., 2010. Diet-dependent life history, feeding preference and thermal requirements of the predatory mite *Neoseiulus baraki*（Acarina：Phytoseiidae）［J］. Experimental and Applied Acarology, 50（3）：201-215.

DOMINGOS C A, OLIVERIRA L O, MOAIS E G F de, et al., 2013. Comparison of two populations of the pantropical predator *Amblyseius largoensis*（Acarina：Phytoseiidae）for biological control of *Raoiella indica*（Acarina：Tenuipalpidae）［J］. Experimental and Applied Acarology, 60（1）：83-93.

DOSSE G, 1957. Morphologie und biologie von *Typhlodromus zwoelferi* n. sp.（Acar., Phytoseiidae）［J］. Zeitschrift fur Angewandte Entomologie, 41（2-3）：301-311.

DOSSE G, 1958. Uber einige neue Raubmilbenarten（Acarina：Phytoseiidae）［J］. Pflanzenschutz Berichte, 21：44-61.

DOSSE G, 1967. Schadmilben des Libanons und ihre Pradatoren［J］. Zeitschrift fur Angewandte Entomologie, 59：16-48.

DRUKKER B, JANSSEN A, RAVENSBERG W, et al., 1997. Improved control capacity of the mite predator *Phytoseiulus persimilis*（Acarina：Phytoseiidae）on tomato［J］. Experimental and Applied Acarology, 21（6-7）：507-518.

DUSO C, 1989. Role of the predatory mites *Amblyseius aberrans*（Oud.）, *Typhlodromus pyri* single or mixed phytoseiid population releases on spider mite densities（Acar, Tetranychidae）［J］. Applied Entomology and Zoology, 107（5）：474-492.

DUSO C, CAMPORESE P, 1991. Developmental times and oviposition rates of predatory mites *Typhlodromus pyri* and *Amblyseius andersoni* (Acarina: Phytoseiidae) reared on different foods [J]. Experimental and Applied Acarology, 13 (2): 117-128.

DUSO C, FANTI M, POZZEBON A, et al., 2009. Is the predatory mite *Kampimodromus aberrans* a candidate for the control of phytophagous mites in European apple orchards [J]. BioControl, 54 (3): 369-382.

DUSO C, KREITER S, TIXIER M S, 2010. Biological control of mites in European vineyards and the impact of natural vegetation. In: Sabelis M W, Bruin J, Trends in Acarology [C] //Proceedings of the 12th international congress, 399-407.

DUSO C, PASINI M, 2003. Distribution of the predatory mite *Amblyseius andersoni* Chant (Acarina: Phytoseiidae) on different apple cultivars [J]. Anzeiger für Schädlingskunde, 76 (2): 33-40.

DUSO C, PASQUALETTO C, CAMPORESE P, 1991. Role of the predatory mites *Amblyseius aberrans* (Ouds.), *Typhlodromus pyri* Scheuten and *Amblyseius andersoni* (Chant) (Acarina: Phytoseiidae) in vineyards: Ⅱ. Minimum releases of *Amblyseius andersoni* and *Typhlodromus pyri* to control spider mite populations (Acarina: Tetranychidae) [J]. Journal of Applied Entomology, 112 (3): 298-308.

DUSO C, POZZEBON A, 2008. Grape downy mildew *Plasmopara viticola*, an alternative food for generalist predatory mites occuring in vineyards [J]. Biological Control, 45 (3): 441-449.

DUSO C, TIRELLO P, ALBERTO P, 2012. Resistance to chlorpyriphos in the predatory mite *Kampimodromus aberrans* [J]. Experimental and Applied Acarology, 56 (1): 1-8.

DUSO C, VETTORAZZO E, 1999. Mite population dynamics on different grape varieties with or without phytoseiids released (Acarina: Phytoseiidae) [J]. Experimental and Applied Acarology, 23 (9): 741-763.

EASTERBROOK M A, FITZGERALD J D, SOLOMON M G, 2001. Biological control of strawberry tarsonemid mite *Phytonemus pallidus* and two-spotted spider mite *Tetranychus urticae*, on strawberry in the UK using species of *Neoseiulus* (*Amblyseius*) (Acarina: Phytoseiidae) [J]. Experimental and Applied Acarology, 25: 25-36.

EASTERBROOK M A, FITZGERALD J D, SOLOMON M G, 2001. Biological Control of strawberry tarsonemid mite *Phytonemus pallidus* and two-spotted spider mite *Tetranychus urticae* on strawberry in the UK using species of *Neoseiulus* (*Amblyseius*) (Acarina: Phytoseiidae) [J]. Experimental and Applied Acarology, 25 (1): 25-36.

EHARA S, AMANO H, 1993. Phytoseiidae. In: Ehara S, Plant mites of Japan in colors [M]. Tokyo: Zenkoku Noson Kyoiku kyokai, vi +298pp: 2-21 [In Japanese].

EHARA S, 1958. Three predatory mites of the genus *Typhlodromus* from Japan (Phytoseiidae) [J]. Annotationes Zoologicae Japonenses, 31: 53-57.

EHARA S, 1959. Some predatory mites of the genera *Typhlodromus* and *Amblyseius* from Japan (Phytoseiidae) [J]. Acarologia, 1: 285-295.

EHARA S, 1961. On some Japanese mesostigmatid mites (Phytoseiidae and Aceosejidae) [J]. Annotationes Zoologicae Japonenses, 34: 95-98.

EHARA S, 1962. Notes on some predatory mites (Phytoseiidae and Stigmeidae) [J]. Japanese Journal of Applied Entomology and Zoology, 6 (1): 53-60.

EHARA S, 1964. Some mites of the families Phytoseiidae and Blattisocidae from Japan (Acarina: Mesostigmata). Ser. Ⅵ [J]. Journal of the Faculty of Science, 15 (3): 378-394.

EHARA S, 1966a. A tentative catalogue of predatory mites of Phytoseiidae known from Asia, with descriptions of five new species from Japan [J]. Mushi, 39: 9-30.

EHARA S, 1966b. Some mites associated with plants in the state of Sao Paulo, Brazil, with a list of plant mites of South America [J]. Japanese Journal of Zoology, 15 (2): 129-150.

EHARA S, 1967a. Phytoseiid mites from Okinawa Island (Acarina: Mesostigmata) [J]. Mushi, 40 (6): 67-82.

EHARA S, 1967b. Phytoseiid mites from Hokkaido (Acarina: Mesostigmata) [J]. Journal of the Faculty of Science, HokkaidoUniversity, Ser. Ⅵ, Zoology, 16 (6): 212-233.

EHARA S, 1970. Phytoseiid mites from Taiwan (Acarina: Mesostigmata) [J]. Mushi, 43 (6): 55-63.

EHARA S, 1972. Some phytoseiid mites from Japan, with descriptions of thirteen new species (Acarina: Mesostigmata) [J]. Mushi, 46 (12): 137-173.

EHARA S, 1978. Two new species of phytoseiid mites from Hokkaido (Acarina: Phytoseiidae) [C] //Proceedings of the Japan Academy, Ser. B, 54: 446-450.

EHARA S, 1981. Description of a new *Typhlodromus* from miso factories, with synonymy of *T. bambusae* Ehara (Acarina:

Phytoseiidae）［J］. Japanese Journal of Sanitary Zoology, 32: 235-237.

EHARA S, 1982. Two new species of phytoseiid mites from Japan（Acarina: Phytoseiidae）［J］. Applied Entomology Zoology. 17: 40-45.

EHARA S, 1985. Five species of phytoseiid mites from Japan with descriptions of two new species（Acarina: Phytoseiidae）［J］. Zoological Science, 2（1）: 115-121.

EHARA S, 2002a. Some phytoseiid mites（Arachnida: Acarina: Phytoseiidae）from west Malaysia［J］. Species Diversity, 7: 29-46.

EHARA S, 2002b. Phytoseiid mites（Acarina: Phytoseiidae）from Sumatra with description of a new species［J］. Acarina: Arachnologica, 51（2）: 125-133.

EHARA S, 2005. A collection of phytoseiid mites（Acarina: Phytoseiidae）from Java with description of a new species［J］. Acta Arachnologica, 54（1）: 31-39.

EHARA S, AMANO H, 1998. A revision of the mite family Phytoseiidae in Japan（Acarina: Gamasina）, with remarks on its biology［J］. Species Diversity, 3（1）: 25-73.

EHARA S, AMANO H, 2004. Checklist and keys to Japanese Amblyseiinae（Acarina: Gamasina: Phytoseiidae）［J］. Journal of the Acarological Society of Japan, 13（1）: 1-30.

EHARA S, BHANDHUFALCK A, 1977. Phytoseiid mites of Thailand（Acarina: Mesotigmata）［J］. Journal of the Faculty of Education, Tottori University, Natural Science, 27（2）: 43-82.

EHARA S, HAMAOKA K, 1980. A new *Typhlodromus* from Japan with notes on four other species of phytoseiid mites［J］. Acta Arachnologica, 29（1）: 3-8.

EHARA S, LEE L H Y, 1971. Mites associated with plants in Hong Kong［J］. Natural Science, 22（2）: 61-78.

EHARA S, OKADA Y, KATO H, 1994. Contribution to the knowledge of the mite family Phytoseiidae in Japan（Acarina: Gamasina）［J］. Journal of the Faculty of Education, Tottori University, Natural Science, 42（2）: 119-160.

EHARA S, YOKOGAWA M, 1977. Two new *Amblyseius* from Japan with notes on three other species（Acarina: Phytoseiidae）［J］. Proceedings of the Japanese Society of Systematic Zoology, 13: 50-58.

EL-BADRY E A, 1967a. Three new species of phytoseiid mites preying on the cotton whitefly, *Bemisia tabaci*, in the Sudan（Acarina: Phytoseiidae）［J］. The Entomologist: 100, 106-111.

EL-BADRY E A, 1967b. Five new phytoseiid mites from U. A. R., with collection notes on three other species（Acarina: Phytoseiidae）［J］. Indian Journal of Entomology, 29: 177-184.

EL-BADRY E A, 1968. Biological studies on *Amblyseius aleyrodisa* predator of the cotton whitefly（Acarina: Phytoseiidae）［J］. Entomophaga, 94（4）: 323-329.

EL-BADRY E A, 1970. Taxonomic review of the phytoseiid mites of Egypt［J］. Bulletin de la Societe Entomologique d'Egypte, 54: 495-510.

EL-BANHAWY E M, 1979. Records on phytoseiid（Acarina）mites of Peru［J］. International Journal of Acarology, 5（2）: 111-116.

EL-BANHAWY E M, 1984. Description of some phytoseiid mites from Brazil（Acarina: Phytoseiidae）［J］. Acarologia, 25（2）: 125-144.

EL-BANHAWY E M, 1997. Survey of predacious mites on citrus in South Africa. Specific diversity, geographic distribution and the abundance of predacious mites［J］. Anzeiger Schädlingskde Pflanzenschutz Umweltschutz, 70: 136-141.

EMMERT C J, MIZELL R F, ANDERSEN P C, et al., 2008a. Diet effects on intrinsic rate of increase and rearing of *Proprioseiopsis asetus*（Acarina: Phytoseiidae）［J］. Annual Review of Entomology, 101: 1033-1040.

EMMERT C J, MIZELL R F, ANDERSEN P C, et al., 2008b. Effects of contrasting diets and temperatures on reproduction and prey consumption by *Proprioseiopsis asetus*（Acarina: Phytoseiidae）［J］. Experimental and Applied Acarology, 44（1）: 11-26.

EPPO, 2020. List of biological control agents widely used in the EPPO region: PM6/3（6）2020 version. Available from: www.eppo.int/media/uplouded_images/RESOURCES/eppo_standards/pm6/pmb-03-2021-en. pdf（Accessed 10/15/2020）.

ESCUDERO L A, FERRAGUT F, 2005. Life-history of predatory mites *Neoseiulus californicus* and *Phytoseiulus persimilis*（Acarina: Phytoseiidae）on four spider mite species as prey, with special reference to *Tetranychus evansi*（Acarina: Tetranychidae）［J］. Biological Control, 32（3）: 378-384.

EVANS G O, 1952a. A new typhlodromid mite predaceous on *Tetranychus bimaculatus* Harvey in Indonesia［J］. Annual Magazine of Natural History, 5: 413-416.

EVANS G O, 1952b. On a new predatory mite of economic importance [J]. Bulletin of Entomological Research, 43: 397-401.
EVANS G O, 1953. On some mites of the genus *Typhlodromus* Scheuten, 1857, from S. E. Asia [J]. Annual Magazine of Natural History, 6: 449-467.
EVANS G O, 1955. A stridulating organ in the Acarina [J]. Bulletin of the Nutional Institute of Sciences of India: 107-109.
EVANS G O, 1958a. A new mite of the genus *Phytoseiulus* Evans (Acarina: Phytoseiidae) from southern Rhodesia [J]. Journal of the Entomological Society of South Africa, 21: 306-308.
EVANS G O, 1958b. An introduction to the British Mesostigmata (Acarina) with keys to families and genera [J]. Journal of the Linnean Society of Zoology, 43: 203-259.
EVANS G O, 1987. The status of three species of Phytoseiidae (Acarina) described by Carl Willmann [J]. Journal of Natural History, 21: 1461-1467.
EVANS G O, MOMEN F, 1988. The identity of *Seiulus rhenanus* Oudms. and *Typhlodromus foenilis* Oudms. (Acarina: Phytoseiidae) [J]. Journal of Natural History, 22: 209-216.
EVANS G O, 1954. The genus *Iphiseius* Berl. (Acarina: Laelaptidae) [J]. Proceedings of the Zoological Society, 124: 517-526.
FAN Y Q, PETITT F L, 1994. Functional response of *Neoseiulus barkeri* Hughes on two-spotted spider mite (Acarina: Tetranychidae) [J]. Experimental and Applied Acarology, 18: 613-621.
FANG X D, OUYANG G C, WU W N, 2020b. Phytoseiid mites (Acarina: Mesostigmata: Phytoseiidae) in Nanling National Nature Reserve, Guangdong, China [J]. Zootaxa, 4830 (2): 356-370.
FANG X D, WU Y C, WU W N, 2019a. Two new species of Amblyseiinae Muma (Acarina: Mesostigmata: Phytoseiidae) from southwest China [J]. Systematic and Applied Acarology, 24 (4): 572-580.
FANG X D, HAO H H, WU W N, 2018a. Two new species of *Typhlodromus* Scheuten (Acarina: Phytoseiidae) from Hainan Islands, China [J]. Systematic and Applied Acarology, 23 (5): 925-934.
FANG X D, LU H L, OUYANG G C, et al., 2013. Effectiveness of two predatory mite species (Acarina: Phytoseiidae) in controlling *Diaphorina citri* (Hemiptera: *Liviidae*) [J]. Florida Entomologist, 96 (4): 1325-1333.
FANG X D, NGUYEN V L, OUYAN G C, et al., 2020a. Survey of phytoseiid mites (Acarina: Mesostigmata, Phytoseiidae) in citrus orchards and a key for Amblyseiinae in Vietnam [J]. Acarologia, 60 (2): 254-267.
FANG X D, OUYANG G C, LU H L, et al., 2018b. Ecological control of citrus pests primarily using predatory mites and the bio-rational pesticide matrine [J]. International Journal of Pest Management, 64 (3): 262-270.
FANG X D, OUYANG G C, WU W N, 2019b. New species and record of phytosciid mites (Acarina: Mesostigmata: Phytoseiidae) from Myanmar [J]. Systematic and Applied Acarology, 24 (10): 1918-1936.
FANG X D, WU W N, 2017. A New species of the genus *Neoseiulus* Hughes (Acarina: Phytoseiidae) and the male of *Amblyseius* ishizuchiensis Ehara, 1972 from China [J]. BioOne, 22 (10): 1574-1587.
FARAJI F, HAJIZADCH J, UECKERMANN E A, et al., 2007. Two new records for Iranian Phytoseiid mites with synonymy and keys of *Typhloseiulus* Chant and McMurtry and Phytoseiidae in Iran (Acarina: Mesostigmata) [J]. International Journal of Acarology, 33 (3): 231-239.
FERLA N J, MORAES G J DE, 2003. Oviposição de ácaros predadores Agistemus floridanus Gonzalez, *Euseius concordis* (Chant) e *Neoseiulus anonymus* (Chant and Baker) (Acarina) em resposta a diferentes tipos de alimento [J]. Revista Brasileira de Zoologia, 20 (1): 153-155.
FERNANDO L C P, ARATCHIGE N S, PEIRIS T S G, 2003. Distribution patterns of coconut mite, *Aceria guerreronis*, and its predator *Neoseiulus* aff. *paspalivorus* in coconut palms [J]. Experimental and Applied Acarology, 31: 71-78.
FERRAGUT F, ESCUDERO A, 1997. Taxonomia y distribucion de los acaros depredadores del gênero *Euseius* Wainstein 1962, en Espana (Acarina: Phytoseiidae) [J]. Boletin de Sanidad Vegetal Plagas, 23 (2): 227-235.
FERRAGUT F, GARCIA-MARI F, COSTA-COMELLES J, et al., 1987. Influence of food and temperature on development and oviposition of *Euseius stipulatus* and *Typhlodromus phialatus* (Acarina: Phytoseiidae) [J]. Experimental and Applied Acarology, 3 (4): 317-330.
FERRAGUT F, MORAES G J DE, NÁVIA D, 2011. Phytoseiid mites (Acarina: Phytoseiidae) of the Dominican Republic, with a re-definition of the genus *Typhloseiopsis* De Leon [J]. Zootaxa, 2997: 37-53.
FERRAGUT F, PÉREZ MORENO I, IRAOLA V, et al., 2010. Ácaros depredadores em las plantas cultivadas. Família Phytoseiidae [M]. Spain: Madrid, Ediciones Agrotécnicas: 202.
FERRERO M, GIGOT C, TIXIER M S, et al., 2010. Egg hatching response to a range of air humidities for six species of predatory mites [J]. Entomologia Experimentalis Et Applicata, 135 (3): 237-244.

FERRERO M, KREITER S, TIXIER M S, 2008. Ability of *Phytoseiulus longipes* to control spider mite pests on tomato in European greenhouses. In: Bertrand M, Kreiter S, McCoy K D, et al., Integrative Acarology, Proceedings of the 6th European Congress [C]. Montpellier, July, 21-25: 461-468.

FERRERO M, MORAES G J DE, KREITER S, et al., 2007. Life tables of the predatory mite *Phytoseiulus longipes* feeding on *Tetranychus evansi* at four temperatures (Acarina: Phytoseiidae, Tetranychidae) [J]. Experimental and Applied Acarology, 41 (1-2): 45-53.

FERRERO M, TIXIER M S, KREITER S, 2013. Different feeding behaviours in a single predatory mite species. 1. Comparative life histories of three populations of *Phytoseiulus longipes* (Acarina: Phytoseiidae) depending on prey species and plant substrate [J]. Experimental and Applied Acarology, 62: 313-324.

FERRERO M, TIXIER M S, KREITER S, 2014. Different feeding behaviours in a single predatory mite species. 2. Responses of two populations of *Phytoseiulus longipes* (Acarina: Phytoseiidae) to various prey species, prey stages and plant substrates [J]. Experimental and Applied Acarology, 62 (3): 325-335.

FERRERO M, TIXIER MS, TSOLAKIS H, et al., 2011. Integrative taxonomy demonstrates the unexpected synonymy between two predatory mite species: *Cydnodromus idaeus* and *C. picanus* (Acarina: Phytoseiidae) [J]. Invertebrate Systematics, 25: 273-281.

FIDGETT M J, STEWART C, STINSON A, et al., 2010. Method for rearing predatory mites. US patent 2010/0119645 A1.

FIDGETT M J, STINSON C S A, 2008. Method for rearing predatory mites. WO Patent WO/2008/015393.

FIELD R P, 1978. Control of the two-spotted mite in a Victorian peach orchard with an introduced insecticide-resistant strain of predatory mite *Typhlodromus occidentalis* Nesbitt (Acarina: Phytoseiidae) [J]. Australian Journal of Zoology, 26 (3): 519-527.

FIELD R P, HOY M A, 1985. Diapause behavior of genetically-improved strains of the spider mite predator *Metaseiulus occidentalis* (Acarina: Phytoseiidae) [J]. Entomologia Experimentalis et Applicata, 38: 113-120.

FISCHER S, KLOETZLI F, FALQUET L, et al., 2005. An investigation on biological control of the tomato russet mite *Aculops lycopersici* (Massee) with *Amblyseius andersoni* (Chant) [J]. IOBC/WPRS Bulletin, 28 (1): 99-102.

FISCHER-COLBRIE P, EL-BOROLOSSY M, 1990. Investigation on the influence of climate, plant species and prey animals on the incidence of various species of predatory mites in Australian orchards and vineyards [J]. Pflanzenschutzberichte, 51 (3): 101-126.

FITZGERALD J D, EASTERBROOK M A, 2003. Phytoseiids for control of spider mite, *Tetranychus urticae*, and tarsonemid mite, *Phytonemus pallidus*, on strawberry in UK [J]. IOBC/WPRS Bulletin, 26 (2): 107-111.

FITZGERALD J D, SOLOMON M G, 2000. Differences in biological characteristics in organophosphorus-resistant strains of the phytoseiid mite *Typhlodromus Pyri* [J]. Experimental and Applied Acarology, 24 (9): 735-746.

FITZGERALD J, PEPPER N, EASTERBOOK M, et al., 2007. Interactions among phytophagous mites, and introduced and naturally occurring predatory mites, on strawberry in the UK [J]. Experimental and Applied Acarology, 43: 33-47.

FITZGERALD J, XU X M, PEPPER N, et al., 2008. The spatial and temporal distribution of predatory and phytophagous mites in field-grown strawberry in the UK [J]. Experimental and Applied Acarology, 44 (4): 293-306.

FOULY A, AL-REHIAYANI S M, ABDEL-BAKY N F, 2014. Crowding effect of three indigenous phytoseiid mites on their feeding capacity and fecundity (Acarina: Phytoseiidae) in Gassim region, Saudi Arabia [J]. Egyptian Journal of Biological Pest Control, 24 (1): 95-100.

FRAULO A B, LIBURD O E, 2007. Biological Control of two spotted spider mite, *Tetranychus urticae* with predatory mite, *Neoseiulus californicus*, in strawberries [J]. Experimental and Applied Acarology, 43: 109-119.

FRIESE D D, MEGEVAND B, YANINEK J S, 1987. Culture maintenance and mass production of exotic phytoseiids [J]. Insect Science and its Application, 8 (4-6): 387-399.

FURTADO I P, TOLEDO S, MORAES G J DE, et al., 2006. Search for effective natural enemies of *Tetranychus evansi* in south and southeast Brazil [J]. Experimental and Applied Acarology, 40 (3-4): 157-174.

FURTADO I P, TOLEDO S, MORAES G J DE, et al., 2007. Search for effective natural enemies of *Tetranychus evansi* (Acarina: Tetranychidae) in northwest Argentina [J]. Experimental and Applied Acarology, 43 (2): 121-127.

GALVAO A S, GONDIM M G C JR, DE MORAES G J, et al., 2007. Biologia de *Amblyseius largoensis* (Muma) (Acarina: Phytoseiidae), um potencial predador de *Aceria guerreronis* Keifer (Acarina: Eriophyidae) em Coqueiro [J]. Neotrop Entomology, 36: 465-470.

GANEEL O I, 1971. The whitefly eggs and first larval stages as prey for certain phytoseiid mites [J]. Revue de Zoologie et de Botanique Africaines, 84 (1/2): 79-82.

GANJISAFFAR F, PERRING T M, 2015. Prey stage preference and functional response of the predatory mite *Galendromus flumenis* to *Oligonychus pratensis* [J]. Biological Control, 82: 40-45.

GAPONYUK, 1989. Discovery of thelytoky in the predatory mite *Amblyseius aurescens* (Parasitiformes, Phytoseiidae) [J]. Vestnik Zoologii, (4): 82.

GARMAN P, 1948. Mite species from apple trees in Connecticut [M]. Connecticut: Connecticut Agricultural Experiment Station New Haven Bulletin Press: 520.

GARMAN P, 1958. New species belonging to the genera *Amblyseius* and *Amblyseiopsis* with keys to *Amblyseius*, *Amblyseiopsis* and *Phytoseiulus* [J]. Annals of the Entomological Society of America, 51: 69-79.

GARMAN P, MCGREGOR E A, 1956. Four new predaceous mites (Acarina: Phytoseiidae) [J]. Southern California Academy of Science Bulletin, 55: 7-13.

GERLING D, 1986. Natural enemies of *Bemisia tabaci*, biological characteristics and potentail as biological control agents: a review [J]. Agriculture Ecosystem and Environment, 17 (1-2): 99-110.

GERLING D, ALOMAR Ò, ARNÒ J, et al., 2001. Biological control of *Bemisia tabaci* using predators and parasitoids [J]. Crop Protection, 20 (9): 779-799.

GERSON U, 1992. Biology and control of the board mite, *Polyphagotarsonemus latus* (Banks) (Acarina: Tarsonemidae) [J]. Experimental and Applied Acarology, 13 (3): 163-178.

GERSON U, PALEVSKY E, UCKO O, et al., 2003b. Evaluation of control measures for *Oligonychus afrasiaticus* infesting date palm cultivars in the Southern Arava Valley of Israel [J]. Crop Protection, 23 (5): 387-392.

GERSON U, SMILEY R L, 1990. Acarinane biocontrol agents: an illustrated key and manual [M]. London: Chapman and Hall Press, 20 (5): 174.

GERSON U, SMILEY R L, OCHOA R, 2003a. Mites (Acarina) for pest control [M]. Oxford: Blackwell Publishing Ltd.: 539.

GERSON U, WEINTRAUB P G, 2012. Mites (Acarina) as a factor in greenhouse management [J]. Annual Review of Entomology, 57: 229-247.

GHAI S, GUPTA S K, 1984. A new species of *Treatia* Krantz and Khot (Acarina: Otopheidomenidae) with a new record of *Amblyseius* Berlese (Acarina: Phytoseiidae) from India [J]. Bulletin of the Zoological Survey of India, 6 (1-3): 171-175.

GHAI S, MENON M G R, 1969. Taxonomic studies on Indian mites of the family Phytoseiidae (Acarina). II. Two new genera and species of Phytoseiidae [J]. Oriental Insects, 3: 347-352.

GHAZY N A, OSAKABE M, NEGM M W, et al., 2016. Phytoseiid mites under environmental stress [J]. Biological Control, 96: 120-134.

GHAZY N A, SUZUKI T, SHAH M, et al., 2012. Using high relative humidity and low air temperature as a long-term storage strategy for the predatory mite *Neoseiulus californicus* (Gamasida: Phytoseiidae) [J]. Biological Control, 60 (3): 241-246.

GNANVOSSOU D, YANINEK J S, HANNA R, et al., 2003a. Effects of prey mite species on life history of the phytoseiid predators *Typhlodromalus manihoti* and *Typhlodromalus aripo* [J]. Experimental and Applied Acarology, 30 (3): 265-278.

GNANVOSSOU G, HANNA R, DICKE M, 2003b. Infochemical-mediated niche use by the predatory mites *Typhlodromalus manihoti* and *T. aripo* (Acarina: Phytoseiidae) [J]. Journal of Insect Behavior, 16 (4): 523-535.

GNANVOSSOU G, HANNA R, DICKE M, et al., 2001. Attraction of the predatory mites *Typhlodromalus manihoti* and *Typhlodromalus aripo* to cassava plants infested by cassava green mite [J]. Experimental and Applied Acarology, 101 (3): 291-298.

GOLEVA I, ZEBITZ C P W, 2013. Suitability of different pollen as alternative food for the predatory mite *Amblyseius swirskii* (Acarina) [J]. Experimental and Applied Acarology, 61: 259-283.

GONDIM JR M G C, MORAES G J DE, 2001. Phytoseiid mites (Acarina: Phytoseiidae) associated with palm trees (Arecaceae) in Brazil [J]. Systematic and Applied Acarology, 6: 65-94.

GONDIM M G C JR, DE CASTRO T M M G, MARSARO A L JR, et al., 2012. Can the red palm mites threaten the Amazon vegetation? [J]. Systematics and Biodiversity, 10: 527-535.

GONZALEZ R H, SCHUSTER R O, 1962. Especies de la familia Phytoseiidae en Chile I. (Acarina: Mesostigmata) [J]. Chile: Universidad de Chile, Facultad de Agronomia, Boletim Tecnico. Estacion Experimental Agronomica. , 16: 1-35.

GONZÁLEZ-FERNÁNDEZ J J, DE LA PEÑA F, HORMAZA J I, et al., 2009. Alternative food improves the combined effect of an omnivore and a predator on biological pest control. A case study in avocado orchards [J]. Bulletin of Entomological Research, 99(5): 433-444.

GORMAN K, SLATER R, BLANDE J D, et al., 2010. Cross-resistance relationships between neonicoitinoides and pymetrozine in *Bemisia tabaci* (Hemiptera: Aleyrodidae) [J]. Pest Management Science, 66: 1186-1190.

GOTOCH T, YAMAGUCHI K, MORI K, 2004. Effect of temperature on life history of the predatory mite *Amblyseius* (*Neoseiulus*) *californicus* (Acarina: Phytoseiidae) [J]. Experimental and Applied Acarology, 32(1-2): 15-30.

GOTOH T, TSUCHIYA A, KITASHIMA Y, 2006. Influence of prey on developmental performance, reproduction and prey consumption of *Neoseiulus californicus* (Acarina: Phytoseiidae) [J]. Experimental and Applied Acarology, 40: 189-204.

GRADISH A E, SCOTT-DUPREE C D, SHIPP L, et al., 2011. Effect of reduced risk pesticides on greenhouse vegetable arthropod biological control agents. Pest Management Science, 67: 82-86.

GRAFTON-CARDWELL E E, OUYANG Y, 1995. Augmentation of *Euseius tularensis* (Acarina: Phytoseiidae) in Citrus [J]. Environmental Entomology, 24(3): 738-747.

GRAFTON-CARDWELL E E, REAGAN C A, 2006. Effects of Acarinacides on citrus red mite and the predacious mite *Euseius tularensis*, 2005 [J]. Arthropod Management Tests, 31(1): D13.

GREATHEAD D J, BENETT F D, 1981. Possibilities for the use of biotic agents in the control of the whitefly, *Bemisia tabaci* [J]. Biocontrol news and information, 2(1): 7-13.

GRECO N M, SÁNCHEZ N E, LILJESTHRÖM G G, 2005. *Neoseiulus californicus* (Acarina: Phytoseiidae) as a potential control agent of *Tetranychus urticae* (Acarina: Tetranychidae): effect of pest/predator ratio on pest abundance on strawberry [J]. Experimental and Applied Acarology, 37(1-2): 57-66.

GROUT T G, RICHARDS G I, 1992. Susceptibility of *Euseius addoensis* (Acarina: Phytoseiidae) to field-weather residues of insecticides used on citrus [J]. Experimental and Applied Acarology, 15(3): 199-204.

GROUT T G, RICHARDS G I, STEPHEN P R, 1997. Further non-target effects of citrus pesticides on *Euseius addoensis* and *Euseius citri* (Acarina: Phytoseiidae) [J]. Experimental and Applied Acarology, 21(3): 171-177.

GROUT T G, STEPHEN P R, 1993. Predation of alate citrus thrips *Scirtothrips atwantii* Faure (Thysanoptera: Thripidae), by *Euseius citri* (Van der Merwe and Ryke) (Acarina: Phytoseiidae) at low temperatures [J]. African Entomology Journal of the Entomological Society of Southern Africa, 1: 264-265.

GUANILO A D, MORAES G J DE, KNAPP M, 2008b. Phytoseiid mites (Acarina: Phytoseiidae) of the subfamily Amblyseiinae Muma from Peru, with description of four new species [J]. Zootaxa, 1880: 1-47.

GUANILO A D, MORAES G J DE, TOLEDO S, et al., 2008a. Phytoseiid mites (Acarina: Phytoseiidae) from Argentina, with description of a new species [J]. Zootaxa, 1884: 1-35.

GUO Y W, LV J L, JIANG X H, et al., 2016. Intraguild predation between *Amblyseius swirskii* and two native Chinese predatoy mite specied and their development on intraguild prey [J]. Scientific Reports, 6: 22292.

GUPTA S K, 1975. Mites of the genus *Amblyseius* (Acarina: Phytoseiidae) from India with descriptions of eight new species [J]. International Journal of Acarology, 1(2): 26-45.

GUPTA S K, 1977a. Some undescribed and little-known species of *Amblyseius* (Acarina: Phytoseiidae) from western and northern India [J]. Indian Journal of Acarology, 1: 28-37.

GUPTA S K, 1977b. Phytoseiidae (Acarina: Mesostigmata) of Andaman Nicobar Islands with descriptions of eight new species [J]. Oriental Insects, 11(4): 623-638.

GUPTA S K, 1977c. Description of four species of *Amblyseius* Berlese (Acarina: Phytoseiidae) from India [J]. Entomologist's-Monthly Magazine, 112: 53-58.

GUPTA S K, 1978. Some Phytoseiidae from south India with descriptions of five new species [J]. Oriental Insects, 12: 327-338.

GUPTA S K, 1979. The genus *Paraphytoseius* Swirski and Shechter with a new subgenus and one new species from India [J]. Bulletin of the Zoological Survey of India, 2(1): 79-82.

GUPTA S K, 1980. New species of *Iphiseius* Berlese and *Para Amblyseius* Muma from India (Acarina: Phytoseiidae) [J]. Entomologist's Monthly Magazine, 115: 213-217.

GUPTA S K, 1981. On a collection of Phytoseiidae (Acarina: Mesostigmata) from Himachal Pradesh (India), with descriptions of two new species [J]. Indian Journal of Acarology, 5: 32-36.

GUPTA S K, 1985. Plant mites of India [M]. Calcutta: Zooogical Survey of India Handbook Series: 1-520.

GUPTA S K, 1986. Fauna of India (Acarina: Mesostigmata) Family Phytoseiidae [M]. Calcutta: Zoological Survey of

India: 350.

GURR G M, THWAITE W G, VALENTINE B J, et al., 1997. Factors affecting the presence of *Typhlodromus* spp. (Acarina: Phytoseiidae) in the calyx cavities of apple fruits and implications for integrated pest management [J]. Experimental and Applied Acarology, 21 (6-7): 357-364.

HAFEEZ S M, TAHER S H, 1988. Biological studies on *Blattisocius tarsalis* Keggan, a predatory mite inhabiting stored food in Egypt [J]. Annals of Agricultural Science, Ain-Shams University, 33 (2): 1387-1393.

HAJIZADEH J, HOSSEINI R, MCMURTRY J A, 2002. Phytoseiid mites (Acarina: Phytoseiidae) associated with eriophyid mites (Acarina: Eriophyidae) in Guilan Province of Iran [J]. International Journal of Acarology, 28 (4): 373-378.

HAMEDI N, FATHIPOUR Y, SABER M, 2010. Sublethal effects of fenpyroximate on life table parameters of the predatory mite *Phytoseius plumifer* [J]. BioControl, 55 (2): 271-278.

HAMEDI N, FATHIPOUR Y, SABER M, 2011. Sublethal effects of abamectin on the biological performance of the predatory mite, *Phytoseius plumifer* (Acarina: Phytoseiidae) [J]. Experimental and Applied Acarology, 53 (1): 29-40.

HAMLEN R A, 1978. Biological control of spider mites on greenhouse ornamentals using predaceous mites [J]. Proceedings of the Florida State Horticultural Society, 91: 247-249.

HAMLEN R A, LINDQUIST R K, 1981. Comparison of two *Phytoseiulus* species as predators of two spotted spider mites on greenhouse ornamentals [J]. Environmental Entomology, 10 (4): 524-527.

HAN S, JUNG C, LEE J, 2003. Release strategies of *Amblyseius womersleyi* and population dynamics of *Amblyseius womersleyi* and *Tetranychus urticae*: I. Release position in pear [J]. Journal of Asia-Pacific Entomology, 6: 221-227.

HANSEN L S, 1988. Control of *Thrips tabaci* (Thysanopertra: Thripidae) on glasshouse cucumber using large introductions of predatory mites *Amblyseius barker* (Acarina: Phytoseiidae) [J]. Entomophaga, 33 (1): 33-42.

HARDMAN J M, FRANKLIN J L, BEAULIEU F, et al., 2007. Effects of Acarinacides, pyrethroids and predator distributions on populations of *Tetranychus urticae* in apple orchards [J]. Experimental and Applied Acarology, 43 (4): 235-253.

HARDMAN J M, ROGERS R E L, NYROP J P, et al., 1991. Effect of pesticide applications on abundance of European red mite (Acarina: Tetranychidae) and *Typhlodromus pyri* (Acarina: Phytoseiidae) in Nova Scotain apple orchards [J]. Journal of Economic Entomology, 84 (2): 570-580.

HATHERLY I S, BALE J S, HART A J, et al., 2005a. Use of thermal data as a screen for the establishment potential of non-native Biological Control agents in the UK [J]. BioControl, 50 (5): 687-698.

HATHERLY I S, BALE J S, WALTERS K F A, 2005b. Intraguild predation and feeding preferences in three species of phytoseiid mite used for biological control [J]. Experimental and Applied Acarology, 37 (1-2): 43-55.

HATHERLY I S, BALE J S, WALTERS K F A, et al., 2004. Thermal biology of *Typhlodromips montdorensis*: implications for its introduction as a glasshouse biological control agent in the UK [J]. Entomologia Experimentalis et Applicata, 111 (2): 79-109.

HERBERT H J, 1958. A new species of *Typhlodromus* Scheuten, 1857 (Acarina: Phytoseiidae) with notes on life-histories and food habits of *Typhlodromus* sp. n. and *T. tilae* Oudms. [J]. The Canadian Entomologist, 90: 429-433.

HESSEIN N A, PARRELLA M P, 1990. Predatory mites help control thrips on floriculture crops [J]. California Agriculture, 44 (6): 19-21.

HIDAKA T, WIDIARTA N, 1986. Strategy of rice gall midge control [J]. Jarq-Japan Agricultural Research Quarterly, 20 (1): 20-24.

HIRSCHMANN W, 1957. Gangsystematik der Parasitiformes Teil 1 Rumpfbehaarung und Rückenfächen [J]. Acarologia, 1: 1-20.

HIRSCHMANN W, 1962. Gangystematik der Parasitiformes. Acarologie Schriftenreihe fur Vergleichende Milbenkunde [M]. Germany: Hirschmann-Verlag, Furth/Bay, 5 (5-6): 1-80. +32 plates.

HO C C, 2005b. Food value of various stages of *Tetranychus kanzawai* to *Amblyseius womersleyi* (Acarina: Phytoseiidae, Tetranychidae) [J]. Plant Protection Bulletin, 47: 15-23.

HO C C, CHEN W H, 1992. Control of phytoseiids in a spider mite mass-rearing system (Acarina: Phytoseiidae, Tetranychidae) [J]. Experimental and Applied Acarology, 13 (4): 287-293.

HO C C, CHEN W H, 1999a. Evaluation of feeding and ovipositing responses of three phytoseiid mites to amounts of kanzawa spider mite eggs (Acarina: Phytoseiidae, Tetranychidae) [J]. Chinese Journal of Entomology, 19 (3): 257-264.

HO C C, CHEN W H, 2001. Life cycle, food consumption, and seasonal occurrence of *Scolothrips indicus* (Thysanoptera: Aeolothripidae) on eggplant [C] //In: Halliday R B, Walter D E, Proctor H C, Acarology: Proceedings of the 10th International Congress. Canberra: CSIRO Publishing. 409-412.

HO C C, LO K C, 1989. Contribution to the knowledge of the genus *Paraphytoseius* Swirski and Shechter (Acarina: Phytoseiidae) in Taiwan [J]. Journal of Agricultural Research of China, 38 (1): 88-99.

HO C C, LO K C, CHEN W H, 1995. Comparative biology, reproductive compatibility and geographical distribution of *Amblyseius longispinosus* and *A. womersleyi* (Acarina: Phytoseiidae) [J]. Environmental Entomology, 24: 601-607.

HODDLE M S, KERGUELEN V, 1999. Biological control of *Oligonychus perseae* (Acarina: Tetranychidae) on avocado: II. evaluating the efficacy of *Galendromus helveolus* and *Neoseiulus californicus* (Acarina: Phytoseiidae) [J]. International Journal of Acarology, 25 (3): 221-229.

HODDLE M S, ROBINSON L, VIRZI J, 2000. Biological control of *Oligonychus perseae* (Acarina: Tetranychidae) on avocado: III. Evaluating the efficacy of varying release rates and release frequency of *Neoseiulus californicus* (Acarina: Phytoseiidae) [J]. International Journal of Acarology, 26 (3): 203-214.

HOLLING C S, 1959. Some characteristics of simple types of predation and parasitism [J]. The Canadian Entomologist, 91 (7): 385-398.

HOLT K M, OPIT G P, NECHOLS R, et al., 2006. Testing for non-target effects of spinosad on two spotted spider mites and their predator *Phytoseiulus persimilis* under greenhouse conditions [J]. Experimental and Applied Acarology, 38 (2-3): 141-149.

HOUTEN VAN Y M, RIJN VAN P C J, TANIGOSHI L K, et al., 1995. Preselection of predatory mites to improve year-round biological control of western flower thrips in greenhouse crop [J]. Entomolgia Experimentalis et Applicata, 74: 225-234.

HOY C W, GLENISTER C S, 1991. Releasing *Amblyseius* spp. (Acarina: Phytoseiidae) to control *Thrips tabaci* (Thysanoptera: Thripidae) on cabbage [J]. Entomophaga, 36 (4): 561-573.

HOY M A, 2000. Transgenic arthropods for pest management programs: risks and realities [J]. Experimental and Applied Acarology, 24 (5-6): 463-495.

HOY M A, 2011. Agricultural acarology: introduction to integrated mite management [M]. Florida: CRC Press: 1-410.

HOY M A, FLAHERTY D L, 1975. Diapause induction and duration in vineyard-collected *Metaseiulus occidentalis* [J]. Environment Entomology, 4: 262-264.

HOY M A, JEYAPRAKASH A, 2008. Symbionts, including pathogens, of the predatory mite *Metaseiulus occidentalis*: current and future analysis methods [J]. Experimental and Applied Acarology, 46 (1-4): 329-347.

HOYT S C, 1969. Intergrated chemical control of insects and biological control of mites on apple in Washington [J]. Journal of Economic Entomology, 62 (1): 74-86.

HUANG J, LIU M X, ZHANG Y, et al., 2019. Response to multiple stressors: Enhanced tolerance of *Neoseiulus barkeri* Hughes (Acarina: Phytoseiidae) to heat and desiccation stress through acclimation [J]. Insects, 10 (12): 449.

HUGHES A M, 1948. The mites associated with stored food products [M]. London: Ministry of Agriculture and Fisheries, H. M. Stationary Office: 168.

HUGHES H M, 1961. The mites of stored food [M]. London: Ministry of Agriculture, Fishery and Food Technical Bulletin, First Edition, 9: 287.

HUSSEIN H E, EL-ELA M M A, REDA A S, 2016. Development, survival and reproduction of *Typhlodromus negevi* (Swirski and Amitai) (Acarina: Phytoseiidae) on various kinds of food [J]. Egyptian Journal of Biological Pest Control, 26 (1): 43-45.

IBRAHIM Y B, PALACIO V B. 1994. Life history and demography of the predatory mite, *Amblyseius longispinosus* Evans [J]. Experimental and Applied Acarology, 18: 361-369.

IBRAHIM Y B, RAHMAN R B A, 1997. Influence of prey density, species and developmental stages on the predatory behaviour of *Amblyseius longispinosus* (Acarina: Phytoseiidae) [J]. Entomophaga, 42 (3): 319-327.

IRIGARAY F J S, ZALOM F G, 2006. Side effects of five new Acarinacides on the predator *Galendromus occidentalis* (Acarina: Phytoseiidae) [J]. Experimental and Applied Acarology, 38 (4): 299-305.

IVANCICH-GAMBARO P, 1975: Selezione di popolazioni di Acarina predatori resistenti ad alcuni insetticidi fosforati-organici [J]. Informatore Fitopatologico, 7 (25): 21-25.

JACOBSON R J, CHANDLER D, FENLON J, et al., 2001. Compatibility of *Beauveria bassiana* (Balsamo) Vuillemin with

Amblyseius cucumeris Oudemans (Acarina: Phytoseiidae) to control *Frankliniella occidentalis* Pergande (Thysanoptera: Thripidae) on cucumber plants [J]. BioControl Science and Technology, 11 (3): 391-400.

JACOBSON R J, CROFT P, FENLON J, 2000. Suppressing establishment of *Frankliniella occidentalis* Pergande (Thysanoptera: Thripidae) in cucumber crops by prophylactic release of *Amblyseius cucumeris* Oudemans (Acarina: Phytoseiidae) [J]. Biocontrol Science and Technology 11: 27-34.

JAFARI S, FATHIPOUR Y, FARAJI F, 2012. Temperature-dependent development of *Neoseiulus barkeri* (Acarina: Phytoseiidae) on *Tetranychus urticae* (Acarina: Tetranychidae) at seven constant temperatures [J]. Insect Science, 19 (2): 220-228.

JAMES D G, 1997. Imidacloprid increases egg production in *Amblyseius victoriensis* (Acarina: Phytoseiidae) [J]. Experimental and Applied Acarology, 21: 75-82.

JAMES D G, 2003. Toxicity of imidacloprid to *Galendromus occidentalis*, *Neoseiulus fallacis* and *Amblyseius andersoni* (Acarina: Phytoseiidae) from hops in Washington State, USA [J]. Experimental and Applied Acarology, 31 (3-4): 275-281.

JANDRICIC S E, SCHMIDT D, BRYANT G, et al., 2016. Non-consumptive predator effects on a primary greenhouse pest: predatory mite harassment reduces western flower thrips abundance and plant damage [J]. Biological Control, 95: 5-12.

JEPPSON L R, KEIFER H H, BAKER E W, 1975. Mites injurious to economic plants [M]. Berkeley: University of California Press.

JI J, LIN T, ZHANG Y X, LIN J Z, et al., 2013. A comparison between *Amblyseius* (*Typhlodromips*) *swirskii* and *Amblyseius eharai* with *Panonychus citri* (Acarina: Tetranychidae) as prey: developmental duration, life table and predation [J]. Systematic and Applied Acarology, 18: 123-129.

JIAO R, XU C X, YU L C, et al., 2016b. Prolonged coldness on eggs reduces immature survival and reproductive fitness in *Tetranychus urticae* (Acarina: Tetranychidae) [J]. Systematic and Applied Acarology, 21 (12): 1651-1661.

JOVICICH E, CANTLIFFE D J, STOFFELLA P J, et al., 2008. Predatory mites released on transplants can protect from early broad mite infestations [J]. Acta Horticulture. 782: 229-233.

JUAN-BLASCO M, QURESHI J A, URBANEJA A, et al., 2012. Predatory Mite, *Amblyseius swirskii* (Acarina: Phytoseiidae), for Biological Control of Asian Citrus Psyllid, *Diaphorina citri* (Hemiptera: Psyllidae) [J]. The Florida Entomologist, 95 (3): 543-551.

JUNG C, CROFT B A, 2000. Survival and plant-prey finding by *Neoseiulus fallacis* (Acarina: Phytoseiidae) on soil substrates after aerial dispersal [J]. Experimental and Applied Acarology, 24: 579-596.

JUNG C, HAN S, LEE J, et al., 2004. Release strategies of *Amblyseius womersleyi* and population dynamics of *Amblyseius womersleyi* and *Tetranychus urticae*: II. Test of two release rates on apple [J]. Applied Entomology and Zoology, 39: 477-484.

JUNG C, KIM S, LEE S W, et al., 2003. Phytoseiid mites (Acarina: Phytoseiidae) from Korean apple orchards and their ecological notes [J]. Korean Journal of Applied Entomology, 42 (3): 185-195.

JUNG C, KIM S, LEE S, et al., 2003. Phytoseiid mites (Acarina: Phytoseiidae) from Korean apple orchards and their ecological notes [J]. Korean Journal of Entomology, 42: 185-195.

KAKKAR G, KUMAR V, SEAL D R, et al., 2016. Predation by *Neoseiulus cucumeris* and *Amblyseius swirskii* on *Thrips palmi* and *Frankliniella schultzei* on cucumber [J]. BioControl, 92: 85-91.

KAMALI K, OSTOVAN H, ATAMEHR A, 2001. A catalog of mites and ticks (Acarina) of Iran [M]. Iran Mazandaran: Islamic Azad University Scientific Publication Center: 192.

KAMBUROV S S, 1971. Feeding, development, and reproduction of *Amblyseius largoensis* on various food substances [J]. Journal of Economic Entomology, 64 (3): 643-648.

KANOUH M, KREITER S, DOUIN M, et al., 2012. Revision of the genus *Neoseiulella* Muma (Acarina: Phytoseiidae). Re-description of species, synonymy assessment, biogeography, plant supports and key to adult females [J]. Acarologia, 52 (3): 259-348.

KAPETANAKIS E G, WARMAN T M, CRANHAM J E, 1986. Effects of permethrin sprays on the mite fauna of apple orchards [J]. Annals of Applied Biology, 108: 21-32.

KARADZHOV S, 1973. The problem of harmful Acarina on apple [J]. Rastitelna Zashchita, 21 (11): 21-26. [in Bulgarian].

KARG W, 1960. Zur Kenntnis der *Typhlodromiden* (Acarina: Parasitiformes) aus Acker-und Grunlandboden [J].

Zeitschrift fur Angewandte Entomologie, 47: 440-452.

KARG W, 1965. Larvalsystematische und phylogenetische Untersuchung sowie Revision des Systems der Gamasina Leach, 1915 (Acarina, Parasitiformes) [J]. Mitteilungen Zoologisches Museum in Berlin, 41: 193-340.

KARG W, 1970. Neue Arten der Raubmilbenfamilie Phytoseiidae Berlese, 1916 (Acarina: Parasitiformes) [J]. Deutsche Entomologische Zeitschrift, N. F., 17: 289-301.

KARG W, 1971. Acarina (Acarina), Milben, Unterordnung Anactinochaeta (Parasitiformes): Die freilebenden Gamasina (Gamasides), Raubmilben. Die Tierwelt Deutschlands und der angrenzenden Meeresteile [M]. Germany: Jena. VEB Gustav Fischer Verlag: 475.

KARG W, 1976. Zur Kenntnis der Uberfamilie Phytoseioidea Karg, 1965 [J]. Zoologische Jahrbucher Systematik, 103: 505-546.

KARG W, 1982. Diagnostic and systematics of predatory mites of the family Phytoseiidae Berlese in orchards [J]. Zoologische Jahrbucher Systematik, 109: 188-210.

KARG W, 1983. Systematische untersuchung der Gattungen und Untergattungen der Raubmilbenfamilie Phytoseiidae Berlese, 1916, mit der beschreibung von 8 neuen Arten [J]. Mitteilungen Zoologisches Museum in Berlin, 59 (2): 293-328.

KARG W, 1991. Die Raubmilbenarten der Phytoseiidae Berlese (Acarina) Mitteleuropas sowie angrenzender Gebiete [J]. Zoologische Jahrbucher Systematik, 118 (1): 1-64.

KARG W, 1993. Acarina (Acarina), Milben Parasitiformes (Anactinochaeta) Cohors Gamasina Leach. Raubmilbe. Die Tierwelt Deutschlands: 59, Second Edition [M]. Germany: Jena, Gustav Fischer Verlag: 523.

KASAI A, YANO S, TAKAFUJI A, 2005. Prey-predator mutualism in a tritrophic system on a camphor tree [J]. Ecological Research, 20: 163-166.

KASAP I, 2011. Biological control of the citrus red mite *Panonychus citri* by the predator mite *Typhlodromus athiasae* on two citrus cultivars under greenhouse conditions [J]. BioControl, 56: 327-332

KASAP I, ATLIHAN R, 2011. Consumption rate and functional response of the predaceous mite *Kampimodromus aberrans* to two-spotted spider mite *Tetranychus urticae* in the laboratory [J]. Experimental and Applied Acarology, 53 (3): 253-261.

KASAP İ, ŞEKEROĞLU E, 2004. Life history of *Euseius scutalis* feeding on citrus red mite *Panonychus citri* at various temperatures [J]. BioControl, 49 (6): 645-654.

KASHIO T, TANAKA M, 1978. Effect of humidity on the ability of *Amblyseius deleoni* Muma et Denmark to regulate the populations of the citrus red mite, *Panonychus citri* McGregor. Pro [J]. Association Plant Protection Kyushu, 24: 161-164.

KASHIO T, TANAKA M, 1980. Some experiments in diapause of the predacious mite *Amblyseius deleoni* Muma and Denmark (Acarina: Phytoseiidae) [J]. Bulletin of the Fruit Tree Research Station D, 2: 83-90.

KAVOUSI A, TALEBI K, 2003. Side-effects of three pesticides on the predatory mite, *Phytoseiulus persimilis* (Acarina: Phytoseiidae) [J]. Experimental and Applied Acarology, 31 (1-2): 51-58.

KAWASHIMA M, AMANO H, 2006. Overwintering phenology of a predacious mite, *Typhlodromus vulgaris* (Acarina: Phytoseiidae), on Japanese pear trees, observed with Phyto traps [J]. Experimental and Applied Acarology, 39: 105-114.

KAWASHIMA M, JUNG C, 2010. Artificial ground shelters for overwintering phytoseiid mites in orchards [J]. Experimental and Applied Acarology, 52: 35-47.

KAY I R, HERRON G A, 2010. Evaluation of existing and new insecticides including spirotetramat and pyridalyl to control *Frankliniella occidentalis* (Pergande) (Thysanoptera: Thripidae) on peppers in Queensland [J]. Australian Journal Entomology, 49: 175-181.

KAZAK C, CONE W W, WRIGHT L C, 2004. Influence of variable photoperiods on the feeding activity and fecundity of *Galendromus occidentalis* (Nesbitt) (Acarina: Phytoseiidae) under laboratory conditions [J]. Journal of Pest Science, 77: 131-135.

KAZAK C, KARUT K, KIBRITCI C, et al., 2002. The potential of the hatay population of *Phytoseiulus persimilis* to control the carmine spider mite *Tetranychus cinnabarinus* in strawberry in Silifke - Icel, Turkey [J]. Phytoparasitica, 30 (5): 451-458.

KE L S, YANG Y Y, XIN J L, 1990. Selection for and genetic analysis of dimethoate resistance in *Amblyseius pseudolongispinosus* (Acarina: Phytoseiidae) [J]. Acta Entomologica Sinica, 33 (4): 393-397.

KE W, HOY M A, JOE H J, 2015. Cloning and functional characterization of two BTB genes in the predatory mite *Metaseiulus occidentalis* [J]. Plos One, 10 (12): 14-29.

KENNETT C E, 1958. Some predacious mites of the subfamilies Phytoseiinae and Aceosejinae (Acarina: Phytoseiidae,

Aceosejidae) from central California with descriptions of new species [J]. Annals of the Entomological Society of America, 51: 471-479.

KENNETT C E, CALTAGIRONE L E, 1968. Biosystematics of *Phytoseiulus persimilis* Athias-Henriot (Acarina: Phytoseiidae) [J]. Acarologia, 10 (4): 563-577.

KENNETT C E, FLAHERTY D L, HOFFMANN R W, 1979. Effect of wind borne pollens on the population dynamics of *Amblyseius hibisci* (Acarina: Phytoseiidae) [J]. Entomophaga, 24 (1): 83-98.

KHAN I A, FENT M, 2005. Seasonal population dynamics of *Typhlodromus pyri* Scheuten (Acarina, Phytoseiidae) in apple orchards in the region Meckenheim [J]. Journal of Pest Science, 78 (1): 1-6.

KHANAMANI M, FATHIPOUR Y, TALEBI A A, et al., 2017. Quantitative analysis of long-term mass rearing of *Neoseiulus californicus* (Acarina: Phytoseiidae) on almond pollen [J]. Journal of Economic Entomology: 1-9.

KIM D I, PARK J D, KIM S S, et al., 1996. Biological control of tea red mite, *Tetranychus kanzawai*, by predaceous mite, *Amblyseius womersleyi* in tea field [J]. RDA journal of agricultural Science, 38: 203-210 [in Korean with English summary].

KISHI N, MORI H, 1979. The seasonal fluctuations of four species of phytoseiid mites in Sapporo, Hokkaido (Acarina: Phytoseiidae) [J]. Memoirs of the Faculty of Agriculture, Hokkaido University, 11 (3): 245-257.

KISHIMOTO H, 2002. Species composition and seasonal occurrence of spider mites (Acarina: Tetranychidae) and their predators in Japanese pear orchards with different agrochemical spraying programs [J]. Applied Entomology and Zoology, 37: 603-615.

KISHIMOTO H, 2005. A new technique for efficient rearing of phytoseiid mites [J]. Applied Entomology and Zoology, 40: 77-81.

KLERK M L DE, RAMAKERS P M J, 1986. Monitoring populaion densities of the phytoseiid predator *Amblyseius cucumeris* and its prey after large scale introductions to control *Thrips tabaci* on sweet peper [J]. Meded Fac Landbouwwet Rijksuniv, 51 (3a): 1045-1048.

KNISLEY C B, SWIFT F C, 1971. Biological studies of *Amblyseius umbraticus* (Acarina: Phytoseiidae) [J]. Annals of the Entomlogical Society of America, 64: 813-822.

KOCH C L, 1839. Deutschlands Crustaceen, Myriapoden und Arachniden [M]. Regensburg: 5-6 (25): 22; 5-6 (27): 6, 13.

KOLLER M, KNAPP M, SCHAUSBERGER P, 2007. Direct and indirect adverse effects of tomato on the predatory mite *Neoseiulus californicus* feeding on the spider mite *Tetranychus evansi* [J]. Entomologia Experimentalis et Applicata, 125 (3): 297-305.

KOLODOCHKA L A, 1973. Predaceous phytoseiid mites (Parasitiformes: Phytoseiidae) from the forest steppe of the Ukrainian SSR. Part I. Species of the genus *Amblyseius* [J]. Vestnik Zoologii (5): 78-81 [in Russian].

KOLODOCHKA L A, 1974. The predaceous phytoseiid mites (Parasitiformes: Phytoseiidae) from the forest steppe of the Ukranian SSR. Part II. Species of the genera *Kampimodromus*, *Paraseiulus*, *Typhlodromus*, *Typhloctonus*, *Anthoseius*, *Phytoseius* [J]. Vestnik Zoologii (1): 25-29 [in Russian].

KOLODOCHKA L A, 1977. Charateristics of feeding and oviposition of certain species of predatory phytoseiid mites [J]. The Soviet Journal of Ecology, 8 (2): 184-187.

KOLODOCHKA L A, 1978. Manual for the identification of plant-inhabiting phytoseiid mites [M]. Ukraine: Kiev. , Akademii Nauk Ukrainian SSR, Instituta Zoologii, Naukova Dumka: 1-79.

KOLODOCHKA L A, 1980. New phytoseiid mites (Parasitiformes: Phytoseiidae) from Moldavia, USSR [J]. Vestnik Zoologii, 4: 39-45.

KOLODOCHKA L A, 1988. A new genus and a new species of the mite family Phytoseiidae (Parasitiformes) [J]. Vestnik Zoologii (4): 42-45 [in Russian].

KOLODOCHKA L A, 1992. A new subgenus and two new species of the phytoseiid mites (Acarina, Parasitiformes) from the southern Ukraine [J]. Vestnik Zoologii (2): 20-25 [in Russian].

KOLODOCHKA L A, 1998. Two new tribes and the main results of a revision of Paleartic phytoseiid mites (Parasitiformes, Phytoseiidae) with the family system concept [J]. Vestnik Zoologii, 32 (1-2): 51-63.

KOLODOCHKA L A, DENMARK H A, 1996. Revision of the genus *Okiseius* Ehara (Acarina: Phytoseiidae) [J]. International Journal of Acarology, 22 (4): 231-251.

KOSTIAINEN T S, 1994. Genetic improvement of the predatory mite *Amblyseius finlandicus* (Oudemans) (Acarina: Phytoseiidae): selection for pesticide resistance [D]. USA: University of California at Berkeley.

KOSTIAINEN T S, HOY M A, 1994a. Genetic improvement of *Amblyseius finlandicus* (Acarina: Phytoseiidae): laboratory selection for resistance to azinphosmethyl and dimethoate [J]. Experimental and Applied Acarology, 18 (8): 469-484.

KOSTIAINEN T S, HOY M A, 1994b. Varibility in resistance to organophosphorous insecticides in field-collected colonies of *Amblyseius finlandicus* (Oudemans) (Acarina: Phytoseiidae) [J]. Journal of Applied Entomology, 117 (4): 370-379.

KOSTIAINEN T, HOY M A, 1996. The Phytoseiidae as biological control agents of pest mites and insects. A bibliography. Monograph 17 [M]. USA: University of Florida, Agricultural Experiment Station, Institute of Food and Agricultural Sciences: 355.

KOVEOS D S, BROUFAS G D, 2000. Functional response of *Euseius finlandicus* and *Amblyseius andersoni* to *Panonychus ulmi* on apple and peach leaves in the laboratory [J]. Experimental and Applied Acarology, 24 (4): 247-256.

KRANTZ G W, 1973. Dissemination of *Kampimodromus aberrans* by the filbert aphid [J]. Journal of Economic Entomology, 66 (2): 575-576.

KRANTZ G W, 1978. A manual of Acarology [J]. Corvallis: Oregon State Univ. Book Stores, 509.

KRANTZ G W, WALTER D E, 2009. A Munual of Acarology (Third Edition) [M]. Lubbock: Texas Tech University Press: 98-99.

KREITER S, AUGER P, BONAFOS R, 2010. Side effects of pesticides on phytoseiid mites in French vineyards and orchards: laboratory and field trials. In: Sabelis M W, Bruin J, Trends in Acarology [C] //Proceedings of the 12th international congress, 457-464.

KREITER S, MORAES G J DE, 1997. Phytoseiidae mites (Acarina: Phytoseiidae) from Guadeloupe and Martinique [J]. The Florida Entomologist, 80 (3): 376-382.

KREITER S, TIXIER M S, BOURGEOIS T, 2003. Do generalist phytoseiid mites (Gamasida: Phytoseiidae) have interactions with their host plants? [J]. Insect Science and its Application, 23 (1): 35-50.

KREITER S, TIXIER M S, CROFT B A, et al., 2002. Plants and leaf characteristics influencing the predaceous mite *Kampimodromus aberrans* (Acarina: Phytoseiidae) in habitats surrounding vineyards [J]. Environmental Entomology, 31 (4): 648-660.

KRIPS O E, KLEIJN P W, WILLEMS P E L, et al., 1999. Leaf hairs influence searching efficiency and predation rate of the predatory mite *Phytoseiulus persimilis* (Acarina: Phytoseiidae) [J]. Experimental and Applied Acarology, 23: 119-131.

KROPCZYNSKA D, TUOVINEN T, 1987. Predatory mites (Acarina: Phytoseiidae) on apple trees in Finland [J]. Entomology Tidskr, 108 (1-2): 31-32.

KROPCZYNSKA D, TUOVINEN T, 1988. Occurrences of phytoseiid mites (Acarina: Phytoseiidae) on apple trees in Finland [J]. Annales agriculture Fenniae, 27 (4): 305-314.

KROPCZYNSKA D, VAN DE VRIE M, 1965. The distribution of phytophagous and predacious mites on apple leaves [J]. Bolletin Di Zoologia Agraria E Di Bachicoltura, 7: 107-112.

KROPCZYNSKA-LINKIEWICZ D, 1973. Studies on biology and effectiveness of predatory mites from Phytoseiide family occuring in orchards [J]. Zeszyty Problemowe Postepów Nauk Rolniczych, 144: 59-66.

KUL' CHITSKII A G, 1994. Mite Tydeus kochi: an alternate food source for phytoseiid Acarinaphagous mite *Amblyseius longispinosus* [J]. Vestnik Zoologii, (6): 81-83 [In Russian].

KUTUK H, 2017. Performance of the predator *Amblyseius swirskii* (Acarina: Phytoseiidae) on greenhouse eggplants in the absence and presence of pine *Pinus brutia* (Pinales: Pinaceae) pollen [J]. Entomological Research, 47: 263-269.

KUTUK H, YIGIT A, 2011. Pre-establishment of *Amblyseius swirskii* (Athias-Henriot) (Acarina: Phytoseiidae) using *Pinus brutia* (Ten.) (Pinales: Pinaceae) pollen for thrips (Thysanoptera: Thripidae) control in greenhouse peppers [J]. International Journal of Acarology, 37 (Supplement1): 95-101.

KUTUK H, YIGIT A, CANHILAL R, et al., 2011. Control of western flower thrips (*Frankliniella occidentalis*) with *Amblyseius swirskii* on greenhouse pepper in heated and unheated plastic tunnels in the Mediterranean region of Turkey [J]. African Journal of Agricultural Research, 6: 5428-5433.

LAING J, 1968. Life history and life table of *Phytoseiulus persimilis* Athias-Henriot [J]. Acarologia, 10: 578-588.

LAWSON-BALAGBO L M, GONDIM J M G C, MORAES G J DE, et al., 2007. Life history of the predatory mites *Neoseiulus paspalivorus* and *Proctolaelaps bickleyi*, candidates for biological control of *Aceria guerreronis* [J]. Experimental and Applied Acarology, 43 (1): 49-61.

LAWSON-BALAGBO L M, GONDIM JR M G C, MORAES G J DE, et al., 2008. Compatibility of *Neoseiulus paspalivorus* and *Proctolaelaps bickleyi*, candidate biocontrol agents of the coconut mite *Aceria guerreronis*: spatial niche use and intraguild predation [J]. Experimental and Applied Acarology, 45 (1-2): 1-13.

LEE H, GILLESPIE D R, 2011. Life tables and development of *Amblyseius swirskii* (Acarina: Phytoseiidae) at different temperatures [J]. Experimental and Applied Acarology, 53: 17-27.

LEE J H, AHN J J, 2000. Temperature effects on development, fecundity, and life table parameters of *Amblyseius womersleyi* (Acarina: Phytoseiidae) [J]. Environmental Entomology, 29 (2): 265-271.

LEE W T, HO C C, LO K C, 1990. Mass production of phytoseiids: I. Evaluation on eight host plants for the mass-rearing of *Tetranychus urticae* Koch and *T. kanzawai* Kishida (Acarina: Tetranychidae) [J]. Journal of Agricultural Research of China, 39 (2): 121-132.

LEHMANN P, LYYTINEN A, PIIROINEN S, et al., 2015. Latitudinal differences in diapause related photoperiodic responses of European Colorado potato beetles (*Leptinotarsa decemlineata*) [J]. Evolutionary Ecology, 29 (2): 269-282.

LESNA I, CONIJN C G M, SABELIS M W, et al., 2000. Biological control of the bulb mite, *Rhizoglyphus robini*, by the predatory mite, *Hypoaspis aculeifer*, on lilies: predator-prey dynamics in the soil, under greenhouse and field conditions [J]. Biocontrol Science and Technology, 10: 179-93.

LESNA I, SABELIS M W, BOLLAND H R, et al., 1995. Candidate natural enemies for control of *Rhizoglyphus robini* Claparede (Acarina: Astigmata) in lily bulbs: exploration in the field and pre-selection in the laboratory [J]. Experimental and Applied Acarology, 19: 655-69.

LESTER P J, THISTLEWOOD H M A, HARMSEN R, 2000. Some effects of pre-release host-plant on the biological control of *Panonychus ulmi* by the predatory mite *Amblyseius fallacis* [J]. Experimental and Applied Acarology, 24: 19-33.

LESTER P J, THISTLEWOOD H M A, MARSHALL D B, 1999. Assessment of *Amblyseius fallacis* (Acarina: Phytoseiidae) for biological control of tetranychid mites in an Ontario peach orchard [J]. Experimental and Applied Acarology, 23: 995-1009.

LI L T, JIAO R, YU L C, et al., 2018. Functional response and prey stage preference of *Neoseiulus barkeri* on *Trasonemus confusus* [J]. Systematic and Applied Acarology, 23 (11): 2244-2258.

LI Y Y, LIU M X, ZHOU H W, et al., 2017. Evaluation of *Neoseiulus barkeri* (Acarina: Phytoseiidae) for control of *Eotetranychus kankitus* (Acarina: Tetranychidae) [J]. Journal of Economic Entomology, 110 (3): 903-914.

LIAO J R, HO C C, FANG X D, et al., 2018. Contribution to the knowledge of the genera *Euseius* Wainstein and *Gynaseius* Wainstein (Acarina: Mesostigmata: Amblyseiinae) from Taiwan [J]. Systematic and Applied Acarology, 23 (11): 2192-2213.

LIAO J R, HO C C, KO C C, 2017a. *Amblyseius bellatulus* Tseng (Acarina: Phytoseiidae): neotype designation with first description of a male [J]. Acarologia, 57 (2): 323-335.

LIAO J R, HO C C, KO C C, 2017b. Species of the genus *Euseius* Wainstein (Acarina: Phytoseiidae: Amblyseiinae) from Taiwan [J]. Zootaxa, 4426 (2): 205-228.

LIAO J R, HO C C, KO C C, 2017c. Discovery of a new species of genus *Typhlodromus* Scheuten (Acarina: Phytoseiidae: Typhlodrominae) on rocky shore habitat from Lanyu Island [J]. Systematic and Applied Acarology, 22 (10): 1639-1650.

LIAO J R, HO C C, LEE H C, et al., 2020. Phytoseiidae of Taiwan (Acarina: Mesostigmata) [M]. Taibei: National Taiwan University Press: 538.

LIGUORI M, GUIDI S, 1995. Influence of different constant humidities and temperatures on eggs and larvae of a strain of *Typhlodromus exhilarates* Ragusa (Acarina: Phytoseiidae) [J]. Redia, 78: 321-329.

LIMA D B, MELO J W S, MONTERIO V B, et al., 2012. Dispersal strategies of *Aceria guerreronis* (Acarina: Eriophyidae), a coconut pest [J]. Experimental and Applied Acarology, 57 (1): 1-13.

LIMA D B, MONTEIRO V B, GUEDES R N C, et al., 2013. Acarinacide toxicity and synergism of fenpyroximate to the coconut mite predator *Neoseiulus baraki* [J]. Biocontrol, 58: 595-605.

LIN J Z, ZHANG Z Q, ZHANG Y X, et al., 2000. Checklist of mites from moso bamboo in Fujian, China [J]. Systematic and Applied Acarology, Special Publications, 4: 81-92.

LINDER, JUVARA-BALS, 2006. Soil litter-inhabiting Gamasina species (Acarina, Mesostigmata) from a vineyard in Western Switzerland [J]. Acarologia, 46 (3): 143-156.

LINDQUIST E E, EVANS G O. 1965. Taxonomic concepts in the Ascidae, with a modified setal nomenclature for the idiosoma of the Jamasina (Acarina: Mesostigmata) [J]. Memoirs of the Entomological Society of Canada, 47: 1-64.

LIU J F, BEGGS J R, ZHANG Z Q, 2018. Population development of the predatory mite *Amblydromalus limonicus* is modulated by habitat dispersion, diet and density of conspecifics [J]. Experimental and Applied Acarology, 76 (1): 109-121.

LIU J F, ZHANG Z Q, BEGGS J R, et al., 2019a. Influence of pathogenic fungi on the life history and predation rate of mites attacking a psyllid pest [J]. Ecotoxicology and Environmental Safety, 183: 1-12.

LIU J F, ZHANG Z Q, BEGGS J R, et al., 2019b. Provisioning predatory mites with entomopathogenic fungi or pollen improves biological control of a greenhouse psyllid pest [J]. Pest Management Science, 75 (12): 3200-3209.

LIVSHITZ I Z, KUZNETSOV N N, 1972. Phytoseiid mites from Crimea (Parasitiformes: Phytoseiidae). In: Pests and diseases of fruit and ornamental plants [C] //Proceedings of The All-Union V. I Lenin Academy of Agricultural Science, Yalta:The State Nikita Botanical Gardens, 61: 13-64 [in Russian].

LLUSIÀ J, PEÑUELAS J, 2001. Emission of volatile organic compounds by apple trees under spider mite attack and attraction of predatory mites [J]. Exp Appl Acarol., 25 (1): 65-77.

LO P K C, 1970. Phytoseiid mites from Taiwan (Ⅰ) (Acarina: Mesostigmata) [J]. Bulletin of the Sun Yatsen Cultural Foundation, 5: 47-62.

LO P K C, LEE W T, LU C T, et al., 2002. Artificial diet for massproduction of *Mallada basalis* (Walker) for control agricultural pests in screen houses [J]. Acta Horticulturae, 578: 201-205.

LOEB G M, 1990. Plant drought stress and outbreaks of spider mites - A field test [J]. Ecology, 71 (4): 1401-1411.

LOMBARDINI G, 1959. Acarina Nuovi. XXXVII [J]. Bollettino dell'Istituto di Entomologia Agraria, della Universita di Palermo ed Osservatorio Regionale per le Malattie delle Piante, 21: 163-167.

LOUGHNER K, WENTWORTH K, LOEB G, et al., 2010. Influence of leaf trichomes on predatory mite density and distribution in plant assemblages and implications for biological control [J]. Biological Control, 54 (3): 255-262.

LOUGHNER R, GOLDMAN K, LOEB G, et al., 2008. Influence of leaf trichomes on predatory mite (*Typhlodromus pyri*) abundance in grape varieties [J]. Experimental and Applied Acarology, 45: 111-122.

LV J L, YANG K, WANG E D, et al., 2016. Prey diet quality affects predation, oviposition and conversion rate of the predatory mite *Neoseiulus barkeri* (Acarina: Phytoseiidae) [J]. Systematic and Applied Acarology, 21 (3): 279-287.

MA M, FAN Q H, LI S C, 2016. *Typhlodromus* Scheuten (Acarina: Phytoseiidae) from Shanxi province of China [J]. Systematic and Applied Acarology, 21 (12): 1614-1630.

MACGILL E, 1939. A gamasid mite (*Typhlodromus* thripsi n. sp.), a predator of *Thrips tabaci* Lind [J]. Annals of Applied Biology, Warwick, 26: 309-317.

MACRAE I V, CROFT B A, 1997. Intra- and interspecific predation by adult female *Metaseiulus occidentalis* and *Typhlodromus pyri* (Acarina: Phytoseiidae) when provisioned with varying densities and ratios of *Tetranychus urticae* (Acarina: Tetranychidae) and phytoseiid larvae [J]. Experimental and Applied Acarology, 21 (4): 235-246.

MADADI H, ENKEGAARD A, BRODSGAARD H F, et al., 2007. Host plant effects on the functional response of *Neoseiulus cucumeris* to onion thrips larvae [J]. Journal of Applied Entomology, 131: 728-733.

MAEDA T, TAKABAYASHI J Y S, TAKAFUJI A, 2001. Variation in the olfactory response of 13 populations of the predatory mite *Amblyseius womersleyi* (Acarina: Phytoseiidae, Tetranychidae) to *Tetranychus urticae*-infested plant volatiles (Acarina: Phytoseiidae, Tetranychidae) [J]. Experimental and Applied Acarology, 25 (1): 55-64.

MAEDA T, TAKABAYASHI J, 2005. Effects of foraging experiences on residence time of the predatory mite *Neoseiulus womersleyi* in a prey patch [J]. Journal of Insect Behavior, 18 (3): 323-333.

MAGALHÃES S, BAKKER F M, 2002. Plant feeding by a predatory mite inhabiting cassava [J]. Experimental and Applied Acarology, 27 (1-2): 27-37.

MAOZ Y, GAL S, ARGOV Y, et al., 2011. Biocontrol of persea mite, *Oligonychus perseae*, with an exotic spider mite predator and an indigenous pollen feeder [J]. Biological Control, 59 (2): 147-157.

MARAFELI P P, REIS P R, SILVEIRA E C DA, et al., 2014. Life history of *Neoseiulus californicus* (McGregor, 1954) (Acarina: Phytoseiidae) fed with castor bean (*Ricinus communis* L.) pollen in laboratory conditions [J]. Brazilian Journal of Biology, 74 (3): 691-697.

MARR E J, SARGISON N D, NISBET A J, et al., 2015. Gene silencing by RNA interference in the house dust mite, *Dermatophagoides pteronyssinus* [J]. Molecular and cellular probes, 29 (6): 522-526.

MASSEE A M, 1937. An eriothyid mite injurious to tamato [J]. Bulletin of Entomological Research, 28: 403.

MATTHYSSE J G, DENMARK H A, 1981. Some phytoseiids of Nigeria (Acarina: Mesostigmata) [J]. The Florida Entomologist, 64: 340-357.

MCGREGOR E A, 1954. Two new mites in the genus *Typhlodromus* (Acarina: Phytoseiidae) [J]. Southern California Academy of Science Bulletin, 53: 89-92.

MCMURTRY J A, 1969. Biological control of citrus red mite in California. In: Chapman H D, Proceedings of the First International Citrus Symposium [C]. USA: Riverside, 2: 855-862.

MCMURTRY J A, 1977. Some predaceous mites (Phytoseiidae) on citrus in the Mediterranean region [J]. Entomophaga, 22: 19-30.

MCMURTRY J A, 1977a. Description and biology of *Typhlodromus persianus*, n. sp., from Iran, with notes on *T. kettanehi* (Acarina: Mesostigmata: Phytoseiidae) [J]. Annals of the Entomological Society of America, 70: 563-568.

MCMURTRY J A, 1980. Biosystematics of three taxa in the *Amblyseius finlandicus* group from South Africa, with comparative life history studies (Acarina: Phytoseiidae) [J]. International Journal of Acarology, 6: 147-156.

MCMURTRY J A, 1983. Phytoseiid mites from Guatemala, with descriptions of two new species and redefinitions of the genera *Euseius*, *Typhloseiopsis*, and the *Typhlodromus occidentalis* species group (Acarina: Mesostigmata) [J]. International Journal of Entomology, 25: 249-272.

MCMURTRY J A, 2010. Concepts of classification of the Phytoseiidae: Relevance to biological control of mites [M]. Springer Netherlands: Trends in Acarology.

MCMURTRY J A, BADII M H, 1989. Reproductive compatibility in widely separated populations of three species of phytoseiid mites (Acarina: Phytoseiidae) [J]. Pan-Pacific Entomologist, 65 (4): 397-402.

MCMURTRY J A, CROFT B A, 1997. Life-styles of phytoseiid mites and their roles in biological control [J]. Annual Review of Entomology, 42: 291-321.

MCMURTRY J A, MORAES G J DE, SOURASSOU N F, 2013. Revision of the lifestyles of phytoseiid mites (Acarina: Phytoseiidae) and implications for biological control strategies [J]. Systematic and Applied Acarology, 18 (4): 297-320.

MCMURTRY J A, MORAES G J DE, 1984. Some phytoseiid mites from the south pacific, with descriptions of new species and a definition of the *Amblyseius largoensis* species group [J]. International Journal of Acarology, 10: 27-37.

MCMURTRY J A, SCRIVEN G T, 1962. The use of agar media in transporting and rearing phytoseiid mites [J]. Journal of Economic Entomology, 55 (3): 412-414.

MCMURTRY J A, SCRIVEN G T, 1964a. Studies on the feeding, reproduction, and development of *Amblyseius hibisci* (Acarina: Phytoseiidae) on various food substances [J]. Annals of the Entomological Society of America, 57 (5): 649-655.

MCMURTRY J A, SCRIVEN G T, 1964b. Biology of the predaceous mite *Typhlodromus rickeri* (AcarinaL Phytoseiidae) [J]. Annals of the Entomological Society of America, 57 (3): 362-367.

MCMURTRY J A, SCRIVEN G T, 1965a. Insectary production of phytoseiid mites [J]. Journal of Economic Entomology, 58 (2): 282-284.

MCMURTRY J A, SCRIVEN G T, 1965b. Life-history studies of *Amblyseius limonicus*, with comparative observations on *Amblyseius hibisci* (Acarina: Phytoseiidae) [J]. Annuals of the Entomological Society of America, 58 (1): 106-111.

MEDD N C, GREATREX R M, 2014. An evaluation of three predatory mite species for the control of greenhouse whitefly (*Trialeurodes vaporariorum*) [J]. Pest Management Science, 70 (10): 1492-1496.

MELO J W S, LIMA D B, PALLINI A, et al., 2011. Olfactory response of predatory mites to vegetative and reproductive parts of coconut palm infested by *Aceria guerreronis* [J]. Experimental and Applied Acarology, 55: 191-202.

MELO J W S, LIMA D B, STAUDACHER H, et al., 2015. Evidence of *Amblyseius largoensis* and *Euseius alatus* as biological control agent of *Aceria guerreronis* [J]. Experimental and Applied Acarology, 67 (3): 411-421.

MENDES J A, LIMA D B, NETO E P D S, et al., 2018. Functional response of *Amblyseius largoensis* to *Raoiella indica* eggs is mediated by previous feeding experience [J]. Systematic and Applied Acarology, 3 (10): 1907-1914.

MENG R X, JANSSEN A, NOMIKOU M M, et al., 2006. previous and present predator diets affect antipredator behaviour of whitefly prey [J]. Experimental and Applied Acarology, 38: 113-124.

MENG R X, SABELIS M W, JANSSEN A, 2012. Limited redator-induced dispersal in whiteflies. PLOS ONE, 7 (9): 1-6.

MESSELINK G J, BLOEMHARD C M J, CORTES J A, et al., 2011. Hyperpredation by generalist predatory mites disrupts biological control of aphids by the aphidophagous gall midge *Aphidoletes aphidimyza* [J]. Biological Control, 57: 246-252.

MESSELINK G J, BLOEMHARD C M J, SABELIS M W, et al., 2013. Biological control of aphids in the presence of thrips and their enemies [J]. Biocontrol, 58: 45-55.

MESSELINK G J, VAN MAANEN R, VAN HOLSTEIN-SAJ R, et al., 2010. Pest species diversity enhances control of spider mites and whiteflies by a generalist phytoseiid predator [J]. Biocontrol, 55: 387-398.

MESSELINK G J, VAN MAANEN R, VAN STEENPAAL S E F, et al., 2008. Biological control of thrips and whiteflies by a shared predator: two pests are better than one [J]. Biological Control, 44 (3): 372-379.

MESSELINK G J, VAN STEENPAAL S E F, RAMAKERS P M J, 2006. Evaluation of phytoseiid predators for control of western flower thrips on greenhouse cucumber [J]. BioControl, 51: 753-768.

MESZAROS A, TIXIER M S, CHEVAL B, et al., 2007. Cannibalism and intraguild predation in *Typhlodromus exhilaratus* and *T. phialatus* (Acarina: Phytoseiidae) under laboratory conditions [J]. Experimental and Applied Acarology, 41 (1-2): 37-43.

MIDTHASSEL A, LEATHER S R, BAXTER I H, 2013. Life table parameters and capture success ratio studies of *Typhlodromips swirskii* (Acarina: Phytoseiidae) to the factitious prey *Suidasia medanensis* (Acarina: Suidasiidae) [J]. Experimental and Applied Acarology, 61: 69-78.

MIDTHASSEL A, LEATHER S R, WRIGHT D J, et al., 2014. The functional and numerical response of *Typhlodromips swirskii* (Acarina: Phytoseiidae) to the factitious prey *Suidasia medanensis* (Acarina: Suidasiidae) in the context of a breeding sachet [J]. Biocontrol Science and Technology, 24: 361-374.

MIEDEMA E, 1987. Survey of phytoseiid mites (Acarina: Phytoseiidae) in orchards and surrounding vegetation of northwestern Europe, especially in the Netherlands. Keys, descriptions and figures [J]. Netherlands Journal of Plant Pathology, 93 (Supl. 2): 1-64.

MIKUNTHAN G, MANJUNATHA M, 2010. Effect of monocrotophos and the acaropathogen, *Fusarium semitectum*, on the broad mite, *Polyphagotarsonemus latus*, and its predator *Amblyseius ovalis* in the field. In: Sabelis M, Bruin J, XIIth International congress of Acarology-Trends in Acarology [C], 20: 489-492.

MINEIRO J L C, SATO M E, RAGA A, et al., 2008. Population dynamics of phytophagous and predaceous mites on coffee in Brazil, with emphasis on *Brevipalpus phoenicis* (Acarina: Tenuipalpidae) [J]. Experimental and Applied Acarology, 44 (4): 277-291.

MOCHIZUKI M, 2002. Control of Kanzawa spider mite, *Tetranychus kanzawai* Kishida (Acarina: Tetranychidae) on tea by a synthetic pyrethroid resistant predatory mite, *Amblyseius womersleyi* Schicha (Acarina: Phytoseiidae) [J]. Japanese Journal of Applied Entomology and Zoology, 46: 243-251.

MOCHIZUKI M, 2003a. Effectiveness and pesticide susceptibility of the pyrethroid-resistant predatory mite *Amblyseius womersleyi* in the integrated pest management of tea pests [J]. BioControl, 48 (2): 207-221.

MOCHIZUKI M, 2003b. Studies on use of the pesticide resistant predatory mite *Amblyseius womersleyi* Schicha (Acarina: Phytoseiidae) for integrated pest management on tea plants [J]. Bulletin of the National Institute of Vegetable and Tea Science, 2003: 93-138.

MOMEN F M, 1995. Feeding, development and reproduction of *Amblyseius barkeri* (Acarina, Phytoseiidae) on various kinds of food substances [J]. Acarologia, 36: 101-105.

MOMEN F M, 1997. Copulation, egg production and sex ratio in *Cydnodromella negevi* and *Typhlodromus athiasae* (Acarina: Phytoseiidae) [J]. Anz. Schiidingskde., Pflanzenschutz, Umweltschutz, 70: 34-36.

MOMEN F M, ABDELKHADER M M, 2010. Fungi as food source for the generalist predator *Neoseiulus barkeri* (Hughes) (Acarina: Phytoseiidae) [J]. Acta Phytopathologica et Entomologica Hungarica, 45 (2): 401-409.

MOMEN F M, ABDEL-KHALEKA A, 2008. Effect of the tomato rust mite *Aculops lycopersici* (Acarina: Eriophyidae) on the development and reproduction of three predatory phytoseiid mites [J]. International Journal Tropical Insect Science, 28 (1): 53-57.

MOMEN F M, HUSSEIN H, 2011. Influence of prey stage on survival, development and life table of the predacious mite, *Neoseiulus barkeri* (Hughes) (Acarina: Phytoseiidae) [J]. Acta Phytopathologica et Entomologica Hungarica, 46 (2): 319-328.

MOMEN F M, METWALLY A E M, NASR A E K, et al., 2013. First report on suitability of the tomato borer *Tuta absoluta* eggs (Lepidoptera: Gelechiidae) for eight predatory phytoseiid mites (Acarina: Phytoseiidae) under laboratory conditions [J]. Acta Phytopathologica et Entomologica Hungarica, 48 (2): 321-331.

MOMEN F M, RASMY A H, ZAHER M A, et al., 2004. Dietary effect on the development, reproduction and sex ratio of the predatory mite *Amblyseius denmarki* Zaher & El-Borolosy (Acarina: Phytoseiidae) [J]. International Journal of Tropical Insect Science, 24 (2): 192-195.

MOMEN F M, EI-LAITHY A Y, 2007. Suitability of the flour moth *Ephestia kuehniella* (Lepidoptera: Pyralidae) for three predatory phytoseiid mites (Acarina: Phytosefidae) in Egypt [J]. International Journal of Tropical Insect Science, 27 (2): 102-107.

MOMEN F, ABDEL-KHALEKA A, EL-SAWI S, 2009. Life tables of the predatory mite *Typhlodromus negevi* feeding on prey insect species and pollen diet (Acarina: Phytoseiidae) [J]. Acta Phytopathologica et Entomologica Hungarica, 44 (2): 353-361.

MOMEN F, EL-BOROLOSSY M, 1997. Suitability of the citrus brown mite, *Eutetranychus orientalis* (Acarina, Tetranychidae) as prey for nine species of phytoseiid mites [J]. Anzeiger für Schädlingskunde Pflanzenschutz Umweltschutz, 70 (8): 155-157.

MONTSERRAT M, DE LA PEÑA F, HORMAZA J I, et al., 2008. How do *Neoseiulus californicus* (Acarina: Phytoseiidae) females penetrate densely webbed spider mite nests? [J]. Experimental and Applied Acarology, 44 (2): 101-106.

MONTSERRAT M, GUZMAN C, SAHUN R M, et al., 2013. Pollen supply promotes, but high temperatures demote, predatory mite abundance in avocado orchards [J]. Agriculture Ecosystems and Environment, 164: 155-161.

MORAES G J DE, DENMARK H A, GUERRERO J M, 1982. Phytoseiid mites of Colombia (Acarina: Phytoseiidae) [J]. International Journal of Acarology, 8 (1): 15-22.

MORAES G J DE, KREITER S, LOFEGO A C, 1999. Plant mites (Acarina) of the French Antilles. 3. Phytoseiidae (Gamasida) [J]. Acarologia, 40 (3): 237-264.

MORAES G J DE, MCMURTRY J A, 1983. Phytoseiid mites (Acarina) of northeastern Brazil with descriptions of four new species [J]. International Journal of Acarology, 9 (3): 131-148.

MORAES G J DE, MCMURTRY J A, DENMARK H A, 1986. A catalog of the mite family Phytoseiidae. References to taxonomy, synonymy, distribution and habitat [M]. Brasilia: EMBRAPA-DDT, 353.

MORAES G J DE, MCMURTRY J A, DENMARK H A, et al., 2004a. A revised catalog of the mite family Phytoseiidae [J]. Zootaxa, 434: 1-494.

MORAES G J DE, LOPES P C, FERNANDO C P, 2004b. Phytoseiid mite (Acarina: Phytoseiidae) of coconut growing areas in Sri Lanka, with descriptions of three new species [J]. Journal of the Acarology Society of Japan, 13 (2): 141-160.

MORAES G J DE, MESA N C, 1988. Mites of the family Phytoseiidae (Acarina) in Colombia, with descriptions of three new species [J]. International Journal of Acarology, 14 (2): 71-88.

MORAES G J DE, MESA N C, BRAUN A, 1991. Some phytoseiid mites of Latin America (Acarina: Phytoseiidae) [J]. International Journal of Acarology, 17 (2): 117-139.

MORAES G J DE, VIS R M J, BELLINI M R, 2006. Effect of air humidity on the egg viability of predatory mites (Acarina: Phytoseiidae, Stigmaeidae) common on rubber trees in Brazil [J]. Experimental and Applied Acarology, 38 (1): 25-32.

MORAES G J DE. MCMURTRY J A, YANINEK J S, 1989. Some phytoseiid mites (Acarina: Phytoseiidae) from tropical Africa with description of a new species [J]. International Journal of Acarology, 15 (2): 95-102.

MORAES G J, DEALENCAR JA, DE LIMA J L S, et al., 1993. Alternative plant habitats for common phytoseiid predators of the cassava green mite (Acarina: Phytoseiidae, Tetranychidae) in northeast Brazil [J]. Experimental and Applied Acarology, 17 (1-2): 77-90.

MORAES G J, SILVA C A D, MOREIRA A N, 1994a. Biology of a strain of *Neoseiulus idaeus* (Acarina: Phytoseiidae) from southwest Brazil [J]. Experimental and Applied Acarology, 18: 213-220.

MORAES G J DE, MESA N C, BRAUN A, et al., 1994b. Definition of the *Amblyseius limonicus* species group (Acarina: Phytoseiidae), with descriptions of two new species and new records [J]. International Journal of Acarology, 20 (3): 209-217.

MOREWOOD W D, GILKESON L A, 1991. Diapause induction in the thrips predator *Amblyseius cucumeris* (Acarina: Phytoseiidae) under greenhouse conditions [J]. BioControl, 36 (2): 253-263.

MUMA M H, 1955. Phytoseiidae (Acarina) associated with citrus in Florida [J]. Annals of the Entomological Society of America, 48: 262-272.

MUMA M H, 1961. Subfamiles, genera, and species of Phytoseiidae (Acarina: Mesostigmata) [J]. Florida State Museum Bulletin, 5 (7): 267-302.

MUMA M H, 1962. New Phytoseiidae (Acarina: Mesostigmata) from Florida [J]. The Florida Entomologist, 45: 1-10.

MUMA M H, 1963. The genus *Galendromus* Muma, 1961 (Acarina: Phytoseiidae) [J]. The Florida Entomologist, Suppl. 1: 15-41.

MUMA M H, 1964. Annotated list and keys to Phytoseiidae (Acarina: Mesostigmata) associated with Florida citrus [J].

University of Florida Agricultrual Experiment Station Bulletin, 685: 1-42.

MUMA M H, 1965. Eight new Phytoseiidae (Acarina: Mesostigmata) from Florida [J]. The Florida Entomologist, 48: 245-254.

MUMA M H, 1967. New Phytoseiidae (Acarina: Mesostigmata) from southern Asia [J]. The Florida Entomologist, 50: 267-280.

MUMA M H, 1971. Food habits of Phytoseiidae (Acarina: Mesostigmata) including common species on Florida citrus [J]. The Florida Entomologist, 54 (1): 21-34.

MUMA M H, APEJI S A, 1970. *Oligonychus milleri* on *Pinus caribaea* in Jamaica [J]. The Florida Entomologist, 53: 241.

MUMA M H, DENMARK H A, 1968. Some generic descriptions and name changes in the family Phytoseiidae (Acarina: Mesostigmata) [J]. The Florida Entomologist, 51: 229-240.

MUMA M H, DENMARK H A, LEON D DE, 1970. Phytoseiidae of Florida. Arthropods of Florida and neighboring land areas, 6 [R]. USA: Gainesville, Division of Plant Industry, Florida Department of Agriculture and Consumer Services, 150.

NADIMI A, KAMALI K, ARBABI M, et al., 2009. Selectivity of three miticides to spider mite predator, *Phytoseius plumifer* (Acarina: Phytoseiidae) under laboratory conditions [J]. Agricultural Sciences in China, 8 (3): 326-331.

NAKAGAWA T, 1985. Effects of humidity on the development, reproduction and predatory activity of *Amblyseius longispinosus* (Evans), a predator of *Tetranychus kanzawai* Kishida [J]. Proc Association Plant Protection Kyushu (36): 150-154.

NARAYANAN E S, KAUR R B, GHAI S, 1960a. Importance of some taxonomic characters in the family Phytoseiidae Berl., 1916, (predatory mites) with new records and descriptions of species [C]. India: Proceedings of the National Institute of Science of India, 26B: 384-394.

NARAYANAN E S, KAUR R B, 1960b. Two new species of the genus *Typhlodromus* Scheuten from India (Acarina: Phytoseiidae) [J]. India: Proceedings of the Indian Academy of Science, 51B: 1-8.

NASR A E K, MOMEN F M, METWALLY A E M, et al., 2015. Suitability of *Corcyra cephalonica* eggs (Lepidoptera: Pyralidae) for the development, reproduction and survival of four predatory mites of the family Phytoseiidae (Acarina: Phytoseiidae) [J]. Gesunde Pflanzen, 67: 175-181.

NASR A K, ABOU-AWAD B A, 1985. A new species of genus *Amblyseius* Berlese from Egypt (Acarina: Phytoseiidae) [J]. Bulletin de la Societe Entomologique d'Egypte, 65: 245-249.

NAVAJAS M, THISTLEWOOD H, LAGNEL J, et al., 2001. Field releases of the predatory mite *Neoseiulus fallacis* (Acarina: Phytoseiidae) in Canada, monitored by pyrethroid resistance and allozyme markers [J]. Biological Control, 20 (3): 191-198.

NAVIA D, REZENDE J M, LOFEGO A C, et al., 2014. Mites from Cerrado fragments and adjacent soybean crops: does the native vegetation help or harm the plantation [J]. Experimental and Applied Acarology, 64 (4): 501-518.

NEGLOH K, HANNA R, SCHAUSBERGER P, 2008. Comparative demography and diet breadth of Brazilian and African populations of the predatory mite *Neoseiulus baraki*, a candidate for biological control of coconut mite [J]. BioControl, 46 (3): 523-531.

NEGLOH K, HANNA R, SCHAUSBERGER P, 2010. Season- and fruit age-dependent population dynamics of *Aceria guerreronis* and its associated predatory mite *Neoseiulus paspalivorus* on coconut in Benin [J]. Biological Control, 54 (3): 349-358.

NEGLOH K, HANNA R, SCHAUSBERGER P, 2011. The coconut mite, *Aceria guerreronis*, in Benin and Tanzania: occurrence, damage and associated Acarinane fauna [J]. Experimental and Applied Acarology, 55 (4): 361-374.

NEGM M W, ALATAWI F, ALDRYHIM Y N, 2012. Incidence of predatory phytoseiid mites in Saudi Arabia: new records and a key to the Saudi Arabian species (Acarina: Mesostigmata: Gamasina) [J]. Systematic and Applied Acarology, 17 (3): 261-263.

NESBITT H H J, 1951. A taxonomic study of the Phytoseiinae (Family Laelaptidae) predaceous upon Tetranychidae of economic importance [J]. Zoologische Verhandelingen, 13, 64 p+32 plates.

NGUYEN D T, DAO T L, 2019. Effect of temperatures and diets on biological characteristics of predatory mite *Amblyseius largoensis* (Acarina: Phytoseiidae) [J]. Science and Technology Journal of Agriculture and Rural Development (Ministry of agriculture and Rural development, Vietnam), 11: 66-72 [in Vietnamese].

NGUYEN D T, Vangansbeke D, De Clercq P, 2015. Performance of four species of phytoseiid mites on artificial and natural diets [J]. Biological Control, 80: 56-62.

NGUYEN D T, VANGANSBEKE D, LÜ X, et al., 2013. Development and reproduction of the predatory mite *Amblyseius swirskii* on artificial diets [J]. BioControl, 58: 369-377.

NGUYEN T V, SHIH C I T, 2010. Development of *Neoseiulus womersleyi* (Schicha) and *Euseius ovalis* Evans feeding on four tetranychid mites (Acarina: Phytoseiidae, Tetranychidae) and pollen [J]. Journal of Asia-Pacific Entomology, 13 (4): 289-296.

NGUYEN T V, SHIH C I T, 2011. Predation rates of *Neoseiulus womersleyi* (Schicha) and *Euseius ovalis* (Evans) feeding on tetranychid mites [J]. Journal of Asia-Pacific Entomology, 14 (4): 441-447.

NGUYEN T V, SHIH C I T, 2012. Life-table parameters of *Neoseiulus womersleyi* (Schicha) and *Euseius ovalis* (Evans) (Acarina: Phytoseiidae) feeding on six food sources [J]. International Journal of Acarology, 38 (3): 197-205.

NICETIC O, WATSON D M, BEATTLE G A C, et al., 2001. Integrated pest management of two-spotted mite *Tetranychus urticae* on greenhouse roses using petroleum spray oil and the predatory mite *Phytoseiulus persimilis* [J]. Experimental and Applied Acarology, 25 (1): 37-53.

NICHOLS C, ALTIERI M, 2004. The agroecological engineering: for pest management. In: Gurr G, Wratten S, Altieri M, (eds). Ecological engineering for pest management [M]. Collingwood: CSIRO Publishing, 33-54.

NOMIKOU M, JANSSEN A, SCHRAAG R, et al., 2001. Phytoseiid predators as potential biological control agents for *Bemisia tabaci* [J]. Experimental and Applied Acarology, 25 (4): 271-291.

NOMIKOU M, JANSSEN A, SCHRAAG R, et al., 2002. Phytoseiid predators suppress populations of *Bemisia tabaci* on cucumber plants with alternative food [J]. Experimental and Applied Acarology, 27 (1-2): 57-68.

NOMIKOU M, JANSSEN A, SABELIS M W, 2003a. Phytoseiid predators of whiteflies feed and reproduce on non-prey food sources [J]. Experimental and Applied Acarology, 31 (1-2): 15-26.

NOMIKOU M, JANSSEN A, SCHRAAG R, et al., 2003b. Phytoseiid predator of whitefly feeds on plant tissue [J]. Experimental and Applied Acarology, 31: 27-36.

NOMIKOU M, JANSSEN A, SABELIS M W, 2003c. Herbivore nost plant selection: whitefly learns to avoid host plants that harbour predators of her offspring [J]. Oecologia, 136: 484-488.

NOMIKOU M, JANSSEN A, SCHRAAG R, et al., 2004. Vulnerability of *Bemisia tabaci* immatures to phytoseiid predators: Consequences for oviposition and influence of alternative food [J]. Entomologia Experimentalis et Applicata, 110 (2): 95-102.

NOMIKOU M, MENG RX, JANSSEN A, et al., 2005. How predatory mites find plants with whitefly prey [J]. Experiment and Applied Acarology, 36: 263-275.

NOMIKOU M, SABELIS M W, JANSSEN A, 2010. Pollen subsidies promote whitefly control through the numerical response of predatory mites [J]. BioControl, 55 (2): 253-260.

NORONHA A C D S, MORAES G J D, 2004. Reproductive compatibility between mite populations previously identified as *Euseius concordis* (Acarina: Phytoseiidae) [J]. Experimental and Applied Acarology, 32 (4): 271-279

NORTHCRAFT P D, 1987. First record of three indigenous predacious mites in Zimbabwe [J]. Journal of the Entomological Society of South Africa, 50 (2): 521-522.

NUSARTLERT N, VICHITBANDHA P, BAKER G T, et al., 2010. Pesticide-induced mortality and prey-dependent life history of the predatory mite *Neoseiulus longispinosus* (Acarina: Phytoseiidae). In: Sabelis M, Bruin J, Trends in Acarology [M]. Dordrecht, Springer: 495-498.

OGAWA Y, OSAKABE M, 2008. Development, long-term survival, and the maintenance of fertility in *Neoseiulus californicus* (Acarina: Phytoseiidae) reared on an artificial diet [J]. Experimental and Applied Acarology, 45: 123-136.

OHNO S, GOTOH T, MIYAGI A, et al., 2012. Geographic distribution of phytoseiid mite species (Acarina: Phytoseiidae) on crops in Okinawa, a subtropical area of Japan [J]. Entomological Science, 15: 115-120.

OKU K, YANO S, TAKAFUJI A, 2004. Nonlethal indirect effects of a native predatory mite, *Amblyseius womersleyi* Schicha (Acarina: Phytoseiidae), on the phytophagous mite *Tetranychus kanzawai* Kishida (Acarina: Tetranychidae) [J]. Journal of Ethology, 22 (1): 109-112.

OLIVEIRA H, DUARTE V, REZENDE D, et al., 2007. Períodos de ausência de presas e estabilidade do controle biológico do ácaro-rajado [J]. Pesquisa Agropecuária Brasileira, 42 (8): 1207-1209.

OLIVEIRA H, FADINI M A M, VENZON M, et al., 2009. Evaluation of the predatory mite *Phytoseiulus macropilis* (Acarina: Phytoseiidae) as a biological control agent of the two-spotted spider mite on strawberry plants under greenhouse conditions [J]. Experimental and Applied Acarology, 47 (4): 275-283.

OLIVEIRA D C, CHARANASRI V, KONGCHUENSIN M, et al., 2012. Phytoseiidae of Thailand (Acarina:

Mesostigmata), with a key for their identification [J]. Zootaxa, 3453: 1-24.

OLIVER B, RAINER M, HANS-MICHAEL P, 2004. The edaphic phase in the ontogenesis of *Franklinie occidentalis* and comparison of *Hypoaspis miles* and *Hypoaspis aculeifer* as predators of soil-dwelling thrips stages [J]. Biological Control, 30: 17-24.

ONZO A, HANNA R, SABELIS M W, 2003. Interactions in an Acarinane predator guild: impact on *Typhlodromalus aripo* abundance and biological control of cassava green mite in Benin, West Africa [J]. Experimental and Applied Acarology, 31 (3-4): 225-241.

ONZO A, HANNA R, TOKO M, et al., 2005. Biological control of cassava green mite with exotic and indigenous phytoseiid predators effects of intraguild predation and supplementary food [J]. Biological Control, 33: 143-150.

ONZO A, HOUEDOKOHO A F, HANNA R, 2012. Potential of the predatory mite, *Amblyseius swirskii* to suppress the broad mite, *Polyphagotarsonemus latus* on the gboma eggplant, *Solanum macrocarpon* [J]. Journal of Insect Science, 12 (7): 1-11.

OPIT G P, NECHOLS J R, MARGOLIES D C, 2003. Biological control of twospotted spider mites, *Tetranychus urticae* Koch (Acarina: Tetranychidae), using *Phytoseiulus persimilis* Athias-Henriot (Acarina: Phytoseidae) on ivy geranium: assessment of predator release ratios [J]. Biological Control, 29 (3): 445-452.

OPIT G P, NECHOLS J R, MARGOLIES D C, et al., 2005. Survival, horizontal distribution, and economics of releasing predatory mites (Acarina: Phytoseiidae) using mechanical blowers [J]. Biological Control, 33: 344-351.

OSAKABE M H, 2002. Which predatory mite can control both a dominant mite pest, *Tetranychus urticae*, and a latent mite pest, *Eotetranycnus asiaticus*, on strawberry [J]. Experimental and Applied Acarology, 26 (3-4): 219-230.

OUDEMANS A C, 1905. Verslag van de zestigste zomervergadering der Nederlandsche Entomologische Vereeniging, gehouldem te driebergen op zaterdag, 20 Mei 1905, des morgens ten 11 ure [J]. Tijdschrift voor Entomologie, 48: 77-81.

OUDEMANS A C, 1915a. Acarologische Aanteekeningen. LVI [J]. Entomologische Berichten, 4, 180-188.

OUDEMANS A C, 1915b. Notizen uber Acarina. XXII [J]. Reihe (Parasitidae). Archiv fur Naturgeschichte, 81A (1), 122-180.

OUDEMANS A C, 1930a. Acarologische Aanteekeningen. C I [J]. Entomologische Berichten, 8: 48-53.

OUDEMANS A C, 1930b. Acarologische Aanteekeningen. C II [J]. Entomologische Berichten, 8: 69-74.

OUDEMANS A C, 1930c. Acarologische Aanteekeningen. C III [J]. Entomologische Berichten, 8: 97-101.

OUDEMANS A C, 1936. Kritisch Historisch overzicht der Acarologie [M]. Leiden: Brill E J, 3 (A): 1-430.

OVERMEER W P J, 1981. Notes on breeding phytoseiid mites from orchards (Acarina: Phytoseiidae) in the laboratory [J]. Mededelingen van de Faculteit Landbouwwetenschappen Universiteit Gent, 46 (2): 503-510.

OVERMEER W P J, 1985. Rearing and Handling. In: Helle W and Sabelis MW (eds) Spider mites, their biology, natural enemies and control. Word Crop Pests, Vol 1B [M]. Amsterdam: Elsevier, 161-170.

OVERMEER W P J, DOODEMAN M, VAN ZON A Q, 1982. Copulation and egg production in *Amblyseius potentillae* and *Typhlodromus pyri* (Acarina: Phytoseiidae) [J]. Zeitschrift für Angewandte Entomologie, 93: 1-11.

OVERMEER W P J, NELIS H J C F, DE LEENHEER A P, et al., 1989. Effect of diet on the photoperiodic induction of diapauses in three species of predatory mite, *Amblyseius potentillae*, *N. cucumeris* and *Typhlodromus pyri* [J]. Experimental and Applied Acarology, 7 (4): 281-287.

OVERMEER W P J, VAN ZON A Q, 1981. A comparative study of the effect of some pesticides on three predacious mite species: *Typhlodromus pyri*, *Amblyseius potentillae* and *A. bibens* (Acarina: Phytoseiidae) [J]. Entomophaga, 26: 3-9.

OZAWA M, YANO S, 2009. Pearl bodies of *Cayratia japonica* (Thunb.) Gagnep. (Vitaceae) as alternative food for a predatory mite *Euseius sojaensis* (Ehara) (Acarina: Phytoseiidae) [J]. Ecological Research, 24 (2): 257-262.

OZMAN-SULLIVAN S K, SEBAHAT K, 2006. Life History of *Kampimodromus aberrans* as a predator of *Phytoptus avellanae* (Acarina: Phytoseiidae, Phytoptidae) [J]. Experimental and Applied Acarology, 38 (1): 15-23.

PALEVSKY E, 2009. Development of an economic rearing and transport system for an arid-adapted strain of the predatory mite, *Neoseiulus californicus*, for spider mite control. In: Sabelis M W, Bruin J, Trends in Acarology [M]. Germany: Springer Press: 425-429.

PALEVSKY E, REUVENY H, OKONIS O, 1999. Comparative behavioural studies of larval and adult stages of the phytoseiids (Acarina: Mesostigmata) *Typhlodromus Athiasae* and *Neoseiulus californicus* [J]. Experimental and Applied Acarology, 23: 467-485.

PALLINI FILHO A, MORAES G J DE, BUENO V H P, 1992. Ácaros associados ao cafeeiro (Coffea arabica L.) no sul de

Minas Gerais [J]. Ciencia E Pratica, 16 (3): 303-307.

PAPADOULIS G T, EMMANOUEL N G, 1991. The genus *Amblyseius* (Acarina: Phytoseiidae) in Greece, with the description of a new species [J]. Entomologia Hellenica, 9: 35-62.

PAPADOULIS G T, EMMANOUEL N G, 1993. New records of phytoseiid mites from Greece with a description of the larva of *Typhlodromus erymanthii* Papadoulis and Emmanouel (Acarina: Phytoseiidae) [J]. International Journal of Acarology, 19 (1): 51-56.

PAPADOULIS G T, EMMANOUEL N G, KAPAXIDI E V, 2009. Phytoseiidae of Greece and Cyprus (Acarina: Mesostigmata) [M]. West Bloomfield: Indira Publishing House: 200.

PAPADOULIS G TH, EMMANOUEL N G, 1990. Two new species of the genus *Typhlodromus* Scheuten (Acarina: Phytoseiidae) from Greece [J]. Entomologia Hellenica, 8: 11-19.

PAPPAS M L, XANTHIS C, SAMARAS K, et al., 2013. Potential of the predatory mite *Phytoseius finitimus* (Acarina: Phytoseiidae) to feed and reproduce on greenhouse pests [J]. Experimental and Applied Acarology, 61 (4): 387-401.

PARK H H, SHIPP L, BUITENHUIS R, 2010. Predation, development, and oviposition by the predatory mite *Amblyseius swirskii* (Acarina: Phytoseiidae) on tomato russet mite (Acarina: Eriophyidae) [J]. Journal of Economic Entomology, 103: 563-569.

PARK H H, SHIPP L, BUITENHUIS R, et al., 2011. Life history parameters of a commercially available *Amblyseius swirskii* (Acarina: Phytoseiidae) fed on cattail (*Typha latifolia*) pollen and tomato russet mite (*Aculops lycopersici*) [J]. Journal of Asia-Pacific Entomology, 14 (4): 497-501.

PARROTT D J, HODGKISS H E, SCHOENE W J. 1906. The apple, pear mites [J]. New York State Agricultural Experiment Station, Geneva, New York, Technical Bulletin, 283: 281-318.

PEÑA J E, RODRIGUES J C V, RODA A, et al., 2009. Predator-prey dynamics and strategies for control of the red palm mite (*Raoiella indica*) (Acarina: Tenuipalpidae) in areas of invasion in the Neotropics. In: Proceedings of the second Meeting of IOBC/WPRS, Work Group Integrated Control of Plant Feeding Mites [C]. Florence, Italy, 9-12 March: 69-79.

PERRING T M, FARRAR C A, 1996. Historical perspective and current world status of the tomato russet mite (Acarina: Eriophyidae) [J]. Miscellaneous Publications of the Entomogical Society of America, 63: 1-19.

PETROVA V, SALMANE I, ČUDARE Z, 2004. The predatory mite (Acarina, Parasitiformes: Mesostigmata (Gamasina); Acarinaformes: Prostigmata) community in strawberry agrocenosis [J]. Acta Universitatis Latviensis, Biology, 676: 87-95.

PEZZI F, MARTELLI R, LANZONI A, et al., 2015. Effects of mechanical distribution on survival and reproduction of *Phytoseiulus persimilis* and *Amblyseius swirskii* [J]. Biosystems Engineering, 129: 11-19.

PICKETT C H, GILSTRAP F E, 1984. Phytoseiidae (Acarina) associated with banks grass mite infestations in Texas [J]. The Southwestern Entomologist, 9 (2): 125-133.

PIJNAKKER J, GUI S, 2013 — Dyna-Mite® A revolutionary predatory mite strategy for roses. Available from: www.biobest.com (Accessed 10/16/2011)

PIJNAKKER J, 2005. Biocontrol of the greenhouse whitefly, *Trialeurodes vaporariorum* with the predatory mite *Euseius ovalis* in cut roses [J]. Bulletin. OILB/SROP, 28 (1): 205-208.

PINA T, ARGOLO P S, URBANEJA A, et al., 2012. Effect of pollen quality on the efficacy of two different life-style predatory mites against *Tetranychus urticae* in citrus [J]. Biological Control, 61 (2): 176-183.

POE S L, ENNS W R, 1969. Predaceous mites (Acarina: Phytoseiidae) associated with Missouri orchards [J]. Transactions of Missouri Academy of Science, USA, 3: 69-82.

POLETTI M, MAIA A H N, OMOTO C, 2007. Toxicity of neonicotinoid insecticides to *Neoseiulus californicus* and *Phytoseiulus macropilis* (Acarina: Phytoseiidae) and their impact of functional response to *Tetranychus urticae* (Acarina: Tetranychidae) [J]. Biological Control, 40 (1): 30-36.

POMERANTZ A F, HOY M A, 2015. RNAi-mediated knockdown of transformer-2 in the predatory mite *Metaseiulus occidentalis* via oral delivery of double-stranded RNA [J]. Experimental and Applied Acarology, 65 (1): 17.

POPOV S Y, KONDRYAKOV A V, 2008. Reproductive tables of predatory phytoseiid mites (*Phytoseiulus persimilis*, *Galendromus occidentalis*, and *Neoseiulus cucumeris*) [J]. Entomological Review, 88 (6): 658-665.

PORATH A, SWIRSKI E, 1965. A survey of phytoseiid mites (Acarina: Phytoseiidae) on citrus with a description of one new species [J]. Isreal Journal of Agricultural Researches, 15: 87-100.

POZZEBON A, DUSO C, 2008. Grape downy mildew *Plasmopara viticola*, an alternative food for generalist predatory mites occurring in vineyards [J]. BioControl, 45(3): 441-449.

POZZEBON A, DUSO C, 2010. Pesticide side-effects on predatory mites: the role of trophic interactions. In: Sabelis M, Bruin J, Trends in Acarology [M]. Germany: Springer Press: 465-469.

POZZEBON A, DUSO C, PAVANETTO E, 2002. Side effects of some fungicides on phytoseiid mites (Acarina: Phytoseiidae) in north-Italian vineyards [J]. Anzeiger für Schädlingskunde, 75(5): 132-136.

PRASAD V, 1968a. Some *Typhlodromus* mites from Hawaii [J]. Annals of the Entomological Society of America, 61(6): 1369-1372.

PRASAD V, 1968b. Some phytoseiid mites from Hawaii [J]. Annals of the Entomological Society of America, 61: 1459-1462.

PRASAD V, 1968c. *Amblyseius* mites from Hawaii [J]. Annals of the Entomological Society of America, 61(6): 1514-1521.

PRASAD V, 2013. Atlas of Phytoseiidae of the world. West Bloomfield, USA [M]. West Bloomfield: Indira Publication House: 1320.

PRASAD V, Karmakar K, 2015. Paraphyto seiusnicobar ensis (Acarina: Phytoseiidae): exact identity, comments and voucher photos of types after 37 years [J]. Persian Journal of Acarology, 4: 143-162.

PRASAD V, 2016. Revision of genus *Paraphytoseius* Swirski and Shechter, 1961 (Acarina: Phytoseiidae) [M]. West Bloomfield: Indira Publication House: 503.

PRASLIČKA J, SCHLARMANNOVÁ J, MATEJOVIČOVÁ B, et al., 2011. The predatory mite *Typhlodromus pyri* (Acarina: Phytoseiidae) as a Biocontrol agent of *Eriophyes pyri* (Acarina: Eriophyidae) on pear [J]. Biologia, 66(1): 146-148.

PRATT P D, SCHAUSBERGER P, CROFT B A, 1999. Prey-food types of *Neoseiulus fallacis* (Acarina: Phytoseiidae) and literature versus experimentally derived prey-food estimates for five phytoseiid species [J]. Experimental and Applied Acarology, 23: 551-565.

PRISCHMANN D A, JAMES D G, 2003. Phytoseiidae (Acarina) on unsprayed vegetation in southcentral Washington: implications for Biological Control of spider mites on wine grapes [J]. International Journal of Acarology, 29(3): 279-287.

PRITCHARD A E, BAKER E W, 1962. Mites of the family Phytoseiidae from Central Africa, with remarks on genera of the world [J]. Hilgardia, 33: 205-309.

PRITCHARD A E, BAKER E W, 1995. A revision of the spider family Tetranychidea [J]. The Pacific Coast Entomological society, 2: 461-472.

PROKOPY R J, CHRISTIE M, 1992. Studies on releases of mass-reared organophosphate resistant *Amblyseius fallacis* (Garm) predatory mites in Massachusetts commercial apple orchards [J]. Journal of Applied Entomology-Zeitschrift Fur Angewandte Entomologie, 114: 131-137.

PULTAR O, PLIVA J, MUSKA J, 1992. *Typhlodromus pyri* Scheut. as a biological agent of spider mites in Czechoslovakia large scale fruit prouction [J]. Acta Phytopathologica Et Entomologica Hungarica, 27(1-4): 513-515.

PUSPITARINI R D. 2010. The biology and life table of predator mite *Amblyseius longispinosus* Evans (Acarina: Phytoseiidae). In: Proceeding of the 8th international symposium on biocontrol and biotechnology [C]. Thailand, Pattaya, October 4-6.

PUTMAN W L, 1959. Hibernation sites of phytoseiids (Acarina: Phytoseiidae) in Ontario peach orchards [J]. The Canadian Entomologist, 91: 735-741.

QIANG C K, DU Y Z, QIN Y H, et al., 2012. Overwintering physiology of the rice stem borer larvae, *Chilo suppressalis* Walker (Lepidoptera: *Pyralidae*): Roles of glycerol, amino acids, low-molecular weight carbohydrates and antioxidant enzymes [J]. African Journal of Biotechnology, 11(66): 13030-13039.

RAGUSA E, TSOLAKIS H, JORDA PALOMERO R, 2009. Effect of pollens and preys on various biological parameters of the generalist mite *Cydnodromus californicus* [J]. Bulletin of Insectology, 62: 153-158.

RAGUSA S, 1977. Notes on phytoseiid mites in Sicily with a description of a new species of *Typhlodromus* (Acarina: Mesostigmata) [J]. Acarologia, 18: 379-392.

RAGUSA S, 1981. Influence of different kinds of food substances on the developmental time in young stages of the predacious mite *Typhlodromus exhilaratus* Ragusa (Acarina: Phytoseiidae) [J]. Redia, 64: 237-243.

RAGUSA S, ATHIAS-HENRIOT C, 1983. Observations on the genus *Neoseiulus* Hughes (Parasitiformes, Phytoseiidae). redefinition. composition. geography. description of two new species [J]. Revue Suisse de Zoologie, 90(3): 657-678.

RAGUSA S, SWIRSKI E, 1976. Notes on predacious mites of Italy, with a description of two new species and of an unknown male (Acarina: Phytoseiidae) [J]. Redia, 59: 179-196.

RAGUSA S, SWIRSKI E, 1977. Some predacious mites of Greece, with a description of one new species (Mesostigmata: Phytoseiidae) [J]. Phytoparasitica, 5 (2): 75-84.

RAHMAN T, SPAFFORD H, BROUGHTON S, 2011. Single versus multiple releases of predatory mites combined with spinosad for the management of western flower thrips in strawberry [J]. Crop protection, 30 (4): 468-475.

RAHMAN T, SPAFFORD H, BROUGHTON S, 2012. Use of spinosad and predatory mites for the management of *Frankliniella occidentalis* in low tunnel-grown strawberry [J]. Entomologia Experimentalis et Applicata, 142 (3): 258-270.

RAHMAN V J, BABU A, ROOBAKKUMAR A, et al., 2013. Life table and predation of *Neoseiulus longispinosus* (Acarina: Phytoseiidae) on *Oligonychus coffeae* (Acarina: Tetranychidae) infesting tea [J]. Experimental and Applied Acarology, 60 (2): 229-240.

RAMADAN H A I, EL-BANHAWY E M, ALFA I, 2009. On the identification of a taxa collected from Egypt in the species sub-group *andersoni*: morpholobical relationships with related species and molecular analysis of inter and intra-specific variations [J]. Acarologia, 49 (3-4): 115-120.

RAMAKERS P J M, VAN LIEBURG M J, 1982. Start of commercial production and introduction of *Amblyseius mackenziei* for control of *Thrips tabaci* in glasshouses [J]. Mededelingen van de Faculteit Landbouwwetenschappen, Rijksuniversiteit Gent, 47 (2): 541-545.

RAMAKERS P M J, 1980. Biological Control of *Thrips tabaci* (Thysanoptera: Thripidae) with *Amblyseius* spp. (Acarina: Phytoseiidae) [J]. Bulletin SROP, 3 (3): 203-207.

RAMAKERS P M J, 1983. Mass production and introduction of *Amblyseius mckenziei* and *A. cucumeris* [J]. Bulletin. SROP, 6 (3): 203-206.

RAMAKERS P M J, 1988. Population dynamics of the trips predators *Amblyseius mckenziei* and *Amblyseius cucumeris* (Acarina: Phytoseiidae) on sweet pepper [J]. Netherlands Journal of Agricutural Science, 36 (3): 274-252.

RAMAKERS P M J, 1990. Manipulation of phytoseiid thrips predators in the absence of thrips [J]. Bulletin SROP, 13 (5): 158-159.

RAMAKERS P M J, DISSEVELT M, PEETERS K, 1989. Large scale introductions of phytoseiid predators to control thrips on cucumber [J]. Meded Fac Landbouwwet Rijksuniv, 54 (3a): 923-929.

RAMOS L M, GONZALEZ A I, GONZALES M, 2010. Management strategy of *Raoiella indica* Hirst in Cuba, based on biology, host plants, seasonal occurrence and use of Acarinacide. In: XIII International Congress of Acarology, Abstract Book [C]. Brazil, Recife, August 23-27: 218-219.

RASMY A H, ZAHER M A, MOMEN F M, et al., 2000. The effect of prey species on biology and predatory efficiency of some phytoseiid mites: I - *Amblyseius deleoni* (Muma & Denmark) [J]. Egyptian Journal of Biological Pest Control, 10 (1/2): 117-121.

REIS A C, GONDIM JR M G C, MORAES G J DE, et al., 2008. Population dynamics of *Aceria guerreronis* Keifer (Acarina: Eriophyidae) and associated predators on coconut fruits in Northeastern Brazil [J]. Neotropical entomology, 37 (4): 45-462.

REIS P R, CHIAVEGATO L G, ALVES E B, et al., 2000. Ácaros da família Phytoseiidae associados aos citros no município de Lavras, Sul de Minas Gerais [J]. Anais Da Sociedade Entomologica Do Brasil, 29: 95-104.

REIS P R, SOUSA E O, TEODORO A V, 2003. Effect of prey density on the functional and numerical responses of two species of predaceous mites (Acarina: Phytoseiidae) [J]. Neotropical Entomology, 32 (3): 461-467.

RHODES E M, LIBURD O E, KELTS C, et al., 2006. Comparison of single and combination treatments of *Phytoseiulus persimilis*, *Neoseiulus californicus*, and Acramite (bifenazate) for control of two spotted spider mites in strawberries [J]. Experimental and Applied Acarology, 39 (3-4): 213-225.

RIBAGA C, 1904. Gamasidi planticoli [J]. Rivista di Patologia Vegetale, 10: 175-178.

RIVNAY T, SWIRSKI E, 1980. Four new species of phytoseiid mites (Acarina: Mesostigmata) from Israel [J]. Phytoparasitica, 8: 173-187.

RODA A, DOWLING A, WELBOURN C, et al., 2008. Red palm mite situation in the Caribbean and Florida [J]. Proceedings of Caribbean Food Crops Society, 44 (1): 80-87.

RODA A, NYROP J, ENGLISH-LOEB G, 2003. Leaf pubescence mediates the abundance of non-prey food and the density of the predatory mite *Typhlodromus pyri* [J]. Experimental and Applied Acarology, 29 (3-4): 193-211.

RODRIGUES R S, VIJAYANARAYANA K, CHANDRASHEKHAR K S, et al., 2007. Evaluation of estrogenic activity of alcoholic extract of rhizomes of *Curculigo orchioides* [J]. Journal of Ethnopharmacology, 114 (2): 241-245.

RODRIGUEZ N, FARINAS M E, SIBAT R, 1981. *Acaros depredadores* (Acarina: Phytoseiidae) presentes en los citricos de Cuba. Ciencia y Tecnica de la Agriculture [J]. Serie Citricos y Otros Frutales, 2 (2): 81-89.

RODRIGUEZ-CRUZ F A, JANSSEN A, PALLINI A, et al., 2017. Two predatory mite species as potential control agents of broad mites [J]. Biocontrol, 62: 505-513.

ROGG H W, YANINEK J S, 1990. Population dynamics of *Typhlodromalus limonicus* from Colombia, an introduced predator of the exotic cassava green mite in West Africa [J]. Mitteilungen der Schweizerischen Entomologischen Gesellschaft, 63 (3-4): 389-398.

ROSENHEIM J A, KAYA H K, EHLER L E, et al., 1995. Intraguild predation among biological control agents- theory and evidence [J]. Biological Control, 5 (3): 303-335.

ROUSH R T, HOY M A, 1981. Laboratory, glasshouse, and field studies of artificially selected carbaryl resistence in *Metaseiulus occidentalis* [J]. Journal of Economic Entomology, 75 (2): 142-147.

ROWELL H J, CHANT D A, HANSELL R I C, 1978. The determination of setal homologies and setal patterns on the dorsal shield in the family Phytoseiidae (Acarina: Mesostigmata) [J]. The Canadian Entomologist, 110: 859-876.

RYU M O, 1993. A review of the Phytoseiidae (Mesostigmata: Acarina) from Korea [J]. Insecta Koreana, 10: 92-137.

RYU M O, EHARA S, 1991. Three phytoseiid mites from Korea (Acarina: Phytoseiidae) [J]. Acta Arachnologica, 40 (1): 23-30.

RYU M O, EHARA S, 1997. Redescription of *Okiseius* (*Kampimodromellus*) *juglandis* (Wang et Xu) (Acarina: Phytoseiidae) [J]. Journal of the Acarological Society of Japan, 6 (2): 113-116.

RYU M O, EHARA S, 1993. Two new species of genus *Phytoseius* (Phytoseiidae, Acarina) from Korea [J]. Korean Journal of Systematic Zoology, 9 (1): 13-18.

RYU M O, LEE W K, 1992. Ten newly recorded phytoseiid mites (Acarina: Phytoseiidae) from Korea [J]. Korean Journal of Entomology, 22 (1): 23-42.

SAITO Y, 1986. Prey kills predator: Counter-attack success of a spider mite against its spcific phytoseiid predator [J]. Experimental and Applied Acarology, 2 (1): 47-62.

SALMANE I, 2001. A check-list of Latvian Gamasina mites (Acarina, Mesostigmata) with short notes to their ecology [J]. Latvijas Entomologs, 38: 27-38.

SANCHEZ M, PARAMO G, CORREDOR D, et al., 1987. Searching and functional response patterns of the mite *Neoseiulus anonymus* (Chant & Baker) (Phytoseiidae) preying on *Tetranychus urticae* (Koch) [J]. Agronmía Colombiana, 4 (1/2): 9-15 [in spanish].

SÁNCHEZ N E, GRECO N M, CÉDOLA C V, 2004. Biological Control by *Neoseiulus californicus* (Mcgregor) (Acarina: Phytoseiidae) [J]. Argentia: Universidad Nacional de La Plata, La Plata, Encyclopedia of Entomology: 223-437.

SARMENTO R A, RODRIGUES D M, FARAJI F, et al., 2010. Suitability of the predatory mites *Iphiseiodes zuluagai* and *Euseius concordis* in controlling *Polyphagotarsonemus latus* and *Tetranychus bastosi* on Jatropha curcasplants in Brazil [J]. Experimental and Applied Acarology, 53: 203-214.

SARWAR M, XU X, WU K, 2012. Suitability of webworm *Loxostege sticticalis* L. (Lepidoptera: Crambidae) eggs for consumption by immature and adults of the predatory mite *Neoseiulus pseudolongispinosus* (Xin, Liang and Ke) (Acarina: Phytoseiidae) [J]. Spanish Journal of Agricultural Research, 10 (3): 786-793.

SATO M E, DA SILVA M Z, SOUZA FILHO M F, et al., 2007. Management of *Tetranychus urticae* (Acarina: Tetranychidae) in strawberry fields with *Neoseiulus californicus* (Acarina: Phytoseiidae) and Acarinacides [J]. Experimental and Applied Acarology, 42: 107-120.

SATO M E, RAGA A, CERÁVOLO L C, et al., 2001. Effect of insecticides and fungicides on the interaction between members of the mite families Phytoseiidae and Stigmaeidae on citrus [J]. Experimental and Applied Acarology, 25 (10-11): 809-818.

SATO M M, MORAES G J DE, HADDAD M L, et al., 2011. Effect of trichomes on the predation of *Tetranychus urticae* (Acarina: Tetranychidae) by *Phytoseiulus macropilis* (Acarina: Phytoseiidae) on tomato, and the interference of webbing [J]. Experimental and Applied Acarology, 54 (1): 21-32.

SCHAUSBERGER P, 1997. Inter- and intraspecific predation on immatures by adult females in *Euseius finlandicus*, *Typhlodromus pyri* and *Kampimodromus aberrans* (Acarina: Phytoseiidae) [J]. Experimental and Applied Acarology,

21（3）：131-150.

SCHAUSBERGER P, 1998. Population growth and persistence when prey is diminishing in single-species and two-species systems of the predatory mites *Euseius finlandicus*, *Typhlodromus pyri* and *Kampimodromus aberrans* [J]. Entomologia Experimentalis et Applicata, 88（3）：275-286.

SCHEUTEN A, 1857. Einiges uber Milben [J]. Archiv fur Naturgeschichte, 23：104-112.

SCHICHA E, 1975. A new predacious species of *Amblyseius* Berlese from strawberry in Australia, and *A. longispinosus* (Evans) redescribed (Acarina: Phytoseiidae) [J]. Journal of the Australian Entomological Society, 14（2）：101-106.

SCHICHA E, 1977. *Amblyseius victoriensis* (Womersley) and *A. ovalis* (Evans) compared with a new congener from Australia (Acarina: Phytoseiidae) [J]. Journal of the Australian Entomological Society, 16：123-132.

SCHICHA E, 1979. Three new species of *Amblyseius* Berlese from New Caledonia and Australia (Acarina: Phytoseiidae) [J]. Australian Entomology Magazine, 6：41-48.

SCHICHA E, 1981a. Five known and five new species of phytoseiid mites from Australia and the South Pacific [J]. General and Applied Entomology, 13：29-46.

SCHICHA E, 1981b. A new species of *Amblyseius* (Acarina: Phytoseiidae) from Australia compared with ten closely related species from Asia, America and Africa [J]. International Journal of Acarology, 7：203-216.

SCHICHA E, 1981c. Two new species of *Amblyseius* Berlese from Queensland and New Caledonia compared with *A. largoensis* (Muma) from the South Pacific and *A. deleoni* Muma and Denmark from New South Wales (Acarina: Phytoseiidae) [J]. Journal of the Australian Entomological Society, 20：101-109.

SCHICHA E, 1982. A new species of *Amblyseius* from China compared with *A. newsami* (Evans) from Malaya (Acarina: Phytoseiidae) [J]. General and Applied Entomology, 14：45-51.

SCHICHA E, 1987. Phytoseiidae of Australia and neighboring areas [M]. Michigan: West Bloomfield, Indira Publishing House: 187.

SCHICHA E, CORPUZ-RAROS L A, 1985. Contribution to the knowledge of the genus *Paraphytoseius* Swirski and Shechter (Acarina: Phytoseiidae) [J]. International Journal of Acarology, 11（2）：67-73.

SCHICHA E, CORPUZ-RAROS L A, 1992. Phytoseiidae of the Philippines [M]. Michigan: West Bloomfield, Indira Publishing House: 190.

SCHICHA E, ELSHAFIE M, 1980. Four new species of phytoseiid mites from Australia, and three species from America redescribed (Acarina: Phytoseiidae) [J]. Journal of the Australian Entomological Society, 19：27-36.

SCHICHA E, GUTIERREZ J, 1985. Phytoseiidae of Papua New Guinea, with three new species, and new records of Tetranychidae (Acarina) [J]. International Journal of Acarology, 11（3）：173-181.

SCHRUFT G, 1967. Das Vorkommen rauberischer Milben aus der Familie Phytoseiidae (Acarina: Mesostigamata) an Reben. III. Beitrag uber Untersuchungen zur Faunistik und Biologie der Milben (Acarina) an Kultur-Reben (Vitis sp.) [J]. Die Wein- Wissenschaft, 22, 184-201.

SCHULTEN G, ARENDONK R V, RUSSELL V, et al., 1978. Copulation, egg reproduction and sex-ratio in *Phytoseiulus persimilis* and *Amblyseius bibens* (Acarina: Phytoseiidae) [J]. Entomologia Experimentalis et Applicata, 24：145-153.

SCHULTZ F W, 1972. Three new species of the family Phytoseiidae (Acarina: Mesostigmata) from South Africa [J]. Phytophylactica, 4：13-18.

SCHUSTER R O, 1959. A new species of *Typhlodromus* near *T. bakeri* (Garman) and a consideration of the occurrence of *T. rhenanus* in California [J]. Proceedings of the Entomological Society of Washington, 61（2）：88-90.

SCHUSTER R O, PRITCHARD A E, 1963. Phytoseiid mites of California [J]. Hilgardia, 34：191-285.

SCHUSTER R O, 1957. A new species of *Typhlodromus* from California [J]. The Pan-Pacific Entomologist, 33（4）：203-205.

SCHWARTZ A, 1983. Sitrusbhmspootjics: wat van biologiese behecr? [J]. Subtropica, 4（2）：14.

SCHWEIZER J, 1922. Beitrag zur Kenntnis der terrestrischen Milbenfauna der Schweiz [J]. Verhandlungen der Naturferschenden Gesellschaft in Basel, 33：23-112+4 tables.

SCHWEIZER J, 1949. Die Landmilben des Schweizerischen Nationalparkes. I. Teil: Parasitiformes Reuter, 1909 [M]. Switzerland, Liestal, Ergebnisse der Wissenschaftlichen Untersuchungen im Schweizerischen Nationalpark, 2：99.

SENGONCA C, KHAN I A, BLAESER P, 2003. Prey consumption during development as well as longevity and reproduction of *Typhlodromus pyri* Scheuten (Acarina, Phytoseiidae) at higher temperatures in the laboratory [J]. Anzeiger für

Schädlingskunde/Journal of Pest Science, 76 (3): 57-64.

SENGONCA C, KHAN I A, BLAESER P, 2004b. The predatory mite *Typhlodromus pyri* (Acarina: Phytoseiidae) causes feeding scars on leaves and fruits of apple [J]. Experimental and Applied Acarology, 33 (1-2): 45-53.

SENGONCA C, KNOBLOCH W S, 1989. Suitability and effect of pollen diet on the development, reproduction and longevity of the predatory mites *Amblyseius potentillae* (Garman) and *Typhlodromus pyri* Scheuten [J]. Mitteilungen der Deutschen Gesellschaft für Allgemeine und Angewandte Entomologie, 7 (1-3): 215-220.

SENGONCA C, ZEGULA T, BLAESER P, 2004a. The suitability of twelve different predatory mite species for the biological control of *Frankliniella occidentalis* (Pergande) (Thysanoptera: Thripidae) [J]. Journal of Plant Diseases and Protection, 111 (4): 388-399.

SEYMOUR J, 1982. Integrated control of orchard mites [J]. Rural Research, 116: 15-19.

SHANG S Q, CHEN Y N, BAI Y L, 2018. The pathogenicity of entomopathogenic fungus Acremonium hansfordii to two-spotted spider mite, *Tetranychus urticae* and predatory mite *Neoseiulus barkeri* [J]. Systematic and Applied Acarology, 23: 2173-2183.

SHEHATA K K, ZAHER M A, 1969. Two new species of the genus *Amblyseius* in the U. A. R. (Acarina - Phytoseiidae) [J]. Acarologia, 11: 175-179.

SHEN X Q, ZHANG Y N, LI T, et al., 2017. Toxicity of three Acarinacides to the predatory mite, *Neoseiulus bicaudus* (Acarina: Phytoseiidae) and their impact on the functional response to *Tetranychus turkestani* (Acarina: Tetranychidae) [J]. Journal of Economic Entomology, 110 (5): 2031-2038.

SHIBAO M, EHARA S, HOSOMI A, et al., 2004. Seasonal fluctuation in population density of phytoseiid mites and the yellow tea thrips, *Scirtothrips dorsalis* Hood (Thysanoptera: Thripidae) on grape, and predation of the thrips by *Euseius sojaensis* (Ehara) (Acarina: Phytoseiidae) [J]. Applied Entomology and Zoology, 39: 727-730.

SHIH C I T, 2001. Automatic mass-rearing of *Amblyseius womersleyi* (Acarina: Phytoseiidae) [J]. Experimental and Applied Acarology, 25 (5): 425-440.

SHIH C I T, 2007. Natural enemy of spider mite- development and utility of mass-rearing technique of *Neoseiulus womersleyi* [J]. Agriculture Bulletin of Miaoli District, 40: 13-16.

SHIMODA T, KISHIMOTO H, TAKABAYASHI J, et al., 2009. Comparison of thread-cutting behavior in three specialist predatory mites to cope with complex webs of *Tetranychus* spider mites [J]. Experimental and Applied Acarology, 47 (2): 111-120.

SHIMODA T, KISHIMOTO H, TAKAVAYASHI J, et al., 2010. Relationship between the ability to penetrate complex webs of *Tetranychus* spider mites and the ability of thread-cutting behavior in phytoseiid predatory mites [J]. BioControl, 53 (3): 273-279.

SHINMEN T, YANO S, OSAKABE M, 2010. The predatory mite *Neoseiulus womersleyi* (Acarina: Phytoseiidae) follows extracts of trails left by the two-spotted spider mite *Tetranychus urticae* (Acarina: Tetranychidae) [J]. Experimental and Applied Acarology, 52 (2): 111-118.

SHIPP J L, WANG K, 2003. Evaluation of *Amblyseius cucumeris* (Acarina: Phytoseiidae) and *Orius insidiosus* (Hemiptera: Anthocoridae) for control of *Frankliniella occidentalis* (Thysanoptera: Thripidae) on greenhouse tomatoes [J]. Biological Control, 28 (3): 271-281.

SIDLYAREVITSCH V, 1982. Predators of tetranychous mites in the fruit orchards of Byelorussia [J]. Acta Entomologica Fennica, 40: 30-32.

SKIRVIN D J, FENLON J S, 2003. The effect of temperature on the functional response of *Phytoseiulus persimilis* (Acarina: Phytoseiidae) [J]. Experimental and Applied Acarology, 31 (1-2): 37-49.

SKIRVIN D J, WILLIAMS M D C, 1999. Differential effects of plant species on a mite pest (*Tetranychus urticae*) and its predator (*Phytoseiulus persimilis*): implications for biological control [J]. Experimental and Applied Acarology, 23 (6): 497-512.

SKIRVIN D, FENLON J, 2003. Of mites and movement: the effects of plant connectedness and temperature on movement of *Phytoseiulus persimilis* [J]. Biological Control, 27: 242-250.

SLONE D H, CROFT B A, 2001. Species association among predaceous and phytophagous apple mites (Acarina: Eriophyidae, Phytoseiidae, Stigmaeidae, Tetranychidae) [J]. Experimental and Applied Acarology, 25 (2): 109-126.

SONG Z W, NGUYEN D T, LI D S, et al., 2019. Continuous rearing of the predatory mite *Neoseiulus californicus* on an artificial diet [J]. BioControl, 64: 125-137.

SONG Z W, ZHENG Y, ZHANG B X, et al., 2016. Prey consumption and functional response of *Neoseiulus californicus* and *Neoseiulus longispinosus* (Acarina: Phytoseiidae) on *Tetranychus urticae* and *Tetranychus kanzawai* (Acarina: Tetranychidae) [J]. Systematic and Applied Acarology, 21 (7): 936-946.

SPAIN A V, LUXTON M, 1971. Catalog and bibliography of the Acarina of the New Zealand subregion [J]. Pacific Insects Monograph, 25: 179-226.

SPECHT H B, 1968. Phytoseiidae (Acarina: Mesostigmata) in the New Jersey apple orchard environment with descriptions of spermathecae and three new species [J]. The Canadian Entomologist, 100: 673-692.

STANSLY P A, CASTILLO J A, 2009. Control of broad mite *Polyphagotarsonemus latus* and the whitefly *Bemisia tabaci* in open field pepper and eggplant with predaceous mites. In: Castane C, Perdikis D, Proceedings of the IOBC/WPRS working group integrated control in protected crops, mediterranean climate [C]. Greece, IOBC/WPRS Bulletin, 145-152.

STANSLY P A, CASTILLO J A, 2010. Control of broad mites, spider mites, and whiteflies using predaceous mites in open-field pepper and eggplant [J]. Florida State Horticultural Society, 122: 253-257.

STAVRINIDES M C, LARA J R, MILLS N J, 2010. Comparative influence of temperature on development and biological control of two common vineyard pests (Acarina: Tetranychidae) [J]. Biological Control, 55: 126-131.

STEHR F W, 1982. Parasitoids and predators in pest management [J]. Environmental Science and Technology: 135-173.

STEINER M Y, GOODWIN S, 2002a. Development of a new thrips predator, *Typhlodromips montdorensis* (Schicha) (Acarina: Phytoseiidae) indigenous to Australia [J]. IOBC/WPRS Bulletin, 25 (1): 245-247.

STEINER M Y, GOODWIN S, 2002b. Management of thrips on cucumber with *Typhlodromips montdorensis* (Schicha) (Acarina: Phytoseiidae) [J]. Bulletin IOBC/WPRS, 25: 249-252.

STEINER M Y, GOODWIN S, WELLHAM T M, et al., 2003. Biological studies of the Australian predatory mite *Typhlodromips montdorensis* (Schicha) (Acarina: Phytoseiidae), a potential biocontrol agent for western flower thrips, *Frankliniella occidentalis* (Pergande) (Thysanoptera: Thripidae) [J]. Australian Journal of Entomology, 42: 124-130.

STEINER M, 2002. Progress towards integrated pest management for thrips (Thysanoptera: Thripidae) in strawberries in Australia [J]. Bulletin OILB/SROP, 25: 253-256.

STENSETH C, 1979. Effect of temperature and humidity on the development of *Phytoseiulus persimilis* and its ability to regulate populations of *Tetranychus urticae* (Acarina: Phytoseiidac. Tetranychidae) [J]. Entomophaga, 24: 311-317.

STRASSEN R, 1993. Chorologische, phänologische une taxonomische Studien an Terebrantia der Kapverden (Insecta: Thysanoptera) [J]. Courier Forschungsinstitut Senckenberg, 159: 335-380.

SU J, DONG F, LIU S M, et al., 2019a. Productivity of *Neoseiulus bicaudus* (Acarina: Phytoseiidae) reared on natural prey, alternative prey, and artificial diet [J]. Journal of Economic Entomology, 112 (6): 2604-2613.

SU J, LIU M, FU Z S, et al., 2019b. Effects of alternative and natural prey on body size, locomotion and dispersal of *Neoseiulus bicaudus* (Acarina: Phytoseiidae) [J]. Systematic and Applied Acarology, 24 (9): 1579-1591.

SWIRSKI E, AMITAI S, 1961. Some phytoseiid mites (Acarina: Phytoseiidae) of Israel, with a description of two new species [J]. Israel J. Agric. Res. 11: 193-202.

SWIRSKI E, AMITAI S, 1990. Notes on phytoseiid mites (Mesostigmata: Phytoseiidae) from the Sea of Galilee region of Israel, with a description of a new species of *Amblyseius* [J]. Israel Journal of Entomology, 24: 115-124.

SWIRSKI E, AMITAI S, 1997. Annotated list of phytoseiid mites (Mesostigmata: Phytoseiidae) in Israel [J]. Israel Journal of Entomology, 31: 21-46.

SWIRSKI E, AMITAI S, DORZIA N, 1970. Laboratory studies on the feeding habits, post-embryonic survival and oviposition of the predaceous mites *Amblyseius chilenensis* Dosse and *Amblyseius hibisci* Chant (Acarina: Phytoseiidae) on various kinds of food substances [J]. Entomophaga, 15 (1): 93-106.

SWIRSKI E, GOLAN Y, 1967. On some phytoseiid mites (Acarina) from Luzon Island (Phillipines) [J]. The Israel Journal of Agricultural Research, 17: 225-227.

SWIRSKI E, RAGUSA D C S, TSOLAKIS H, 1998. Keys to the phytoseiid mites (Parasitiformes, Phytoseiidae) of Israel [J]. Phytophaga, 8: 85-154.

SWIRSKI E, RAGUSA S, 1976. Notes on predacious mites of Greece, with a description of five new species (Mesostigmata: Phytoseiidae) [J]. Phytoparasitica, 4: 101-122.

SWIRSKI E, RAGUSA S, 1977. Some predacious mites of Greece, with a description of one new species (Mesostigmata: Phytoseiidae) [J]. Phytoparasitica, 5 (2): 75-84.

SWIRSKI E, RAGUSA S, VAN EMDEN H, et al., 1973. Description of immature stages of three predaceous mites belonging to the genus *Amblyseius* Berlese (Mesostigmata: Phytoseiidae) [J]. Israel Journal of Entomology, 8: 69-87.

SWIRSKI E, SHECHTER R, 1961. Some phytoseiid mites (Acarina: Phytoseiidae) from Hong Kong, with a description of a new genus and seven new species [J]. The Israel Journal of Agricultural Research, 11: 97-117.

SWIRSKI N, DORZIA N, 1968. Studies on the feeding, development and oviposition of the predaceous mite *Amblyseius limonicus* Garman and McGregor (Acarinaa: Phytoseiidae) on various kinds of food substances [J]. Isreal Journal of Agricultural Researches, 18 (2): 71-75.

SWIRSKI S, AMITAI S, 1982. Notes on predacious mites (Acarina: Phytoseiidae) from Turkey, with description of the male of *Phytoseius echinus* Wainstein and Arutunian [J]. Israel Journal of Entomology, 16: 53-62.

TAJ H F E, JUNG C L, 2012. Effect of temperature on the life-history traits of *Neoseiulus californicus* (Acarina: Phytoseiidae) fed on *Panonychus ulmi* [J]. Experimental and Applied Acarology, 56 (3): 247-260.

TAKAHASHI F, CHANT D A, 1992. Adaptive strategies in the genus *Phytoseiulus* Evans (Acarina: Phytoseiidae): I. Development times [J]. International Journal of Acarology, 18 (3): 171-176.

TAKAHASHI F, CHANT D A, 1993a. Phylogenetic relationships in the genus *Phytoseiulus* Evans (Acarina: Phytoseiidae): I. Geogrphic distribution [J]. International Journal of Acarology, 19 (1): 15-22.

TAKAHASHI F, CHANT D A, 1993b. Phylogenetic relationships in the genus *Phytoseiulus* Evans (Acarina: Phytoseiidae): II. Taxonomic review [J]. International Journal of Acarology, 19 (1): 23-37.

TAKAHASHI F, CHANT D A, 1993c. Phylogenetic relationships in the genus *Phytoseiulus* Evans (Acarina: Phytoseiidae): III. Cladistic analysis [J]. International Journal of Acarology, 19 (1): 233-241.

TAKAHASHI F, CHANT D A, 1993d. Phylogenetic relationships in the genus *Phytoseiulus* Evans (Acarina: Phytoseiidae): IV. Reproductive isolation [J]. International Journal of Acarology, 19 (1): 305-311.

TAKAHASHI F, CHANT D A, 1994. Adaptive strategies in the genus *Phytoseiulus* Evans (Acarina: Phytoseiidae). II. Survivorship and reproduction [J]. International Journal of Acarology, 20 (2): 87-97.

TAKANO-LEE M, HODDLE M S, 2002. Predatory behaviors of *Neoseiulus californicus* and *Galendromus helveolus* (Acarina: Phytoseiidae) attacking *Oligonychus perseae* (Acarina: Tetranychidae) [J]. Experimental and Applied Acarology, 26 (1-2): 13-26.

TAL C, COLL M, WEINTRAUB P G, 2007. Biological control of *Polyphagotarsonemus latus* (Acarina: Tarsonemidae) by the predaceous mite *Amblyseius swirskii* (Acarina: Phytoseiidae) [J]. IOBC/WPRS Bulletin, 30 (5): 111-15.

TAMOTSU M, 2000. Effect of temperature on development and reproduction of the onion thrips, *Thrips tabaci* Lindeman (Thysanoptera: Thripidae), on pollen and honey solution [J]. Applied Entomology and Zoology, 35: 499-504.

TAYLOR B, RAHMAN P M, MURPHY S T, et al., 2012. Within-season dynamics of red palm mite (*Raoiella indica*) and phytoseiid predators on two host palm species in south-west India [J]. Experimental and Applied Acarology, 57 (3-4): 331-345.

TEODORO A V, FADINI M A M, LEMOS W P, et al., 2005. Lethal and sub-lethal selectivity of fenbutatin oxide and sulfur to the predator *Iphiseiodes zuluagai* (Acarina: Phytoseiidae) and its prey, *Oligonychus ilicis* (Acarina: Tetranychidae), in Brazilian coffee plantations [J]. Experimental and Applied Acarology, 36 (1-2): 61-70.

TEODORO A V, PALLINI A, OILVERIRA C, 2009. Sub-lethal effects of fenbutatin oxide on prey location by the predatory mite *Iphiseiodes zuluagai* (Acarina: Phytoseiidae) [J]. Experimental and Applied Acarology, 47 (4): 293-299.

THAKUR M, DINABANDHOO C L, CHARUHAN U, 2010. Host Range, distribution, and morphometrics of predatory mites associated with phytophagous mites of fruit crops in Himachal Pradesh, India. In: Sabelis M W, Bruin J, Trends in Acarology [C]. Proceedings of the 12th International Congress, 431-434.

THALAVAISUNDARAM S, HERRON G A, CLIFT A D, et al., 2008. Pyrethroid resistance in *Frankliniella occidentalis* (Pergande) (Thysanoptera: Thripidae) and implications for its management in Australia [J]. Australian Journal Entomology, 47: 64-69.

THISTLEWOOD H M A, 1991. A survey of predatory mites in Ontario apple orchards with diverse pesticide programs [J]. The Canadian Entomologist, 123 (6): 1163-1174.

THISTLEWOOD H M A, PREE D J, CRAWFORD L A, 1995. Selection and genetic analysis of permethrin resistance in *Amblyseius fallacis* (Garman) (Acarina: Phytoseiidae) from Ontario apple orchards [J]. Experimental and Applied Acarology, 19: 707-721.

TIAN C B, LI Y Y, WANG X, et al., 2019. Effects of UV-B radiation on the survival, egg hatchability and transcript expression of antioxidant enzymes in a high-temperature adapted strain of *Neoseiulus barkeri* [J]. Experimental and

Applied Acarology, 77: 527-543.

TIRELLO P, POZZEBON A, DUSO C, 2012. Resistance to chlorpyriphos in the predatory mite *Kampimodromus aberrans* [J]. Experimental and Applied Acarology, 56 (1): 1-8.

TIRELLO P, POZZEBON A, DUSO C, 2013. The effect of insecticides on the non-target predatory mite *Kampimodromus aberrans*: Laboratory studies [J]. Chemosphere, 93 (6): 1139-1144.

TIXIER M S, BALDASSAR A, DUSO C, et al., 2013. Phytoseiidae in European grape (*Vitis vinifera* L.): bio-ecological aspects and keys to species (Acarina: Mesostigmata) [J]. Zootaxa, 3721 (2): 101-142.

TIXIER M S, DOUIN M, KREITER S, 2016. First assessment of biological features of *Typhlodromus* (*Anthoseius*) *recki* (Mesostigmata: Phytoseidae) feeding on *Tetranychus urticae* (Thrombidiforma: Tetranychidae). In: Proceedings of the 8th Symposium of the European Association of Acarologists [C]. Spain, Valencia.

TIXIER M S, DOUIN M, KREITER S, 2020. Phytoseiidae (Acarina: Mesostigmata) on plants of the family Solanaceae: results of a survey in the south of France and a review of world biodiversity [J]. Experimental and Applied Acarology, 81: 357-388.

TIXIER M S, GUICHOU S, KREITER S, 2008. Morphological variation in the biological control agent *Neoseiulus californicus* (McGregor) (Acarina: Phytoseiidae): consequences for diagnostic reliability and synonymies [J]. Invertebrate Systematics, 22: 453-469.

TIXIER M S, KREITER S, AUGER P, 2000. Colonization of vineyards by phytoseiid mites: their dispersal patterns in the plot and their fate [J]. Experimental and Applied Acarology, 24: 191-211.

TIXIER M S, KREITER S, AUGER P, et al., 1998. Colonization of Languedoc vineyards by phytoseiid mites (Acarina: Phytoseiidae): influence of wind and crop environment [J]. Experimental and Applied Acarology, 22 (9): 523-542.

TIXIER M S, KREITER S, AUGER P, et al., 2006. Immigration of phytoseiid mites from surrounding uncultivated areas into a newly planted vineyard [J]. Experimental and Applied Acarol, 39 (3-4): 227-242.

TIXIER M S, TSOLAKIS H, RAGUSA S, et al., 2011. Integrative taxonomy demonstrates the unexpected synonymy between two predatory mite species: *Cydnodromus idaeus* and *C. picanus* (Acarina: Phytoseiidae) [J]. Invertebrate Systematics, 25: 273-281.

TIXIER M S, KREITER S, OKASSA M, et al., 2010. A new species of the genus *Euseius* Wainstein (Acarina: Phytoseiidae) from France [J]. Journal of Natural History, 44 (3-4): 241-254.

TOYOSHIMA S, 2003. A candidate of predatory phytoseiid mites (Acarina: Phytoseiidae) for the control of the European red mite, *Panonychus ulmi* (Koch), (Acarina: Tetranychidae) in Japanese apple orchards [J]. Applied Entomology and Zoology, 38: 387-391.

TOYOSHIMA S, KISHIMOTO H, AMANO H, 2018. Phytoseiid mites Portal. Available from: phytoseiidae. acarology-japan. org (Accessed 10/17/2011)

TRANDEM N, BERDINESEN R, PELL J K, et al., 2016. Interactions between natural enemies effect of a predatory mite on transmission of the fungus *Neozygites floridana* in two-spotted spider mite populations [J]. Journal of Invertebrate Pathology: 134.

TSAI S M, KUNG K S, SHIH C I, 1989. The effect of temperature on life history and population parameters of kanzawa spider mite, *Tetranychus kanzawai* Kishida (Acarina: Tetranychidae), on tea [J]. Plant Protection Bulletin, 31: 119-130.

TSENG Y H, 1972. Two new species of the mite family Phytoseiidae (Acarina: Mesostigmata) from Taiwan [J]. Plant Protection Bulletin, 14: 1-7.

TSENG Y H, 1973. Two new predatory mites from Taiwan (Acarina: Cheyletidae, Phtyoseiidae) [J]. Plant Protection Bulletin, 15: 76-81.

TSENG Y H, 1975. Systematics of the mite family Phytoseiidae from Taiwan, with a revised key to genera of the world (I) [J]. Journal of the Agricultural Association of China, New Series, 91: 45-68.

TSENG Y H, 1976. Systematics of the mite family Phytoseiidae from Taiwan, with a revised key to genera of the world (II) [J]. Journal of the Agricultural Association of China, New Series, 94: 85-128.

TSENG Y H, 1983. Further study on phytoseiid mites from Taiwan (Acarina: Mesostigmata) [J]. Chinese Journal of Entomology, 3: 33-74.

TSENG Y H, 1984. Mites associated with weeds, paddy rice, and upland rice fields in Taiwan. In: Griffiths D A, Bowman C E, Acarology VI [M]. Chichester: Ellis Horwood Ltd.: 770-780.

TSOLAKIS H, RAGUSA E, RAGUSA DI CHIARA S, 2000. Distribution of phytoseiid mites (Parasitiformes:

Phytoseiidae) on hazelnut at two different altitudes in Sicily (Italy) [J]. Environmental Entomology, 29: 1251-1257.

TUELHER E S, VENZON M, GUEDES R N C, et al., 2014. Toxicity of organic-coffee-approved products to the southern red mite *Oligonychus ilicis* and to its predator *Iphiseiodes zuluagai* [J]. Crop Protection, 55: 28-34.

TUOVINEN T, 1993. Identification and occurrence of phytoseiid mites (Gamasina: Phytoseiidae) in Finnish apple plantations and their surroundings [J]. Entomologica Fennica, 4: 95-114.

TUOVINEN T, ROKX J A H, 1991. Phytoseiid mites (Acarina: Phytoseiidae) on apple trees and in surrounding vegatation in southern Finland. Densities and species composition [J]. Experimental and Applied Acarology, 12 (1-2): 35-46.

TUTTLE D M, MUMA M H, 1973. Phytoseiidae (Acarina: Mesostigmata) inhabiting agricultural and other plants in Arizona [R]. USA, Tucson, University of Arizona, Agricultural Experiment Station Technical Bulletin, 208: 1-55.

UECKERMANN E A, LOOTS G C, 1985. The African species of the subgenus *Kampimodromus* Nesbitt (Acarina: Phytoseiidae) [J]. Phytophylactica, 17: 195-200.

UECKERMANN E A, LOOTS G C, 1988. The African species of the subgenera *Anthoseius* De Leon and *Amblyseius* Berlese (Acarina: Phytoseiidae) [J]. Entomology Memoir, Department of Agriculture and Water Supply, Republic of South Africa, 73: 1-168.

ULLAH M S, MORIYA D, BADII M H, et al., 2011. A comparative study of development and demographic parameters of *Tetranychus merganser* and *Tetranychus kanzawai* (Acarina: Tetranychidae) at different temperatures [J]. Experimental and Applied Acarology, 54 (1): 1-19.

VACANTE V, NUCIFORA A, TROPEA GARZIA G, 1988. Citrus mite in the Mediterranean area. In: Goren R, Mendel K, Proceedings of the Sixth International Citrus Congress [C]. Israel, Tel Aviv, March 6-11.

VAN DER MERWE G G, 1965. South African Phytoseiidae (Acarina). Ⅰ. Nine new species of the genus *Amblyseius* Berlese [J]. Journal of the Entomological Society of South Africa, 28: 57-76.

VAN DER MERWE G G, 1968. A taxonomic study of the family Phytoseiidae (Acarina) in South Africa with contributions to the biology of two species [R]. Entomology Memoirs, South Africa Department of Agricultural Technical Services, 18: 1-198.

VAN DER MERWE G G, RYKER P A J, 1964. The subgenus *Typhlodromalus* Muma of the genus *Amblyseius* Berlese in South Africa (Acarina: Phytoseiidae) [J]. Journal of the Entomological Society of South Africa, 26: 263-289.

VAN DER WALT L, SPOTTS R A, UECKERMANN E A, et al., 2011. The association of *Tarsonemus* mites (Acarina: Heterostigmata) with different apple developmental stages and apple core rot diseases [J]. International Journal of Acarology, 37: 71-84.

VAN DER WERF W, NYROP J P, BINNS M R, et al., 1997. Adaptive frequency classification: a new methodology for pest monitoring and its application to European red mite (*Panonychus ulmi*, Acarina: Tetranychidae) [J]. Experimental and Applied Acarology, 21 (6-7): 431-462.

VAN DINH N, ARNE J, SABELIS M W, 1988. Reproductive success of *Amblyseius idaeus* and *A. anonymus* on a diet of two-spotted spider mites [J]. Experimental and Applied Acarology, 4 (1): 41-51.

VAN DRIESCHE R G, HEINZ K M, 2004. An overview of biological control in protected culture. In: Heinz K M, Van Driesche R G, Parrella M P (eds), Biocontrol in protected culture [M]. Illinois: Ball Publishing Batavia: 1-24.

VAN DRIESCHE R G, LYON S, STANEK III E J, et al., 2006. Evaluation of efficacy of *Neoseiulus cucumeris* for control of western flower thrips in spring bedding crops [J]. Biological Control 36, 36 (2): 203-215.

VAN HOUTEN Y M, MAI L, ØSTLIE H, et al., 2005. Biological control of western flower thrips on sweet pepper using the predatory mites *Amblyseius cucumeris*, *Iphiseius degenerans*, *A. andersoni* and *A. swirskii* [J]. IOBC/WPRS Bulletin, 28 (1): 283-286.

VAN HOUTEN Y M, 1996. Biological control of western flower thrips on cucumber using the predatory mites *Amblyseius cucumeris* and *A. limonicus* [J]. IOBC/WPRS Bulletin, 19 (1): 59-62.

VAN HOUTEN Y M, GLAS J J, HOOGERBRUGGE H, et al., 2013. Herbivory-associated degradation of tomato trichomes and its impact on biological control of *Aculops lycopersici* [J]. Experimental and Applied Acarology, 60: 127-138.

VAN HOUTEN Y M, HOOGERBRUGGE H, BOLCKMANS K J F, 2007a. Spider mite control by four phytoseiid species with different degrees of polyphagy [J]. IOBC/WPRS Bulletin, 30 (5): 123-127.

VAN HOUTEN Y M, HOOGERBRUGGE H, BOLCKMANS K J F, 2007b. The influence of *Amblyseius swirskii* on biological control of two-spotted spider mites with the specialist predator *Phytoseiulus persimilis* (Acarina: Phytoseiidae) [J]. IOBC WPRS Bulletin, 30 (5): 129-132.

VAN HOUTEN Y M, ØSTLIE M L, HOOGERBRUGGE H, et al., 2005. Biological control of western flower thrips on sweet pepper using the predatory mites *Amblyseius cucumeris*, *Iphiseius degenerans*, *Amblyseius andersoni* and *Amblyseius swirskii* [J]. IOBC/WPRS Bulletin, 28: 283-286.

VAN HOUTEN Y M, OVERMEER W P J, VAN ZON A Q, et al., 1988. Thermoperiodic induction of diapause in the predacious mite, *Amblyseius potentillae* [J]. Journal of Insect Physiology, 34 (4): 285-290.

Van Houten Y M, van Rijn P C, Tanigoshi L K, et al., 1995b. Preselection of predatory mites to improve year-round biological control of western flower thrips in greenhouse crops [J]. Entomologia Experimentalis et Applicata, 74 (3): 225-234.

VAN HOUTEN Y M, VAN STRATUM P, BRUIN J, et al., 1995a. Selection for non-diapause in *Amblyseius cucumeris* and *Amblyseius barkeri* and exploration of the effectiveness of selected strains for thrips control [J]. Entomologia Experimentalis Et Applicata, 77 (3): 289-295.

VAN LEEUWEN T, VANHOLME B, VAN POTTELBERGE S, et al., 2008. Mitochondrial heteroplasmy and the evolution of insecticide resistance: non-Mendelian inheritance in action [J]. Proceedings of the National Academy of Sciences, 105 (16): 5980-5985.

VAN LEEUWEN T, VONTAS J, TSAGKARAKOU A, et al., 2010. Acarinacide resistance mechanisms in the two-spotted spider mite *Tetranychus urticae* and other important Acarina: a review [J]. Insect Biochemistry and Molecular Biology, 40 (8): 563-572.

VAN LENTEREN J, WOETS J V, 1988. Biological and integrated pest control in greenhouses [J]. Annual Review of Entomology, 33: 239-269.

VAN MAANEN R, VILA E, SABELIS M W, et al., 2010. Biological Control of broad mites (*Polyphagotarsonemus latus*) with the generalist predator *Amblyseius swirskii* [J]. Experimental and Applied Acarology, 52 (1): 29-34.

VAN RIJN P C, TANIGOSHI L K, 1999a. Pollen as food for the predatory mites *Iphiseius degenerans* and *Neoseiulus cucumeris* (Acarina: Phytoseiidae): dietary range and life history [J]. Experimental and Applied Acarology, 23 (10): 785-802.

VAN RIJN P C J, TANIGOSHI L K, 1999b. The contribution of extrafloral nectar to survival and reproduction of the predatory mite *Iphiseius degenerans* on *Ricinus communis* [J]. Experimental and Applied Acarology, 23 (4): 281-296.

VANAS V, ENIGL M, WALZER A, et al., 2006. The predatory mite *Phytoseiulus persimilis* adjusts patch-leaving to own and progeny prey needs [J]. Experimental and Applied Acarology, 39: 1-11.

VANGANSBEKE D, NGUYEN D T, AUDENAERT J, et al., 2014a. Diet-dependent cannibalism in the omnivorous phytoseiid mite *Amblydromalus limonicus* [J]. BioControl, 74: 30-35.

VANGANSBEKE D, NGUYEN D T, AUDENAERT J, et al., 2014b. Food supplementation affects interactions between a phytoseiid predator and its omnivorous prey [J]. Biological Control, 76: 95-100.

VANNINEN I, 2001. Biology of the shore fly Scatella stagnalis in rockwood under greenhouse conditions [J]. Entomologia Experimentalis et Applicata, 98: 317-328.

VANTORNHOUT I, MINNAERT H L, TIRRY L, et al., 2005. Influence of diet on life table parameters of *Iphiseius degenerans* (Acarina: Phytoseiidae) [J]. Experimental and Applied Acarology, 35 (3): 183-195.

VASCONCELOS G J N DE, MORAES G J DE, DELALIBERA Í, et al., 2008. Life history of the predatory mite *Phytoseiulus fragariae* on *Tetranychus evansi* and *Tetranychus urticae* (Acarina: Phytoseiidae, Tetranychidae) at five temperatures [J]. Experimental and Applied Acarology, 44 (1): 27-36.

VEERMAN A, 1985. Diapause. In: Helle W, Sabelis M W, Spider mites: their biology, natural enemies and control, Volume 1A [M]. Amsterdam: Elsevier, 279-316.

VEERMAN A, 1992. Diapause in phytoseiid mites: a review [J]. Experimental and Applied Acarology, 14 (1): 1-60.

VERGEL S J N, BUSTOS R A, RODRIGUEZ C D, et al., 2011. Laboratory and greenhouse evaluation of the entomopathogenic fungi and garlic-pepper extract on the predatory mites, *Phytoseiulus persimilis* and *Neoseiulus californicus* and their effect on the spider mite *Tetranychus urticae* [J]. Biological Control, 57: 143-149.

VILANUEVA R T, CHILDERS C C, 2005. Diurnal and spatial patterns of Phytoseiidae in the citrus canopy [J]. Experimental and Applied Acarology, 35 (4): 269-280.

VILLANUEVA R T, CHILDERS C C, 2006. Evidence for host plant preference by *Iphiseiodes quadripilis* (Acarina: Phytoseiidae) on Citrus [J]. Experimental and Applied Acarology, 39 (3-4): 245-256.

VILLANUEVA R T, WALGENBACH J F, 2010. Impact of new pesticide chemistry on Acarinane communities in apple orchards [J]. Trends in Acarology, 483-487.

VILLANUEVA, R T, 1997. Ecology of the mite complex on apple and related pest management implications [D]. BSc Dissertation, Queen's University, Kingston, Ontario.

VILLIERS M DE, PRINGLE K L, 2011. The presence of *Tetranychus urticae* (Acarina: Tetranychidae) and its predators on plants in the ground cover in commercially treated vineyards [J]. Experimental and Applied Acarology, 53 (2): 121-137.

VITZTHUM H V, 1941. Acarina. In: Bronns H G, Klassen und Ordnungen des Tierreichs 5 [M]. Leipzig: Akademischer Verlag: 764-767.

WAINSTEIN B A, 1958. New species of mites of the genus *Typhlodromus* (Parasitiformes: Phytoseiidae) from Georgia [J]. Soobshcheniya Akademii Nauk Gruzinskoy SSR, 21 (2): 201-207 [in Russian].

WAINSTEIN B A, 1959. New subgenus and species of the genus *Phytoseius* Ribaga, 1902 (Phytoseiidae: Parasitiformes) [J]. Zoologicheskii Zhurnal, 38: 1361-1365.

WAINSTEIN B A, 1961. New species of mites of the genus *Typhlodromus* (Parasitiformes: Phytoseiidae) in Georgia [J]. Trudy Instituta Zoologii Akademii Nauk Gruzinskoy SSR, 18: 153-162 [in Russian].

WAINSTEIN B A, 1962a. Some new predatory mites of the family Phytoseiidae (Parasitiformes) of the USSR fauna [J]. Entomologicheskoe Obozrenie, Russia, 41: 230-240; Entomological Review, 41: 139-146 [English translation].

WAINSTEIN B A, 1962b. Revision du genre *Typhlodromus* Scheuten, 1857 et systematique de la famille des Phytoseiidae (Berlese 1916) (Acarina: Parasitiformes) [J]. Acarologia, 4: 5-30.

WAINSTEIN B A, 1970. On the system of the genus *Phytoseius* Ribaga (Parasitiformes, Phytoseiidae) [J]. Zoologicheskii Zhurnal, 49: 1726-1728 [in Russian].

WAINSTEIN B A, 1972. New species and subgenus of the genus *Anthoseius* (Parasitiformes, Phytoseiidae) [J]. Zoologicheskii Zhurnal, 51: 1477-1482 [in Russian].

WAINSTEIN B A, 1975. Predatory mites of the family Phytoseiidae (Parasitiformes) of Yaroslavl Province [J]. Entomologicheskoe Obozrenie, 54 (4): 914-922 [in Russian]; Entomological Review, 54 (4): 138-143 [English translation].

WAINSTEIN B A, 1976. A new tribe of the family Phytoseiidae (Parasitiformes) [J]. Zoologicheskii Zhurnal, 55: 696-700.

WAINSTEIN B A, 1979. Predatory mites of the family Phytoseiidae (Parasitiformes) of the Primorsky Territory [J]. Nazemnye Chlenistonogie Dal'nego Vostoka, Vladivostok, Russia: 137-144 [in Russian].

WAINSTEIN B A, 1983. Predaceous mites of the family Phytoseiidae (Parasitiformes) of Hawaii [J]. Entomological Review, 62 (1): 181-186.

WAINSTEIN B A, ABBASOVA E D, 1974. Two new species of the genus *Amblyseius* genus *Amblyseius* (Parasitiformes: Phytoseiidae) from Azerbaijan [J]. Zoologicheskii Zhurnal, 53: 796-798 [in Russian].

WAINSTEIN B A, ARUTUNJAN E S, 1967. New species of predaceous mites of the genera *Typhlodromus* Scheuten and *Paraseiulus* Muma (Parasitiformes: Phytoseiidae) [J]. Zoologicheskii Zhurnal, 46: 1764-1770.

WAINSTEIN B A, ARUTUNJAN E S, 1968. New species of predaceous mites of the genus *Typhlodromus* (Parasitiformes: Phytoseiidae) [J]. Zoologicheskii Zhurnal, 47: 1240-1244 [in Russian].

WAINSTEIN B A, ARUTUNJAN E S, 1970. New species of predatory mites of the genera *Amblyseius* and *Phytoseius* (Parasitiformes: Phytoseiidae) [J]. Zoologicheskii Zhurnal, 49: 1497-1504 [in Russian].

WAINSTEIN B A, BEGLYAROV G A, 1971. New species of the genus *Amblyseius* (Parasitiformes: Phtyoseiidae) from the Primorsky Territory [J]. Zoologicheskii Zhurnal, 50: 1803-1812.

WAINSTEIN B A, VARTAPETOV S G, 1973. Predatory mites of the family Phytoseiidae (Parasitiformes) of Adzharskaya ASSR [J]. Akademiya Nauk Armyanskoy SSR, Biologicheskiy Zhurnal Armenii, 26 (2): 102-105 [in Russian].

WAINSTEIN B A, 1973. Predatory mites of the family Phytoseiidae (Parasitiformes) of the fauna of the Moldavian SSR [J]. Fauna i Biologiya Nasekomykh Moldavii, Akademiya Nauk Moldavskoy SSR, Institut Zoologii, 12: 176-180 [in Russian].

WALDE S J, NYROP J P, HARDMAN J M, 1992. Dynamics of *Panonychus ulmi* and *Typhlodromus pyri*: factors contributing to persistence [J]. Experimental and Applied Acarology, 14 (3-4): 261-291.

WALDE S J, WEI Q, 1997. The functional response of *Typhlodromus pyri* to its prey, *Panonychus ulmi*: the effect of pollen [J]. Experimental and Applied Acarology, 21 (10-11): 677-684.

WALTER D E, 1999. Review of Australian Asperoseius Chant, *Euseius* Wainstein, *Okiseius* Ehara and *Phytoscutus* Muma (Acarina: Mesostigmata: Phytoseiidae) with a key to the genera of Australian Amblyseiinae and descriptions of two new species [J]. Australian Journal of Entomology, 38: 85-95.

WALZER A, BLÜMEL S, SCHAUSBERGER P, 2001. Population dynamics of interacting predatory mites, *Phytoseiulus persimilis* and *Neoseiulus californicus*, held on detached bean leaves [J]. Experimental and Applied Acarology, 25 (9): 731-743.

WALZER A, CASTAGNOLI M, SIMONI S, et al., 2007. Intraspecific variation in humidity susceptibility of the predatory mite *Neoseiulus californicus*: survival, development and reproduction [J]. Biological Control, 41 (1): 42-52.

WANG J, XIN T R, YE X Y, et al., 2020. Effects of food sources on the fecundity and gene expression of vitellogenin and its receptor from *Amblyseius eharai* (Acarina: Phytoseiidae) [J]. Systematic and Applied Acarology, 25 (1): 139-154.

WANG Z Y, QIN S Y, XIAO L F, et al., 2014. Effects of temperature on development and reproduction of *Euseius nicholsi* (Ehara & Lee) [J]. Systematic and Applied Acarology, 19 (1): 44-50.

WEINTRAUB P G, KLEITMAN S, ALCHANATIS V, et al., 2007. Factors affecting the distribution of a predatory mite on greenhouse sweet pepper [J]. Experimental and Applied Acarology, 42 (1): 23-35.

WEINTRAUB P G, KLEITMAN S, MORI R, et al., 2003. Control of broad mites (*Polyphagotarsonemus latus* (Banks)) on organic greenhouse sweet peppers (*Capsicum annuum* L.) with the predatory mite, *Neoseiulus cucumeris* (Oudemans) [J]. Biological Control, 27: 300-309.

WEINTRAUB P G, PALEVSKY E, 2008. Evaluation of the predatory mite, *Neoseiulus californicus*, for spider mite control on greenhouse sweet pepper under hot arid field conditions [J]. Experimental and Applied Acarology, 45: 29-37.

WEINTRAUB P, PIVONIA S, STEINBERG S, et al., 2011. How many *Orius laevigatus* are needed for effective western flower thrips, *Frankliniella occidentalis*, management in sweet pepper? [J]. Crop Protection, 30: 1443-1448.

WESMAEL C, 1844. Ichneumonum Belgii [J]. Nouveamx mémoires de I'Académie Royale des Sciences et Belles-Lettres de Bruxelles, 18: 207.

WESTERBOER I, BERNHARD F, 1963. Die Familie Phytoseiidae Berlese 1916. In: Stammer H, Beitrage zur Systematik und Okologie mitteleuropaischer Acarina. Band. Ⅱ. Mesostigmata Ⅰ [M]. Leipzig: Akad. Verlagsges. Geest and Portig K G: 451-791.

WIETHOFF J, HANS-MICHAEL P, MEYHÖFER R, 2004. Combining plant- and soil-dwelling predatory mites to optimise biological control of thrips [J]. Experimental and Applied Acarology, 34 (3-4): 239-261.

WILLIAMS M E D C, KRAVAR-GRADE L, FENLON J S, et al., 2004. Phytoseiid mites in protected crops: the effect of humidity and food availability on egg hatch and adult life span of *Iphiseius degenerans*, *Neoseiulus cucumeris*, *N. californicus* and *Phytoseiulus persimilis* (Acarina: Phytoseiidae) [J]. Experimental and Applied Acarology, 32 (1-2): 1-13.

WILLMANN C, 1949. Beiträge zur Kenntnis des Salzgebietes von Ciechocinek. 1. Milben aus den Salzwiesen und Salzmooren von Ciechocinek an der Weichsel [J]. Veröffentlichungen aus dem Museum fur Natur-, Völker- und Handelskunde in Bremen, Reihe A, 1: 106-142.

WILLMANN C, 1952. Die Milbenfauna der Nordseeinsel Wangerooge [J]. Veroeffentlichungen Institut fur Meeresforsch, Bremerhaven, 1 (2): 139-186.

WIMMER D, HOFFMANN D, SCHAUSBERGER P, 2008. Prey suitability of western flower thrips, *Frankliniella occidentalis*, and onionthrips, *Thrips tabaci*, for the predatory mite *Amblyseius swirskii* [J]. Biocontrol Science and Technology, 18: 541-550.

WISE J, 2021. Managing mites in apples. Available from: www. omafra. gov. on. ca/english/index. html. (Accessed 10/17/2021)

WOMERSLEY H, 1954. Species of the subfamily Phytoseiinae (Acarina: Laelaptidae) from Australia [J]. Australian Journal of Zoology, 2: 169-191.

WRIGHT E M, CHAMBERS R J, 1994. The biology of the predatory mite *Hypoaspis miles* (Acarina: Laelapidae), a potential biological control agent of *Bradysia paupera* (Dipt. : Sciaridae) [J]. Entomophaga, 39: 225-35.

WU K, HOY M A, 2014. Oral delivery of double-stranded RNA induces prolonged and systemic gene knockdown in *Metaseiulus occidentalis* only after feeding on *Tetranychus urticae* [J]. Experimental and Applied Acarology, 63 (2): 171-187.

WU S Y, GAO Y L, XU X N, et al., 2014a. Evaluation of *Stratiolaelaos scimitus* and *Neoseiulus barkeri* for biological control of thrips on greenhouse cucumbers [J]. Biocontrol Science and Technology, 24 (0): 1110-1121.

WU S Y, GAO Y L, ZHANG Y P, et al., 2014b. An entomopathogenic strain of *Beauveria bassiana* against *Frankliniella occidentalis* with no detrimental effect on the predatory mite *Neoseiulus barkeri*: evidence from laboratory bioassay and scanning electron microscopic observation [J]. PLOS ONE, 9 (1): 1-7.

WU S Y, GAO Y L, XU X N, et al., 2015a. Compatibility of *Beauveria bassiana* with *Neoseiulus barkeri* for Control of *Frankliniella occidentalis* [J]. Journal of Integrative Agriculture, 14 (1): 98-105.

Wu S Y, Gao Y L, Xu X N, et al., 2015b. Feeding on *Beauveria bassiana*-treated *Frankliniella occidentalis* causes negative effects on the predatory mite *Neoseiulus barkeri* [J]. Scientific Reports, 5: 12033.

WU S Y, GUO J F, XING Z L, et al., 2018. Comparison of mechanical properties for mite cuticles in understanding passive defense of phytoseiid mite against fungal infection [J]. Materials and Design, 140: 241-248.

WU W N, 1992. Taxonomy, utilization of phytoseiids in China [C] //Proceedings 19 International Congress of Entomology (Abstract). Beijing: the Entomological Society of China: 676.

WU W N, 1997. A review of taxonomic studies of the *Phytoseius* from China (Acarina: Phytoseiidae) [J]. Systematic and Applied Acarology, 2: 149-160.

WU W N, LAN W M, 1992. The genus *Chanteius* of the subfamily Chantiinae in China [J]. International Journal of Acarology, 18 (1): 55-60.

WU W N, LAN W M, 2001. The phytoseiids species of the marjor crops in China [C] //Acarology. In Proceeding 10th International Congress of Acarology. Clayton Soutn, CSIRO Publishing: 530-532.

WU W N, LAN W M, LIANG L R, 1997b. Species of the genus *Okiseius* from China (Acarina: Phytoseiidae). Systematic and Applied Acarology, 2: 141-148.

WU W N, LIANG L R, FANG X D, et al., 2010. Phytoseiidae (Acarina: Mesostigmata) of China: a review of progress, with a checklist [C] //In: Zhang Z Q, Hong X Y, Fan Q H, Xin Jie-Liu Centenary: Progress in Chinese Acarology [J], Zoosymposia, 4: 288-315.

WU W N, OU J F, 1998a. A new species of the *horridus* group of *Phytoseius* in China (Acarina: Phytoseiidae) [J]. Systematic and Applied Acarology, 3: 121-124.

WU W N, OU J F, 1998b. A new species of the *rhenanus* species group of genus *Typhlodromus* in China (Acarina: Phytoseiidae) [J]. Systematic and Applied Acarology, 3: 133-136.

WU W N, OU J F, 1999. A new species group of the genus *Amblyseius* with descriptions of two new species (Acarina: Phytoseiidae) in China [J]. Systematic and Applied Acarology, 4: 103-110.

WU W N, OU J F, 2001. The *obtusus* species group of the genus *Amblyseius* (Acarina: Phytoseiidae), with descriptions of two new species in China [J]. Systematic and Applied Acarology, 6: 101-108.

WU W N, OU J F, 2002. The genus *Asperoseius* Chant (Acarina: Phytoseiidae) in China [J]. Systematic and Applied Acarology, 7: 123-128.

WYSOKI M, 1974. Studies on diapause and the resistance to low temperatures of a predacious mite, *Phytoseius finimus* (mesostigmata, phytoseiidae) [J]. Eniomologia Experimentalis et Applicata, 17 (1): 22-30.

WYSOKI M, BOLLAND H R, 1983. Chromosome studies of phytoseiid mites (Acarina: Gamasida) [J]. International Journal of Acarology, 9 (2): 91-94.

XIA B, ZOU Z W, LI P X, et al., 2012. Effect of temperature on development and reproduction of *Neoseiulus barkeri* (Acarina: Phytoseiidae) fed on *Aleuroglyphus ovatus* [J]. Experimental and Applied Acarology, 56: 33-41.

XIAO Y F, AVERY P, CHEN J J, et al., 2012. Ornamental pepper as banker plants for establishment of *Amblyseius swirskii* (Acarina: Phytoseiidae) for biological control of multiple pests in greenhouse vegetable production [J]. Biological Control, 63 (3): 279-286.

XIAO Y F, FADAMIRO H Y, 2010. Functional responses and prey-stage preferences of three species of predacious mites (Acarina: Phytoseiidae) on citrus red mite, *Panonychus citri* (Acarina: Tetranychidae) [J]. Biological Control, 53 (3): 345-352.

XIAO Y F, OSBORNE L S, CHEN J J, et al., 2013. Functional responses and prey-stage preferences of a predatory gall midge and two predacious mites with two spotted spider mites, *Tetranychus urticae*, as host [J]. Journal of Insect Science, 13 (8): 1-12.

XIN J L, LIANG L R, KE L S, 1981. A new species of the genus *Amblyseius* from China (Acarina: Phytoseiidae) [J]. International Journal of Acarology, 7 (1-4): 75-80.

XIN J L, LIANG L R, KE L S, 1984. Biology and utilization *Amblyseius pseudolongispinosus* (Acarina: Phytoseidae) in China. In: Griffiths D A, Bowman C E, Acarology VI [M]. Chichester: Ellis Horwood: 693-698.

XU X N, ENKEGAARD A, 2010. Prey preference of the predatory mite, *Amblyseius swirskii* between first instar western flower Thrips *Frankliniella occidentalis* and nymphs of the twospotted spider mite *Tetranychus urticae* [J]. Journal of

Insect Science, 10 (149): 1-11.

XU X N, WANG B M, WANG E D, et al., 2013. Comments on the identity of *Neoseiulus californicus sensu lato* (Acarina: Phytoseiidae) with a redescription of this species from southern China [J]. Systematic and Applied Acarology, 18 (4): 329-344.

YANG J Y, LV J L, LIU J Y, et al., 2019. Prey preference, reproductive performance, and life table of *Amblyseius tsugawai* (Acarina: Phytoseiidae) feeding on *Tetranychus urticae* and *Bemisia tabaci* [J]. Systematic and Applied Acarology, 24 (3): 404-413.

YANINEK J S, MEGEVAND B, MORAES G J DE, et al., 1991. Establishment of the neotropical predator *Amblyseius idaeus* (Acarina: Phytoseiidae) in Benin, West Africa [J]. Biocontrol Science and Technology, 1 (4): 323-330.

YANINEK J S, ONZO A, OJO J B, 1993. Continent-wide releases of neotropical phytoseiids against the exotic cassava green mite in Africa [J]. Experimental and Applied Acarology, 17: 145-160.

YDERGAARD S, ENKEGAARD A, BRODSGAARD H F, 1997. The predatory mite *Hypoaspis miles*: temperature dependent life table characteristics on a diet of sciarid larvae, *Bradysia paupera* and *B. tritici* [J]. Entomologia Experimentalis et Applicata, 85: 177-187.

YOCUM G D, RINEHART J P, LARSON M L, 2011. Monitoring diapause development in the Colorado potato beetle, *Leptinotarsa decemlineata*, under field conditions using molecular biomarkers [J]. Journal of Insect Physiology, 57 (5): 645-652.

YODER J A, 1998. A comparison of the water balance characteristics of *Typhlodromus occidentalis* and *Amblyseius finlandicus* mites (Acarina: Phytoseiidae) and evidence for the site of water vapour uptake [J]. Experimental and Applied Acarology, 22 (5): 279-286.

YOSHIDA-SHAUL E, CHANT D A, 1997. A world review of the genus *Phytoscutus* Muma (Phytoseiidae: Acarina) [J]. Acarologia, 38 (3): 219-238.

YOUSEF A T A, 1980. Morphology and biology of *Typhlodormus africanus* n. sp. (Acarina: Mesostigmata: Phytoseiidae) [J]. Acarologia, 22 (2): 121-125.

ZAcarinaAS M S, MORAES G J DE, 2001. Phytoseiid mites (Acarina) associated with rubber trees and other euphorbiaceous plants in southeastern Brazil [J]. Neotropical Entomology, 30 (4): 579-586.

ZACHARDA M, 1989. Seasonal history of *Typhlodromus pyri* (Acarina: Mesostigmata: Phytoseiidae) in a commercial apple orchard in Czechoslovakia [J]. Experimental and Applied Acarology, 6: 307-325.

ZACK R E, 1969. Seven new species and records of phytoseiid mites from Missouri (Acarina: Phtyoseiidae) [J]. Journal of the Kansas Entomological Society, 42 (1): 68-80.

ZAHER M A, 1984. Survey and ecological studies on phytophagous, predaceous and soil mites in Egypt. Phytophagous mites in Egypt (Nile Valley and Delta) [R]. USA Programme 480 Project No EG-ARS-30. Grant No FG-EG-139: 1-228.

ZAHER M A, SHEHATA K K, 1970. A new typhlodromid mite, *Typhlodromus tetramedius* [J]. Bulletin of the Entomological Society of Egypt, 54: 117-121.

ZALOM F G, IRIGARAY F J S C, 2010. Integrating pesticides and biocontrol of mites in agricultural systems. In: Sabelis M, Bruin J, Trends in Acarology [M]. Germany Springer Press: 471-476.

ZANNOU I D, HANNA R, 2011. Clarifying the identity of *Amblyseius swirskii* and *Amblyseius rykei* (Acarina: Phytoseiidae): are they two distinct species or two populations of one species? [J]. Experimental and Applied Acarology, 53 (4): 339-347

ZANNOU I D, HANNA R, MORAES G J D, et al., 2005. Cannibalism and interspecific predation in a Phytoseiid predator guild from cassava fields in Africa: evidence from the laboratory [J]. Experimental and Applied Acarology, 37 (1-2): 27-42.

ZANNOU I D, MORAES G J D, UECKERMANN E A, et al., 2007. Phytoseiid mites of the subtribe Amblyseiina (Acarina: Phytoseiidae: Amblyseiini) from sub-Saharan Africa [J]. Zootaxa, 1550: 1-47.

ZANNOU I D, MORAES G J DE, UECKERMANN E A, et al., 2006. Phytoseiid mites of the genus *Neoseiulus* Hughes (Acarina: Phytoseiidae) from sub-Saharan Africa [J]. International Journal of Acarology, 32 (3): 241-276.

ZEMEK R, NACHMAN G, 1999. Interactions in a tritrophic Acarinane predator-prey metapopulation system: prey location and distance moved by *Phytoseiulus persimilis* (Acarina: Phytoseiidae) [J]. Experimental and Applied Acarology, 23: 21-40.

ZHANG Y X, ZHANG Z Q, LIN J Z, et al., 1998. Predation of *Amblyseius longispinosus* (Acarina: Phytoseiidae) on *Aponychus corpuzae* (Acarina: Tetranychidae) [J]. Systematic and Applied Acarology, 3: 53-58.

ZHANG Y N, GUO D D, ZHANG Y J, et al., 2016. Effects of host plant species on the development and reproduction of *Neoseiulus bicaudus* (Phytoseiidae) feeding on *Tetranychus turkestani* (Tetranychidae) [J]. Systematic and Applied Acarology, 21 (5): 647–656.

ZHANG Y N, JIANG, J Y Q, ZHANG YJ, et al., 2017. Functional response and prey preference of *Neoseiulus bicaudus* (Mesostigmata: Phytoseiidae) to three important pests in Xinjiang, China [J]. Environmental Entomology, 46 (3): 538–543.

ZHANG Y X, JI J, ZHANG Z Q, et al., 2000c. Arrestment response of the predatory mite *Amblyseius longispinosus* to *Schizotetranychus nanjingensis* webnests on bamboo leaves (Acarina: Phytoseiidae, Tetranychidae) [J]. Experimental and Applied Acarology, 24: 227–233.

ZHANG Y X, JI J, ZHANG Z Q, et al., 2002. Responses to stimuli from *Schizotetranychus nanjingensis* on bamboo leaves by two predatory mite species (Acarina: Tetranychidae, Phytoseiidae) [J]. Systematic and Applied Acarology, 7: 49–56.

ZHANG Y X, LIN J Z, ZHANG Z Q, et al., 2000a. Key factors affecting populations of *Schizotetranychus nanjingensis*, *Aponychus corpuzae* and *Aculus bambusae* in Fujian bamboo forests during different seasons: an analysis using methods of grey sequence [J]. Systematic and Applied Acarology, Special Publications, 4: 125–160.

ZHANG Y X, SAITO Y, LIN J Z, et al., 2003. Ambulatory migration in mites (Acarina: Tetranychidae, Phytoseiidae) to new leaves of moso bamboo shoots [J]. Experimental and Applied Acarology, 31 (1-2): 59–70.

ZHANG Y X, ZHANG Z Q, CHEN C P, et al., 2001b. *Amblyseius cucumeris* (Acarina: Phytoseiidae) as a biocontrol agent against *Panonychus citri* (Acarina: Tetranychidae) on citrus in China [J]. Systematic and Applied Acarology, 6: 35–44.

ZHANG Y X, ZHANG Z Q, LIN J Z, 1999a. Predation of *Amblyseius longispinosus* (Acarina: Phytoseiidae) on *Schizotetranychus nanjingensis* (Acarina: Tetranychidae), a spider mite injurious to bamboo in Fujian, China [J]. Systematic and Applied Acarology, 4: 63–68.

ZHANG Y X, ZHANG Z Q, LIN J Z, et al., 2000b. Potential of *Amblyseius cucumeris* (Acarina: Phytoseiidae) as a biocontrol agent against *Schizotetranychus nanjingensis* (Acarina: Tetranychidae) in Fujian, China [J]. Systematic and Applied Acarology, Special Publications, 4: 109–124.

ZHANG Y X, ZHANG Z Q, LIU Q Y, et al., 1999b. Biology of *Typhlodromus bambusae* (Acarina: Phytoseiidae), a predator of *Schizotetranychus nanjingensis* (Acarina: Tetranychidae) injurious to bamboo in Fujian, China [J]. Systematic and Applied Acarology, 4 (1): 57–62.

ZHANG Y X, ZHANG Z Q, ZHANG X J, et al., 2001a. Population dynamics of phytophagous and predatory mites (Acarina: Tetranychidae, Eriophyidae, Phytoseiidae) on bamboo plants in Fujian, China [J]. Experimental and Applied Acarology, 25: 383–391.

ZHANG Z Q, 2003. Mites of greenhouses-identification, biology and control [M]. UK: Wallingford, CABI publishing.

ZHAO Y L, LI D S, ZHANG M, et al., 2014. Food source affects the expression of vitellogenin and fecundity of a biological control agent, *Neoseiulus cucumeris* [J]. Experimental and Applied Acarology, 63: 333–347.

ZHENG Y, DE CLERCQ P, SONG Z W, et al., 2017. Functional response of two *Neoseiulus* species preying on *Tetranychus urticae* Koch [J]. Systematic and Applied Acarology, 22 (7): 1059–1068.

ZILAHI-BALOGH G M G, SHIPP J L, CLOUTIER C, et al., 2007. Predation by *Neoseiulus cucumeris* on western flower thrips, and its oviposition on greenhouse cucumber under winter vs. summer conditions in a temperate climate [J]. BioControl, 40 (2): 160–167.

ZUNDEL C, HANNA R, SCHEIDEGGER U, et al., 2007. Living at the threshold: Where does the neotropical phytoseiid mite *Typhlodromalus aripo* survive the dry season [J]. Experimental and Applied Acarology, 41 (1-2): 11–26.

Abstract

Phytoseiid mites are some of the most common natural enemies of pest mites and some other small arthropods. They are diverse and widespread on plants or in soil, playing an important role in ecological balance. Since the 1950s abroad and the 1970s in China, a lot of work has been done on the species investigation, artificial reproduction and field release of phytoseiid mites, and valuable species have been discovered and applied in biological control and achieved remarkable results.

China is one of the countries with the most abundant phytoseiid mite species due to its complex topographic structure and diverse ecological environment. At present, phytoseiid mites resources in China have been well known. The first author published "Economic insect fauna of China (Volume 53) Acari: Phytoiseiidae" in 1997, recorded 159 species of Phytoseiidae in China, and "Fauna Sinica, Invertebrata vol. 47. Arachnida Acari: Phytoseiidae" in 2009, recorded 280 species of Phytoseiidae in China, accounting for 1/6 of the known species worldwide. Later, the second author of the book and others published some new species in China successively. The book includes 328 phytoseiid mites recorded in China until 2020, and many new species supposed to have not been discovered yet. Phytoseiid mites worldwide have increased from more than 20 species recorded in 1951 to more than 2700 species in 2020, many of which have very important application value. Many taxonomists have proposed classification systems for phytoseiidae, among which De Moraes (2004) and Chant & McMurtry (2007) are the most widely used classification systems for phytoseiidae, but there are many differences between the two systems. Based on the classification system of Chant and McMurtry (2007), this book revises the classification status of Phytoseiid mites species in China and valuable Phytoseiid mites species in the world, and sorts out a relatively perfect Chinese classification retrieval system. In addition, the latest research progress of 70 phytoseiid species with important economic value at home and abroad were reviewed, which could provide guidance for the further development and application of phytoseiid mites resources in China. In addition, the widely application of phytoseiid mites in citrus, apple, tea and other crop species used in China were reviewed, including the successful application experience and existing problems, which could provide a new idea for further research on the field application technology of phytoseiid mites and expansion of its application crop range.

At present, the reproduction and utilization techniques of some predatory mites in foreign countries have been very mature, and these species generally meet the conditions of easy industrial breeding, abundant feed sources and low production cost. About 30 species of predatory mites, such as *Phytoseiulus persimilis*, *Galendromus occidentalis* and *Neoseiulus californicus* etc., have been successively selected and widely used in the field. However, The screening and application of phytoseiid mites in China is relatively lagging behind, but the development momentum is strong. About 10 phytoseiid mites, such as *Neoseiulus barkeri*, *Neoseiulus womersleyi* (= *N. longispinosus*), *Amblyseius orientalis*, *Euseius nicholsi* and *Neoseiulus californicus* (native species) etc. have been screened out, and achieved large-scale production and application to a certain extent. However, there is still a large gap between domestic phytoseiid mites resources and the control demands of small juice sucking pests such as leaf mites, thrips, whiteflies and aphids on important fruits and vegetables, tea, flowers and other crops. Therefore, we should carry out the propagation and utilization of phytoseiid mites in China, screen more native phytoseiid mites species, promote the breadth and depth of the research and application of native species, promote the vigorous development of the subject and natural enemy industry of phytoseiid mites.

The book is scientific, systematic and advanced in nature, and has important academic value and practical application value. It can be used as a reference for researchers, teachers and managers in the fields of taxonomy, plant protection, horticulture, urban planting, agriculture, biology and ecology, as well as those who are keen on ecological control of pests.

中文名索引

A

阿尔卑斯新小绥螨 / 049
阿里波异盲走螨 / 152
阿西异盲走螨 / 153
艾达山新小绥螨 / 061
爱泽真绥螨 / 176
隘颈新小绥螨 / 075
隘腰钝绥螨 / 125
安德森钝绥螨 / 113
安松盲走螨 / 237
安图新小绥螨 / 066
凹胸盲走螨 / 221

B

八达岭新小绥螨 / 067
八角枫真绥螨 / 176
巴氏新小绥螨 / 052
坝洒钝绥螨 / 123
霸王岭盲走螨 / 218
白城新小绥螨 / 068
北方盲走螨 / 219
北海新小绥螨 / 068
贝氏新小绥螨 / 051
扁形新小绥螨 / 050
不纯伊绥螨 / 181

C

草茎真绥螨 / 173
草莓小植绥螨 / 091
草栖钝绥螨 / 115
侧柏盲走螨 / 230
侧膜盲走螨 / 227
茶藨子盲走螨 / 231
茶钝绥螨 / 130

长白冲绥螨 / 082
长白钝绥螨 / 124
长刺新小绥螨 / 063
长顶毛真绥螨 / 178
长短毛盲走螨 / 228
长肛新小绥螨 / 072
长颈盲走螨 / 228
长颈真绥螨 / 178
长毛植绥螨 / 192
长囊钝绥螨 / 127
长形盲走螨 / 222
长中毛钝绥螨 / 127
长足小植绥螨 / 092
车八岭新小绥螨 / 068
冲绳肩绥螨 / 105
崇明盲走螨 / 221
椿盲走螨 / 218
纯洁钝绥螨 / 124
刺新小绥螨 / 074
粗糙植盾螨 / 143
粗糙植绥螨 / 195
粗毛植绥螨 / 188
粗皱植绥螨 / 195
粗壮盲走螨 / 231
崔氏盲走螨 / 222

D

大黑肩绥螨 / 105
大理钝绥螨 / 124
大鹿真绥螨 / 177
大麻盲走螨 / 220
大通盲走螨 / 222
大屿山植绥螨 / 196
带鞘植绥螨 / 196

袋形新小绥螨 / 073
丹东植绥螨 / 192
单大毛新小绥螨 / 072
单毛盲走螨 / 229
稻城新小绥螨 / 069
德钦新小绥螨 / 069
邓氏钱绥螨 / 201
丁香似盲走螨 / 099
鼎湖拟钝绥螨 / 144
东方钝绥螨 / 117
东方盲走螨 / 230
东方拟植绥螨 / 086
冬盲走螨 / 224
斗形盲走螨 / 225
短颈钝绥螨 / 124
短毛植绥螨 / 190
短中毛盲走螨 / 220
钝毛钝绥螨 / 128
盾形真绥螨 / 171
多产植绥螨 / 189
多孔新小绥螨 / 073
多样盲走螨 / 235

E

峨眉小钝伦螨 / 087
恩氏肩绥螨 / 104
二叉盲走螨 / 219

F

范氏盲走螨 / 243
方肛盲走螨 / 231
仿盾似前锯绥螨 / 139
肥厚盲走螨 / 224
肥胖盲走螨 / 229

分开钱绥螨 / 201
芬兰真绥螨 / 164
粉虱真绥螨 / 161
风轮新小绥螨 / 069
峰木似盲走螨 / 099
佛罗里达静走螨 / 247
佛州分开绥螨 / 136

G
甘肃新小绥螨 / 070
高山钝绥螨 / 122
高山横绥螨 / 132
高原钝绥螨 / 122
钩囊钝绥螨 / 129
钩室新小绥螨 / 070
古山新小绥螨 / 071
牯岭盲走螨 / 223
管形盲走螨 / 235
管形新小绥螨 / 076
冠胸新小绥螨 / 069
光滑似前锯绥螨 / 140
光滑植绥螨 / 194
广东肩绥螨 / 102
广东盲走螨 / 223
广东拟钝绥螨 / 145
广东钱绥螨 / 201
广何横绥螨 / 134
广西盲走螨 / 223
贵州肩绥螨 / 104

H
海岸冲绥螨 / 083
海南钝绥螨 / 126
海南盲走螨 / 223
海南钱绥螨 / 201
海氏钝绥螨 / 126
合欢似盲走螨 / 099
核桃楸冲绥螨 / 082

贺兰似盲走螨 / 098
横断山酵绥螨 / 148
横断山新小绥螨 / 070
红色真绥螨 / 169
胡瓜新小绥螨 / 058
胡氏盲走螨 / 225
虎丘植绥螨 / 193
花莲拟植绥螨 / 085
花坪钝绥螨 / 126
花溪植绥螨 / 192
环形真绥螨 / 177
黄岗肩绥螨 / 105
黄家盲走螨 / 224
黄泡植绥螨 / 194
藿香蓟横绥螨 / 134

J
吉林横绥螨 / 135
加州新小绥螨 / 056
尖峰盲走螨 / 227
坚固钝绥螨 / 125
建阳肩绥螨 / 105
江西似盲走螨 / 098
江西真绥螨 / 177
江原冲绥螨 / 082
江原钝绥螨 / 114
豇豆肩绥螨 / 107
结饰植绥螨 / 187
金露梅盲走螨 / 222
津川钝绥螨 / 131
颈库螨 / 208
竞争新小绥伦螨 / 244
橘叶真绥螨 / 163
橘真绥螨 / 162
巨毛小植绥螨 / 093
锯胸盲走螨 / 232

K
开心盲走螨 / 241
柯氏植绥螨 / 191
孔盲走螨 / 230

L
拉哥钝绥螨 / 116
拉氏钝绥螨 / 121
喇叭似前锯绥螨 / 140
莱茵盲走螨 / 215
兰屿盲走螨 / 227
雷公山新小绥螨 / 071
雷氏植绥螨 / 194
类卵圆真绥螨 / 179
类瘦盲走螨 / 228
梨盲走螨 / 239
理塘盲走螨 / 228
立氏盲走螨 / 214
栎真绥螨 / 179
栗真绥螨 / 177
连山钝绥螨 / 127
梁氏新小绥螨 / 071
梁氏真绥螨 / 178
邻近钱绥螨 / 200
林芝盲走螨 / 227
林芝新小绥螨 / 071
鳞纹新小绥螨 / 062
灵敏新小绥螨 / 067
琉球盲走螨 / 232
柳杉新小绥螨 / 069
陇川植绥螨 / 193
庐山盲走螨 / 228
庐山新小绥螨 / 072
卵圆似前锯绥螨 / 140
卵圆真绥螨 / 169

M
马鞭草盲走螨 / 235

芒草钝绥螨 / 129
芒康钝绥螨 / 128
毛里横绥螨 / 135
毛榛盲走螨 / 221
檬小钝走螨 / 156
闽植绥螨 / 192
敏捷盲走螨 / 218
墨西哥似前锯绥螨 / 138
木槿真绥螨 / 167
木薯小钝走螨 / 158
牧草钝绥螨 / 129

N

南方真绥螨 / 176
南非盲走螨 / 216
尼氏荣绥螨 / 203
尼氏真绥螨 / 160
拟大横绥螨 / 136
拟海南钝绥螨 / 129
拟莲钝绥螨 / 129
拟卵圆真绥螨 / 179
拟牧草钝绥螨 / 128
拟普通真绥螨 / 180
拟三叶胶小钝伦螨 087
拟网纹新小绥螨 / 074
纽氏肩绥螨 / 102

P

盘形新小绥螨 / 070
盆形新小绥螨 / 068
膨胀钝绥螨 / 123
平岛盲走螨 / 224
凭祥新小绥螨 / 073
瓶形新小绥螨 / 076
普通盲走螨 / 217
普通真绥螨 / 180

Q

奇异酵绥螨 / 148
奇异异盲走螨 / 154
蕲艾盲走螨 / 222
千山盲走螨 / 231
千山植绥螨 / 194
切口植绥螨 / 186
亲缘钝绥螨 / 124
雀稗新小绥螨 / 064

R

日本植绥螨 / 193
柔毛似前锯绥螨 / 141
瑞丽真绥螨 / 179
瑞氏盲走螨 / 213
箬竹钝绥螨 / 127

S

三齿盲走螨 / 234
三港小芒走螨 / 101
三角钝绥螨 / 130
三孔盲走螨 / 234
三毛钝绥螨 / 131
三毛库螨 / 208
桑氏酵绥螨 / 149
森林盲走螨 / 233
山西盲走螨 / 232
神农架植绥螨 / 195
石河子新小绥螨 / 073
似袋形新小绥螨 / 075
似方肛盲走螨 / 231
似巨钝绥螨 / 125
似沿海盲走螨 / 234
似圆新小绥螨 / 075
瘦盲走螨 / 229
蜀葵新小绥螨 / 074
树木盲走螨 / 242
双环新小绥螨 / 070

双尾新小绥螨 / 054
斯氏钝绥螨 / 119
四川肩绥螨 / 106
四国植绥螨 / 191
四毛拟伊绥螨 / 145
松盲走螨 / 230
松能植绥螨 / 196
松山植绥螨 / 195
苏氏副绥伦螨 / 206

T

塔玛塔夫钝绥螨 / 121
台湾冲绥螨 / 082
台湾拟钝绥螨 / 144
台湾新小绥螨 / 075
泰国肩绥螨 / 106
泰山盲走螨 / 234
泰氏副绥伦螨 / 207
天目钝绥螨 / 130
天水真绥螨 / 180
天祥肩绥螨 / 106
条纹新小绥螨 / 074
同心真绥螨 / 163
头状盲走螨 / 221
土拉真绥螨 / 175

W

王氏钝绥螨 / 131
王氏植绥螨 / 196
微小植绥螨 / 185
维多利亚真绥螨 / 174
伪新小绥螨 / 060
尾腺盲走螨 / 212
温氏新小绥螨 / 065
沃氏横绥螨 / 136
乌龙真绥螨 / 178
五倍子真绥螨 / 166
五边似前锯绥螨 / 141

五指山盲走螨 / 235
武夷钝绥螨 / 131

X

西安盲走螨 / 236
西藏盲走螨 / 237
西藏小钝伦螨 / 088
西藏新小绥螨 / 076
西藏真绥螨 / 180
西昌真绥螨 / 180
西方静走螨 / 248
溪流后绥伦螨 / 250
细钝绥螨 / 130
细密真绥螨 / 177
细小盲走螨 / 223
细小植绥螨 / 186
细长植绥螨 / 193
虾夷似盲走螨 / 098
峡盲走螨 / 226
纤细拟植绥螨 / 085
线纹似前锯绥螨 / 140
相似真绥螨 / 179
相思盲走螨 / 218
香港植绥螨 / 184
香山钝绥螨 / 127
忻氏盲走螨 / 236
新粗糙盲走螨 / 229
新斐济钝绥螨 / 128

新疆盲走螨 / 236
新小皱新小绥螨 / 073
新凶植绥螨 / 193
兴城盲走螨 / 236
修复盲走螨 / 236
徐氏似盲走螨 / 100
血桐真绥螨 / 178

Y

亚东钝绥螨 / 131
亚东盲走螨 / 237
亚热冲绥螨 / 081
亚洲肩绥螨 / 104
沿海盲走螨 / 229
伊东钝绥螨 / 125
异常坎走螨 / 079
异毛钝绥螨 / 126
银川盲走螨 / 237
樱桃小钝伦螨 / 088
永安新小绥螨 / 076
尤溪盲走螨 / 237
油桐植绥螨 / 186
有益真绥螨 / 180
余杭植绥螨 / 196
榆盲走螨 / 235
约等盲走螨 / 233
月桃钝绥螨 / 122

Z

云南钝绥螨 / 132
杂草钝绥螨 / 125
藏草冲绥螨 / 083
藏柳似盲走螨 / 100
藏松似盲走螨 / 100
柞似盲走螨 / 099
张氏盲走螨 / 220
张掖盲走螨 / 238
赵氏盲走螨 / 238
罩似肩绥螨 / 107
真桑新小绥螨 / 072
榛植绥螨 / 191
知本拟植绥螨 / 085
直似盲走螨 / 098
智利小植绥螨 / 089
中凹盲走螨 / 226
中甸盲走螨 / 238
中国冲绥螨 / 082
中国盲走螨 / 220
中国新小绥螨 / 068
中国植绥螨 191
皱褶植绥螨 / 195
朱鲁盖拟伊绥螨 / 146
竹盲走螨 / 212
总社真绥螨 / 172

拉丁学名索引

A

Amblydromalus limonicus / 156
Amblydromalus manihoti / 158
Amblyseiulella omei / 087
Amblyseiulella paraheveae / 087
Amblyseiulella prunii / 088
Amblyseiulella xizangensis / 088
Amblyseius alpigenus / 122
Amblyseius alpinia / 122
Amblyseius altiplanumi / 122
Amblyseius ampullosus / 123
Amblyseius andersoni / 113
Amblyseius basaensis / 123
Amblyseius bellatulus / 124
Amblyseius brevicervix / 124
Amblyseius changbaiensis / 124
Amblyseius cinctus / 125
Amblyseius consanguineus / 124
Amblyseius daliensis / 124
Amblyseius eharai / 114
Amblyseius ezoensis / 125
Amblyseius firmus / 125
Amblyseius gramineous / 125
Amblyseius grandisimilis / 125
Amblyseius hainanensis / 126
Amblyseius herbicolus / 115
Amblyseius heterochaetus / 126
Amblyseius hidakai / 126
Amblyseius huapingensis / 126
Amblyseius indocalami / 127
Amblyseius kaguya / 127
Amblyseius largoensis / 116
Amblyseius lianshanus / 127
Amblyseius longimedius / 127
Amblyseius longisaccatus / 127
Amblyseius mangkuanensis / 128
Amblyseius neofijiensis / 128
Amblyseius neopascalis / 128
Amblyseius obtuserellus / 128
Amblyseius orientalis / 117
Amblyseius pascalis / 129
Amblyseius rademacheri / 121
Amblyseius saacharus / 129
Amblyseius strobocorycus / 129
Amblyseius subhainanensis / 129
Amblyseius subpassiflorae / 129
Amblyseius swirskii / 119
Amblyseius tamatavensis / 121
Amblyseius tenuis / 130
Amblyseius theae / 130
Amblyseius tianmuensis / 130
Amblyseius triangulus / 130
Amblyseius trisetosus / 131
Amblyseius tsugawai / 131
Amblyseius wangi / 131
Amblyseius wuyiensis / 131
Amblyseius yadongensis / 131
Amblyseius yunnanensis / 132
Aristadromips sangangensis / 101

C

Chanteius contiguus / 200
Chanteius guangdongensis / 201
Chanteius hainanensis / 201
Chanteius separatus / 201
Chanteius tengi / 201
Chelaseius floridanus / 136
Cydnoseius negevi / 203

E

Euseius aizawai / 176

Euseius alangii / 176

Euseius aleyrodis / 161

Euseius australis / 176

Euseius castaneae / 177

Euseius circellatus / 177

Euseius citri / 162

Euseius citrifolius / 163

Euseius concordis / 163

Euseius daluensis / 177

Euseius densus / 177

Euseius finlandicus / 164

Euseius gallicus / 166

Euseius hibisci / 167

Euseius jiangxiensis / 177

Euseius liangi / 178

Euseius longicervix / 178

Euseius longiverticalis / 178

Euseius macaranga / 178

Euseius nicholsi / 160

Euseius oolong / 178

Euseius ovalis / 169

Euseius paraovalis / 179

Euseius querci / 179

Euseius rubicolus / 169

Euseius ruiliensis / 179

Euseius scutalis / 171

Euseius simileus / 179

Euseius similiovalis / 179

Euseius sojaensis / 172

Euseius stipulatus / 173

Euseius subplebeius / 180

Euseius tianshuiensis / 180

Euseius tularensis / 175

Euseius utilis / 180

Euseius victoriensis / 174

Euseius vulgaris / 180

Euseius xichangensis / 180

Euseius xizangensis / 180

G

Galendromus（*Galendromus*）*floridanus* / 247

Galendromus（*Galendromus*）*occidentalis* / 248

Gynaeseius duanensis / 148

Gynaeseius liturivorus / 148

Gynaeseius santosoi / 149

I

Iphiseiodes quadripilis / 145

Iphiseiodes zuluagai / 146

Iphiseius degenerans / 181

K

Kampimodromus aberrans / 079

Kuzinellus cervix / 208

Kuzinellus trisetus / 208

M

Metaseiulus（*Metaseiulus*）*flumenis* / 250

N

Neoseiulella compta / 244

Neoseiulus alpinus / 049

Neoseiulus anonymus / 050

Neoseiulus antuensis / 066

Neoseiulus astutus / 067

Neoseiulus badalingensis / 067

Neoseiulus baichengensis / 068

Neoseiulus baraki / 051

Neoseiulus barkeri / 052

Neoseiulus basiniformis / 068

Neoseiulus beihaiensis / 068

Neoseiulus bicaudus / 054

Neoseiulus californicus / 056

Neoseiulus chebalingensis / 068

Neoseiulus chinensis / 068
Neoseiulus clinopodii / 069
Neoseiulus cristatus / 069
Neoseiulus cryptomeriae / 069
Neoseiulus cucumeris / 058
Neoseiulus daochengensis / 069
Neoseiulus deqinensis / 069
Neoseiulus dicircellatus / 070
Neoseiulus dishaformis / 070
Neoseiulus fallacis / 060
Neoseiulus gansuensis / 070
Neoseiulus hengduanensis / 070
Neoseiulus hookaformis / 070
Neoseiulus idaeus / 061
Neoseiulus imbricatus / 062
Neoseiulus koyamanus / 071
Neoseiulus leigongshanensis / 071
Neoseiulus liangi / 071
Neoseiulus linzhiensis / 071
Neoseiulus longanalis / 072
Neoseiulus longispinosus / 063
Neoseiulus lushanensis / 072
Neoseiulus makuwa / 072
Neoseiulus monomacrosetosus / 072
Neoseiulus multiporus / 073
Neoseiulus neoreticuloides / 073
Neoseiulus paspalivorus / 064
Neoseiulus pingxiangensis / 073
Neoseiulus saccatus / 073
Neoseiulus shiheziensis / 073
Neoseiulus shukuis / 074
Neoseiulus spineus / 074
Neoseiulus striatus / 074
Neoseiulus subreticulatus / 074
Neoseiulus subrotundus / 075
Neoseiulus subsaccatus / 075
Neoseiulus taiwanicus / 075
Neoseiulus tauricus / 075

Neoseiulus tubus / 076
Neoseiulus vaseformis / 076
Neoseiulus womersleyi / 065
Neoseiulus xizangensis / 076
Neoseiulus yonganensis / 076

O

Okiseius changbaiensis / 082
Okiseius chinensis / 082
Okiseius eharai / 082
Okiseius formosanus / 082
Okiseius juglandis / 082
Okiseius maritimus / 083
Okiseius subtropicus / 081
Okiseius tibetagramins / 083

P

Paraamblyseius dinghuensis / 144
Paraamblyseius formosanus / 144
Paraamblyseius guangdongensis / 145
Paraphytoseius chihpenensis / 085
Paraphytoseius cracentis / 085
Paraphytoseius hualienensis / 085
Paraphytoseius orientalis / 086
Paraseiulus soleiger / 206
Paraseiulus talbii / 207
Phytoscutus salebrosus / 143
Phytoseiulus fragariae / 091
Phytoseiulus longipes / 092
Phytoseiulus macropilis / 093
Phytoseiulus persimilis / 089
Phytoseius aleuritius / 186
Phytoseius brevicrinis / 190
Phytoseius capitatus / 191
Phytoseius chinensis / 191
Phytoseius coheni / 191
Phytoseius corylus / 191
Phytoseius crinitus / 192

Phytoseius dandongensis / 192

Phytoseius finitimus / 187

Phytoseius fujianensis / 192

Phytoseius hongkongensis / 184

Phytoseius huaxiensis / 192

Phytoseius huqiuensis / 193

Phytoseius incisus / 186

Phytoseius longchuanensis / 193

Phytoseius longus / 193

Phytoseius macropilis / 188

Phytoseius minutus / 185

Phytoseius neoferox / 193

Phytoseius nipponicus / 193

Phytoseius nudus / 194

Phytoseius plumifer / 189

Phytoseius qianshanensis / 194

Phytoseius rachelae / 194

Phytoseius rubii / 194

Phytoseius rugatus / 195

Phytoseius ruidus / 195

Phytoseius scabiosus / 195

Phytoseius shennongjiaensis / 195

Phytoseius songshanensis / 195

Phytoseius sonunensis / 196

Phytoseius subtilis / 186

Phytoseius taiyushani / 196

Phytoseius vaginatus / 196

Phytoseius wangi / 196

Phytoseius yuhangensis / 196

Proprioseiopsis imitopeltatus / 139

Proprioseiopsis labaformis / 140

Proprioseiopsis lineatus / 140

Proprioseiopsis mexicanus / 138

Proprioseiopsis okanagensis / 140

Proprioseiopsis ovatus / 140

Proprioseiopsis pentagonus / 141

Proprioseiopsis pubes / 141

S

Scapulaseius anuwati / 104

Scapulaseius asiaticus / 104

Scapulaseius cantonensis / 102

Scapulaseius guizhouensis / 104

Scapulaseius huanggangensis / 105

Scapulaseius jianyangensis / 105

Scapulaseius newsami / 102

Scapulaseius oguroi / 105

Scapulaseius okinawanus / 105

Scapulaseius siamensis / 106

Scapulaseius sichuanensis / 106

Scapulaseius tienhsainensis / 106

Scapulaseius vestificus / 107

Scapulaseius vignae / 107

T

Transeius conyzoides / 134

Transeius guangheensis / 134

Transeius jilinensis / 135

Transeius montdorensis / 132

Transeius submagnus / 136

Transeius volgini / 136

Transius morii / 135

Typhlodromalus aripo / 152

Typhlodromalus athiasae / 153

Typhlodromalus peregrinus / 154

Typhlodromips ainu / 098

Typhlodromips compressus / 098

Typhlodromips helanensis / 098

Typhlodromips jiangxiensis / 098

Typhlodromips ochii / 099

Typhlodromips quaesitus / 099

Typhlodromips sinuatus / 099

Typhlodromips syzygii / 099

Typhlodromips tibetapineus / 100

Typhlodromips tibetasalicis / 100

Typhlodromips xui / 100

Typhlodromus（*Anthoseius*）*acacia* / 218
Typhlodromus（*Anthoseius*）*agilis*（ / 218
Typhlodromus（*Anthoseius*）*ailanthi* / 218
Typhlodromus（*Anthoseius*）*bambusae* / 212
Typhlodromus（*Anthoseius*）*bawanglingensis* / 218
Typhlodromus（*Anthoseius*）*bifurcutus* / 219
Typhlodromus（*Anthoseius*）*borealis* / 219
Typhlodromus（*Anthoseius*）*brevimedius* / 220
Typhlodromus（*Anthoseius*）*cannabis* / 220
Typhlodromus（*Anthoseius*）*caudiglans* / 212
Typhlodromus（*Anthoseius*）*changi* / 220
Typhlodromus（*Anthoseius*）*chinensis* / 220
Typhlodromus（*Anthoseius*）*chongmingensis* / 221
Typhlodromus（*Anthoseius*）*concavus* / 221
Typhlodromus（*Anthoseius*）*coryli* / 221
Typhlodromus（*Anthoseius*）*coryphus* / 221
Typhlodromus（*Anthoseius*）*crossostephium* / 222
Typhlodromus（*Anthoseius*）*cuii* / 222
Typhlodromus（*Anthoseius*）*dasiphorae* / 222
Typhlodromus（*Anthoseius*）*datongensis* / 222
Typhlodromus（*Anthoseius*）*eleglidus* / 222
Typhlodromus（*Anthoseius*）*gracilentus* / 223
Typhlodromus（*Anthoseius*）*guangdongensis* / 223
Typhlodromus（*Anthoseius*）*guangxiensis* / 223
Typhlodromus（*Anthoseius*）*gulingensis* / 223
Typhlodromus（*Anthoseius*）*hainanensis* / 223
Typhlodromus（*Anthoseius*）*hibernus* / 224
Typhlodromus（*Anthoseius*）*higoensis* / 224
Typhlodromus（*Anthoseius*）*hirashimai* / 224
Typhlodromus（*Anthoseius*）*huangjiaensis* / 224
Typhlodromus（*Anthoseius*）*hui* / 225
Typhlodromus（*Anthoseius*）*informibus* / 225
Typhlodromus（*Anthoseius*）*insularis* / 226
Typhlodromus（*Anthoseius*）*intermedius* / 226
Typhlodromus（*Anthoseius*）*jianfengensis* / 227
Typhlodromus（*Anthoseius*）*lanyuensis* / 227
Typhlodromus（*Anthoseius*）*lateris* / 227
Typhlodromus（*Anthoseius*）*linzhiensis* / 227
Typhlodromus（*Anthoseius*）*litangensis* / 228
Typhlodromus（*Anthoseius*）*longibrevis* / 228
Typhlodromus（*Anthoseius*）*longicervix* / 228
Typhlodromus（*Anthoseius*）*lushanensis* / 228
Typhlodromus（*Anthoseius*）*macroides* / 228
Typhlodromus（*Anthoseius*）*macrum* / 229
Typhlodromus（*Anthoseius*）*marinus* / 229
Typhlodromus（*Anthoseius*）*monosetus* / 229
Typhlodromus（*Anthoseius*）*neocrassus* / 229
Typhlodromus（*Anthoseius*）*obesus* / 229
Typhlodromus（*Anthoseius*）*orientalis* / 230
Typhlodromus（*Anthoseius*）*pineus* / 230
Typhlodromus（*Anthoseius*）*platycladus* / 230
Typhlodromus（*Anthoseius*）*porus* / 230
Typhlodromus（*Anthoseius*）*qianshanensis* / 231
Typhlodromus（*Anthoseius*）*quadratoides* / 231
Typhlodromus（*Anthoseius*）*quadratus* / 231
Typhlodromus（*Anthoseius*）*recki* / 213
Typhlodromus（*Anthoseius*）*rhenanus* / 215
Typhlodromus（*Anthoseius*）*ribei* / 231
Typhlodromus（*Anthoseius*）*rickeri* / 214
Typhlodromus（*Anthoseius*）*robutus* / 231
Typhlodromus（*Anthoseius*）*ryukyuensis* / 232
Typhlodromus（*Anthoseius*）*serrulatus* / 232
Typhlodromus（*Anthoseius*）*shanxi* / 232
Typhlodromus（*Anthoseius*）*silvanus* / 233
Typhlodromus（*Anthoseius*）*subequalis* / 233
Typhlodromus（*Anthoseius*）*submarinus* / 234
Typhlodromus（*Anthoseius*）*taishanensis* / 234
Typhlodromus（*Anthoseius*）*ternatus* / 234
Typhlodromus（*Anthoseius*）*transvaalensis* / 216
Typhlodromus（*Anthoseius*）*tridentiger* / 234
Typhlodromus（*Anthoseius*）*tubuliformis* / 235
Typhlodromus（*Anthoseius*）*ulmi* / 235
Typhlodromus（*Anthoseius*）*variegatus* / 235
Typhlodromus（*Anthoseius*）*verbenae* / 235
Typhlodromus（*Anthoseius*）*vulgaris* / 217
Typhlodromus（*Anthoseius*）*wuzhishanensis* / 235

Typhlodromus（*Anthoseius*）*xianensis* / 236
Typhlodromus（*Anthoseius*）*xingchengensis* / 236
Typhlodromus（*Anthoseius*）*xini* / 236
Typhlodromus（*Anthoseius*）*xinjiangensis* / 236
Typhlodromus（*Anthoseius*）*xiufui* / 236
Typhlodromus（*Anthoseius*）*xizangensis* / 237
Typhlodromus（*Anthoseius*）*yasumatsui* / 237
Typhlodromus（*Anthoseius*）*yinchuanensis* / 237
Typhlodromus（*Anthoseius*）*youxiensis* / 237

Typhlodromus（*Anthoseius*）*zhangyensis* / 238
Typhlodromus（*Anthoseius*）*zhaoi* / 238
Typhlodromus（*Anthoseius*）*zhongdianensis* / 238
Typhlodromus（*Typhlodromus*）*corticis* / 242
Typhlodromus（*Typhlodromus*）*exhilaratus* / 241
Typhlodromus（*Typhlodromus*）*fani* / 243
Typhlodromus（*Typhlodromus*）*pyri* / 239
Typhlodronus（*Anthoseius*）*yadongensis* / 237

致 谢

本书特别感谢各位同仁的长期支持。广东省科学院动物研究所原所长李丽英研究员、彭统序研究员、郭明昉研究员、韩日畴研究员，以及现任所长杨星科研究员、现任党委书记邹发生研究员，新西兰皇家科学院张智强院士，新西兰第一产业部范青海研究员，中山大学贾凤龙教授，南京农业大学洪晓月教授、薛晓峰教授，中国农业科学院植物保护研究所高玉林研究员，山西农业大学的马敏教授，甘肃农业大学的尚素琴教授，广东省科学院动物研究所韩诗畴研究员、李健雄研究员，以及翟欣、宁致远、刘晓彤、郑利乐等对本书编写提供了大力支持和帮助，另外，本书得到广东省优秀科技专著出版基金会的资助，使该书得以面世，在此一并致谢！

We are particularly grateful to all colleagues for their long-term support. The former directors, Prof. Li Liying, Prof. Peng Tongxu, Prof. Guo Mingfang and Prof. Han Richou of Institute of Zoology, Guangdong Academy of Sciences, and the current directors, Prof. Yang Xingke and Prof. Zou Fasheng, Academician Prof. Zhang Zhiqiang of Royal Society of New Zealand, Prof. Fan Qinghai of Ministry for Primary Industries of New Zealand, Prof. Jia Fenglong of Sun Yat-sen University, Prof. Hong Xiaoyue and Prof. Xue Xiaofeng of Nanjing Agricultural University, Prof. Gao Yulin of Institute of Plant Protection, Chinese Academy of Agricultural Sciences, Prof. Ma Min of Shanxi Agricultural University, Prof. Shang Suqin of Gansu Agricultural University, Prof. Han Shichou, Prof. Li Jianxiong, Zhai Xin, Ning Zhiyuan, Liu Xiaotong and Zheng Lile from the Institute of Zoology, Guangdong Academy of Sciences all have provided great support and assistance to the publication of this book. In addition, the publication of this book has been funded by the Publication Foundation of Guangdong Excellent Scientific Monographs. Thank you.

附　　录

↗ 江西省巴氏钝绥螨防治柑橘红蜘蛛现场会留影

↗ 国家公益性行业（农业）科研专项"作物叶螨综合防控技术研究与示范推广"项目启动会

↗ 公益性行业（农业）科研专项经费项目"捕食螨繁育与大田应用技术研究"全国捕食螨研究及应用技术培训班

A. 胡瓜新小绥螨捕食西花蓟马若虫（张宝鑫 提供）

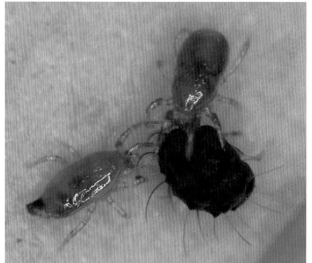

B. 巴氏新小绥螨捕食柑橘全爪螨（李亚迎 提供）

C. 巴氏新小绥螨捕食二斑叶螨（许长新 提供）

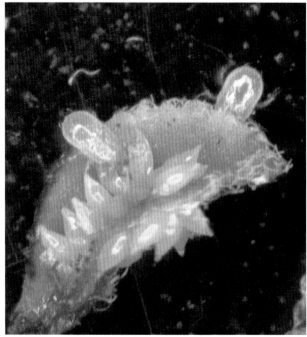

D. 胡瓜新小绥螨取食柑橘木虱卵（欧阳革成 提供）

F. 双尾新小绥螨捕食土耳其斯坦叶螨（胡恒笑 提供）

E. 巴氏新小绥螨捕食山楂叶螨，取食后躯体出现"米"字形的斑纹（许长新 提供）

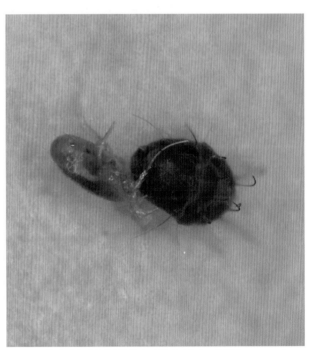

H. 巴氏新小绥螨捕食柑橘全爪螨（李亚迎 提供）

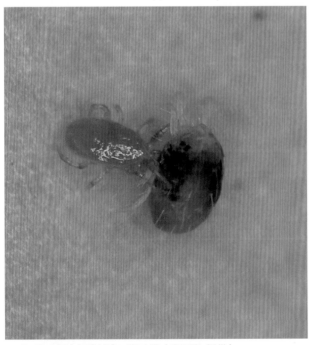

G. 巴氏新小绥螨捕食二斑叶螨（李亚迎 提供）

↗ 在温室芹菜上撒放捕食螨示范（王恩东 提供）

↗ 在茶树上撒放胡瓜新小绥螨（林坚贞 提供）

海南橡胶树上使用植绥螨缓释袋防治橡胶害螨（郝慧华 提供）

在柑橘树上使用巴氏新小绥螨缓释袋（林旭辉 提供）

在茶树上使用巴氏新小绥螨缓释袋（林旭辉 提供）

↗ 江西脐橙园栽培藿香蓟保护植绥螨

↗ 河北苹果园生草栽培保护植绥螨（于丽辰 提供）

↗ 广东省肇庆市柑橘园以植绥螨为基础的生态控制技术示范区-常规化防区（欧阳革成 提供）

↗ 草莓捕食螨释放区-对照区（王恩东 提供）